기계기능사 시리즈

● 최근 출제기준에 맞춘 최고의 수험서

최신 개정판

길잡이

설비보전기능사 시험 대비

설비보전기능사 [필기·실기]

윤경욱
최년배
지음

본서의 특징

- SI단위 적용
- 다년간 실무 및 강의 경험이 풍부한 최상급 저자
- 기계정비기능사를 겸한 이론 및 최근 출제기준에 의한 새로운 구성
- 한국산업인력공단의 출제기준안에 의거한 체계적인 단원분류 및 핵심요약
- 최근 과년도 출제문제 수록
- 누구나 쉽게 이해할 수 있는 상세한 해설을 통한 문제해결

e 질의·응답 카페 운영   http://www.kkwbooks.com(도서출판 건기원)

본서로 공부하면서 내용에 의문점이나 이해가 되지 않는 부분에 관하여 질의·응답을
원하는 분은 위 사이트로 문의하시면 항상 감사하는 마음으로 정성껏 답하여 드리겠습니다.

CBT검정활용

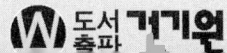
도서출판 건기원

머리말

급격하게 변화하는 산업현장과 치열한 삶의 경쟁 속에서, 개인의 능력은 회사의 운명과 본인의 장래 성공 여부의 열쇠로 자리매김하는 요즘, 산업현장에서의 설비 및 기계정비에 대한 철저한 준비와 계획이 그 어느 때보다도 중요한 시기이다. 설비보전 전문가는 설비에 대한 기본 개념과 보전에 대한 철저한 준비와 지식이 필요하며, 설비에 대한 보전업무의 소홀과 무지로 인한 피해를 줄이기 위해 모든 기업들이 전사적으로 설비의 보전 및 정비 업무에 사활을 걸고 원가절감을 위하여 많은 금액을 투자하고 있는 것이 현실이다. 기업의 꾸준한 발전은 설비의 원활한 운행 및 보전만이 유일한 해결책이며, 고품질의 제품을 지속적으로 생산하려면 항상 준비하고 예방정비에 대한 투자가 선행되어야 한다. 설비의 수명을 연장하기 위하여 현재는 예방정비에서 한 발 더 나아가 종합적 생산보전(TPM)을 통하여 지속적인 발전을 추구하고 있다.

이 교재는 설비보전 및 기계정비에 대한 기본 개념을 충실히 설명하고, 현장에서 일어날 수 있는 상황들을 폭 넓게 다루어 광범위한 현장의 문제를 해결할 수 있도록 하였으며, 또한 설비보전 및 기계정비기능사 자격시험에 대비하여 기출문제를 기초부터 철저히 분석하여 그 출제 경향에 맞게 해설을 수록하여 핵심만 이해하면 누구나 1개월 내에 설비보전 및 기계정비기능사 필기검정에 합격할 수 있도록 하여 설비보전 및 기계정비기능사를 준비하는 수험자에게는 매우 유용한 참고서가 될 것으로 생각한다.

이 책의 특징을 간략히 설명하면 다음과 같다.

1. 설비보전에 대한 철저한 분석을 통하여 충분한 이해가 되도록 구성하였으며, 설비에 대한 초보자라도 이 책으로 공부하고 정리하다 보면 누구나 쉽게 이해할 수 있도록 하였다. 부록 편의 기출문제들을 하나하나 풀어보면 필기시험 및 실기 동영상 시험에 충분한 대비가 되리라 생각한다.

2. 부록 편에 수록한 동영상 문제는 상세한 해설을 덧붙여 실기 동영상(50점) 문제에 대하여는 여기에 수록된 문제만 이해한다면 합격의 영광을 얻을 수 있을 것으로 판단한다.

Preface

3. 또한 더욱 철저한 대비와 이해를 위하여 본문의 내용 속에도 필기와 설비보전 실기 동영상에 대비하여 문제와 그림을 완벽하게 수록, 필기에서부터 실기까지 합격의 영광을 반드시 이룰 수 있도록 하였다.

아무쪼록 이 책으로 설비보전기능사와 기계정비기능사 필기 및 실기 시험 준비에 부족함이 없이 많은 도움이 되길 간절히 바라며, 앞으로도 더욱 보완하여 여러분의 기대에 부응하도록 약속드리며, 이 책이 나오기까지 도와주신 건기원의 임직원 여러분께 진심으로 감사를 드린다.

저 자 씀

NCS(국가직무능력표준) 가이드

01 국가직무능력표준(NCS)이란?

국가직무능력표준(NCS, National Competency standards)이란 산업현장에서 직무를 수행하기 위하여 요구되는 지식·기술·소양 등의 내용을 국가가 산업부문별·수준별로 체계화한 것을 말한다.[자격기본법 제2조 제2호]

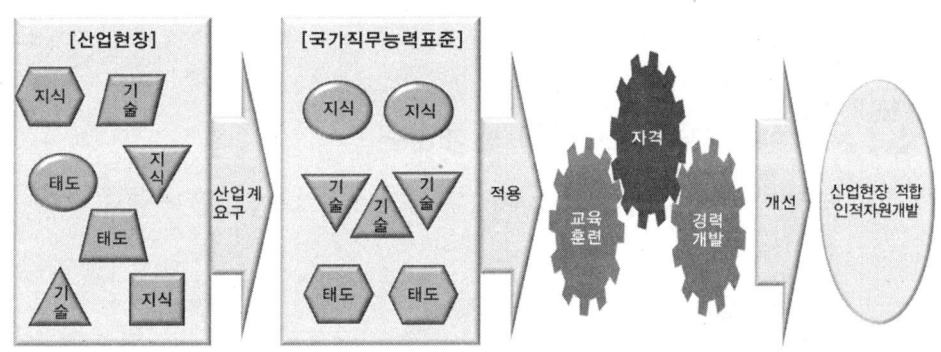

(한국직업능력개발원, 2013, p.6)

[그림] 국가직무능력표준 개념도

02 국가직무능력표준(NCS)의 정의와 기능

국가직무능력표준(NCS)은 근로자 1명이 일터인 산업체 현장에서 자신의 직무를 제대로 수행하기 위해서 반드시 필요한 지식이나 기술, 태도나 소양에 관해 국가가 표준을 정해 놓은 것이다.

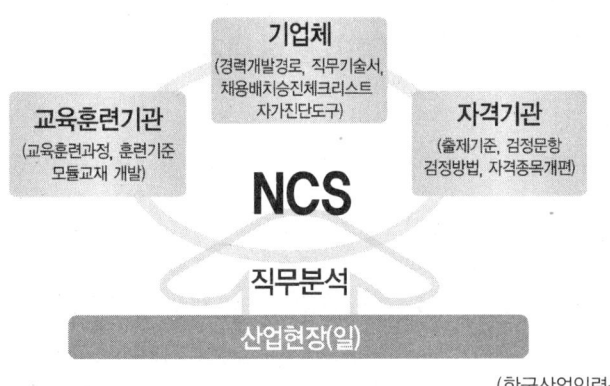

(한국산업인력공단, 2014a, p.4)

[그림] NCS의 기능

03 국가직무능력표준(NCS)이 왜 필요한가?

능력 있는 인재를 개발해 핵심 인프라를 구축하고, 나아가 국가경쟁력을 향상시키기 위해 국가직무능력표준이 필요하다.

─ 지금은,
- 직업교육·훈련 및 자격제도가 산업현장과 불일치
- 인적자원의 비효율적 관리 운용

➔ 국가직무능력표준

＋ 앞으로는 …
- 각각 따로 운영됐던 교육훈련, 국가직무능력표준 중심 시스템으로 전환(일-교육-훈련-자격 연계)
- 산업현장 직무 중심의 인적자원 개발
- 능력중심사회 구현을 위한 핵심 인프라 구축
- 고용과 평생 직업능력개발 연계를 통한 국가경쟁력 향상

04 국가직무능력표준(NCS) 활용범위

국가직무능력표준은 기업체, 직업교육훈련기관, 자격시험기관에서 활용할 수 있다.

기업체 Corporation
- 현장 수요 기반의 인력채용 및 인사관리 기준
- 근로자 경력개발
- 직무기술서

교육훈련기관 Education and training
- 직업교육 훈련과정 개발
- 교수계획 및 매체, 교재 개발
- 훈련기준 개발

자격시험기관 Qualification
- 자격종목의 신설 통합·폐지
- 출제기준 개발 및 개정
- 시험문항 및 평가방법

[그림] 국가직무능력표준 활용범위

05 국가직무능력표준(NCS) 분류체계

(1) 국가직무능력표준의 분류체계는 직무의 유형(Type)을 중심으로 국가직무능력표준의 단계적 구성을 나타내는 것으로, 국가직무능력표준 개발의 전체적인 로드맵을 제시하고 있다.

(2) 한국고용직업분류(KECO, Korean Employment Classification of Occupations)를 중심으로, 한국표준직업분류, 한국표준산업분류 등을 참고하여 분류하였으며 '대분류(24) → 중분류(80) → 소분류(238) → 세분류(887개)'의 순으로 구성되어 있다.

06 국가직무능력표준(NCS) 학습모듈

❶ 개념
국가직무능력표준(NCS, National Competency Standards)이 현장의 '직무 요구서'라고 한다면, NCS 학습모듈은 NCS의 능력단위를 교육훈련에서 학습할 수 있도록 구성한 '교수·학습 자료'입니다. NCS학습모듈은 구체적 직무를 학습할 수 있도록 이론 및 실습과 관련된 내용을 상세하게 제시하고 있다.

❷ 특징
(1) NCS학습모듈은 산업계에서 요구하는 직무능력을 교육훈련 현장에 활용할 수 있도록 성취목표와 학습의 방향을 명확히 제시하는 가이드라인의 역할을 한다.

(2) NCS학습모듈은 특성화고, 마이스터고, 전문대학, 4년제 대학교의 교육기관 및 훈련기관, 직장교육기관 등에서 표준교재로 활용할 수 있으며 교육과정 개편 시에도 유용하게 참고할 수 있다.

07 과정평가형 자격취득안내

❶ 정의
국가직무능력표준(NCS)에 따라 편성·운영되는 교육·훈련과정을 일정 수준 이상 이수하고 평가를 거쳐 합격기준을 통과한 사람에게 국가기술 자격을 부여하는 제도이다.

❷ 시행대상
「국가기술자격법 제10조 제1항」의 과정평가형 자격 신청자격에 충족한 기관 중 공모를 통하여 지정된 교육·훈련기관의 단위과정별 교육·훈련을 이수하고 내부평가에 합격한 자

❸ 국가기술자격의 과정평가형 자격 적용 종목
기계설계산업기사 등 61개 종목

※ NCS 홈페이지 / 자료실 / 과정평가형 자격참조(고용노동부공고 제2016-231호 참조)

❹ 교육 · 훈련생 평가

(1) 내부평가(지정 교육 · 훈련기관)
  ① 평가대상 : 능력단위별 교육 · 훈련과정의 75% 이상 출석한 교육 · 훈련생
  ② 평가방법 : 지정받은 교육 · 훈련과정의 능력단위별로 평가
    ▶ 능력단위별 내부평가 계획에 따라 자체 시설 · 장비를 활용하여 실시
  ③ 평가시기 : 해당 능력단위에 대한 교육 · 훈련이 종료된 시점에서 실시하고 공정성과 투명성이 확보되어야 함.
    ▶ 내부평가 결과 평가점수가 일정수준(40%) 미만인 경우에는 교육 · 훈련기관 자체적으로 재교육 후 능력단위별 1회에 한해 재평가 실시

(2) 외부평가(한국산업인력공단)
  ① 평가대상 : 단위과정별 모든 능력단위의 내부평가 합격자
    수험원서는 교육 · 훈련 시작일로부터 15일 이내에 우리 공단 소재 해당 지역 시험센터에 접수
  ② 평가방법 : 1 · 2차 시험으로 구분 실시
    ▶ 1차 시험 : 지필평가(주관식 및 객관식 시험)
    ▶ 2차 시험 : 실무평가(작업형 및 면접 등)

❺ 합격자 결정 및 자격증 교부

(1) 합격자 결정 기준
  내부평가 및 외부평가 결과를 각각 100점을 만점으로 하여 평균 80점 이상 득점한 자
(2) 기업 등 산업현장에서 필요로 하는 능력보유 여부를 판단할 수 있도록 교육 · 훈련 기관명 · 기간 · 시간 및 NCS 능력단위 등을 기재하여 발급

  ※ NCS에 대한 자세한 사항은 NCS 국가직무능력표준 홈페이지 (http://www.ncs.go.kr)에서 확인해주시기 바랍니다.

CBT(컴퓨터 시험) 가이드

한국산업인력공단에서 2016년 5회 기능사 필기 시험부터 자격검정 CBT(컴퓨터 시험)으로 시행됩니다. CBT의 진행 과정과 메뉴의 기능을 미리 알고 연습하여 새로운 시험 방법인 CBT에 대비하시기 바랍니다.

다음과 같이 순서대로 따라해 보고 CBT 메뉴의 기능을 익혀 실전처럼 연습해 봅시다.

STEP 1 : 자격검정 CBT 들어가기

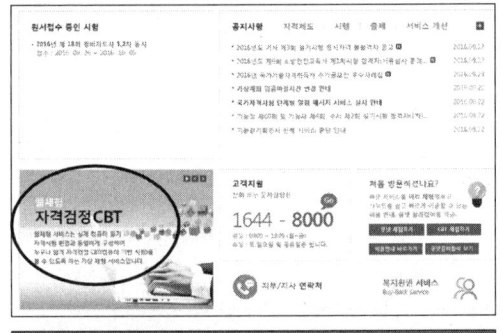

▷ 큐넷(http://www.q-net.or.kr)에서 표시된 부분을 클릭하면 '웹체험 자격검정 CBT'를 할 수 있습니다.

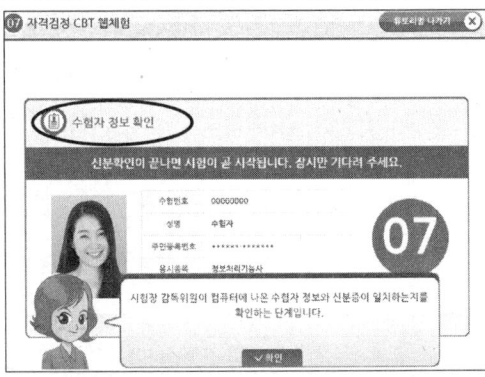

▷ 'CBT 필기 자격시험 체험하기'를 클릭하면 시작됩니다.

▷ 시험 시작 전 배정된 좌석에 앉으면 수험자 정보를 확인합니다. 시험장 감독위원이 컴퓨터에 표시된 수험자 정보와 신분증의 일치여부를 확인합니다.

STEP 2 : 자격검정 CBT 둘러보기

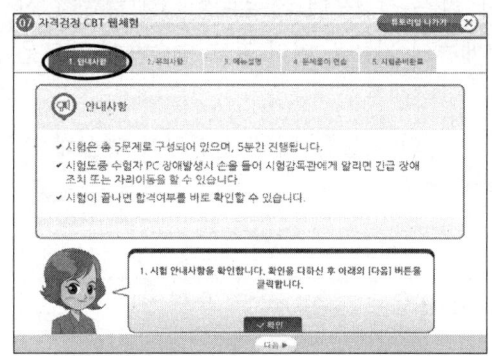

↪ 수험자 정보 확인이 끝난 후 시험 시작 전 'CBT 안내사항'을 확인합니다.

↪ 'CBT 유의사항'을 확인합니다. '다음 유의사항 보기'를 클릭하면 전체 유의사항을 확인할 수 있으며 보지 못한 유의사항이 있으면 '이전 유의사항 보기'를 클릭하여 다시 볼 수 있습니다.

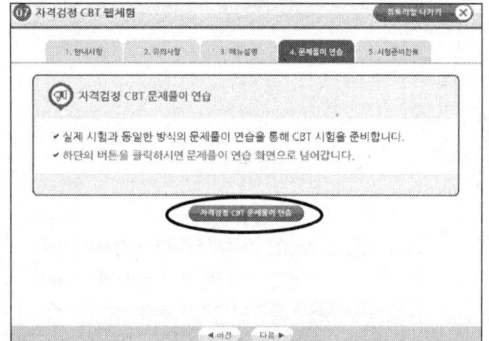

↪ '문제풀이 메뉴 설명'을 확인합니다.
  ↳ '자격검정 CBT 메뉴 미리 알아두기'에서 자세히 살펴보기

↪ '자격검정 CBT 문제풀이 연습'을 클릭하면 실제 시험과 동일한 방식으로 진행됩니다.

STEP 3   자격검정 CBT 연습하기

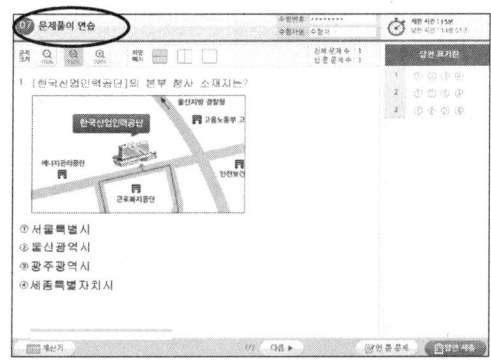

◐ 자격검정 CBT 문제풀이 연습을 시작합니다. 총 3문제로 구성되어 있습니다.

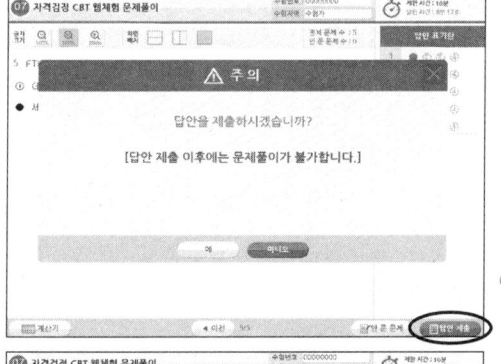

◐ 시험문제를 다 푼 후 답안 제출을 하거나 시험 시간이 경과되었을 경우 시험이 종료됩니다.

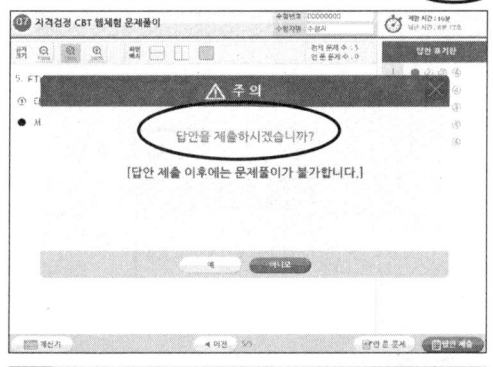

◐ 답안 제출은 실수 방지를 위해 두 번의 확인 과정을 거칩니다. 시험 종료 후 시험 결과를 바로 확인할 수 있습니다.

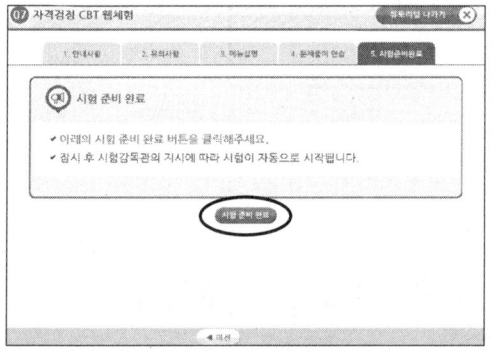

◐ 시험 안내·유의사항, 메뉴 설명 및 문제풀이 연습까지 모두 마친 수험자는 '시험준비완료'를 클릭합니다. 클릭 후 '자격검정 CBT 웹체험 문제풀이' 단계로 넘어갑니다.

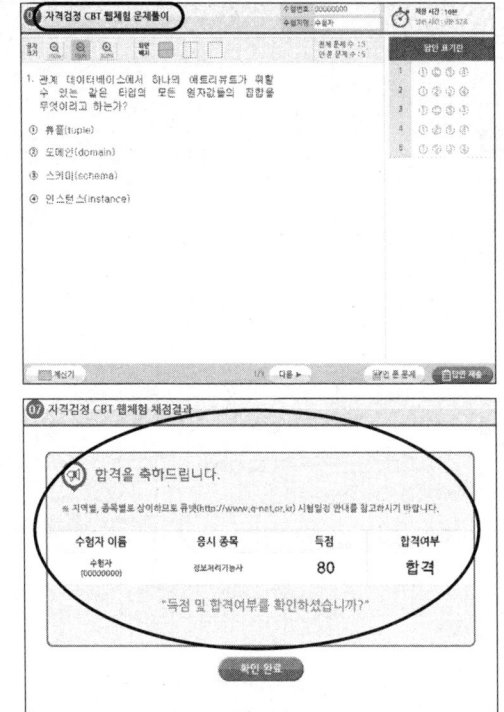

⇨ 자격검정 CBT 웹체험 문제풀이를 시작합니다.
총 5문제로 구성되어 있습니다.

⇨ 답안을 제출하면 점수와 합격여부를 바로 알 수 있습니다.

○ 자격검정 CBT 메뉴 미리 알아두기

❶ 글자크기 & 화면배치 : 글자크기(100%, 150%, 200%)와 화면 배치(1단, 2단, 한 문제씩 보기)가 선택 가능함.

❷ 전체 안 푼 문제 수 조회 : 전체 문제 수와 안 푼 문제 수 확인 가능함.

❸ 계산기도구 : 응시 종목에 계산 문제가 있을 경우 좌측 하단의 계산기 기능을 이용함.

❹ 안 푼 문제 번호 보기 & 답안 제출 : '안 푼 문항'을 클릭하면 현재까지 안 푼 문제 목록을 확인할 수 있으며, '답안 제출'을 클릭하면 답안 제출 승인 알림창이 나옴.

❺ 페이지 이동 : 화면 아래 버튼을 이용해서 페이지를 이동하고 중앙에 현재 페이지를 표시함.

❻ 답안 표기 영역 : 문제 번호를 클릭하면 해당 문제로 이동하고 선택지 번호를 클릭하면 답안이 표시됨.

❼ 남은 시간 표시 : 남은 시간 표시 및 제한 시간이 없을 경우 시계 아이콘과 시간이 붉은색으로 표시됨.

차 례

제1장 기계보전의 개요

제1절 기계보전에 관한 용어
1. 보전에 관한 용어 ……………………………………………… 26
2. 고장의 종류 해석에 관한 용어 ……………………………… 28

제2절 윤활
1. 마찰의 개념 …………………………………………………… 31
2. 윤활제 ………………………………………………………… 32
3. 윤활제의 급유방법 …………………………………………… 36
4. 윤활관리 ……………………………………………………… 48

제2장 기계제도

제1절 기계제도
1. 기계제도의 기초 ……………………………………………… 56
2. 선 ……………………………………………………………… 61
3. 정투상도법 …………………………………………………… 63
4. 단면도법 ……………………………………………………… 68
5. 치수기입방법 ………………………………………………… 77
6. 표면 거칠기 …………………………………………………… 88
7. 다듬질 기호(Finishing Mark) 및 기입방법 ………………… 89
8. 공차와 끼워 맞춤 ……………………………………………… 91
9. 기하공차 ……………………………………………………… 94
10. 기계재료의 표시방법 ………………………………………… 97
11. 스케치 ………………………………………………………… 98
12. 기계요소 제도법 ……………………………………………… 100
13. 축계 기계요소 ………………………………………………… 113
14. 전동용 기계요소 ……………………………………………… 127
15. 용접, 배관기호의 표시법 …………………………………… 135

Contents

제3장 기계장치 보전

제1절 보전 측정기구
1. 측정기구 및 공기구 ······ 148
2. 보전용 재료 ······ 170

제2절 기계요소 보전
1. 체결용 기계요소의 보전 ······ 175
2. 축 기계요소의 보전 ······ 205
3. 전동용 기계요소의 보전 ······ 222
4. 제어용 기계요소의 보전 ······ 227
5. 관계 기계요소의 보전 ······ 230

제3절 기계장치 보전
1. 밸브의 점검 및 정비 ······ 237
2. 펌프의 점검 및 정비 ······ 239
3. 송풍기의 점검 및 정비 ······ 262
4. 압축기의 점검 및 정비 ······ 268
5. 감속기의 점검 및 정비 ······ 280
6. 전동기의 점검 및 정비 ······ 282

제4장 설비관리 계획

제1절 설비관리 개론
1. 설비관리의 개요 ······ 286
2. 설비의 범위와 분류 ······ 290

제2절 설비보전의 계획과 관리
1. 설비보전과 관리 시스템 ······ 292
2. 설비보전의 본질과 추진방법 ······ 297
3. 공사관리 ······ 306

4. 보전용 자재관리와 상비품 관리 및 경제적 주문량 ·············· 308
　　5. 설비보전 관리 ·· 310
　　6. 설비보전의 추진방법 ·· 314
　　7. 설비의 신뢰성과 보전성 ·· 315
　　8. 보전작업 관리와 보전효과 측정 ································ 316
　　9. 보전효과 측정 ·· 317

제5장　종합적 설비관리

제1절 공장 설비관리
　　1. 공장 설비관리의 개요 ·· 320
　　2. 공장 설비의 자동화 ·· 320
　　3. 계측관리 ·· 321
　　4. 치공구 관리 ·· 323
　　5. 열관리 ··· 324

제2절 종합적 생산보전
　　1. 종합적 생산보전의 개요 ·· 327
　　2. 설비효율 개선방법 ·· 327
　　3. 로스 계산방법 ·· 329
　　4. 만성로스 개선방법 ·· 329
　　5. PM 분석방법 ·· 330
　　6. 자주보전 활동 ·· 330
　　7. 보전부문의 계획보전 활동 ······································ 331
　　8. 품질개선 활동 ·· 332
　　9. 표준화 순서 ·· 333
　　10. QC Story ·· 333

제6장　공압과 유압

제1절 공압의 개요
　　1. 공압 기술의 역사 ·· 336

Contents

    2. 공압의 이용 ………………………………………………………… 337
    3. 공압의 기초이론 ……………………………………………………… 339
    4. 공압의 물리량과 단위체계 …………………………………………… 342
    5. 공기 중의 수분 ……………………………………………………… 343
    6. 공기의 상태변화 ……………………………………………………… 345
    7. 오리피스 …………………………………………………………… 347

제 2 절 공압 기기
    1. 공압 조정기기 ……………………………………………………… 349
    2. 액추에이터 ………………………………………………………… 350
    3. 밸브 ………………………………………………………………… 352
    4. 논-리턴(Non-Return) 밸브 ………………………………………… 358
    5. 압력제어 밸브 ……………………………………………………… 360
    6. 유량제어 밸브 ……………………………………………………… 362

제 3 절 공압제어 기본회로
    1. 공압 동력원의 조정회로 …………………………………………… 365
    2. 일방향 회로 ………………………………………………………… 365
    3. 단동실린더 회로 …………………………………………………… 366
    4. 복동실린더 회로 …………………………………………………… 367

제 4 절 유압의 개요
    1. 유압의 개요 및 원리 ………………………………………………… 373
    2. 유압의 용도 및 특징 ………………………………………………… 374
    3. 유압 장치의 구성 …………………………………………………… 376
    4. 유체의 정역학 ……………………………………………………… 376
    5. 유체의 동역학 ……………………………………………………… 378
    6. 효율 ………………………………………………………………… 380

제 5 절 유압기기
    1. 개요 및 분류 ………………………………………………………… 382
    2. 원심식 펌프 ………………………………………………………… 384
    3. 축류식 펌프 ………………………………………………………… 386

4. 왕복식 펌프 ·· 387
5. 회전식 펌프 ·· 390
6. 취급 시 주의사항 ··· 392
7. 펌프의 고장과 대책 ··· 393
8. 유압유 종류 및 특성 ··· 396
9. 플래싱(flashing) ·· 399
10. 올바른 사용법 ··· 400

제 6 절 유압 구동기기
1. 유압 실린더 ·· 402
2. 요동형 작업 요소 ··· 404
3. 유압 모터 ·· 405

제 7 절 유압 밸브
1. 유압 밸브 개요 및 분류 ··· 408
2. 압력제어 밸브 ·· 408
3. 유량제어 밸브 ·· 411
4. 방향제어 밸브 ·· 412

제 8 절 유압부속기기
1. 기름 탱크 ·· 415
2. 공기 청정기 ·· 415
3. 필터 ·· 416
4. 온도계 및 압력계 ··· 417
5. 기름 냉각기 ·· 418
6. 축압기(어큐뮬레이터) ··· 419
7. 커플링 ·· 420
8. 배관재료 ·· 420

제 9 절 전기 기호와 기초 지식
1. 전기 제어 ·· 422
2. 용어 정의 ·· 422
3. 전기 기기와 심벌 ··· 423

Contents

    4. 마이크로 스위치와 리밋 스위치 ···················· 425
    5. 기타 검출기 ···················· 426
    6. 제어용 릴레이 ···················· 427
    7. 전기 공압 회로 ···················· 433

제 10 절 전기전자 회로 측정
    1. 측정용 계기 ···················· 438
    2. 전자부품 ···················· 442
    3. 반도체 ···················· 446
    4. 전압, 전류, 저항 측정 ···················· 448

제7장 산업안전

제 1 절 산업안전의 개요
    1. 산업안전의 목적과 정의 ···················· 460
    2. 산업재해의 분류 ···················· 462
    3. 재해 통계 ···················· 464

제 2 절 산업시설의 안전
    1. 기계작업의 안전 ···················· 467
    2. 위험점의 안전방호 방법 ···················· 469
    3. 가공 기계의 안전 대책 ···················· 471
    4. 위험 기계·기구의 안전 대책 ···················· 472
    5. 전기취급 시 안전 ···················· 474
    6. 여러 가지 산업시설의 안전 ···················· 477
    7. 안전보호구 ···················· 481
    8. 안전표지 ···················· 484

제 3 절 가스 및 위험물에 관한 안전
    1. 가스 안전 ···················· 485
    2. 위험물 안전 ···················· 486

제 4 절 사고예방
    1. 사고방지의 대책 ···················· 489

차 례

    2. 사고발생원인 및 예방 ·· 491
    3. 사고예방의 원리 ·· 494
    4. 무재해운동의 안전활동기법 ·· 494

제 5 절 산업안전 관계법규
    1. 산업안전보건법 ·· 495
    2. 산업안전보건법 시행령 ·· 496
    3. 산업안전보건법 시행규칙 ·· 499
    4. 산업안전보건 기준에 관한 규칙 : 안전 규칙 ···································· 502
    5. 산업안전보건 기준에 관한 규칙 : 보건 기준 ···································· 507

설비보전기능사 기출문제(필기)

- ▶ 2011년 5회 설비보전기능사 필기시험 ··· 512
- ▶ 2012년 5회 설비보전기능사 필기시험 ··· 528
- ▶ 2013년 1회 설비보전기능사 필기시험 ··· 543
- ▶ 2013년 5회 설비보전기능사 필기시험 ··· 556
- ▶ 2014년 2회 설비보전기능사 필기시험 ··· 570
- ▶ 2014년 5회 설비보전기능사 필기시험 ··· 585
- ▶ 2015년 1회 설비보전기능사 필기시험 ··· 598
- ▶ 2015년 2회 설비보전기능사 필기시험 ··· 614
- ▶ 2015년 5회 설비보전기능사 필기시험 ··· 631
- ▶ 2016년 1회 설비보전기능사 필기시험 ··· 648
- ▶ 2016년 2회 설비보전기능사 필기시험 ··· 665
- ▶ 2017년 1회 설비보전기능사 필기 모의고사 ······································ 680
- ▶ 2017년 2회 설비보전기능사 필기 모의고사 ······································ 698
- ▶ 2017년 3회 설비보전기능사 필기 모의고사 ······································ 716

- ■ 부록 1 동영상 실기시험 문제 ·· 735
- ■ 부록 2 국가기술자격 실기시험 문제 ·· 807

자격명 : 설비보전기능사(Craftsman Plant Maintenance)

- **개요** : 국가적으로 플랜트 설비를 잘 관리하느냐 못하느냐에 따라 국익에 미치는 영향이 크므로 설비관리를 기술적으로 담당하는 기술 인력이 산업사회에 요구됨.

- **변천과정** : 2005년 설비보전기능사로 신설(노동부령 제239호, 2005.11.11)

- **수행직무** : 일정한 주기로 플랜트 설비의 진동소음 등을 측정하여 설비상태를 판단하고 기계요소의 윤활상황을 철저히 점검 관리하여 돌발고장이 발생하지 않도록 최적의 설비상태를 유지토록 업무를 수행

- **진로 및 전망** : 화학, 제철, 전자부품조립, 전력설비 등 설비를 갖춘 모든 산업체로 진출이 가능하며, 해당 업체는 원료를 절약하여 회사의 이익을 창출하는 데 한계가 있으므로 결국 설비를 어떻게 잘 관리했느냐 못했느냐에 따라 회사이익이 좌우될 수 있어 향후 설비보전 기술요원에 대한 전망은 밝다고 볼 수 있음.

▶ 연도별 응시 및 합격률

연 도	필 기			실 기		
	응시	합격	합격률(%)	응시	합격	합격률(%)
2016	4,684	2,531	54%	3,046	1,822	59.8%
2015	4,328	2,059	47.6%	2,595	1,614	62.2%
2014	3,794	2,015	53.1%	2,380	1,408	59.2%
2013	1,945	818	42.1%	1,242	762	61.4%
2012	1,137	587	51.6%	835	540	64.7%
2011	925	365	39.5%	504	321	63.7%
2010	654	387	59.2%	484	305	63%
2009	601	451	75%	439	265	60.4%
2008	408	204	50%	227	118	52%
2007	427	176	41.2%	171	97	56.7%
2006	152	53	34.9%	42	23	54.8%
계	18,476	9,417	50.3%	11,752	7,155	60.7%

① **시험과목** - 필기 : 1. 기계보전 일반 2. 설비관리 3. 공유압 일반 4. 산업안전
　　　　　　　실기 : 설비보전 실무

② **검정방법** - 필기 : 전 과목 혼합, 객관식 60문항(60분)
　　　　　　　실기 : 작업형(3시간 정도)

③ **합격기준** - 필기·실기 : 100점을 만점으로 하여 60점 이상

■ 출제기준(필기시험)

직무분야	기계	자격종목	설비보전기능사	적용기간	2017. 1. 1. ~ 2020. 12. 31.
직무내용	생산시스템이나 설비(장치)의 설비보전에 관한 기능적인 지식을 가지고, 생산설비 등을 최적의 상태로 효율적으로 유지하기 위해 일상점검 및 정기점검을 통한 설비진단을 하고 고장부위를 정비하거나 유지, 보수, 관리 및 운용 등의 직무 수행					
필기 검정방법	객관식	문제수	60문항	시험시간	1시간

필기 과목명	출제 문제수	주요항목	세부항목	세세항목
기계보전 일반, 설비관리, 공유압 일반, 산업안전	60	1. 기계보전의 개요	1. 기계보전에 관한 용어	1. 보전에 관한 용어
				2. 고장의 종류 해석에 관한 용어
			2. 윤활	1. 마찰의 개념
				2. 윤활제
				3. 윤활제의 급유방법
				4. 윤활관리
		2. 기계제도	1. 기계제도	1. 기계제도의 기초
				2. 정투상도법
				3. 단면도법
				4. 기계요소 제도법
				5. 용접, 배관기호의 표시법
		3. 기계장치 보전	1. 보전측정기구	1. 측정기구 및 공기구
				2. 보전용 재료
			2. 기계요소 보전	1. 체결용 기계요소의 보전
				2. 축 기계요소의 보전
				3. 전동용 기계요소의 보전
				4. 제어용 기계요소의 보전
				5. 관계 기계요소의 보전
			3. 기계장치 보전	1. 밸브의 점검 및 정비
				2. 펌프의 점검 및 정비
				3. 송풍기의 점검 및 정비
				4. 압축기의 점검 및 정비
				5. 감속기의 점검 및 정비
				6. 전동기의 점검 및 정비
		4. 설비관리계획	1. 설비관리 개론	1. 설비관리의 개요
				2. 설비의 범위와 분류
			2. 설비보전의 계획과 관리	1. 설비보전과 관리시스템
				2. 설비보전의 본질과 추진 방법
				3. 설비보전관리
				4. 설비의 신뢰성과 보전성

필기 과목명	출제 문제수	주요항목	세부항목	세세항목
기계보전일반, 설비관리, 공유압 일반, 산업안전	60	5. 종합적 설비관리	1. 공장 설비관리	1. 공장 설비관리의 개요
				2. 계측관리
				3. 치공구관리
			2. 종합적 생산보전	1. 종합적 생산보전의 개요
				2. 설비효율 개선방법
				3. 만성로스 개선방법
				4. 자주보전 활동
				5. 품질개선 활동
		6. 공압	1. 공유압의 개요	1. 기초이론
				2. 공유압의 원리
				3. 공유압의 특성
			2. 공압기기	1. 공기압 발생장치
				2. 공압 제어밸브
				3. 공압 액추에이터
			3. 공압 기호 및 회로	1. 공압 기호 및 회로
		7. 유압	1. 유압기기	1. 유압발생장치
				2. 유압제어밸브
				3. 유압액추에이터
				4. 유압부속기기
				5. 유압작동유
			2. 유압 기호 및 회로	1. 유압 기호 및 회로
		8. 산업안전	1. 산업안전의 개요	1. 산업안전의 목적과 정의
				2. 산업재해의 분류
			2. 산업시설의 안전	1. 기계작업의 안전
				2. 전기취급시 안전
				3. 여러 가지 산업시설의 안전
				4. 안전보호구
			3. 가스 및 위험물에 관한 안전	1. 가스 안전
				2. 위험물 안전
			4. 사고예방	1. 사고방지의 대책
				2. 사고발생원인 및 예방
			5. 산업안전 관계법규	1. 산업안전 보건법

■ 출제기준(실기시험)

직무분야	기계	자격종목	설비보전기능사	적용기간	2017. 1. 1. ~ 2020. 12. 31.
직무내용	생산시스템이나 설비(장치)의 설비보전에 관한 기능적인 지식을 가지고, 생산설비 등을 최적의 상태로 효율적으로 유지하기 위해 일상점검 및 정기점검을 통한 설비진단을 하고 고장부위를 정비하거나 유지, 보수, 관리 및 운용 등의 직무 수행					
수행준거	1) 소음 및 진동 측정 장비 등을 설치하여 소음 및 진동을 측정할 수 있다. 2) 보전 장비를 활용하여 체결용, 축, 관계, 베어링, 전동장치에 대한 기계요소를 보전할 수 있다. 3) 유·공압회로를 이해하고 구성하여 동작시킬 수 있다. 4) 설비보전에 필요한 전기용접 작업을 할 수 있다.					
실기 검정방법	작업형			시험시간	3시간 정도	

실기 과목명	주요항목	세부항목	세세항목
실기보전 실무형	1. 설비보전 (동영상)	1. 설비진단하기	1. 회전기계에 진동센서를 부착하고 FFT분석기에 연결하는 시스템을 구출할 수 있어야 한다. 2. 소음계를 사용하여, 설비의 소음상태를 측정할 수 있어야 한다.
		2. 기계요소 보전하기	1. 체결용 기계요소의 종류 및 특성을 이해하고, 현업에 적용할 수 있어야한다. 2. 축계 기계요소의 종류 및 특성을 이해하고, 현업에 적용할 수 있어야 한다. 3. 베어링 요소의 종류 및 특성을 이해하고, 현업에 적용할 수 있어야 한다. 4. 전동용 기계요소의 종류 및 특성을 이해하고, 현업에 적용할 수 있어야 한다.
	2. 설비보전 (작업)	1. 설비구성 작업하기	1. 전기 시퀀스를 이용한 공압 실린더 2개의 회로를 구성할 수 있어야 한다. 2. 전기 신호로 구동되는 유압 실린더 1개의 회로를 구성할 수 있어야 한다.
		2. 사후보전 작업하기	1. 기계장치를 이용하여, 가공 및 조립작업을 할 수 있어야 한다. 2. 전기용접기를 이용하여, 사후 보전작업을 할 수 있어야 한다.

제1장 기계보전의 개요

제1절 기계보전에 관한 용어
제2절 윤활

제1절 기계보전에 관한 용어

1. 보전에 관한 용어

장비 시스템이나 장치(설비)를 정비, 조정한 후에 기능이 필요할 시에는 언제나 최적의 상태로 기능을 발휘할 수 있게 미리 준비하여 두는 것을 말한다.

가. 보전의 종류

1) 사후보전(BM : Breakdown Maintenance)

설비의 기능이 정지된 후 원래의 상태로 복원 고장, 정지 또는 유해한 성능저하를 가져온 후에 수리를 행하는 것

▶ 특징 : ① 돌발고장이 많다.
② 설비가동률이 저하된다.
③ 경우에 따라서는 예방보전보다 경제적일 수가 있다(간단한 설비).

2) 예방보전(PM : Preventive Maintenance)

설비의 고장이 발견되기 전에 미리 발견하여 운전 상태를 유지하는 것으로 설비가 고장을 일으키게 되면 생산이나 서비스에 지장을 주므로 고장을 예방하고자 하는 설비관리 행위

▶ 특징 : ① 예방보전이 지나치면 본래의 목표인 경제성이 나빠질 수 있다.
② 설비의 진단과 조기 정비(열화부위의 사전 교체 등)를 하므로 효율을 높인다(열화손실이 큰 설비는 경제적이다.). 오버홀(overhaul)은 설비의 효율을 높이기 위하여 관리하는 데 매우 중요한 활동이다. 예방 보전활동에 오버홀이 포함된다.

> **Tip**
> **오버홀(overhaul)**
> 운전사양에 따라 가동 중인 부품들을 완전 분해, 재작업, 시험을 통하여 만족할 만한 상태로 다시 돌려놓는 것을 말한다.

3) 생산보전(PM : Productive Maintenance)
   생산의 경제성을 높이기 위한 보전으로 예방보전을 말한다. 1954년 미국의 GE사에서 1954년 제창하였으며 오늘날 널리 쓰이고 있다.
   ▶ 특징 : ① 생산성을 높이는 보전
   　　　　② 경제성을 강조한 보전

4) 개량보전(CM : Corrective Maintenance)
   예방보전이라는 생각을 발전시키면 설비자체의 체질을 개선시켜 수명이 길고, 고장이 적으며, 보전절차가 없는 재료나 부품을 사용할 수 있도록 설비를 개조, 갱신하는 보전을 말한다.
   ▶ 특징 : ① 경제성을 강조(예방보전 및 생산보전을 택할 때보다 경제적일 때 적용)
   　　　　② 설비자체의 개조, 갱신

5) 보전예방(MP : Maintenance Prevention)
   예방보전의 논리를 발전시킨 것으로 새로운 설비일 때부터 고장이 일어나지 않으면서 보전비가 소요되지 않는 설비(제작, 구입)를 생각하는 보전
   ▶ 특징 : ① 고장이 없고 보전이 필요 없는 설비의 설계 제작, 구입
   　　　　② 신뢰성, 경제성, 보전 성을 고려한 설비의 설계 제작, 구입

6) 종합적 생산보전(TPM : Total Productive Maintenance)
   설비의 효율(종합적 효율)을 최고 목표로 하여 설비의 라이프 사이클을 대상으로 한 PM의 종합 시스템을 확립하고 설비의 계획, 사용, **보전부문을 전 사원이 참여하는 설비 관리**
   ▶ 특징 : ① 전 사원의 참여(최고 경영자부터 제일선 종업원)
   　　　　② 전 사원이 참여하는 동기부여 관리
   　　　　③ 그룹별 자주관리 활동에 의한 PM추진

■ 일상보전
   고장예방 또는 조기처치를 위해서 실시되는 급유, 청소, 조정, 부품교체에 해당하는 설비보전을 말한다. 즉, 설비가 열화하여 성능저하를 초래하는 상태를 조기 처치하기 위하여 행해지는 급유, 청소, 조정, 부품교체 등의 설비보전을 말한다.

■ 일상보전의 영역
   ① 공작기계가 없어도 할 수 있는 범위의 작업
   ② 설비의 고장 장소에서 하는 경우가 대부분이다.
   ③ 급유, 청소, 조정 수공구로 하는 정도의 작업

제1장 기계보전의 개요

2. 고장의 종류 해석에 관한 용어

가. 고장과 결함

1) 고장(failure)

설비, 기계부품, 시스템이 기준으로 규정된 기능(성능)을 잃는 현상을 말한다.

표 1-1 기능저하형과 기능정지형

구 분	내 용	예	
성능저하형 (기능저하)	설비의 사용 중에 생산량 수율(收率), 정도(精度) 등의 성능이나 전력, 증기 등의 효율이 점차로 저하하는 형	공작기계 압축기 전해조	손실↑ 시간→
돌발고장형 (기능정지)	사용 중에 성능저하는 별로 되지 않으나, 부분적 파손, 기타에 의해 돌발적 고장정지하고, 부분적 교환 교체에 의해 복구되는 형	기계의 축 절손 전기회로의 단선 내압용기의 파괴 과부하로 인한 모터의 소손	손실↑ 시간→

2) 결함(defect)

기계의 고장의 원인이 되는 결점, 이상(규정에서 어긋남) 등의 상태 또는 장소를 말한다.

나. 고장의 용어

1) 고장률(failure)

일정 기간 중에 발생하는 단위시간당 고장횟수로 나타내며, 고장률은 1000시간당의 백분율로 나타내는 것이 보통이다.

2) 평균고장간격(MTBF : Mean Time Between Failures)

어떤 신뢰성 대상물에 대한 전 사용시간의 비를 말하며, 고장률의 역수이다.

$$\text{MTBF} = F(t)$$

여기서, MTBF : 평균고장간격
$F(t)$: 고장률

3) 평균고장시간(MTTF : Mean Time To Failure)
신뢰성의 대상물이 사용되어 처음 고장이 발생할 때까지의 평균시간을 말한다.

다. 고장의 종류

베어링, 축, 기어 등과 같이 단일 부품으로 조합되어 구성된 기계장치와 인간의 신체는 유사한 관계가 있다.

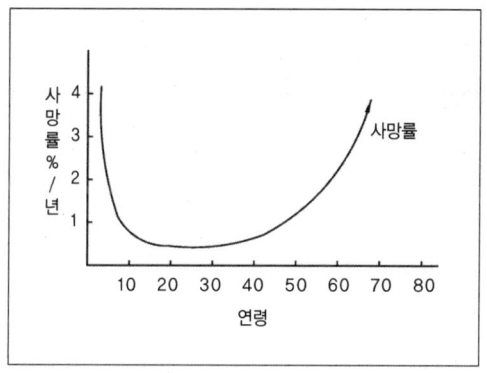

그림 1-1 연령별 사망곡선

유아기는 저항력이 적어 사망률이 높으며, 성장함에 따라 사망률이 감소하여, 청년기에는 사망률이 낮고 안정되어 있으나 노년기에는 혈관, 심장 등이 노화되어 사망률이 급상승하게 된다. 이 곡선을 욕조곡선 즉, 베스터브 곡선(bathtub curve)이라 한다.

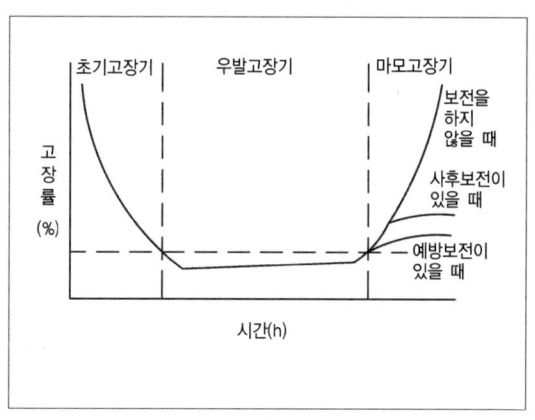

그림 1-2 설비의 고장률 곡선

1) 초기 고장기

시간의 경과와 함께 고장발생이 감소되는 고장률 감소형 기간으로, 비교적 높은 신뢰성을 가진 것만 남는 형식이다. 초기 고장기에는 예방보전은 불필요하고 보전원은 설비를 점검하고 불량개소를 발견하면 이를 개선 수리하며 불량품은 그때마다 대체한다.
대표적인 원인은 다음과 같다.
① 부품수명이 짧은 것
② 설계불량
③ 제작 불량

2) 우발 고장기

이 기간의 **고장률**은 거의 일정하나 **고장발생 패턴**이 우발적이므로 예측할 수 없는 **고장률 일정형**으로 많은 구성부품으로 이루어진 설비에서 볼 수 있는 형식이다. 이 기간을 유효수명이라고 하고 고장 정지시간을 감소시키기 위하여 설비보전원은 고장개소를 감지하여야 하므로 능력 향상이 필요하고, 고장률을 저하시키기 위하여 개선, 개량이 절대 필요하며 예비품 관리가 중요하다.

3) 마모 고장기

이 기간은 설비를 구성하고 있는 부품의 마모나 열화에 의하여 고장이 증가하는 **고장률 증가형**이라고 할 수 있다. 사전에 열화 상태를 파악하고 이상 점검에서 청소, 급유, 조정 등을 잘 해두면 열화속도는 완전히 늦어지고 부품의 수명은 길어진다.
예방보전의 효과는 마모 고장기에 가장 높으며 초기, 우발 고장기에는 효과가 없다.

제2절 윤활

1. 마찰의 개념

가. 마찰 상태

1) 유체윤활(lubrication)

완전윤활 혹은 후막 윤활이라고도 하며, 이것은 가장 이상적인 유막에 의해 마찰 면이 완전히 분리되어 베어링 간극 중에서 균형을 이루게 되는 윤활로 윤활상태의 모형은 다음과 같다.

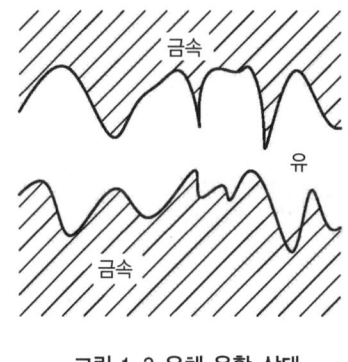

그림 1-3 유체 윤활 상태

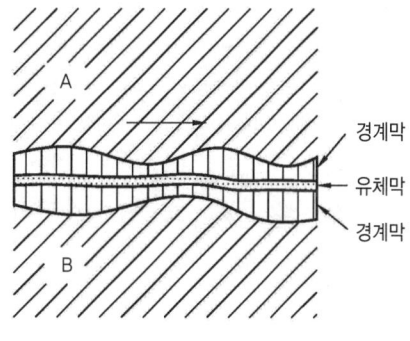

그림 1-4 이상적인 유체윤활 상태

> **Tip**
> ▶ 완전윤활의 마찰계수
>   잘 설계되고 적당한 하중, 속도와 충분한 상태일 때의 마찰계수는 0.01~0.05이다.

2) 경계윤활(boundary lubrication)

불안정 윤활 또는 얇은 막이라고도 하며, 이것은 후막윤활 상태에서 하중이 증가하거나 유온이 상승하면 생기는 윤활 상태이다.

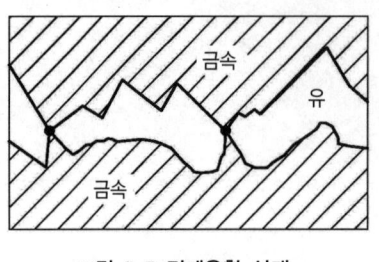
그림 1-5 경계윤활 상태

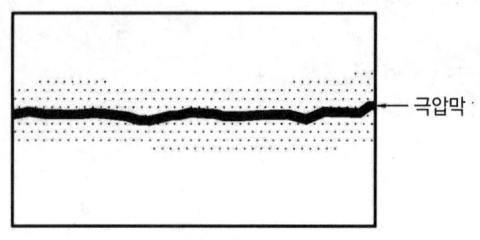
그림 1-6 극압윤활 상태

■ 윤활상태

완전윤활 상태에서 하중의 증가 또는 유온이 상승하여 점도가 떨어져 유압만으로 하중을 지탱할 수 없는 상태이며 마찰계수는 0.1~0.01이다.

3) 극압윤활(extreme-pressure lubrication)

불안전 윤활보다 하중이 증가하고 마찰온도가 높아지면 흡착 유막으로는 지탱할 수 없어 막이 파괴되어 금속간 접촉이 생겨 금속부문에 융착(融着)과 소부(燒付)현상이 발생한다. 이를 막기 위하여 극압제를 첨가하면 윤활이 가능하게 되는 윤활이다.

> **Tip**
> ▶ 극압제(極壓劑)
> 염소(Cl), 유황(S), 인(P) 등이 사용된다.
>
> ▶ 금속화합물 피막
> 염화철($FeCl_2$), 황화철(FeS), 인 화철(Fe_2P) 피막

2. 윤활제

가. 윤활유의 분류

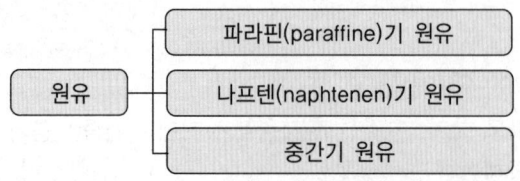

나. 윤활제의 분류

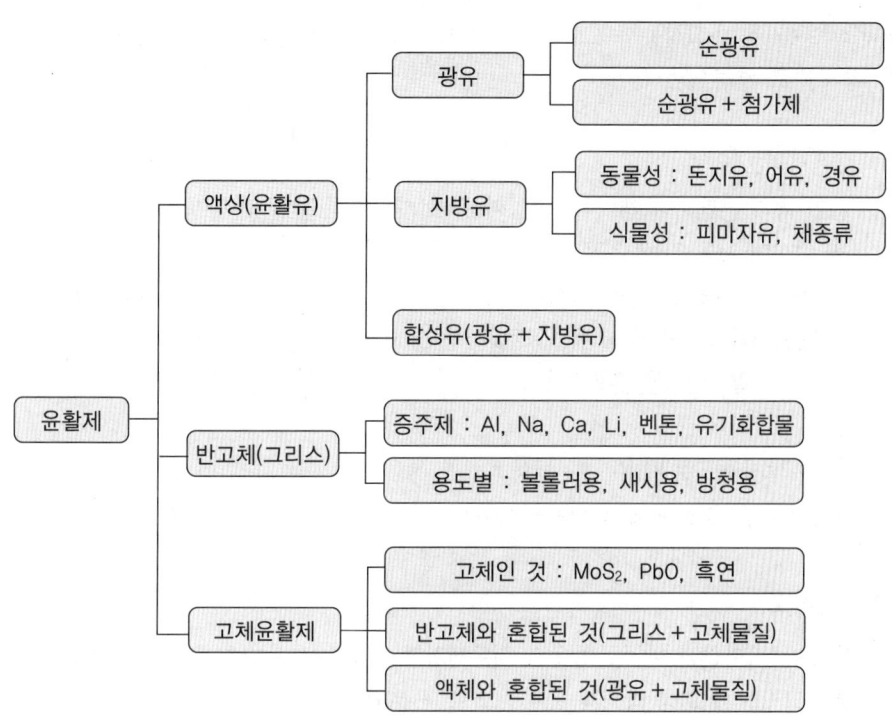

다. 윤활유의 분류

윤활제로서 가장 많이 사용되는 것은 액상의 윤활유이며 윤활유는 대부분 광유계이다.

- **윤활유가 갖추어야 할 성질**
  ① 사용 상태에서 **충분한 점도**를 가질 것
  ② 한계 윤활상태에서 견디어 낼 수 있는 유성이 있을 것
  ③ 산화나 열에 대한 안전성이 높고 화학적으로 불활성이며 청정, 균질할 것

라. 점도에 의한 분류

① 경질 윤활유(light stocks)
② 중간질 윤활유(medium stocks)
③ 중질 윤활유(heavy stocks)

마. 용도에 의한 분류

최근 각종 기계는 고성능화되고 정밀 세분화됨에 따라 윤활유도 이들 기계에 만족할 수 있도록 용도별로 분류되었다.

1) 전기절연유
오일 속의 콘덴서나 케이블, 변압기 등 전기기기의 절연 및 발생열의 냉각에 사용하는 것을 말하며 1종~7종까지로 구분한다.
① 1종 : 광유를 주재료로 사용
② 2종~6종 : 합성유를 주재료로 사용
③ 7종 : 알킬벤젠을 혼합사용

2) 금속가공용 윤활유
금속가공용 윤활유에는 절삭유, 연삭유, 열처리유, 압연유, 소성 가공유 등이 있다.

3) 방청유
방청유는 미군과 한국공업규격 지문제거형, 용제희석형, 방청페인트 롤레이덤, 방청윤활유, 방청그리스, 기화성 방청제 등 6종으로 구분되어 있다.

4) 유압작동유
유체의 작동매체로 사용하며 작동유에는 광유계 작동유와 불연성 작동유로 나누어지고 불연성 작동유는 수분 함유형 작동유와 합성작동유가 있다.

바. 윤활유의 성질

1) 비중(specific gravity)
윤활유의 비중은 성분에는 관계가 없으나 규정의 기름인가 판단하는 데 유용하다.

$$비중 = \frac{15℃ \text{ 기름 1cc의 무게}}{4℃ \text{ 물 1cc의 무게}}$$

2) 점도(viscosity)
점도는 윤활유의 물리, 화학적 성질 중 가장 기본이 되는 성질이며, 유체가 유동할 때 나타나는 유체 내부의 저항을 말한다. 기계 윤활에 있어 기계의 조건이 동일하다면 마찰손실, 마찰열, 기계적 효율은 점도가 크게 좌우한다.

(1) 점도의 단위
① 절대점도 : 푸아즈(poise : g/cm·sec)
② 운동점도 : 스톡(stokes : cm²/sec)

(2) 스톡
동점도를 CGS단위로 표시한 것을 스톡(stoke)이라 하며, 그 1/100을 취하여 센티스톡이라하고, cSt로 표시한다.

$$운동(동)점도 = \frac{절대밀도}{밀도(사용밀도)}$$

3) 유동점(pour point)
윤활유의 온도를 낮추게 되면 유동성을 잃어 마침내는 응고하고 만다. 윤활유가 이와 같이 유동성을 잃기 직전의 온도를 유동점이라 한다.

4) 인화점(flash point)
석유제품은 모두 그들의 온도에 상당하는 증기압을 갖기 때문에 어느 온도까지 가열하게 되면 증기가 발생하게 되고, 그 증기는 공기와 혼합가스로 되어 인화성 또는 약한 폭발성을 갖게 된다. 이 혼합 가스에 외부로부터 화염을 접근시키면 순간적으로 섬광을 내면서 인화되어 발생증기는 소멸된다. 이때의 온도를 말한다.

① 인화점 측정
㉮ 태그 밀폐식   ㉯ 클리블랜드 개방식   ㉰ 펜스키마텐스 밀폐식

표 1-2 석유제품의 인화점 범위

가 솔 린	-20°C
등 유	30~60°C
중 유	55~100°C

5) 중화가(neutrazation number)
석유제품은 산성 또는 알칼리성을 나타내는 것으로써 산화조건하에서 사용되는 동안 기름 중의 변화를 알기 위한 척도이다.

6) 주도(penetration)
그리스의 주도는 윤활유의 점도에 해당하고, 주도는 그리스의 굳은 정도를 나타내며, 시험

법은 규정된 원주를 그리스 표면에 떨어뜨려 일정시간(5초)에 들어간 깊이(mm)에 10을 곱한 수를 말한다. 그리스의 시험온도는 25±0.5℃에서 측정하며, 주도는 기유의 함량과 점도에 의해 결정된다.
① 혼화 주도 : 혼화기에서 그리스를 60회(분당) 이상 혼화시킨 후에 측정한 주도이다.
② 불혼화 주도 : 혼화기에서 혼화시키지 않은 상태에서 측정한 주도이다.
③ 고형 주도 : 굳은 그리스의 주도로서 절단기에 의하여 절단된 절단면의 주도이다.

7) 적화점(dropping point)

그리스를 가열하여 그리스가 액체 상태로 되어 떨어지는 최초의 온도로써 그리스의 내열성을 평가하는 기준이 되고 사용 온도가 결정된다.

8) 이유도(oil separation)

그리스를 장시간 보관하거나 사용 중에 그리스를 구성하고 있는 기름 성분이 분리되는 현상을 말한다.

3. 윤활제의 급유방법

가. 윤활 방식의 분류

표 1-3 윤활 급유방식과 사용윤활유

급유방식		특 색	윤활유	기름에 요구되는 성질
비순환식 급유법	수급유	급유량부족	혼성유	유성
	적하급유	윤활양호	석유계윤활유	
순환식 급유법	패드급유	"	"	산화 안정성
	유륜식급유	"	"	산화 안정성, 항 부하성
	유욕급유	"	"	산화 안정성, 열안정성
	비말급유	"	"	약간 저점도, 산화 열안정성
	중력급유	"	"	산화 안정성, 열 안정성
	강제순환급유	"	"	산화 열 항안정성, 유성 청정성 점도지수

■ 윤활유의 공급방식

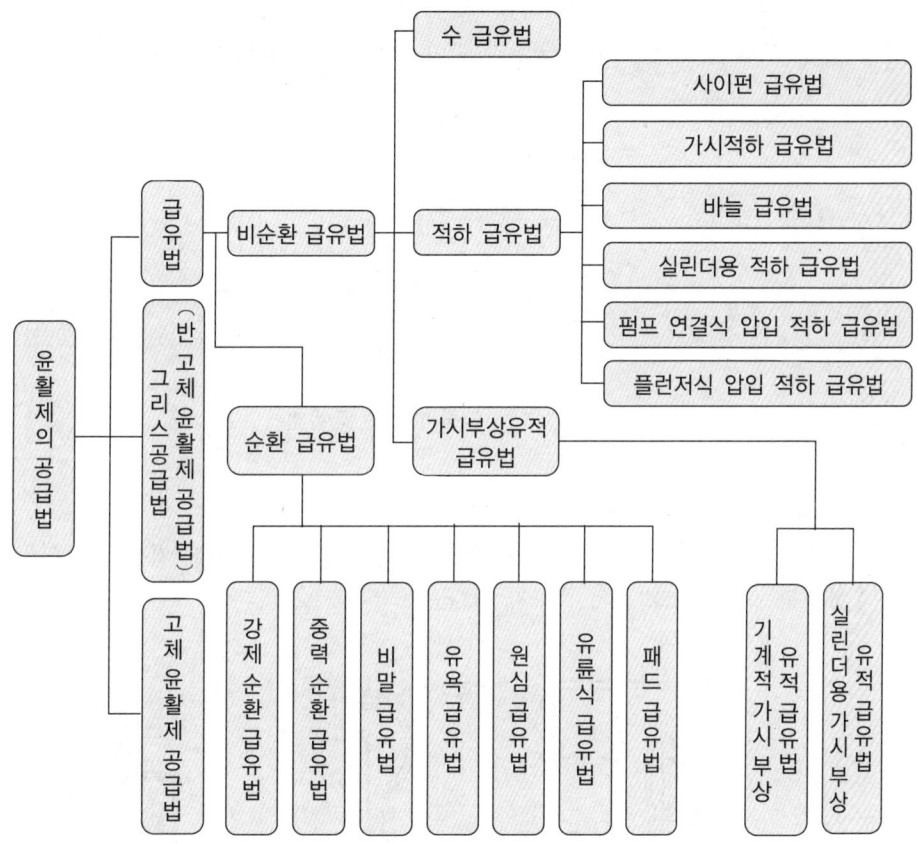

나. 비순환 급유법

이 방법은 순환 급유법 보다 뒤떨어지는 방법으로 대체로 순환 급유법을 채용할 수 없는 경우에 사용된다.

■ 비순한 급유법의 채용 조건
① 기름의 오손이 심할 경우
② 고온으로 인한 기름의 증발이 생길 경우
③ 기계의 구조상 순환 급유법을 채용할 수 없는 경우

1) 손 급유법(hand oiling)
   사람이 주유기를 사용하여 주유하는 가장 간단한 방법

■ 손 급유법의 특징
① 가장 간단한 급유법이다.
② 기름의 소모가 많고 급유가 불안전하며 가장 불량한 주유법

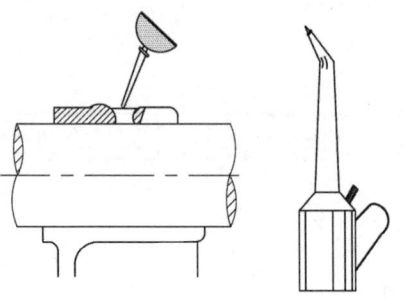

그림 1-7 손 급유법

2) 적하 급유법(滴下給油法 : drop-feed oiling)
급유할 마찰 면이 넓고 손 급유법으로 불편한 경우에 사용한다. 기름의 보충에 주의하면 급유는 계속되며 기름의 소모가 많다.

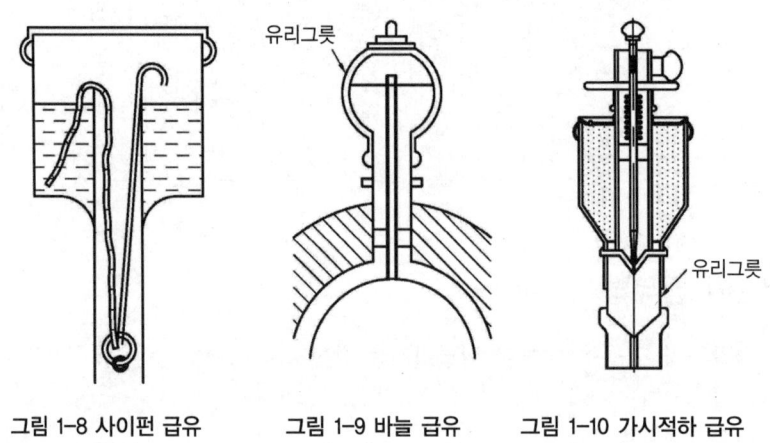

그림 1-8 사이펀 급유   그림 1-9 바늘 급유   그림 1-10 가시적하 급유

가) 사이펀 급유법(syphon oiling)
기름통의 기름을 끈의 모세관현상을 이용하여 기름을 빨아올려서 급유를 하므로 사용하지 않을 때는 끈을 잡아 올려 급유를 중지하여야 하고, 온도가 올라가면 점도가 감소하며 기름의 소모가 많다.

나) 바늘 급유법(needle oiling)
바늘 주위의 기름은 축의 회전에 의한 진동 때문에 바늘이 움직이므로 적하하여 기름을

공급하고, 회전이 정지하면 모세관 현상에 의해 공급이 중지된다. 바늘의 굵기에 따라 조절되고 같은 굵기라도 축의 회전수가 증가하면 기름의 공급도 증가한다.

다) 가시 적하 급유법(sight drop-feed oiling)

기름 공급량을 볼 수 있게 유리로 제작하고 적하량은 니들 밸브로 구멍의 크기를 조절한다.

라) 실린더용 적하 급유법(cylinder drop-feed oiling)

실린더용 급유기에 의해 행하여지는 방법으로써 실린더의 주위에 직접 급유기를 붙여 사용한다. 기름단지 상·하에 콕을 붙여 기름을 넣을 때는 아래 콕은 닫고 위 콕을 열고, 급유 시는 반대로 하여 급유 시 증기압에 의하여 기름이 압축되지 않도록 한다.

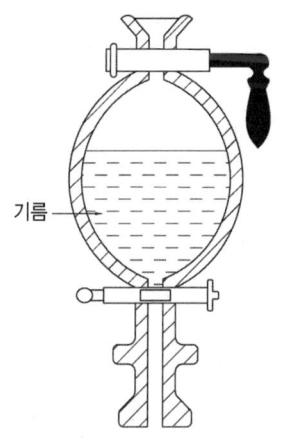

그림 1-11 실린더 적하 급유법

마) 플런저식 적하 급유법(plunger type drop-feed oiling)

가시적 급유기를 사용하는 방법으로 송유관보다 먼저 압력이 걸려 있는 경우에 쓰이고 가시 급유기의 기름이 중력에 의하여 적하하면 펌프 플런저는 기름을 송유관에 보내게 된다.

바) 펌프연결식 적하 급유법

소형 오일 탱크에 펌프와 유적 가시(油滴可視)유리를 이용하는 방법이다. 이 급유법은 주축의 운동을 취하여 풍차 또는 간헐장치를 이용하여 펌프를 작동하여 기름을 파이프를 통하여 급유장소로 보내진다.
① 구조가 간단하고 과정이 간편하다.
② 기름은 회수되지 않고 소비된다.

3) 가시부상 유적 급유법(可視浮上油滴給油法)

유적을 물 또는 적당한 액체를 가득 채운 유리관 속을 서서히 떠올라 오게 하는 급유기를 사용한 것으로서 급유 상태를 뚜렷이 볼 수 있는 이점이 있다.

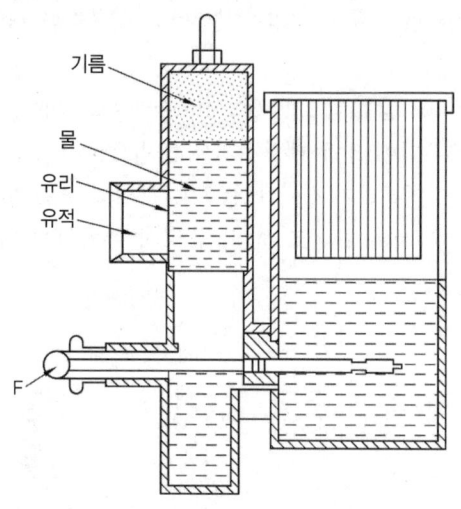

그림 1-12 가시부상 유적 급유법

다. 순환 급유법(循環給油法)

같은 윤활유를 거듭 반복하여 마찰 면에 공급하는 것으로, 같은 기름통 속에서 기름을 반복하여 사용하는 급유법과 펌프를 이용하여 강제로 기름을 순환시키는 방법이 있다.

1) 패드 급유법(pad oiling)

패드를 가볍게 저널에 접속시켜 급유하는 방법으로 모세관 현상에 의하여 기름을 마찰 면에 공급한다.

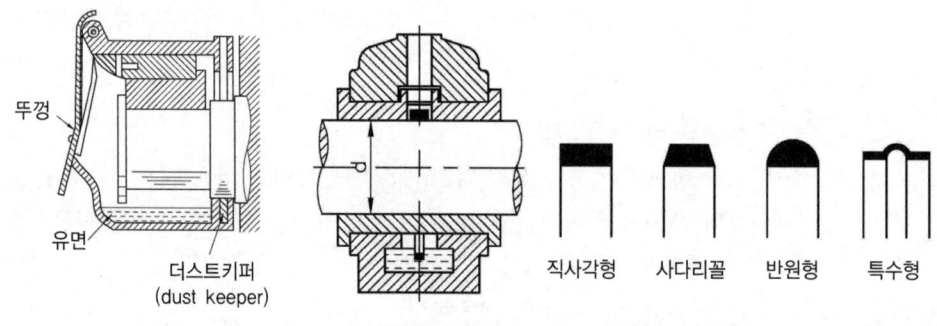

그림 1-13 패드 급유법   그림 1-14 유륜식 급유법

2) 유륜식 급유법(ring oiling)

유륜(오일링)은 축의 회전에 수반하여 마찰 면에 기름을 운반하여 윤활작용을 하고, 나머지 대부분은 마찰 면에서 열을 제거시킨 후 기름 탱크로 되돌아온다.

3) 체인 급유법(chain oiling)

유륜식 급유법보다 점도가 높은 기름을 사용할 때 사용하는 급유법으로 저속 고하 중에 적합하고, 기름 탱크의 유면과 축이 떨어져 있을 때 사용한다.

4) 칼라 급유법(coller oiling)

나비, 두께가 모두 큰 링을 축에 고정시킨 것으로 윤활유를 탱크에서 운반하여 급유하는 것은 유륜 급유법과 같으며 저속 고하중에 사용하고, 탱크의 유면은 칼라 두께의 1/2이 잠길 정도다.

5) 버킷 급유법(bucket oiling)

컬러 급유와 비슷한 것으로 저속 고하중에 적합하고 축이 베어링의 일단에서 끝나는 부분에 사용한다.

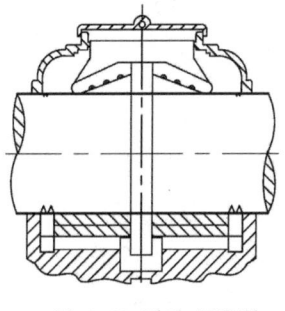

그림 1-15 칼라 급유법

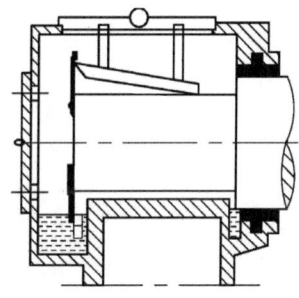

그림 1-16 버킷 급유법

6) 비말 급유법(splash oiling)

기계의 일부인 운동부가 기름 탱크 내의 유면에 미접하여 기름의 미립자 또는 분무상태로 기름탱크에서 떨어져 마찰 면에 튀게 하여 급유하는 방법으로 특징은 다음과 같다.
① 냉각효과가 있다.
② 수 개의 다른 마찰 면에 동시에 자동으로 급유할 수 있다.

7) 롤러 급유법(rdller oiling)

기름 탱크에 기름이 닿게 롤러를 설치하고 롤러에 부착된 기름으로 윤활하는 급유방법이다.

8) 유욕 급유법(bath oiling)

마찰 면이 기름 속에 잠겨서 윤활하는 방법으로 비말 급유법에 비하여 적극적으로 윤활시킬 수 있고, 냉각작용도 크며 다음 경우에 많이 채용된다.
① 직립형 수력 터빈의 추력 베어링
② 방적기계의 스핀들
③ 피치원의 원주 속도가 5m/sec 정도의 감속기

9) 원심 급유법(centrifugel oiling)

원심력을 이용한 급유법으로 엔진 종류의 크랭크 핀의 급유에 사용된다. 금속제의 바퀴를 크랭크축에 붙이고 그 바퀴로 원심력에 의하여 기름을 공급하며 바퀴의 단면에는 깊은 홈 모양으로 되어 있고 크랭크 핀의 기름구멍에 맞추어 그 홈에도 구멍이 뚫려 있다.

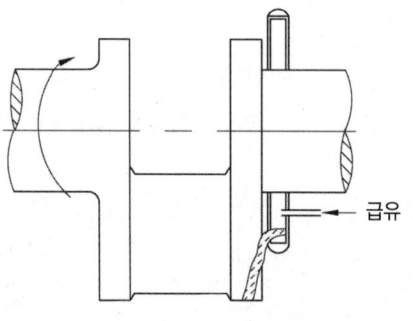

그림 1-17 원심급유법

10) 나사 급유법(screw oiling)

축면에 나선상의 홈을 만들고 축을 회전시키면 축의 회전에 따라 기름이 홈을 따라 올라가 축면에 급유되는 방법으로 일종의 나사펌프 급유이며, 저속에서는 이용되지 않는다.

11) 중력 순환 급유법(gravity oiling)

임의의 높은 곳에 있는 기름 탱크에서 분배관을 통해 기름을 흘려보내는 방법으로, 각 분배관에는 유적 가시 유리가 구비되어 유량을 조절하며 베어링에서 배출된 기름은 파이프를 통하여 침강조로 모아져 여과기에서 여과 후 펌프로 펌핑하여 탱크로 되돌아간다.
① 베어링 급유에 기름을 사용한다.
② 사용 압력은 최소압력(중력 급유)인 점이다.
③ 기름을 순환시키기 때문에 마찰열은 기름이 제거하여 준다.
④ 온도 상승에 의한 기름의 점도저하가 없다.

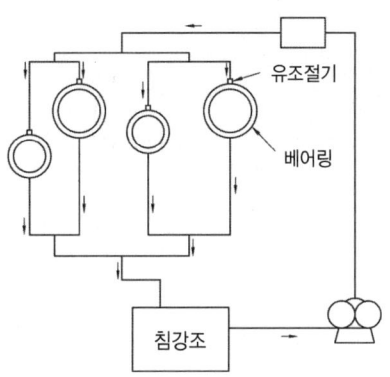

그림 1-18 중력 순환 급유법

12) 강제 순환 급유법(forced circulation oiling)

고압 고속의 베어링에 윤활유를 기름펌프에 의해 강제적으로 밀어서 공급하는 방법으로, 몇 개의 베어링을 하나의 계통으로 하여 고압($1 \sim 4 kg/cm^2$)으로 강제 순환시킨다. 즉, 배출된 기름은 다시 기름 탱크에 모여 침전여과 냉각 후 다시 기름펌프로 순환하며, 고 속도의 내연기관, 자동차, 비행기, 공작기계 등에 사용된다.

가) 여과기

가는 메시(mesh)의 철망을 여러 겹 겹쳐서 만든 철강식과 약 0.1mm의 구멍을 밀집하게 뚫은 얇은 철판을 여러 장 겹쳐서 만든 박강식이 있다.

> **Tip**
> ▶ 여과능력
> ㉮ 철강식 : 0.05~0.08mm ㉯ 큐노형 : 0.01mm 내외 ㉰ 펠트(felt) : 0.005~0.01mm

나) 기어펌프의 송출량

$$Q = \frac{\pi b d h N}{1000}$$

여기서, Q : 송출량[l/min] h : 이의 높이[cm]
b : 이의 폭[cm] N : 회전수[rpm]
d : 피치원의 지름[cm]

 예제 1

이 높이가 5mm이고 기어의 폭이 50mm인 기어펌프가 800rpm으로 회전할 때, 이 펌프의 토출량은 얼마인가?(단, 펌프의 효율은 95%이고 피치원의 지름이 200mm이다.)

제1장 기계보전의 개요

해설

$$Q = \frac{\pi b d h N \eta}{1000}$$

$$= \frac{\pi \times 0.5 \times 20 \times 5 \times 800 \times 0.95}{1000}$$

$$= 119.32 \, l/min$$

다) 축동력

$$Lw = \frac{\rho Q H}{102\eta}$$

여기서, Lw : 동력 ρ : 밀도 Q : 토출량
H : 양정 η : 효율

::예제 2::

유량이 200 l/min이고 양정이 200m로 비중이 0.85인 액체를 올리고자 할 때의 펌퍼의 동력은 몇 kW인가?(단 펌프의 효율은 0.85이다.)

해설

$$Lw = \frac{\rho Q H}{102\eta}$$

$$= \frac{0.85 \times 200 \times 200}{102 \times 0.85 \times 60} = 6.535 \text{kW}$$

∴ 펌프의 동력은 약 6.6kW

::예제 3::

분당 300리터의 물을 100m 높이로 보내고자 한다. 펌퍼의 필요 동력은 몇 마력인가?

해설

$$Lw = \frac{\rho Q H}{75\eta}$$

$$= \frac{1 \times 300 \times 100}{75 \times 60}$$

$$= 6.6667 \text{HP}$$

∴ 펌프의 동력은 약 6.7HP

13) 분무 급유법(fog lubricating)

분무 급유법은 롤링 베어링의 $dn = 6.0 \times 10.5$ 이상에서 채용되는 방법으로 공기 압축기, 감압 밸브, 여과기, 분무 장치 등으로 구성된다.

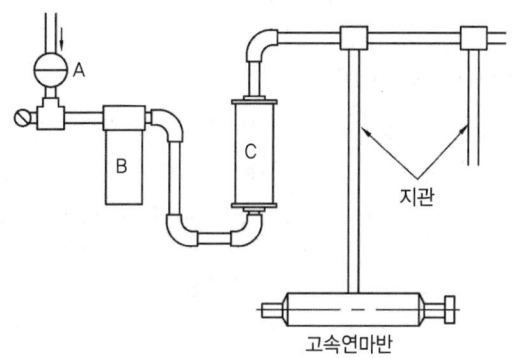

그림 1-19 분무 급유법

가) 작용

압축기에서 압축된 공기는 감압 밸브 A를 지나면서 $0.5\sim1\mathrm{kg/cm^2}$으로 감압되어 여과기 B를 지나 유무(油霧)를 만드는 장치 C로 보내져 유무를 만들어 관을 통하여 분무 급유한다.

나) 특징

① 베어링의 냉각효과가 우수하다. 압축공기의 온도에 따라 다르나 실온 또는 그 이하로 유지하는 것도 가능하다.
② 기름의 교반(攪拌)되는 현상의 방지 : 하우징 내에 필요 이상의 기름이 교반되어 온도상승을 방지한다.
③ 베어링이 항상 깨끗한 유지가 가능하다.

라. 그리스(grease) 급유법

- **장점**
  ① 급유간격이 길다.
  ② 누설이 적다.
  ③ 밀봉성이 좋고 먼지 등 이물질 침입이 적다.

- **단점**
  ① 냉각효과가 적다.
  ② 질의 균일성이 떨어진다.

1) 그리스 패킹

소형 베어링에서 최초에 적당량의 그리스를 충진해서 봉하여 사용하는 방법을 그리스 패킹이라 한다. 주입량은 용적의 1/2 정도가 적당하고 주입량이 과다하면 마찰손실이 크고, 온도가 상승하여 동력손실도 크며 누설과 변질된다.

2) 그리스 충진(充塡) 베어링

슬라이딩 베어링의 메탈 상부가 일부가 개방되어 여기에 그리스를 충진하여 뚜껑을 덮어두는 방식으로 저속 베어링에 주로 사용하고 선박의 저널 베어링, 압연기의 롤 베어링, 분쇄기의 드라이언 베어링에도 사용된다. 반드시 뚜껑을 닫아서 불순물의 침입을 막아야 한다.

3) 그리스 컵

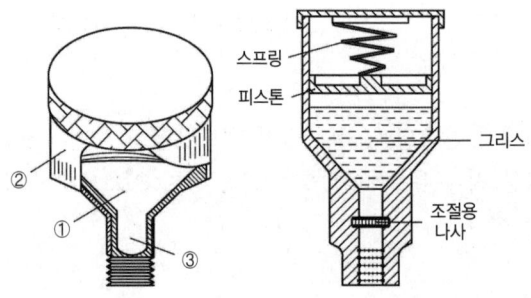

그림 1-20 그리스컵의 구조

위 그림에서 ①은 그리스, ②는 그리스 컵, ③에는 조절나사 또는 스프링이 달려 있다. 즉, 구조에 따라 수동식 컵형과 스프링식 컵형이 있다. 그리스는 그 본질적으로 적하점(dropping point) 이상의 온도가 아닌 보통 사용온도 범위 내에서 스스로 급유가 되지 않으므로 수동식은 가끔 압력을 가하여 주어야 하므로 스프링식이 많이 사용되나 롤러 베어링의 하우징에 설치된 것은 수동식이 사용된다.

4) 그리스 프레스 공급법

나사식의 프레스에 의해 마찰 면에 그리스를 압입하는 방법으로 수중에 작용하는 고하중 베어링의 마찰부에 사용한다.

5) 그리스 건

베어링에 그리스를 주입하는 휴대용 그리스 펌프로서 그리스의 공급이 반드시 연속적이지 아니한 곳에 사용한다.

6) 그리스 펌프

그리스 펌프는 그리스 주유기(grease lubricator)라고도 하며, 종류로는 전동기 직결의 것과 기동 또는 수동의 것이 있다. 이 방법은 그리스 건(gun)보다 훨씬 우수한 방법이다.

7) 집중(集中) 그리스 윤활 장치

센트럴라이즈드 그리스 공급시스템(centralized grease supply system)으로서 그리스 펌프를 주체로 하여 이로부터 관 지름이 2인치 정도의 주관을 시공하고 거기에 지관(支管)을 배열하여 다수의 베어링에 동시에 일정량의 그리스를 확실히 급유하는 방법이다.

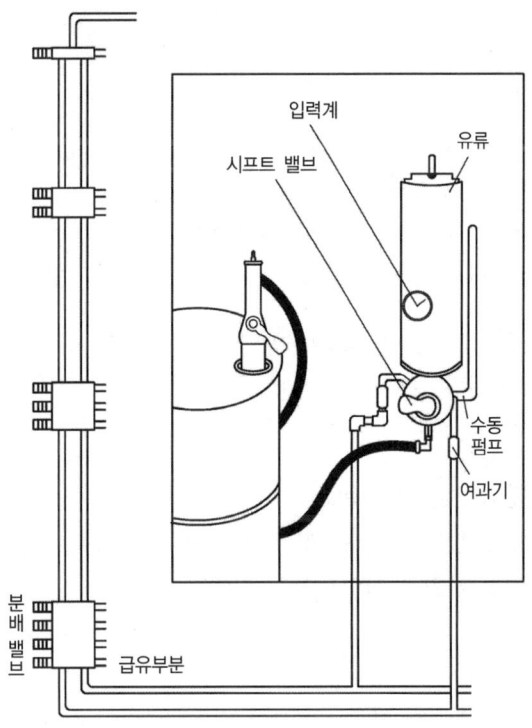

그림 1-21 집중(集中) 그리스 윤활 장치의 구조

4. 윤활관리

가. 윤활의 목적과 필요성

- **윤활의 목적**

  기계에 올바른 급유를 하고 정기적인 점검을 하여 고장의 감소와 원활한 가동을 하여 그 효과로 시설관리비 절감과 생산성 향상에 있다.

- **윤활의 4원칙**

  적유, 적기, 적량, 적법

1) 윤활의 형태

   가) 미끄럼 윤활(sliding lubrication)
   - ㉮ 평면 미끄럼 윤활 : 실린더
   - ㉯ 경사면 미끄럼 윤활 : 미첼 베어링
   - ㉰ 원통형 미끄럼 윤활 : 원통 베어링, 슬립 베어링

   나) 구름 윤활(rolling lubrication)
   - ㉮ 롤러 베어링 윤활
   - ㉯ 볼 베어링 윤활

   다) 기어 윤활(gear lubrication)
   - ㉮ 정기어 윤활 : 정기어, 웜과 웜 기어
   - ㉯ 주압기어 윤활 : 하이포이드 기어

2) 윤활유의 작용
   ① 감마작용 : 윤활 개소의 마찰을 감소하고 마모와 소착을 방지한다. 결과적으로 소음의 방지도 한다.
   ② 냉각작용 : 마찰에 의해 생긴 열, 외부로부터 전달된 열을 흡수하고 방출한다.
   ③ 응력분산작용 : 활동부분에 가해진 힘을 분산시켜 균일하게 하는 작용을 한다.
   ④ 밀봉작용 : 기계의 활동부분을 밀봉하는 작용을 한다.
   ⑤ 청정작용 : 윤활 개소의 혼입 이물질을 무해한 형태로 바꾸든가, 외부로 배출하여 청정하게 해주는 작용을 한다.
   ⑥ 녹 방지(부식방지) : 윤활 개소의 공기와 직접 접촉을 막아서 부식을 방지한다.
   ⑦ 방청작용 : 윤활 개소의 활동부분의 청결을 지켜주는 작용을 한다.

⑧ 방진작용 : 윤활 개소에 먼지 등의 이물 혼입을 방지한다.
⑨ 동력전달 : 유압작동유로서 동력전달 작용을 한다.

나. 윤활 관리효과

1) 기본효과
   ① 윤활사고의 방지　　② 기계정도와 기능유지
   ③ 제품정도 향상　　　④ 보수유지비의 절감
   ⑤ 동력비의 절감　　　⑥ 윤활비의 절약
   ⑦ 구매업무의 간소화　⑧ 안전작업의 철저
   ⑨ 윤활의식의 고양

2) 경제적인 효과
   ① 기계나 설비의 유지 관리비 절약
   ② 완전운전에 의한 유지비, 작업 능률향상, 휴지손실의 절약
   ③ 윤활제의 구입비 절약

다. 윤활유의 열화 원인

1) 윤활유의 열화란?
   양질의 윤활유라 할지라도 사용 중에 그 성질이 저하되는데, 이것을 윤활유의 열화라 한다.

2) 열화 원인
   ① 내부요인(윤활유 자신의 변질) : ㉮ 산화　　㉯ 탄화
   ② 외부요인(타물질의 침입에 의한) : ㉮ 희석　　㉯ 유화　　㉰ 이물질 혼입

라. 윤활유 열화에 미치는 인자

1) 윤활유의 산화(oxidation)
   윤활유는 사용 중 공기 중의 산소를 흡수하여 화학적 반응을 일으켜 산화한다.

2) 윤활유의 탄화(carbonization)
   윤활유가 가열 분해되어 기화된 기름 가스가 산소와 결합할 때에 열전도 속도보다 산소

와의 반응 속도가 늦으면 열 때문에 기름이 건류되어 탄화됨으로써 다량의 잔류탄소를 발생하는 현상 점도가 낮은 윤활유가 탄화경향이 적다.

3) 희석(dilution)

윤활유 중에 연료 및 다량의 수분이 혼입하였을 경우에 일어나는 현상이다.

4) 유화(emulsification)

윤활유가 수분과 혼합해서 유화액을 만드는 현상이다.

- ■ 윤활유가 유화되는 원인
  ① 기름의 산화가 상당히 진행 되었을 때
  ② 윤활유가 열화가 상당히 진행되어 고점도유에 이르렀을 때
  ③ 운전 조건이 가혹해서 탄화수소분의 변질을 가져왔을 때
  ④ 수분의 접촉이 많을 경우

마. 윤활 첨가제

1) 첨가제의 일반적 성질

① 기유에 용해도가 좋아야 한다.
② 증발이 적어야 한다.
③ 색상이 깨끗해야 한다.
④ 저장 중에 안정성이 좋아야 한다.
⑤ 첨가제는 수용성 물질에 녹지 않아야 한다.
⑥ 다른 첨가제와 잘 조화되어야 한다.
⑦ 유연성이 있어 다목적으로 쓰여야 한다.
⑧ 냄새 및 활동이 제어되어야 한다.(적용온도에서 그 성능 발휘)

바. 윤활유 열화 판정법

1) 직접 판정법

① 신유의 성상을 사전에 명확히 파악해 둘 것
② 사용유의 대표적 시료를 채취하여 성상을 조사한다.
③ 신유와 사용 기름의 성상을 비교 검토한 후에 관리 기준을 정하고 교환하도록 한다.

표 1-4 윤활유의 조사항목

항 목		시험 목적
인화점		연료유의 혼입 유무
점도 cSt(m²/S, 40℃)		점도의 변화 유무 ① 적정 점도 확인 ② 윤활유 열화 ③ 오염물의 혼입
수분(%)		수분의 혼입
전산가(mg KOH/g)		① 윤활유 변질도 ② 부식성 물질의 유무 ③ 연소 생성물의 오염도
알칼리성(mg Hel/g)		윤활유의 열화
분해 용분	펜탄(%)	윤활유의 열화
	벤젠(%)	고형 물질의 오염도
기 타		윤활유의 종류 및 사용 조건에 따라 필요한 항목

사. 윤활유의 열화 방지법

① 고온은 가능하면 피한다.
② 기름의 혼합사용은 최대한 피할 것
③ 급유를 원활히 할 것
④ 교환 시는 열화유를 완전히 제거할 것
⑤ 협잡물 혼입 시는 신속히 제거할 것
⑥ 신 기계 도입 시는 충분히 세척 후 사용할 것
⑦ 사용유는 가능한 한 재생하여 사용할 것
⑧ 경우에 따라 적당한 첨가제를 사용할 것
⑨ 연 1회 정도 세척을 실시하여 순환 계통을 청정하게 유지할 것

아. 베어링의 윤활

1) 베어링의 윤활의 목적

① 금속류의 직접 접촉에 의한 소음발생의 억제
② 마모를 막고 베어링의 수명연장
③ 마모를 적게 하여 동력손실 억제와 마찰에 의한 발열 억제
④ 윤활유의 냉각 효과로서 발생 열을 제거하고 베어링 온도상승 억제
⑤ 윤활유 사용으로부터 먼지 등 이물질 침입을 방지

2) 베어링의 윤활

(1) 베어링을 윤활하고 저할 때 고려해야 할 일반적인 고려사항
① 적정 점도
② 운전속도
③ 하중
④ 운전온도
⑤ 급유방법 및 주위환경

(2) 윤활유 선정의 기본요소
① 산화안정성
② 방식 및 내부식성
③ 내열성
④ 저유동성
⑤ 소포성(사용 중 거품이 발생하여 윤활부에 윤활유 공급을 방해)

3) 미끄럼 베어링의 그리스 윤활 시 고려사항
① 온도 : 마찰에 의한 경우 사용온도는 56℃가 한도
② 용도 : 속도가 2m/sec 이하에 적합
③ 급유방법 : 급유하기 편리한 그리스 선정
④ 하중 : 하중이 큰 경우 극압제를 첨가한 그리스 선정

자. 기어의 윤활

1) 기어의 이면손상

가) 정상마모
회전 중 윤활유가 이면에 충분히 공급되더라도 미세한 마모가 진행되어 연삭이나 절삭모양이 점차로 마모되는 현상

나) 리징(ridging)
미세한 흠과 퇴적상이 마찰방향과 평행하고 등간격으로 생기는 현상으로 극대하중이 걸리고 윤활이 불량할 경우 발생

다) 리플링(rippling)
마찰방향과 직각으로 잔잔한 파도 혹은 리징상이 발생하는 현상으로 윤활불량, 극대하중 또는 진동에 의하여 발생

라) 긁힘(scratching)

이면에 마모분, 먼지 또는 고형물 입자가 침입하여 마모방향을 크게 손상되는 현상으로 성능에 지장이 없고 진행성도 없다.

마) 스코링(scoring)

고속 고하중 기어에서 이면의 유막이 피단 되어 **국부적으로 금속접촉에 의해서 그 부분이 용융되어 뜯겨나가는 현상**으로 마모가 활동 방향이다 심할 경우 운전 불능이 된다.

바) 피팅(pitting)

높은 응력이 반복 작용한 결과 이면상에 **국부적으로 피로된 부분이 박리되어 작은 구멍이 생기는 현상**을 말한다.

사) 스플링(spalling)

피딩과 같이 이면의 국부적인 피로 현상에서 나타나지만 **피팅보다 약간 큰 불규칙한 형상**을 말한다.

아) 부식(corrosing)

윤활유 중에 함유된 수분, 산분, 알칼리 성분 등 불순물에 의해 이면의 표면이 화학적으로 침해되는 현상을 말한다.

차. 절삭유제(切削油濟)

1) 절삭유제의 종류

   가) 불수용성 절삭유제

   ① 광유(鑛油) : 원유를 정제하여 얻어진 윤활유의 원료유를 통틀어 말한다. 황동, 절삭강, 알루미늄과 그 합금 등의 절삭과 래핑, 슈퍼피니싱 등에 한정하여 사용한다.

   ② 지방유(脂肪油) : 유지유, 채종유, 대도유, 에스테르유, 동물유 등이 사용되며, 윤활성이 우수하여 가공물의 표면이 좋고 공구의 마모도가 적다.

   ③ 혼성유(混成油) : 광유에 지방유를 5~30% 혼합하여 사용하고 특별한 경우 50%를 넘는 경우도 있다.

   ④ 유화유 : 광유에 유황을 용해시킨 것과 지방유에 유황을 결합시킨 것이 있으며 브로칭, 세이빙, 탭핑에 사용한다.

   ⑤ 염화유(鹽化油) : 염소를 파라핀 또는 지방유에 결합시킨 것을 광유로 희석시킨 것이 사용된다.

   ⑥ 유화 염화유 : 유화유와 염화유를 혼합시킨 것과 염화유황을 지방유에 결합시킨 것을 광유에 희석시켜 사용한다.

나) 수용성 절삭유제
① 에멀션(emulsion)형 : 광유와 유화제 및 안정제로 이루어져 있고 극압제를 첨가하여 10~30배의 물에 희석하여 절삭용으로 사용하고, 연삭 시는 20~50배로 희석하여 사용하고, 색은 우유색을 띤다.
② 솔루블(soluble)형 : 계면활성제가 주성분으로 광유의 함유량이 적고, 이 형의 특성은 침투성과 냉각성이 우수하고 50~100배의 물에 희석하여 사용한다. 희석액의 색은 투명 또는 반투명이다.
③ 솔루션(solution)형 : 유기알칼리에 아연산소다, 크롬산소다 등의 무기염을 가한 수용액이며, 냉각성과 방청성이 우수하고 50~100배로 물에 희석하여 사용하며, 특별한 경우는 150~200배로 희석하는 경우도 있다. 주철, 주강, 티타늄합금 및 소입제 등의 가공에 사용된다.

표 1-5 규격에 의한 절삭유제의 분류

불수용성 절삭유제	1종	광유 또는 광유와 지방유로 되며 극압 첨가제를 포함하지 않는 것	1~6호
	2종	광유 또는 광유와 지방유로 되며 염소 유황 기타 극압 첨가제를 포함하는 것으로 강관 부식 시험 100 °C에 있어 2 이하를 나타내는 것	1~8호
	3종	광유 또는 광유와 지방유로 되며 염소 유황 기타 극압 첨가제를 포함하는 것으로 강관 부식 시험 100 °C에 있어 3 이하를 나타내는 것	1~8호
수용성 절삭유제	W1종	광유 및 계면 활성제를 주성분으로 하고 물에 가하여 희석하면 백탁하는 것	1~3호
	W2종	계면 활성제를 주성분으로 하고 물에 가하여 희석하면 투명 또는 반투명하게 되는 것	1~3호
	W3종	무기염류를 주성분으로 하고 물에 가하여 희석하면 투명하게 되는 것	1~3호

제2장 기계제도

제1절 기계제도

 # 기계제도

1. 기계제도의 기초

가. 설계와 제도

1) 설계

생산품의 여러 부품들이 상호 조화를 이루고 목적에 맞은 작용을 하도록 구조, 모양, 크기, 강도, 응력, 진동 등을 합리적으로 결정하고 제도와 가공방법 등을 고려하여 계획을 세우는 종합적인 기술이다.

2) 제도

설계자의 요구사항을 작업자에게 전달하기 위해 규격화된 선, 문자, 기호 등을 사용하여 제품의 형상, 구조, 재료, 가공방법 등을 제도규격에 맞추어 정확하고 간단명료하게 도면을 작성하는 것을 말한다.

나. 제도의 기능

① 정보생성
② 정보전달
③ 정보보존

다. 제도의 규격

도면을 보고 특별한 설명이 없어도 도면에 나타난 뜻을 명확하게 전달하기 위해서는 제도상의 약속을 규정하여 둘 필요가 있으며, 이렇게 규정한 제도상의 약속을 제도규격이라 한다.

표 2-1 국가별 표준규격 명칭과 기호

규격의 약호	기관 또는 규격의 명칭	제정년도
KS(한국)	한국산업규격(Korean Industrial Standards)	1961
ANSI(미국)	미국국가규격(American National Standards Institute)	1918
JIS(일본)	일본공업규격(Japanese Industrial Standards)	1952
DIN(독일)	독일규격(Deutsche Industrie Normen)	1917
BS(영국)	영국규격(British Standards Institution)	1901
NF(프랑스)	프랑스규격(Norme Francaise)	1918
ISO(국제)	국제표준화기구(International Organization for Standardization)	1947

표 2-2 KS의 부문별 기호

분류기호	KS A	KS B	KS C	KS D	KS E	KS F	KS G	KS H
부문	기본	기계	전기	금속	광산	토건	일용품	식료품
분류기호	KS K	KS L	KS M	KS P	KS R	KS V	KS W	KS X
부문	섬유	요업	화학	의료	수송기계	조선	항공	정보산업

라. 용도에 따른 분류

① 계획도 : 제작도 작성을 위한 기초 도면으로서 설계 계획자의 의도가 명시된 도면으로 즉, 수요자가 필요로 하는 물품의 대략적인 도면
② 제작도 : 제작자에게 설계자의 의도를 전달하는 도면
③ 주문도 : 주문서에 첨부하는 도면
④ 설명도 : 구조, 기능의 설명을 목적으로 하는 도면
⑤ 승인도 : 수주자가 주문자의 검토를 거쳐 제작 및 계획에 기초로 하는 도면
⑥ 견적도 : 견적서에 첨부하여 조회자에게 제출하는 도면

마. 내용에 따른 분류

① 조립도 : 제품을 구성하는 부품들의 조립 상태와 조립 치수 등을 나타낸 도면
② 부품도 : 부품의 제작에 사용되는 도면으로서 부품의 상세한 것을 나타내는 도면
③ 상세도 : 특정 부분의 상세한 사항을 나타내는 도면
④ 배선도 : 배선 기구의 위치와 전선의 종류, 굵기, 가닥수 등을 나타낸 도면
⑤ 배관도 : 구조물의 관이나 파이프의 배치를 표시하는 도면
⑥ 전개도 : 판 구조물의 표면을 평면에 전개한 도면
⑦ 공정도 : 제작 공정의 상태를 명시하는 계통도
⑧ 결선도 : 전기기기 내부의 전기의 접속 상태, 기능 등을 선도로 나타낸 도면

⑨ 장치도 : 화학공장에서 각 장치의 배치, 제조 공정을 그린 도면
⑩ 계통도 : 물, 기름, 가스 등의 접속과 작동계통을 표시하는 도면

바. 성격에 따른 분류

① 스케치도 : 물체를 보고 원도(original drawing)를 그리기 위하여 물체의 모양을 프리핸드(freehand)로 그리는 그림이다.
② 원도 : 제도지 위에 연필로 그리는 최초의 도면이다.
③ 트레이스도 : 원도 위에 tracing paper를 놓고 연필 또는 먹물로 그린 도면 즉, 다수의 도면을 복사하기 위하여 만드는 도면이다.
④ 복사도 : 트레이스 도를 원도로 하여 감광지에 복사한 도면으로 공장 관계자에게 배포되며, 여러 가지 계획과 작업이 이것에 의하여 진행되며 청사진(blue print)이라고도 불린다.

사. 도면의 크기

① 도면의 크기 = 제도용지의 크기
② 제도용지의 기준 : A0 용지(가로 : 1189mm, 세로 : 841mm, 넓이 : 약 $1m^2$)
③ A1용지 : A0 용지를 기준으로 긴 변을 반으로 자른 것이다.
④ 같은 방법으로 계속 반으로 자르면 A2, A3, A4 용지가 된다.

표 2-3 제도용지 규격

호 칭			A0	A1	A2	A3	A4
크기(a×b)			841×1189	594×841	420×594	297×420	210×297
윤곽선	c(최소)		20	20	10	10	10
	d(최소)	철하지 않을 때	20	20	10	10	10
		철할 때	25	25	25	25	25

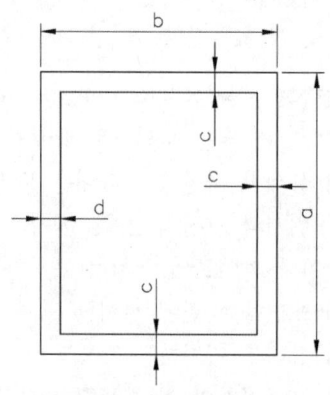

그림 2-1 도면의 크기

아. 도면의 양식

1) 도면에 반드시 기록해야 할 사항

가) 윤곽 및 윤곽선
0.5mm 이상의 굵은 실선으로 긋는다.

나) 중심마크
각 변의 중앙에 0.5mm 이상의 굵은 실선으로 그린다. 중심 마크는 도면을 마이크로 필름으로 촬영하거나 복사할 때 기준이 된다.

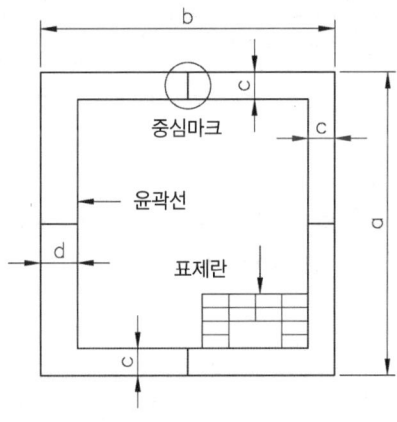

그림 2-2 도면 설정 양식

2) 표제란과 부품란

표제란(Title Block)은 도면의 오른쪽 아래에 그리며, 원칙적으로 도면 번호, 도면 이름, 회사이름, 책임자 서명, 도면 작성 연월일, 척도, 투상법 등을 기입하도록 되어 있다. 부품도에서 사용하는 부품란(Part Block)은 일반적으로 표제란 위에 그린다. 부품란에는 부품 번호, 부품 명, 재질, 수량, 비고란을 마련하며 필요에 따라 소재 치수, 무게, 공정, 특기 사항란을 더 마련할 수 있다.

2	축	SM40C	1	
1	지지대	GC200	1	
품번	품명	재질	수량	비고
성명		반/번호	확인	
도명	표제란과 부품란		척도	1:1
			각법	3각법

그림 2-3 표제란과 부품란

제2장 기계제도

자. 도면의 척도

1) 척도

물체를 도면에 나타낸 크기와 실물 크기와의 비율

표 2-4 척도의 종류

구분	정의	척도	적용
축척	도면상의 물체를 실물보다 작게 그리는 방법	1:2, 1:5, 1:10 등	비행기, 배, 건물, 교량, 가구 등
현척	도면상의 물체를 실물의 크기와 같이 나타내는 방법	1:1	도면 크기 내에 들어가는 물건
배척	도면상의 물체를 실물보다 크게 그리는 방법	2:1, 5:1, 10:1 등	작거나, 정밀한 소형부품

2) 척도의 표시방법

A : B (A : 도면에 나타낸 길이, B : 대상물의 실제 길이)

예 1 : 50 ➜ 50분의 1로 줄여서 그린 도면

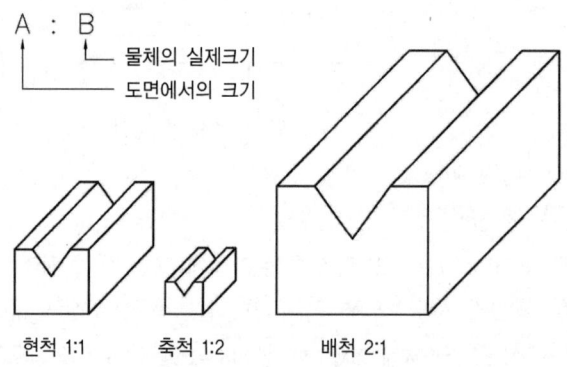

그림 2-4 척도의 표시

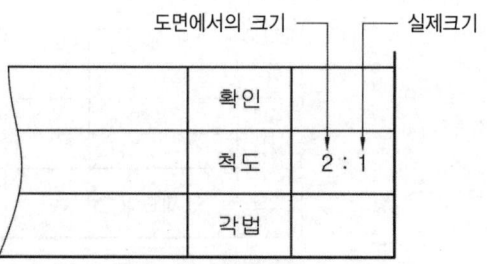

그림 2-5 도면의 척도 표시

그림이 치수와 비례하지 않을 경우, 치수 밑에 밑줄을 긋거나 '비례가 아님' 또는 NS(not to scale) 등의 문자를 기입해야 한다.

차. 절 문자와 선

1) 문자

KS B 0001(기계 제도)은 도면에 사용하는 문자에 대하여 다음과 같이 규정하고 있다.
① 문자의 크기(호칭)는 문자의 높이로 나타낸다.
② 문자의 크기는 2.24, 3.15, 4.5, 6.3, 9.0mm의 5종류로 한다. 다만, 특별히 필요한 경우는 다른 치수를 사용하여도 좋다.
③ 한글은 고딕체(gothic)를 사용하며 바르게 쓰거나 15° 기울여 쓰는 것을 원칙으로 한다.
④ 아라비아 숫자(Arabic numerals)와 알파벳(alphabet)은 원칙적으로 J형 사체 또는 B형 사체를 사용한다. 사체(italic)는 오른쪽으로 15° 기울여 쓰는 것을 의미한다.
⑤ 문자의 선 굵기는 문자 높이의 1/9로 하는 것이 좋다. 예를 들어 3.15mm 문자의 경우 문자의 선 굵기는 0.35mm가 바람직하다.

표 2-5 용도에 다른 문자의 크기

용 도	크 기	용 도	크 기
공차 치수	2.24~4.5	도면 번호	9~12.5
일반 치수	3.15~6.3	도면 이름	9~18
부품 번호	6.3~12.5		

2. 선

도면을 작성할 때 사용되는 선은 모양과 굵기에 따라서 서로 다른 기능을 가지게 된다. KSA 3007-1988에 규정된 선의 모양과 굵기에 따른 용도와 사용법을 나타낸다.

가) 굵기에 따른 선의 종류

굵기에 따른 선의 종류에는 가는 선(thin line), 굵은 선(thick line), 아주 굵은 선(extra thick line)이 있으며 그 비율은 1:2:4로 한다.
0.25mm로 할 경우 굵은 선은 0.5mm, 아주 굵은 선은 1.0mm를 사용하여야 한다.

제2장 기계제도

표 2-6 선의 종류에 의한 용도

용도에 의한 선의 종류			
용도에 의한 명칭	선의 종류		용 도
외형선	굵은 실선	———————	대상물의 보이는 부분의 모양을 표시하는 선
치수선	가는 실선		치수를 기입하기 위한 선
치수보조선			치수 기입을 위하여 도형으로부터 끌어내는 데 쓰는 선
지시선			기술, 기호 등을 표시하기 위하여 끌어내는 선
회전단면선			도형 내에 그 부분의 끊은 곳을 90° 회전하여 표시하는 선
중심선			도형의 중심선을 간략하게 표시하는 선
수준면선			수면, 유면 등의 위치를 표시하는 선
숨은선	가는 파선 또는 굵은 파선	— — — —	대상물의 보이지 않는 부분의 모양을 표시하는 선
중심선	가는 1점 쇄선	— - — - —	(1) 도형의 중심을 표시하는 선
			(2) 중심이 이동한 궤적을 표시하는 선
기준선			되풀이 하는 도형의 피치를 취하는 기준을 표시하는 선
피치선			
특수지정선	굵은 1점 쇄선	— - — - —	특수한 가공, 특별한 요구사항을 적용할 범위를 표시
가상선	가는 2점 쇄선	— - - — - -	(1) 인접부분을 참고로 표시하는 선
			(2) 공구, 지그 등의 위치를 참고로 나타내는 선
			(3) 가동부분을 이동 중의 특정한 위치 또는 이동한계의 위치로 표시
			(4) 가공 전 또는 가공 후의 모양을 표시하는 선
			(5) 되풀이 되는 선 (6) 단면의 앞부분을 표시하는 선
무게중심선			(7) 단면의 무게중심을 연결한 선을 표시하는 선
파단선	불규칙한 파형의 가는 실선 또는 지그재그선	~~~~~	대상물의 일부를 파단한 경계 또는 일부를 떼어낸 경계를 표시
절단선	가는 1점 쇄선으로 끝부분 및 방향이 변하는 부분을 굵게 한 것	⌐ ¬	단면도의 절단된 부분을 나타낸다.
해칭	가는 실선으로 규칙적으로 늘어 놓은 것	/////	도형의 한정된 특정부분을 다른 부분과 구별하기 위하여 사용, 예를 들어 단면도의 절단된 부분
특수 용도선	가는 실선		(1) 외형선 및 숨은선의 연장을 표시하는 선
			(2) 평면표시 (3) 위치를 명시하는 선
	아주 굵은 선	———————	얇은 부분의 단선도시를 명시하는 선

나) 선 표시의 우선순위

두 종류 이상의 선이 같은 장소에서 중복될 경우 우선되는 종류의 선부터 그린다.

외형선→ 숨은선 → 절단선 → 중심선 → 무게중심선 → 치수보조선

표 2-7 선의 종류 및 용도

모양에 의한 선의 종류		
종 류	모 양	설 명
실 선	———————	연속된 선
파 선	— — — —	짧은 선이 일정한 간격으로 반복되는 선, 실선의 약 1/2
1점쇄선	— - — - —	가는 쇄선, 절단부 쇄선, 굵은 쇄선이 있다.
2점쇄선	— - - — - -	짧은 선과 2개의 점이 서로 섞여 규칙적으로 반복

표 2-8 선의 굵기

선의 길이와 등급			
선의 종류	큰 도면 굵기	보통 도면 굵기	작은 도면 굵기
외형선	0.8	0.6	0.4
파선	0.5	0.4	0.3
중심선	0.3	0.2	0.1
치수선, 치수보조선	0.3	0.2	0.1
절단선, 가상선	0.3	0.2	0.1

3. 정투상도법

가. 투상법

어떤 물체에 광선을 비추어 하나의 평면에 맺히는 형태로 즉, 형상, 크기, 위치 등을 일정한 법칙에 따라 표시하는 도법을 투상법이라 한다. 이때 나타나는 형태에 따라 다음과 같이 표현한다.

▶ 투사선 : 광선을 나타내는 선
▶ 투상면 : 그림이 맺혀진 평면
▶ 투상도 : 그려진 그림

나. 투상법의 종류

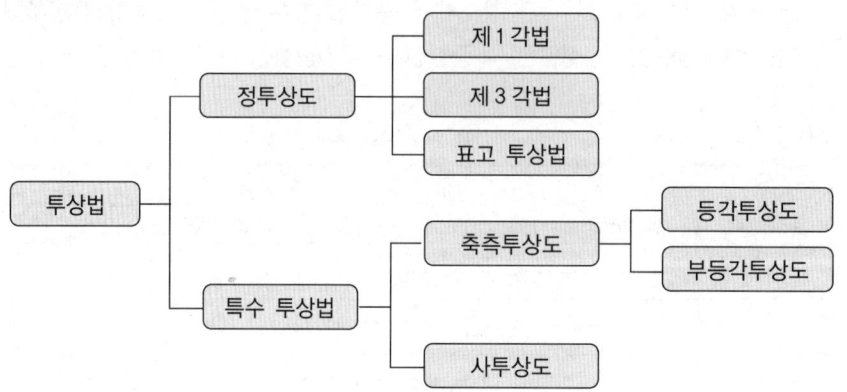

1) 정투상도법

서로 다른 방향에서 투상된 몇 개의 투상도를 조합하여, 3차원의 물체를 2차원 평면 위에 정확히 표현한 것으로 투상면은 물체와 평행하고 투상선은 투상면에 수직이다. 따라서 투상면이 어느 위치에 있든지 투상도의 크기는 항상 일정하다.

가) 용도

복잡한 물체의 모양도 정확하게 표현할 수 있으므로 주로 제작도(조립도, 부품도)로 많이 이용된다.

나) 정투상법의 특징

① 입체적인 물체를 평면적으로 표현한다.
② 물체의 모양을 정확히 나타낼 수 있다.
③ 치수를 쉽게 표시할 수 있다.

▶ 작도 시 주의사항
① 도면 작성은 원칙적으로 3각법으로 해야 한다.
② 한 도면에서 3각법과 1각법을 혼용해서는 안 된다.
③ 한 도면에 부득이 1각법을 쓸 때 표제란에 1각법 표시를 기입해야 한다.

2) 등각 투상법

가) 기본

등각 투상도는 정면, 평면, 측면을 하나의 투상도에서 동시에 볼 수 있도록 그린 도법으로 길이와 폭을 수평선과 30°가 되고 세 개의 모서리 축을 120°로 놓고 그린 것이다.

나) 특징 및 용도
① 하나의 그림으로 물체의 세면을 표시할 수 있다.
② 구상도나 설명도를 그릴 때 주로 사용한다.

다) 그리는 방법

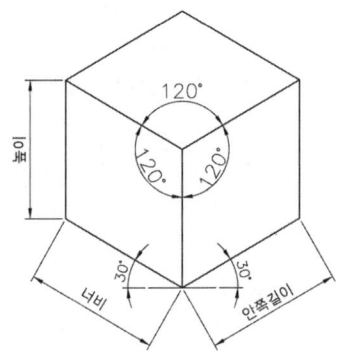 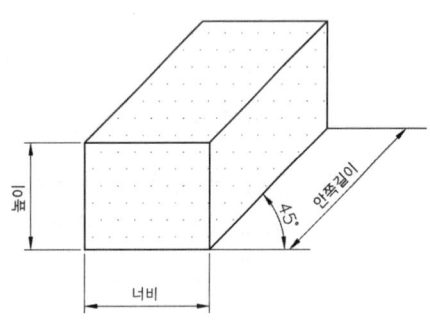

그림 2-6 등각 투상법   그림 2-7 사투상법

① 기본 축을 120°로 작도한다.
② 디바이더로 치수를 옮긴다.
③ 물체의 외형을 그린다.
④ 불필요한 선을 지우고 도면을 정리한다.

3) 사투상법

가) 기본

정면의 도형은 정투상도의 정면도와 거의 같게 되며, 정면의 모양이 실제로 표시되며, 길이를 수평선과 평행하게 놓고 폭은 일반적으로 수평선과 30°, 45°, 60°의 각을 이루도록 그린 것이다.

나) 특징 및 용도
① 물체의 정면 모양을 정확히 표시할 수 있다.
② 구상도나 설명도를 그릴 때 주로 사용한다.

다) 그리는 방법
① 정면을 실제의 모양으로 그린다.
② 각각의 꼭지점에서 45°로 경사선을 그린다.
③ 물체의 안쪽 치수를 옮기고 모양을 나타낸다.

④ 필요한 선은 굵게, 불필요한 선은 지운다.

4) 투시 투상법

가) 기본

투시도법은 물체의 앞 또는 뒤에 화면을 놓고 시점에서 물체를 본 시선이 화면과 만나는 각 점을 연결하여 눈에 비치는 모양과 같게 물체를 그리는 것이다. 멀고 가까운 거리감을 느낄 수 있도록 하나의 시점과 물체의 각 점을 방사선으로 이어서 그리는 도법이다. 투시도법은 사진이나 사생도에 속하며 건축, 도로, 교량의 도면 작성에 많이 쓰인다.

나) 특징 및 용도

① 물체의 원근감이 잘 나타난다.
② 건축물의 조감도를 그릴 때 주로 사용한다.

다) 그리는 방법

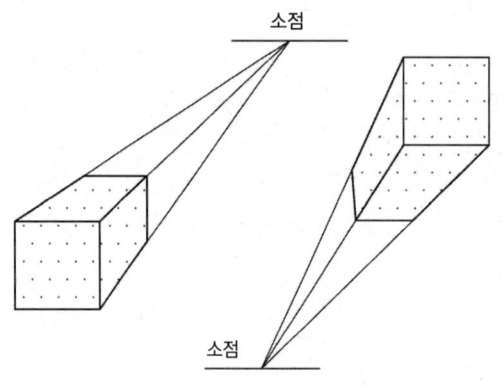

그림 2-8 투시 투상법

① 물체의 기준선을 그린다.
② 기준선 위에 물체의 정면도를 그린다.
③ 꼭짓점과 소점을 연결한다.
④ 내측의 치수를 측정하여 길이를 표시한다.
⑤ 정면도와 평행한 선을 그린다.
⑥ 불필요한 선을 지운다.

다. 정 투상도법의 종류

물체를 바라보는 눈을 기준으로 물체와 투상면의 위치 관계에 따라 제1각법과 제3각법이 있는데, 한국산업규격에서는 제3각법으로 그리는 것을 원칙으로 한다.

1) 제3각법

물체를 제3면각 공간에 놓고 투상하여 나타내는 방법이다.

① 3면각 공간에 놓고 투상하며, 정면도 위에 평면도가, 정면도의 오른쪽에 우측면도가 위치하게 한다.
  ㉮ 정면도 : 물체의 특징을 가장 잘 나타내는 도면으로 입화면에 나타낸다.
  ㉯ 평면도 : 평화면에 나타내는 도면이다.
  ㉰ 측면도 : 측화면에 나타내는 도면으로 가능한 한 파선이 적게 나타나는 쪽 선택한다.
② 실제로 제3각법으로 도면을 그릴 때에는 각 투상면에 나타난 모양만 그린다.

2) 제1각법

① 물체를 제1면각 공간에 놓고 각 투상면에 직각방향에서 본 모양을 각각의 투상면에 나타낸 다음 투상면을 입화면과 일치하도록 펼쳐서 나타내는 방법이다.
② 평면도는 정면도 아래, 우측면도는 정면도의 좌측, 좌측면도는 정면도의 우측에 위치
③ 제3각법과 제1각법의 차이점
  ㉮ 제3각법 : 물체를 보는 방향과 같은 쪽에 투상도가 위치
  ㉯ 제1각법 : 물체를 보는 방향과 반대쪽에 투상도가 위치

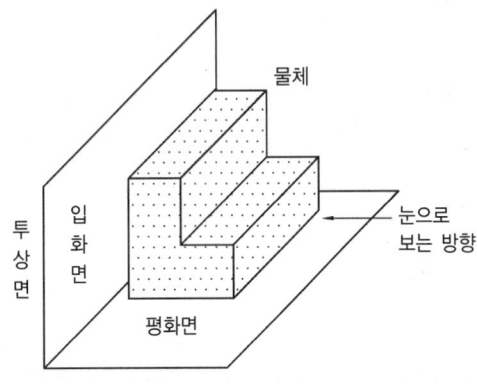

그림 2-9 제1각법의 투상도 위치

표 2-9 제1각법과 제3각법 비교

구 분	제3각법	제1각법
투상 공간	제3면각 공간	제1면각 공간
투상 방법	눈 → 투상면 → 물체	눈 → 물체 → 투상면
투상도 위치	평면도 → 정면도의 위쪽 우측면도 → 정면도의 오른쪽	평면도 → 정면도의 아래 우측면도 → 정면도의 왼쪽
표시기호	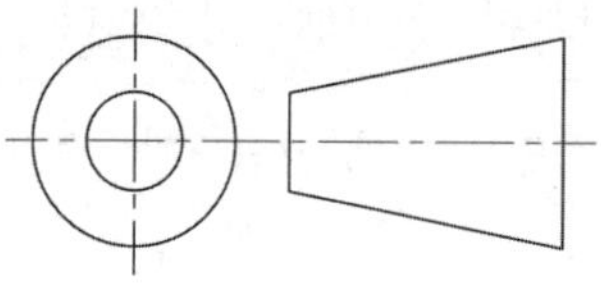	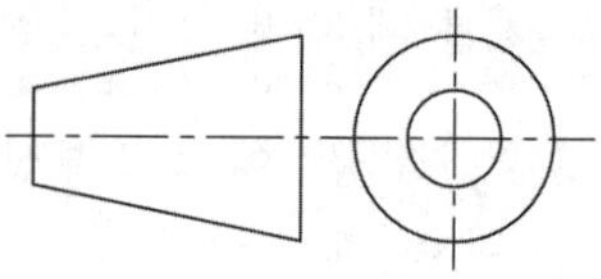
예 시	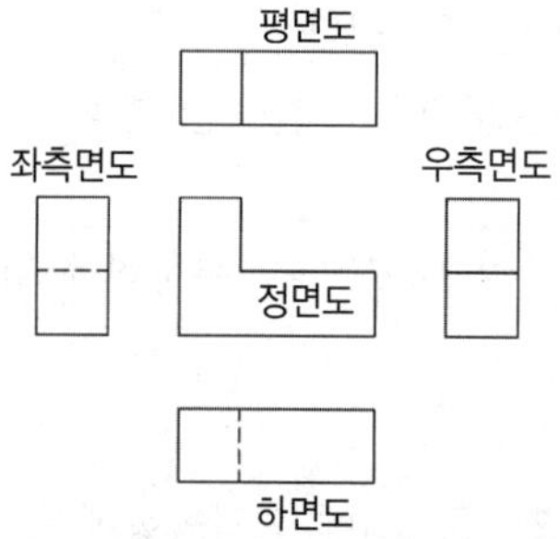	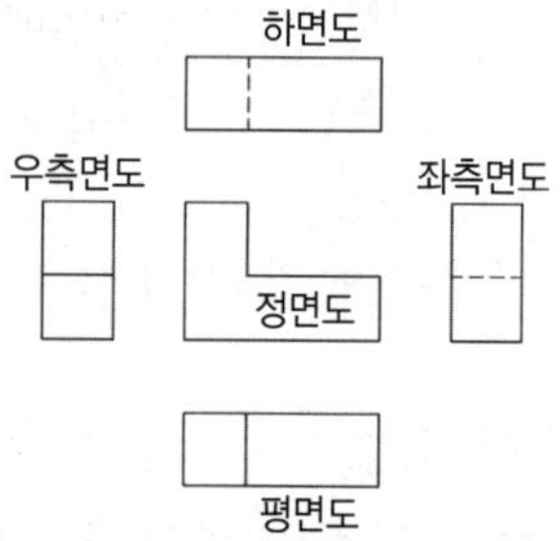
비 고	실물을 파악하기 쉽고, 치수를 비교하기 편리하여, KS에서는 3각법으로 그리도록 규정하고 있음.	투상방향과 투상도의 배치가 반대로 되어 실물 파악이 어렵다. 따라서 특수한 경우에만 사용됨.

4. 단면도법

대상물의 모양이나 특징을 가장 잘 나타낼 수 있도록 주 투상도를 선택하고 도면을 쉽게 하기 위한 보조적인 투상도와 단면도를 결정하여 도형을 그린다.

가. 투상도의 표시방법

1) 보조 투상도

경사진 경우에는 단축되고 변형되어 나타나기 때문에 도면을 그리기도 어렵고, 이해하기 곤란한 경우에 실제 보이는 필요한 부분만 표시하는 투상도이다.

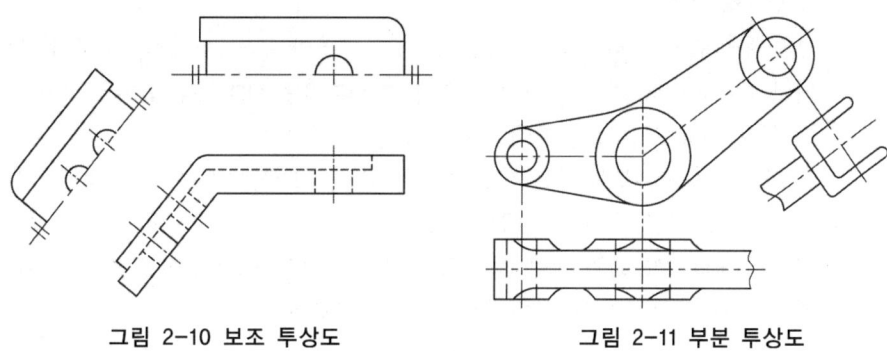

그림 2-10 보조 투상도   그림 2-11 부분 투상도

2) 부분 투상도

① 물체의 일부분만을 도시하는 것으로 투상을 생략한 부분과 경계는 파단선으로 표시한다.
② 부분 투상도가 명확할 때는 파단선을 생략해도 된다.

3) 국부 투상도

물체의 구멍, 홈 등 한 국부만의 모양을 도시하는 것으로 필요한 부분만 투상하는 것을 말한다.

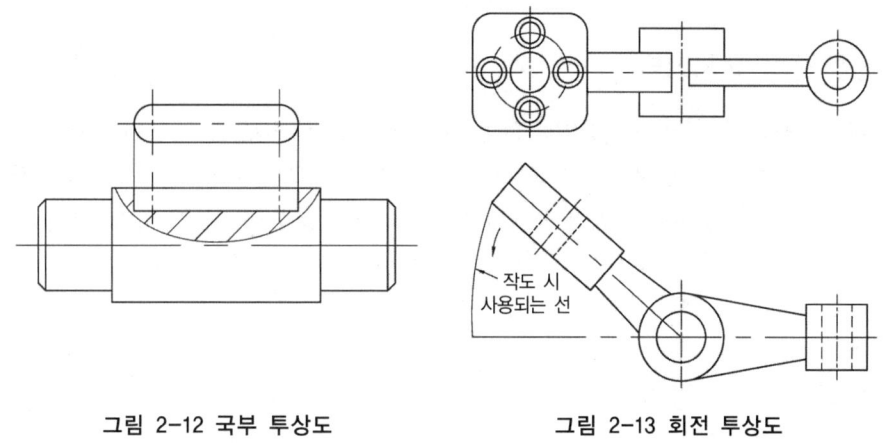

그림 2-12 국부 투상도   그림 2-13 회전 투상도

4) 회전 투상도

보스에서 어느 각도만큼 암이 나와 있는 물체 등을 정투상도에 의하여 나타내면 제도하기도 어렵고 이해하기도 곤란해지는데 그 부분을 투상면에 평행한 위치까지 회전시켜 실제 길이가 나타날 수 있도록 그린 투상도이다.

5) 부분 확대도

부분 확대도(partial magnifying view)는 도형의 일부분이 너무 작아서 알아보기 어렵거나 치수기입을 하기 곤란한 경우에 그 부분만을 확대해서 그리는 것이다.
① 부분 확대도를 그릴 때에는 다음과 같이 한다.
② 확대하려는 부분을 가는 실선으로 둘러싸고 알파벳 대문자로 확대도 구분 표시(A)를 한 다음 다른 곳에 확대해서 그린다.
③ 확대도에 A(2:1)와 같은 형식으로 확대도 구분 표시와 척도를 기입한다.
④ 치수를 기입할 때에는 원래의 치수를 기입한다.

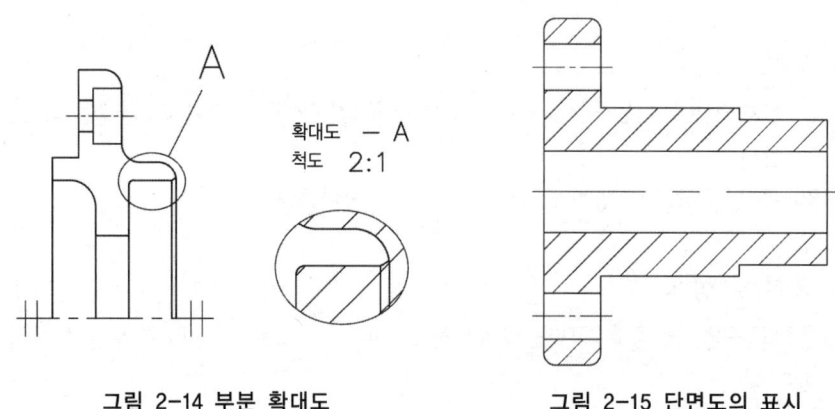

그림 2-14 부분 확대도   그림 2-15 단면도의 표시

나. 단면도의 표시방법

물체의 모양이나 내부 구조를 알기 쉽게 나타내기 위하여 가상으로 자른 면을 단면(section)이라 한다. 내부가 복잡한 부품의 투상도나 조립도에서, 내부의 보이지 않는 부분을 전부 숨은선으로 나타내면 오히려 도면이 복잡해지고 물체의 모양을 이해하기 어렵다. 이런 경우 적절한 부분을 가상으로 절단하고 그 단면을 외형선으로 나타내면, 물체의 모양을 알아보기 쉬울 뿐만 아니라 시간과 노력을 덜 수 있다.

1) 단면 표시 방법

① 단면은 원칙적으로 기본 중심선에서 절단한 면으로 표시한다. (이때 절단선은 기입하지 않는다.)
② 단면은 필요한 경우에는 기본 중심선이 아닌 곳에서 절단한 면으로 표시해도 좋다 (단, 이 경우에는 절단 위치를 표시해 놓아야 한다.)
③ 단면을 표시할 때에는 대개의 경우 해칭(hatching)을 한다.
④ 절단 위치에는 가는 일점쇄선으로 절단선을 그린다.

⑤ 투상 방향과 같은 방향으로 화살표를 그리고 알파벳 대문자로 단면 구분 표시(A)를 한다.
⑥ 단면도에도 A-A형식으로 단면 구분 표시를 한다.
⑦ 숨은선은 단면도에 되도록 기입하지 않는다.
⑧ 단면도는 단면을 그리기 위하여 제거했다고 가정한 부분도 그린다.

2) 단면도의 해칭

물체가 절단 평면에 의하여 절단되었을 때는 반드시 그 절단면을 해칭선으로 표시한다. 해칭은 단면하지 않은 면과 구별을 확실히 하기 위하여 가는 실선으로 등간격의 사선을 그어서 단면이라는 것을 확실하게 표시하기 위함이다.

① 기준 중심선 또는 기선에 대하여 45°의 가는 실선을 2~3mm의 등 간격으로 긋는다. 다만, 물체의 단면 부위의 크기에 따라 간격은 임의로 할 수 있다.
② [그림 2-16]과 같이 같은 부품의 단면은 단면 부위가 멀리 떨어져 있더라도 방향과 간격 등 같은 모양으로 해칭하여야 한다.

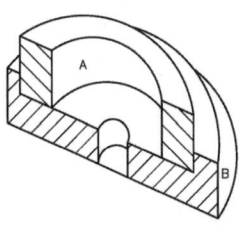
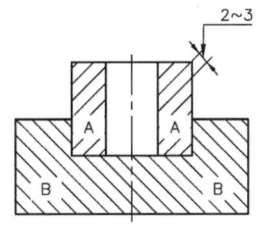
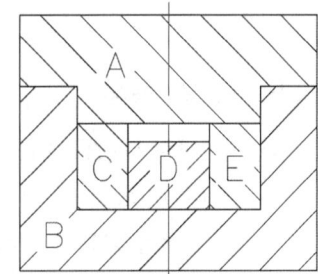

그림 2-16 방향과 간격 등이 같은 해칭   그림 2-17 임의의 각도로 해칭

③ [그림 2-17]과 같이 서로 인접한 여러 부품의 단면은 해칭선의 방향과 각도를 30°, 60° 또는 임의의 각도로 바꾸거나 간격을 달리해서 구별을 한다.
④ 45°의 해칭선이 윤곽선에 평행할 때에는 45°가 아닌 다른 각도의 경사선을 긋는다.
⑤ 면적이 큰 단면은 주변에만 짧게 해칭선을 긋거나 스머징(smudging : 절단면 등을 명시할 목적으로 그 면 위에 색칠하는 것)을 하는 것이 좋다.

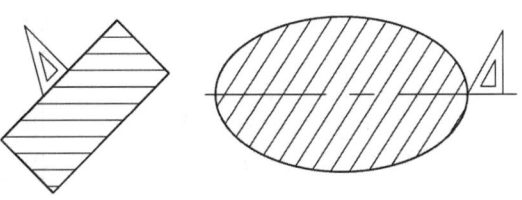

그림 2-18 윤곽선과 평행 시 해칭

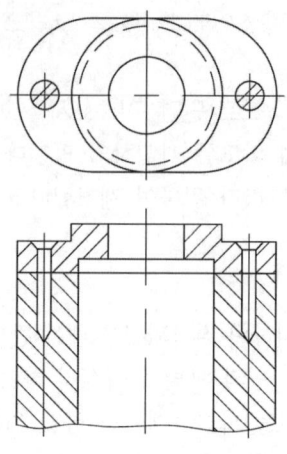

그림 2-19 얇은 단면의 표시

⑥ 스킷(gasket), 양철판(tin-plate) 또는 형강 같은 극히 얇은 단면은 굵은 실선이나 흑색 선으로 표시하고 이들 사이의 간격은 백색 공간으로 표시한다.
⑦ 해칭 부분에 문자를 기입할 수 있으며 해칭선은 외형선 밖으로 연결되어서는 안 된다.

다. 단면도의 종류

1) 온 단면도(전단면도)

물체를 반으로 자른 것으로 가정하고 도형 전체를 단면으로 표시한 것을 전 단면도라 한다.
① 단면이 기본 중심선을 지나는 경우에는 절단선을 생략한다.
② 숨은선은 필요한 것만을 기입한다.
③ 절단 부위가 확실한 경우에는 절단선, 기호를 붙이지 않는다.

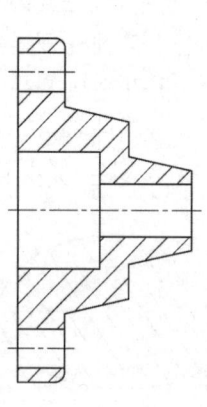
그림 2-20 전단면도

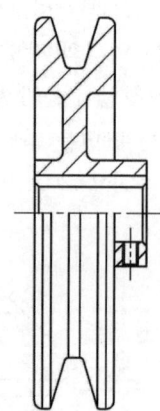
그림 2-21 한쪽 단면도

2) 한쪽 단면도

대칭형의 물체를 1/4절단한 것으로 가정하고 반은 외형도, 반은 단면도를 그려 동시에 표시한 단면도이다.
① 대칭축은 상·하, 좌·우 어느 쪽의 면을 절단하여도 좋다.
② 절단면은 기입하지 않는다.

3) 부분 단면도

도형의 대부분을 외형도로 하고 필요로 하는 요소의 일부분만을 나타낸 단면도이다.
① 키홈. 작은 구멍 등 단면을 나타낼 필요가 있는 부분이 작을 때이다.
② 단면의 경계가 애매해서 이해하는 데 지장을 초래할 경우이다.

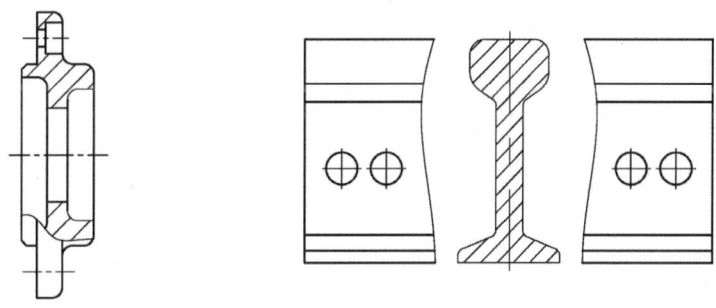

그림 2-22 부분 단면도   그림 2-23 회전 단면도

4) 회전 단면도

암, 리브 등의 단면을 90° 회전시켜 표시, 핸들이나 바퀴 등의 암, 리브, 훅, 축 구조물 부재 등의 절단면을 90° 회전하여 그린 단면도로 도형 내의 절단한 곳에 겹쳐서 가는 실선으로 그린다. 절단선의 연장선 위에 그린다. 절단할 곳의 전휴를 끊어서 그 사이에 그린다.

5) 계단 단면도

투상면에 평행 또는 수직하게 계단형태로 절단한 단면도로 절단면의 위치는 절단선으로 표시한다. 끝과 방향이 변화는 부분에 굵은 선 기호를 붙여 단면도 쪽에 기입한다.

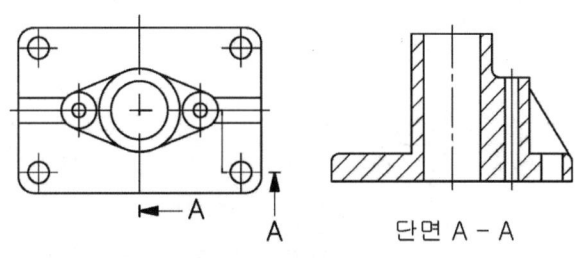

단면 A-A

그림 2-24 계단 단면도

6) 조합에 의한 단면도

가) 서로 교차하는 두 평면으로 절단하는 경우
대칭형 또는 이에 가까운 모양의 대상물인 경우에는 대칭의 중심선을 경계로 하여 그 한쪽을 투상면에 평행하게 절단하고 다른 쪽을 투상면과 어느 각도를 이루어 절단할 수 있다.

나) 평행한 두 평면으로 절단하는 경우
예제와 같이 평행한 두 평면으로 절단하여 표시 할 수 있다. 이 경우 절단 선에 의하여 절단의 위치를 표시하고 조합에 의한 단면도라는 것을 표시하기 위하여 2개의 절단선을 임의의 위치에 연결한다.

다) 구부러짐에 따른 중심면으로 절단하는 경우
구부러진 관 등의 단면도는 구부러진 중심을 포함하는 평면으로 절단하고 그대로 투상할 수 있다.

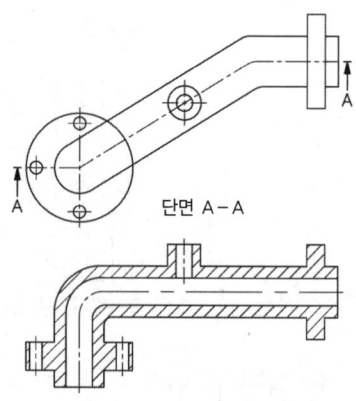

그림 2-25 구부러짐 형태의 단면표시

7) 한 줄로 단면배열하기

① 단면모양이 여러 개로 표시되어 도면 내에 회전단면을 그릴 여유가 없을 경우 절단선과 연장선이나 임의의 위치에 단면모양을 인출하여 그린다.

② 여백이 충분한 경우에는 축의 연장선 위에 단면도를 차례로 배열하여 그리며, 단면도가 위치할 차례는 반드시 지킨다.

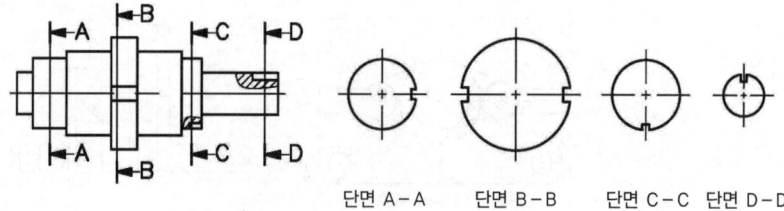

그림 2-26 한 줄로 단면 배열하기

8) 얇은 부분의 단면도

패킹개스킷, 얇은 판, 형강 등과 같이 얇은 물체의 단면은 그 물체의 두께에 해당하는 굵기로 하고 한 개의 실선으로 도시하고 이들 단면이 인접할 시는 약간의 틈새를 두어 개개의 단면형을 명확하게 구분 표시한다. 한 선으로 표시함으로써 오독의 염려가 있을 시는 지시선으로 표시한다.

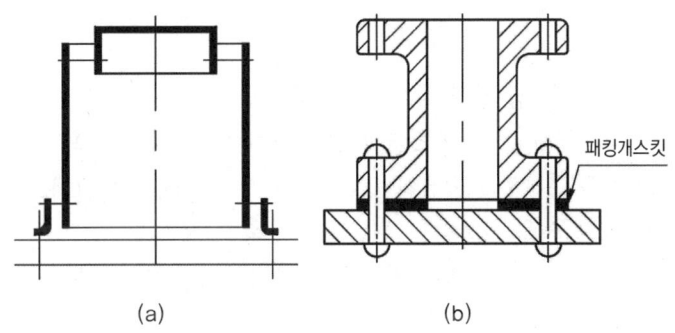

그림 2-27 얇은 부분의 단면표시

9) 길이방향으로 절단하지 않는 부품

축, 핀, 볼트, 너트, 와셔, 리벳, 키, 테이퍼 등을 절단하면 오히려 잘못 읽기 쉬우므로 원칙적으로 길이 방향으로 절단하지 않는다.

라. 도형의 생략

도형이 대칭 모양인 경우 대칭임을 명확히 하고 작도의 시간과 지면을 줄이기 위해 대칭 중심선의 한쪽을 생략할 수 있다.

1) 대칭 도형의 생략

대칭 중심선의 한쪽 도형만을 그리고, 그 대칭 중심선의 양끝 부분에 짧은 2개의 가는 실선을 그려서 대칭 도형임을 표시한다.

2) 반복 도형의 생략

같은 종류 같은 모양의 것이 다수 줄지어 있는 경우에는 도형을 생략할 수 있다. 양끝부 또는 요점만을 실형 또는 그림기호(+자)로 표시하고 기타는 피치선과 중심선과의 교점으로 표시한다. 또한, 치수를 기입함으로써 교점의 위치가 명확한 경우에는 피치선과 교차하는 중심선을 생략해도 좋다.

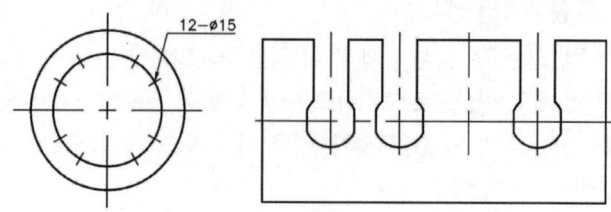

그림 2-28 반복 도형의 생략

3) 중간 부분의 생략에 의한 도형의 단축

축, 봉, 관, 형강, 테이퍼 축등 일정한 단면모양의 부분 또는 테이퍼 부분이 긴 경우 도면의 여백을 충분하게 활용하기 위하여 물체를 단축하여 그리고자 할 때에는, 파단선이나 지그재그 선을 사용하여 투상도를 단축할 수 있다.

① 축이나 원통과 같이 단면의 모양이 같거나 규칙적인 부분은 중간부분을 잘라내고 중요한 부분만을 나타낸다.

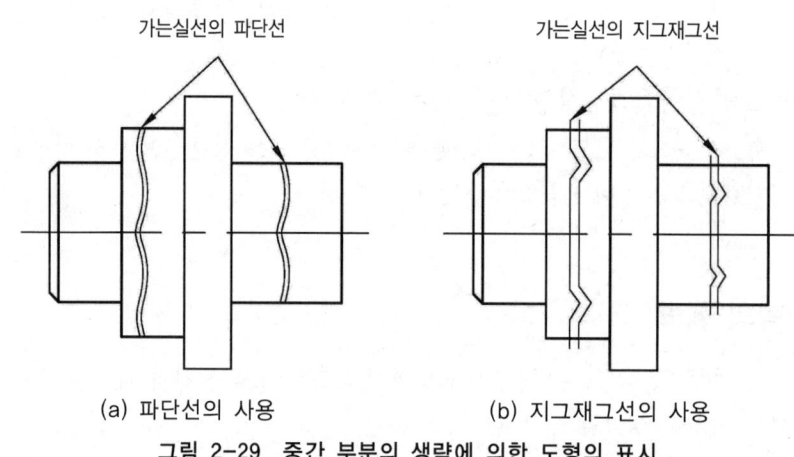

(a) 파단선의 사용 (b) 지그재그선의 사용

그림 2-29 중간 부분의 생략에 의한 도형의 표시

② 긴 테이퍼가 완만하거나 급한 경우에 중간 부분을 잘라서 생략하고, 나머지 부분만을 나타낸다.

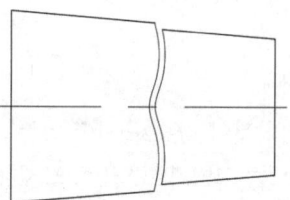

그림 2-30 테이퍼 축의 생략

마. 특별한 도시방법

1) 전개도 그리기

전개도는 입체의 표면을 평면 위에 펼쳐 그린 그림을 말한다. 전개도는 철판으로 굽히거나 접어 만드는 상자, 물통, 캐비닛 등과 자동차, 항공기의 부품도면 작성에 많이 쓰인다. 전개도를 그릴 때에는 실제 치수로 하고, 철판이나 함석의 가장자리, 겹치는 부분 및 접는 부분에는 여유 치수를 두어야 한다.

5. 치수기입방법

제품을 가공하고 조립하는 제작자는 도면에 표시된 치수대로 제품을 제작하게 된다. 따라서 도면에 기입한 치수, 가공법, 재료 등은 정확하게 정의해야 하며 알기 쉽고 간단명료하게 해야 한다.

가. 기본사항

1) 치수의 표시방법

① 치수는 치수선, 치수 보조선, 치수 보조기호 등을 사용하여 치수 수치에 의하여 표시한다.
② 도면에 기입하는 치수는 대상물의 완성치수를 표시한다.
③ 필요한 경우 치수의 허용한계를 지시한다.
④ 치수를 기입하는 데에는 치수선, 치수보조선, 지시선, 화살표, 치수 숫자 등이 쓰인다.
⑤ 특별히 명시하지 않는 한 대상물의 완성치수로 기입한다.

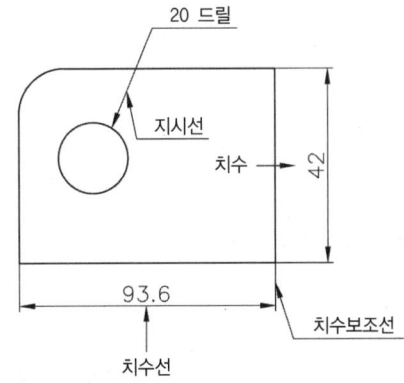

그림 2-31 치수기입 요소

2) 치수 수치의 표시방법

① 치수의 수치는 mm단위로 기입하고 단위는 붙이지 않는다.
② 각도는 필요에 따라 도(°), 분('), 초(")를 병용할 수 있다.
③ 자리수가 많은 경우 3자리마다 사이를 적당히 띄우고 콤마는 찍지 않는다.

3) 치수기입의 원칙

① 대상물의 기능, 제작, 조립 등을 고려 명료하게 도면에 지시
② 치수는 되도록 정면도에 집중시키며, 중복기입을 피한다.
③ 치수는 기준으로 하는 점, 선, 면을 기준하여 기입하며, 관련치수는 한 곳에 모아 기입한다.
④ 계산하여 구할 필요가 없도록 기입한다.

나. 치수 보조기호

형상을 명확하게 하기 위하여 치수문자 앞에 표기하는 기호를 치수 보조 기호라 한다.

표 2-10 치수 보조 기호

구 분	기 호	구 분	기 호
지름	Ø	원호의 길이	⌒
반지름	R	45°의 모따기	C
구의 지름	SØ	이론적으로 정확한 치수	□
정사각형의 변	□	참고치수	( )
판의 두께	t		

다. 치수기입의 구성요소

1) 치수선

① 치수선은 부품의 모양을 나타내는 외형선과 평행하게 긋는다.
② 치수선은 치수가 적용되는 구간을 나타내고 치수보조선과 같이 쓰며, 가는 실선으로 표기하고, 양끝 부위는 기호를 붙인다.

2) 치수 보조선

치수선을 긋기 위한 보조선으로 도형의 외형 선으로부터 1mm 정도 바깥에서 시작하며, 치수선을 2~3mm 넘을 때까지 연장하여 그린다.

① 중심 사이의 거리는 중심선이 치수보조선으로 대용되고 중심선이 가장 바깥쪽의 치수선을 조금 넘어서 그치게 된다.
② 치수가 투상도 내부에 기입될 경우 투상도 외형 선을 치수보조선으로 대용할 수 있다.
③ 대개의 경우 치수보조선은 치수선과 직각을 이루나 치수선이 외형선과 구별이 어려울 경우(테이퍼 부분 등) 치수선에 대하여 적당한 각도 (60° 방향)로 그릴 수 있다.

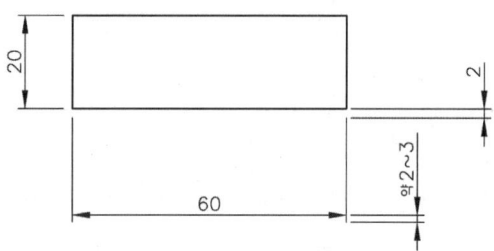

그림 2-32 치수선과 치수보조선의 규격

3) 화살표
① 작도된 선의 굵기와 조화되도록 하며, 끝은 30° 정도로 유지한다.
② 채운 모양과 채우지 않은 모양이 있다.
③ 협소한 곳에는 점을 사용하기도 한다.
④ 같은 도면에서는 두 가지 이상의 화살표를 섞어 쓰지 않도록 한다.

4) 지시선과 인출선
① 지시선은 구멍의 치수나 가공법, 지시사항, 부품번호 등을 기입하기 위해 가는 실선을 사용한다.
② 도형을 나타내는 선과 구별이 가능하도록 가능한 한 도형의 외부에 도시하고 인출선은 경사지게 하고 지시선의 경사각은 60°를 사용하고 부득이한 경우 30°, 45° 적용한다.

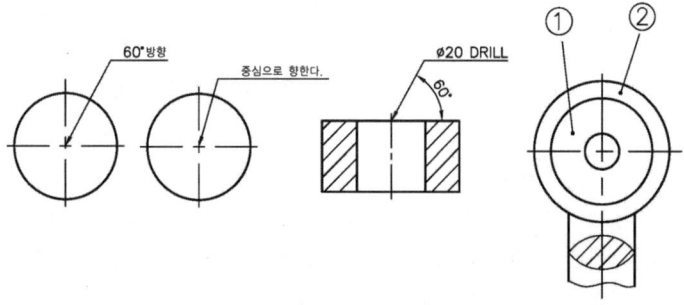

그림 2-33 지시선과 인출선의 표시

라. 치수의 배치방법

1) 직렬 치수 기입법

직렬로 나란히 치수를 기입하는 방법 나란히 연결된 각각의 치수에 주어진 치수공차가 점차로 누적되어도 좋은 경우에 사용

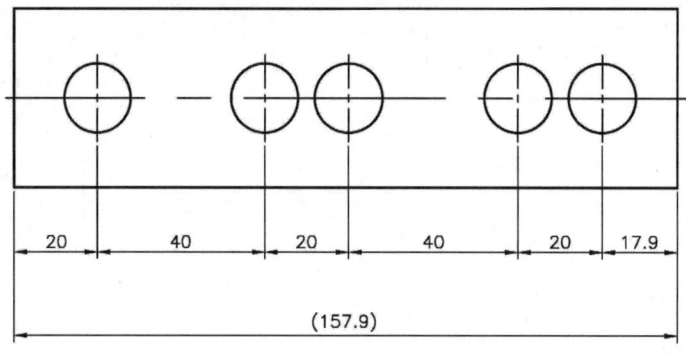

그림 2-34 직렬 치수 기입법

2) 병렬 치수 기입법

한 곳을 중심으로 치수를 기입하는 방법으로 각각의 치수공차는 다른 치수의 공차에는 영향을 주지 않는다. 이 경우 중심이 되는 위치는 기능, 가공 등의 조건을 고려하여 적절히 선택한다.

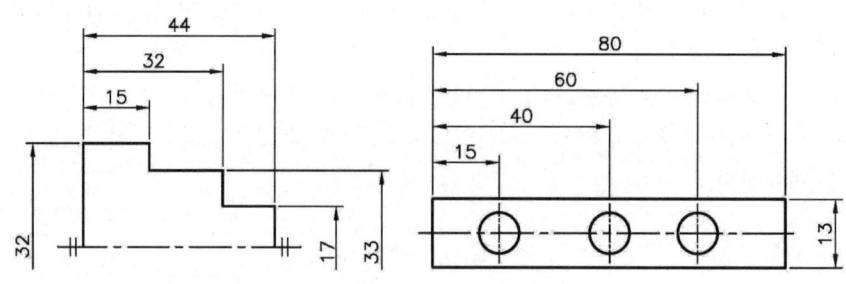

그림 2-35 병렬 치수 기입법

3) 누진 치수 기입법

한 곳을 중심으로 한 개의 연속된 치수선으로 간편하게 표시하는 방법이며 치수공차에 관해서는 병렬 치수 기입법과 같다. 치수 수치는 치수 보조선과 나란히 기입하나 간혹 치수선 위쪽 화살표 근처에 기입하는 경우도 있다.

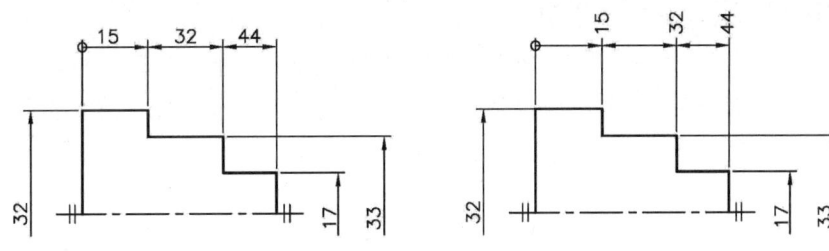

그림 2-36 누진 치수 기입법

4) 좌표 치수 기입법

여러 종류의 많은 구멍의 위치나 크기 등의 치수를 좌표를 사용하여 별도의 표로 나타낸 것으로 이 경우 표의 X, Y, α, β 등의 수치는 기점에서의 수치이며, 기점은 기능, 가공 등의 조건을 고려하여 적절히 선택한다.

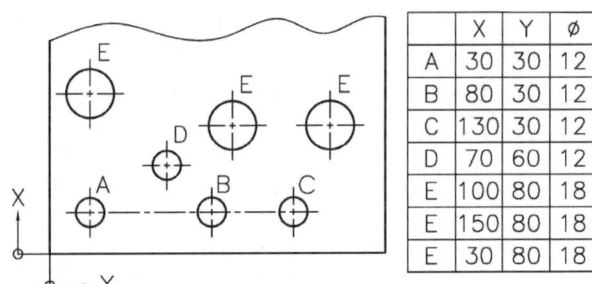

그림 2-37 좌표 치수 기입법

마. 여러 가지 요소의 치수기입

1) 지름 치수기입법

대상으로 하는 부분의 단면이 원형일 때 지름기호(∅)를 치수문자 앞에 붙이고 투상도를 정면도 하나만 그리고 측면도는 생략할 수 있다. 원형의 그림에 지름치수 기입 시 지름기호(∅)를 기입하지 않는다.

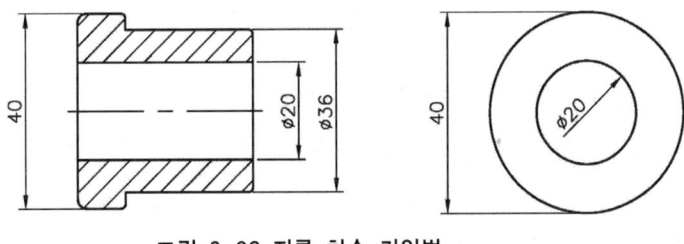

그림 2-38 지름 치수 기입법

2) 반지름 치수 기입법

반지름의 치수는 반지름의 기호 R을 치수 숫자와 같은 크기로 기입하여 표시한다. 단, 반지름을 나타내기 위한 치수선을 원호의 중심까지 긋는 경우에는 기호를 생략하여도 된다.

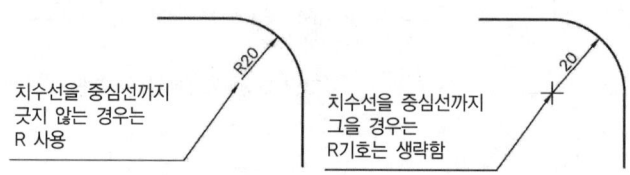

그림 2-39 반지름 치수 기입법

① 원호 쪽에만 화살표를 붙이고 중심 쪽에는 붙이지 않는다.
② 원호의 중심위치를 표시할 필요가 있을 경우 +자 또는 검은 둥근 점으로 그 위치를 나타낸다.
③ 동일 중심을 가진 반지름은 누진 치수 기입법을 사용할 수 있다.
④ 실형이 나타나지 않는 도형의 반지름을 지시하는 경우에는 치수 수치 앞에 '실R' 또는 '전개R'을 기입한다.

3) 반지름 치수 기입법(반지름이 큰 경우 치수 기입법)

반지름이 큰 경우 Z형으로 구부려서 표시할 수 있다. 구부려진 치수의 끝은 반드시 원호의 중심점을 향한다.

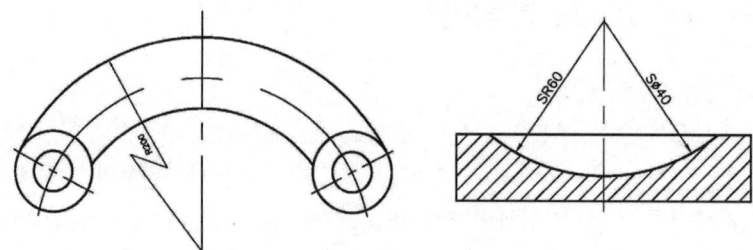

그림 2-40 반지름 치수 기입법

4) 구 지름·반지름 기입법

구의 지름 또는 구의 반지름을 나타내는 치수를 기입할 때 치수문자 앞에 SR, SØ를 치수문자와 같은 크기로 기입한다.

5) 정사각형의 변의 치수 기입법

물체의 형상이 정사각형임을 표시할 때 네모(□) 기호를 치수문자 앞에 치수문자와 같은 크기로 표시한다. 이때 우측면도는 생략한다.

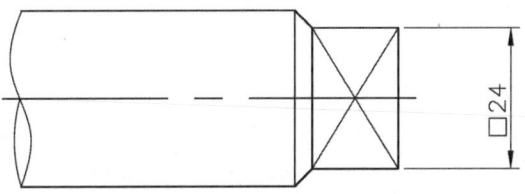

그림 2-41 정사각형 변의 치수 기입법

6) 두께 치수 기입법

① 주투상 부근 또는 그림 속의 보기 쉬운 위치에 **두께를 표시(t)**하는 치수 수치 앞에 치수 수치와 같은 크기로 표시한다.
② 측면도는 생략한다.

7) 모따기 치수 기입법

① 모따기 기호 C를 치수 앞에 치수 숫자와 같은 크기로 기입 한다.
② C는 45° 모따기 치수이다.

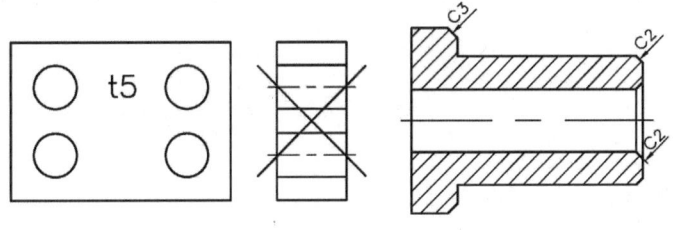

그림 2-42 모따기 치수 기입법

8) 현, 원호, 곡선치수기입

가) 현의 치수기입

현의 치수 기입은 현의 직각에 치수보조선을 긋고 현에 평행한 치수선을 그어 기입한다.

나) 호의 치수기입

현이 길이와 같이 치수보조선을 긋고 그 호와 동심의 호로 치수선을 그은 다음 치수 위에 원호(⌒)를 붙인다.

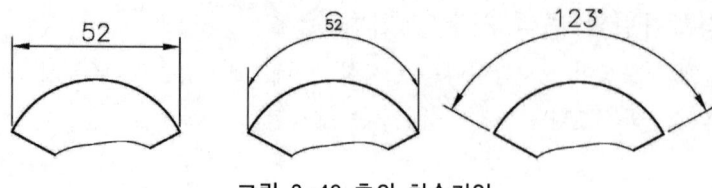

그림 2-43 호의 치수기입

9) 구멍의 치수기입

드릴구멍, 리머구멍, 펀칭구멍, 코어구멍 등의 구별을 나타낼 필요가 있는 경우에는 원칙적으로 공구의 호칭치수, 기준치수를 나타내고 그 뒤에 가공방법을 기입한다.

10) 같은 간격 구멍의 치수 기입

같은 치수의 볼트 구멍, 작은 나사 구멍, 핀 구멍, 리벳 구멍 등의 치수는 구멍으로부터 지시선을 끌어내어 그 총수를 표시하는 숫자 다음에 짧은 선을 넣어서 기입한다.

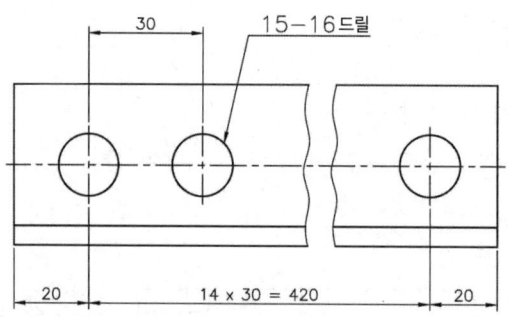

그림 2-44 같은 간격 구멍의 치수 기입

11) 구멍깊이의 치수기입

구멍의 깊이는 치수 다음에 '깊이'라고 쓰고 수치를 기입하고 관통 구멍일 때에는 구멍 깊이를 기입하지 않는다. 구멍의 깊이란 H를 말한다.

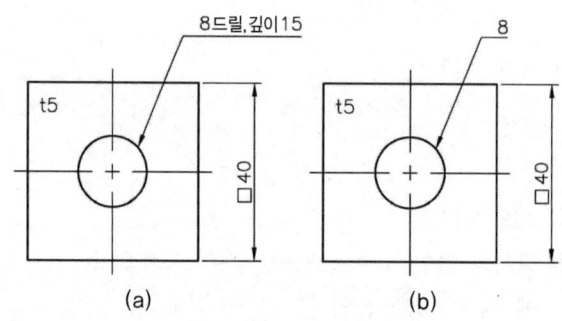

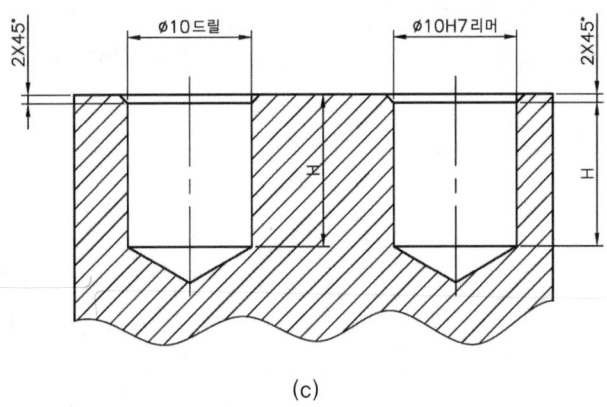

(c)

그림 2-45 구멍깊이의 치수기입

12) 자리파기 치수기입

① 볼트, 너트 등의 자리파기의 표시방법은 자리파기의 지름을 나타내는 치수 다음에 '자리파기'라고만 쓴다.
② 볼트 머리를 잠기게 하는 경우에 깊은 자리 파기의 지름을 나타내는 치수 다음에 '깊은자리파기'라고 쓰고 다음에 깊은 수치를 기입한다.

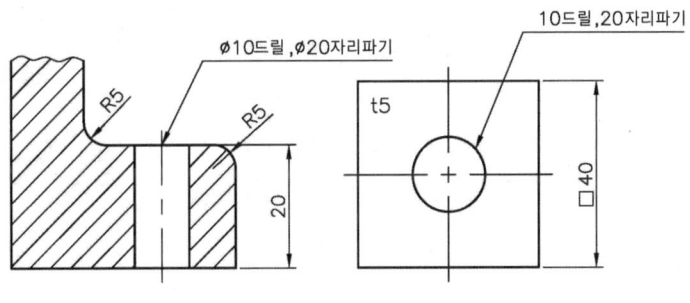

그림2-46 자리파기 치수기입

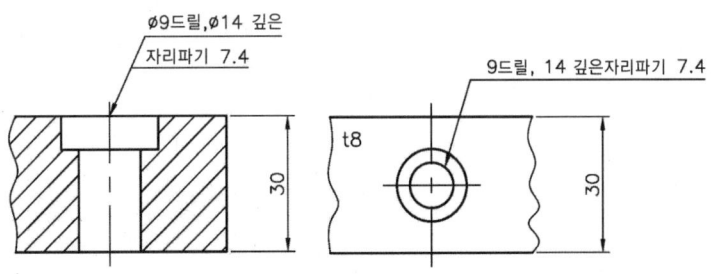

그림 2-47 깊은 자리파기 치수기입

13) 경사진 구멍의 치수기입

경사진 구멍의 깊이는 구멍 중심선상의 깊이를 표시하든가 치수선을 사용하여 표시한다.

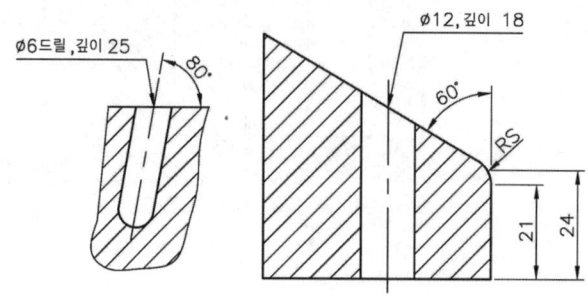

그림 2-48 경사진 구멍의 치수기입

14) 키 홈의 치수기입

풀리나 기어 등을 고정하기 위해 축의 키 홈, 나비, 깊이, 길이, 위치 및 끝 부분 등의 치수를 기입한다.

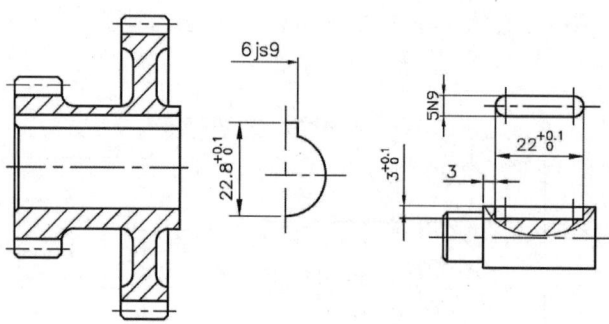

그림 2-49 키 홈의 치수기입

가) 구멍의 키 홈 치수기입

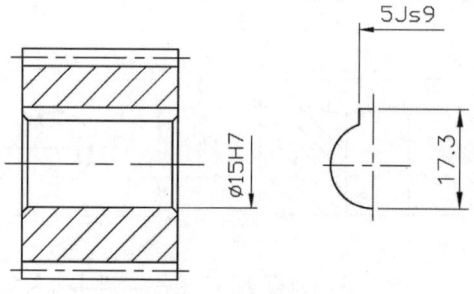

그림 2-50 구멍의 키 홈 치수기입

15) 구배(Slope)와 테이프(Taper)의 치수기입법

한쪽 면만 기울어진 경우를 구배(句配,기울기)라 하고, 특히 중심에 대하여 대칭으로 경사를 이루는 경우를 테이퍼라 한다.

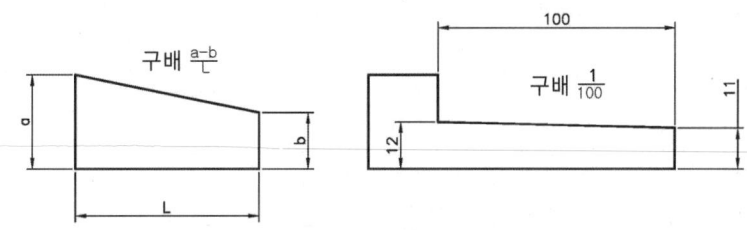

그림 2-51 구배의 표시법

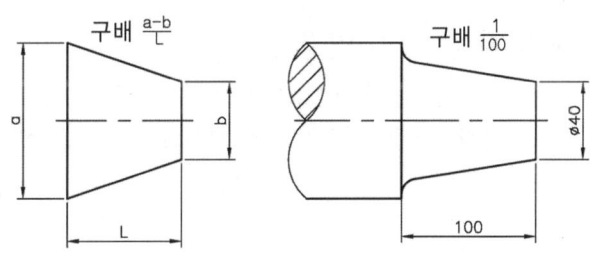

그림 2-52 테이퍼의 표시법

16) 모따기 치수기입

모따기는 깊이와 각도 등으로 표시해야 하지만, 45°의 모따기에 한하여 'C'의 기호를 치수 숫자 앞에 병기하거나 '1 × 45°'와 같이 기입해도 된다. 'C1.5' 및 '1.5 × 45°'란 각의 꼭짓점에서 가로, 세로를 1.5mm의 길이를 잡아서 빗면을 만든다는 의미이다.

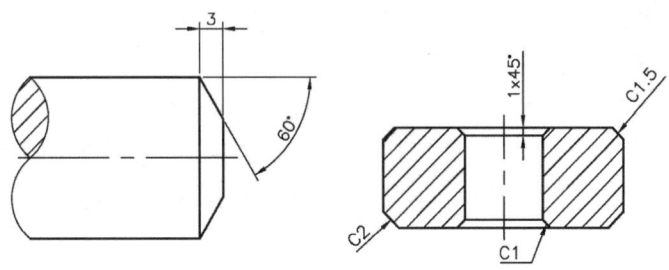

그림 2-53 모따기 치수기입

17) 교차면 치수기입법

라운딩이나 모따기가 있는 교차면에 치수기입 시 교차면을 가는 실선으로 표시하고 그 교점에서 치수보조선을 끌어낸다.

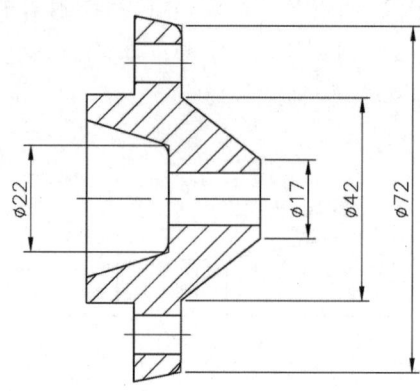

그림 2-54 교차면 치수 기입법

18) 얇은 두께 부분의 표시방법

얇은 부분의 단면을 아주 굵은 실선으로 그린 도형에 치수를 기입하는 경우에는 단면을 표시한 굵은 실선에 연하고 짧고 가는 실선을 긋고 치수선의 끝부분 기호를 댄다.

6. 표면 거칠기

가. 표면 거칠기

① 표면 거칠기는 가공과정에 필연적으로 발생하는 규칙적인 요철을 말한다.
② 기계 부품의 요철이 없는 이상적인 표면을 갖도록 제작하는 것은 공학적으로 불가능하며, 필요 이상으로 표면을 매끈하게 하는 것은 비경제적이므로 그 사용목적과 기능에 적절하게 다듬어 져야 한다.
③ 표면조도 단위는 미크론(μm, 0.001mm)을 사용한다.
④ 단면곡선과 거칠기 곡선 : 단면곡선에서 긴 파장을 가진 완만한 곡선을 고역 필터로 걸러내는 것을 컷 오프(cut-off)라 하며, 거칠기 곡선은 단면곡선을 컷 오프해서 얻은 곡선이다.

나. 거칠기의 종류

1) 중심선 평균 거칠기(Ra)

① 단면곡선에서 측정 길이 L의 부분 채취 중심선 아래쪽에 있는 부분을 위쪽으로 접어

서 얻은 빗금 친 부분의 면적을 측정 길이 L로 나누어 얻은 수치를 미크론 단위로
나타낸 것이다.
② 이는 중심선에 대한 산술평균 편차에 상당하는데, 이와 같은 계산은 모두 측정기에서
하게 되며, 값만을 지시계에서 직접 읽을 수 있게 된다.
③ 컷 오프 표준 값
▶ 컷 오프 : 단면곡선에서 긴 파장을 가진 완만한 곡선을 고역필터로 걸러낸 것
▶ 컷 오프 값 : 0.08, 0.25, 0.8, 8, 25

2) 최대 높이 거칠기 : Max
① 단면곡선에서 기준길이 만큼 채취하여 그 부분의 가장 높은 산과 가장 깊은 골과의
차를 단면곡선 종배율 방향으로 측정, 그 값을 미크론 단위로 나타낸 것이다.
② 기준길이 및 표준 값
▶ 기준길이는 다음의 6종류를 원칙으로 한다.(단위 : mm) 0.08, 0.25, 0.8, 2.5,
8, 25
▶ 특히 지정할 필요가 없는 한 최대 높이를 구하는 경우 기준길이의 표준 값을 따
른다.

3) 10점 평균 거칠기 : Rz
단면곡선에서 기준길이 만큼 채취하여 가장 높은 봉우리 5개의 평균 높이와 가장 깊은
골짜기 5개의 평균 깊이 차이를 미크론 단위로[μ m]로 나타낸 것

가) 표준길이 및 표준 값
① 기준길이는 다음의 6종류를 원칙으로 한다.(단위 : mm) 0.08, 0.25, 0.8, 2.5,
8, 25
② 특히 지정할 필요가 없는 한 최대 높이를 구하는 경우 기준길이의 표준 값을 따
른다.

7. 다듬질 기호(Finishing Mark) 및 기입방법

① 다듬질 기호는 (역)삼각기호(▽) 및 파형기호(~)로 한다.
② 삼각기호는 제거가공을 한 면에 사용하고, 파형기호는 제거가공을 하지 않은 면에
사용한다.

표 2-11 다듬질 기호의 표면 거칠기 구분

명 칭	다듬질 기호 (종례심벌)	간략기호 (새로운 심벌)	가공 방법 및 표시하는 부분
정밀 다듬질	▽▽▽▽	z	가공표면이 매끄러운 게이지류, 실린더, 피스톤은 정밀도가 높은 부품에 적용(0.17~0.2㎛)
상 다듬질	▽▽▽	y	끼워 맞춤으로 회전 및 직선왕복 운동을 하는 표면에 적용(1.3~1.8㎛)
중 다듬질	▽▽	x	끼워 맞춤만 하고 마찰운동을 하지 않는 표면에 적용(5.2~7.1㎛)
거친 다듬질	▽	w	일반 절삭가공만 하고 끼워 맞춤이 없는 표면에 적용하며 절삭가공이 거칠다.(21~28㎛)
제거 가공을 허락하지 않는다.	~		제거가공을 하지 않는 부분으로 특별한 규정은 하지 않는다.

가) 특수한 요구의 지시 방법

가로선을 긋고 그 위에 가공 방법의 문자 또는 기호를 사용한다.

표 2-12 가공 방법의 표시

가공 방법	약호		가공 방법	약호	
	I	II		I	II
선반 가공	L	선삭	밀링 가공	M	밀링
드릴 가공	D	드릴링	호닝 가공	GH	호닝
보링머신가공	B	보링	액체호닝 가공	SPLH	액체호닝
평삭 가공	P	평삭	배럴 가공		배럴 연마
형삭 가공	SH	형삭	버프 가공	SPBF	버핑
브로칭 가공	BR	브로칭	블라스트 다듬질	SB	블라스팅
리머 가공	FR	리밍	랩 다듬질	FL	랩 핑
연삭 가공	G	연삭	줄 다듬질	FF	줄 다듬질

나) 줄무늬 방향

줄무늬 방향을 지시할 경우 규정하는 기호를 면의 지시기호 오른쪽에 부기하여 지시한다.

제 1 절 기계제도

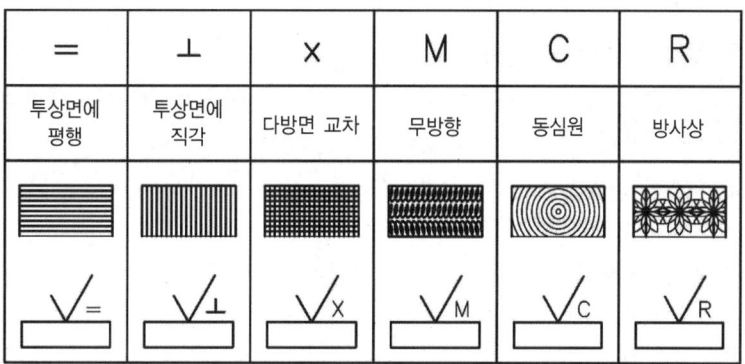

그림 2-55 면의 지시기호의 지시사항 위치

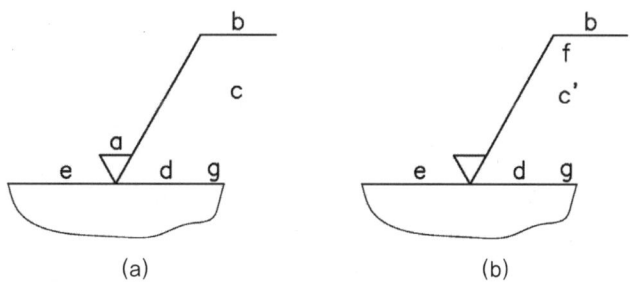

(a)　　　　　　　　　　(b)

a : 중심선 평균 거칠기의 값　　b : 가공방법
c : 컷 오프값　　　　　　　　 c' : 기준길이
d : 줄무늬 방향의 기호　　　　f : 중심선 평균 거칠기 이외의 표면거칠기 값
g : 표면파상도　　　　　　　　e : 다듬질 여유(ISO 1302)

8. 공차와 끼워 맞춤

가. 치수공차

도면에 기입되는 치수는 완성치수로 나타내나 실제 부품을 가공할 때 오차 없이 가공하기는 힘들다. 따라서 기계부품의 용도와 경제성을 고려하여 공차를 정해주는 것이 다른 부품과의 조립에 있어서 매우 중요하다.

1) 용어의 뜻
　① 구멍 : 원통형의 내측형체, 원형 아닌 내측형체 포함
　② 축 : 원통형의 외측형체, 원형 아닌 외측형체 포함

③ 치수 : 형체의 크기를 나타내는 양
④ 실치수 : 형체의 실측치수
⑤ 허용한계치수 : 실치수가 들어가도록 정한 허용할 수 있는 극한의 치수
⑥ 최대허용치수 : 형체에 허용되는 최대치수
⑦ 최소허용치수 : 형체에 허용되는 최소치수
⑧ 치수차 : 기준치수와의 대수차
⑨ 위치수허용차 : 최대허용치수 – 기준치수
⑩ 아래치수허용차 : 최소허용치수 – 기준치수
⑪ 치수공차 : 최대허용치수 – 최소허용치수 = 위치수허용차 – 아래치수허용차
⑫ 기준 치수: 허용 한계치수가 주어지는 기준이 되는 치수를 말하며, 도면에 정 치수로 기입된 모든 치수

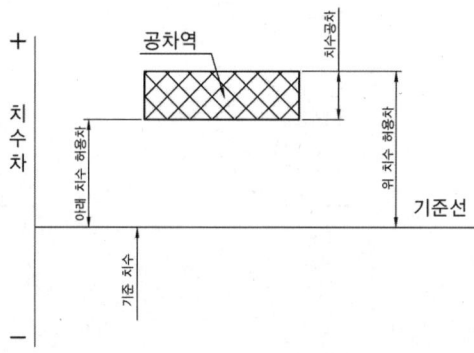

그림 2-56 치수허용차와 기준치수의 관계

나. 끼워 맞춤

기계부품을 조립할 때 구멍과 축이 미끄럼운동, 회전운동 및 고정 상태에 있는 경우가 대부분이다. 위와 같이 축과 구멍이 조립되는 관계를 끼워 맞춤이라 한다.

1) 용어의 뜻

① 틈새 : 구멍치수가 축의 치수보다 클 때 구멍과 축과의 치수 차
② 죔새 : 구멍의 치수가 축보다 작을 때 조립 전의 구멍과 축과의 치수 차
③ 최소틈새 : 헐거움 끼워 맞춤에서 구멍의 최소허용치수와 축의 최대허용치수와의 차
④ 최대틈새 : 헐거움 또는 중간 끼워 맞춤에서 구멍의 최대허용치수와 축의 최소허용치수와의 차
⑤ 최소 죔새 : 헐거움 끼워 맞춤에서 축의 최소허용치수와 구멍의 최대허용치수와의 차
⑥ 최대 죔새 : 억지 또는 중간 끼워 맞춤에서 축의 최대허용치수와 구멍의 최소허용치수와의 차

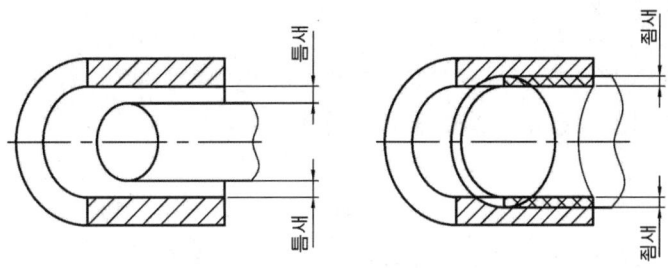

그림 2-57 틈새 및 죔새의 용어 표시

가) 헐거운 끼워 맞춤

　　조립 시 항상 틈새가 발생하는 끼워 맞춤

나) 억지 끼워 맞춤

　　조립 시 항상 죔 새가 발생하는 끼워 맞춤

다) 중간 끼워 맞춤

　　조립 시 구멍, 축의 치수에 따라 틈새나 죔새가 발생하는 끼워 맞춤

라) 구멍 기준식 끼워 맞춤

　　구멍의 아래 치수허용차가 '0'인 끼워 맞춤 방식

마) 축 기준식 끼워 맞춤

　　축의 위 치수허용차가 '0'인 끼워 맞춤 방식

바) 기준구멍

　　아래 치수허용차가 '0'인 구멍

사) 기준 축

　　위 치수허용차가 '0'인 축

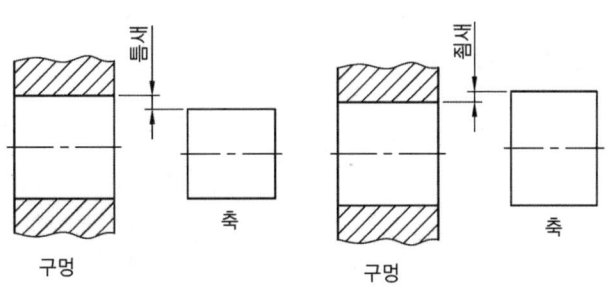

그림 2-58 헐거운 끼워 맞춤 및 억지 끼워 맞춤

다. IT기본 공차

치수의 구분에 따라 IT01 ~ IT18까지 20등급이 있으나, IT01, IT010은 정밀도가 아주 높아 제품생산에는 적용하지 않고 별도로 정하고 있다.

표 2-13 IT기본 공차의 적용

용 도	게이 지류	끼워 맞춤	끼워맞춤 외
구멍	IT01 ~ IT5	IT06 ~ IT10	IT11 ~ IT18
축	IT01 ~ IT4	IT05 ~ IT9	IT10 ~ IT18

9. 기하공차

물체의 형상 자세 및 위치에 대하여 기하학적 특성을 규제함
① 기능, 호환성을 적절히 제어하여 조립이 원활하게 되도록 하고 제품 기능을 제대로 발휘하도록 한다.
② 부품을 구성하는 점, 선, 면, 축선이 기하학적으로 완벽한 형체로부터 벗어나는 크기를 규제하는 영역이다.
③ 기하공차역의 대표 값 = 기하공차

가. 기하공차의 도시법

1) 기하공차 기입 틀의 표시

표시는 사각형의 공차 기입 틀을 두 칸 또는 그 이상으로 구분하여 그 안에 기입한다.
① 첫 번째 칸 : 기하공차의 종류
② 두 번째 칸 : 공차값(직경일 경우 ∅, 구일 경우 S∅를 앞에 붙인다.)
③ 세 번째 칸 : 데이텀(있을 경우)

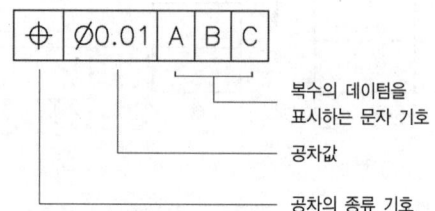

나. 공차값

1) 공차값(허용치)의 표시방법

① 공차역이 원 또는 원통일 때 공차값의 앞에 ∅를 기록하고, 구(sphere)일 경우 S∅를 붙인다.

② 공차값을 지정된 길이 또는 지정된 넓이에 대해서 지시할 때 공차값 다음에 사선을 긋고 지정된 길이 또는 넓이를 기입한다.

//	0.05/100	B

③ 공차 값이 그 직선의 전체길이 또는 평면전체의 면에 대한 것(위)과 지정길이·넓이 (아래)에 대한 것의 2개를 동시에 지정하는 경우

//	0.011	A
	0.05/200	

④ 동일한 기계부분으로 2개의 틀리는 모양 및 위치정밀도를 표시할 때 각각 공차값을 상, 하로 나누어진 공차기입 테두리에 기입한다.

○	0.005	
//	0.006	A

⑤ 임의의 위치에서 특정한 길이마다에 대하여 공차를 지시하는 경우에는 공차값에 (사선 //)을 긋고 길이를 기입한다.

//	0.01/100	A

⑥ 전체에 대한 공차값과 어느 길이마다에 대한 공차값을 동시에 지정할 경우에는 위아 래를 가로선으로 구획 짓는다.

//	0.011	A
	0.05/200	

다. 위치 공차

부품이 가지고 있는 형체의 위치의 정밀도를 말한다.
① 위치도(true position)
② 동축도와 동심도(concentricity)
③ 대칭도(symmetry)

표 2-14 위치 공차

적요 형체	기하편차(공차)의 종류		기호	비고
단독 형체	모양 공차	진직도	───	
		평면도	▱	
		진원도	○	
		원통도	⌭	
단독 형체 또는 관련 형체		선의 윤곽도	⌒	
		면의 윤곽도	⌓	
관련 형체	자세 공차	평행도	//	기하 공차의 정의는 KS B ISO 5460
		직각도	⊥	
		경사도	∠	
	위치 공차	위치도	⊕	
		동축도 또는 동심도	◎	
		대칭도	═	
	흔들림 공차	원주 흔들림	↗	
		온 흔들림	↗↗	

10. 기계재료의 표시방법

기계부품에는 철강, 비철금속, 비금속 재료 등 기계 용도와 각 부품의 기능에 적합한 재료를 선택하여, 도면의 부품란에 재료의 기호를 기입한다.

가. 재료의 구성기호

재료 기호는 로마자와 아라비아 숫자로 구성되어 있다.

1) 처음부분

재질 기호를 표시하며, 로마자의 머리글자(대문자)나 원소기호로 표시한다.

표 2-15 재질별 기호 표시

기호	재질	기호	기호	재질	기호
Al	알루미늄	Aluminium	F	철	Ferrum
AlBr	알루미늄청동	Aluminium bronze	Msr	연강	Mild steel
Br	청동	Bronze	NiCu	니켈구리합금	Nickel-copper alloy
Bs	황동	Brass	PB	인청동	Phosphor bronze
Cu	구리 또는 구리합금	Hight strength brass	S	강	Steel
HMn	고망간	High manganese	SM	기계구조용강	Machine structual steel
Cu	구리	Copper			

2) 중간부분

규격명, 제품 명을 표시하는 기호로 로마자의 머리글자(대문자)로 표시하고 판, 봉, 선재와 주조품, 단조품 등은 제품의 모양에 따른 종류나 용도로 표시한다.

표 2-16 규격명 또는 제품명 표시 기호

기호	제품명 또는 규격명	기호	제품명 또는 규격명
B	봉	Cr	크롬강
BC	청동주물	CS	냉간 압연 강대
BsC	황동주물	DC	다이캐스팅
C	주조품	F	단조품

3) 끝부분

재료의 종류번호 최저인장강도, 제조방법 열처리 방법을 나타낸다.

표 2-17 재료의 종류를 표시하는 기호

기호	기호의 의미	적용	기호	기호의 의미	적용
5A	5종 A	SPS 5A	A	A종	Sn400 A
330	최저인장강도 또는 항복점	WMC 330	B	B종	Sn 400 B
			C	탄소함량(0.1~10.15)	SM 12C

예 SS 400

S : 강(Steel), S : 일반구조용 압연강재, 400 : 최저인장강도(400N/mm^2, 41Kgf/mm^2)

나. 재료의 중량계산

① 설계가 완료된 기계부품은 원가계산 및 부품취급 및 운반, 포장방법, 운송비용 등을 산정하기 위해 중량계산이 필요하다.
② 계산된 중량은 도면의 부품란에 기입한다.
③ 부품무게(W) = 체적(단면적 × 두께 또는 길이) × 비중량(Υ)

표 2-18 재료의 비중량

재료명	비중량	재료명	비중량
순철	7.9	백금	21.45
아연	7.14	순동	8.96
주석	7.31	납	8.52
금	19.29	알루미늄	11.37
은	10.53	텅스텐	19.35

11. 스케치

스케치는 파손된 부품을 교체하거나 현품을 기준으로 개선된 부품을 고안할 때 자나 컴퍼스 등의 제도용구를 사용하지 않고 모눈종이 또는 제도용지에 프리핸드로 그리는 것을 스케치라고하며, 그린 도면을 스케치도라 한다.

스케치도는 제작도와 마찬가지로 치수, 재질, 가공방법 등을 기입한다.

가. 스케치 방법

1) 프리핸드법
척도에 관계없이 적당한 크기로 부품을 그린 후 치수를 측정하여 기입한다.

2) 프린트법

가) 직접법
면이 평면이고 복잡한 윤곽을 갖는 부품인 경우 그 면에 광명단을 발라 스케치 용지에 찍어 그 면을 실형으로 얻는 것이다. 주로 좌·우 대칭인 물체에 적용한다.

나) 간접법
부품의 면에 용지를 대고 연필 등으로 문질러서 도형을 얻는 법이며, 모따기나 구석이 라운딩된 부품은 실형을 얻기 어려우므로 실제 치수를 측정하여 기록하고, 해당 부분은 단면도로 도시한다.

3) 본뜨기 법

가) 직접 본뜨기법
불규칙한 곡선이 있는 부품을 직접용지에 대고 윤곽을 본뜬다.

나) 간접 본뜨기법
납선 또는 구리선 등의 연납선을 부품의 윤곽에 대고 구부린 후 그 선의 커브를 용지에 대고 본뜨는 방법이다.

4) 사진 촬영법
복잡한 기계의 조립상태나 부품의 형상, 구조 등을 잘 나타내는 방향에서 사진을 찍는 것으로 크기를 알기 위해 자 또는 길이의 기준이 되는 물건과 같이 촬영한다.

나. 스케치 용구와 치수측정방법

1) 스케치에 필요한 용구

가) 분해 공구
기계를 분해하기 위한 공구(스페너, 드라이버, 렌치, 망치, 정반 등)이다.

나) 측정 공구
측정을 하기 위한 공구(강철자, 버니어켈리퍼스, 마이크로미터 등)이다.

다) 스케치 용구

부품의 형상, 종류, 크기에 따라 적당한 것을 선정(방안지. 필기구)한다.

다. 치수측정 방법

치수측정은 스케치 작업 중에서 가장 중요하다. 보통 줄자, 강철자 등을 사용하지만 정밀도가 요하는 부품은 버니어 캘리퍼스. 마이크로미터, 각종 게이지 등 측정 부위에 따라 적합한 방법으로 정확히 측정한다.

라. 스케치 순서

① 분해하기 전에 조립도를 프리핸드로 그리고, 조립상태를 표시하며, 주요 치수를 기입한다.
② 각 부품의 순서에 따라 분해하고 부분 조립도를 스케치 한다. 분해할 때는 부품번호를 붙여야 한다.
③ 부품별로 스케치한다. 부품의 형상에 따라 프린트법, 본뜨기법을 이용하여 스케치한다.
④ 부품이 너무 크거나 복잡한 경우에는 사진기로 촬영하여 치수를 기입하기도 한다.

12. 기계요소 제도법

기계를 구성하는 가장 기본이 되는 부품을 기계요소라 한다.

① **체결용 기계요소** : 두 개 이상의 부품을 결합하거나 운동을 전달하는 사용된다.(볼트, 너트, 키, 핀, 코터, 리벳)
② **축 기계요소** : 동력을 전달 및 회전축을 받쳐주며 여러 개의 축을 이음하거나 동력을 단속할 때 사용한다.(축, 베어링, 클러치, 커플링)
④ **전동용 기계요소** : 전동기로부터 동력을 상대측에 전달하는 데 사용한다.(벨트, 로프, 체인, 기어, 마찰차)
⑤ **완충 및 제동용 기계요소** : 탄성을 이용 기계적 에너지를 흡수 축적하여 완충 역할을 하거나 기계의 운동에너지에서 일어나는 속도제어 및 감소, 정지시키는 데 사용된다.(브레이크, 스프링, 스프라인휠)

가. 나사

나사는 2개의 부품을 결합시키거나 힘을 전달하는 데 가장 많이 사용되는 기본적인 기계요소로, 나사는 여러 가지 기계뿐만 아니라, 일상 용품에도 널리 사용되어 대량생산과 호환성이 필요하므로 관련 규격을 표준화하여 KS규격으로 제시하고 있다.

나. 나사의 용어

1) 피치

같은 형태의 것이 같은 간격으로 떨어져 있을 때 즉, 한 나사산에서 다음 나사산까지의 거리를 피치(pitch)라 한다.

2) 리드

나사가 1회전할 때 진행한 거리로 한 줄 나사의 경우 리드는 피치와 같지만 여러 줄 나사의 경우 1리드는 피치와 나사의 줄 수의 곱과 같다.

- **Lead와 Pitch와의 관계**

  $L = n \times p$
  $P = L/n$
  여기서, L : 리드 P : 피치 n : 줄 수

3) 유효지름

수나사와 암나사가 접촉하고 있는 부분의 평균지름이다.

$h = d_2 - d_1/2$

4) 바깥지름

수나사 산봉우리에 접하는 가상적인 원통의 최대지름이다.

5) 안지름

암나사의 산봉우리에 접하는 가상적인 원통의 내측지름이다.

6) 나사산 각도

축선을 포함한 단면형에 있어서 인접한 2개의 경사면이 이루는 각도를 말한다.

다. 나사의 명칭

1) 수나사와 암나사

원통의 바깥면에 깎여진 나사를 수나사, 원통의 내부면에 깎여진 나사를 암나사라 한다.

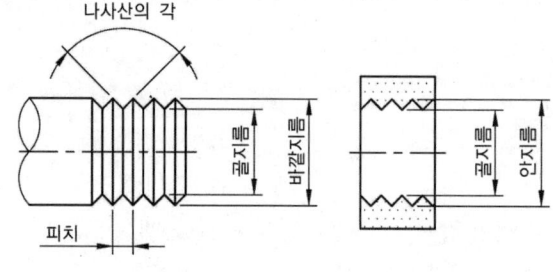

그림 2-59 수나사와 암나사의 명칭

2) 오른나사와 왼나사

나사의 감겨진 방향이 오른쪽인 나사를 오른나사, 왼쪽 방향으로 감긴 나사를 왼나사라 한다.

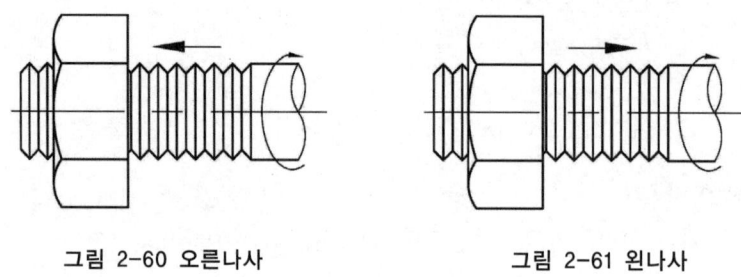

그림 2-60 오른나사   그림 2-61 왼나사

3) 한줄 나사와 다줄 나사

1개의 나사산을 갖는 나사를 한 줄 나사, 2개 이상의 나사산을 갖는 나사를 다줄 나사라 한다.

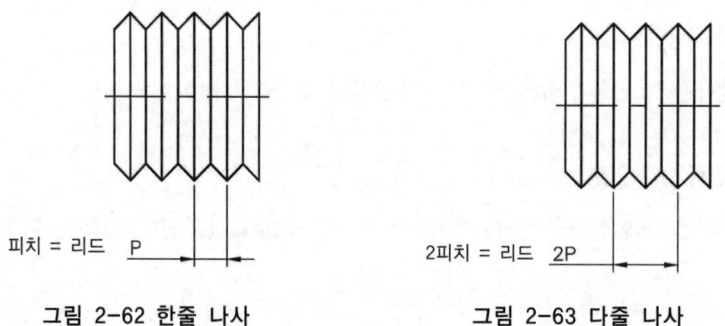

그림 2-62 한줄 나사   그림 2-63 다줄 나사

4) 나사부
    ① 완전 나사 : 산봉우리와 골밑 양쪽 모두 완전한 나사 모양을 가진 나사부
    ② 불완전 나사 : 나사공구에 의해서 만들어지는 나사산의 모양을 갖는 나사부
    ③ 유효 나사부 : 산봉우리와 골밑이 규정 나사산에 가까운 모양을 갖는 나사부

라. 나사의 종류

1) 삼각 나사

    체결용으로 가장 많이 사용하는 나사이며 미터 나사, 유니파이 나사, 관용 나사 등이 있으며 주로 수밀, 기밀, 항공기, 자동차, 정밀기계 등에 많이 사용한다.

2) 사각 나사

    나사산의 모양이 사각이며 잭(Jack), 나사 프레스, 선반 피드 등에 사용한다.

3) 사다리꼴 나사

    애크미 나사 또는 재형 나사라 하며, 사각 나사보다 강력한 힘을 전달할 수 있다.(미터계 TM30 휘트워드 TW29)

4) 톱니 나사

    한쪽에만 힘을 받는 곳에만 사용되며, 힘을 받는 면은 축에 직각이고 받지 않는 면은 30° 또는 45°로 되어 있다.

5) 둥근 나사

    일명 **너클 나사**이며 나사산과 골이 다 같이 둥글기 때문에 먼지, 모래가 끼기 쉬운 곳에만 사용한다.(전구, 호스연결부)

6) 볼 나사

    수나사와 암나사의 홈에 강구가 들어 있어 일반 나사보다 매우 마찰계수가 적고, 운동전달이 가볍기 때문에 CNC 공작기계에 많이 사용된다.

마. 나사의 제도

① 수나사의 바깥지름을 표시하는 선은 **굵은 실선**, 골지름을 표시하는 선은 가는 실선으로

그린다.
② 불완전 나사부의 골밑을 표시하는 선은 축 선에 대하여 30° 경사진 가는 실선으로 표시하고 불완전 나사부의 치수로 표시한다.
③ 암나사의 안지름을 표시하는 선은 **굵은 실선**으로 표시하고 **골지름**을 표시하는 선은 가는 실선
④ 수나사와 암나사의 측면을 도시할 때 골지름은 가는 실선으로 그린다.
⑤ 암나사의 유효 나사부 길이와 암나사내기의 구멍지름 길이를 표시할 때 관통하지 않는 암나사의 드릴 구멍 끝부분은 120°로 표시한다.
⑥ 나사의 결합부분을 도시할 때 수나사로 나타내며, 암나사와 맞물리는 끝선은 확대도를 그려 수나사부의 골밑까지 은선으로 표시한다.
⑦ 해칭을 하는 경우 수나사를 기준으로 바깥지름을 표시하는 선까지 해칭을 한다.

바. 나사의 표시 방법

나사의 표시 방법은 수나사의 바깥지름, 암나사의 골지름을 표시하는 선으로부터 지시선을 사용하여 그 위에 나사의 감긴 방향, 호칭, 줄 수, 등급 순으로 표시한다.

1) 암나사내기 표시 방법

유효 나사부의 길이와 암나사내기 구멍의 지름 및 길이를 표시할 때는 다음과 같이 기입한다.

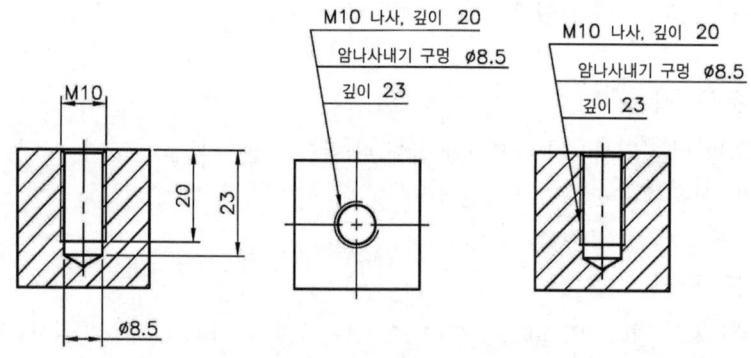

그림 2-64 암나사내기 표시법

2) 나사의 호칭

나사의 표시 방법은 나사산의 감긴 방향, 나사산의 줄 수, 나사의 호칭, 나사의 등급으로 다음과 같이 표시한다.

3) 나사산의 감긴 방향

나사산의 감긴 방향이 왼나사의 경우에는 '좌' 또는 'L'로 표시하지만, 오른나사인 경우에는 표시하지 않는다.

4) 나사산의 줄 수

나사산의 줄 수는 여러 줄 나사의 경우에는 '두 줄(2L)', '3줄(3L)' 등과 같이 표시하나, 한줄 나사인 경우에는 표시하지 않는다.

5) 나사의 호칭

나사의 호칭은 나사의 종류를 표시하는 기호, 나사의 지름을 표시하는 숫자, 피치 또는 1인치(25.4mm)에 대한 나사산의 수를 사용하여 나타낸다.

가) 피치를 mm로 표시하는 나사(미터 나사)의 호칭 방법

미터 나사는 미터 보통나사와 미터 가는나사가 있으며, 미터 보통나사는 동일한 지름에 대하여 피치가 하나이기 때문에 피치를 생략한다. 예 M8

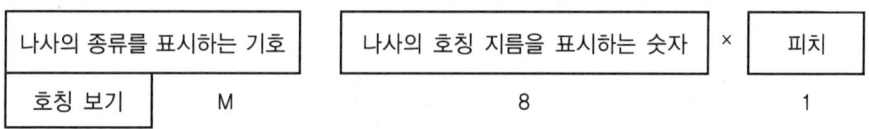

나) 피치를 나사의 산수로 표시하는 나사의 호칭

관용 나사와 같이 동일한 지름에 대하여 산의 수가 하나만 규정되어 있는 나사에서는 산의 수를 생략한다. 또한, 혼동될 우려가 없을 때에는 '산' 대신에 하이픈 '-'을 사용할 수 있다.(인치 나사, 유니파이 나사는 제외. 아래 호칭 보기는 미싱 나사이다.)

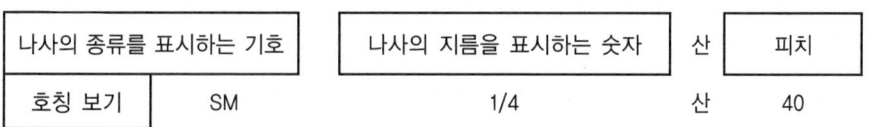

다) 유니파이 나사의 호칭

유니파이 나사는 유니파이 보통나사(UNC)와 유니파이 가는나사(UNF)가 있다.

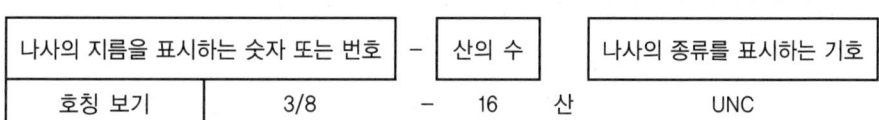

표 2-19 나사의 종류 기호 및 호칭방법(KS B 0200)

나사의 종류		나사의 종류 기호	나사의 호칭에 대한 표시법	관련 규격
미터 보통나사		M	M8	KS B 0201
미터 가는나사			M8×1	KS B 0204
미니추어 나사		S	S 05	KS B 0228
유니파이 보통나사		UNC	3/8-16 UNC	KS B 0203
유니파이 가는나사		UNF	No. 8-36 UNF	KS B 0206
미터 사다리꼴 나사		Tr	Tr 10×2	KS B 0229
관용 테이퍼 나사	테이퍼 수나사	R	R 3/4	KS B 0222
	테이퍼 암나사	Rc	Rc 3/4	
	평행 암나사	Rp	Rp 3/4	
관용 평행 나사		G	G 1/2	KS B 0221
30° 사다리꼴 나사		TM	TM 18	KS B 0227
29° 사다리꼴 나사		TW	TM 20	KS B 0226
관용 테이퍼 나사	테이퍼 나사	PT	PT 7	KS B 0222
	평행 암나사	PS	PS 7	
관용 평행 나사		PF	PF 7	KS B 0221

사. 볼트와 너트

볼트, 너트는 기계의 부품을 결합하고 분해하기 쉽기 때문에 결합용 요소로 많이 사용된다.

1) 볼트의 종류

가) 머리 모양과 용도에 따른 분류

① 육각 볼트 : 여러 가지 부품을 결합하는 데 널리 쓰이는 대표적인 볼트이다.
② 육각 구멍붙이 볼트 : 둥근 머리에 육각 홈을 파놓은 것으로 볼트의 머리가 밖으로 나오지 않은 볼트이다.
③ 나비 볼트 : 머리 부분을 나비의 날개 모양으로 만들어 손으로 돌리기 쉽도록 한 볼트
④ 기초 볼트 : 기계 구조물을 콘크리트 위에 설치할 때 기초용으로 사용한다.
⑤ 아이 볼트 : 무거운 부품을 달아 올릴 때 로프나 체인 훅 등을 거는 데 사용한다.
⑥ 접시머리 볼트 : 볼트의 머리가 밖으로 나오지 않아야 하는 곳에 사용되며, 홈붙이, 머리 볼트, 키 접시머리 볼트 등이 있다.

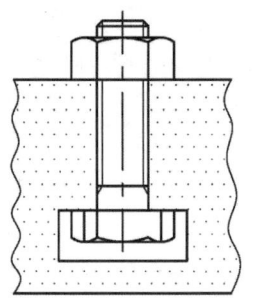 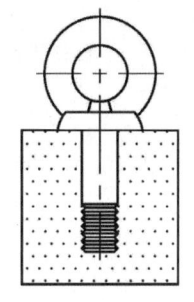 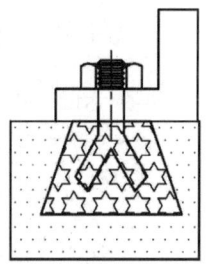

그림 2-65 T홈 볼트　　　그림 2-66 아이 볼트　　　그림 2-67 기초 볼트

나) 고정하는 방법에 따른 분류

① 관통 볼트(through bolt) : 체결하려는 2개의 부품에 구멍을 뚫고 여기에 볼트를 관통시켜 너트로 죄어 붙인다.
② 탭 볼트(tap bolt) : 체결하려는 부분이 두꺼워 관통 구멍을 뚫을 수 없을 때 드릴로 구멍을 뚫고 재료에 탭으로 나사를 만들고 볼트로 죄어 붙이고 너트는 사용하지 않는다.
③ 스터드 볼트(stud bolt) : 볼트에는 머리가 없고 양쪽에 나사가 있는 볼트로, 한쪽은 미리 볼트로 죄고 다른 한쪽은 나중에 죈다.

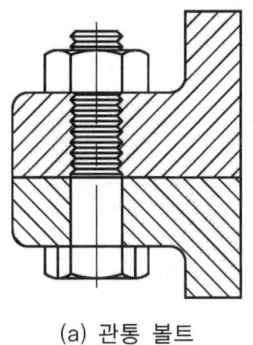 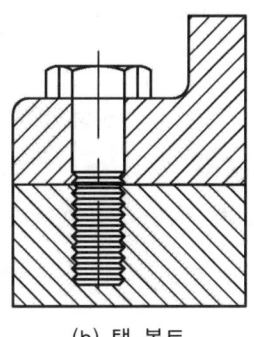 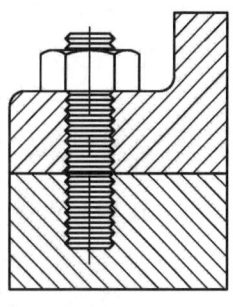

　　(a) 관통 볼트　　　　　　(b) 탭 볼트　　　　　　(c) 스터드 볼트

그림 2-68 고정 방법에 따른 볼트의 종류

2) 너트의 종류

가) 사각 너트

사각인 모양으로 만든 것으로 목재에 주로 사용한다.

나) 와셔붙이 너트

원형에 플랜지가 있는 것으로 볼트 구멍이 큰 경우 접촉 압력을 작게 하고자 할 때 사용한다.

다) 캡 너트
나사의 틈이나 접촉면 등에서 유체의 유출을 방지할 경우에 사용한다.

라) 둥근 너트
회전체의 균형을 좋게 하거나 너트를 외부에 돌출시키지 않으려고 할 때 사용한다. (특수 스패너 사용)

마) 아이 너트
아이 볼트와 같은 목적으로 사용된다.

바) 홈붙이 너트
너트의 위쪽에 분할핀을 끼워 너트의 풀림을 방지하는 데 사용한다.

사) 나비 너트
손으로 돌려 조일 수 있는 곳에만 사용한다.

아) 스프링판 너트
스프링 판을 굽혀서 만들며, 나사 박음을 하지 않고 간단히 끼울 수 있기 때문에 스피드 너트라고도 한다.

3) 특수나사의 종류

가) 작은 나사
캡 스크류라고 하며 호칭이 1~8mm의 작은 나사로서, 작은 부품이나 얇은 커버 등 박판을 붙이는 데 사용한다.

나) 나사못
목재에 나사를 돌려서 박는 데 적합한 나사로 되어 있으며, 나사의 끝이 드릴과 탭의 역할을 한다.

다) 탭핑 나사
암나사 부분은 미리 구멍을 뚫고 탭핑 나사를 죄면 암나사를 만들어 가며 죄어진다.

라) 멈춤 나사
보스와 축을 고정시키고, 축에 끼워진 기어와 풀리의 위치조정 및 키의 대용으로 쓰인다.

4) 볼트, 너트 및 나사 종류의 호칭방법

볼트, 너트, 나사 종류의 기준 치수는 나사의 호칭지름으로 나타내며, 볼트와 너트 및 나사의 종류와 등급을 함께 표시한다.

가) 볼트의 호칭법

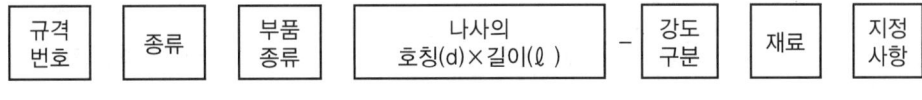

나) 너트의 호칭법

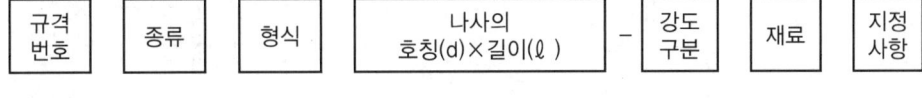

다) 작은 나사 호칭법

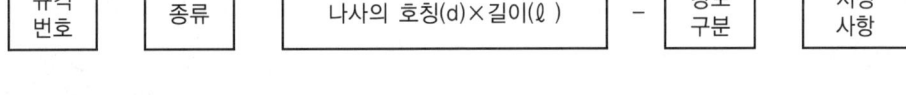

라) 멈춤 나사의 호칭법

아. 키, 핀, 코터 및 축 관련부품

1) 키(key)

① 축에 기어, 풀리, 플라이휠, 커플링 등의 회전체를 고정시키고 축과 회전체를 일체로 하여 회전을 전달하는 기계요소이다.

② 키의 재료는 축의 재료보다 약간 강한 재료를 쓰고 보통 키에는 테이퍼를 준다. SS 45C, SF 55를 많이 사용한다.

그림 2-69 안장 키   그림 2-70 평 키

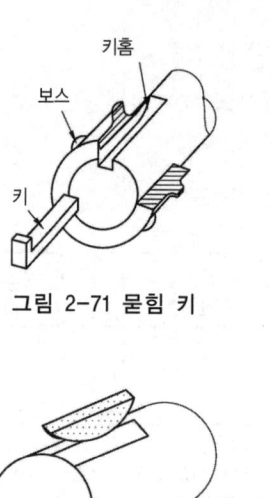
그림 2-71 묻힘 키

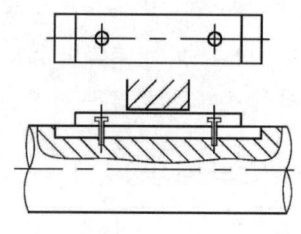
그림 2-72 미끄럼 키

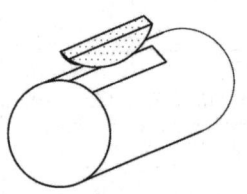
그림 2-73 반달 키

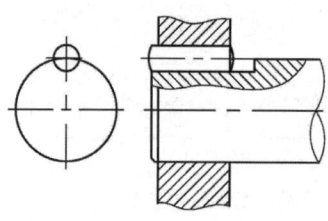
그림 2-74 둥근 키

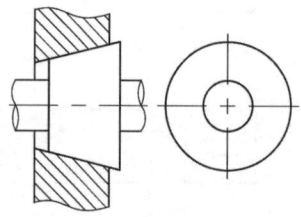
그림 2-75 원뿔 키

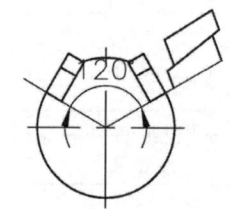
그림 2-76 접선 키

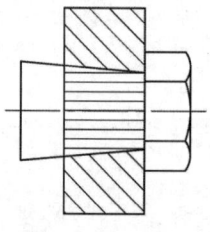
그림 2-77 스플라인

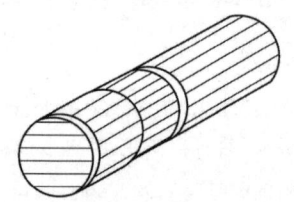
그림 2-78 세레이션

다) 키의 모양과 치수

키의 모양은 한쪽 둥글기, 양쪽 둥글기, 한쪽 첨단(모짐), 양쪽 첨단이 있으며, 평행 키에 관한 규격 KS B 1311에 따른다.

2) 핀(pin)

핀은 너트의 풀림방지 및 핸들과 축에 고정 또는 맞추는 부분의 위치 결정 등에 쓰이며, 큰 힘이 걸리지 않게 한다.(핀 재료 : 황동, 구리, 연강, 알루미늄)

표 2-20 핀의 모양 및 용도

평행 핀		핀의 외경이 평행하고 단면의 형상이 원형으로 되어 있는 제품 핀 홀에 억지끼움하여 사용하며, 주로 결합물의 위치를 결정하는 곳에 사용한다. 호칭방법 : 규격번호 또는 명칭, 종류, 형식, 호칭지름×길이, 재료
테이퍼 핀		핀의 외경에 **1/50의 기울기**를 주고 제작되어 있다. 호칭방법 : 명칭, 등급, $d \times \ell$, 재료
홈붙이 핀		물체를 고정하기 위해 박아 넣었을 때 핀이 다시 빠지지 않도록 억지끼움을 위해 핀의 일부에 홈을 내었으며, 이 홈으로 인해 핀의 외경이 커져 억지끼움이 되도록 고안된 제품
분할 핀		물체의 고정이나 **나사의 풀림방지** 등을 위해 구멍에 핀을 삽입한 후 핀의 중앙이 분리되어 있어 핀을 꺾어 빠지지 않도록 할 수 있게 되어 있는 제품 호칭 : 규격번호 또는 명칭, 호칭지름×길이, 재료
스프링 핀		**얇은 스프링 판을 원통형으로 말아서 만든 제품.** 억지끼움을 했을 때 핀의 복원력으로 구멍에 정확히 밀착되는 특성이 있다.

3) 코터

기울기가 있는 평판모양의 쐐기로서 2개의 축을 축 방향으로 연결하는 데 사용하는 일시적으로 결합시키는 쐐기이며, 축 방향에 압축 또는 인장하중이 작용하는 두 축을 연결하는 데 사용한다.

기울기는 반영구적 : 1/20~1/40,
        자주분리 : 1/10~1/15(핀 사용), 1/5~1/10(너트 사용)

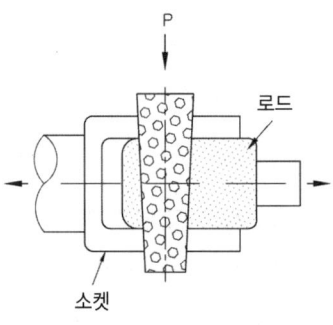

그림 2-79 코터의 구조

4) 리벳 이음

강판 또는 형강을 반영구적 이음에 사용하는 것을 리벳 이음이라 하며 건축구조물, 압력용기, 교량 등 기계부품의 반영구적 결합에 사용된다.
① 힘의 전달과 강도를 요하는 곳 : 구조물, 교량
② 강도와 기밀을 요하는 곳 : 보일러, 압력용기
③ 기밀을 요하는 곳 : 물탱크, 연통(리벳 재료: 연강, 황동, 알루미늄, 동, 듀랄루민 등)

가) 리벳 머리의 종류

그림 2-80 리벳 머리의 종류

나) 리벳의 호칭

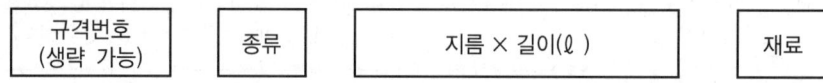

예 KS B 1102 둥근머리 리벳 25 × 36 SV400

다) 리벳 이음 종류

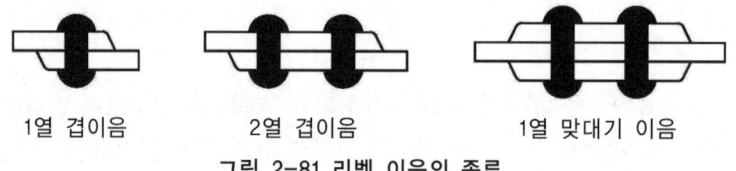

그림 2-81 리벳 이음의 종류

같은 피치로 연속되는 같은 종류의 구멍의 표시법은 피치의 수 × 피치의 치수 = 합계치수

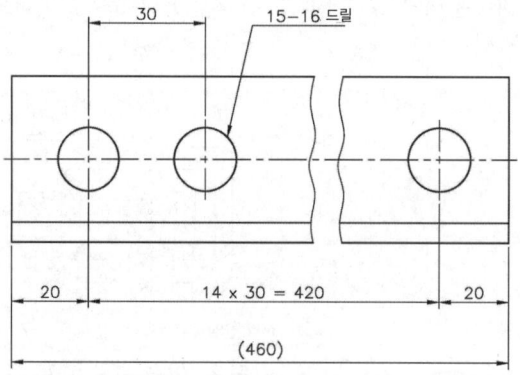

그림 2-82 연속되는 구멍의 치수 기입법

13. 축계 기계요소

기계의 대부분은 회전운동에 의하여 동력을 전달하는데 이 회전력을 전달하는 기계요소 부품 중 필수적인 것이 축이며 중요하게 다루어져야 한다. 베어링에 의해 지지되며 회전, 왕복, 요동운동을 하며 공작기계의 전동축, 철도 차량의 차축, 자동차용 차축, 터빈용 축 등 광범위하게 사용되고 있다.

가. 축

1) 작용 하중에 의한 분류

   가) 차축(axle)

   굽힘 모멘트를 받는 축으로 철도 차량의 차축과 같이 그 자체가 회전하는 축과 자동차의 바퀴 축과 같이 바퀴는 회전하지만 축은 회전하지 않는 정지축이 있다.

   나) 전동축(transmission shaft)

   전동축은 비틀림과 힘을 동시에 받으며 주축, 선축, 중간축 등 주로 **동력전달용**으로 사용된다.

   ① 주축 : 원동기에서 직접 동력을 받는 축
   ② 선축 : 주축에서 동력을 받아 각 공정에 분배하는 축
   ③ 중간축 : 선축에서 동력을 받아 각각의 기계에 동력을 전달하는 축

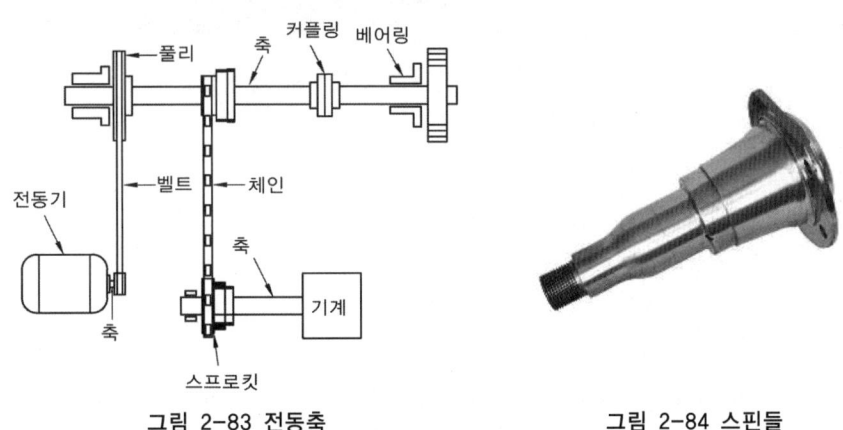

그림 2-83 전동축　　　　　　그림 2-84 스핀들

   다) 스핀들(spindle)

   비틀림 모멘트를 받으며 직접 일을 하는 회전축으로, 치수가 정밀하고 변형량이 작으

며 길이가 짧아 선반, 밀링 등 공작기계의 주축으로 많이 사용된다.

2) 외부 형태에 의한 분류

가) 직선축(straight shaft)

길이 방향으로 일직선 형태의 축이며 일반적인 동력전달용으로 사용된다.

나) 크랭크축(crank shaft)

왕복운동기관 등에서 직선운동과 회전운동을 상호 변환시키는 축으로, 자동차 엔진 등에서 많이 사용되며 피스톤의 왕복운동을 회전운동으로 바꾸어 출력시킨다.

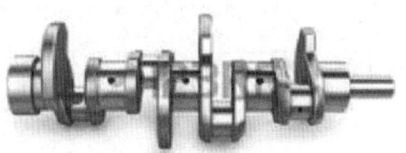

그림 2-85 크랭크축

3) 유연축(flexible shaft)

공간상의 제한으로 일직선 형태의 축을 사용할 수 없을 때 자유로이 휠 수 있는 축으로, 강선을 2중, 3중으로 감은 나사 모양의 축을 말한다.

그림 2-86 유연축

4) 축의 설계에 고려되는 사항

① 강도　　② 응력 집중　　③ 변형　　④ 진동
⑤ 열응력　⑥ 열팽창　　　⑦ 부식

5) 강성에 의한 축의 설계

비틀림 각은 축의 길이 1m에 대하여 1/4° 이내에 있도록 설계하여야 한다.

6) 축의 제도

축은 길이 방향으로 절단하지 않으며, 필요에 따라 부분 단면은 가능하다.

나. 축이음

축의 길이는 구조상 또는 가공상의 제한으로 축을 하나로 제작하지 못하고, 여러 개의 짧은 축을 제작했을 때 반드시 축을 이어서 사용하게 된다. 이들 2개 이상의 회전축을 연결하여 동력을 전달하는 장치를 축이음이라 하며, 영구적인 축이음을 커플링, 회전 중 단속할 수 있는 이음을 클러치라 한다.

1) 커플링

(1) 고정 커플링(fixed coupling)

일직선상의 두 축을 연결하는 것으로 볼트 또는 키를 사용하여 접합하고 양축 사이의 상호 이동이 전혀 허용되지 않는 것으로 원통 커플링과 플랜지 커플링이 있다.

가) 원통 커플링(cylindrical coupling)

가장 간단한 구조로 원통 속에 두 축을 끼워 넣고 일직선이 될 수 있도록 키, 볼트, 클립으로 결합하여 전단력이나 마찰력으로 전동하는 이음이다.

① 머프 커플링(muff coupling) : 주철제 원통 속에 두 축을 맞대어 끼우고 키로 고정한 축이음이다.

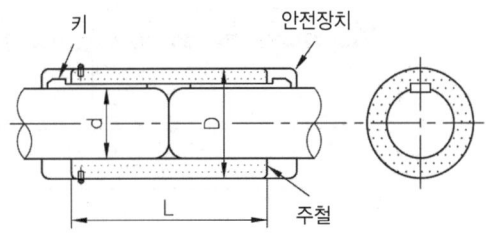

그림 2-87 머프 커플링

② 반겹치기 커플링(half coupling) : 주철제 원통 속에 전달축보다 약간 크게 한 축 단면에 기울기를 주어 중첩시킨 후 공통의 키로써 고정한 커플링이다.

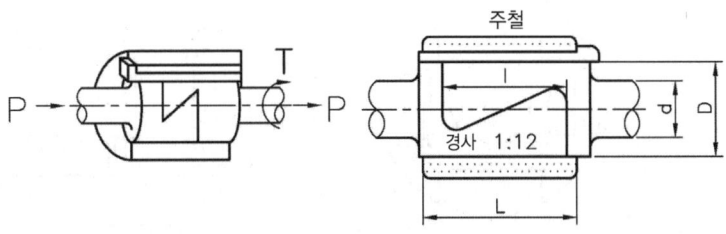

그림 2-88 반겹치기 커플링

③ 마찰 원통 커플링(friction clip coupling) : 2개로 분할된 원통의 바깥을 원추형으로 만들어 여기에 두 축을 끼우고, 그 바깥을 원추형으로 만들어 여기에 두 축을 끼우고, 그 바깥쪽에 2개의 링을 끼워 고정한 커플링이다.

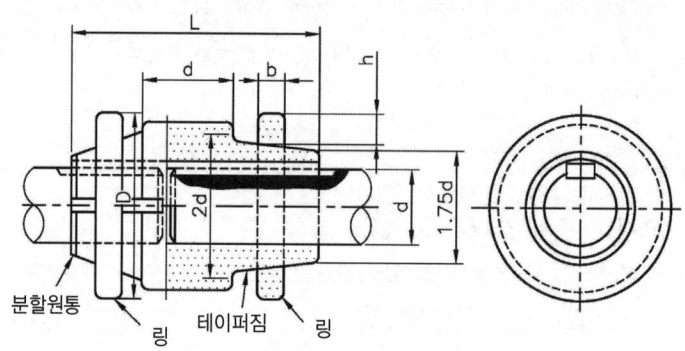

그림 2-89 마찰 원통 커플링

④ 셀러 커플링(seller coupling) : 3개의 볼트로 죄어 축을 고정시킨 커플링으로, 연결할 두축의 지름이 다소 달라도 두 축이 자연히 동일 선상에 있게 되는 커플링이다.

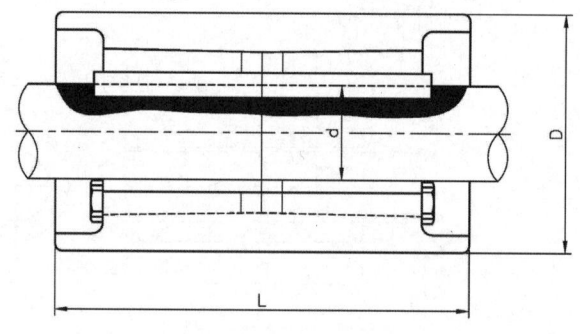

그림 2-90 셀러 커플링

⑤ 클램프 커플링(clamp coupling) : 두 축을 주철 또는 주강제 분할원통에 넣고 볼트로 체결하는 이음으로 일명 분할원통 커플링이라고 한다.

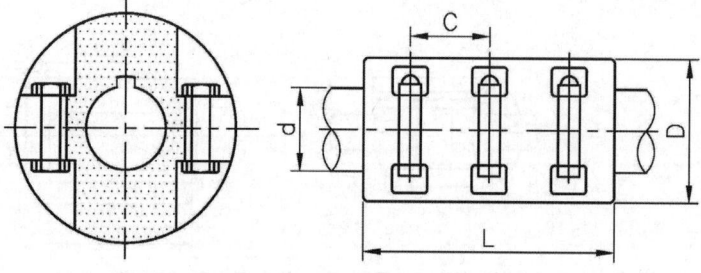

그림 2-91 클램프 커플링

나) 플랜지 커플링(flange coupling)

주철 또는 주강제의 플랜지를 축에 키(key)로 결합시킨 후 두 플랜지를 볼트로 체결한 것을 플랜지 커플링이라 하며, 커플링에서 플랜지의 중앙부는 요철을 만들어 두 축의 중심을 일치시킨다.

그림 2-92 플랜지 커플링

(2) 플렉시블 커플링(flexble coupling)

두 축이 동일 선상에 있는 것을 원칙으로 하며, 두 축 사이에 약간의 상호 이동을 허용할 수 있는 축이음으로 온도 변화로 축이 신축되거나 탄성변형에 의하여 두 축이 일직선상에 있지 않을 때도 원활한 전동을 할 수 있도록 한 축이음이다.

가) 기어형 축이음(gear type shaft coupling)

연결하고자 하는 두 축의 끝에 한 쌍의 외접 기어를 각각 키 박음하여 결합하고 외치와 내치 사이의 틈새가 축의 편심을 어느 정도 흡수할 수 있으며, 고속 및 큰 토크에 견딜 수 있다. 원심펌프, 컨베이어, 교반기, 발전기, 송풍기, 믹서, 유압펌프, 압축기, 크레인, 기중기, 쇄석기계 등에 사용한다.

그림 2-93 기아형 커플링

나) 체인 축이음(chain coupling)

결합할 두 축의 끝에 스프로킷 휠을 키 박음하여 장착하고, 2중 체인을 사용하여 두 축에 끼워져 있는 스프로킷 휠을 이은 것으로, 회전속도가 중간 정도의 일정한 하중이 작용하는 기계에 사용되며 교반기, 컨베이어, 펌프, 기중기 등에 사용한다.

그림 2-94 체인 커플링

다) 그리드형 플렉시블 축이음(grid flexble shaft coupling)

결합하고자 하는 두 축의 끝 부분에 축 방향으로 홈(groove)이 파져 있는 한 쌍의 원통(허브)을 키 박음하여 각각 고정하고 양축의 축 방향 홈이 일직선이 되도록 조정한 후 S자 모양의 금속격자(그리드)를 홈 속으로 집어넣어 연결시킨다.

그림 2-95 그리드 커플링   그림 2-96 죠 커플링

라) 고무 축이음(rubber shaft coupling) = 죠 커플링

고무 축이음은 구조가 비교적 간단하고 어느 한도 이내에서 축심의 어긋남을 허용할 수 있으며, 감쇠 작용이 뛰어나 진동 및 충격을 잘 흡수한다.

마) 디스크 플렉스 커플링

구조가 간단하고 큰 토크를 전달할 수 있으며, 백래시가 없으며 비틀림 강성이 크고 악조건에서도 탁월한 성능을 발휘하며, 장착 및 분해가 용이하다.

그림 2-97 디스크 플렉스 커플링

(3) 올덤 커플링(oldham's coupling)

두 축이 평행하고 축의 중심선이 약간 어긋났을 때 거리가 비교적 짧고 교차하지 않는 축에 사용되는 커플링으로, 진동과 마찰이 많아서 고속회전에는 부적합하며 윤활이 필요하다.

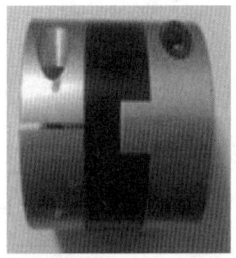

그림 2-98 올덤 커플링

(4) 유니버설 조인트(universal coupling)

두 축의 중심선이 어느 각도로 교차되고, 그 사이의 각도가 운전 중 다소 변하여도 자유로이 운동을 전달할 수 있는 축이음으로 교차 각은 30° 이하로 하며 아주 저속일 때는 45°까지 할 수 있다.

그림 2-99 유니버설 조인트의 종류

2) 클러치(clutch)

기관과 변속기 사이에 동력을 잇고 끊는 장치로, 그 동력의 축을 임의로 이었다가 끊기도 한다. 원동축과 종동축으로 토크를 전달시킬 때 간단히 두 축을 연결시키거나 분리시킬 때 사용되는 축이음이다.

그림 2-100 클러치

가) 맞물림 클러치(claw clutch)

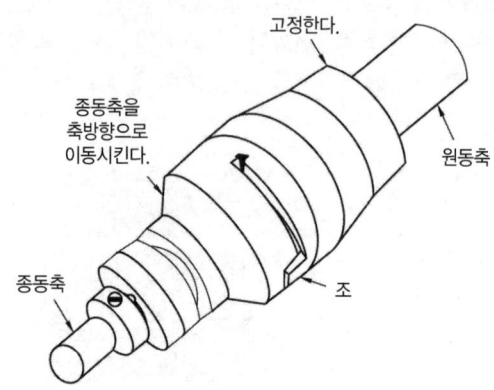

그림 2-101 맞물림 클러치

가장 간단한 구조로 플랜지에 서로 물릴 수 있는 돌기 모양의 턱이 있어 서로 맞물려 동력을 단속한다.

나) 마찰 클러치(friction clutch)

두 개의 마찰 면을 밀어 붙여 마찰 면에 생기는 마찰력으로 동력을 전달하는 클러치로 원판 클러치와 원추 마찰 클러치가 있다.

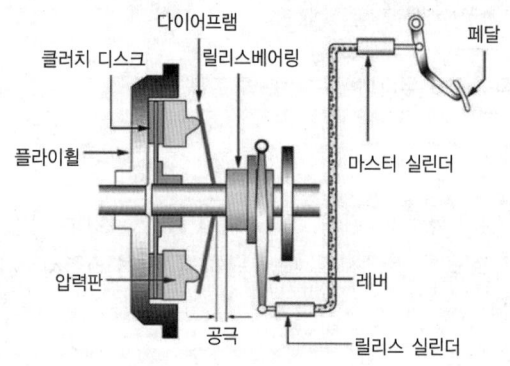 

그림 2-102 마찰 클러치   그림 2-103 비역전 클러치

다) 기타 클러치

① 비역전 클러치 : 원동 축으로부터 한쪽 방향의 회전 토크만을 종동축에 전달하고, 반대방향의 회전 토크는 전달하지 못하는 클러치로 일 방향 클러치라고도 한다.
② 원심 클러치 : 원심력에 의하여 마찰 면이 접촉하도록 한 것으로 원동축이 시동되어 점차 회전 속도가 상승하면 클러치가 연결된다.

그림 2-104 원심 클러치

③ 전자 클러치 : 전자력을 이용하여 마찰력을 발생시키는 클러치이다.

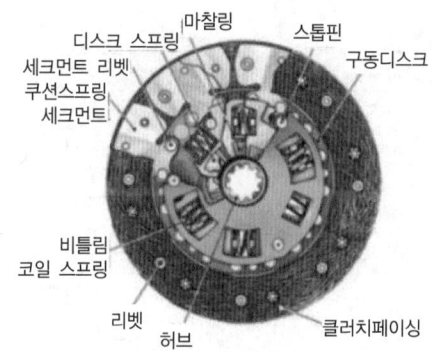

그림 2-105 전자 클러치

④ 유체 클러치 : 펌프 축을 원동기에 결합하고 터빈 축은 부하를 받는 쪽에 결합하여 동력을 전달하는 클러치

그림 2-106 유체 클러치

다. 베어링

회전짝을 이루는 두 요소가 직접 접촉하면 소음과 열이 발생하여 마멸이 촉진된다. 회전축과 축을 지지하는 요소의 마찰을 줄이고 회전을 원활히 하게 하는 기계요소이다.
① 베어링 : 회전하고 있는 축을 받쳐서 축에 작용하는 하중을 받는다.
② 저널 : 축 중에서 베어링과 접촉하여 축이 받쳐주고 있는 부분

1) 베어링의 기본적인 형태 및 구성 부품

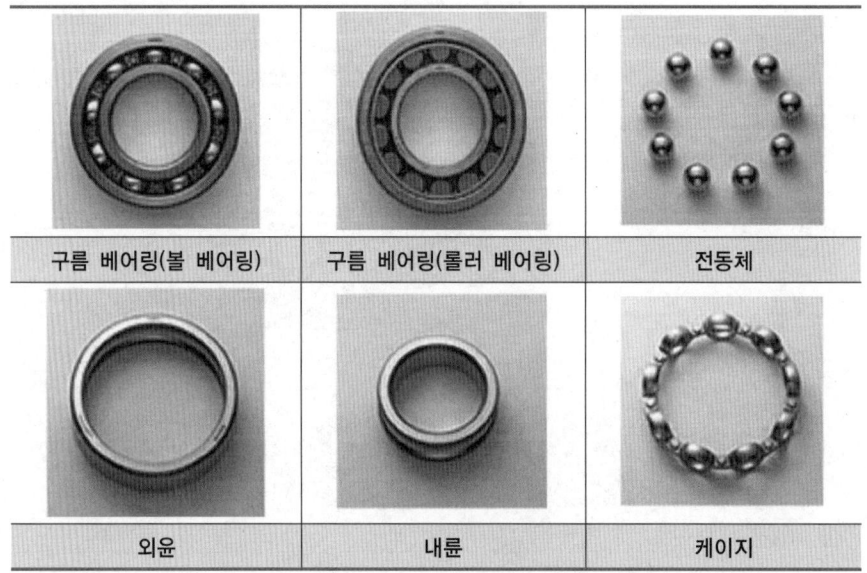

그림 2-107 베어링의 기본형태 및 구성품

2) 베어링의 종류
가) 미끄럼 베어링
베어링 면과 저널이 면 접촉하고 있는 베어링

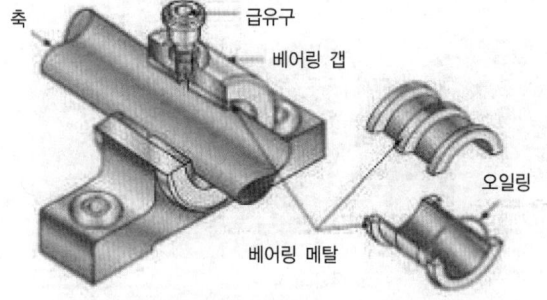

그림 2-108 미끄럼 베어링

나) 구름 베어링

외륜과 내륜 사이에 볼을 넣어 구름접촉을 시켜 마찰을 경감시킨 베어링

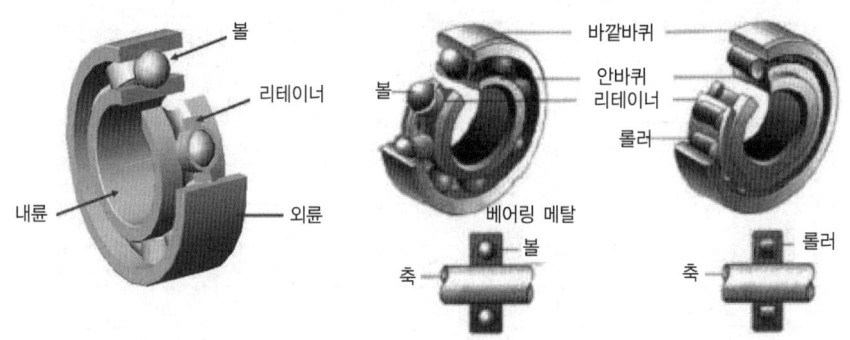

그림 2-109 베어링의 구조   그림 2-110 볼 베어링   그림 2-111 롤러 베어링

3) 베어링 표시

가) 호칭번호의 구성 및 배열

베어링의 호칭번호는 베어링의 형식 주요치수와 그 밖의 사항을 표시하며, 기본기호와 보조기호로 구성되고 호칭번호는 각각의 숫자와 영문자의 대문자로 나타낸다.

표 2-21 베어링의 기본번호 및 보조기호

기본 번호			보조 기호					
베어링 계열번호	안지름 번호	접촉각	리테이너 기호	밀봉기호 또는 실드기호	궤도륜 모양기호	조합기호	내부틈새 기호	등급기호

예) 6308 Z NR

    63 : 베어링계열기호(6 : 단열 깊은 홈 볼 베어링, 03 : 치수계열번호)
    08 : 안지름번호(베어링 안지름 8 × 5 = 40mm)
    Z : 실드기호(양쪽실드)
    NR : 레이스 형상기호(정지륜 부착)

나) 안지름 기호

안지름 번호는 베어링의 안지름 치수를 나타내는 것으로 〈표 2-22〉와 같다. 안지름 번호가 '04' 이상인 것은 이 수치를 5배로 하면 안지름을 알 수 있다. 표에서 보는 바와 같이 '9' 이하 및 '/' 표시의 번호는 그 수치가 안지름이다.

표 2-22 안지름 기호

호칭 베어링 안지름 (mm)	안지름 번호	호칭 베어링 안지름 (mm)	안지름 번호	호칭 베어링 안지름 (mm)	안지름 번호	호칭 베어링 안지름 (mm)	안지름 번호	호칭 베어링 안지름 (mm)	안지름 번호
0.6	/0.6(3)	25	05	105	21	360	72	950	/950
1	1	28	/28	110	22	380	76	100	/100
1.5	/1.5(3)	30	06	120	24	400	80	1060	/1060
2	2	32	/32	130	26	420	84	1120	/1120
2.3	/2.5(3)	35	07	140	28	440	88	1180	/1180
3	3	40	08	150	30	460	92	1250	/1250
4	4	45	09	160	32	480	96	1320	/1320
5	5	50	10	170	34	500	/500	1400	/1400
6	6	55	11	180	36	530	/530	1500	/1500
7	7	60	12	190	39	560	/560	1600	/1600
8	8	65	13	200	40	600	/600	1700	/1700
9	9	70	14	220	44	630	/630	1800	/1800
10	00	75	15	240	48	670	/670	1900	/1900
12	01	80	16	260	52	710	/710	2000	/2000
15	02	85	17	280	56	750	/750	2120	/2120
17	03	90	18	300	60	800	/800	2240	/2240
20	04	95	19	320	64	850	/850	2360	/2360
22	/22	100	20	340	68	900	/900	2500	/2500

4) 베어링의 종류 및 명칭

깊은 홈 볼 베어링   앵귤러 베어링   스러스트 베어링

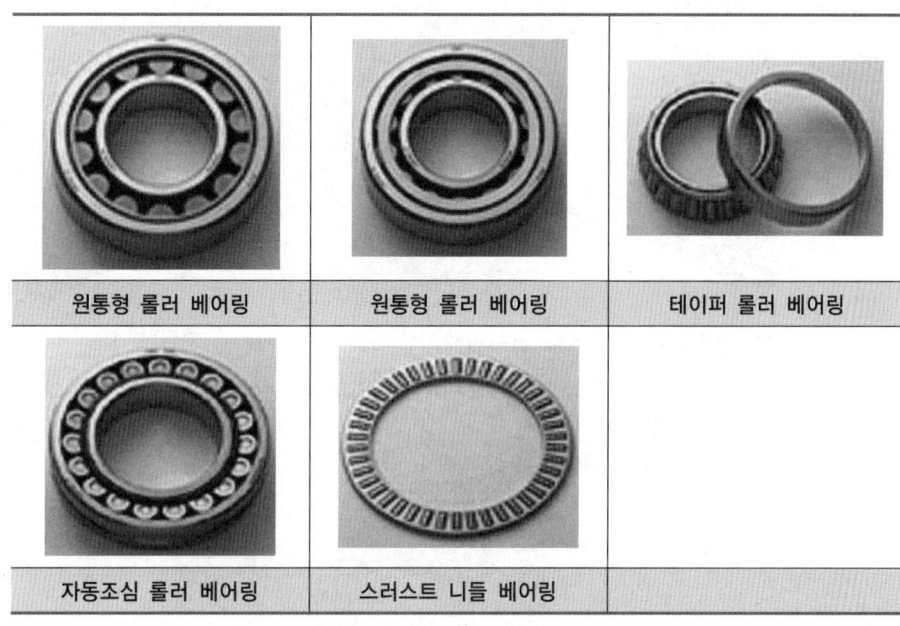

그림 2-112 베어링의 종류 및 명칭

5) 베어링 부속품

가) 플러머 블록

자동조심 볼 베어링이나 스페리컬 롤러 베어링과 같이 조립되어 설비전체의 회전체 축의 부하와 하중을 지지하며 회전운동을 안정적으로 유지시키기 위해 고 정밀도가 요구되는 매우 중요한 기계요소이다. 비바람이나 먼지 등에 노출되는 옥외 또는 고온, 고속, 중하중 등의 어려운 운전조건에서도 밀봉 효과나 내구성 등의 고유의 기능을 발휘할 수 있다.

그림 2-113 플러머 블록

나) 베어링 유니트

그림 2-114 UCP 베어링

그림 2-115 UCF 베어링

그림 2-116 UCT 베어링

다) 크랭크축 베어링

크랭크축을 지지하는 역할을 한다.

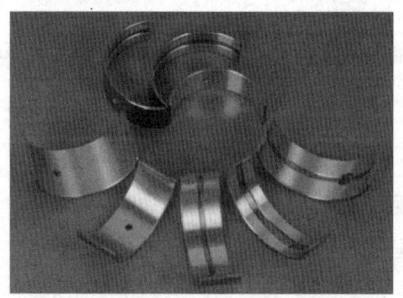
그림 2-117 크랭크축 베어링

라) 베어링 가열기

그림 2-118 베어링 가열기

14. 전동용 기계요소

가. 기어

서로 맞물려 돌아가는 1쌍의 마찰차 접촉면의 이를 만들어 미끄러지지 않고 연속적으로 동력을 전달할 수 있도록 한 기계요소로, 축과 축 사이의 거리가 짧을 때 큰 동력을 일정한 속도비로 정확히 전달할 때 사용한다.

1) 기어의 특징
   ① 큰 동력을 일정한 속도비로 전달할 수 있다.
   ② 사용 범위가 넓다.
   ③ 전동효율이 좋고 감속비가 크다.
   ④ 충격에 약하고 소음과 진동이 발생한다.

2) 기어의 종류
   가) 두 축이 평행한 경우
   ① 스퍼 기어 : 이끝이 직선이며, 이가 축에 평행하다.
   ② 래크 기어 : 원통 기어의 피치원통의 반지름을 무한대로 한 것이다.
   ③ 헬리컬 기어 : 이를 축에 경사시킨 것으로 물림이 순조롭고 축에 트러스트를 받는다.
   ④ 내접 기어 : 원통의 안쪽에 있는 기어이며, 맞물린 두 개의 기어로 회전방향은 같다.

그림 2-119 스퍼 기어

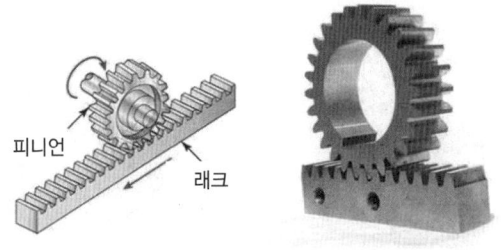

그림 2-120 래크 기어

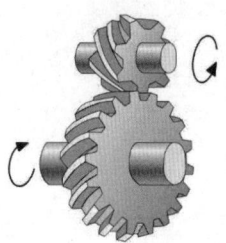 

그림 2-121 헬리컬 기어

 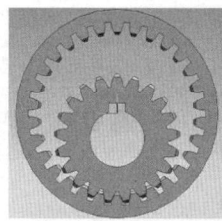 

그림 2-122 내접 기어

나) 두 축이 교차하는 경우

① 베벨 기어 : 두 기어가 서로 직각, 둔각으로 만나 축 사이에 동력을 전달하고 피치면이 원뿔형인 기어이다.
② 크라운 기어 : 피치면이 평면인 베벨 기어로서 스퍼 기어에서 래크에 해당한다.
③ 제롤 베벨 기어 : 나선 각이 0°인 한 쌍의 스파이럴 베벨 기어이다.
④ 스파이럴 베벨 기어 : 이가 원뿔면의 모선에 경사진 것이다.

그림 2-123 베벨 기어   그림 2-124 크라운 기어

 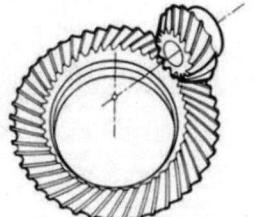 

그림 2-125 제롤 베벨 기어   그림 2-126 스파이럴 베벨 기어

다) 두 축이 평행하지도 교차하지도 않는 기어
① 스크루 기어 : 비틀림 각이 서로 다른 헬리컬 기어를 엇갈린 축에 조합시킨 것으로, 헬리컬 기어가 구름전동 하는 데 비해 스크루 기어는 미끄럼 전동하여 마멸이 많다.
② 하이포이드 기어 : 베벨 기어의 축을 엇갈리게 한 것으로 자동차 차동 기어 장치의 감속 기어로 사용된다.
③ 웜 기어 : 웜과 웜 휠로 이루어진 한 쌍의 기어로 큰 감속비를 얻을 수 있다.

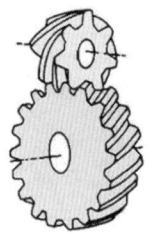 

그림 2-127 스크루 기어

그림 2-128 하이포이드

그림 2-129 웜 기어

그림 2-130 웜 기어

3) 기어의 각부 명칭
① 피치원 : 기어가 서로 접촉하고 있는 원
② 원주 피치 : 피치원 주위에서 측정한 2개의 이웃에 대응하는 부분 간의 기어
③ 이끝 원 : 이끝을 지나는 원
④ 이 폭 : 축 단면에서의 이의 길이
⑤ 이두께 : 피치 상에서 잰 이의 두께
⑥ 이뿌리 원 : 이 밑을 지나는 원
⑦ 백래쉬 : 한 쌍의 기어가 물렸을 때 이의 뒷면에 생기는 간격
⑧ 클리어런스 : 이끝 원에서부터 이것과 물리고 있는 기어의 이뿌리 원까지의 거리
⑨ 총 이의 높이 : 이끝 높이와 이뿌리 높이의 합

⑩ 이끝 높이 : 피치원에서 이끝 원까지 거리
⑪ 이뿌리 높이 : 피치원에서 이뿌리 원까지 거리

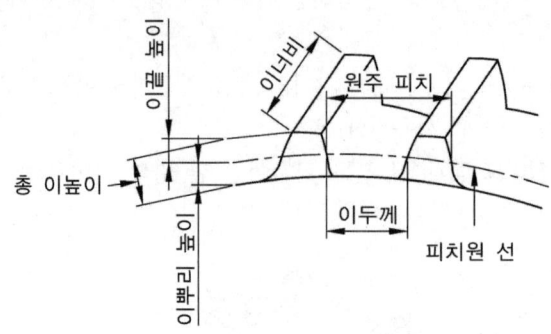

그림 2-131 기어의 각부 명칭

4) 이의 크기

이의 크기를 나타내는 방법으로는 모듈, 원주피치 등과 같이 3가지가 있으며, 피치원의 지름(D)을 잇수(Z)로 나눈 값으로 m이라는 기호를 사용한다.

D : 피치원 직경[mm], Z : 잇수, m : 모듈[mm]

① 모듈(M) : 피치원의 지름 D를 잇수 Z로 나눈 값

$$m = \frac{D}{Z} = \frac{p}{\pi} [\text{mm}]$$

② 지름피치(p_d) : 잇수(Z)를 피치원지름(D)으로 나눈 값

$$p_d = \frac{Z}{D[\text{in}]} = \frac{25.4Z}{D[\text{mm}]} = \frac{25.4}{m} \qquad m = \frac{25.4}{p_d} = \frac{p}{\pi}$$

③ 원주피치(p) : 피치원 둘레를 잇수로 나눈 값

$$p = \frac{\pi D}{Z} = \pi \cdot m [\text{mm}]$$

이 값이 클수록 잇수가 작고 이는 커진다.

5) 기어의 제도

기어의 부품도는 기어의 그림과 요목표를 병용한다.

가) 스퍼 기어의 제도

기어는 보통 축에 직각인 방향에서 본 그림을 정면도로 한다.

① 기어의 이끝 원은 굵은 실선으로 그린다.
② 피치원은 가는 1점 쇄선으로 그린다.
③ 이뿌리 원은 가는 실선으로 그린다. 단, 축에 직각인 방향으로 단면 투상할 경우에는 굵은 실선으로 그린다.

나) 헬리컬 기어의 제도
① 헬리컬 기어의 측면도는 스퍼 기어와 같으나 정면도에는 반드시 이의 비틀림 방향을 가는 실선으로 그린다.
② 사선은 나사 각에 관계없이 30° 방향으로 그리며 서로 평행하게 줄로 긋는다.

다) 베벨 기어 제도
① 베벨 기어는 단면을 도시하며, 정면도에서는 이끝 원과 이뿌리 원은 굵은실선, 피치원은 가는 일점쇄선으로 표시하고 이끝과 이뿌리를 나타내는 원추선은 꼭짓점에 오기 전에 마무리한다.
② 측면도의 이끝 원은 외단 부와 내단부 모두 굵은 실선으로 피치원은 외단부만 가는 실선으로 도시하고, 이뿌리 원은 양쪽 끝을 모두 생략한다.
③ 스파이럴 베벨 기어는 비틀림을 표시하는 한 개의 굵은 실선으로 기입하고 비틀림 각과 방향은 따로 기입한다.

라) 웜과 웜 기어 제도
나사 기어의 일종으로 서로 직각이며 같은 평면에 있지 않은 두 축 사이를 전동하는 것으로, 1개 또는 그 이상의 잇수를 가진 나사모양의 기어를 웜이라 하고 웜과 맞물린 기어를 웜 기어라 한다.
① 웜 제도 : 이끝 원은 굵은 실선으로 그리고 이뿌리 원은 가는 실선, 피치 선은 가는 일점쇄선으로 표시한다.
② 웜 기어 제도
  • 정면도의 이뿌리 원, 이끝 원, 피치원 등은 웜의 중심으로부터 웜의 그것들과 같은 치수로 그린다.
  • 측면도 기어의 이끝 원은 굵은실선, 피치원은 가는 실선으로 그리나 이뿌리 원과 목의 지름원은 표시하지 않는다.

나. 벨트, 로프, 체인

① 벨트, 로프, 체인에 의해 동력을 전달하는 장치로, 벨트나 로프는 마찰력에 의해 동력을 전달하므로 일정한 속도 비를 얻을 수 없으나 전동할 때 충격을 흡수할 수 있다.
② 체인전동은 일정한 속도비로 큰 동력을 전달할 수 있다. 원동 차에서 종동차로 동력을 전달

하는 장치로 축 간 거리와 속도비 등에 따라 적당한 것을 선택한다.

표 2-23 벨트, 로프, 체인의 비교

종 류		축간거리(m)	속도비	속도(m/sec)
벨트	평벨트	10 이하	1:1~6, 최대 1:15	10~30 최대 50
	V벨트	5 이하	1.:1~7, 최대 1:10	10~18 최대 25
로프	섬유	10~30	1:1~2, 최대 1;5	15~30
	강철	50~1000. 최대 150	보통 1:1	최대 25
체인	사일런트	4 이하	1:1~5, 최대 1;8	5 이하 최대 10
	롤러			7 이하 최대 10

1) 평벨트 전동

양축에 고정한 벨트 풀리에 벨트를 걸어서 마찰력에 의하여 동력과 운동을 전달하는 장치로 두 축 간의 거리가 먼 경우에 사용한다.

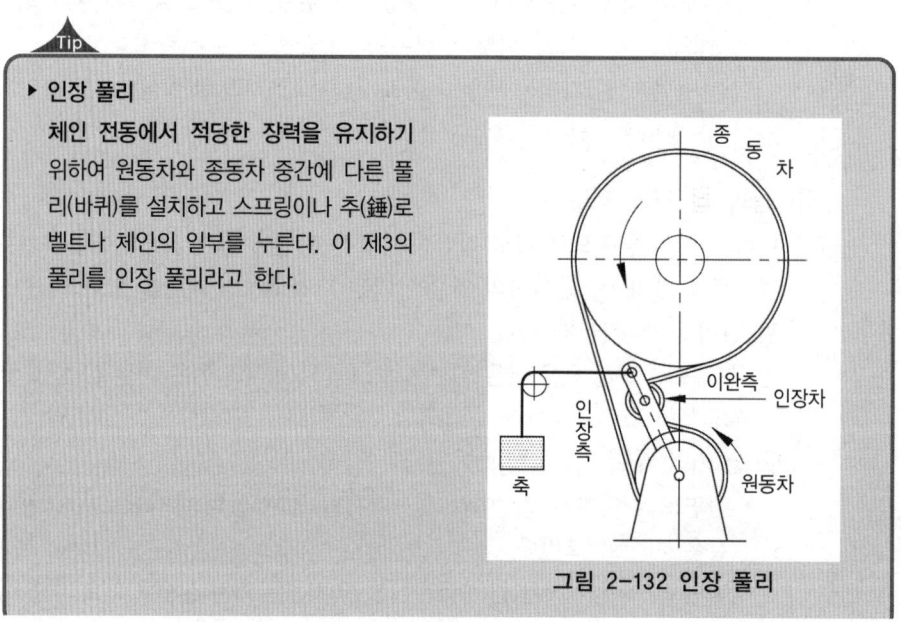

> **Tip**
> ▶ 인장 풀리
> 체인 전동에서 적당한 장력을 유지하기 위하여 원동차와 종동차 중간에 다른 풀리(바퀴)를 설치하고 스프링이나 추(錘)로 벨트나 체인의 일부를 누른다. 이 제3의 풀리를 인장 풀리라고 한다.

그림 2-132 인장 풀리

가) 평벨트의 호칭법

| 명칭 | 등급 또는 종류 | 치수(폭×층수) |

예 평 가죽 벨트 1급 114 × 2

나) 평벨트 풀리 구조
　　① 림 : 풀리의 둘레를 구성하는 얇은 살을 가진 원통형의 바퀴 둘레
　　② 보스 : 전동축을 끼울 수 있는 축 구멍을 구성하는 가운데 부분
　　③ 암 : 림과 보스를 방사선 형상으로 연결하는 몇 개의 막대부분

2) V벨트 전동
　　사다리꼴의 단면을 가진 벨트로 V형 홈이 파져 있는 V풀리에 밀착시켜 구동하는 방법으로 평벨트에 비해 운전이 조용하고 접촉면이 넓어 높은 속도비를 얻을 수 있다.

가) V벨트 치수
　　벨트는 단면이 사다리꼴로 되어 있고, 종류는 6가지이며, 단면의 크기에 따라 M, A, B, C, D, E형으로 나눈다.

표 2-24 V벨트의 치수

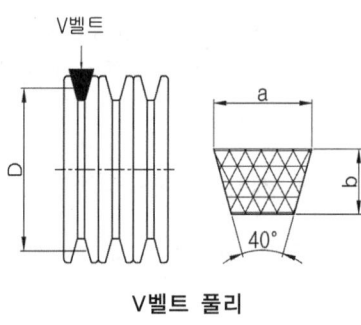

종류	a	b	$\theta°$
M형	10.0	5.5	40
A형	12.5	9.0	40
B형	16.5	11.0	40
C형	22.0	14.0	40
D형	31.5	19.0	40
E형	38.0	25.0	40

3) 타이밍(치형 벨트) 벨트
　　기계의 고속화, 자동화, 경량화로 성능이 매우 급속히 향상되고 있으며, 이와 같은 요구에 부응해 만들어진 벨트로서 굴곡성이 좋아 작은 풀리 및 축 간 거리가 짧은 좁은 장소에도 설치가 가능하다.

그림 2-133 타이밍(치형 벨트) 벨트

4) 체인 전동

체인을 스프로킷 휠에 걸어 감아서 체인과 휠의 이가 서로 물리는 힘으로 동력을 전달시킨다.

가) 장점

① 미끄럼이 없어 정확한 속도비를 얻을 수 있으며 다축을 동시에 구동할 수 있다.
② 초기 장력을 줄 필요 없어 정지 시 장력이 작용치 않고 베어링도 무리가 없다.
③ 체인의 길이를 신축할 수 있고 접촉각이 90도 이상이면 된다.
④ 내열, 내유, 내습성이 강하고 유지 및 수리가 용이하며 수명이 길다.
⑤ 큰 동력 전달이 가능하고 효율도 95% 이상이다.
⑥ 탄성에 의해 어느 정도의 충격을 흡수할 수 있고 비교적 간결하다.
⑦ 마모가 있어도 전동 기구의 변화와 효율의 저하는 거의 없다.

나) 단점

① 진동과 소음이 일어나기 쉽고 마모 시 특히 더 발생된다.
② 고속회전에 부적당하고 회전각의 전달 정확도가 좋지 못하다.

다) 롤러 체인

일반적으로 많이 사용되는 동력전달용 체인으로 저속회전에서 고속까지 넓은 범위에 사용된다.

■ 롤러 체인 전동 부속품

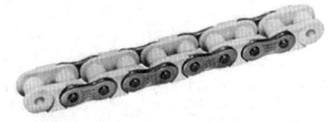
그림 2-134 롤러 체인

그림 2-135 롤러 체인

그림 2-136 스프로킷 휠

그림 2-137 링크

그림 2-138 클립형 이음 링크

라) 사일런트 체인

고속에서도 소음이 없는 반면에 제작이 어렵고 무거우며 가격이 비싸기 때문에 롤러 체인

만큼 널리 사용되지 않는다. 체인이 작동할 때는 삼각 모양의 돌기부가 체인 스프로 킷의 이와 접촉되어 고속회전에서도 소음이 발생하지 않는다. 최고 회전 속도는 9m/s 이나 4~6m/s가 적당하다.

▶ 안내 링크 플레이트 : 운전 증가로 미끄럼을 방지하기 위하여 설치한다.

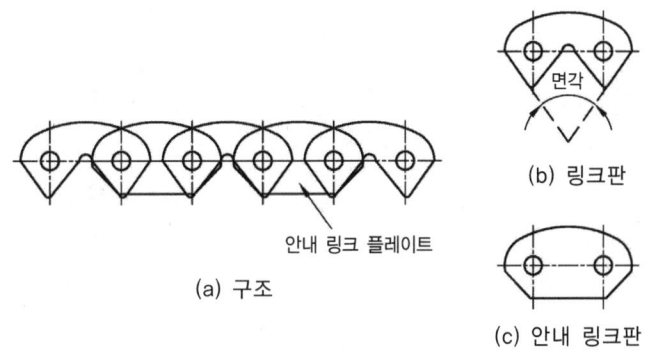

그림 2-139 사일런트 체인의 구조

15. 용접, 배관기호의 표시법

가. 용접 이음 제도

1) 용접 이음의 종류

용접 이음의 종류에는 용접 일감의 결합 위치에 따라 [그림 2-140]과 같이 맞대기 이음, 겹치기 이음, 모서리 이음, T이음, 끝단 이음, 양면 덮개판 이음 등이 있다. 용접 자세에는 아래보기 자세, 수직 자세, 수평 자세, 위보기 자세 등이 있다.

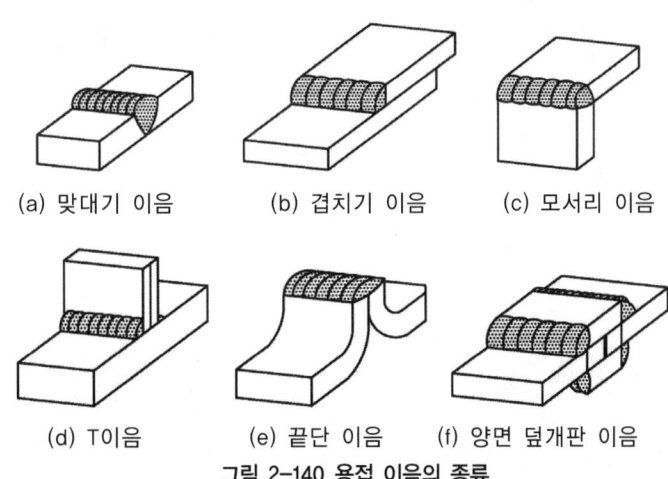

그림 2-140 용접 이음의 종류

2) 용접기호 표시법(KS B 0052)
가) 기본 기호

각종 용접 이음은 일반적으로 제작에서 사용되는 용접부의 형상과 유사한 기호로 표시한다.

표 2-25 용접 이음의 기본 기호

번호	명 칭	도 시	기 호
1	양면 플랜지형 맞대기 이음 용접		
2	평면형 평행 맞대기 이음 용접		
3	한쪽면 V형 홈 맞대기 이음 용접		
4	한쪽면 K형 홈 맞대기 이음 용접		
5	부분 용입 한쪽면 V형 맞대기 이음 용접		
6	부분 용입 한쪽면 K형 맞대기 이음 용접		
7	한쪽면 U형 홈 맞대기 이음 용접(평행면 또는 경사면)		
8	한쪽면 J형 홈 맞대기 이음 용접		
9	뒷면 용접		
10	필릿 용접		

표 2-25 용접 이음의 기본 기호(계속)

번호	명 칭	도 시	기 호
11	플러그 용접 : 플러그 또는 슬롯 용접		
12	스폿 용접		
13	심 용접		
14	급경사면(스팁 플랭크) 한쪽면 V형 홈 맞대기 이음 용접		
15	급경사면 한쪽면 K형 맞대기 이음 용접		
16	가장자리 용접		
17	서페이싱		
18	서페이싱 이음		
19	경사 이음		
20	겹침 이음		

나) 기본 기호의 조합

〈표 2-26〉과 같이 필요한 경우에는 기본 기호를 조합하여 사용할 수 있다. 부재의 양쪽을 용접하는 경우에는 적당한 기본 기호를 기준선에 좌우 대칭으로 조합시켜 배치하는 방법으로 표시한다.

표 2-26 대칭적인 용접부의 조합 기호

명 칭	도 시	기 호
양면 V형 맞대기 용접(X형 이음)	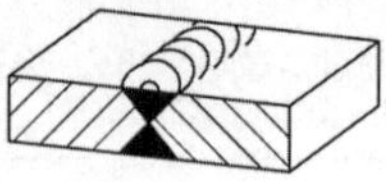	 ✕
양면 K형 맞대기 용접	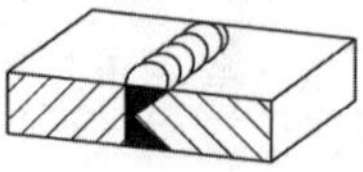	 K
부분 용입 양면 V형 맞대기 용접 (부분 용입 X형 이음)		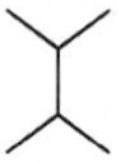 Y
부분 용입 양면 K형 맞대기 용접 (부분 용입 K형 이음)	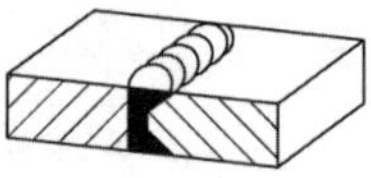	 K
양면 U형 맞대기(H형 이음)		 Ƴ

다) 보조 기호

기본 기호는 외부 표면의 형상 및 용접부 형상의 특징을 나타내는 기호에 따른다. 추천하는 보조기호를 〈표 2-27〉과 같이 나타낸다. 보조 기호가 없는 경우에는 용접부 표면의 형상을 정확히 지시할 필요가 없다는 것을 뜻한다. 보조 기호의 적용 보기를 〈표 2-28〉과 같이 나타낸다.

표 2-27 보조 기호

용접부 및 용접부 표면의 형상	기호
평면(동일 평면으로 다듬질)	—
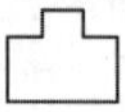 ⊓ 형	 ⌒
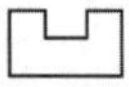 ⊔ 형	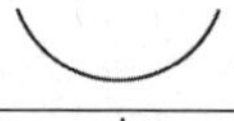 ⌒
끝단 부를 매끄럽게 함	 ⏝
영구적인 덮개 판을 사용	M
제거 가능한 덮개 판을 사용	MR

표 2-28 보조 기호의 적용 보기

명 칭	도 시	기 호
한쪽별 V형 맞대기 용접 : 평면(동일면) 다듬질		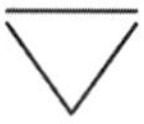
양쪽 V형 용접 : 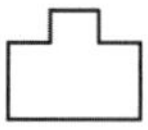 형 다듬질	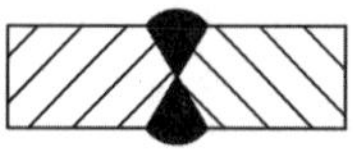	
필릿 용접 : 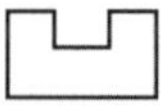 형 다듬질	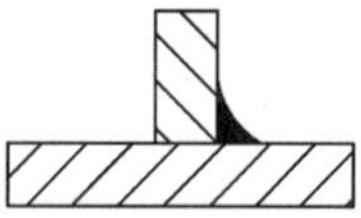	
뒤쪽별 용접을 하는 한쪽별 V형 맞대기 양면 평면(동일면) 다듬질		
뒤쪽별 용접과 넓은 루트면을 가진 한쪽면 V형(Y 이음) 맞대기 용접 : 용접한 대로		
한쪽별 V형 다듬질 맞대기 용접 : 동일면 다듬질	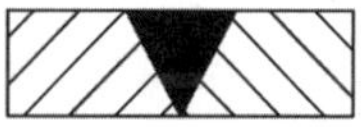	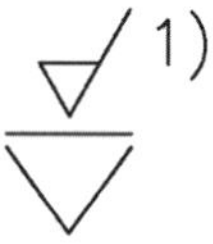 1)
필이 용접 끝단 부를 매끄럽게 다듬질 : 동일면 다듬질	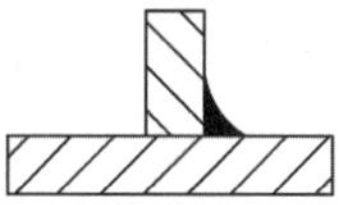	

라) 도면상 기호의 위치

- **표시 방법(설명선)**

  다음의 규정에 근거하여 [그림 2-141]과 같이 3가지 기호로 구성된 기호는 모든 표시 방법 중 한 부분을 만든다.

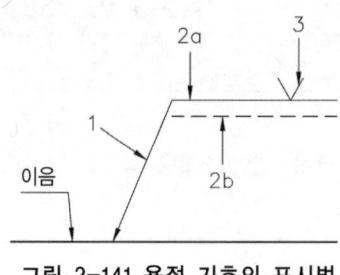

그림 2-141 용접 기호의 표시법

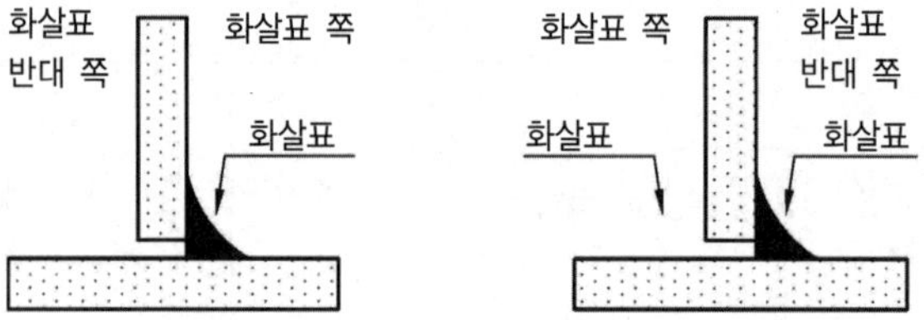

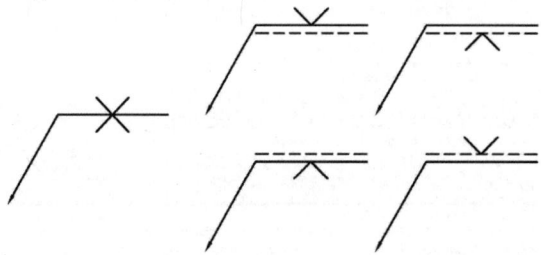

그림 2-142 T 이음의 한쪽별 필릿 용접

■ 기준선에 대한 기호의 위치

① [그림 2-143](a)와 같이 용접부(용접면)가 이음의 화살표 쪽에 있을 때에는 실선 쪽의 기준선에 기입한다.
② [그림 2-143](b)와 같이 용접부(용접면)가 이음의 반대쪽에 있을 때에는 기호는 파선 쪽에 기입한다.

(a) 양면 대칭 용접 (b) 화살표 쪽의 용접 (c) 화살표 반대쪽의 용접

그림 2-143 기준선에 따른 기호의 위치

마) 용접부의 치수 표시

표 2-29 주요 치수

번호	용접부 명칭	도시 및 정의	기호표시
1	맞대기 용접부	s : 판 두께보다 크지 않고 용접부 표면으로부터 용입 바닥까지의 최소 거리 s : 판 두께보다 크지 않고 용접부 표면으로부터 용입 바닥까지의 최소 거리 s : 판 두께보다 크지 않고 용접부 표면으로부터 용입 바닥까지의 최소 거리	$\vee$ s‖ sY
2	플랜지형 맞대기 용접부	s : 용접부의 바깥 면으로부터 용입 바닥까지의 최소 거리	s‖
3	연속 필릿 용접부	a : 절단면에 내접하는 최대 2등변 삼각형의 높이 b : 절단면에 내접하는 최대 2등변 삼각형의 변	a△ z△

바) 보조 지시

① 일주 용접 : 용접이 부재의 전부를 일주하여 용접하는 경우로 원의 기호로 표시한다.
② 현장 용접 : 현장 용접은 깃발 기호로 표시한다.

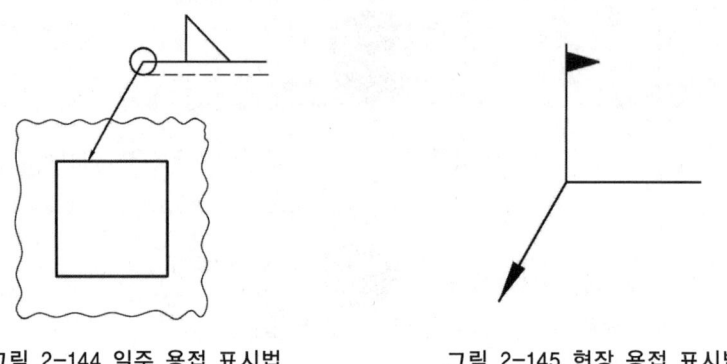

그림 2-144 일주 용접 표시법   그림 2-145 현장 용접 표시법

나. 배관 제도

1) 배관 도시 기호

가) 관의 도시 방법

일반 광업 또는 공업에서 사용하는 계획도, 계통도, 설계도 등의 도면에 관 및 부품을 기호로써 나타낸다. 〈표 2-30〉은 관의 도시 방법 및 이송 유체의 종류, 상태, 〈표 2-31〉은 관의 접속 상태, 결합방식의 표시 방법을 나타낸다.

표 2-30 관의 도시 방법 및 유체의 종류·상태의 표시 방법

관의 도시 방법 및 보기	유체의 종류	기호	유체의 종류	기호
(그림: S 과열, 보일러 급수, A, O) 참고 : 배관계 및 유체의 종류, 상태표시는 관을 표시하는 선의 위쪽에서 선을 따라서 도면의 밑변 또는 우변으로부터 읽을 수 있도록 기입한다.	공기	A	브라인 또는 2차 냉매	B
	가스	G	냉각수	C
	기름	O	냉수	CH
	증기	S	냉매	R
	물	W		

표 2-31 관의 접속 상태·결합방식의 표시 방법

관의 접속 상태		도시방법	종류	그림 기호
접속하고 있지 않을 때		─┼─ 또는 ─┬─	일반	─┼─
접속하고 있을 때	교차	─●─	용접씩	─●─
	분기	─●─	플랜지식	─╫─
비고 : 접속하고 있지 않는 것을 표시하는 선의 끊긴 자리, 접속하고 있는 것을 표시하는 검은 동그라미는 도면을 복사 또는 축소했을 때에도 명백하도록 그려야 한다.			턱걸이식	─○─
			유니온식	─╫╢─

표 2-32 관 이음쇠와 관 끝의 표시 방법

관이음의 종류			그림 기호	관이음의 종류		그림 기호
고정식	엘보 및 밴드		└ 또는 ┐	가동식	팽창이음쇠	─▱─
	티		┬		플렉시블 이음쇠	─∽─
	크로스		┼		막힌 플랜지	─┤├
	리듀서	동심	─▷─		나사 박음식 캡 및 나사 박음식 플러그	─┐│
		편심	─▱─			
	하프 커플링		─╥─		용접식 캡	─◗

2) 밸브 및 계기의 표시 방법

밸브 및 몸체의 표시는 〈표 2-33〉의 그림 기호를 사용하여 표시한다. 특히, 밸브 및 콕과 관의 결합 방법을 표시하고자 할 경우에는 〈표 2-31〉의 그림 기호에 따라 표시한다. 밸브 및 콕이 닫혀 있는 상태를 표시하고자 할 때는 [그림 2-146]과 같이 그림 기호를 칠하여 표시하는 방법과 닫혀 있는 것을 표시하는 글자('닫힘', 'C' 등)를 첨가하여 표시한다.

그림 2-146 밸브 및 콕의 닫혀 있을 때의 표시법

표 2-33 밸브 및 콕의 몸체 표시

밸브·콕의 종류	그림 기호	밸브·콕의 종류	그림 기호
밸브 일반	▷◁	앵글 밸브	
슬루스 밸브	▷◁	3방향 밸브	
글로브 밸브	▶◁	안전 밸브	또는
체크 밸브	▶◁ 또는 ▷		
볼 밸브	▷⊗◁	콕 일반	▷○◁
나비 밸브	▷◁ 또는 ●		

표 2-34 밸브의 조작부 표시 방법

개폐조작	그림 기호	개폐조작	그림 기호
동력조작		수동조작	

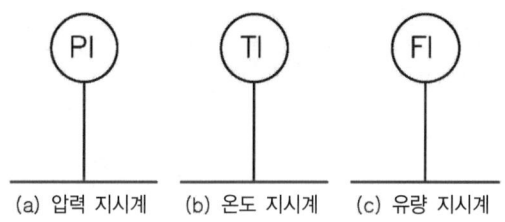

(a) 압력 지시계 (b) 온도 지시계 (c) 유량 지시계

그림 2-147 계기의 표시 방법

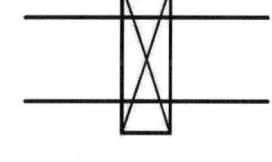

그림 2-148 지시 장치의 표시 방법

제3장

기계장치 보전

제1절 보전 측정기구
제2절 기계요소 보전
제3절 기계장치 보전

보전 측정기구

1. 측정기구 및 공기구

가. 측정기구

측정이란 기계 가공 및 수기 가공된 기계요소 부품의 치수, 형상 및 위치, 표면 거칠기 등을 가공 도중 또는 가공 완료 후에 측정과 검사를 하는 것을 말한다.

1) 측정의 목적
① 제품의 표준화를 위하여(제품의 호환성) ② 시간절약
③ 경비 절감   ④ 측정값 디지털화
⑤ 제품 수명영장

> **Tip**
> 표준측정온도 및 표준습도 : 20℃ 65%   20±0.5℃

2) 측정의 기본방법
(1) 직접측정
측정기로부터 직접 피측정물의 치수를 읽는 방법을 말한다.
 눈금자(강철자), 버니어캘리퍼스, 하이트 게이지, 마이크로미터, 각도기, 측장기 등

가) 장점
① 측정범위가 넓다.
② 실제치수를 얻을 수 있다.
③ 다품종 소량 측정에 적합하다.

나) 단점
① '시차'와 '오측정' 및 측정시간이 많이 걸리는 단점이 있다.

② 측정에 숙련과 경험이 필요하다.

(2) 비교측정

표준길이와 비교하여 그 표준치와의 차를 측정하는 방법이다.

> 예 다이얼 게이지, 인디케이터, 실린더 게이지, 미니미터, 옵티미터, 틈새 게이지, 한계 게이지, 나사 게이지, 공기마이크로미터, 전기마이크로미터, 내경퍼스, 패소미터, 측미 현미경 등

가) 장점

① 소품종 다량측정에 적합하다.
② 고 정밀도 측정에 적합하다.
③ 자동화 측정에 사용된다.
④ 측정이 비교적 간편하고 편리하다.
⑤ 형상측정, 공작기계의 정도검사 등 사용범위가 넓다.

나) 단점

① 측정범위가 좁다.
② 기준 블록 게이지가 필요하다.
③ 피측정물의 치수를 직접 읽을 수 없다.

(3) 간접측정

나사나 치차 등과 같이 형상이 복잡한 공작물을 기하학적 계산에 의해 측정하는 방법으로 더브테일의 각도 측정 및 거리 측정, 원추의 테이퍼량 측정을 한다.

> 예 사인 바, 3침법, 정반의 진직도 및 평면도 측정 등

(4) 한계 게이지 측정

제품의 최대 허용치수와 최소 허용치수의 양쪽 계를 정하여 제품의 실제 치수가 그 범위 안에 있는가를 결정하는 방법으로 통과 측과 정지 측을 갖고 있으며, 통과 측에 마모 여유를 둔다. 공작용, 검사용, 점검용이 있으며 합격, 불합격으로 결정된다.

> 예 나사 링 게이지(ring gauge), 원통형 플러그 게이지(plug gauge), 나사 플러그 게이지(screw pluggauge), 터보 게이지(tebo gauge), 스냅 게이지(snap gauge), 봉형 게이지(bar gauge)

가) 장점

① 대량측정에 적합, 합·불합격 판정을 쉽게 할 수 있다.
② 조작이 간편하고, 경험을 필요로 하지 않는다.

나) 단점
① 측정 시 한 개의 치수마다 한 개의 게이지가 필요하다.
② 제품의 실제 치수를 읽을 수 없다.

그림 3-1 나사 링 게이지

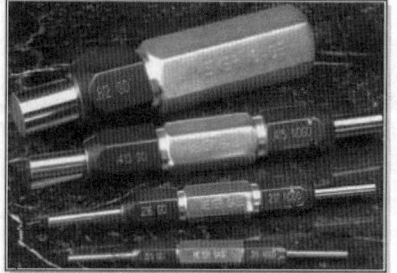

그림 3-2 원형 플러그 게이지

그림 3-3 나사 플러그 게이지

3) 측정오차

개인오차, 계기오차, 시차, 온도 변화에 따른 측정오차, 재료의 탄성에 기인한 오차, 확대기구의 오차, 우연의 오차 등이 있다.

오차 = 측정치 - 참값
공차 = 최대허용치수 - 최소허용치수

> **Tip**
> ▶ 측정력(측정압)
> 보통 30g~1000g이며, 마이크로미터는 400~600g, 다이얼 게이지는 150g, 미니미터는 300g

4) 측정용 기구의 종류 및 사용법
   (1) 측정용 기구의 종류
      가) 강철자
         종류는 A형, B형, C형 등이 있다. [C형을 가장 많이 사용]
         ▶ 150, 300, 600, 1000, 1500, 2000mm 가장 중요시 고려되어야 할 점 : 〈눈금선 두께〉

나) 캘리퍼스(calipers)
① 외측 캘리퍼스 : 외측면의 거리나 지름 측정에 사용
▶ 크기 : 측정할 수 있는 최대의 치수
② 내측 캘리퍼스 : 내측면의 거리나 지름 측정에 사용
③ 짝다리 퍼스(한쪽퍼스) : 디바이더 + 캘리퍼스 다리를 가진 것
▶ 용도 : ㉮ 평행선을 그을 때
㉯ 원통 물체의 중심을 찾을 때

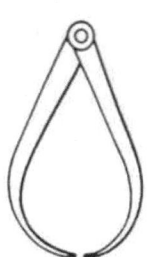  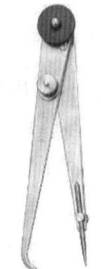

그림 3-4 외측, 내측 퍼스   그림 3-5 짝다리 퍼스

▶ 외측 캘리퍼스의 크기(규격)
  측정할 수 있는 최대의 치수

다) 버니어 캘리퍼스(vernier calipers)
프랑스의 버니어(1580~1637)의 이름을 따서 명명되었고 현장에서는 일본 명칭인 노기스 또는 버니어 캘리퍼스로 불리며 외측, 내측, 깊이, 단차 등을 측정하는 데 사용된다.
▶ 크기 : 측정 가능한 최대 길이

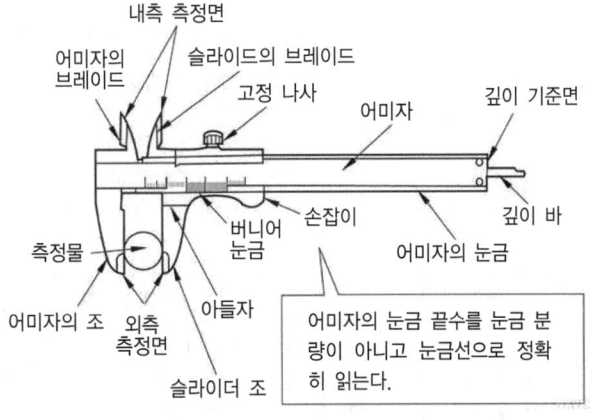

그림 3-6 버니어 캘리퍼스의 구조 및 명칭

제3장 기계장치 보전

① 용도
  ㉮ 바깥지름(외경측정)   ㉯ 안지름(내경측정)
  ㉰ 깊이   ㉱ 단차
② 측정정도 : 1/20, 1/50
③ 아베의 원리(Abbe's principle) = 콤퍼레이터의 원리 : 측정하려는 시료와 표준자는 측정방향에 있어서 동일 축 선상의 일직선 상에 배치하여야 한다.
④ 아베의 원리에 맞는 측정기 : 강철자, 줄자, 눈금자, 측장기, 외측마이크로미터, 깊이마이크로미터, 나사마이크로미터, 단체형(봉형 = 막대형) 내측 마이크로미터
⑤ 아베의 원리에 어긋나는 측정기 : 버니어 캘리퍼스, 하이트 게이지, 캘리퍼스형 내측마이크로미터, 캘리퍼스형 외경마이크로미터
⑥ 버니어 캘리퍼스의 종류(K. S B5203)
  • M_1형
    - 내측 측정용 조가 있음
    - 깊이 바가 있음(300mm 이하)
    - 슬라이더 미동장치가 없음
    - 150, 200, 300, 600 내경 측정이 실제 지름보다 작게 측정된다.
  • M_2형
    - M_1형과 동일
    - 슬라이더 미동장치가 있음
    - 130, 180, 280, 600
  • CB형
    - 동일부에 외측용 측정별 및 내측용 측정 면을 갖는 구조
    - 슬라이더가 상자 형이고 미동장치가 있음
    - 150, 200, 300, 600 10~20mm 이하 측정 불가
  • CM형
    - CB형과 동일하고 슬라이더가 홈형이고 미동장치가 있음
    - 150, 200, 300, 600 10mm 이하 측정 불가

표 3-1 최소 측정값

기본 값	등분수	최소 측정값	본 척	비 고
19mm	20	0.05	1mm	M형
49mm	50	0.02	1mm	CM형
39mm	20	0.05	1mm	
12mm	25	0.02	0.5mm	CB형
24.5mm	25	0.02	0.5mm	

• 눈금 판독 방법

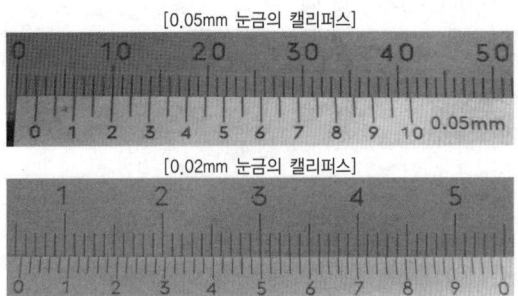

그림 3-7 버니어 캘리퍼스의 눈금 판독 방법

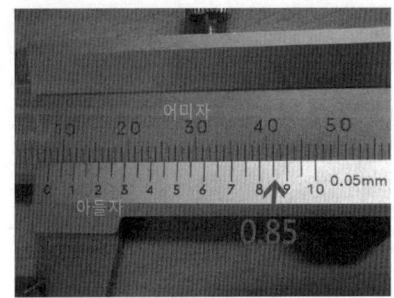

그림 3-8 버니어 캘리퍼스의 눈금 읽는 법

[그림 3-8]을 보면 아들자의 0의 눈금이 어미자의 큰 눈금의 7과 8의 중간정도에 있음을 보여주고 있으며, 아들자의 눈금이 0.85가 어미자의 눈금과 일치하고 있어 0.85mm라 읽는다. 그러므로 어미자와 아들자의 두 값을 합하면 된다.

치수 측정값 = 7mm + 0.85mm = 7.85mm

라) 마이크로미터(micrometer) : 길이 정밀 측정기

삼각나사에 의해 길이의 변화를 나사의 회전각과 심블(thimble) 직경의 눈금으로 확대하여 측정하는 측정기

① 사용 용도

㉮ 바깥지름   ㉯ 안지름   ㉰ 깊이 측정   ㉱ 홈 측정   ㉲ 나사측정

표준 마이크로미터는 나사의 피치가 0.5mm, 심블의 원주눈금이 50등분되어 있으며 스핀들 이동량(M)은 M = 0.5 × 1/50mm = 0.01mm로 최소 측정값이 0.01mm로 되어 있는 측정기

▶ 마이크로미터의 0점 조정
- ±0.0mm 이하일 때 : 슬리브(sleeve)로 조정
- ±0.0mm 이상일 때 : 심블(thimble)로 조정

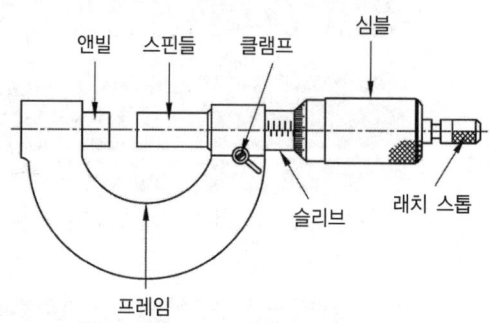

그림 3-9 마이크로미터의 구조 및 명칭

② 마이크로미터의 종류
- ㉮ 외경 마이크로미터
- ㉯ 내경 마이크로미터
- ㉰ 깊이 마이크로미터
- ㉱ 나사 마이크로미터
- ㉲ 유니온 마이크로미터
- ㉳ 스플라인 마이크로미터
- ㉴ 켈리퍼형 마이크로미터
- ㉵ 튜브 마이크로미터
- ㉶ 그루브 마이크로미터
- ㉷ 디스크 마이크로미터
- ㉸ 블레이드 마이크로미터
- ㉹ 앤빌교환식 마이크로미터
- ㉺ 이음식 내경 마이크로미터

그림 3-10 외경 마이크로미터

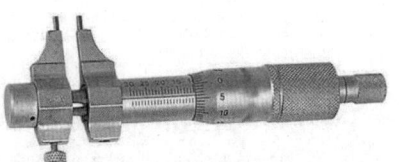

그림 13-11 내경 마이크로미터(0~25)

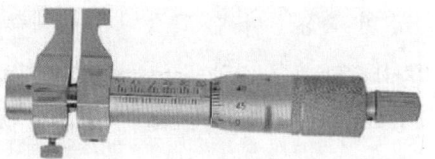

그림 3-12 내경 마이크로미터(25~50)

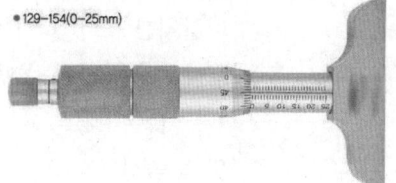

그림 3-13 깊이 마이크로미터

제1절 보전 측정기구

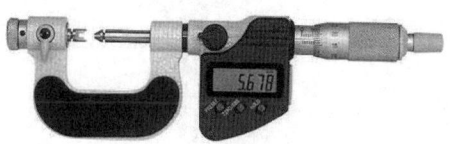
그림 3-14 나사 마이크로미터

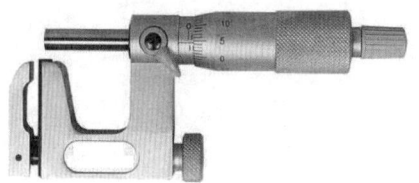
그림 3-15 유니온 마이크로미터

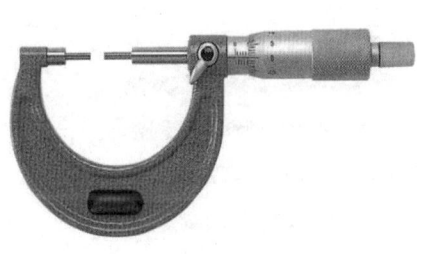
그림 3-16 스플라인 마이크로미터

그림 3-17 캘리퍼형 마이크로미터

그림 3-18 튜브 마이크로미터

그림 3-19 그루브 마이크로미터

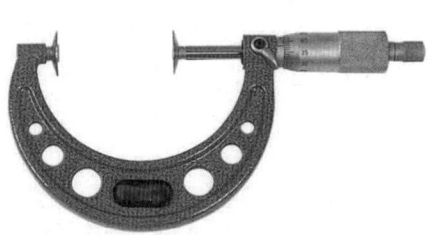
그림 3-20 디스크 마이크로미터

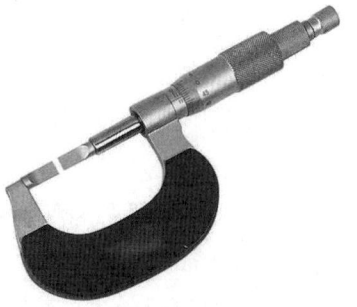
그림 3-21 블레이드 마이크로미터

그림 3-22 앤빌교환식 마이크로미터

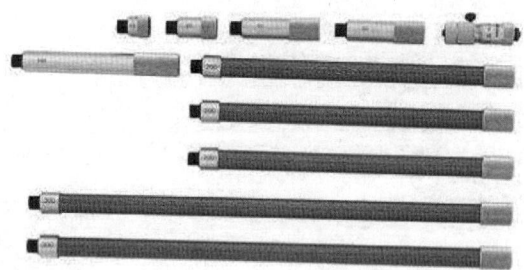

그림 3-23 이음식 내경 마이크로미터

③ 마이크로미터의 규격
 ㉮ 0~25mm, 25~50mm, 50~75mm 즉, 25mm 단계로 제작되어 있다.
 ㉯ 안지름은 5~25mm, 25~50mm으로 제작되어 있다.

④ 마이크로미터의 측정
 ㉮ 마이크로미터의 측정면의 평면도 검사 기구 : 옵티컬 플랫 빛의 간섭을 이용한 것이다.
 ㉯ 마이크로미터의 측정면의 평행도 검사 기구 : 옵티컬 파라렛

5) 하이트 게이지(hight gauge)

정반 위에서 금긋기 또는 높이 측정 작업에 이용되고 있으며 스케일, 베이스, 스크라이버로 구성되어 있고 다이얼테스트 인디 게이트를 부착하여 비교측정할 수 있다.

표 3-2 하이트 게이지의 종류

종류	슬라이더	0점 조정	용도 및 특징
HT형	홈형	가능	표준형으로 높이 측정 및 정밀 금긋기에 사용
HM형	홈형	불가능	금긋기에 많이 사용
HB형	상자형	불가능	스크라이버 밑면에 정반이 닿지 않고 구조가 약해 측정용으로 사용

6) 다이얼 게이지(dial gauge) : 비교측정기

회전축의 흔들림, 공작물의 평행도 측정, 중심내기 등 표준과의 비교측정에 사용되며, 측정자의 직선 또는 원호 운동을 기계적으로 확대하여 그 움직임을 지침의 회전 변위로 변환시켜 눈금을 읽을 수 있는 비교 측정기로써 회전범위가 1회전 이상이며 지침의 회전이 1회전 이하인 것을 지침 측미기라고 한다.

> **Tip**
> 1미크론(μ) = 1/1000mm 즉, 1mm를 1000등분하여 1개의 값이 1미크론이다.

가) 다이얼 게이지의 특징
① 소형, 경량으로 취급이 용이하다.
② 측정범위가 넓다.
③ 눈금과 지침에 의하여 읽기 때문에 읽음 오차가 적다.
④ 연속된 변위량의 측정이 가능하다.
⑤ 많은 개소의 측정을 동시에 할 수 있다.
⑥ 부대품의 사용에 따라 광범위하게 측정할 수 있다.

나) 다이얼 게이지의 용도
① 외경, 높이, 두께의 측정
② 깊이의 측정
③ 구면 및 큰 지름의 측정
④ 직각도의 측정
⑤ 흔들림의 측정
⑥ 가공길이 및 공구의 위치결정
⑦ 진원도의 측정(지름법, 3점법, 반지름법)
⑧ 안지름의 측정 : 측정 범위 6~400mm까지로 되어 있다.

그림 3-24 다이얼 게이지의 구조

> **Tip**
> ▶ 진원도 측정 방법 : 반경법, 직경법, 3점법

7) 블록 게이지(block gauge) = 슬립 게이지(slip gauge)

길이의 기준으로 사용되고 있으며, 1897년 스웨덴의 요한슨에 의해 처음으로 제작되었다. 가공면은 래핑 가공되어 그 정도가 아주 높고 임의의 치수를 얻을 수 있다.

가) 블록 게이지의 구조
① 게이지 블록의 형상은 직사각형 단면을 가진 것 → 요한슨형
② 중앙에 구멍이 뚫린 정사각형 단면을 가진 것 → 호크형
③ 원형으로 중앙에 구멍이 뚫린 것 → 캐리형

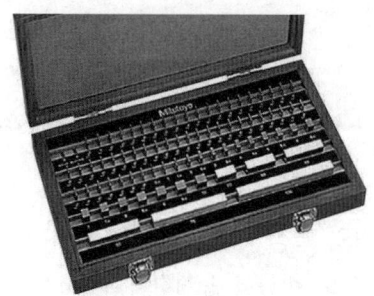

그림 3-25 블록 게이지

나) 블록 게이지 표준조합 세트

표준조합 = 8, 9(-), 9(+), 18, 32, 47, 76, 103, 112(1.0005) : 9종

다) 블록 게이지 사용 시의 주의 사항(취급 요령)
① 먼지가 적고 건조한 실내에서 사용할 것
② 목재 테이블에서 천이나 가죽으로 사용할 것
③ 측정 면은 깨끗한 천이나 가죽으로 잘 닦을 것
④ 필요한 치수의 것만을 꺼내 쓰고 보관상자의 뚜껑을 닫아 둘 것
⑤ 녹이나 돌기의 피해를 막기 위하여 사용한 뒤에는 잘 닦아 방청유를 칠해 둘 것

라) 블록 게이지의 등급에 따른 정밀도

표 3-3 블록 게이지의 등급 및 검사 주기

등 급	용 도	검사 주기
K급(참조용, 최고기준용)	표준용 블록 게이지의 참조, 정도, 점검, 연구용	3년
0급(표준용)	검사용 게이지, 공작용 게이지의 정도 점검, 측정기구의 정도 점검용	2년
1급(감사용)	기계 공구 등의 검사, 측정기구의 정도 조정	1년
2급(공작용)	공구, 날 공구의 정착용	6개월

마) 링깅(wringing) = 밀착

블록 게이지를 사용할 때 몇 개의 블록을 골라 밀착시켜 필요한 치수를 마련하는 것으로, 두 조각을 밀착시키는 것을 말한다.

>
> ▶ 블록 게이지의 밀착력과 관계있는 것 : 측정면의 평면도
> ① 두꺼운 것 2개의 조합 : 두꺼운 것 2개를 십자로 포개어 돌리면서 밀착시킨다.
> ② 두꺼운 것과 얇은 것의 조합 : 두꺼운 것 위에 얇은 것을 밀어서 붙인다.
> ③ 얇은 것의 조합 : 두꺼운 것 위에 얇은 것을 붙이고, 다시 얇은 것을 붙여서 얇은 것 2개를 떼어 낸다.

8) 실린더 게이지(cylinder gauge)

다이얼 게이지와 같은 원리이며 안지름 측정기로 압축기, 펌프, 내연기관의 실린더 안지름 및 내면의 평행도 오차의 정밀측정에 사용되며, 0.001mm의 A급, 0.01mm의 B급이 있다.

그림 3-26 실린더 게이지

9) 틈새 게이지(thickness gauge)

강재의 얇은 편으로 된 것으로 직접 또는 작은 홈의 간극 등을 점검하고 측정하는 데 사용되며, 필러 게이지라고도 하며 서로 다른 두께의 강편을 9~22매를 1조로 고정되어 있다.

그림 3-27 틈새 게이지

10) 나사 게이지(thread gauge)

'센터 게이지'와 '스크루 피치 게이지'가 있다.

가) 센터 게이지(center gauge)
① 나사 바이트 연삭 시 각도 확인 가능
② 나사 바이트 설치 시 공작물과의 직각도 확인 가능

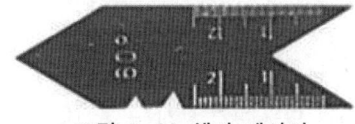

그림 3-28 센터 게이지

나) 스크루 피치 게이지(screw pitch gauge)
① 나사의 피치를 알려고 할 때 사용
② 〈미터 나사계〉와 〈인치 나사계〉가 있다.

그림 3-29 스크루 피치 게이지

11) 수준기

기울기를 측정하는 데 사용되는 액체식 각도 측정기로써 기포관의 기포를 한 눈금 편위시키는 데 필요한 경사각을 측정하여 각도를 계산한다. 이 경사는 저변의 1m에 대한 높이로 나타낸다.

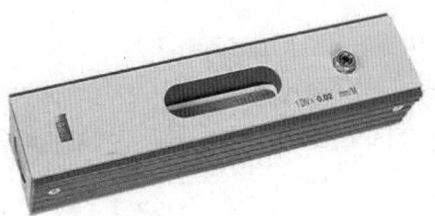

그림 3-30 수준기

12) 사인 바(sine bar)

블록 게이지 등을 병용하여, 삼각함수의 사인을 이용하여 각도를 측정하는 측정기이며, 호칭치수는 양쪽 롤러의 중심거리로 나타낸다. 양 롤러의 중심거리는 100mm, 200mm가 있으며, 각도가 45° 이상이 되면 오차가 커진다.

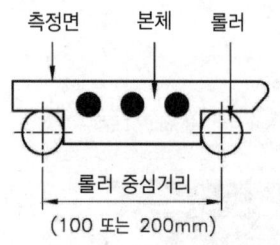

그림 3-31 사인 바의 크기 표시

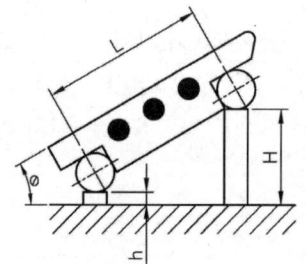

그림 3-32 사인 바의 측정원리

13) NPL식 각도 게이지
쐐기형의 열처리된 블록으로 12개의 게이지를 한 조로 한다.

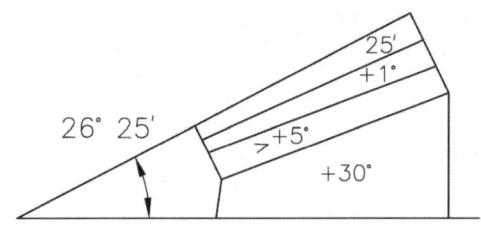

그림 3-33 NPL식 각도 게이지 읽는 법

14) 각도 측정기
① 분도기
② 만능 각도기
③ 콤비네이션 세트
④ 직각자
⑤ 각도 게이지
  ㉮ 요한슨식 각도 게이지 : '50 × 19 × 2'로 된 판 게이지
  ㉯ N. P. L식 각도 게이지 : '쐐기형 블록 게이지 : 12개'
⑥ 사인 바 : 양 롤러의 중심거리(100mm, 200mm)
⑦ 오토-콜리메이터 : 광학 측정기기
⑧ 공구현미경
⑨ 투영기
⑩ 3차원 측정기 사진 촬영

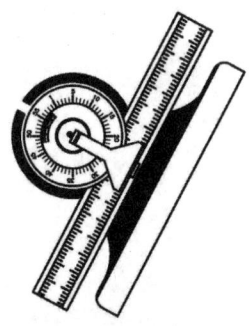

그림 3-34 분도기

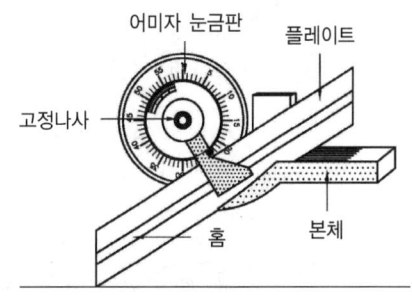

그림 3-35 만능 각도기

나. 공기구

1) 체결용 공구

① 편구 스패너(single spanner) : 입이 한쪽에만 있는 것으로 크기는 양구와 동일하다.
② 양구 스패너(open end spanner) : 일반적인 나사 분해, 결합용으로 사용된다.
  ▶ 크기 : 입의 너비로 표시, 또는 입에 알맞은 볼트 너트의 대변거리
③ 타격 스패너(shock spanner) : 입이 한쪽에만 있고, 자루가 튼튼하여 망치로 타격이 가능하며, 크기는 양구와 동일하다.
④ 더블 오프셋 렌치(double off-set wrench) : 볼트머리, 너트모서리를 상하지 않고 좁은 간격에서 작업이 용이하다.
  ▶ 크기 : 사용 볼트, 너트의 대변거리
⑤ 조합 스패너(combination spanner) : 양구 스패너와 오프 셋 렌치의 겸용으로 사용한다.
⑥ 훅 스패너(hook spanner) : 노치(notch)가 붙은 둥근나사의 체결용
⑦ 박스 렌치(box wrench) : 머리가 협소한 공간에 있을 때 유효
⑧ L-렌치(hexagon bar wrench) : 홈이 있는 둥근 머리 볼트를 빼고 고정할 때 사용한다.
  ▶ 크기 : 육각형의 대변거리
⑨ 몽키 스패너(monkey spanner) : 입의 크기를 조절할 수 있는 공구
  ▶ 크기 : 전체 길이를 mm, 또는 inch로 표시
⑩ 토크 렌치(torque wrench) : 볼트, 너트를 규정된 토크(회전력)에 맞춰서 조일 때 사용

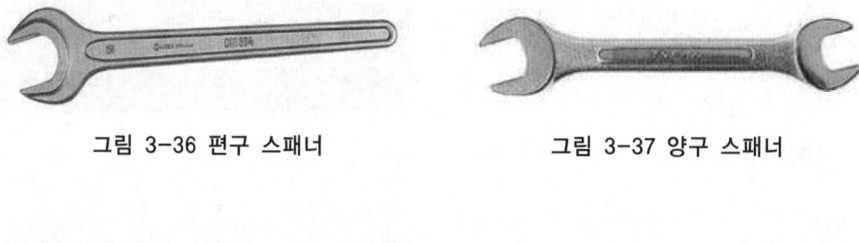

그림 3-36 편구 스패너   그림 3-37 양구 스패너

그림 3-38 타격 스패너   그림 3-39 더블 오프셋 렌치

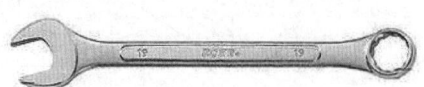 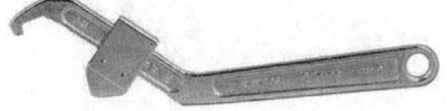

그림 3-40 조합 스패너   그림 3-41 훅 스패너

제1절 보전 측정기구

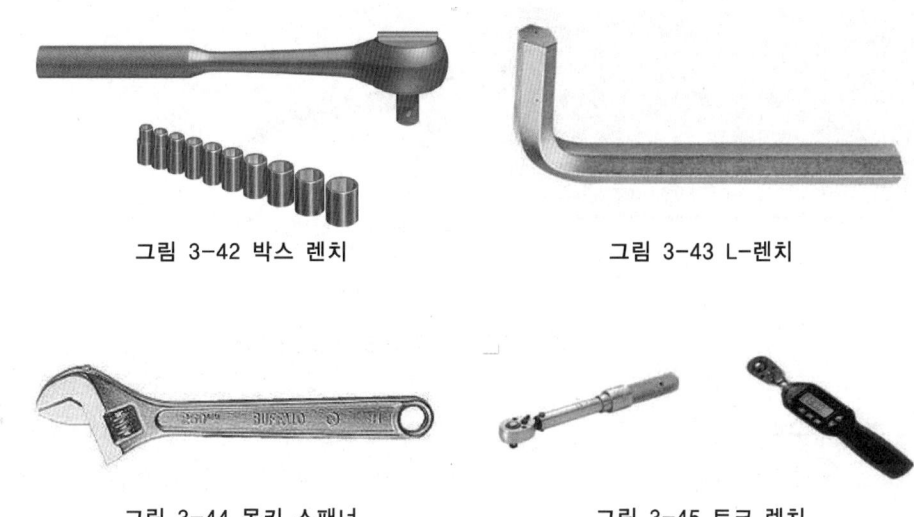

그림 3-42 박스 렌치   그림 3-43 L-렌치

그림 3-44 몽키 스패너   그림 3-45 토크 렌치

2) 분해용 공구

　가) 기어 풀러(gear puller)

　　기어, 풀리, 커플링 분해 시 축에 고정된 기어 커플링 등을 빼낼 때 사용되며 기어, 풀리 등의 분해가 곤란할 때도 사용한다.

　나) 베어링 풀러(bearing puller)

　　베어링 분해, 축에 고정된 베어링을 빼는 공구이다.

　▶ 가속도계 : 베어링의 결함유무를 측정할 때 사용되는 진동 측정용 센서

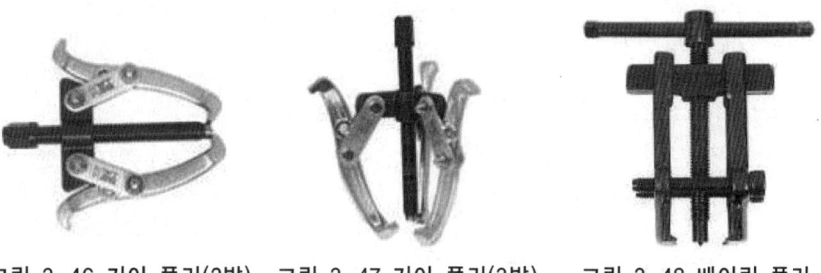

그림 3-46 기어 풀러(2발)   그림 3-47 기어 풀러(3발)   그림 3-48 베어링 풀러

　다) 스톱 링 플라이어(stop ring plier)

　　스냅링, 리테이너링을 분해하거나 조립할 때 사용

　　① 축용 : 손잡이를 쥐면 벌어지는 것으로 S0에서 S8까지의 종류

　　② 구멍용 : 손잡이를 쥐면 닫히며 H1에서 H8까지의 종류

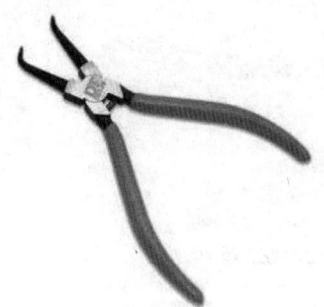

그림 3-49 스톱 링 플라이어

3) 테스트 공구

▶ 테스트 해머 : 검사하고자 하는 물건을 가볍게 두드려 나는 타격 음으로 이상을 진단하는 공구이다.

4) 집게

가) 조합(콤비네이션) 플라이어(combination plier)

일반적으로 말하는 플라이어, 보통 뻰찌라고도 한다.

나) 롱 노즈 플라이어(long nose plier)

끝이 가늘고 긴 집게 부위를 이용하여 전기제품 수리나 비좁고 깊숙한 틈새에서의 작업이 적합하다.

다) 라운드 노즈 플라이어(round nose plier)

피작업물에 손상을 주지 않도록 집게가 라운드형이며, 전기 통신기 배선 및 조립 수리에 사용한다.

라) 워터 노즈(펌프) 플라이어(water nose plier)

수도관, 가스관 등의 배관공사에 주로 사용되며, 이빨이 파이프 렌치처럼 파여져 둥근 것을 돌리기에 편리하다.

마) 콤비네이션 바이스 플라이어(combination vise plier)

물체를 고정할 목적으로 사용하며, 한 번 쥐면 고정된 채 놓지 않는다.

바) 와이어 로프 커터(wire rope cutter)

와이어 로프 절단에 사용한다.

그림 3-50 조합 플라이어

그림 3-51 롱 노즈 플라이어

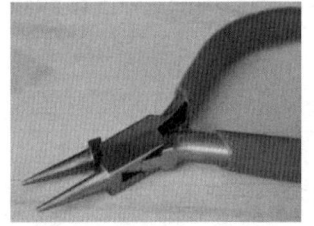
그림 3-52 라운드 노즈 플라이어

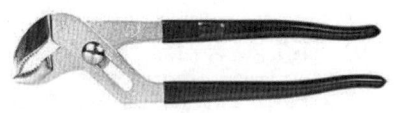
그림 3-53 워터 노즈 플라이어

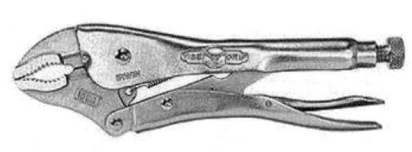
그림 3-54 콤비네이션 바이스 플라이어

그림 3-55 와이어 로프 커터

5) 윤활용 기구

    가) 오일 건(oil gun)
        윤활유 주입기

    나) 그리스 건(grease gun)
        그리스 주입기

    다) 핸드 버킷 펌프(hand bucket pump)
        수동식 펌프로 옥외에서 그리스 주입 시 사용

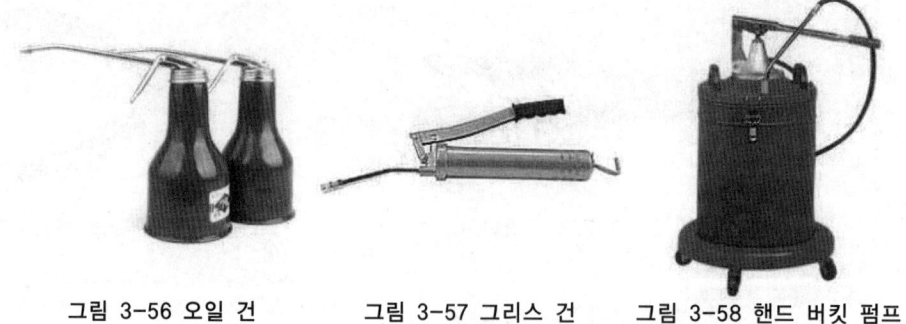

그림 3-56 오일 건   그림 3-57 그리스 건   그림 3-58 핸드 버킷 펌프

6) 배관용 공기구

   가) 파이프 렌치(pipe wrench)

   파이프를 쥐고 회전시켜 기타 부품과 조립, 분해하는 공구로 스패너의 한 종류이다.
   ▶ 크기 : 전체 길이를 mm 또는 inch로 표시

   나) 파이프 커터(pipe cutter)

   파이프 절단용 공구이다.

   다) 파이프 바이스(pipe vise)

   파이프 고정 시 사용한다.

   라) 오스터(oster)

   파이프에 나사를 깎는 기구이다.

   마) 파이프 벤더(pipe bender)

   파이프를 구부리는 기구(180°까지 벤딩 가능함)이다.

   바) 유압 파이프 벤더

   지름이 큰 파이프 굽힘에 사용(유압 이용)한다.

   사) 플러링 툴 세트(flaring tool set)

   플레어 툴, 콘프레스, 파이프 커터로 구성되어 있다. 세트 파이프 끝을 플러링하는 기구이다.

그림 3-59 파이프 렌치

그림 3-60 파이프 커터

그림 3-61 파이프 바이스

그림 3-62 오스터

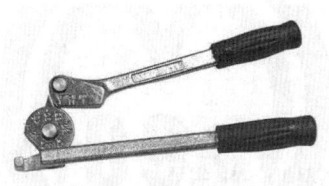
그림 3-63 파이프 벤더

그림 3-64 유압 파이프 벤더

7) 정비용 측정기구

가) 베어링 체커(bearing checker)
① 운전 중 베어링에서 발생하는 윤활 고장을 알 수 있다.
② 베어링의 그리스 윤활 상태를 측정하는 측정기구이다.
③ 주유구에 찔러 넣는다(안전, 주의, 위험 세 단계로 표시).

나) 진동계(tele-vinometer)
전동기, 터빈, 공작·산업기계 등 여러 가지 진동체의 진동을 측정하는 휴대용 진동 측정기로, 설치 후 언밸런스(unbalance)나 기계적 풀림 등을 측정하며, 많이 사용되는 것은 FFT진동분석기이다.

① 진동센서의 설치
　　▶ 기계 진동 측정 시 진동센서의 부착위치 : 베어링 하우징 부위

② 진동 센서의 측정방향
　　㉮ V방향(수직) ─ 기계적풀림 측정
　　　　　　　　　├ 주파수는 1f, 2f, 3f …
　　　　　　　　　└ 1/2f, 1/3f …
　　㉯ H방향(수평) ─ 언밸런스 측정
　　　　　　　　　├ 진동의 가장 일반적인 원인
　　　　　　　　　├ 회전체의 회전중심이 맞지 않는 상태
　　　　　　　　　└ 1f의 탁월 주파수
　　㉰ A방향(축방향) ─ 미스 얼라인먼트 측정
　　　　　　　　　　└ 커플링 등에서 서로의 회전 중심선이 서로 어긋난 상태

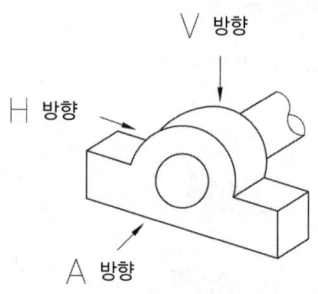

그림 3-65 센서의 부착 위치

다) 지시 소음계(sound level meter)
　　소리의 크기를 측정하는 계기
　　주택 및 산업체에서 소음을 측정, '측정범위' : 40~140dB(A)

■ 소음계의 모드 설정
　① FAST - 빠른 소음 측정 시 : 도로, 공장 등 소음이 심할 때 설정한다.
　② SLOW - 소음이 약할 때 : 도서관, 공원, 거실 등의 소음 측정 시 설정한다.
　③ BAT : 배터리의 충전량을 파악하고자 할 때 설정

■ 합성소음값 계산
　①번 모터의 측정값이 75.3dB(A)
　②번 모터의 측정값이 72.7dB(A)라면 합성소음값은 얼마인가?

$$10\log(10^{\frac{75.3}{10}} + 10^{\frac{72.7}{10}})$$
= 77.397
= 77.4dB(A)

▶ 요구사항 : 소수점 두 자리에서 반올림한다.

라) 회전계(tacho-meter)

기계의 회전속도를 측정하는 장치로 접촉식과 비접촉식이 있다.

마) 표면 온도계(surface thermo meter)

열전대(thermo couple)를 이용하여 물체의 표면 온도를 측정한다.

그림 3-66 베어링 체커

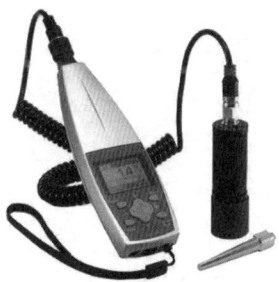

그림 3-67 진동계

그림 3-68 지시 소음계

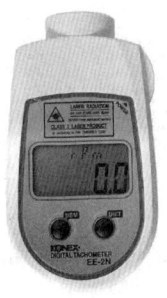

그림 3-69 회전계

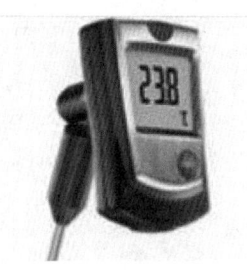

그림 3-70 표면 온도계

제3장 기계장치 보전

2. 보전용 재료

가. 접착제

물질의 접착력에 의하여 동종 또는 다른 종류의 물체를 접합하는 것 또는 접착에 사용되는 재료를 말한다.

1) 접착제의 구비조건
① 액체성일 것
② 고체 표면의 좁은 틈새에 침투하여 모세관 작용을 할 것
③ 도포 후 고체화하여 일정한 강도를 가질 것

2) 접착제의 종류
① 모노마 또는 중합제형 접착제 : 산업현장에서 주로 사용된다. [에폭시(페인트류), 순간 접착제, 혐기성 접착제(반고체로 화학작용이 있음)]
② 유화액형 접착제 또는 용액 : 용매(촉매 역할을 함) 또는 분산매의 증발에 의해 경화되는 것[포리초산 비닐, 유화액(액체+물의 형태를 말하며, 기름에 물이 섞이면 유화라고 함)]
③ 열 용융형 접착제 : 냉각에 의하여 경화되는 접착제
④ 감압형 접착제 : 상온에서 유지되다 약간의 힘만으로도 접착되는 용제

3) 접착제의 특성
금속 구조용 접착제의 특성
① 중량이 적다.(경량화 금속에 비해)
② 강도 및 응력 분산 효과
③ 설계가 간단하다.
④ 접착시간이 단축된다.
⑤ 전기 전열, 단열, 방음, 방진의 효과를 갖는다.
⑥ 극저온에서도 접합이 가능하다.
⑦ 접합 시 완전한 실링이 가능하다.
⑧ 방청효과
⑨ 가격이 저렴하다.
⑩ 재료의 경량화 또는 강도가 향상된다.

4) 혐기성 접착제의 특성

① 공기와 접촉 중에는 액상 상태를 유지하다 공기가 차단되면 경화되는 접착제이다.
② 액상 고분자 물질을 주성분으로 하는 일액성, 무용제형 강력접착제
③ 진동이 있는 차량, 항공기, 동력기 등의 나사풀림 방지에 사용한다.
④ 가스 및 액체가 새는 것을 막기 위해 사용한다.

5) 액상 개스킷(본드류, 혐기성 종류임)

합성고무와 합성수지 및 금속 클로이드 등을 주성분으로 제조된 액체상태의 개스킷으로, 어떤 상태의 접촉 부위에도 용이하게 바를 수 있다. 상온에서 유동적인 접착성 물질로 바른 후 일정시간이 경과하면 건조되거나 균일하게 안정되어 누설을 완전히 방지하는 접착제이다.

▶ 개스킷의 두께 : 0.5 ~ 5mm

6) 방청제

금속의 부식을 막기 위해 사용되는 재료(녹 방지로 사용)이다.

> ▶ 녹의 발생 요인
> ① 수분(습기)　　② 산소　　③ 전해물질(부식성) 가스

가) 종류

① 용제 희석용 방청유 : 불휘발성 재료를 유기용제에 희석 분산시킨 액체
　1종(NP-1), 2종(NP-2), 3종(NP-3)
② 바셀린(와세린) 방청유 : 상온에서는 반고체 상태 또는 연고 모양이며, 사용 시에는 80~90도로 가열 용해하여 담그거나 바르는 방청성이 우수한 방청유로 두터운 피막을 형성한다. 막의 성질에 따라 1종(NP-4), 2종(NP-5), 3종(NP-6) 등이 있다.
③ 윤활 방청유 : 일반기계 또는 내연기관에 사용한다.
　1종(NP-7), 2종(NP-8), 3종(NP-9), 3종(NP-10)

> ▶ 윤활의 4원칙
> 적유, 적기, 적량, 적법

④ 지문(指紋) 제거형 방청유 : 석유계 용제 또는 윤활유에 방첨첨가제 알코올, 케톤과 같은 용해 수용성 유기용제, NP-O

⑤ 방청 그리스 : 롤러 베어링, 볼 베어링, 와이어로프, 크레인의 방청에 사용한다.
NP-11, 그리스에 사용되는 합성유제 : PAO, 에스테르, 폴리글리콜
⑥ 기화성 방청유 : 밀폐부에 강한 방청 분위기를 만든다. NP-20

> **Tip**
>
> ▶ 점도
> 액체가 흐를 때 그에 대해 저항하는 내부 마찰력으로, 윤활유의 가장 중요한 성질이다.
>
> ▶ 주도
> 그리스의 묽게 된 상태의 굳음 정도이다. 즉, 그리스의 외관적 경도이며 윤활유의 점도에 해당한다.

나. 밀봉 장치

1) 실(seal)의 정의

유체의 누설 또는 외부로부터 이물질의 침입을 방지하기 위해 사용되는 밀봉장치로, 기밀유지에 사용된다.(고정, 운동구별 없이 사용)
① 고정 부분에 사용되는 실 ⇒ 개스킷(gasket) : 커버의 접촉부 개스킷 등
② 운동 부분에 사용되는 실 ⇒ 패킹(packing) : 실린더의 피스톤 패킹 등

2) 실(seal)의 재료

① 합성 고무류, 합성수지
② 합성수지(4불화 에틸렌 수지 : 테프론, PTFE)
③ 메커니컬 실, 오일 실

3) 실(seal)의 분류

가) 개스킷
① 금속 개스킷 : 순수한 금속
② 비금속 개스킷 : 플라스틱, 테프론, 합성고무, 천연고무, 우레탄, 실리콘, 불소고무
③ 세미-메탈릭 개스킷, 신주, 카본 + 그리파이트, 카본 + 동(Bronze)

나) 개스킷의 구비조건
① 강도가 있어야 한다.
② 기름이 잘 스며들지 않아야 한다.
③ 압축성이 적당하여야 한다.
④ 복원성이 있어야 한다.

다) 개스킷의 올바른 사용방법
① 바른 직후 바로 접합하여도 된다.
② 사용온도 범위는 40~400℃이다.
③ 얇고 균일하게 바른다.
④ 접합면에 수분 등 오물을 제거한다.

라) 패킹
① 비접촉성 실 : 래빌린스 패킹, 웨어링(고무로, 주로 비금속)
② 접촉성 실 : 셀 프실 패킹(직접 닿는 것 자체에서 면 실링)
  메커니컬 실(카본 그라파이트로 면 실링), 오일 실, 펠트 실

다. 정비용 재료

1) 탄소강
철에 0.03 ~ 1.7%의 탄소(C)가 함유된 강

2) 탄소강의 탄소 함유량에 따른 분류
① 아공석강 : 탄소의 함유량이 0.85% 이하인 초석페라이트 + 펄라이트로 되는 강
② 공석강(eutectic steel) : 약 0.85%의 탄소를 함유하는 펄라이트 조직의 탄소강
③ 과공석강 : 0.85%~2.0% 이상의 탄소를 함유한 시멘타이트와 펄라이트 조직의 탄소강

3) 공구강
① 탄소공구강(STC) : 0.6~1.5% 탄소
② 합금공구강(STS) : 0.45~1.5% 탄소 + (크롬) 또는 (텅스텐) 첨가
③ 고속도강(SKH) : 0.6~1.0% 탄소에 + 텅스텐(18%) + 크롬(4%) + 바나듐(1%) 첨가
④ 스텔라이트(stellite) : 탄소 2.5~2.75%의 합금으로 코발트 + 크롬 + 텅스텐
⑤ 초경합금(carbide alloy) : 텅스텐 + 탄소 + 티타늄 + 코발트
⑥ 세라믹(ceramic) : 주로 알루미나(Al_2O_3)로 결합제 없이 소결

라. 표면경화법

1) 침탄법(carbonizing)
저탄소강 표면에 탄소를 침투시켜 고탄소강을 만든 후 담금질하는 방법(밀폐된 로 속에서 800~900℃로 장시간 가열하면 탄소가 1mm정도 침투된다.)

2) 질화법(nitrifying)

암모니아 가스 속에 강을 넣고 장시간 가열하면 철과 질소가 작용하여 질화철이 되게 만드는 방법이다.

마. 탄소강의 조직

1) 서냉(표준)조직

① 펄라이트(pearlite) : 페라이트와 산화철(Fe_3-C)이 서로 파상으로 배치된 조직으로 흑색으로 된 파상 선을 형성하고 있다.
② 시멘타이트(cementite) : 탄화철로서 침상 또는 망상조직이다.
③ 페라이트(ferrite) : 탄소가 거의 함유되지 않은 철로 백색이며 강철조직에 비해 연하고 강도와 경도가 작다.

바. 급랭(담금질)조직

① 오스테나이트(austenite) : 탄소가 γ철 중에 고용 또는 용해되어 있는 상태이다.
② 마텐사이트(martensite) : 침상조직을 형성하며 경도가 가장 높다.
③ 트루스타이트(troostite) : α철과 탄화철이 혼합된 조직이다.
④ 소르바이트(sorbite) : 트루스타이트보다 냉각속도를 느리게 하면 일어나는 조직으로, 경도와 강도는 마르사이트 펄라이트의 중간이다.

사. 강의 취성(blue shortness)

① 청열취성 : 강은 일반적으로 온도가 상승하게 되면 연성이 생기나 200~300℃에 도달하게 되면 오히려 단단해지며 여리게(취성) 된다. 이때 이온도는 강이 청색으로 착색하는 온도에 해당하므로 청열취성이라 한다.
② 저온취성 : 강이 상온 이하로 내려가면 취성이 생겨서 충격이나 피로에 약해지는 여린 성질(상온취성)
③ 적열취성 : 강을 900~1,000℃의 적열상태로 가열하면 여려지는 성질(취성)로서 황(S)의 함유량이 많은 강에서 나타난다.
④ 고온취성 : 강은 구리(CU)의 함유량이 0.2% 이상이 되면 고온에서 현저히 여리게(취성) 되어 고온 취성을 일으킨다.

제2절 기계요소 보전

1. 체결용 기계요소의 보전

기계는 각종 기계요소의 결합에 의하여 그 기능을 발휘하며, 기계요소 설계를 정확히 해야 훌륭한 기계가 제작된다. 기계요소의 결합 방식은 볼트, 너트 등의 나사를 이용하는 것 외에 축에 풀리나 기어 등의 회전체를 고정하기 위해 키를 사용하기도 하고, 핀이나 코터 등을 이용하기도 한다.

가. 나사

나사는 기계 부품을 죄거나 위치 조정, 힘의 전달 등에 널리 쓰이는 등 그 용도가 매우 다양한 기계요소이다. 나사의 용도는 체결용, 거리 조정용, 전동용 등이다.

1) 피치와 리드

나사 곡선을 따라 축의 둘레를 한 바퀴 회전하였을 때 축 방향으로 이동한 거리를 리드(lead)라 하고, 서로 인접한 나사산과 나사산 사이의 축 방향 거리를 피치(pitch) p라 하며 피치와 리드 사이에는 다음과 같은 관계가 있다.

$$l = n \times P$$

여기서, n은 나사의 줄 수를 나타내며, 만일 $n=1$일 때에는 $l=P$의 관계가 성립된다.

▶ 나사의 측정대상 : 피치, 산의 각도, 유효지름

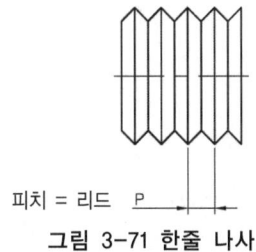

그림 3-71 한줄 나사

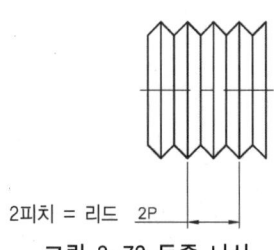

그림 3-72 두줄 나사

2) 나사의 종류

나사는 나사산의 모양에 따라 삼각 나사, 사각 나사, 사다리꼴 나사, 톱니 나사, 둥근 나사, 볼 나사 등으로 나누어지고, 피치와 나사 지름의 비율에 따라 보통나사와 가는나사, 사용하는 호칭에 따라 미터계 나사와 인치계 나사, 사용 목적에 따라 결합용 나사와 운동용 나사 및 계측용 나사 등으로 나누어진다.

가) 가는나사

축이나 두께가 얇은 부분에 **강도 저하**를 막기 위하여 나사의 높이가 낮은 가는나사를 사용하며, 보통나사보다 강도가 높고 잘 풀리지 않으며 진동 등에도 강하므로 항공기 부품에 많이 사용된다. 외경이 같은 경우 보통나사와 가는나사에서 **가는나사의 유효지름이 크다**.

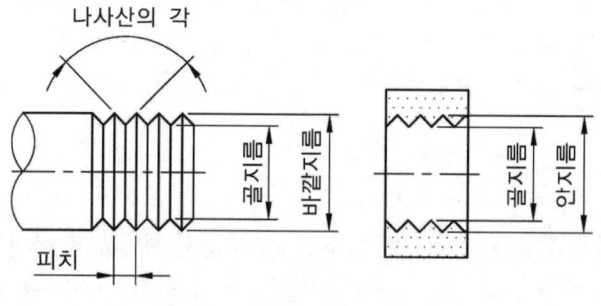

그림 3-73 나사의 명칭

나) 결합용 나사

물체에 부품을 결합시키거나 **위치의 조정에 사용되는 나사**로, 주로 삼각나사가 사용되며, 삼각나사는 나사산의 모양에 따라 미터 나사, 유니파이 나사, 관용 나사 등으로 나누어진다.

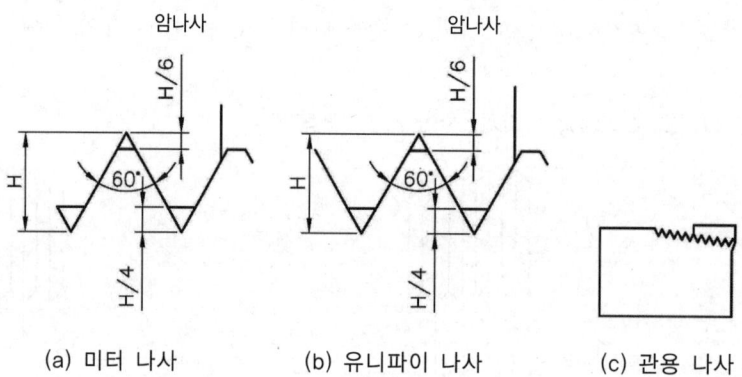

(a) 미터 나사　　(b) 유니파이 나사　　(c) 관용 나사

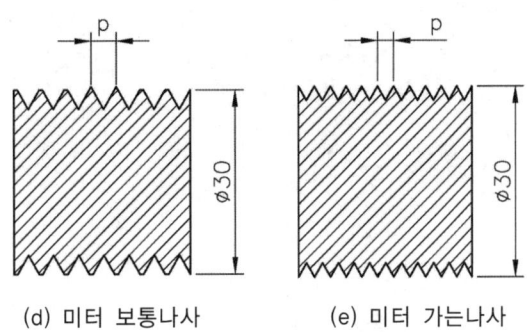

(d) 미터 보통나사   (e) 미터 가는나사

그림 3-74 결합용 나사

표 3-4 체결용 삼각 나사의 종류

구 분	미터 나사	유니파이 나사	관용 나사
단위	mm	inch	inch
호칭 : 보통나사	M	UNC	Rp 평행 암나사
호칭 : 가는나사		UNF	R 테이퍼 수나사, Rc 테이퍼 암나사
나사산의 크기 표시	크기	산수/인치	산수/인치
나사산의 각도	60	60	55
산 현태	편평하다.	편평하다.	편평하다.
골 형태	둥글다.	둥글다.	둥글다.
호칭법 보통나사	M5	5/8 UNC UNC 3/8 : 16	Rp 1/4 : 평행 암나사
가는나사	M5 × 1	5/8 : 24 UNF UNF 3/8 : 36	R 1/4 : 테이퍼 수나사 RC 1/4 : 테이퍼 암나사 G1/2 : 평행나사

다) 운동용 나사

힘을 전달하거나 물체를 움직이게 할 목적으로 이용되는 나사로는 사각 나사, 사다리꼴 나사, 톱니 나사, 볼 나사, 둥근 나사 등이 있다.

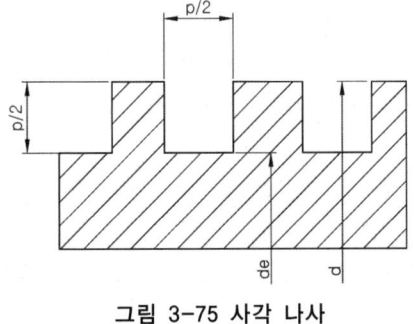

그림 3-75 사각 나사

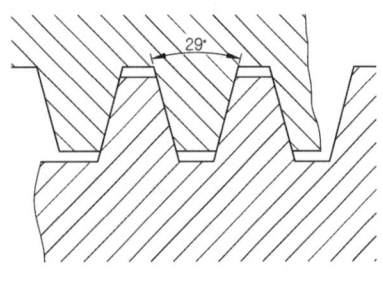

그림 3-76 애크미 나사

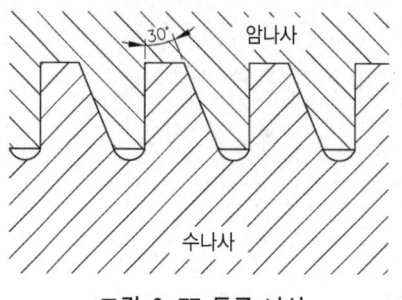

그림 3-77 둥근 나사

그림 3-78 톱니 나사

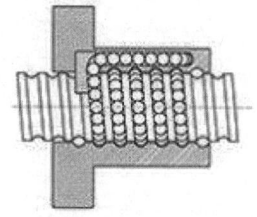

그림 3-79 볼 나사

① 사각 나사(square thread) : 축 방향의 하중을 받아 축 방향의 큰 힘을 전달하며, 하중이 일정하지 않고 교번하중을 받을 때 효과적이다. 삼각 나사에 비해 마찰저항이 작으며, 삼각 나사보다 잘 풀어진다. 저항이 적은 이점으로 동력 전달용 잭(Jack), 나사프레스, 선반의 피드(feed)에 사용된다.

② 사다리꼴 나사(trapezoidal thread) : 스러스트(thrust)를 전달하는 부품에 적합하며, 공작기계용이며 애크미 나사(acme thread), 재형 나사라고도 한다. 사각나사보다 강력한 동력전달용, 이동용으로 사용되며, 나사산의 각도는 미터계(TM) 30°, 휘트워드계(TW) 29°이며, ISO기호는 Tr이다.

③ 톱니 나사(buttress thread) : 축선의 한쪽에만 힘을 받는 곳에 사용된다. 힘을 받지 않는 면은 30°이다.

④ 둥근 나사(knuckle thread) : 너클 나사라고 하며, 나사산과 골이 둥글다. 먼지나 모래가 끼기 쉬운 전구, 호스 연결부에 사용한다.

⑤ 볼 나사 : 수나사와 암나사의 홈에 쇠구슬(steel ball)이 있어 일반나사보다 매우 마찰계수가 적고 운동 전달이 가볍기 때문에 NC공작기계나 자동차용 스테어링 장치에 사용한다.

⑥ 작은 나사 : 호칭지름이 8mm 이하의 나사를 말한다. 머리 형상에 따라 둥근머리, 접시머리, 둥근접시머리, 납작머리가 있다.

⑦ 세트스크류 : 축이나 물체를 고정시키거나 위치를 조정할 때 사용하는 작은나사로서 홈형, 6각형 구멍형, 머리형이 있다.

3) 나사의 정밀도 등급

① 미터 나사 : 1급, 2급, 3급
② 유니파이 나사 ┌ 수나사는 3A급, 2A급, 1A급
　　　　　　　　 └ 암나사는 3B급, 2B급, 1B급
③ 관용 나사 : A급, B급

4) 나사의 표시법

① 피치를 mm로 표시하는 나사의 경우
  ▶ 나사의 종류 표시(기호) : 나사의 호칭지름을 표시(숫자) : 피치
    M8×1 미터 가는나사
② 피치를 산의 수로 표시하는 나사의 경우(유니파이 나사 제외)
  ▶ 나사의 종류 표시(기호) : 나사의 지름을 표시(숫자) : 산의 수
    Tr10×2미터 사다리꼴 나사
③ 유니파이 나사의 경우
  ▶ 나사의 지름 표시(숫자 또는 번호) : 산의 수 : 나사의 종류 표시(기호)
    3/8 – 16UNC 유니파이 보통나사
    NO.8 – 36UNF 유니파이 가는나사
    좌 2줄 M50 × 3 – 6H : 좌 2줄 미터 가는나사 M50×2 암나사 등급 6 공차위치 H
    좌 M10 - 6H/Hg : 좌 1줄 미터보통나사 M10 암나사 6H와 수나사 6g의 조합

나. 볼트, 너트 및 와셔

볼트(bolt)와 너트(nut)는 나사짝을 이루어 주로 부품을 결합하는 데 사용하며, 와셔(washer)는 볼트, 너트의 자리면과 죔부 사이에 끼워 풀림 등을 방지하는 데 사용된다.

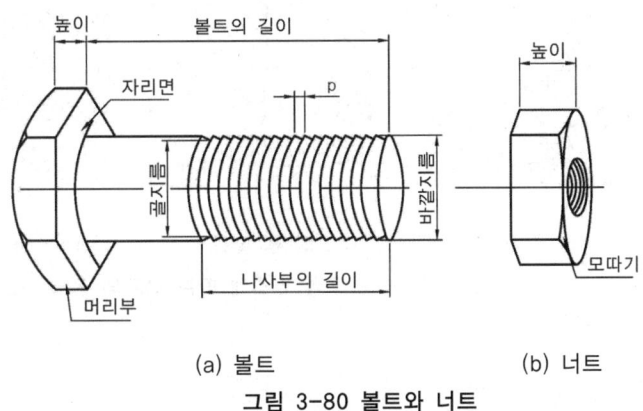

(a) 볼트　　　　　　　(b) 너트

그림 3-80 볼트와 너트

볼트와 너트는 다듬질 정도에 따라 상, 중, 흑피 세 가지로 구분된다. 상 볼트는 치수 정밀도가 높고 외관이 미려하여 기계용으로 널리 사용된다. 중 볼트는 육각의 머리부에 흑피로 되어 있고, 흑피 볼트는 나사부를 제외한 부분이 흑피로 되어 있으며 목재용이다.

1) 볼트(bolt)

가) 육각 볼트

머리 모양이 육각형인 볼트로서 주로 체결용에 사용된다. 육각 볼트에는 호칭지름 육각 볼트, 유효지름 육각 볼트, 온 나사 육각 볼트 등의 세 종류가 있다. 육각 볼트의 재료로는 연강봉이 많이 사용되나, 부식이 우려되는 경우에는 황동이나 청동 등의 비철금속과 스테인리스강 등이 사용된다.

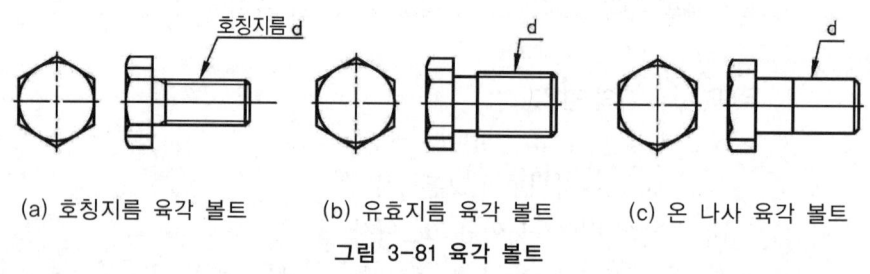

(a) 호칭지름 육각 볼트　　(b) 유효지름 육각 볼트　　(c) 온 나사 육각 볼트

그림 3-81 육각 볼트

나) 죔 볼트

볼트의 사용 방법에 따라 관통 볼트(through bolt), 탭 볼트(tap bolt), 스터드 볼트(stud bolt), 양 너트 볼트(double nut bolt)가 있다.

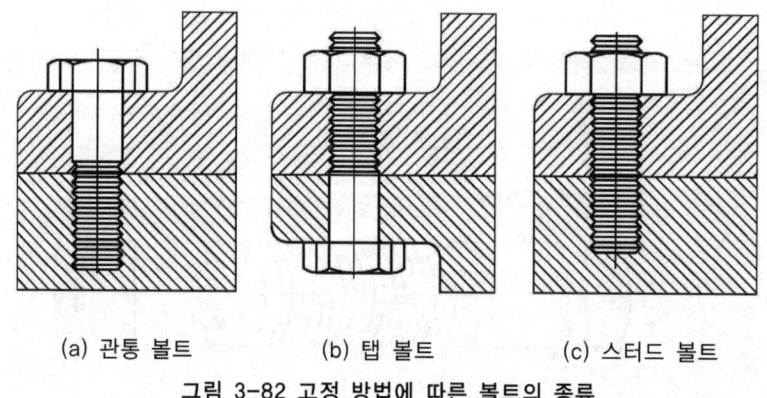

(a) 관통 볼트　　(b) 탭 볼트　　(c) 스터드 볼트

그림 3-82 고정 방법에 따른 볼트의 종류

다) 특수 볼트
① 접시머리 볼트(flathead bolt) : 볼트가 파묻힌다.
② 둥근머리 사각목 볼트(cuphead square neck bolt) : 나무의 고정에 사용한다.
③ 아이 볼트(eye bolt) : 로프나 훅에 걸어 물체를 끌어 올리는 데 사용한다.
④ 나비 볼트(wing bolt) : 손으로 돌릴 수 있다.
⑤ T볼트(t-bolt) : 공작기계의 테이블에 사용한다.
⑥ 스테이 볼트(stay bolt) : 기계부품의 간격을 일정하게 유지하는 데 사용한다.
⑦ 테이퍼 볼트(taper bolt) : 정확한 고정에 사용한다.
⑧ 리머 볼트(reamer bolt) : 정밀 가공된 볼트로 볼트에 걸리는 전단하중을 견딘다.
⑨ 충격 볼트(shock bolt) : 볼트에 걸리는 충격하중에 견딜 수 있게 만들었다.
⑩ 기초 볼트(foundation bolt) : 기계구조물을 고정한다.
⑪ 전산 볼트(full theads bolt) : 스트롱 앵커(strong anchor)와 결합하여 **천정형 거치대**를 연결할 때 많이 사용한다.
⑫ 리머 볼트(reamer bolt) : 내경이 정확하고 다듬질한 면이 깨끗한 구멍에 맞추어진 정밀 볼트로서 커넥팅 로드 볼트에 사용된다. 주로 **플랜지 체결에 많이 사용**되며 전달력을 많이 받는 곳에 사용하고 몸통 부분을 정밀가공하여야 한다.
⑬ 고장력 볼트(collar bolt) : 철골 접합에서 쓰이는 볼트는 일반적으로 고장력 볼트로서 M20(H. T. B, F10T)을 주로 쓰며, 앞에 M20은 볼트의 직경이다. 나사선의 산과 골의 평균값으로 단위는 mm이다.
⑭ 핀 볼트(pin bolt) : 볼트에 핀 구멍을 뚫어 분할 핀을 넣어 풀림을 방지한다.
⑮ 볼트 캡(bolt cap) : 진동이 있는 교량이나 가드레일, 철도, 도로 시설물, 각종 철 구조물에 사용되며 상부에 사각 홈이 형성되어 있어 사각렌치를 이용하여 잠그면 하부 캡과 완전 밀폐되어 어떠한 오염물질도 침투하지 않는다.

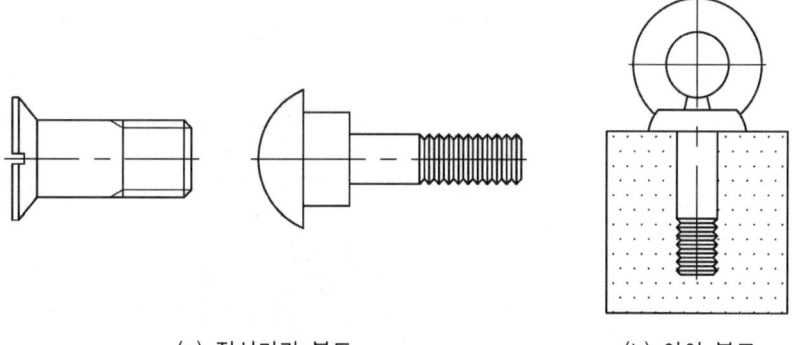

(a) 접시머리 볼트　　　　(b) 아이 볼트

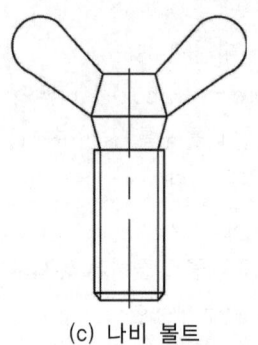
(c) 나비 볼트

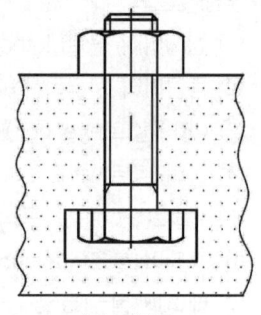
(d) T볼트

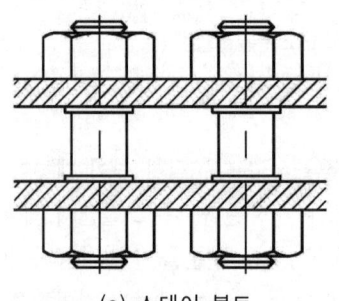
(e) 스테이 볼트

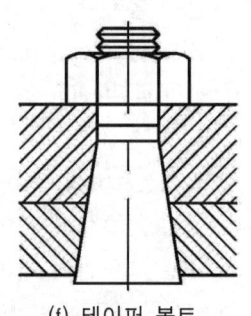
(f) 테이퍼 볼트

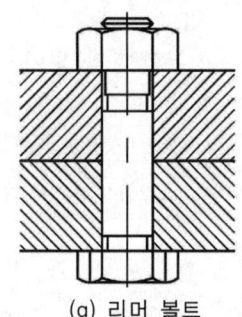
(g) 리머 볼트

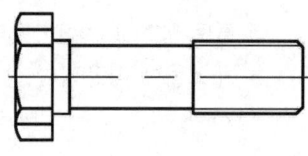
(e) 충격 볼트

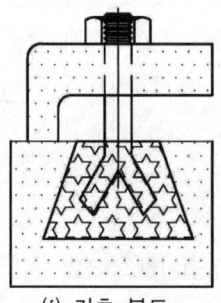
(f) 기초 볼트

그림 3-83 특수 볼트

그림 3-84 전산 볼트

그림 3-85 스트롱 앵커

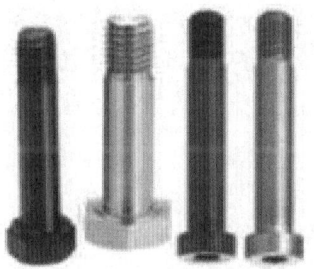

그림 3-86 리머 볼트

그림 3-87 고장력 볼트

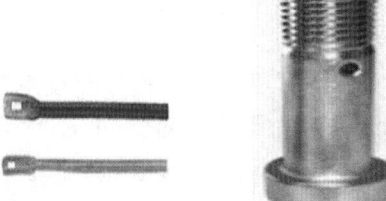

그림 3-88 핀 볼트

그림 3-89 볼트 캡

2) 너트(nut)

너트에는 많이 사용되는 육각 너트(hexagon nut)와 특수 너트가 있다.

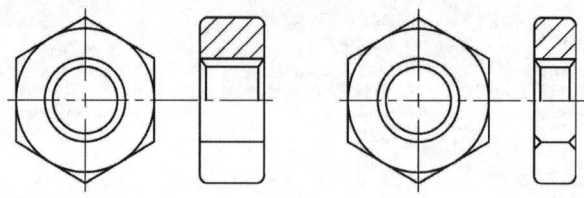

그림 3-90 육각 너트

① 사각 너트(square nut) : 목재에 사용한다.
② 둥근 너트(round nut) : 육각너트를 사용할 수 없을 때, 스패너 사용이 가능하다.
③ 와셔붙이 너트(washer facednut) : 너트의 밑면에 6각보다 큰 지름의 와셔가 있다.
④ 플랜지 너트(flange nut) : 볼트의 구멍이 클 때, 접촉면이 거칠거나 큰 면압을 피하려할 때 사용한다.
⑤ T홈 너트(T-slot nut) : 공작기계에 사용한다.
⑥ 아이 너트(eye nut) : 물건을 들어 올릴 때 사용한다.
⑦ 육각 캡 너트(domed cap nut) : 나사의 홈이나 접촉면 등에서 유체 유출 방지에 사용한다.
⑧ 12 포인트 너트(12-pointnut) : 박스렌지로 풀 수 있다.
⑨ 스프링 판 너트(springhalt nut) : 충격완화 너트이다.
⑩ 나비 너트(wing nut) : 손으로 돌려서 조일 수 있다.
⑪ 손잡이 너트(thumbnut) : 손으로 돌려서 쉽게 분해 조립이 가능하다.
⑫ 홈붙이 육각 너트 : 위쪽에 분할 핀을 끼워 너트의 풀림을 방지한다.
⑬ 슬리브 너트(sleeve nut) : 머리 밑에 슬리브가 달린 너트로써 수나사의 편심방지용이다.
⑭ 턴버클(turn buckle) : 오른나사와 왼나사가 양 끝에 달려 있어서 막대나 로프를 당겨서 조이는 데 사용한다.
⑮ 플레이트 너트(plate nut) : 암나사를 깎을 수 없는 얇은 판에 리벳으로 설치하여 사용한다.
⑯ 모따기 너트(chamfering nut) : 중심 위치를 정하기 쉽게 축선이 조절되어 있으며, 밑면인 경우는 볼트에 휨 작용을 주지 않는다.
⑰ 로크 너트(lock nut) : 베어링을 체결하고 로크 너트를 넣은 후 훅 스패너로 체결한다.

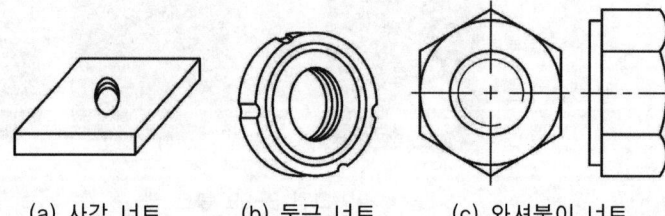

(a) 사각 너트   (b) 둥근 너트   (c) 와셔붙이 너트

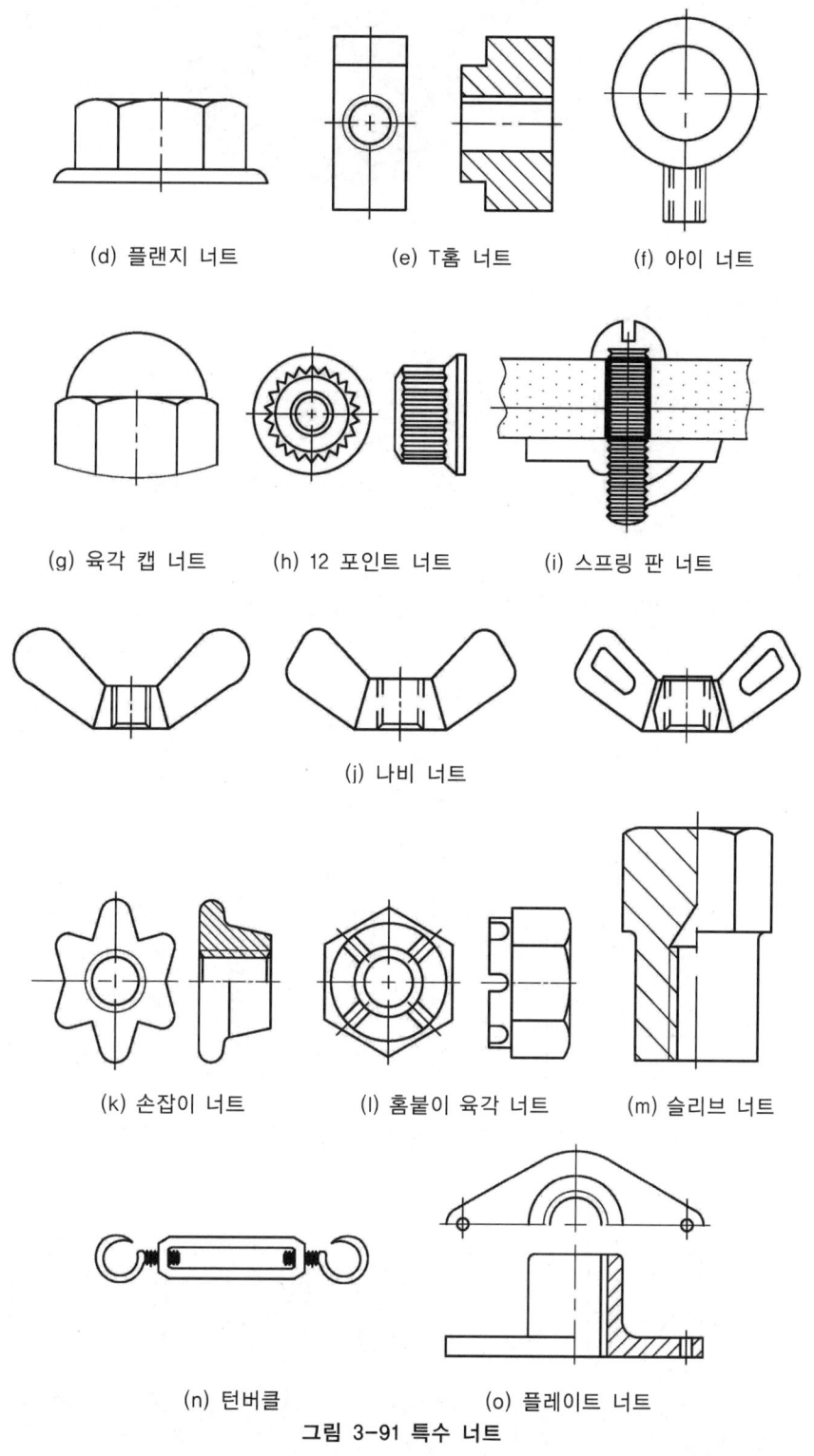

그림 3-91 특수 너트

그림 3-92 로크 너트

3) 와셔(washer)

　가) 와셔의 용도

　　① 볼트 구멍이 볼트 지름보다 너무 클 때
　　② 볼트머리 및 너트를 받치는 면에 요철이 심할 때
　　③ 내압력이 작은 목재, 고무, 경합금 등의 볼트를 사용할 때
　　④ 너트의 풀림방지
　　⑤ 개스킷을 조일 때
　　⑥ 자리면의 재료가 탄성이 부족하여 볼트의 죔 압력을 오랫동안 유지하지 못할 때, 구멍이 클 때, 내압력이 작은 목재의 접촉면이 기울어져 있을 때, 고무, 경합금 등의 볼트를 사용할 때

　나) 특수 와셔

　　특수 와셔는 혀붙이 와셔, 갈퀴붙이 와셔, 구면 와셔, 스프링 와셔, 이붙이 와셔, 접시 스프링 와셔, 기울기붙이 와셔 등이 있다.

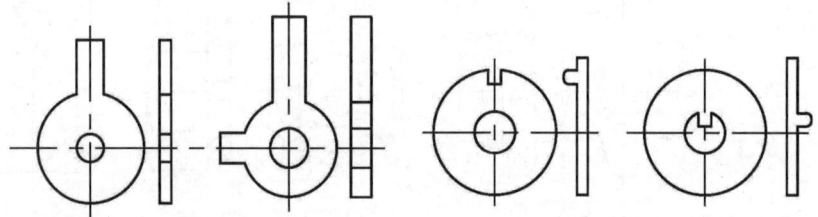

(a) 혀붙이 와셔　(b) 양쪽 혀붙이 와셔　(c) 바깥쪽 갈퀴붙이 와셔　(d) 안쪽 갈퀴붙이 와셔

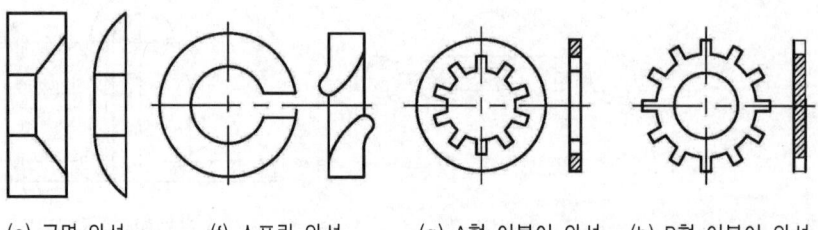

(e) 구면 와셔　(f) 스프링 와셔　(g) A형 이붙이 와셔　(h) B형 이붙이 와셔

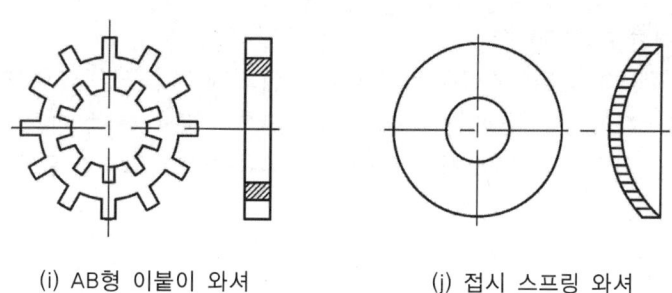

　　　　(i) AB형 이붙이 와셔　　　　(j) 접시 스프링 와셔

그림 3-93 특수 와셔

4) 키(key)

키는 축에 풀리, 기어, 플라이휠, 커플링 등의 회전체를 고정시켜, 원주 방향의 상대적인 운동을 방지하면서 회전력을 전달시키는 결합용 기계요소로 회전축과 키를 포함하는 평면에 직각으로 힘이 작용하여 주로 전단력을 받게 된다. 키의 재료는 축 재료보다 약간 강한 양질의 강을 사용한다. 보통 키에는 테이퍼를 주고, 축과 보스에는 키홈을 판다.

(1) 키의 종류

가) 새들 키(saddle key)

새들 키는 안장키라고도 하며, 축에는 홈을 파지 않고 보스에만 홈을 파서 홈속에 키를 박는 것으로, 아주 작은 동력을 전달한다.

나) 평 키(flat key)

축을 키의 폭만큼 편평하게 깎아서 보스의 키 홈과의 사이에 사용하는 평키는 새들키보다는 약간 큰 힘을 전달시킬 수 있다. 경하중에 사용되며 키를 밀어 넣어 사용한다.

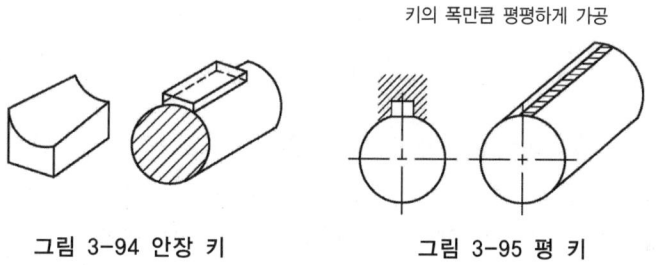

　　그림 3-94 안장 키　　　　　그림 3-95 평 키

다) 둥근 키(round key)

둥근 키는 핀 키(pin key)라고도 하며, 핸들과 같이 토크가 작은 것의 고정에 사용되고 단면이 원형이다.

라) 원뿔 키(cone key)

축과 보스의 양쪽에 모두 키 홈을 파지 않고 보스의 구멍을 테이퍼(1/25) 구멍으로 하여, 속이 빈 원뿔 키를 박아서 마찰력만으로 밀착시키는 키로, 바퀴가 편심 되지 않고 축의 어느 위치에서나 설치할 수 있다. 한쪽이 갈라진 원뿔 통을 끼워 넣어 사용한다.

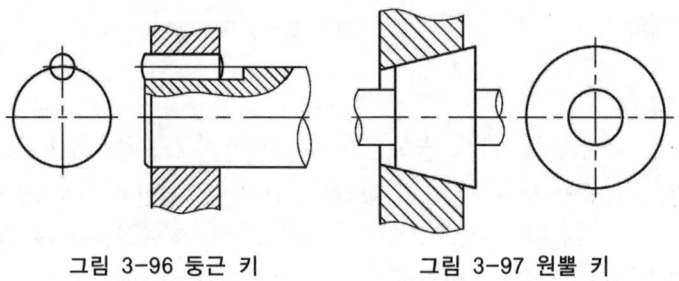

그림 3-96 둥근 키　　　　　그림 3-97 원뿔 키

마) 반달 키(woodruff key)

반달 키는 축에 키 홈이 깊게 파지므로 축의 강도가 약하게 되는 결점이 있으나, 키와 키 홈 등이 모두 가공하기 쉽고 키와 보스를 결합할 때 자동으로 키가 자리를 잡는 자동 조심작용을 하는 장점이 있어 자동차, 공작 기계 등의 60mm 이하의 작은 축과 테이퍼 축에 사용한다. 축에 키를 끼우고 보스를 밀어 넣어 사용한다.

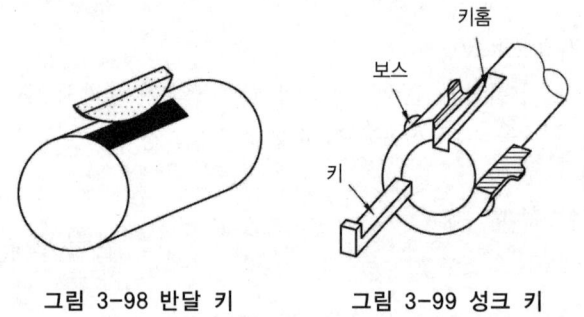

그림 3-98 반달 키　　　　　그림 3-99 성크 키

바) 성크 키(sunk key, 때려 박음 키)

가장 널리 사용되는 일반적인 키인 성크 키는 축과 보스 양쪽에 모두 키 홈을 파고 성크 키로 결합하여 토크를 전달시키며, 윗면에 1/100 정도의 기울기를 가진 경사 키와 위·아래 면이 모두 평행인 평행키가 있다. 성크 키는 조립 방법에 따라 축과 보스를 맞추고 키를 때려 받는 드라이빙 키(driving key)와 축에 키를 끼운 다음 보스를 때려 맞추는 세트 키(set key)가 있다. 구배 키의 가공은 경사진 면을 가공하지 않고 그 반대쪽 바닥을 가공한다.

제 2 절 기계요소 보전

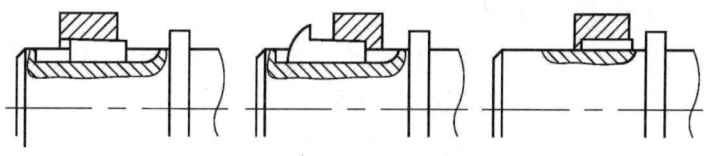

그림 3-100 성크 키의 종류

사) 미끄럼 키(sliding key)

미끄럼 키 또는 패더 키(feather key)는 안내 키라고도 하며, 보스가 축과 더불어 회전하는 동시에 축 방향으로 미끄러져 움직일 수 있도록 한 키로서, 키를 조립하였을 경우 축과 보스가 가볍게 이동이 가능하다. 기울기가 없고 평행으로 한다. 키의 고정은 키를 축에 고정시키는 방식과 보스에 고정시키는 방식이 있다.

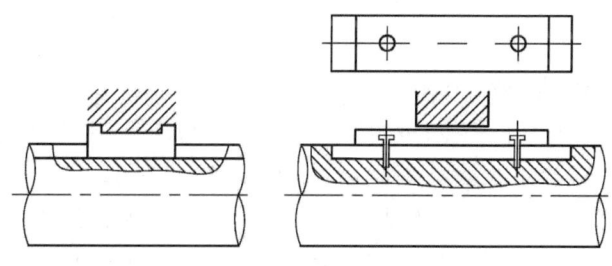

그림 3-101 미끄럼 키

아) 접선 키(tangent key)

축의 접선 방향에 설치하는 접선 키는 1/40~1/45의 기울기를 가진 2개의 키를 한 쌍으로 하여 키의 압축력을 높이고, 회전 방향이 양 방향일 때 사용하도록 중심각이 120°로 되는 위치에 두 쌍을 설치한다. 이 키는 전달 토크가 큰 축에 주로 사용된다. 키를 조합하여 밀어 넣는다.

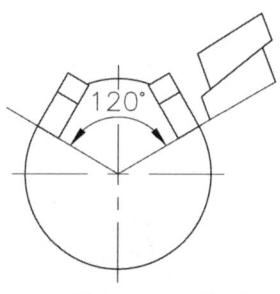

그림 3-102 접선 키

자) 스플라인(spline)

스플라인은 보스쪽 축의 둘레에 많은 키를 깎아 붙인 것과 같은 것으로서 일반적인 키이다, 훨씬 큰 동력을 전달시킬 수 있고 내구력이 크다. 축과 보스의 중심을 정확하게 맞출 수 있어 자동차, 공작기계, 항공기, 발전용 증기터빈 등에 널리 사용되며, 축 쪽을 스플라인축, 보스 쪽을 스플라인이라 한다. 축에 보스를 끼워서 사용한다.

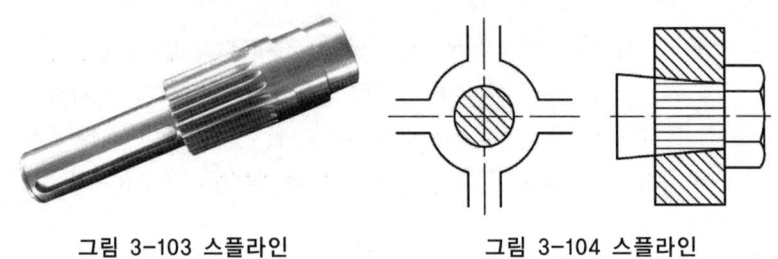

그림 3-103 스플라인   그림 3-104 스플라인

차) 세레이션(serration)

스플라인보다 정확한 회전력을 전달할 수 있다. 둥근 축 또는 원뿔 축과 보스의 둘레에 같은 간격으로 나사산 모양의 삼각형의 작은이를 무수히 깎아 만든 것을 말한다. 세레이션은 축과 보스의 이 높이가 낮고 잇수가 많으므로 측압강도가 크고, 같은 지름의 스플라인 축보다 큰 회전력을 전달시킬 수 있다. 세레이션은 고정 형으로 자동차의 핸들 고정, 라디오의 다이얼과 축의 조립에 널리 이용된다. 축에 보스를 끼워서 사용한다.

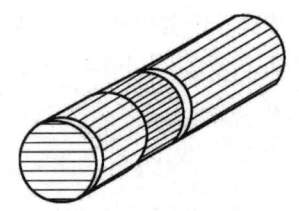

그림 3-105 세레이션

(2) 키의 표시법

종류	호칭치수 (폭 × 높이 × 길이)	끝모양	재료	특별지정
평행 키 1종	25 × 14 × 19	양끝 둥근	SM	45C
묻힘 키	10 × 6 × 5	한쪽 둥근	SM	45C

(3) 키의 강도 표시법
가) 키의 전단강도

$$\tau = \frac{W}{A} = \frac{W}{bl} = \frac{\frac{2t}{d}}{bl} = \frac{2T}{bld} \text{kPa}$$

여기서, W : 키에 작용하는 접선력[kN] A : 단면적[mm^2]
　　　　l : 키의 길이[mm]　　　　　　d : 축 지름[mm]
　　　　τ : 전단응력[kPa]　　　　　　T : 회전축 토크[kj]

나) 키의 압축강도

$$\sigma = \frac{W}{t_2 l} = \frac{W}{\frac{h}{2}l} = \frac{2W}{hl} = \frac{4T}{hld} \text{kPa}$$

여기서, σ : 압축응력(kPa),　　h : 키의 높이

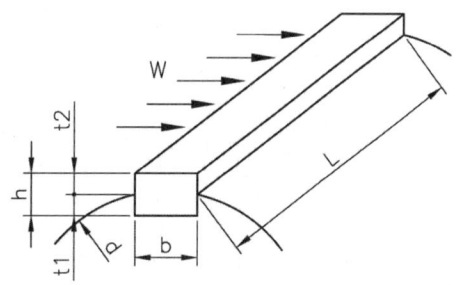

그림 3-106 키의 강도 계산

라. 핀(pin)

부품과 부품을 고정하는 것으로 작은 힘이 걸리는 데 고정용으로 사용한다. 핀(pin)은 풀리, 기어 등에 작용하는 하중이 작을 때 설치 방법이 간단하기 때문에 키 대용으로 사용되며, 작은 핸들을 축에 고정할 때 힘이 너무 많이 걸리지 않는 부품을 설치하거나 분해 조립을 하는 부품의 위치 결정 등에 널리 사용된다. 핀은 강재로 만드나 황동, 구리, 알루미늄 등으로 만들기도 한다. 너트의 풀림 방지나 고정물의 탈락방지에 사용한다.

1) 핀의 종류 및 사용방법
가) 평행 핀

분해 조립을 하는 부품의 위치를 일정하게 하는 위치 결정용 A형과 B형이 있으며, 핀 펀치로 때려서 사용하고 핀 구멍은 정확한 구멍을 다듬질하여 핀과의 끼워 맞춤

은 H6m6(중간 끼워 맞춤)으로 하며, 도저히 관통구멍을 낼 수 없을 경우에는 공기 빼기 홈을 내고 머리에 나사를 낸다.

나) 테이퍼 핀

밑에서 때려서 빼거나, 핀 머리에 나사를 내두고 걸어서 빼낸다. 약 1/50의 기울기 값을 주며, 호칭 지름의 크기는 작은 쪽의 지름으로 표시한다.

다) 분할 핀

볼트, 너트의 풀림 방지와 축, 이음 핀의 탈락을 방지하며, 분할 핀 부착이 평와셔와 같이 사용한다. 부착 후 양끝은 충분히 넓혀 두며, 큰 강도를 필요로 하지는 않는다. 호칭지름은 핀 구멍으로 표시한다.

라) 스프링 핀

세로방향으로 쪼개어져 있어 구멍 크기가 정확하지 않아도 해머로 때려 박을 수 있다. 스프링 핀은 구멍을 리머가공하지 않아도 쓸 수 있어 편리하므로 최근에는 평행 핀보다 많이 사용한다.

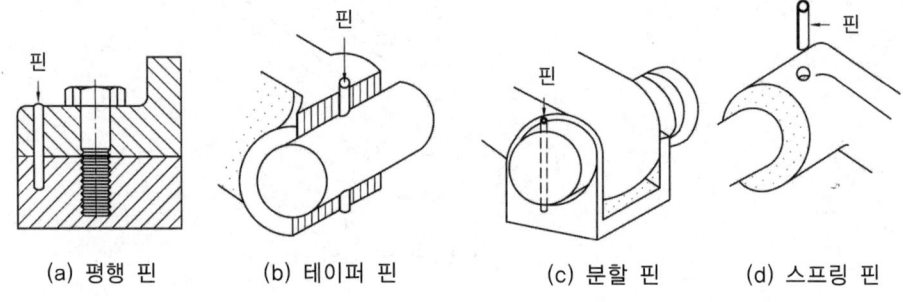

그림 3-107 핀의 용도

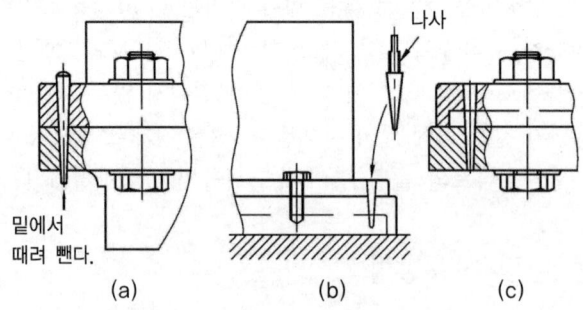

그림 3-108 위치 결정용 테이퍼 핀

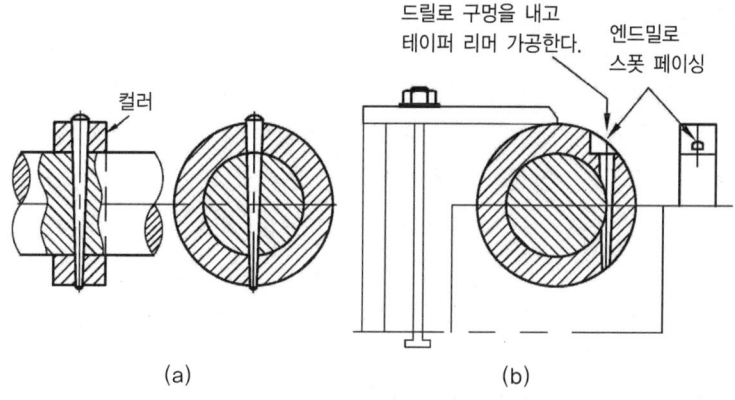

그림 3-109 축 관통 핀

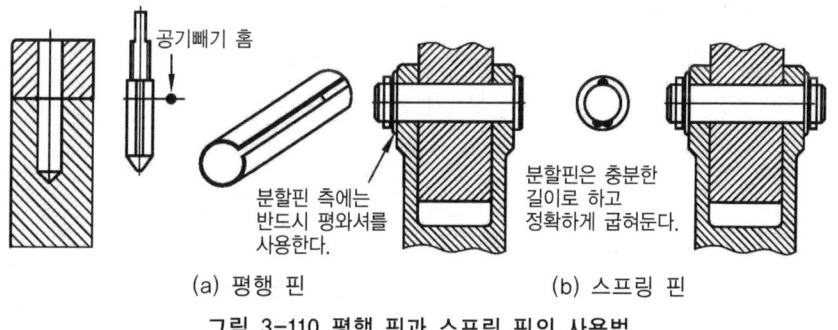

(a) 평행 핀   (b) 스프링 핀

그림 3-110 평행 핀과 스프링 핀의 사용법

2) 핀의 호칭법

명 칭	등급	지름(d) × 길이(l)	재료
평행핀	2급	4 × 30	SM 20C

표 3-5 핀의 호칭 방법

명 칭	호칭 방법	보 기
평행 핀 (KS B 1320)	규격 번호 또는 명칭, 종류, 형식, 호칭지름×길이, 재료	KSB 1320m6A-45SB41 평행 핀 h7B-5×32 SM45C
테이퍼 핀 (KS B 1322)	명칭, 등급, d×l, 재료	테이퍼 핀 1급 2×10 SM50C
슬롯 테이퍼 핀 (KS B 1323)	명칭, d×l, 재료, 지정사항	슬롯 테이퍼 핀 6×70 SM35C 핀 갈라짐의 깊이 10
분할 핀 (KS B 1321)	규격 번호 또는 명칭, 호칭지름×길이, 재료	분할 핀 3×40 SWRM12

마. 코터(cotter)

두 축을 연결하는 데 사용하는 체결 부품 요소로서 두께가 같고 폭이 구배 또는 테이퍼로 되어 있는 일종의 쐐기로, 주로 인장 또는 압축력이 축 방향으로 작용하는 축과 축, 피스톤과 피스톤, 로드 등을 연결하는 데 사용하는 것을 코터(cotter)라 한다. 플런저 펌프 등에서는 크로스헤드와 플런저의 결합부분에 많이 사용한다.

1) 코터를 쓰는 방법
① 편구배가 보편적으로 쓰인다.
② 코터의 직경이 작은 쪽에 분할 핀을 부착한다.
③ 인장과 압축이 작용하는 축에 사용된다.

2) 코터의 기울기
① 가장 많이 사용 : 1/20   ② 종종 분해·조립 : 1/5 ~ 1/10
③ 반영구적 결합 : 1/50 ~ 1/100

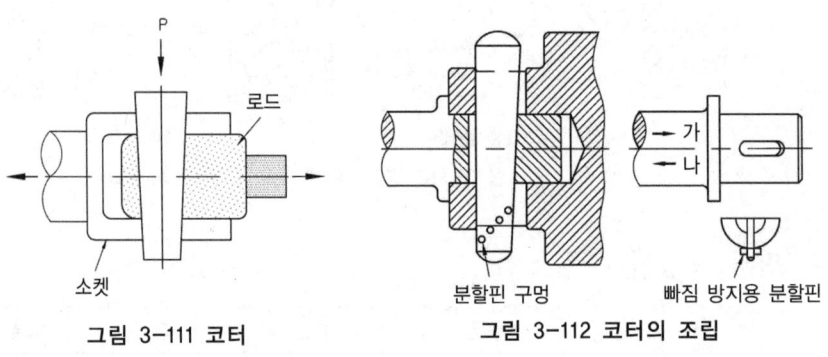

그림 3-111 코터   그림 3-112 코터의 조립

바. 리벳(rivet)

리벳 이음을 할 때 기밀을 할 경우에는 코킹(caulking)을 하며, 코킹을 더욱 완벽하게 하기 위해 플러링(fullering)을 할 수도 있다.

1) 리벳 이음의 특징
① 초응력에 의한 잔류변형률이 생기지 않으므로 취약파괴가 일어나지 않는다.
② 구조물 등에서 현지 조립할 때는 용접 이음보다 쉽다.
③ 경합금과 같이 용접이 곤란한 재료에는 신뢰성이 있다.
④ 경판의 두께에 한계가 있으므로 이음효율이 낮다.

2) 코킹(caulking)

강판 끝을 75 ~ 85℃로 깎아 코킹 공구로 때려서 기밀하는 방법이다. 5mm 이하의 판은 코킹이 곤란하므로 안료를 묻힌 종이, 석면의 패킹을 끼운 후 리베팅한다.

3) 플러링(fullering)

기밀을 더욱 좋게 하기 위해 강판의 끝을 정형하는 작업으로, 공구로 때려서 기밀을 유지하는 방법이다.

4) 리베팅(riveting)

리벳 지름 8mm 이하는 상온 가공하고, 10mm 이상은 고온으로 가열하여 가공한다. 리벳 구멍은 지름 20mm까지는 보통 펀칭한다.

사. 볼트, 너트의 풀림(이완)방지

1) 풀림(이완)방지 방법의 종류

가) 일반적인 풀림방지 방법

① 홈 달림 너트 분할 핀 고정에 의한 방법 : 일반적으로 많이 쓰고 확실한 방법이다.
② 절삭 너트에 의한 방법 : 너트의 일부를 절삭하여 미리 안쪽으로 약간 변형시켜 두고 볼트에 비틀어 넣을 때 나사부가 압착되게 한 것이다.

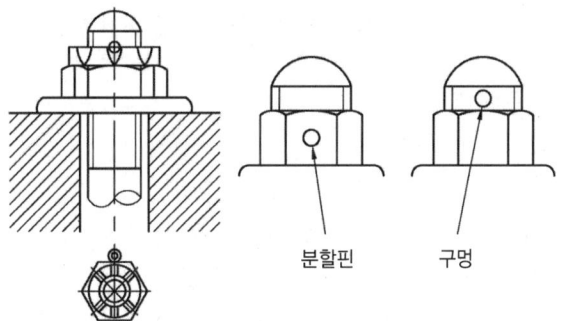

그림 3-113 분할 핀 사용

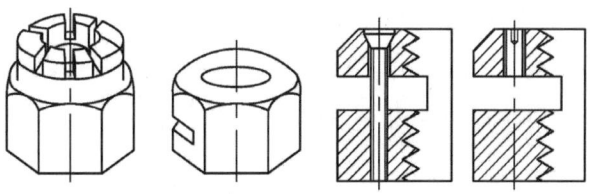

그림 3-114 절삭 너트 사용

③ 로크 너트(더블)에 의한 방법 : 가장 많이 사용한다. 위쪽의 정규 너트를 고정하면서 밑의 로크 너트를 15~20° 역회전시킨다.

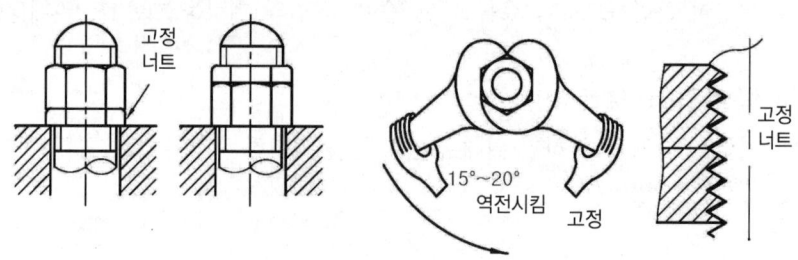

그림 3-115 로크 너트 사용법

④ 특수 너트에 의한 방법 : 너트의 일부에 플라스틱을 끼워 넣어 나사 고정의 마찰을 증가하게 한 것이다.

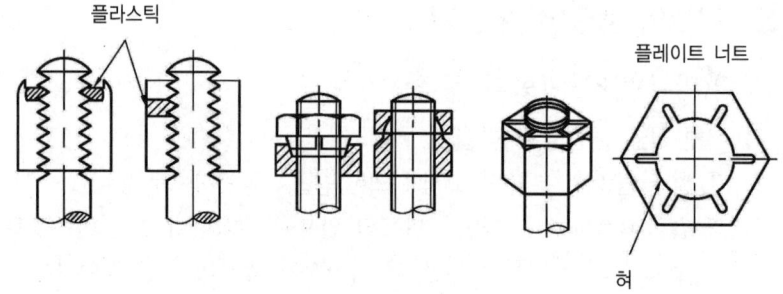

그림 3-116 각종 풀림 방지 달림 너트

나) 기타 풀림방지의 방법
① 분할 핀 고정에 의한 방법
② 자동 죔 너트(절삭너트)에 의한 방법
③ 와셔(스프링 와셔, 이붙이 와셔, 혀붙이 와셔, 고무 와셔, 풀 와셔)에 의한 방법
④ 멈춤 나사(세트 스크루)에 의한 방법
⑤ 플라스틱 플러그에 의한 방법
⑥ 철사를 이용하는 방법
⑦ 아연도금 연철 선에 의한 와이어 고정 방법
⑧ 핀, 작은 나사 : 가장 확실한 고정 방법
⑨ 홈달림 너트(홈붙이 너트)와 핀

2) 고착된 볼트, 너트 빼는 방법

가) 고착의 원인

① 볼트나 너트를 조였을 때 그 사이에 틈이 발생하게 되어 그 틈새로 '수분, 부식성 가스, 부식성 액체'가 침투하여 체적의 몇 배를 팽창시키므로 풀리지 않는 원인이 된다. 그러므로 나사의 틈새에 부식성 물질이 침입하지 못하게 해야 한다.

② 볼트의 고착으로 인한 결과 : 녹발생, 소착, 갉아먹음.

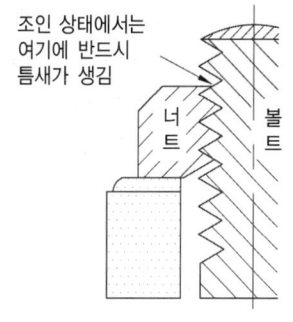

그림 3-117 고착 원인

나) 고착 방지법

방청과 윤활이 중요하다.

① 조립 시 산화 연분을 기계유로 반죽한 다음, 적색 페인트(광명단)를 나사 부분에 칠해서 고정한다. 2~3년마다 유지·관리해 준다.

② 고정 배수 중의 플랜지, 구조물의 볼트, 너트에 유성페인트를 나사 부분에 도포한다.

다) 고착된 볼트의 분해법

① 너트를 두드려 푸는 방법 : 해머 2개를 사용하여 큰 해머는 너트의 각에 강하게 밀면서 받침용으로 대고, 작은 해머는 가격용으로 나사 각을 강하게 타격하여 분해하는 방법으로 위치를 바꾸어 두드린다.

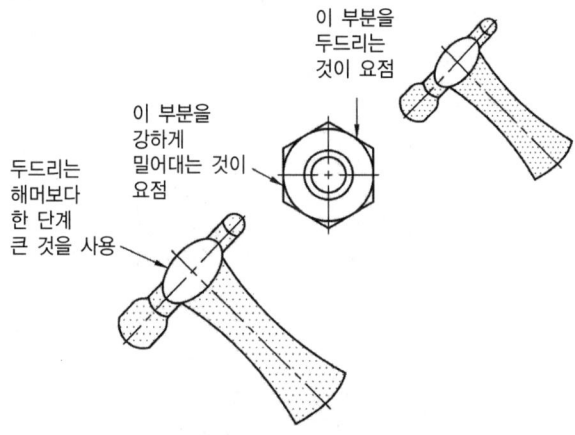

그림 3-118 너트를 두드려 푸는 방법

② 볼트에 충격을 주는 방법 : 볼트의 머리 부분을 축 방향으로 가격한다.

라) 너트를 잘라 넓히는 방법

[그림 3-119]와 같이 정과 볼트 사이에 틈새를 남겨 수나사에 손상을 주지 않아야 한다. 너트 두께의 2/3 정도를 정으로 잘라 두드려 넓히는 방법이다.

① M20까지 : 소형 해머로 가능
② M20 이상 : 손잡이가 있는 정과 큰 해머

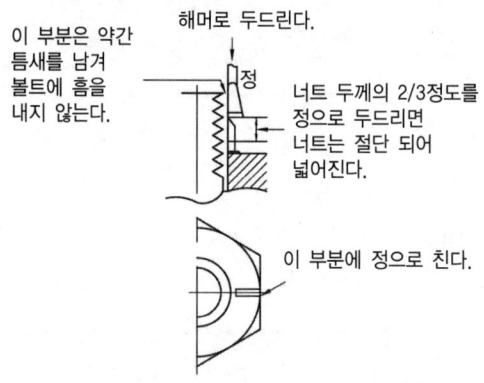

그림 3-119 너트를 잘라 넓히는 방법

마) 비틀어 넣기(탭) 볼트를 빼는 방법

비틀어 넣기 볼트가 고착된 경우 보통은 볼트의 목밑의 구멍 부분에 녹이 나서 잘 빠지지 않을 때가 많다. 이 경우 볼트 머리의 위에서 해머로 몇 번 두드리고, 다음에 너트를 두드려 푸는 방법과 같이 2개의 해머를 이용하여 볼트의 각을 두드려 주면 뺄 수 있다. 그러나 녹이 심할 경우 그 볼트의 6각 머리도 부식해서 정규의 스패너를 걸 수 없을 때는 머리 부분에 파이프 렌치 등으로 물리고 빼는 것도 효과적이다.

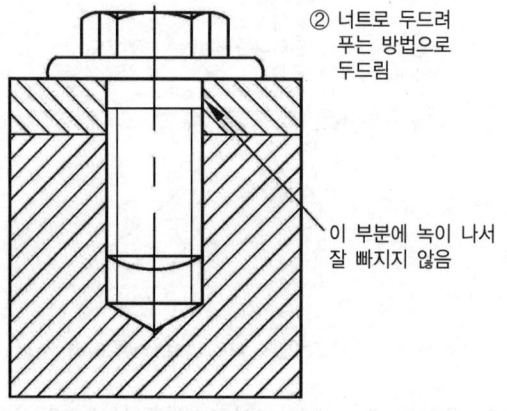

그림 3-120 비틀어 넣기 볼트 빼는 방법

바) 부러진 볼트 빼는 방법
- **스크루 엑스트랙터 사용**

  스크루 엑스트랙터가 없을 경우에는 환봉(공구강 제작)으로 제작된 엑스트랙터를 사용하고, 밑의 구멍 지름은 볼트 직경의 60% 정도가 적당하다.

표준품인
스크루 엑스트랙터의
사용 방법

자체 제작품이
엑스트랙터

그림 3-121 부러진 볼트 빼기

- **볼트·너트의 적절한 죔 방법**

  ① 적정한 토크(torque)로 죄는 방법 : 대부분의 죔은 스패너를 사용하게 되며, 힘과 스패너의 길이가 죔 토크로 작용된다.

  T(토크) = F(힘) × l(거리)

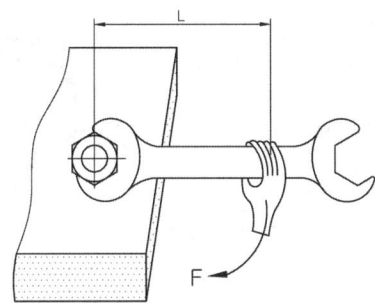

그림 3-122 죔 토크

② 스패너에 의한 적절한 죔 방법

  ㉮ M6 이하의 볼트 : 손 팔목의 힘(l=10cm, F=약 5kg)

  ㉯ M10까지의 볼트 : 팔꿈치의 힘(l=12cm, F=약 20kg)

  ㉰ M12~M14까지의 볼트 : 팔의 힘(l=15cm, F=약 50kg)

  ㉱ M20 이상의 볼트 : 지지물을 잡고 체중을 실어 스패너를 돌리는 힘(l=20cm 이상, F=약 100kg)

표 3-6 표준 토크

볼트		표준 토크(kgf-cm)		볼트		표준 토크(kgf-cm)	
형식	직경(mm)	보통 볼트	하이텐션 볼트	형식	직경(mm)	보통 볼트	하이텐션 볼트
미터나사	6	64	130	인치나사	3/8	230	420
	8	135	280		7/16	370	770
	10	280	560		1/2	550	1,150
	12	490	1,000		9/16	820	1,600
	14	800	1,600		5/8	1,140	2,300
	16	1,200	2,500		3/4	2,000	4,300
	20	2,400	4,900		7/8	3,300	6,900

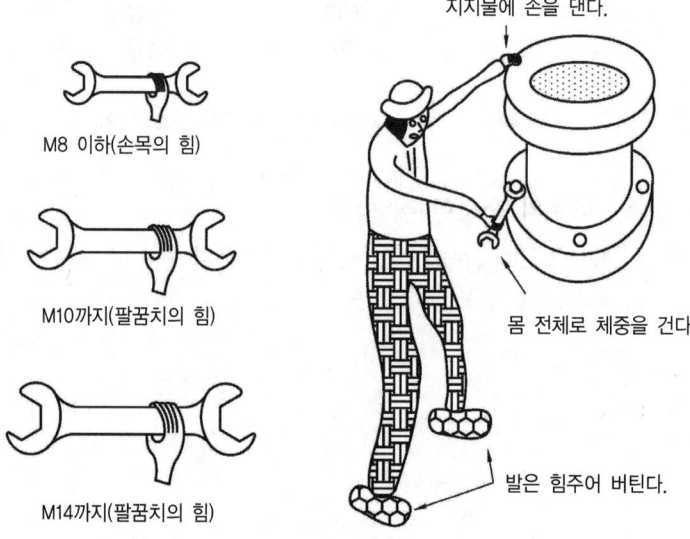

그림 3-123 볼트의 크기에 따른 죄는 방법

아. 여러 가지 키(key)의 맞춤 방법

1) 키 맞춤 시 기본적인 사항

① 규격품 사용(치수, 재질, 형상, 모양, 규격, 강도 등을 고려)
② 축과 보스의 조립 상태 점검
③ 폭 치수가 규격보다 미달 되어서는 안 된다. 키는 측면에 힘을 받는다.
④ '축의 홈 폭 : H7', '보스의 홈 폭 : H8'로 가공, 조립
⑤ '각 모서리 면취', '양 단면은 큰 면취'

2) 키(key)의 맞춤법의 종류

가) 머리붙임 키의 맞춤법
① 키는 규격 치수이고 높이는 다듬질 여분이 남아 있어야 한다.
② 보스의 구멍, 홈의 깊이 측정 보스 폭의 10~20% 안쪽 지름 측정, 키의 마무리 여유분 확인
③ 축에 키를 확실히 끼우고 축과 키 높이 동시 측정 : 보스 폭의 10~20% 안쪽 지름 측정
④ 키의 하면 다듬질, 키의 상·하면에 적색 페인트(광명단)를 칠하고 축과 보스를 장착해서 키를 가볍게 두드려 넣고 구배 일치상태를 확인한다.
⑤ 키의 높이 구배 일치에 자신이 생기면 보스를 소정 위치에 놓고 키를 두드려 넣는다.

나) 머리 없는 키의 맞춤법
① 축에 밴드 철구를 부착한다.
② 보스는 가스버너 또는 기름 탱크로 가열, 팽창시키면 축에 들어가기 쉽다.

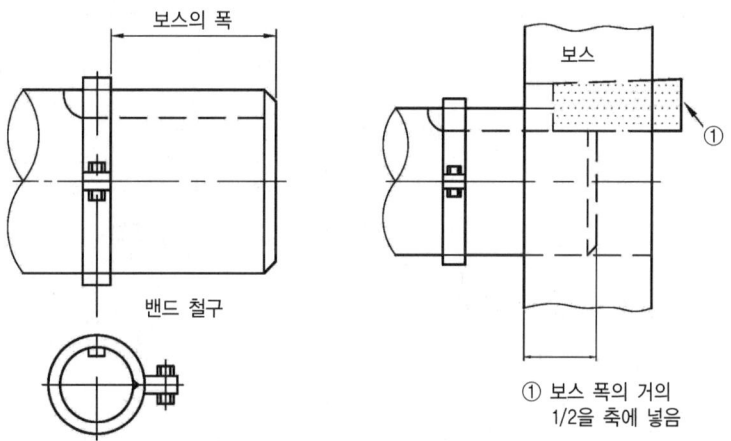

그림 3-124 머리 없는 키의 맞춤법

다) 묻힘 키의 맞춤법
① 축의 중간 정도에 보스를 밀어 넣은 형태로 쓰인다.
② 축에는 베어링이나 스페이스 등을 부착한다.

라) 미끄럼 키의 맞춤법
① 키의 상면은 0.05mm 정도의 틈새를 둔다.
② 축과 홈과 키는 다른 것보다 한층 더 정확히 맞춰 고정 나사로 확고히 고정한다.

마) 접선키의 맞춤법
① 키 빼기 쐐기를 사용하여 상하의 키를 두드려 넣는다.
② 키의 양단은 밀림 방지의 면 모따기를 한다.
③ 키를 두드려 넣기가 불충분하면 축 쪽의 키 홈에 적당한 두께의 심(shim)을 깔아 키를 다시 두드려 넣는다.

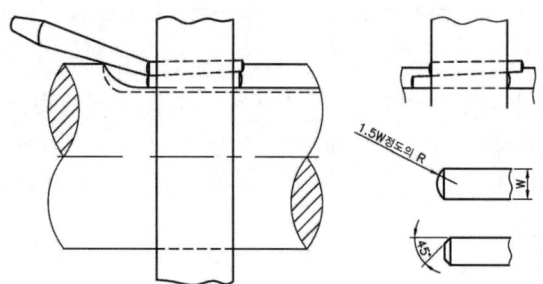

(a) 쐐기로 상하의 키를 두드림　　(b) 두드려 넣는 최대한도

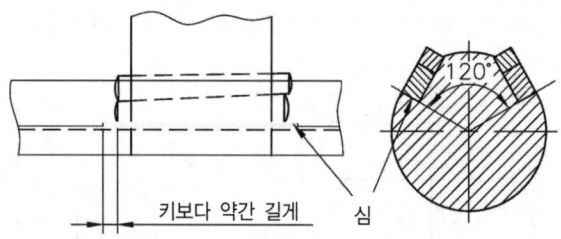

(c) 적당한 두께의 심을 깔아 두드려 넣는다.

그림 3-125 접선 키의 맞춤법

3) 키(key) 빼내는 방법

가) 보통 키 빼기 쐐기

[그림 3-126]과 같이 보통 키 빼기 쐐기는 대단히 편리하다. 크기 단위는 mm이다.

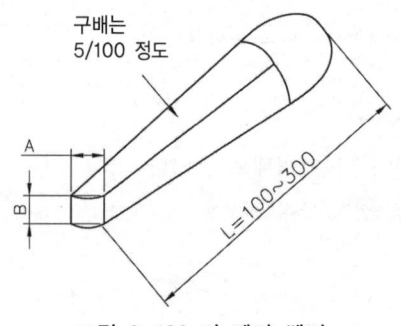

그림 3-126 키 빼기 쐐기

L	A	B
100	10	7
100	15	7
150	20	7
200	25	10
300	30	10

나) 키 빼기 쐐기의 사용법

[그림 3-127]과 같이 두 개를 번갈아 사용하지만 특히 쐐기가 빠지지 않도록 주의한다.

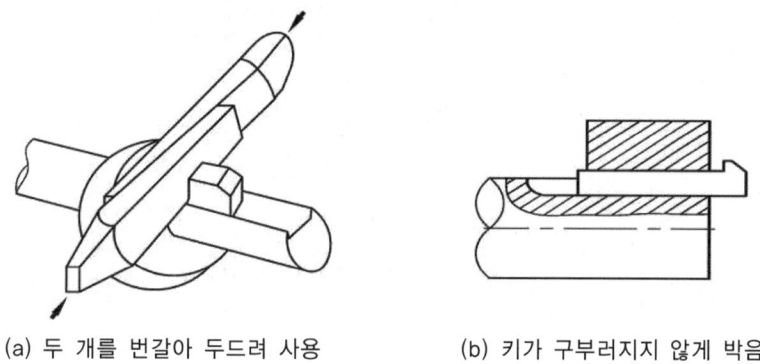

(a) 두 개를 번갈아 두드려 사용   (b) 키가 구부러지지 않게 박음

그림 3-127 키 빼기 쐐기 사용법

다) 키 빼기 도구와 사용법

쐐기를 좌우에서 두드려 넣을 정도의 여유가 없을 경우에는 [그림 3-128]과 같은 기구를 제작하여 사용한다.

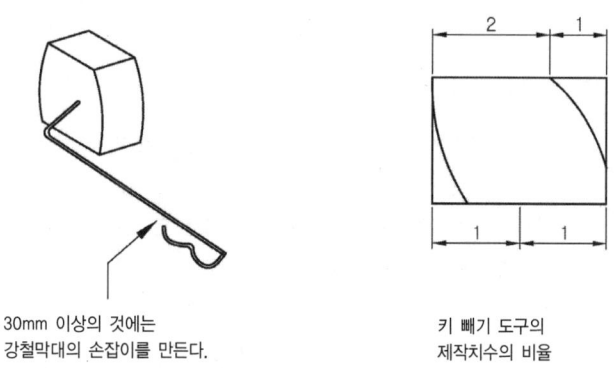

30mm 이상의 것에는
강철막대의 손잡이를 만든다.

키 빼기 도구의
제작치수의 비율

그림 3-128 키 빼기 도구와 사용법

자. 코터의 정비

① 편 구배의 것이 가장 많이 사용한다.
② 분할 핀의 구멍을 내고 빠짐 방지용 분할 핀을 부착한다.

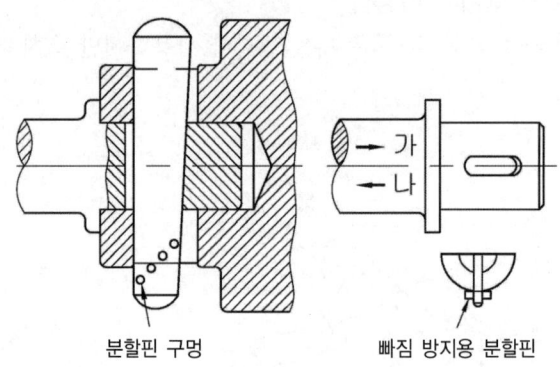

그림 3-129 코터의 정비

차. 핀의 정비

1) 테이퍼 핀의 사용법
① 관통 구멍의 밑에서 때려 뺄 수 있게끔 조금 나오게 한다.
② 밑에서 때려 뺄 수 없을 경우에는 핀의 머리에 나사를 내두고 너트를 걸어서 빼게끔 한다.

2) 평행 핀의 사용법
① 테이퍼 핀과 동일하며 관통 구멍에 넣고 핀 펀치로 밑을 때려 빠지게끔 해서 사용한다.
② 핀 구멍과 핀과의 끼워 맞춤은 m6H6 정도로 한다.
③ 관통 구멍으로 할 수 없을 경우에는 핀에 공기빼기 홈을 내고 머리에 나사를 내면 좋다.
④ 스프링 핀은 구멍에 리머가공을 하지 않아도 되므로 대단히 편리하여 최근에 많이 사용한다.

3) 분할 핀의 사용법
① 결합이나 위치 결정보다 이음 핀의 빠짐 방지나 볼트 너트의 풀림 방지 등에 사용하며 큰 강도를 기대할 수 없다.
② 한번 사용 한 것은 재사용하지 않고, 부착할 때에는 끝을 충분히 넓혀 두는 것이 중요하다.

2. 축 기계요소의 보전

가. 축(shaft)

회전축은 회전비의 변화 없이 회전 운동을 직접적으로 전달하는 기능을 수행한다.

1) 축의 분류

   가) 단면 모양에 의한 분류
   ① 원형축 : 속이 찬 실체축과 빈 중공축이 있다.
   ② 각축 : 특별한 목적에 사용하기 위하여 제작하며, 사각형 또는 육각형이 있다.

   나) 회전 여부에 의한 분류
   ① 회전축 : 회전하여 동력을 전달하며, 대부분의 축이 여기에 해당한다.
   ② 정지축 : 정지 상태에 있는 축으로 주로 휨이나 하중을 버티기 위한 용도로 사용하며, 보(beam)라고도 한다.

   다) 작용 하중에 의한 분류
   ① 차축 : 주로 휨 하중을 받는 축에 사용되며, 철도 차량의 차축과 같이 그 자체가 회전하는 회전축과 자동차의 바퀴축과 같이 회전을 하지만 축은 회전하지 않는 정지축이 있다.
   ② 스핀들 : 주로 비틀림 하중을 받으며 직접 일을 하는 회전축으로, 치수가 정밀하고 변형량이 적고, 선반, 밀링 등 공작 기계의 주축에 많이 사용한다.
   ③ 전동축 : 비틀림과 휨 하중을 동시에 받는 회전축으로 주로 동력 전달에 사용되며, 공장용의 축이 대부분 여기에 해당한다.

   라) 외부 형태에 의한 분류
   ① 직선축 : 일직선 형태의 축이며, 일반적인 동력전달용에 많이 사용한다.
   ② 경사축 : 테이퍼가 진 원뿔형의 축을 말하며, 연삭기 등의 주축에 사용한다.
   ③ 크랭크 축 : 왕복운동기관 등에서 직선운동과 회전운동을 상호 변화시키는 축으로 많이 사용되며, 자동차 엔진 등에 사용되어 피스톤의 왕복 운동을 회전 운동으로 바꾸어 출력시킨다.

제3장 기계장치 보전

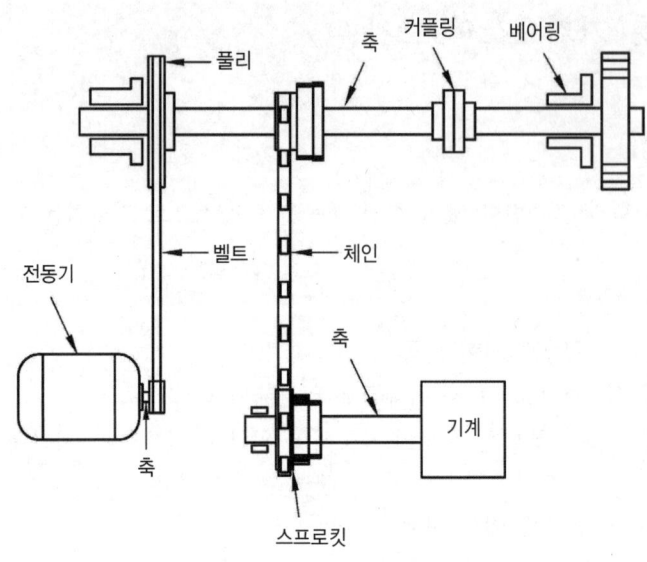

그림 3-130 구동 전달 계통의 구조

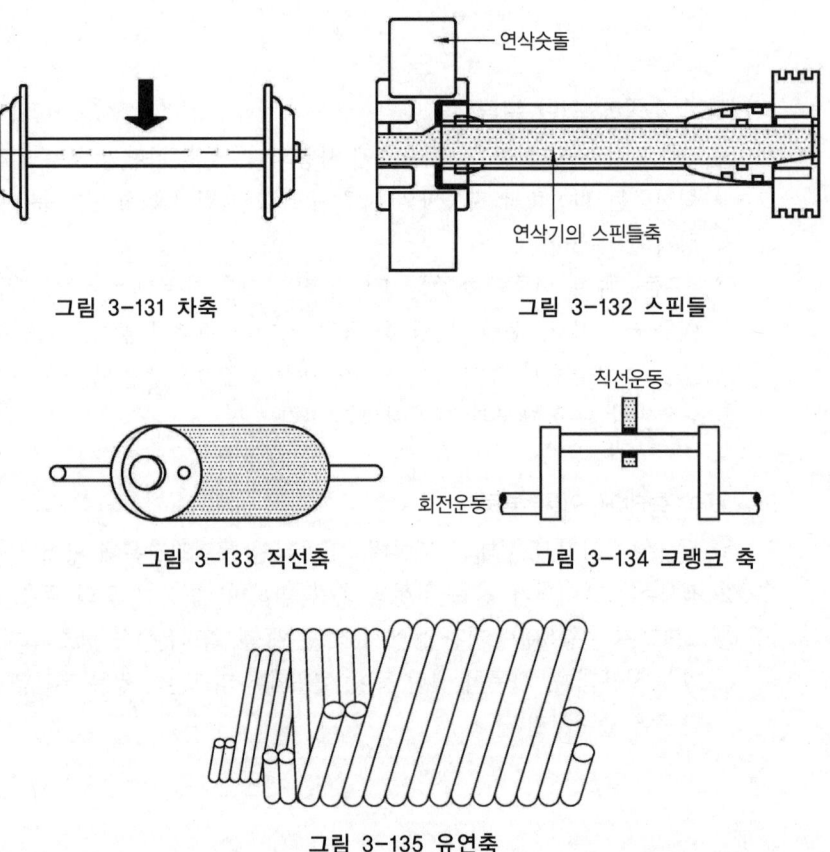

그림 3-131 차축   그림 3-132 스핀들

그림 3-133 직선축   그림 3-134 크랭크 축

그림 3-135 유연축

2) 축의 고장 원인과 대책

표 3-7 축의 고장 원인 비율

조립정비의 불량	설계불량	원인 불명, 자연 열화, 불가항력 등
60%	30%	10%

3) 축의 고장방지

축의 열화나 고장 : 모든 경우 기어, 풀리, 스프로킷과의 끼워 맞춤부에서 일어난다.

가) 원인
① 끼워 맞춤의 강도가 적당하지 않다.
② 분해 조립 방법이 부적당했다.
③ 점검 정비를 잘못했기 때문에 열화가 되었다.

표 3-8 축의 고장 원인과 대책

근본원인	직접원인	주요원인	조치요령
조립, 정비 불량	풀리, 기어, 베어링 맞춤 불량 등	끼워 맞춤 부위에 미동마모가 생겨 진동, 풀림 때문에 사용 불능, 축의 파단의 원인	보스 내경을 절삭하고 축을 덧살 붙이기 또는 교체하여 정확한 끼워 맞춤을 한다.
	관련 부품의 맞춤 불량	〃	〃
	위와 같은 현상이 지속될 경우	진동과 소음이 심하고 기어, 베어링의 수명이 급격히 저하, 시일 부위의 누유	〃
	축이 휘어짐	진동과 소음이 심하고 베어링 부위의 발열이 크다.	곧게 수리 또는 교체
	급유 불량	기어 마모 및 소음, 베어링 부위의 발열	적당한 유종 선택, 유량 및 급유 방법 개선
설계 불량	재질 불량	마모, 휨은 단시간에 피로 파괴 발생	재질 변경(주로 강도)
	치수강도 불량		크기 변경
	형상 구조 불량	노치 또는 응력 집중에 의한 파단	노치 부 형상 개선
		한쪽으로 치우침, 발열 파단	개선
기타	자연 열화	끼워 맞춤 부위 마모, 녹, 홈, 변형, 휨 등이 발생	외관 검사로 판명, 수리 또는 교체

나) 축의 고장이 가장 많은 형태 순
기어 풀리, 베어링 등의 끼워 맞춤 불량에 의해 풀림이 발생 : 응력 집중

4) 강한 끼워 맞춤에서 조립분해 방법

① 압연기의 롤러 넥 베어링 조립 방법을 커플링 풀리 기어 등의 조립에 이용한다.
② 끼워 맞춤 부위가 테이퍼로 되어 있는 곳에 사용하는 것이 특징이다.
③ 조립 시에는 전용유압 너트로 밀어 넣고, 분해 시에는 축의 중심부의 구멍에 유압펌프를 접속하여 끼워 맞춤부에 높은 유압을 걸어서 그 반작용에 의해 베어링의 내륜을 빼낸다. 이와 같은 방법을 오일 인젝션이라고 한다.
④ 나사를 이용한 지그를 만들어 사용할 수 있다.
⑤ 빼내기는 압연 롤러의 경우와 같이 유압펌프를 사용하면 간단하게 분해할 수 있다.
⑥ 기름 홈의 가공은 볼 엔드밀 등으로 가공하고 공작물 상면과 홈의 인접부위에는 틈새가 발생하지 않도록 특히 가공 시에는 홈에 주의하여 가공한다,

5) 축과 보스의 수리법

가) 끼워 맞춤부 보스의 수리법

보스의 내경이 마모된 경우, 구멍을 크게 해도 될 때에는 선반으로 편 마모 되어 있는 부분을 최소한도로 깎아서 다듬질 한다. 이때는 키홈의 마모도 깎아서 고친다. 원래의 구멍 이상으로 할 수 없을 경우는 [그림 3-136]과 같이 보스 내경을 상당량 깎아내고 부시를 넣게끔 한다. 이 경우 보스의 강도가 허락하는 한 강한 끼워 맞춤으로 때려 넣고 프레스 압입 또는 보스를 약 300℃ 정도로 가열해서 부시를 열 박음 한다. 내경 마무리는 압입 후 중심내기 마무리를 해 둔다. 또 보스의 외경이 작아서 부시 압입 후의 강도 부족이 염려 될 때는 [그림 3-137]과 같이 보스 외경부에 링을 열 박음으로 해서 보강한다.

① 보스 구멍을 최소한으로 가공하고 다듬질한다.
② 보스 구멍에 부시를 '압입 열 박음' 끼워 맞춤한다.

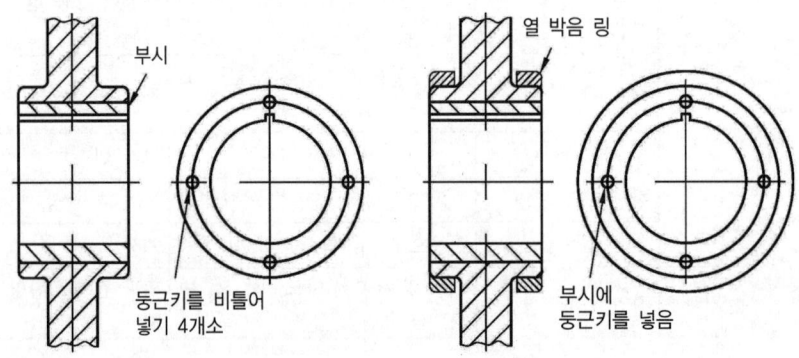

그림 3-136 보스 내부의 부시 부착   그림 3-137 슈링 케이지 피트로 보스 보강

나) 축 끼워 맞춤의 수리법

축 마모부의 수리는 보스 내경과의 관계를 고려하여 그 수리 방법을 결정해야 한다. 또 그때는 수리 후의 강도, 신뢰성, 비용과 시간 등도 자세히 검토하여 가장 좋은 방법을 조합한다. 〈표 3-9〉에서 축의 끼워 맞춤부 마모의 수리법과 그것들의 장점, 단점 및 보스의 수리와 균형 등에 대하여 자세히 설명하였다.

표 3-9 축의 수리 방법

축의 수리방법	단 점	장 점	보스의 수리 방법과 조합
신작(新作) 교체	비용과 시간이 걸림.	원래대로 수리됨.	내경을 약간 절삭하여 쓰기만 하면 된다.
마모 부위의 덧살 붙임 용접	용접열로 굽어질 우려가 있음.	신작교체보다 비용, 시간이 적게 든다.	내경을 약간 절삭하여 쓰기만 하면 된다.
마모 부위를 맞춰 용접	용접의 기술이 좋지 않으면 신뢰성이 낮다.	신작교체보다 비용, 시간이 적게 든다.	내경을 약간 절삭하여 쓰기만 하면 된다.
마모 부위를 잘라 버리고 비틀어 넣어 용접	축의 일부가 기어일 경우에 적당하다.		내경을 약간 절삭하여 쓰기만 하면 된다.
마모 부분 금속 용사	용사열 때문에 굽어질 우려가 있음, 용사 후 다시 가공하여야 한다. 강도가 좋으므로 현장시공이 되면 비용과 시간이 경제적이다.		내경을 약간 절삭하여 쓰기만 하면 된다.
마모 부분에 경질 크롬 도금 후 연삭으로 마무리	마모량이 한쪽 면 0.05mm 이하 정도일 때, 도금연삭 비용과 시간이 절약될 때에 한함. 베어링과의 끼워 맞춤 마모일 때 새로운 베어링에 맞춘다.		
마모 부분을 다시 깎기	축 지름이 작아져도 쓸 수 있을 때만 적용됨.	축의 수리는 간단하나 보스 수리와 종합적으로 가공하여야 함.	보스에는 부시를 넣어 가늘어진 축 지름에 맞춘다.
마모 부위에 로렛 수리	응급적인 방법에 불과하며 급한 대로 회복시켜 운전하고 단기간 정도 축을 새로 제작해서 교체할 때까지 활용하는 경우이다.		보스를 수리하지 않고 사용한다. 베어링의 경우에는 새로운 것을 쓴다.

다) 축의 휨(구부러짐) 수리법

축이 구부러져 있으면 이상소음 및 진동이 발생되며 기어에 흔들림이 일어나면 진동 소음이 이상 마모의 원인이 되므로 기어의 정도(精度), 하중, 회전수에도 따르지만 일반 산업기계의 기어에서는 0.05mm 이상의 흔들림은 좋지 않다.

① 일반산업기계에서 축의 구부러짐으로 발생하는 현상
  ㉮ 베어링의 발열
  ㉯ 흔들림
  ㉰ 진동 및 소음

② 축의 구부러짐을 정비 현장에서 할 수 있는 경우
  ㉮ 500rpm 이하이며 베어링 간격이 비교적 긴축이 휘어져 있을 때
  ㉯ 경하중 기계에서 축 흔들림 때문에 진동이나 베어링의 발열이 있을 경우
  ㉰ 베어링 중간부의 풀리 스프로킷이 흔들려 소리를 낼 때

③ 축의 구부러짐을 정비 현장에서 할 수 없는 경우
  ㉮ 고속 회전축 기어 감속기 축이나 단달림부에서 급하게 휘어져 있는 것의 수리는 무리이므로 새로운 것과 교체하는 것이 원칙이다.
  ㉯ ∅100×1m 축의 구부러짐은 고치기는 힘들지만, 길이가 2m가 되면 저속회전으로 쓰는 것은 지장이 없는 정도로 고칠 수 있다.

④ 축의 구부러짐의 수리 방법
  [그림 3-138] (a)와 같이 바닥면에 V블록을 2개를 놓고 그 위에 축을 올려놓고 손으로 돌리면서 틈새로 그 정도를 확인한다. 이어서 흔들림이 제일 심한 곳에 (b)와 같이 짐 크로우(jim crow)를 대고 약간씩 힘을 가하면서 구부러짐을 수정한다. 이 방법으로 신중히 하면 0.1~0.2mm 정도까지 수정된다.

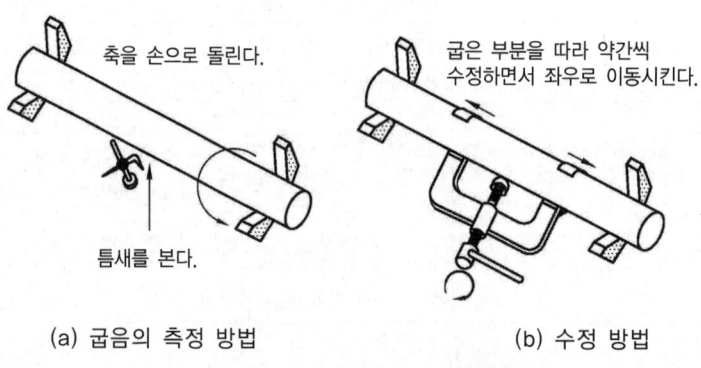

(a) 굽음의 측정 방법　　　　　(b) 수정 방법

그림 3-138 짐 크로우 사용법

일반적인 축에서 다이얼 게이지를 이용하여 축의 편심을 측정하였을 때, 축의 편심이 기준치 이상이었다. 만약 축의 편심을 수정하거나, 축을 교환하지 않음으로써 발생할 수 있는 현상은 회전 시 진동발생으로 이어진다.

나. 클러치(clutch)

1) 개요

운전 중 필요에 따라 축이음을 차단시킬 수 있는 장치를 클러치라 한다. 동력전달방법을 기준으로 맞물림 클러치(claw clutch), 마찰 클러치(friction clutch), 유체 클러치(fluid clutch), 마그네틱 클러치(magnetic clutch) 등으로 분류한다.

2) 맞물림 클러치(claw clutch)

원동 축과 종동축의 끝에 서로 물림이 가능한 형상의 턱을 만들어 서로 맞물려 동력을 전달하는 장치이다.
① 턱의 형태 : 사각형, 사다리꼴형, 톱니형, 삼각형, 나선형
② 원동축 클러치 : 고정시킬 수 있는 키를 사용
③ 종동축 클러치 : 축 방향으로 이동이 가능하도록 미끄럼 키를 사용

3) 마찰 클러치(friction clutch)

마찰 클러치는 원동축과 종동축에 붙어 있는 마찰면을 서로 밀어붙여 여기서 발생하는 마찰력에 의하여 동력을 전달한다. 마찰면의 마멸과 과열을 피할 수 없다.

가) 원판 클러치(disc clutch)

원동축과 종동축 사이에 마찰 판을 한 장 또는 여러 장을 설치하여 접촉시켜 그 사이의 마찰력에 의하여 전동하는 장치이다. 단판식은 자동차에, 다판식은 공작기계에 사용한다.

나) 원추 클러치(cone clutch)

접촉면이 원추 형태로 된 클러치이다. 원판 클러치에 비하여 같은 축 방향의 추력에 대하여 더 큰 마찰력을 발생시킬 수 있다.

다) 유체 클러치(fluid clutch)

직선 방사상의 날개를 갖는 2개의 임펠러(펌프 및 터빈)를 마주보도록 대치시켜서 여기에 적당량의 기름을 채운 것으로 원동기를 펌프 축에, 터빈 축을 부하에 결합하여 동력을 전달한다. 자동차, 건설기계, 산업기계, 선박, 철도 차륜 등의 동력 전달에 많이 사용한다.

라) 기타 클러치

① 전자 클러치(electromagnetic clutch) : 내장된 전자 코일에 의해 발생된 전자력으로 회전력을 전달하는 클러치로서 원격제어가 가능하다. 수치제어(NC) 장치나 서보

(servo) 기구의 제어 등에 이용된다.
② 원심 클러치(centrifugal clutch) : 원동축 블록이 드럼 속에 코일 스프링으로 연결되어 있다. 원동축이 어느 회전속도 이상으로 회전하면, 원심력이 스프링의 장력을 초과하여 블록이 종동축 드럼 내면에 접촉되어 마찰력으로 토크를 전달하게 된다.
③ 비 역전 클러치(over running clutch) : 원동축에서 한 방향의 토크만 종동축에 전하고, 반대 방향의 토크는 전하지 않는 클러치를 말하며, 일 방향 클러치(one-way clutch)라고 한다. 적당한 쐐기 모양으로 만들어진 공간 속에 볼(ball)이나 롤러(roller)와 같은 전동체가 삽입되어 있다.

4) 클러치의 일상점검 요령
① 클러치의 작동에 의해 회전축의 운동이 무리 없이 작동하고 있는지 확인한다.
② 클러치가 유욕급유 상태이면 적정의 유면을 유지하고 있는지 확인한다.
③ 전자 클러치의 경우에는 작동 상태가 이전과 최근에 변화가 있는지 유심히 확인한다.
④ 전자 클러치는 전류계 등을 정확히 체크한다.

다. 브레이크(brake)

1) 개요
기계 부분의 운동 에너지를 열에너지나 전기 에너지 등으로 바꾸어 흡수함으로써 운동 속도를 감소시키거나 정지시키는 장치이다. 제동장치에서 가장 널리 사용되고 있는 것은 마찰 브레이크(friction brake)이다. 브레이크 드럼과 브레이크 블록으로 된 작동부와 인력, 공기압, 전자석 등에 의하여 브레이크 힘을 조종하는 조절부로 되어 있다.

2) 분류
① 작동부분의 구조에 따라 : 블록 브레이크, 밴드 브레이크, 디스크 브레이크
② 작동력의 전달 방법에 따라 : 공기 브레이크, 유압 브레이크, 전자 브레이크

3) 용도
일반 기계, 자동차, 철도 차량

4) 제동장치의 종류
가) 블록 브레이크(block brake)
회전하는 브레이크 드럼을 브레이크 블록으로 누르게 한 것으로, 블록의 수에 따라 단식·복식 브레이크로 나눈다. 브레이크의 용량($\mu q v$)은 단위 마찰면적에 대한 일

률 또는 단위 마찰면적마다 시간당 발생되는 열량으로 다음과 같이 나타낸다.

$$\frac{1000H}{A} = \mu q v \, [\text{N/mm}^2 \cdot \text{m/s}]$$

여기서, H : 동력[kW] A : 마찰면적[mm^2]

나) 드럼 브레이크(drum brake)
내부 확장식 브레이크 또는 내확 브레이크라고도 하며 회전운동을 하는 드럼이 바깥쪽에 있고, 두 개의 브레이크 블록이 드럼의 안쪽에서 대칭으로 드럼에 접촉하여 제동한다. 드럼의 재질로는 마찰계수가 크고 내마모성이 큰 주철을 사용하며, 자동차의 뒷바퀴의 제동에 사용한다.

다) 밴드 브레이크(band brake)
레버를 사용하여 브레이크 드럼의 바깥에 감겨있는 밴드에 장력을 주면 밴드와 브레이크 드럼 사이에 마찰력이 발생한다. 이 마찰력에 의해 제동하는 것을 말한다.

라) 자동하중 브레이크
윈치(winch), 크레인(crane) 등으로 하물(荷物)을 올릴 때는 제동 작용은 하지 않고 클러치작용을 하며, 하물을 아래로 내릴 때는 하물 자중에 의한 제동 작용으로 하물의 속도를 조절하거나 정지시킨다. 웜 브레이크, 나사 브레이크, 원심 브레이크, 전자 브레이크가 있다.

마) 래칫 휠(ratchet wheel)
폴과 결합하여 사용되며 축의 역전을 방지하기 위한 장치이며, 브레이크 장치의 일부로 사용하기도 한다.

라. 캠(cam)

1) 개요
특수한 모양을 가진 원동절에 회전 운동 또는 직선 운동을 주어서 이것과 짝을 이루고 있는 종동절(follower)이 복잡한 왕복 직선 운동이나 왕복 각운동 등을 하게 하는 기구를 캠 기구(cam mechanism)라 하며, 원동절을 캠(cam)이라 한다.
① 평면 캠(plane cam) : 접점의 자취를 평면 곡선을 가진다.
② 입체 캠(solud cam) : 접점의 자취를 공간 곡선을 가진다.
③ 소극적 캠(negativ cam) : 중력 또는 스프링의 힘 등에 의하여 종동절을 원동절에 접촉시켜 불구속적인 운동을 한다.

④ 확동 캠(positive cam) : 자체 캠 기구의 구조에 의하여 종동절을 원동절에 접촉시켜 구속적인 운동을 한다.

2) 캠의 각 부분의 명칭

① 추적점(trace point) : 종동절 끝점 또는 롤러의 중심점
② 피치 곡선(pitch curve) : 추적점의 자취
③ 캠 작용면(working cam surfave) : 롤러와 접촉되는 캠의 곡선, 즉 윤곽곡선
④ 기초원(basic circle) : 윤곽곡선에 내접하는 최소의 원
⑤ 피치점(pitch point) : 최대압력가일 때의 추적점
⑥ 피치원(pitch circle) : 캠의 중심과 피치점의 거리를 반지름으로 하는 원
⑦ 최대 변위량(lift) : 윤곽곡선의 최대반지름과 최소반지름의 차

마. 축이음(shaft coupling)

1) 축이음의 개요

원동기에서 발생된 동력을 동력 전달 요소인 축에 전달하거나 여러 개의 짧은 축으로 제작하였을 때 서로 연결하는 요소를 말한다. 운전 중에 두 축의 연결 상태를 풀어 줄 수 없도록 한 영구 축이음을 커플링(coupling)이라 하고, 운전 중에 두 축을 결합시키거나 떼어 놓을 수 있도록 한 축이음을 클러치(clutch)라 한다.

가) 고정 커플링

연결해야 할 두 축을 하나로 결합하여 고정시킨 커플링으로 원통 커플링이 가장 대표적이다.

① 머프 커플링 : 주철제의 원통 속에서 두 축을 맞대어 맞추고 키로 고정하는, 구조가 가장 간단한 전달 동력이며 아주 작은 축이음에 사용한다.
② 반 중첩 커플링 : 주철제의 원통 속에 전달축보다 약간 크게 한 축 단면에 기울기를 주며, 축 방향으로 인장력이 작용하는 축이음에 사용한다.
③ 마찰 원통 커플링 : 바깥 둘레가 1/20~1/30의 기울기를 가진 반 원뿔형으로 된 2개의 주철제 분할통을 연결 부분에 씌운다.
④ 클램프 커플링 : 주철 또는 주강제의 반원통을 볼트로 죄어 매고 두 축을 공통의 키로 연결한 분해 조립이 쉬운 커플링으로, 축 지름이 200mm까지에 사용된다
⑤ 셀러 커플링 : 테이퍼 슬리브 커플링이라고 하는 셀러가 바깥 면이 원뿔형인 주철제 안쪽 통 2개를 양쪽이 원뿔형인 주철제 바깥 통에 끼워 3개의 긴 볼트로 결합한 후 두 축에 페더 키로 고정한다.

나) 플랜지 커플링

두 축 끝에 플랜지를 끼워 키로 고정하며 동력을 확실하게 전달할 수 있어 지름이 200mm 이상의 고속 정밀 회전축의 축이음에 많이 사용한다.

다) 플렉시블 커플링

두 축의 중심선을 일치시키기 어렵거나, 또는 전달 토크의 변동으로 충격을 받거나 고속 회전으로 진동을 일으키는 경우에는 고무, 강선, 가죽, 스프링 등을 이용하여 충격과 진동을 완화시켜 주는 커플링이다.

① 플랜지 플렉시블 커플링 : 연결 볼트에 끼인 고무 부시의 탄성을 이용한 커플링으로 조립과 분해 및 결합이 쉽다.
② 그리드 플렉시블 커플링 : 경강선으로 된 그리드의 탄성을 이용한 커플링으로 평행 오차, 각도, 오차, 축 유동 오차를 허용하여 동력을 전달한다.
③ 고무 커플링 : 방진고무의 탄성을 이용한 커플링으로 두 축의 중심 사이가 매우 크게 어긋남을 조정할 수 있어 4°까지 허용되며 충격, 진동의 흡수 효과가 좋으며, 큰 토크를 전달하는 축이음에는 사용할 수 없다.
④ 기어 커플링 : 압력 각이 20°인 한 쌍의 내접 기어로 고속 회전축의 축이음에 사용된다.
⑤ 체인 커플링 : 롤러 체인과 스프로킷 휠이 조합된 커플링이다.
⑥ 유체 커플링 : 진동과 충격이 유체에 흡수되어 종동축에 전달되지 않아 선박, 건설 기계 등의 주 동력축의 축이음에 사용된다.

라) 올덤 커플링

두 축이 평행하며, 두 축 사이가 비교적 가까운 경우에 두 축 사이에 직각 모양의 돌출부가 양면에 있는 중간 원판을 축의 플랜지 홈에 끼워 움직이도록 한 축이음이다. 윤활이 어렵고 원심력에 의해서 진동이 발생되며, 밸런스와 마찰의 난점이 있다.

마) 자재 이음

유니버설 조인트(universal joint) 또는 훅 조인트라고도 하며, 두 축이 만나는 각이 수시로 변화하는 경우에 사용되며 공작 기계, 자동차 등의 축 이음에 사용한다.

바. 센터링(centering)

1) 플랜지형 축 커플링의 센터링 작업

센터링 작업은 기계가 운전 중에 가장 양호한 동심 상태를 유지하게 하기 위한 것으로 진동, 소음을 최소한으로 억제하고 기계의 손상을 적게 하여 설비의 수명을 연장하려는 것이다.

① **정렬(alignment)** : 2대 이상 회전하는 기계의 운동축이 운전 중에 축심의 변화를 확인하여 센터링을 하는 것으로 펌프, 감속기 등의 센터링 작업을 실시하는 방법이다.

② **현장 정렬(hot alignment)** : 미리 계산에 의해 회전 중인 축심의 열 변화를 구해 두고 운전 중에 각 축이 바르게 동심이 되도록 고려하여 센터링 작업을 하는 것을 말한다.

2) 측정 공기구

다이얼 게이지, 틈새 게이지, 테이퍼 게이지, 강철 직선자, 고무 해머, 유압 잭, 기타 기록지, 석필, liner, 거울

사. 베어링(bearing)

1) 베어링의 개요

회전축을 지지하는 부분을 베어링이라 하며, 베어링과 접촉한 부분을 저널이라 한다. 베어링은 구조가 간단하고 마찰 손실, 동력 손실 및 발열이 적고 진동 소음이 적어야 한다.

가) 하중이 작용하는 방향에 의한 분류

① 하중이 축과 직각방향으로 작용 : 레이디얼 베어링
② 하중이 축 방향으로 작용 : 스러스트 베어링, 피벗 베어링
③ 하중이 축 방향 및 직각 방향 동시에 작용 : 원뿔 저널, 구면 저널

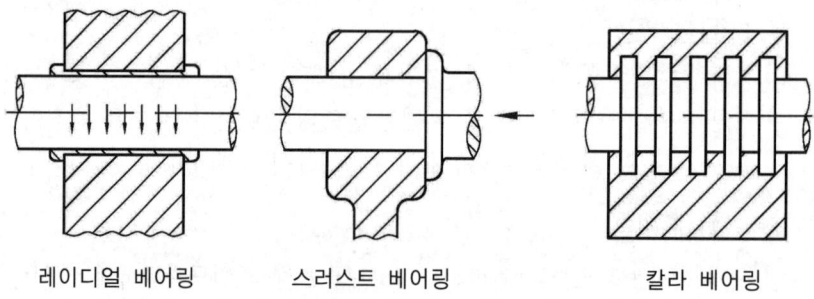

그림 3-139 작용하중의 방향에 따른 베어링의 분류

나) 접촉 방법에 따라

① **미끄럼 베어링** : 축과 베어링 면이 직접 접촉하여 미끄럼 운동을 하는 베어링
② **구름 베어링** : 축과 베어링 면 사이에 볼(ball)이나 롤러(roller)를 넣어서 점 접촉이나 선 접촉을 하는 베어링으로서 볼 베어링, 롤러 베어링이 여기에 해당된다. 니들 베어링은 니들 지름이 일반적으로 2~5mm이며, 베어링의 바깥지름을 작게 할 수 있으며, 보통 리테이너는 쓰지 않는다.

>
> - ▶ **회전체** : 구름 베어링에 사용되는 회전체는 구 모양의 볼(ball) 또는 원통형 모양의 롤러(roller)를 사용한다.
> - ▶ **내륜 및 외륜** : 회전체를 안내하며 통로 구실을 한다.
> - ▶ **리테이너(retainer)** : 회전체들 사이의 적절한 간격을 유지하여 마찰을 감속시켜주는 것이다.
> - ▶ **미끄럼 베어링에 대한 볼 베어링의 비교**
>   ① 내충격성이 크다.   ② 소음이 작다.
>   ③ 고온에 약하다.   ④ 교환성이 나쁘다.

2) 두 축이 평행하거나 교차하는 경우

가) 올덤 커플링(oldhams coupling)
두 축이 평행하며 약간 어긋나는 경우에 사용하나, 진동이나 마찰저항이 커서 고속 회전에는 적당하지 않다.

나) 유니버설 조인트
두 축이 일직선상에 있지 않고 서로 교차하는 경우에 사용하며, 두 축이 만나는 각은 30° 이하로 해야 한다.

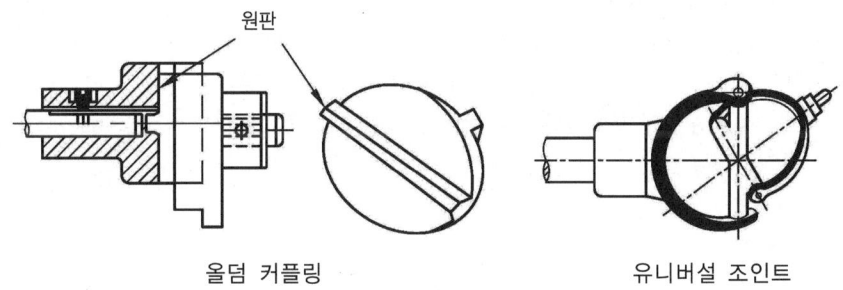

그림 3-140 두 축이 평행하거나 교차하는 경우

3) 두 축이 일직선상에 있는 경우

가) 슬리브 커플링
고정축이음으로 주철제 원통 안에 두 축을 맞추어 키로 고정한 것이다.

나) 플랜지 커플링
가장 많이 사용하는 축이음으로, 주철제 또는 주강제의 플랜지를 양축에 고정한 후 볼트로 고정한 것이다.

다) 플렉시블 커플링

두 축이 정확히 일치하지 않는 경우에 사용하며, 급격히 힘이 변화하는 경우, 완충작용과 전기 절연작용을 한다.

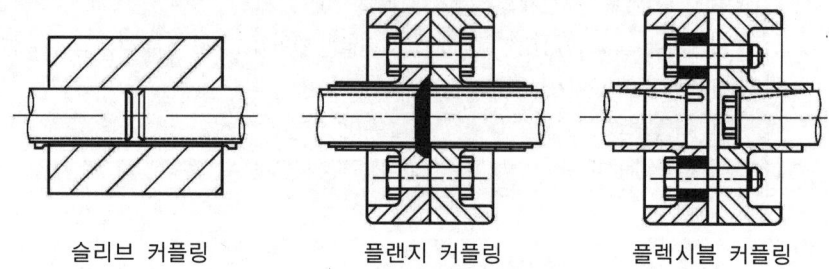

슬리브 커플링   플랜지 커플링   플렉시블 커플링

그림 3-141 두 축이 일직선상에 있는 커플링

4) 베어링의 조립

가) 베어링 조립 시 3가지 기본구조

① 양쪽 베어링을 모두 사용 가능하도록 부착한다.
② 한쪽은 고정하고, 또 다른 한쪽은 사용 가능하도록 부착한다.
③ 한쪽은 고정하고, 또 다른 한쪽은 자유롭게 부착한다.

나) 베어링 조립의 요점

① 베어링의 끼워 맞춤 : 축이나 하우징에 베어링을 부착할 때에는 간섭을 주느냐, 또는 간섭을 주되 얼마의 여유를 두느냐 하는 것은 사용 조건에 따라 모든 부착 조건이 달라진다. 내륜과 축은 억지 끼워 맞춤을, 또 외륜과 하우징은 헐거운 끼워 맞춤이 사용된다.

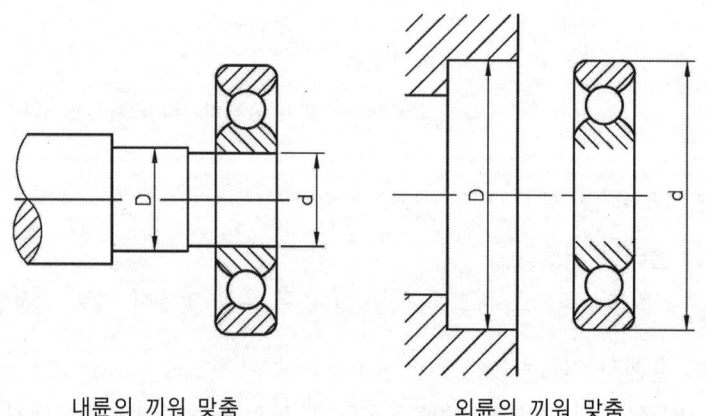

내륜의 끼워 맞춤   외륜의 끼워 맞춤

그림 3-142 베어링의 끼워 맞춤

② 끼워 맞춤 치수의 체크 : A, B 두 방향에서 3개소를 측정하여 공차값을 체크한다. 특히 측정 시에는 측정기와 눈의 위치를 일치시켜야 정확한 값을 얻을 수 있다.

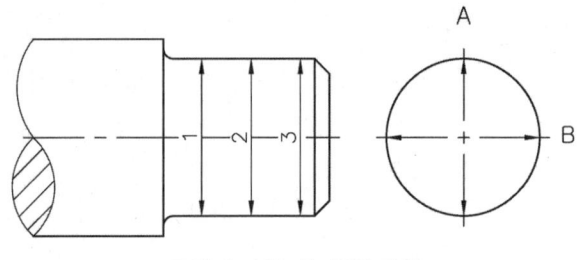

그림 3-143 축 지름 측정

다) 베어링의 장착 방법
  (가) 열 박음(fitting)의 개요
     기계 부품을 끼워 조립하는 방법을 말하여 종류는 열 박음, 냉각 박음이 있다. 가열 유조에서 베어링을 가열 팽창시켜 축에 끼우는 방법이 있다. 이것에 의해 베어링, 커플링, 기어 등의 열 박음을 간단히 할 수 있다.
     ① 베어링의 가열온도 : 100℃로 가열하며 130℃ 이상 가열하면 베어링에서 그 자체의 경도 저하가 일어난다.
     ② 가열 방법
        ㉮ 가스 버너나 가스 토치로 가열하는 법
        ㉯ 열 박음 로에서 가열하는 법
        ㉰ 수중기로 가열
        ㉱ 기름으로 가열
        ㉲ 전기로에서 가열
     ③ 베어링의 장착 방법
        ㉮ 열 박음 압입 방법
        ㉯ 프레스를 이용한 압입 방법
        ㉰ 해머를 이용한 압입 방법
     ④ 가열 끼움 작업 시 필요한 공구 및 기계 : 마이크로미터, 체인블록, 서모미터 (surface Thermo meter)
     ⑤ 가열 끼워 맞춤 작업 시 주의 사항
        ㉮ 가열 시에는 골고루 서서히 가열한다.
        ㉯ 가열할 때는 200~250℃ 정도로 가열한다.
        ㉰ 조립 후 죔쇠를 유지하기 위해 서서히 냉각한다.
        ㉱ 베어링은 120℃ 이상 가열해서는 안 된다.
        ㉲ 기계부품의 가열 끼워 맞춤 가열온도 : 200~250℃

⑭ 가열 끼워 맞춤에서 가열온도를 250℃ 이하로 하는 이유는 재질의 변화 및 변형을 방지하기 위해서이다.

(나) 끼워 맞춤 방식
▸ 구멍과 축에서 구멍의 지름이 축이음보다 클 때 : 틈새가 생긴다.
▸ 구멍과 축에서 축의 지름이 구멍보다 클 때 : 죔쇠가 생긴다.

① 끼워 맞춤 종류
  ㉮ 헐거운 끼워 맞춤 : 항상 구멍이 축보다 큰 경우로서 언제나 틈새가 생기는 끼워 맞춤이다.
     억지 끼워 맞춤 : 축 〉 보스 : 죔쇠 발생
  ㉯ 억지 끼워 맞춤 : 항상 죔쇠가 생기는 끼워 맞춤이다.
     헐거운 끼워 맞춤 : 축 〈 보스 : 틈새 발생
  ㉰ 중간 끼워 맞춤 : 헐거운 끼워 맞춤과 억지 끼워 맞춤의 중간으로, 억지 끼워 맞춤보다 작은 죔쇠가 있는 끼워 맞춤으로서 극히 정밀한 기계에 사용한다.
     중간 끼워 맞춤 : 축 〈=〉 보스 : 틈새와 죔쇠 발생

② 최소 틈새 : 헐거운 끼워 맞춤이며, 구멍의 최소허용치수에서 축의 최대허용치수를 뺀 값이다.
③ 최대 틈새 : 헐거운 끼워 맞춤 또는 중간 끼워 맞춤이며, 구멍의 최대허용치수에서 축의 최소허용치수를 뺀 값이다.
④ 최소 죔쇠 : 억지 끼워 맞춤이며, 축의 최소 허용 치수에서 구멍의 최대 허용 치수를 뺀 값이다.
⑤ 최대 죔쇠 : 억지 끼워 맞춤 또는 중간 끼워 맞춤이며, 축의 최대허용치수에서 구멍의 최소허용치수를 뺀 값이다.

최대 틈새 = 구멍의 최대치수 – 축의 최소치수
최소 틈새 = 구멍의 최소치수 – 축의 최대치수
최대 죔쇠 = 축의 최대치수 – 구멍의 최소치수
최소 죔쇠 = 축의 최소치수 – 구멍의 최대치수

⑥ 구멍 기준식과 축 기준식
  ㉮ 구멍 기준식 : 5급에서 10급까지 6등급으로 구분되어 있으며, H5~H10으로 표시
  ㉯ 축 기준식 : 4급에서 9급까지 6등급으로 구분되어 있으며, H4~H9로 표시

(다) 재료의 열팽창
1℃의 온도 변화에 팽창하는 길이와의 비율을 선팽창계수(α)라 한다.

$$T(가열온도) = \frac{\triangle d}{\alpha \cdot D}$$

여기서, $\triangle d$: 죔새 α : 열팽창계수 D : 내경

(라) 가열 끼움

골고루 서서히 가열하며, 200~250℃ 이하로 가열한다.

(마) 가열의 종류

① 가스버너나 가스 토치로 가열하는 법
② 열 박음 로(爐)에서 가열하는 방법
③ 수증기로 가열하는 방법
④ 기름으로 가열하는 방법
⑤ 전기로로 가열하는 방법

(바) 가열 시 주의 사항

① 250℃ 이상으로 가열하면 재질의 변화 및 변형이 발생한다.
② 대형 부품을 열 박음 할 때는 기중기를 사용한다.
③ 둘레에서 중심으로 서서히 균일하게 가열하고 조립 후 냉각할 때는 급랭해서는 안 된다.
④ 대략 150℃ 정도로 가열하면 퍼스로 팽창량을 측정하여 확인한다.

(사) 베어링의 열 박음

큰 베어링을 축에 설치할 때는 깨끗한 광유에 베어링을 90~120℃로 가열하여 내경을 팽창시켜 조립한다.

베어링의 팽창량 $\lambda = l \times \triangle t \times \alpha$

여기서, λ : 팽창량 l : 베어링의 내경
$\triangle t$: 온도변화 α : 열팽창 계수

:: 예제 1 ::

가열 끼움 할 베어링의 내경이 100mm이고 100℃까지 가열했다면, 팽창량은 얼마인가?
(단, 베어링의 열팽창 계수는 12.5×10^{-6}이다.)

해설

$\lambda = l \times \triangle t \times \alpha = 100 \times 100 \times 12.5 \times 10^{-6}$
    $= 0.125$mm

제3장 기계장치 보전

> 기어의 가열온도
>
> $T = \Delta d / axD = 0.11/11 \times 10^{-6} \times 100 = 100℃ + 주위온도$
>
> T : 기어의 가열온도　　Δd : 축과의 죔새
> α : 기어의 열팽창 계수　　D : 기어의 내경

::예제 2::

기어의 내경이 100mm이고 축과의 죔쇠가 0.11mm일 때, 가열온도는 얼마인가? (단, 기어의 열팽창 계수는 11×10^{-6}이다.)

해설

$T = \Delta d / \alpha xD = 0.11/11 \times 10^{-6} \times 100$
$\quad = 100℃ + 주위온도$

3. 전동용 기계요소의 보전

가. 기어(shaft coupling)

1) 기어의 개요

구동축에서 종동축으로 동력을 전달하는 방법에는 마찰 전동, 기어 전동, 감아 걸기 전동 등이 있다. 이 중에서 기어 전동 장치는 미끄럼이 생기지 않기 때문에 일정 속도비로 큰 회전력을 연속적으로 전달할 수 있는 장점이 있어 가장 널리 사용되고 있다. 기어는 원통 마찰차나 원추 마찰차의 둘레에 이(teeth)를 같은 간격으로 만든 것이며, 구동 기어(driving gear)의 이가 회전함에 따라 종동 기어(driving gear)의 이 홈에 들어가 치면을 눌러 회전을 전하는 기계요소이다.

가) 기어의 종류

(가) 평행 축 기어

두 축이 서로 평행할 때 사용하는 기어이다.
① 스퍼 기어(spur gear) : 직선 치형을 가지며, 잇줄이 축에 평행하며 가장 많이 쓰인다.
② 래크(rack) : 작은 스퍼 기어와 맞물리고, 잇줄이 축 방향과 일치하며, 회전운동을 직선운동으로 바꾸는 데 사용한다.

③ 내접 기어(internal gear) : 스퍼 기어와 맞물리며 원통의 안쪽에 이가 만들어져 있다. 잇줄이 축에 대하여 평행하며, 맞물린 기어와 회전방향이 같다. 유성기어 장치 또는 기어형 축이음에 사용한다.
④ 헬리컬 기어(helical gear) : 잇줄이 축 방향과 일치하지 않는 기어이다. 이의 물림이 좋아져 조용한 운전을 하나 축 방향에 하중이 발생하는 단점이 있다.
⑤ 더블 헬리컬 기어(double helical gear) : 비틀림 각 방향이 서로 반대인 한 쌍의 헬리컬 기어를 조합한 것이다. 축 방향의 힘(추력)이 발생하지 않는다.

(나) 교차 축 기어(두 축의 중심선이 만나는 경우)
교차하는 두 축의 운동을 전달하기 위하여 원추형으로 만든 기어를 베벨 기어(bevel gear)라고 한다.
① 직선 베벨 기어(straight bevel gear) : 잇줄이 피치원뿔의 모직선과 일치하는 베벨 기어이다. 베벨 기어 중 제작이 가장 간단하여 많이 쓰인다.
② 스파이럴 베벨 기어(spiral bevel gear) : 잇줄이 곡선이고 모직선에 대하여 비틀려 있는 기어이다. 제작이 어려우나 이의 물림이 좋고 조용하게 회전한다.
③ 제롤 베벨 기어(zerol bevel gear) : 스파이럴 베벨 기어 중에서 이 너비의 중앙에서 비틀림 각이 영(zero)인 베벨 기어이다.
④ 마이터 기어(miter gear) : 두 축이 직각으로 만나며, 맞물리는 두 기어의 잇수가 같은 베벨 기어이다.
⑤ 크라운 기어(crown gear) : 피치면이 평면으로 된 베벨 기어이다.

(다) 엇갈림 축 기어(두 축이 평행하지도 만나지도 않는 경우)
두 축이 평행하지도 않고, 만나지도 않는 축 사이의 동력을 전달하는 기어를 말한다.
① 원통 웜 기어(cylindrical worm gear) : 두 축이 직각을 이루는 경우에 적용한다. 원통형 웜과 이에 맞물리는 웜휠을 총칭하는 말이다. 큰 감속을 얻을 수 있으나 효율이 낮다.
② 장고형 웜 기어(hourglass worm gear) : 원통 웜 기어를 개선한 것으로서 웜을 장고형으로 만들어 웜 휠과의 접촉 면적을 크게 한 것이다.
③ 나사 기어(screw gear) : 서로 교차하지도 않고 평행하지도 않는 두 축 사이의 운동을 전달하는 기어로서 헬리컬 기어의 이 모양을 갖는다.
④ 하이포이드 기어(hypoid gear) : 서로 교차하지도 않고 평행하지도 않는 두 축 사이의 운동을 전달하는 스파이럴 베벨 기어로서 일반 스파이럴 베벨 기어에 비하여 피니언의 위치가 이동된다.

나) 기어의 각부 명칭

(가) 피치원

평행한 두 축 사이에 일정한 각속도비의 회전을 전달하는 스퍼 기어는 원통 마찰차의 마찰 면을 기준으로 하여 같은 간격의 이를 만든 것으로 생각할 수 있다.

(나) 이끝 높이

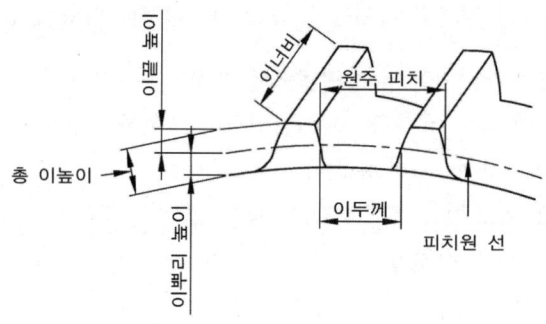

그림 3-144 이의 각부 명칭

피치원에서 이끝 원까지의 거리를 이끝 높이(addendum)라 하며, 이끝 원은 이끝을 연결한 원이다.

(다) 이뿌리 높이

피치원에서 이뿌리 원까지의 거리를 이뿌리 높이(dedendum)라 하며, 이뿌리원은 이뿌리를 연결한 원이다.

(라) 총 이높이

총 이높이는 이끝 높이와 이뿌리 높이를 합한 크기이다.

(마) 이끝 틈새

이끝 틈새는 이끝 원에서부터 이것과 맞물리고 있는 기어의 이뿌리 원까지의 거리이다.

다) 이의 크기

(가) 원주 피치(circular pitch)

원주 피치는 피치원의 둘레를 잇수로 나눈 값으로, 피치원의 지름을 D, 잇수를 Z라 하면 원주피치 p는 다음과 같다.

$p = \pi D / Z$ mm

위 값이 클수록 잇수는 작아지고, 이의 크기는 커진다.

(나) 모듈(module)

모듈은 피치원의 지름을 잇수로 나눈 값이며, 이 값을 기준으로 이끝 높이, 이뿌리 높이 등이 결정된다. 모듈이 클수록 잇수는 작고 이는 커진다.

$$m = D/Z = p/\pi$$

(다) 지름 피치(diametral pitch)

지름 피치는 잇수를 피치원의 지름으로 나눈 값으로 모듈의 역수가 되며, 단위로는 인치를 사용하므로 수치에서는 역수가 되지 않는다. 이 값이 작을수록 잇수는 작고 이는 커진다.

표 3-10 이의 크기 비교

재 료	기 호	p기준	m기준	Pd기준
원주 피치	p	$\dfrac{\pi D}{Z}$	πm	$\dfrac{25.4\pi}{Pd}$
모듈	m	$\dfrac{P}{\pi}$	$\dfrac{D}{Z}$	$\dfrac{25.4}{Pd}$
지름 피치	Pd	$\dfrac{25.4\pi}{P}$	$\dfrac{25.4}{m}$	$\dfrac{Z}{D}$

라) 전위 기어(profile shifted gear)

기어에 있어서 이를 절삭할 때 실용적인 잇수 즉, 공구 압력 각 20°의 경우는 14개, 14.5°에서는 25개 이하로 되면 이뿌리가 공구 끝에 의하여 먹혀 들어가서, 이른바 언더 컷 현상이 생겨 유효한 물림 길이가 감소되고 그 때문에 이의 강도가 아주 약하게 된다. 이것을 방지하려면 기준 래크 공구의 기준 피치선(이의 두께와 홈의 길이가 같은 곳)을 기어의 피치원으로 부터 적당량만큼 이동하여 창성 절삭한다. 이와 같이 래크 공구의 기준 피치선이 기어의 기준 피치원에 접하지 않는 기어를 전위 기어라 한다.

(가) 전위 기어의 사용 목적

① 중심거리를 자유로이 조절할 수 있다.
② 언더컷을 방지할 수 있다.
③ 이의 강도를 증대시킨다.

(나) 전위 기어의 장·단점

① 장점

㉮ 주어진 중심거리에 맞춘 기어 설계가 용이하다.
㉯ 공구의 종류가 적어도 되고 각종 기어에 응용된다.
㉰ 모듈에 비하여 강한 이가 얻어진다.

㉤ 최소 잇수를 극히 적게 할 수 있다.
㉥ 물림률을 증대시킨다.

② 단점
㉮ 계산이 복잡하게 된다.
㉯ 교환성이 없게 된다.
㉰ 베어링 압력을 증대시킨다.

마) 이의 간섭(interference of tooth)
2개의 기어가 맞물려 회전 시에 한쪽의 이 끝부분이 다른 쪽 이뿌리 부분을 파고들어 걸리는 현상이다.

바) 언더컷(undercut)
이의 간섭에 의하여 이뿌리가 파여진 현상으로 잇수가 몹시 적은 경우나 잇수비가 매우 클 경우에 생기기 쉽다.

(가) 언더컷의 방지법
① 이의 높이를 줄여서 낮은 이로 제작
② 압력 각을 증가시킨다.(20 또는 그 이상으로 크게 한다.)
③ 한계잇수 이상으로 제작하거나 낮은 이의 사용 또는 전위 기어를 만들어 사용한다.
④ 치형의 이끝 면을 깎아준다.

사) 압력 각(pressure angle)
피치원 상에서 치형의 접선과 기어의 변경선을 이루는 각으로 14.5°, 15°, 17.5°, 20°, 22.5°가 있으며 14.5°, 20°가 가장 많이 사용된다.

아) 스코링(scoring)
고속 고하중 기어의 이 면에 유막이 파괴되어 국부적으로 금속이 접촉하여 마찰에 의해 그 부분이 용융되어 뜯겨나가는 현상으로 마모가 활동방향에 생기는 현상이다. 운전 초기에 자주 발생하며 가장 많이 일어나는 것은 이뿌리 면과 이끝 면의 맞물리는 시초와 끝의 부분이다.
▶ 방지법 : 이 면에 걸리는 하중과 활동속도에 적합한 점도 및 극압성을 가진 윤활유를 선정

자) 피칭(Pitching)
기어가 회전할 때 이의 표면에 가는 균열이 생겨 윤활유가 들어가면 균열을 진행시켜 이의 면 일부가 떨어져 나가는 현상이다.

차) 기어의 손상과 정비

표 3-11 기어 손상의 분류

손상 부위	분 류	손상의 원인	발생 빈도
이 면의 열화	마모	정상 마모	
		습동 마모	O
		과부하 마모	
		줄 흔적 마모	O
	소성 항복	압연 항복(로오징)	O
		피이닝 항복	
		파상 항복	
	용착	가벼운 스코어링	
		심한 스코어링	
	표면 치료	초기 피칭	O
		파괴적 피칭	O
		피칭(스포오링)	O
	기 타	부식 마모	
		버닝	
		간섭	
		연삭 파손	O
이의 파손		과부하 절손	
		피로 파손	
		균열	O
		소손	

4. 제어용 기계요소의 보전

가. 간접전동장치의 개요

가죽, 직물 또는 고무 등으로 만든 벨트(belt)로 2개의 바퀴를 감아 이들 사이의 마찰에 의하여 전동하는 장치를 벨트전동장치라 한다.

1) 벨트의 정비

　가) 평 벨트의 종류 및 성능

　　① 고무벨트(가죽+천) : 과거

② V-벨트 : 현재
③ 벨트 항장체 + 나일론 시트(나이론 포리에스테르) + 크롬가죽(접촉부위)
④ 규격 : M, A, B, C, D, E(E가 가장 큼)

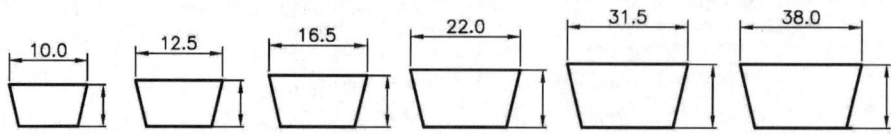

그림 3-145 V-벨트의 크기

⑤ V-벨트의 경사각은 보통 40°이다.
⑥ 풀리의 홈각도 : 34°, 36°, 38°이다.

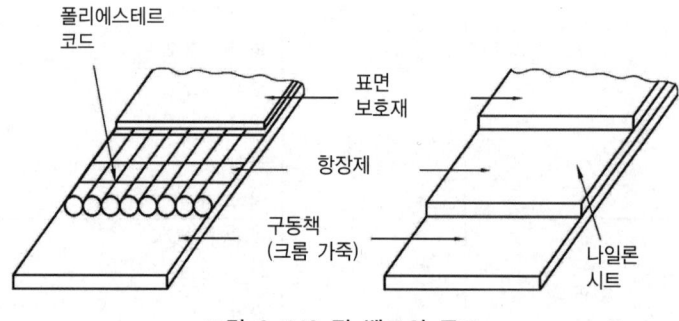

그림 3-146 평 벨트의 구조

나) 벨트 전동의 장점
① 비교적 쉽게 장착 교체가 가능하다.
② 재질이 탄성체이므로 충격 흡수가 용이하다.
③ 미끄럼이 적고 전동 회전비가 크다.
④ 수명이 길다.
⑤ 속도비가 1:7이며 축 간 거리가 짧은 데 쓴다.
⑥ 운전이 조용하고 진동, 충격의 흡수 효과가 있다.
⑦ 큰 동력을 전달하려면 회전수를 높이면 된다.

다) V-벨트의 정비요령
① 3줄의 V-벨트 중 1줄의 V-벨트가 노후되었을 때는 3줄 전체세트(set)를 교체한다.
② 2줄 이상을 건 벨트는 균등하게 쳐져 있을 것
③ 풀리의 홈 마모에 주의할 것

④ V-벨트는 합성고무라 해도 장기간 보관하면 당연히 열화된다.
⑤ V-벨트 전동기구는 설계 단계에서부터 벨트를 거는 구조로 되어 있다.

라) 타이밍 벨트 정비 요령

타이밍 벨트는 인 터널 기어 대신에 돌기를 지닌 고무벨트를 만들어 사용한다.

예 가정용 전동재봉틀, 테이프 레코드플레이어, 컴퓨터 등의 소형 정밀기기에 사용

▶ 특징 ① 사용범위가 넓다.
   ② 늘어남이 적다.
   ③ 정밀 고속 전동에 사용
   ④ 치형의 돌기가 있어 미끄럼을 방지하고 맞물려 전동할 수 있다.

그림 3-147 타이밍 벨트

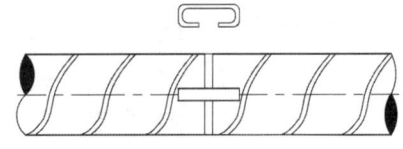

그림 3-148 레이스 벨트

2) 체인 전동(chain)

가) 벨트(평, V-벨트)와 로오프 전동은 → 마찰력 전동

나) 체인 전동

체인 전동은 체인을 스프로킷 휠(sprocket wheel)에 걸어서 체인과 휠의 이가 서로 물리는 힘으로 동력을 전달시키는 장치이다.

다) 롤러 체인(roller chain)

강철제의 링크를 핀으로 연결하고 핀에는 부시와 롤러를 끼워서 만든 것으로 고속에서 소음이 나는 결점이 있다.

라) 사일런트 체인(silent chain)

링크의 바깥 면이 스프로킷(sprocket:톱니바퀴)의 이에 접촉하여 물리며, 다소 마모가 생겨도 체인과 바퀴 사이에 틈이 없어서 **조용한 전동**이 된다.

마) 스프로킷 휠

체인 전동에서 체인을 구동시켜 동력을 전달하는 바퀴로 특징은 다음과 같다.
① 미끄럼이 없고 일정한 속도 비를 얻을 수 있다.
② 유지 및 보수가 쉽다.
③ 내유, 내열, 내습성이 크다.
④ 기어 전동이 불가능한 경우 사용
⑤ 대 동력을 전달할 수 있고, 효율이 95% 이상이다.

바) 체인을 푸는 방법
① 연결부로 돼 있는 이음 링크의 클립 또는 분할 핀을 뺀다.
② 당기는 힘이 걸려 있을 때에는 풀기가 힘들다.
③ 체인을 풀었을 때에는 축의 회전을 대비해 주의한다.
④ 너트 위에 올려놓고 핀을 해머로 때려 빼낸다.

사) 체인과 스프로킷 휠 정비 요령
① 스프로킷의 정확한 중심내기
② 체인의 정확한 걸기
③ 윤활(그리스 + 윤활유 사용)

5. 관계 기계요소의 보전

가. 관이음의 종류

1) 관 이음쇠의 기능
① 관로의 연장
② 관로의 분기
③ 관의 상호운동

2) 용접 이음
관과 관을 용접으로 결합하는 방법
① 맞대기 용접
② 웨드 인서트법
③ 겹침 용접
④ 꽂기 용접

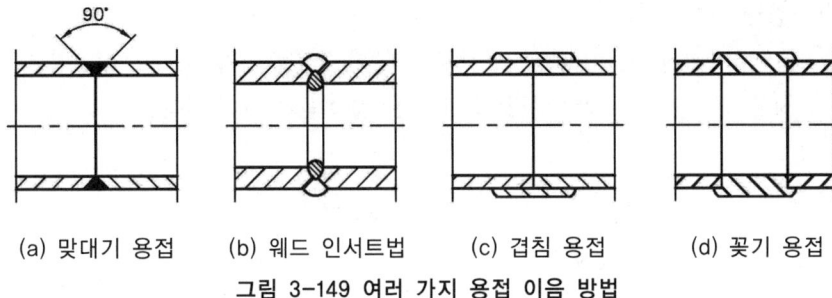

(a) 맞대기 용접　(b) 웨드 인서트법　(c) 겹침 용접　(d) 꽂기 용접

그림 3-149 여러 가지 용접 이음 방법

3) 플랜지 이음

관의 끝부분에 플랜지를 나사이음, 용접 등의 방법으로 부착하고, 볼트, 너트로 죄어서 관을 결합하는 이음이다.

4) 신축 이음

온도에 의해 관의 신축이 생길 때 관의 양단이 고정되어 있으면 열응력이 발생한다. 관의 길이가 길 때에는 그 신축량이 커지면서 굽어지고, 관뿐만이 아니라 설치부와 부속장치도 나쁜 영향을 주어 파괴되고 패킹도 손상시킨다. 그러므로 적당한 간격 및 위치에 신축량을 조정할 수 있는 이음을 신축이음이라 한다.

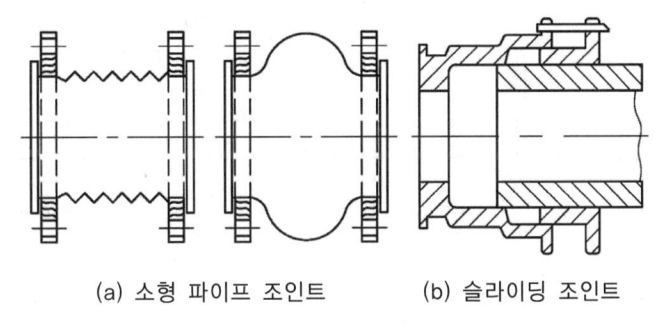

(a) 소형 파이프 조인트　(b) 슬라이딩 조인트

(c) 벨트 조인트

그림 3-150 신축 이음

5) 영구 관 이음쇠

용접, 납땜에 의하여 관을 연결하는 것으로 고장수리와 관 내의 청소가 불필요한 경우에 사용되는 것으로 빌딩과 땅속의 매설관 접속 등에 많이 사용된다.

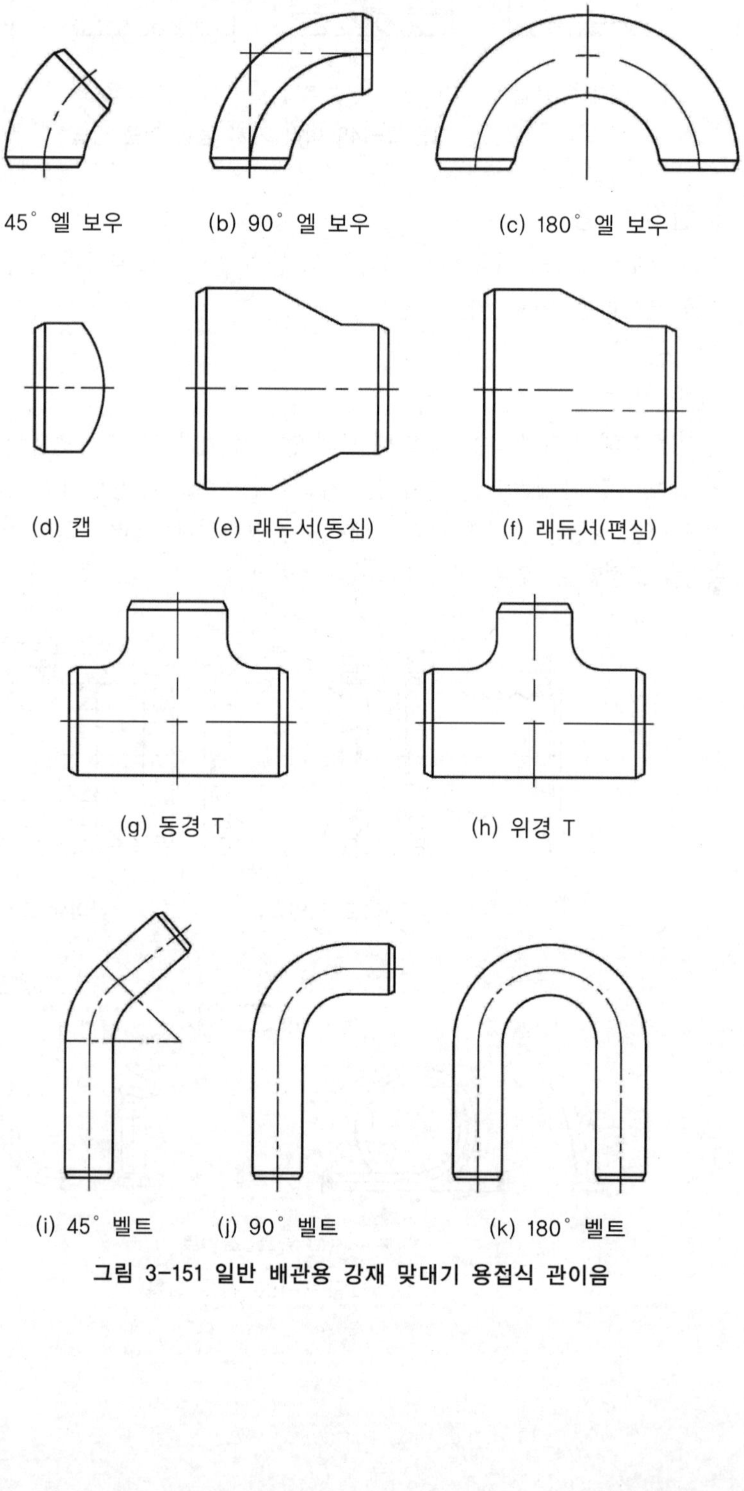

(a) 45° 엘 보우   (b) 90° 엘 보우   (c) 180° 엘 보우

(d) 캡   (e) 래듀서(동심)   (f) 래듀서(편심)

(g) 동경 T   (h) 위경 T

(i) 45° 벨트   (j) 90° 벨트   (k) 180° 벨트

그림 3-151 일반 배관용 강재 맞대기 용접식 관이음

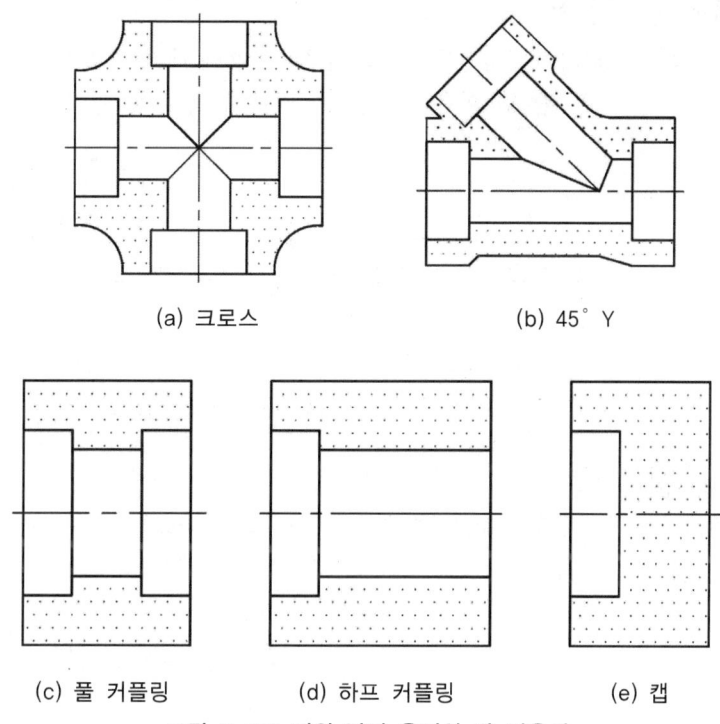

그림 3-152 끼워 넣기 용접식 관 이음쇠

6) 유니언 조인트

중간에 있는 유니언 너트를 돌려서 부품을 자유로이 착탈할 수 있는 이음쇠로 양측에 있는 유니언 나사와 유니언 플랜지 사이에 패킹을 끼워서 기밀을 유지한다. 설치 위치에서 관을 회전시키지 않아도 되며, 관의 방향에서 약간의 움직이는 여유만 있으면 **자유롭게 설치하고 분해할 수 있다.** 특히 배관 계통의 정비를 위하여 분해 할 필요가 있을 때 사용한다.

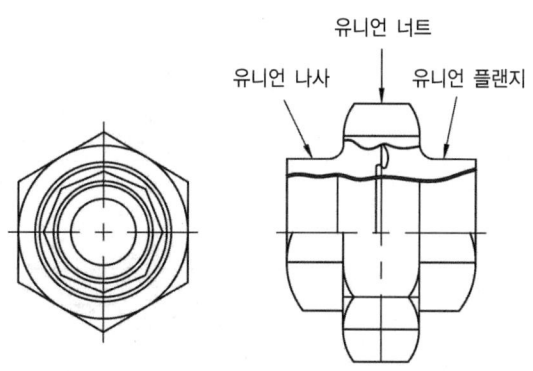

그림 3-153 유니언 이음쇠

7) 주철관 이음쇠

주철관을 지하에 매설할 경우에 많이 사용되며 홈에 대마사, 무명사 등의 패킹을 다져 넣어서 시멘트로 밀폐한 이음과 플랜지로 이음을 할 수도 있다.

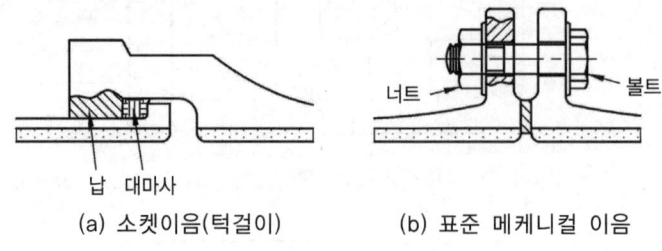

(a) 소켓이음(턱걸이) (b) 표준 메케니컬 이음

그림 3-154 일반적 주철 이음쇠

8) 신축관 이음쇠

열에 의한 관의 팽창 수축을 허용하고 축 방향으로 과도한 집중 응력이 걸리지 않도록 하기 위하여, 신축이 가능한 이음쇠가 필요하며 종류는 다음과 같다.

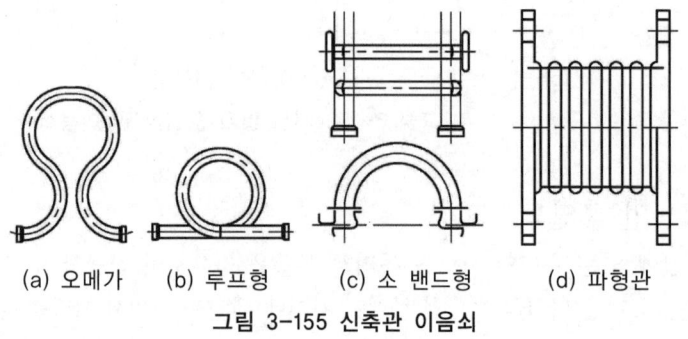

(a) 오메가 (b) 루프형 (c) 소 밴드형 (d) 파형관

그림 3-155 신축관 이음쇠

9) 플레어 이음

유압장치의 이음 중에서 동 배관 등에 적합하며 분해 및 조립이 용이한 배관방식이다.

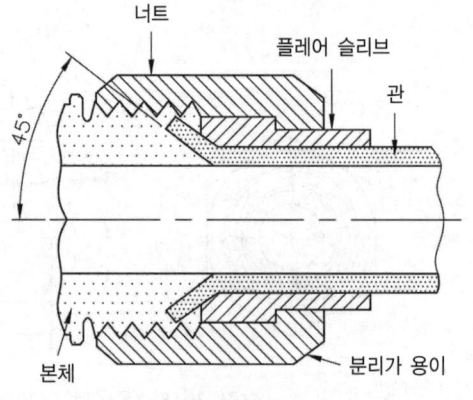

그림 3-156 플레어 이음

나. 배관정비

1) 나사이음부의 누설

가) 누설방지 요점
① 증기, 물 등의 나사부 누설 : 관의 나사 부분을 부식시켜 강도 저하, 균열, 파단의 원인이 된다.
② 나사부에서의 착·탈을 반복할 시 현상 : 마모를 일으켜 생각외의 사고를 유발한다.

나) 용접부의 누설
① 각 이음쇠 부위에 비눗물을 칠하여 거품의 여부를 확인한다.

다. 배관지지 장치의 정비

1) 배관 장비의 누설 부위
① 나사 이음부의 누설 : 재 배관 시공 또는 교체
② 용접부의 누설 : 사전 점검이 필요(균열 및 파손 대비)

2) 누설 발견과 방지의 요점
증기, 액체의 발견은 용이하나 압축공기는 발견이 어렵다. 1~2년에 한번은 공기 누설에 대한 점검을 행하며 이음부에 비누칠로 거품 유무의 여부를 확인한다.

3) 배관지지 장치의 종류
고정식과 가동식으로 구분하며 상온의 물, 공기, 기름 등의 일반 배관에서는 고정식이 많이 사용되며 열팽창이나 수축을 중요시 하는 배관에서는 대부분 가동식을 사용한다.

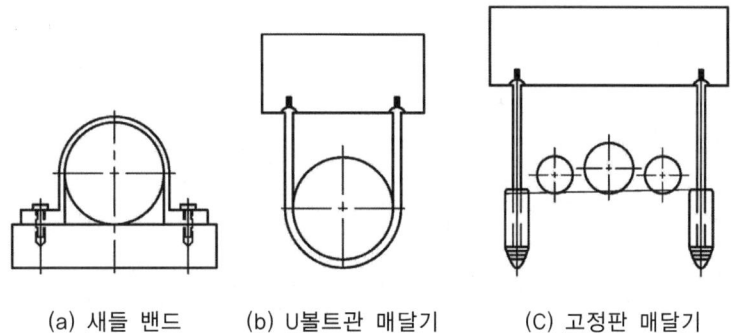

(a) 새들 밴드   (b) U볼트관 매달기   (C) 고정판 매달기

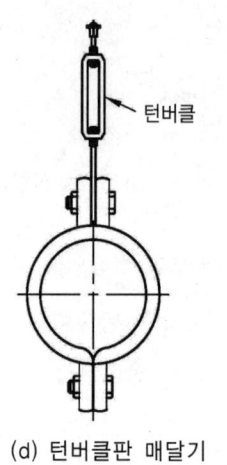 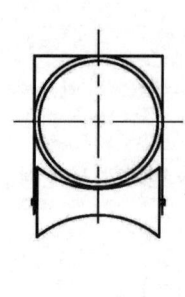 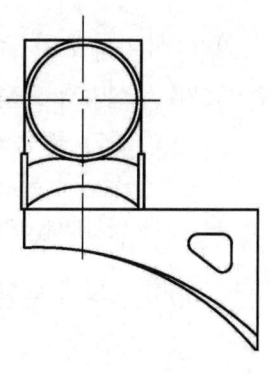

    (d) 턴버클판 매달기   (e) 롤러판 매달기   (f) 브래킷 달림 롤러판 지지

그림 3-157 각종 배관지지 장치

4) 배관의 부식 방지 대책
① 관의 내·외면에 방식 도장 처리
② 라이닝 처리
③ 전기 도금 방식
④ 정기적 점검과 보수 필요

제3절 기계장치 보전

1. 밸브의 점검 및 정비

가. 밸브의 개요

유체 흐름의 단속과 유체의 흐름 변경, 유량, 온도, 압력 등을 조절하기 위하여 유체 통로의 개폐를 행하는 관계 기계요소 부품을 말한다.

1) 리프트 밸브(lift valve)

   유체 흐름의 차단장치로 가장 널리 사용되는 스톱 밸브로 에너지 손실이 적고, 작동이 확실하며, 개폐를 빨리할 수 있다.
   ① 글루브 밸브(gloove valve) : 출구가 일직선 또는 유체의 흐름 방향을 변경하지 않는 밸브이다.
   ② 앵글 밸브(angle valve) : 흐름의 방향이 90°로 변한다.

2) 게이트 밸브(gate valve)

   밸브의 시트면과 직선적으로 미끄럼 운동을 하는 밸브로 밸브판이 유체의 통로를 개폐하므로 흐름의 저항이 거의 없고, 1/2만 열렸을 때는 와류가 생겨서 밸브를 진동시킨다.

3) 플랩 밸브(flap valve)

   주로 정수지 및 배수 펌프장 등의 관로 토출구 끝에 설치한 힌지로 된 밸브 판을 회전시켜 개폐를 하며, 스톱 밸브, 역지(逆止) 밸브로 사용한다.

4) 나비형 밸브(butterfly value)

   원형 밸브판의 지름을 축으로 하여 밸브판을 회전함으로써 유량을 조절하며, 기밀을 완전하게 하는 것은 곤란하다.

5) 다이어프램 밸브(diaphragm valve)

산성 등의 화학 약품을 차단하는 경우에 내 약품성이 강하며, 내열 고무제의 격막 판을 밸브 시트에 붙이는 구조이므로 기밀 유지에 패킹이 필요 없으며, 부식의 염려도 없다.

6) 체크 밸브(check valve)

밸브의 무게와 밸브의 양면에 작용하는 압력차로 자동적으로 작동하고, 유체의 역류를 방지하여 한쪽 방향으로만 흘러가게 하는 밸브이다.

7) 자동 밸브(automatic valve)

펌프의 흡입, 배출을 행하여 피스톤의 왕복운동에 의한 유체의 역류를 자동적으로 방지하는 밸브이다.

8) 감압 밸브(pressure reducing valve)

유체의 압력이 사용목적에 비하여 너무 높을 경우에는 **자동적으로 압력이 감소되어 감압**시키고, 감소된 압력을 일정하게 유지시키는 밸브이다.

9) 콕(cock)

원뿔 모양의 플러그(plug)를 0~90° 회전시켜 **유량을 조절하거나 개폐**하는 것으로, 신속한 개폐 또는 유로 분배용으로 많이 사용한다.

2. 펌프의 점검 및 정비

가. 펌프의 종류

1) 원리 구조상에 의한 분류

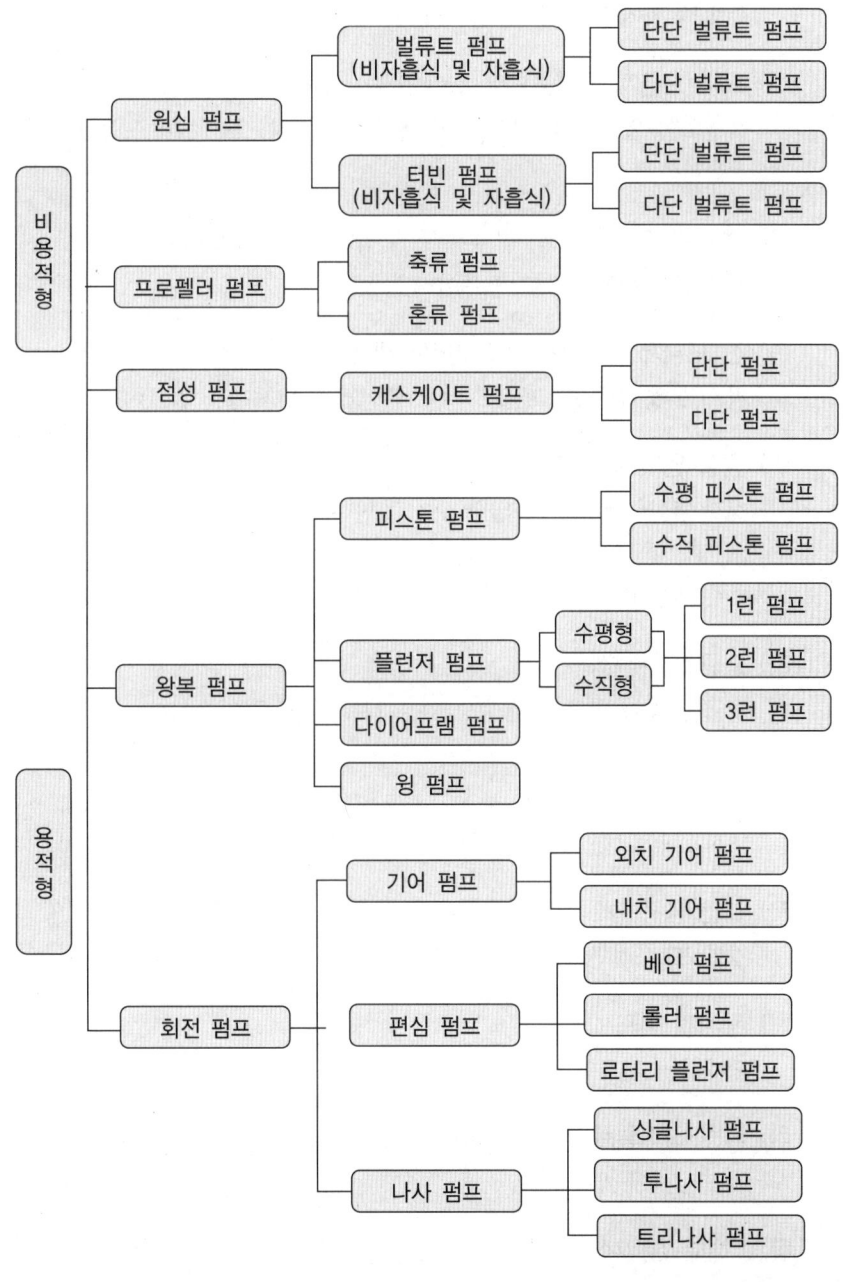

2) 사용되는 재질에 의한 분류

가) 주철제 펌프
일반 범용 펌프는 대부분 이에 속하나 일부 임펠러 샤프트 메탈 등에 다른 재질을 사용한 것도 있다.

나) 전 주철제 펌프
특별히 접액부에 쇠 이외의 것을 사용하여서는 안 되는 액인 경우 구별한다.

다) 요부 포금제 펌프, 요부 스테인리스제 펌프
특별히 중요한 부분(임펠러, 베어링, 기어, 샤프트 등)에 포금 또는 스테인리스를 사용한다.

라) 접액부 포금제 펌프, 접액부 스테인리스제 펌프
액이 접촉되는 곳 전부를 포금 또는 스테인리스로 제작된 펌프이다.

마) 전 포금제 펌프, 전 스테인리스제 펌프
펌프 본체 전부를 포금 또는 스테인리스로 제작된 펌프이다.

바) 경질 염비제 펌프
경질 염화비닐 또는 동일한 수지로 만든 펌프이며 내식성이 우수하나 일반적으로 온도, 외력에 약한 결점이 있다.
▶ 주강제 펌프 : 대단히 고압에 사용된다. 이에 준하여 닥타일 주철제도 사용

사) 고규소 주철제
규소를 많이 함유한 내식성 있는 특수 주철제 펌프이다.

아) 고무 라이닝 펌프
내식, 내마모를 위해 접액부에 고무 라이닝한 펌프이다.

자) 경연 펌프
경연 또는 경연 라이닝한 펌프이다.

차) 자기제 펌프
도자기로 접액부를 만든 펌프이다.

카) 티탄 하스텔로이 탄탈 펌프
특수 금속제 펌프이다.

타) 테플론 플라스틱 펌프

나. 펌프의 동력과 효율

1) 용어 설명
① 양정 : 펌프가 물을 끌어 올리는 능력을 위치수두(위치 에너지)로 표현한 것
② 실 양정 : 흡입수면으로부터 송출 수면까지의 수직높이
③ 전 양정 : 실 양정 + 전 관로의 총 손실을 합한 것
  (토출측 손실수두 + 흡입측 손실수두 + 잔류 속도수두)
④ 토출량 : 펌프가 단위 시간에 토출하는 액체의 체적(m^3/min, 또는 m^3/s)

2) 수동력(liquid power)
펌프에 의해서 펌프를 지나는 액체에 준 동력을 말한다.

$$LW = \frac{rQH}{75}[\text{HP}] = \frac{rQH}{102}[\text{kW}]$$

여기서, LW : 수동력[HP]　Q : 송출유량[m^3/sec]
　　　　H : 양정[m]　　　　r : 액체의 비중량[kg/m^3]

3) 효율(efficiency)
수동력과 원동기가 펌프 축에 전달하는 축동력 L 과의 비를 말한다.

$$\eta = \frac{LW}{L}$$

여기서, η : 펌프의 전 효율
　　　　L : 축동력, 제동력(원동기에 의해서 펌프를 운전하는 데 필요한 동력)

다. 펌프의 구조

1) 원심 펌프(centrifugal pump)
펌프 중 가장 많이 사용하며 종류도 다양하다. 모터보트의 속도, 원리, 비속도가 가장 큰 펌프이다. 소형이며 전 양정이 100m 이상일 때는 체크 밸브를 설치한다.
원심펌프 운전 시 축심과 축 중심이 0.5mm 이하의 차가 되도록 설치하면 베어링의 과열현상이 나타난다.

가) 단단 펌프(single stage pump)
외부 동력에 의해 임펠러가 물속에서 회전할 때 임펠러 속의 물은 외부로 흘러 임펠러를 나와 와류실(渦流室)에 모여서 토출구로 간다.

① 회전부 임펠러와 고정부 케이싱 사이에는 작은 틈새를 형성하여 임펠러 출구측의 고압수가 입구의 저압측에 새는 것을 줄인다. 작은 틈새 부분은 마모되기 쉬우므로 교체하기 편리하도록 웨어링을 만든다.
② 임펠러를 지탱하고 원동기에서의 동력을 임펠러에 전달하기 위해 축이 필요하며 이 축을 지지하기 위해 베어링이 사용되며, 또 축이 케이싱을 관통하는 부분에는 축봉장치를 두고 내부의 물이 외부로 많이 새거나 공기가 외부에서 내부에 흡입되는 것을 막는 역할을 한다.
③ 축봉 장치로는 일반적으로 패킹상자가 사용되나, 특수 액체를 취급하거나 특수펌프는 메커니컬 실(mechanical seal)을 사용한다.
④ 임펠러의 양쪽에 작용하는 수압의 균형을 위하여 밸런스 홀을 만든다.

> **Tip**
>
> ▶ 임펠러(impeller)
> 구동축에서 전달하는 동력을 유체에 전달하고, 구동축은 직접 연결된 모터에 의해 일정한 속도로 회전한다. 즉, 원심펌프에서 액체(유체)에 직접 에너지를 주는 부품이다.
>
> ▶ 웨어링
> 케이싱과 임펠러를 보호하고 정비를 쉽게 도와주며, 토출부의 액체가 흡입부 쪽으로 과다 누출되는 것을 방지한다.

나) 다단 펌프(multi stage pump)

임펠러 단단 펌프로 흡입양정이 부족할 때 임펠러에서 토출된 액체를 다음 단의 임펠러 입구로 이송하고 다시 한 번 임펠러로 에너지를 주면 양정이 높아지며, 더욱 단수를 겹칠수록 높은 양정을 만드는 펌프를 다단펌프라 한다.

2) 축류 펌프(propeller pump)

가) 횡축 펌프

흡입 케이싱은 보통 90° 곡관이고 하부에서 흡입된 액체는 임펠러를 지나면서 방향과 속도성분이 주어지며 안내 깃에서 방향성분을 잃고 압력을 높이게 된다.

(가) 베어링

임펠러를 지지하는 축의 한쪽은 흡입 케이싱 바깥쪽에 두고 다른 쪽은 안내깃부 보스 내에 만들어진 수중 베어링에 의해 지지된다.

(나) 가변익
깃의 부착각도를 조정하여 **토출량**을 제어하는 데 목적을 둔다.

> **Tip**
>
> ▶ **케이싱**
> 임펠러에 의해 유체에 가해진 **속도에너지를 압력 에너지로 전환되도록** 하고 유체의 통로를 형성해 주는 역할을 하는 일종의 압력용기이며, 케이싱은 저항 손실이 적도록 설계한다.
>
> ▶ **안내깃**
> 임펠러에서 송출되는 유체를 와류실로 유도하여 속도에너지의 손실을 적게 하면서 **압력에너지로 바꾸는 역할**을 하며, 안내깃은 펌프 케이싱에 고정되어 있으며 케이싱과 함께 주조 또는 안내깃만 별도로 끼워 넣는 경우가 있다.

나) 압축 펌프
임펠러 및 안내 날개부 케이싱으로 된 펌프(ball 부분)를 바닥에 늘어트려 임펠러는 항상 흡수면 밑에 있도록 하고, 기동 시에 만수조작을 하지 않는 것이 특징이다.
▶ 종류 : ① 일상식   ② 반 이상식   ③ 이상식

다) 왕복 펌프
피스톤 또는 플런저의 왕복운동에 의해서 액체를 흡입하여 소요의 압력으로 압축 후 송출하는 것으로, 송출량은 적으나 고압을 요구하는 경우에 적합하다.

라) 회전 펌프
(가) 기어 펌프
기어 펌프는 2개의 같은 모양 같은 크기의 기어를 원통 속에 물리게 하여 한쪽 치차에 동력을 주어 운전을 하면 이와 이 사이의 공간에 액체를 구축해서 펌핑(pumping) 작용을 행한다.

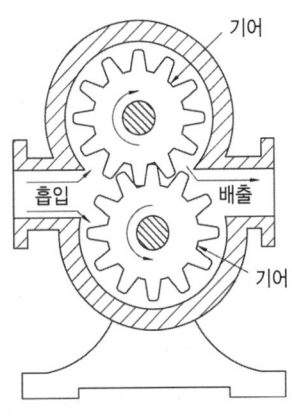

그림 3-158 기어 펌프

(나) 베인 펌프(vane pump)

원통형의 케이싱 내에 편심된 회전체가 회전하고 그 회전체에 홈이 있어서 홈속에 판 모양의 베인이 삽입되어 자유롭게 출입하게 되어 있다.

① 베인은 방사상 또는 회전방향으로 경사시켜 회전체가 회전하면 베인은 원심력에 의하여 바깥쪽으로 튀어나가 케이싱의 내면을 누르며 회전한다.

② 회전체가 시계방향으로 돌 때에 오른쪽 반은 회전에 따라 용적이 증가하고 왼쪽 반에서는 반대로 감소한다.

③ 좌우 양실에 누에 모양의 구멍을 만들어 흡입관과 송출관에 연결하고 회전체를 회전시키면 연속으로 흡입과 송출이 된다.

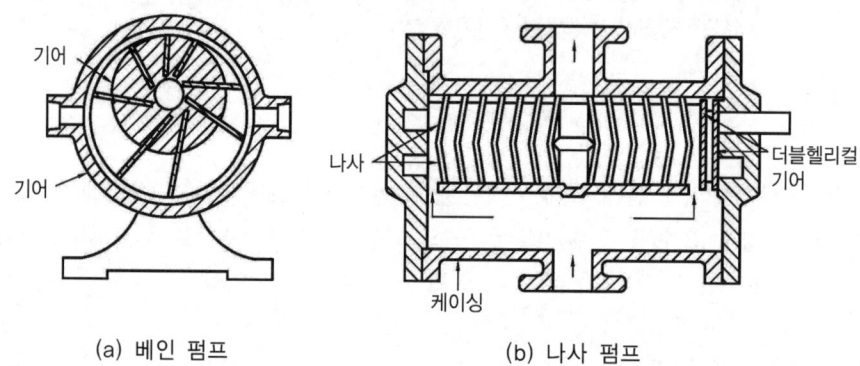

(a) 베인 펌프   (b) 나사 펌프

그림 3-159 베인 펌프와 나사 펌프

▶ **특징** ① 송출 유량은 적으나 송출 압력이 높아 기름의 가압이나 유압 펌프 등에 사용하며, 주로 기름을 취급하는 데 사용하며, 대유량의 기름을 수송하는 데 적당하다.
② 비교적 고장이 적고, 보수가 용이하다.

(다) 나사 펌프

한 개의 나사축(원동축)에 다른 나사축(종동축)을 1개 또는 2개를 물리게 하여 케이싱 속에 봉하고 이러한 나사 축을 서로 반대방향으로 회전시킴으로써 한쪽 나사 홈 속의 액체를 다른 쪽의 나사산으로 밀어나가게 되어 펌핑시킨다.

▶ **특징** ① 효율 면에서도 좋고, 폐입 현상도 없고, 고속회전도 가능하다.
② 소음이 적고, 대용량 고효율적인 펌프이다.

마) 특수 펌프

(가) 마찰 펌프

여러 형상의 매끈한 회전체 또는 주변에 홈이 있는 원판상 회전체를 케이싱 속에서 회전시켜 이것에 접촉하는 액체를 유체 마찰에 의해 압력 에너지를 주어 송출하는 펌프이다.
- ▶ **특징** ① 구조가 간단하고 제작이 쉬우며 소형, 소유량에 적합하다.
  ② 시계방향 회전에 따라 회전체 홈 속 유동이 원심력에 의하여 유체는 속도 에너지를 받아 케이싱 사이로 나와 와류를 형성하여 난류 마찰에 의하여 송출된다.
  ③ 구조가 간단하여 보수가 쉽다.

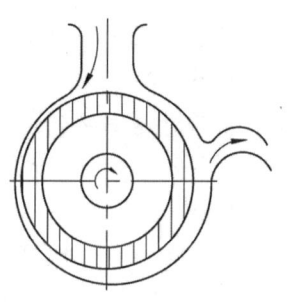 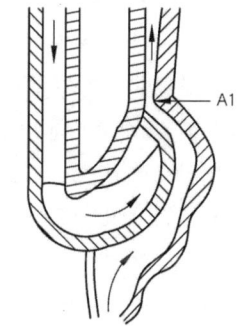

그림 3-160 마찰 펌프의 원리   그림 3-161 물 분사 펌프의 원리

(나) 분류 펌프

노즐에서 높은 압력의 유체를 혼합실 속으로 분출시켜 혼합실로 보내진 다른 유체(송출유체)를 동반하여 확대관부로 나가 압력이 증가하여 목적하는 곳으로 수송되는 장치이다.

- ▶ **특징** ① 손실이 크고, 기계효율이 낮으며, 구조가 간단하고, 운동부가 없으므로 고장이 없다. 부식성 액체, 다른 종류의 액체의 혼합 시 편리하다.
  ② 고압의 물이 A_1 단면의 노즐을 거쳐서 높은 속도로 분출하면서 주위의 공기를 동반하여 수송하므로 부근이 낮은 압력이 되어 아래 관으로부터 흡입된 액체와 충돌, 혼합되어 혼합액체의 속도가 증가한다. 목을 지나면 관이 확대되므로 속도에너지가 압력에너지로 변환로 변환 압송된다.
  ③ 보일러 급수용 인젝트 펌프로 많이 이용

(다) 기포 펌프

공기관에 의하여 압축공기를 양수관 속에 송입하면 양수관 속의 물보다 가벼운 공기와 물의 혼합체가 되므로 관의 외부의 물에 의한 압력을 받아 물이 높은 곳으로 수송되는 것이다.

(라) 수격 펌프

비교적 저 낙차의 물을 긴 관으로 이끌어 그 관성 작용을 이용하며 일부분의 물을 원래의 높이보다 더 높은 곳으로 수송하는 자동양수기를 말한다.

라. 펌프의 점검 및 정비

1) 캐비테이션(폐입현상)

2개의 기어가 서로 물림에 의해서 압류가 흡입구 쪽으로 되돌려지는 현상으로 흡입량 감소 등 여러 가지 영향을 준다. 폐입된 부분의 용적은 폐입을 개시하여 폐입 중앙부까지는 점차 감소하고, 폐입 중앙 위치로부터 폐입 종료 시까지 점차 증가한다.

오일은 비압축성 유체이므로 폐입 부분에서 압축 시에는 고압이, 팽창 시에는 진공이 형성되어 고압이 발생된다. 이 영향으로 기어의 진동, 소음의 원인이 되고, 오일 중에 녹아 있던 공기가 분리되어 기포가 형성되면서 불규칙한 맥동의 원인이 된다. 축동력의 증가로 나타나며, 토출량이 감소되고, 기름온도의 상승현상이 나타난다.

폐입의 방지책으로는 톱니바퀴의 맞물리는 부분의 측면(기어의 측면)에 릴리프 홈(토출 홈)에 의한 방법으로 해결할 수 있다.

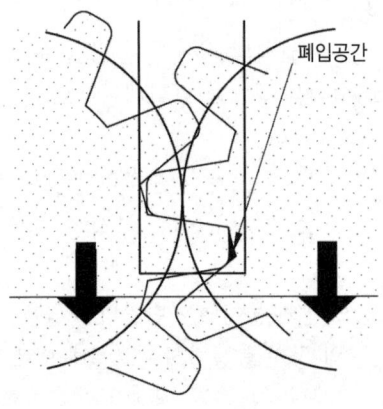

그림 3-162 폐입현상

가) 영향

① 캐비테이션이 발생하면 소음, 진동이 생기고 펌프의 성능이 저하한다.
② 양정곡선과 효율이 저하된다.
③ 더욱 압력이 저하하면 양수불능이 된다.
④ 펌프 케이싱 및 임펠러의 정침식 발생 : 캐비테이션이 발생하고 있는 상태로 오랜 시간 사용하면 발생부 근처의 유로 표면에 여러 개의 구멍이 생겨 재료를 손상시

킨다. 이것을 정침식이라 하여 이는 캐비테이션에 따라 생긴 여러 기포가 터질 때의 충격의 반복으로 발생한다.
⑤ **압력계의 변화** : 압력계의 지침이 흔들리며 불안정한 현상이 나타난다.

나) **방지책**

캐비테이션의 방지 근본은 유효 NPSH를 필요 NPSH보다 크게 하는 데 있으며, 필요 NPSH를 감소하는 방법으로 임펠러 앞에 인듀서라고 하는 예압용 임펠러를 장치하여 흡입능력을 향상시키는 경우가 있다.
① 임펠러의 설치위치를 낮게 하고 흡입양정을 작게 한다.
② 펌프의 회전수를 낮게 한다.
③ 단 흡입이면 양 흡입으로 고친다.
④ 흡입구를 크게 한다.
⑤ 흡입관은 짧게 하는 것이 좋으나 부득이 길게 할 경우는 흡입관을 크게 한다.
⑥ 흡입 측에서 펌프의 토출량을 조여서 줄인다는 것은 절대 피한다.
⑦ 전 양정은 캐비테이션을 고려하여 적합하게 한다.
⑧ 양정의 변화가 클 경우에는 상용이 처져 양정에 대해서도 캐비테이션이 생기지 않게 해야 한다.
⑨ 외적 조건으로 캐비테이션을 피할 수 없을 경우 침식에 강한 고급 재질을 택한다.
⑩ 이미 캐비테이션이 발생한 경우 소량의 공기를 흡입 측에 넣어 소음과 진동을 적게 한다.

2) 수격현상(water hammer)

관로에서 유속의 급격한 변화에 의해 압력이 상승 또는 하강하는 현상을 말한다.
수격현상에 따른 압력 상승 또는 강하의 크기는 유속의 상태(펌프의 정지 또는 기동 방법), 밸브의 개·폐에 필요한 시기, 관로의 상태, 유속 펌프의 특성에 따라 변화한다.

가) **원인**
① 송수관에서 정전 등에 의하여 펌프의 동력의 급차단될 때
② 펌프의 급가동, 밸브의 급개 또는 급폐 시

나) **현상**

펌프에서 동력 급차단 시 생기는 3가지 형태는 다음과 같다.
① 토출 측에 밸브가 없는 경우
② 토출 측에 체크 밸브가 있을 경우
③ 토출 측에 밸브를 제어했을 경우

다) 수격현상의 경감 방법
 (가) 수격현상의 피해
  ① 워터 해머 상승 압에 따라 펌프 밸브, 관로 등의 파손
  ② 압력강하에 따른 관로의 파손
  ③ 압력상승에 의한 수주분리에 따른 충격 압에 의한 관로의 파손
  ④ 펌프 및 원동기의 역전, 과속에 의한 사고발생

▶ 수주분리란
압력강하에 따라 관로의 어떤 점에서 압력이 물의 증기압 이하로 되면 물이 분리하여 공동부가 생기는 현상을 수주분리라 한다.

 (나) 수격현상의 방지책
  ① 부하(수주분리)발생 방지책
   ㉮ 플라이휠(flywheel) 장치 펌프 : 플라이휠 장치로 회전 속도가 갑자기 감속되는 것을 방지하여 제1단계의 급격한 압력 강하 완화
   ㉯ 서지 탱크(surge tank) : 관로에서 펌프 급정지 후에 압력이 강하하는 장소에 서지 탱크를 설치물의 관로에 보급하는 방법으로 펌프 출구에서 발생한 압력 파는 서지 탱크 자유표면에서 반사되므로 워터 해머는 펌프에서 서지 탱크까지 고려한다.
   ㉰ 단방향(one way) 서지 탱크 : 서지 탱크와 관로의 연결부에 배관에 체크 밸브를 장착하여 관로의 물높이가 탱크의 물높이보다 낮아지면 물을 공급하고, 반대로는 흐를 수 없다.
   ㉱ 공기 밸브 : 관로에 부하 발생점을 만들어 부하 시 관로에 공기를 넣는 것이며 공기 밸브 설치점 이후의 관로에 물이 유출할 경우 사용한다.
   ㉲ 공기조 : 펌프 토출구 부근에 공기 조를 만들어 제1단계에서 펌프 토출량의 증감에 따른 압력 강하가 경감되도록 공기조에서 물 또는 공기를 보낸다.
   ㉳ 관 내 유속저하 : 관로의 지름을 크게 해서 관 내 유속을 감속하면 관로 내 수주의 관성이 작아지므로 압력 강하가 작아진다.
   ㉴ 관로의 형상 변경 : 펌프 부근에서 세워진 배관이 도중에 수평에 가까워지면 수주분리가 일어나기 쉬우므로 관로 모양을 변경시킨다.
  ② 압력상승 방지책
   ㉮ 밸브 제어법 : 밸브의 폐쇄속도를 2단 또는 3단으로 나누어 최초의 스트로크의 대부분을 펌프의 역전 역유량을 적게 하기 위해 약간 빨리 닫고

나머지는 천천히 닫아 압력상승을 경감한다.
- ㉯ 안전 밸브 : 상승압을 직접 도피시킨다.
- ㉰ 밸브 제어법 : 급 체크 밸브, 중량 체크 밸브를 사용

③ 기동 시의 워터 해머
- ㉮ 송수관 내에 물이 없을 경우 : 펌프가 기동하여 물이 흐름에 따라 관 내의 공기를 밀어내어 송수관 내를 물로 채우는 경우 송수관의 말단 혹은 송수관 일부가 파손될 수 있다.
- ㉯ 밸브의 저항 : 절반 열린 밸브를 공기가 통과할 때와 물이 통과할 때의 밸브의 저항이 다르므로 발생한다. 유체의 저항은 밀도에 비례하므로 물의 밀도는 공기의 밀도의 800배이며 이에 해당하는 교축효과가 나타나 유속이 급상하여 워터 해머가 발생한다.
- ㉰ 방지책
  - 밸브를 반개 상태로 펌프를 기동
  - 펌프의 토출량을 조절하여 송수관 내의 유속을 낮춘다.
  - 송수관 내에 물을 채운 후 정상압으로 운전한다.
  - 가능하면 송수관 내에 물을 채운 후 기동한다.

마. 펌프 시방

1) 펌프용 밸브

가) 펌프 흡입 밸브

정지 중 펌프의 분해 점검용이며 펌프 운전 중은 필요하지 않으므로 차단성이 좋고 전개 손실수두가 적은 수동 슬루스 밸브가 적합하다.

표 3-12 밸브의 명칭에 따른 역할

밸브 명칭	차단	유량교축제한	역류방지
슬루스 밸브(sluice valve)	○		
글루브 밸브(gloove valve)	○	○	
앵글 밸브(angle valve)	○	○	
니들 밸브(needle valve)	○	○	
나비형 밸브(butterfly valve)	△	○	
코크 밸브(coke valve)	○		
로터리 밸브(rotary valve)	○	○	

밸브 명칭	차단	유량교축제한	역류방지
체크 밸브(check valve)			O
반전 밸브(reflex valve)			O
플랩 밸브(flap valve)			O

나) 토출 밸브

표 3-13 토출 밸브의 비교

밸브로서 펌프 토출량을 조절하지 않는 경우		밸브로서 펌프 토출량을 조절하는 경우	
펌 프	밸 브	펌 프	밸 브
사이펀 배관의 저 양정	나비형 밸브	저 양정	나비형 밸브
소형 원심 펌프	슬루스 밸브	중형, 대형원심 (75m 이하)	나비형 밸브
중형, 대형 펌프 (양정 50m 이하)	나비형, 슬루스	중형, 대형원심 (50 이상)	로터리 밸브
대형원심(50~120m)	슬루스, 로터리 밸브	중형, 대형 고양정	로터리, 니들 밸브
대형원심(75m 이상)	로터리 밸브		
토출관이 짧은 저 양정 펌프(전 양정 약 10m 이하)		플랩 밸브(토출관단에 설치)	
소형 원심 펌프		체크 밸브, 푸트 밸브	
중형, 대형 원심펌프(전 양정 100m 이하)		체크 밸브 또는 완개식 체크 밸브	

다) 역류 방지 밸브

전 양정 100mm 이상의 고 양정 또는 소구경의 펌프에 역류방지 밸브가 사용된다.

2) 배관

가) 흡입관

① 흡입관에서 편류나 선회유가 발생하지 못하게 한다.
② 관의 길이는 짧고 곡관의 수는 적게 한다.
③ 배관은 공기가 발생치 않도록 펌프를 향해 1/50 올림 구배한다.
④ 관내 압력은 보통 대기압 이하로 공기 누설 없는 관이음으로 한다.
⑤ 흡입관 끝에 스트레이너 또는 푸드 밸브를 장치한다.

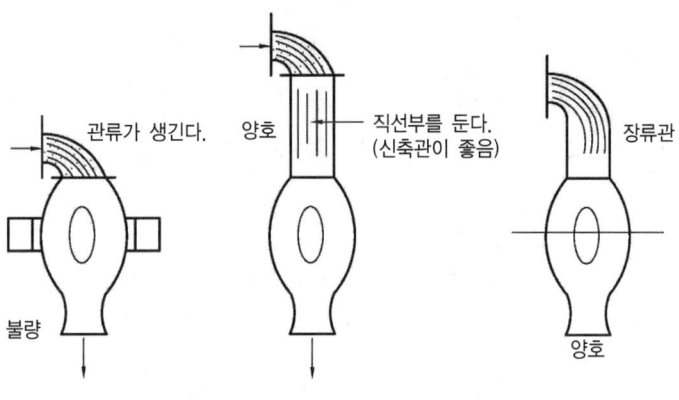

그림 3-163 흡입관

나) 공기관

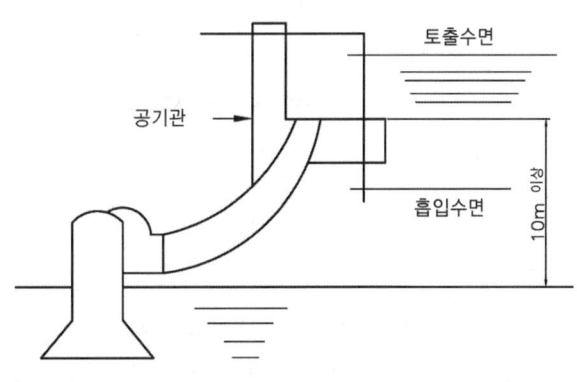

그림 3-164 공기관 설치

양정이 10m 이상일 때 관 끝에 역류방지 밸브를 장치하면 정전시 슬루스 밸브(sluice valve)를 닫지 않고, 펌프가 정지했을 경우 송수관 윗부분에 진공부가 발생하게 되나 공기관을 설치하면 이 부분으로 공기가 유입하여 압력 강하를 방지한다.

다) 신축 이음(flexible joint)
① 온도 변화에 따른 관신축 방지
② 지중 매설관 등 지반의 부등침하에 대한 관 보호
③ 설치상, 제작상 오차에 대한 관 보호
④ 펌프 밸브 혹은 관 자체 설치 후 분해가 불가능하다.
⑤ 펌프 설치 바닥면을 방진 지지 구조로 할 때 배관을 타고 가는 진동을 흡수

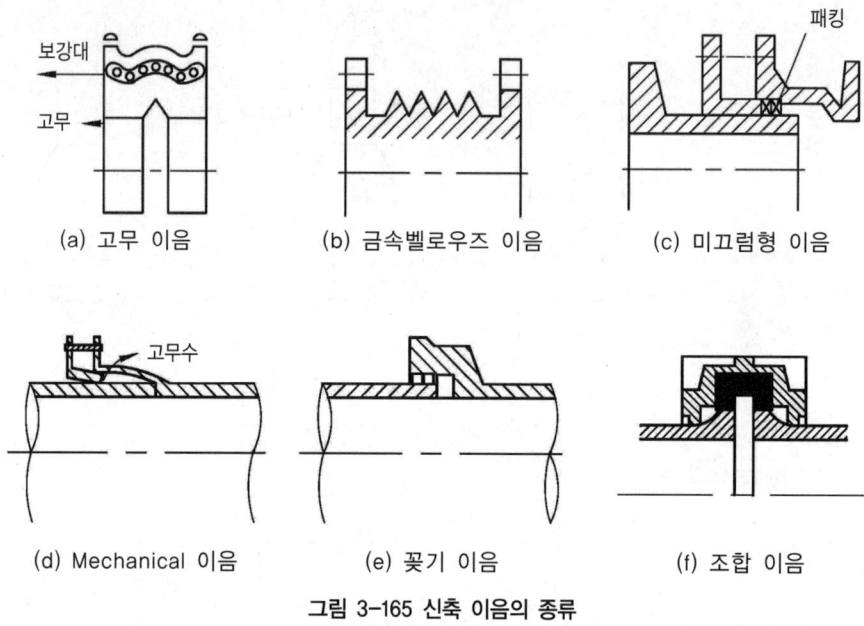

그림 3-165 신축 이음의 종류

바. 펌프의 운전

1) 펌프의 운전

펌프의 운전은 효율이 최고가 되는 점 즉, 유량 부근에서 운전하는 것이 가장 바람직하나 용도에 따라 소유량 또는 대유량에서 운전 시에는 그 특성에 따라 사용하여야 한다.

가) 부분 유량에서의 운전의 문제점

펌프를 정격유량 이하의 부분유량에서 운전 시 문제점은 다음과 같다.
① 차단점 부근의 과열현상
② 임펠러에 작용하는 반경방향 및 추력의 증가
③ 특성곡선의 변곡점 부근에서 생기는 소음 및 진동

나) 펌프 온도의 상승

$$\triangle t = \frac{(1-\eta)H}{427\eta}$$

여기서, $\triangle t$: 상승온도(℃) H : 펌프의 전 양정(m) η : 펌프의 효율

2) 서징(surging)

펌프의 운전 중 토출량이 변화하는 것과 같은 소용돌이 현상이 발생하는 것을 서징이라 한다. 송풍압력과 송출유량의 주기적인 변동이 일어나서 숨을 쉬는 상태로 나타나는 현상이다.

가) 서징 현상 방지법
① 송풍기의 회전수를 낮춘다.
② 토출량의 일부를 방출한다.
③ 흡입 밸브를 교축한다.
④ 토출량의 압력을 낮춘다.

> **Tip**
>
> ▶ 운전점이란
> 저항곡선과 펌프의 특성곡선의 교점을 펌프의 운전점이라 한다.
>
> ▶ 저항곡선이란
> 횡축에 토출량(Q), 종축에 전양정(H : 실양정 + 관로손실 양정)을 나타내는 곡선을 저항곡선이라 한다.
>
> ▶ 양정곡선이란
> 토출량과 전양정을 나타내는 곡선을 양정곡선이라 한다.

나) 관로계에서 서징의 발생 조건
① 밸브의 양정곡선이 우측 상향의 경사인 경우
② 배관 중에 수조가 있거나 이상이 있는 경우
③ 토출량을 조절하는 밸브 위치가 후방에 있는 경우

3) 펌프 운전상 주의사항

가) 동력관계

(가) 과부하인 경우
압력관계는 계획보다 실압력이 크거나 파이프가 너무 가늘거나 밸브의 열림 등
① 양수량의 과대현상은 계획보다 양수량이 초과할 때
② 기계적 손실로는 그랜드 패킹의 과잉체결
③ 펌프의 선정 잘못

(나) 무부하인 경우
　① 펌프가 완전하게 작동 안 되는 경우는 임펠러가 막힌다. 실(seal)의 불량 등
　② 캐비테이션의 흡수 파이프가 가늘거나 흡수축에 밸브가 있거나 막힌다.
　③ 공전 액체가 있다.
　④ 푸드 밸브의 고장인 경우이다.
　⑤ 역회전 등이다.

(다) 베어링 온도, 모터의 과열
　정상 베어링 온도는 40℃ 이하이며, 이상 고온이 생기는 경우는 다음과 같다.
　① 순환유의 불안전, 순환 계통의 불량, 유압의 부족
　② 급유 부족
　③ 베어링 메탈과 축의 중심이 엇갈림, 직결의 무리 등 모터에 무리한 힘이 가해지면 모터의 소손위험 대책강구

(라) 압력, 진공, 전류계 판독
　① 압력계가 높은 경우
　　㉮ 밸브를 너무 막을 때
　　㉯ 파이프가 막힌 경우
　　㉰ 압력 스위치의 고장
　　㉱ 안전 밸브의 불량
　　㉲ 실양정이 설계양정보다 클 때
　　㉳ 펌프 선정이 잘못 되었을 때
　② 압력계가 낮은 경우
　　㉮ 회전수의 저하, 전압, 사이클의 저하
　　㉯ 임펠러의 막힘.
　　㉰ 흡수 측의 막힘.
　　㉱ 공전, 실양정이 설계양정보다 작다.
　　㉲ 흡수측으로부터 공기 흡입
　③ 진공계가 높은 경우
　　㉮ 수위저하, 이상 갈수, 우물의 간섭
　　㉯ 점도액의 점도 변화, 추울 때의 기름 등
　　㉰ 흡수측의 막힘 또는 손실 증가, 푸드의 고장, 흡수관에 이물질 또는 오래된 스케일의 저항이 크다.
　④ 진공계가 낮은 경우
　　㉮ 수위 상승, 증수
　　㉯ 임펠러, 마우스 링의 마모

㉰ 기어의 마모
㉱ 실의 불량
㉲ 패킹의 과열흡수, 파이프의 분공 등에 의한 공기흡수

나) 시운전 시 주의사항
① 절대 공 운전하지 말고 흡수의 확인
② 회전 방향 확인
③ 밸브 개·폐에 주의
④ 압력, 전류, 진공계의 확인
⑤ 소음, 진동, 베어링 온도에 주의
⑥ 회전수를 확인한다.

사. 펌프의 진동

1) 수압 맥동에 따른 진동

펌프의 임펠러 출구에서의 압력은 날개깃의 모양에 따라 다르기 때문에 압력의 높고 낮음이 주기적으로 안내 날개 입구 혹은 소용돌이 실의 단 붙이 부분을 통과할 때마다 토출측 압력변동이 전달되어 펌프 케이싱 또는 송수관 진동이 되어 나타난다.

가) 진동식(주파수)

$$f = \frac{ZN}{60}$$

여기서, f : 수압 맥동에 따른 진동수(Hz) = 주파수
Z : 임펠러 베인의 수
N : 펌프의 회전 수(rpm)

진동수가 송수관이나 케이싱의(casing)의 고유 진동수와 공동으로 진동하면 공진동을 발생하게 된다.

▶ 공진동(공진)
외력의 진동수와 계의 어느 한 고유의 진동수가 일치할 때 진동이 발생되며 위험한 큰 폭의 진동이 발생한다.

나) 방지책

수압 맥동에 따른 진동은 고압의 대형 펌프에서 크게 문제시 되며 펌프로부터 나온 수압맥동은 다음 방법으로 개선한다.
① 수압 맥동의 진폭은 구성부를 개조함으로써 경감할 수 있다.
② 송수관의 공진은 관의 지지 장소, 방법 및 관의 보강 등을 변경하여 진동을 방지할 수 있다.

2) 와류에 따른 진동

칼만와류에 따라 발생하는 진동은 유로가 갑자기 확대된 곳이나 날개나 가이드 날개에서 흐름이 벽면에서 이탈하면 이 부분에서 소용돌이가 생겨 나타나는 경우도 있다.

> **Tip**
> ▶ 칼만와류란
> 수류 속에 물체가 있을 때 그 뒤에 소용돌이가 생기며 이 소용돌이는 물체의 양측에서 교대로 주기적으로 진동이 발생하는 현상을 칼만와류라 한다.

가) 방지책
① 진동에 따른 공진을 피하도록 관리한다.
② 지지방법을 바꾼다.
③ 유속을 변경하고 유로의 갑작스런 확대를 피하도록 한다.

3) 회전부의 불균형에 따른 진동

회전부의 마모, 부식 형상과 원동기의 직결상태 불량으로 회전부의 불균형에 따라 펌프의 회전차가 진동한다.

가) 방지책
① 회전부에 마모나 부식이 생겨 불균형이 생겼을 때는 바로 잡아야 한다.
② 원동기의 직결 불량인 경우는 센터링(centering)으로 바로 수정한다.

4) 펌프 구성요소의 진동

펌프 축의 고유진동수와 회전수 혹은 수압맥동의 진동수와 공진하는 경우 축 이외 베어링 부분의 상기 진동수와 공진 압축펌프 등에서는 펌프 전체의 공진에 따라 진동이 발생한다.

가) 방지책
　① 계산하여 공진을 피하는 방법 : 진동을 피하기 위하여 축 계통의 고유진동수를 계산하려 공진현상을 피한다.
　② 강성을 보강하는 방법 : 축 이외의 구성 요소의 고유진동수 계산은 복잡하므로 공진부분의 강성을 크게 하고 방진고무 등을 써서 진동을 방지한다.

5) 진폭의 허용차
여러 기전력에 따른 펌프의 진동은 펌프의 구조적으로 약한 부분에 나타나며 이 진폭은 횡축펌프에서는 외부 베어링, 압축 펌프에서는 전동기의 꼭지부에서 생긴다.

표 3-14 횡축 펌프의 개략 허용 진폭

회전수(rpm)	진 폭	회전수(rpm)	진 폭
300까지	71 이하	1,000 ~ 2,000	40 이하
300 ~ 600	66 이하	2,000 ~ 3,000	29 이하
600 ~ 1,000	58 이하	3,000 ~ 4,000	25 이하
1,000 ~ 1,1500	49 이하	4,000 이상	25 이하

아. 펌프의 보수 관리

1) 베어링

　가) 베어링의 사용관리
　　① 운전 중인 베어링 하우징 외부 면에서 측정되는 베어링의 온도는 정상 운전 상태에서 **주위온도보다 20~30℃를 초과해서는 안 된다.**
　　② 베어링의 하우징에 드라이브 끝을 귀로 대고 확인하였을 때 거친 소음이나 두들기는 소음은 베어링에 이물질이 있다는 증거이며, **휘파람 소리는 윤활유의 부족**을 의미한다.
　　③ 오일 윤활 베어링의 오일 레벨은 매일 체크하여야 하며 정확히 보충시켜야 한다.

　나) 베어링의 과열 현상 : 과열 원인
　　① 조립 불량 : 기준 값 이상의 부하가 발생하여 발열량이 증가한다.
　　　▶ 조치 : 축심을 일치, 직결을 수정, 커플링 같은 가소성이 큰 축이음을 사용한다.
　　② 윤활유 또는 그리스의 양이 부족 : 발열이 발생
　　　▶ 조치 : 유면계의 레벨 지시에 따라 적절한 기름의 양을 확보하며, 그리스 윤활의 경우 베어링이 들어 있는 방의 용량에 대해 1/3~1/2이 적정량이며, 이보다 많을 때에는 줄여야 한다.

③ 윤활유질의 부적합 : 막이 끊기거나 교반 손실이 되어 발열하므로 조건에 맞는 윤활유 사용하여야 한다.
④ 베어링의 장치 불량 : 변형이 생겨 발열이 발생되며 적절한 기울기와 내·외륜의 축 방향의 조이기 여분을 유지시킨다.

2) 축의 밀봉장치

패킹 사이에 위치한 렌더링은 케이싱 내로 공기가 유입되는 것을 방지하기 위해 송출실로부터 내부 통로나 외부관을 이용하여 봉수를 공급시켜 준다. 총 양정에서 50m를 초과하면 공급관에 슬루스 밸브를 달아서 봉수량을 조절한다. 봉수 압력은 흡입 압력보다 $1.5 \sim 5 kgf/cm^2$ 정도 높게 한다.

3) 펌프의 분해 검사

가) 일일 점검 항목

베어링의 온도, 흡입 토출 압력, 습기(누수량), 윤활유 온도 압력, 토출 유량계, 패킹 상자에서의 누수, 냉각수의 출입구 온도 압력, 원동기의 압력, 오일링의 움직임

나) 분기 점검 항목

펌프와 원동기의 연결 상태, 그랜트 패킹, 윤활유 면과 변질의 유무, 배관지지 상태

다) 1년마다 점검 항목

전 분해(over-haul), 마모 간극(clearance)측정, 계기류 점검

자. 펌프 정비작업

1) 원심 펌프의 정비작업

가) 원심 펌프의 설치 방법

① 콘크리트 기초 : 2주 이상의 양생 기간이 지난 후 펌프를 설치하고 수평을 맞춘다.
② 수평중심 내기 : 기초 면과 베드 사이에 8~15mm 두께의 구배 라이너(liner)를 넣고 수평을 맞추며 앵커 볼트 구멍에 몰탈(mortar)을 충진시켜 경화시킨다.
③ 그라우팅 : 기초와 베드의 틈새에 몰탈을 충분히 충진해 둔다. 이것을 그라우팅이라고 하며, 이때 조강 시멘트 무수 몰탈로 그라우팅 하는 것이 바람직하다.
④ 몰탈 마무리 : 베드 주변의 몰탈 마무리는 중(重)기계, 고(高)진동기계가 아니므로 최후에 하여도 된다. 마무리는 가능하면 전문가에게 맡기는 것이 좋다.

나) 원심펌프의 분해

흡입커버 제거 ➡ 임펠러 너트 분해 ➡ 임펠러 축 해체

표 3-15 원심펌프의 일반적 고장과 대책

현 상		원 인	대 책
기동하지 않음		원인기가 고장이다.	전동기, 엔진 등을 수리
기동하지만	물이 안 나옴	마중물을 하지 않음.	한 번 더 마중물 함.
		제수 밸브 닫힘.	밸브를 조사
		양정이 지나치게 높다.	압력계, 진공계로 확인
		회전방향이 반대	화살표 조사
		임펠러가 매여 있다.	내부를 본다.
		흡입양정이 높다.	진공계로 잰다.
		스트레이너, 흡입관이 꽉 메여 있다.	내부를 본다.
		회전수가 저하	회전계로 잰다.
	처음에 물이 나오다가 곧 안 나옴	마중물이 충분하지 못함.	마중물을 충분히 함.
		흡입 측에서 공기를 뺀다.	흡입 측 조사
		배관불량으로 흡입관 내에 에어포켓이 생김.	배관상태 조사
		봉수 계통에 메여 있다.	보수 계통을 조사
		흡입양정이 지나치게 높음.	진공계로 조사
	과부하	회전이 과속	회전계로 조사
		양정이 낮음.	토출 칸막이 밸브 죔.
		토출량이 많음.	토출 칸막이 밸브 죔.
		액 비중이 큼.	계획 재검토
		동체 부분이 휨.	배관 상태를 본다.
		회전 부분이 닿음.	분해 수리를 함.
		축이 휨.	분해 수리를 함.
		그랜드 패킹을 지나치게 조임.	그랜드 패킹을 느슨하게 함.
		볼베어링이 손상	볼베어링 교환
		기름 윤활 시	윤활유출 보급
	펌프가 이음 진동한다.	임펠러가 매여 있다.	내부 점검
		축이 굽었다.	분해 수리함.
		설치가 불량	설치 상태 조사
		볼베어링 손상	볼베어링 교환
		캐비테이션 발생	전문가에게 상담

다) 원심펌프의 정비
   ① 캐비테이션의 수리 : 임펠러는 납땜, 용접으로 수리 가능
   ② 에어 링(air ring) : 에어링 마모의 원인
     • 물에 혼합되어 있는 흙, 이물질
     • 베어링 마모에 의한 임펠러의 진동 회전축이나 축의 굽힘
     • 축의 그랜드 패킹부의 마모와 수리
   ③ 축 흔들림 허용범위는 베어링 부착부를 기준으로 하여 날개바퀴 부착부에서 0.05mm 이내를 기준으로 한다.

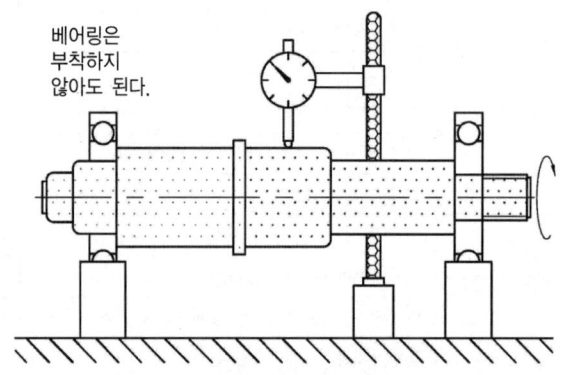

그림 3-166 축 흔들림 측정법

라) 베어링 마모와 수리
   임펠러 부분은 베어링부보다 길게 돌출되어 있으므로 베어링이 마모되면 그 마모량의 거의 3배는 진동회전을 할 수 있으므로 베어링 마모를 촉진한다. 그랜드 패킹 마모도 심해지므로 조속히 베어링을 교체하는 것이 좋다.

2) 터빈 펌프의 정비 작업
   가) 터빈 펌프의 성능과 취급
      터빈 펌프는 양정 곡선의 도중에 최고점을 갖는다. 이 최고점을 마감양정이라고 한다.
      ① 동력 부하와 펌프의 효율 : 50~60%
      ② 토출량 : 50% 이하

   나) 터빈 펌프의 분해와 정비
      유극량을 확인해 둔다. ➡ 밸런스 디스크 ➡ 베어링 캡 ➡ 너트 ➡ 하우징 ➡ 스터핑 박스 ➡ 임펠러의 뒷면 틈새 측정은 안내 날개와 임펠러의 출구 중심을 일치시킨 뒤 임펠러 뒷면의 틈새를 측정한다.

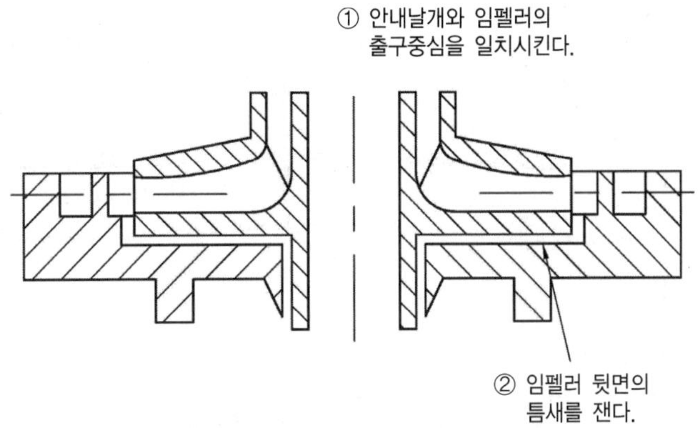

① 안내날개와 임펠러의 출구중심을 일치시킨다.

② 임펠러 뒷면의 틈새를 잰다.

그림 3-167 임펠러 뒷면 틈새 측정법

다) 축 흔들림 허용치

베어링에 주어진 틈새값이 거의 1/2 이내 즉, 최대 흔들림이 0.1mm 이내이고 흔들린다고 해도 0.2mm를 넘어서는 안 된다.

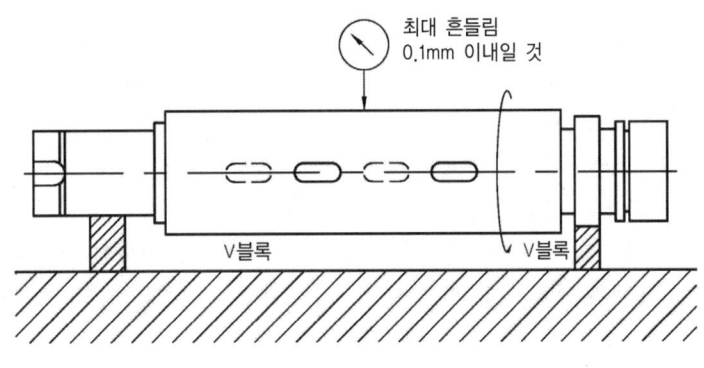

그림 3-168 축의 흔들림 검사법

라) 축 흔들림의 최대부위 측정

다이얼 게이지를 각 부에 대고 측정한다. 축 너트를 약간 풀어서 단면에 틈새를 만들고 틈새 게이지로 측정하면 잘못된 부분을 알 수 있다. 직경 50mm, 길이 1,000mm 의 축에 두께 5mm의 슬리브를 부착하고 중심부에 2mm의 최대 흔들림을 일으키게 하려면 그 슬리브의 단면의 잘못됨은 한쪽 면이 0.12mm에 불과하다.

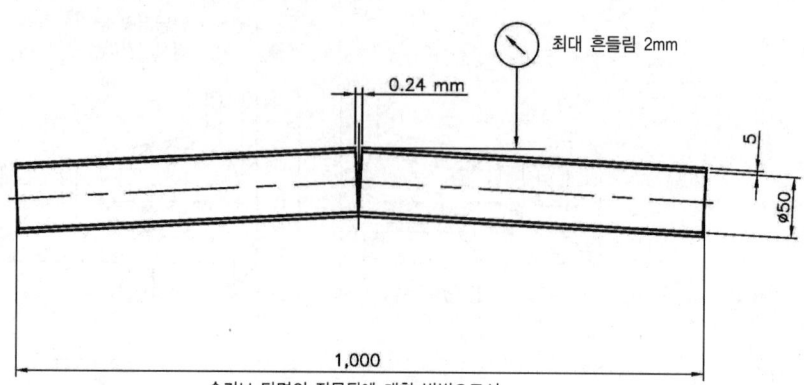

그림 3-169 축의 흔들림과 슬리브 단면 불량

3) 왕복 펌프의 정비작업

가) 분해정비

① **아마존 패킹의 교체** : 수용(水用) 피스톤에는 아마존 패킹이나 가죽, 고무 등의 패킹이 쓰인다. 높이가 부족할 경우에는 동판을 테이프 모양으로 절단한 것을 깔고 부족분을 보충한다.

② **피스톤 링의 교체** : 증기용 및 내연기관용 피스톤 링은 그 일부를 절단하여 만든다. 피스톤 링부의 누설은 맞춤부의 틈새가 결정적인 요인이 된다.

③ 밸브 자리의 형상은 원추 밸브 자리가 유체 저항이 20~30%는 적다.

④ **밸브의 작동과 리프트의 조정** : 흡입 밸브 리프트는 유로 직경의 30~40%, 토출 밸브 리프트는 20~30% 정도로 조정한다.

⑤ **닿는 면의 습동 맞춤** : 밸브의 수정은 우선 닿는 면을 선반으로 절삭하여 고치고 다음에는 카버런덤(#150~200)으로 습동 맞춤을 한다.

3. 송풍기의 점검 및 정비

가. 송풍기의 개요와 분류

1) 송풍기

송풍기는 형식, 용도, 사용조건 등에 따라서 다양한 종류가 있으며 일반적으로 그 주요 구성부분은 케이싱, 임펠러, 축, 베어링, 커플링, 베드 및 풍량 제어장치 등으로 되어 있다.

2) 분류

가) 임펠러(impeller) 흡입구에 의한 분류
① 편 흡입형(single suction type) : 불 평형
② 양 흡입형(double suction type) : 평형
③ 양쪽 흐름 다단형(double flow multi-stage type) : 1단으로 들어오고 2단으로 보냄, 승압효과

나) 흡입 방법에 의한 분류
① 실내 대기 흡입형 ② 흡입관 치부형 ③ 풍로 유입형

다) 단수에 의한 분류
① 일단형(single stage) ② 다단형(multi stage)

라) 냉각방법에 의한 분류
① 공기냉각형(air cooled type)
② 재킷냉각형(jacket cooled type)
③ 중간 냉각 다단형(inter cooled multi stage type)

마) 안내차(guide vane)에 의한 분류
① 안내차가 없는 형(blower without guide vane)
② 고정 안내차가 있는 형(blower with fixed guide vane)
③ 가동 안내차가 있는 형(blower with adujustable guide vane)

나. 기초 작업 및 설치

1) 기초 작업

가) 기초 치수의 확인
송풍기 설치 전에 기초볼트 위치 및 부품의 배치를 조립 외형도에 의거 확인

나) 기초의 조정
① 기초볼트 양쪽에 기초판(base plate)을 놓고 설치하여 기초의 높이 조정
② 기초판 위에 구배(1/10~1/15)라이너(liner) 또는 평행라이너를 넣어 조정
③ 센터링(centering)을 완료한 후 기초판(제일 밑 콘크리트 바로 위)과 라이닝(기초판 아래의 것) 사이를 용접

2) 설치
① 기초 지반이 연약할 때 가장 큰 영향을 미치는 고장 발생 현상 : 진동의 발생

② 송풍기 설치 시 기초 중량의 무게 : 송풍기 중량의 1/2배
③ 풍량의 단위 : m³/sec

3) 베드 및 베어링 설치

가) 베드의 설치

① 베어링 케이싱이 상하로 분리되어 있는 경우 : 베어링대 위에 수준기를 놓고 세로가로방향에 한하여 측정 조정 후 설치한다.
② 하부케이싱 설치 : 하부케이싱은 기초 라이너 위에 설치하는 것으로서 케이싱의 센터링이 끝날 때까지 완전히 조이지 말고 케이싱의 축, 전동기 등과 연계설치한다.

나) 축의 설치와 조정

① 축 관통부 축과의 틈새 : 차이가 0.2mm 이하가 되어야 하며, 틈새 게이지가 필요하다.
② 임펠러가 붙은 축의 구배 조정 : 수준기로 0.05mm 이하의 구배로 조정하며, 테이퍼 게이지가 필요하다.

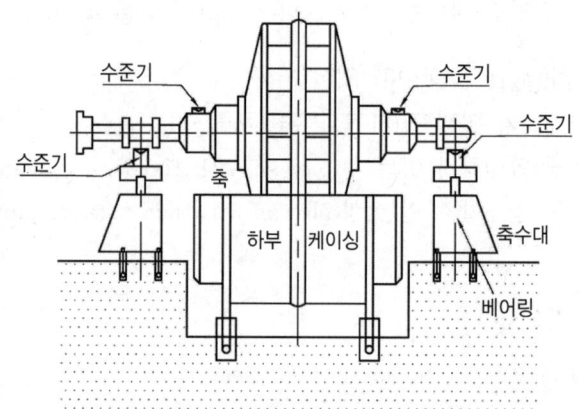

그림 3-170 축의 설치 상태

다. 덕트(duct)의 접속과 보온

1) 댐퍼(damper) 붙음의 송풍기

바람문 또는 바람의 조절판인 댐퍼는 회전식 댐퍼와 스윙식 댐퍼가 있고 바람의 양을 조절 덕트를 붙이기 전에 댐퍼의 조작기구나 베인의 개폐가 원활한가를 확인해야 한다.

2) 큰 하중이 걸리는 송풍기

케이싱의 변형, 풍량 제어 장치의 조작의 원활 여부, 케이싱에 임펠러 접촉 등의 확인을 한다.

3) 케이싱의 보온

점검창, 댐퍼는 보온하지 않는다.

라. 중심 맞추기

1) 플랜지

① 축의 센터링은 커플링의 외주에 다이얼 게이지를 붙여 조정한다.
② 커플링의 연결 볼트를 조이는 방법은 기본에 충실한다.
③ 고압가스를 취급하는 송풍기에서 중심내기(alignment)를 할 때이다.
④ 특히 가스누출을 고려하여야 한다.
⑤ 고압의 압축기나 독성, 가연성 가스의 압축 시 사용하는 송풍기의 누설 방지장치는 라비린스실이다.

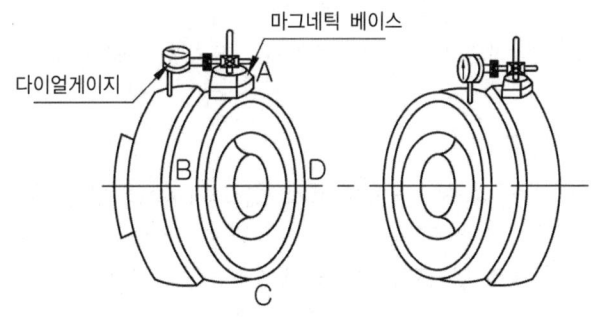

그림 3-171 중심 맞추기

2) 치차형 커플링

송풍기 축의 센터링 검사 공구는 다이얼 게이지, 틈새 게이지, 테이퍼 게이지 등이다. 센터링은 커플링의 외주에 다이얼 게이지를 붙여 조정한다.

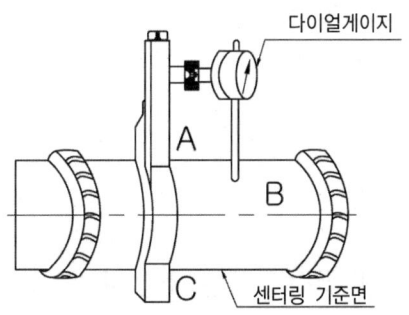

그림 3-172 치차의 평행도 측정

마. 운전 및 정지

1) 운전까지의 점검
① 임펠러와 케이싱 흡입구, 케이싱, 베어링 케이스의 축과의 틈새를 재확인하고 임펠러축의 수평검사는 수준기로 맞춘다.
② 각부 볼트의 조임상태를 확인한다.
③ 댐퍼 및 베인 컨트롤(control)장치의 개폐 조작이 원활한가 확인을 한다.
④ 운전자와 상의하여 긴급정지 체제를 확립한다.
⑤ 냉난방 공조용으로 사용하는 경우 필터의 위치는 흡기측에 설치한다.

2) 기동 후 점검
① 이상진동이나 소음발생 또는 베어링의 온도급상승 시 즉시 정지 후 점검을 실시한다.
② 케이싱의 이상진동 시는 축 관통부와 씨일 패킹을 점검한다.
③ 베어링의 온도급상승 시 점검한다.
④ 베어링의 압박(펠트(felt)의 축압박), 윤활유, 베어링의 설치 중 점검을 한다.

3) 운전 중 점검
① 베어링의 온도점검 : 주위의 공기 온도보다 40℃ 이하면 정상, 70℃ 이하면 큰 지장은 없다.
② 베어링의 진동 및 윤활유의 적정 여부를 점검한다.

4) 베어링의 가열원인
① 베어링의 마모
② 그리스의 과충전
③ 임펠러와 케이싱의 접촉

5) 베어링 케이스의 발열원인
① 베어링 케이스에 그리스 과다 주입
② 베어링 내륜의 마모
③ 베어링 케이스 커버의 심한 손상
④ 베어링과 축의 헐거운 끼워 맞춤

6) 베어링의 온도가 급상승하는 경우의 점검내용
① 윤활유의 적정 여부를 점검한다.
② 베어링은 궤도 링(외륜 및 내륜)이나 진동체(볼 또는 롤)의 흠집 여부를 점검한다.

③ 미끄럼 베어링은 오일 링의 회전이 정상인가 또는 베어링메탈과 축의 간섭이 정상인 가를 점검한다.
④ 관통부에 펠트(felt)가 쓰이는 경우는 이것이 축에 강하게 접촉되어 있지 않은가 또는 축관통부와 축 틈새가 균일한가를 확인한다.
⑤ 상하 분할형이 아닌 베어링 케이스의 경우는 자유측의 커버가 베어링의 외륜을 누르고 있는지 점검한다.

7) 정지

① 정지하면 댐퍼를 전폐로 한다.
② 베어링 내의 영하 기상조건의 경우에는 냉각수를 조금씩 흘려준다.
③ 고온송풍기는 케이싱 내의 온도가 100℃ 정도로 된 후에 정지한다.

바. 보수요령

1) 임펠러

① 임펠러가 부식 마모로 침해되거나 더스트 등이 부착되면 불균형이 생기기 쉬우며, 이상진동의 원인이 되고 성능저하의 원인도 되므로 부착된 이물질은 완전 제거하고 부식 마모는 교체해야 한다.

▶ 성능저하 원인
- 내부 부식 및 더스트 부착
- 필터의 막힘
- 밀봉부의 누풍

② 임펠러 축에 조립할 때는 보스가 끼워 맞추어질 축부에 눌러 붙기 방지제(몰리코트 실앤드 EPS 등)를 도포하고 임펠러 보수 내부를 가열해서 키 홈을 맞추면서 보스를 축의 플랜지 끝까지 장입한다.

▶ 몰리코트
짙은 회색으로 여자들의 머드팩과 유사하며, 그리스보다 점도가 크다.

2) 축의 축 방향의 신장 여유

송풍기 축은 압축열이나 취급하는 가스의 온도 등의 영향으로 운전 중에 축 방향으로 신장하려고 한다. 이 때문에 전동기측 베어링(고정측)은 고정하고, 반 전동기측(자유측) 방향으로 신장되도록 한다.

3) V벨트
V벨트가 마모나 손상됐을 때는 전체 세트로 교체한다. 1개만 교체하면 불균일하게 된다.

4) 베어링용 윤활제
① 윤활유 : 윤활유는 운전 개시 후 3개월에 전량 교체하고, 그후는 1년에 1회 교체한다.
② 그리스 : 1년에 1회 베어링 케이스 커버를 열고 전량 교체한다. 지나치게 많이 넣으면 발열하여 온도상승의 원인이 된다.

4. 압축기의 점검 및 정비

가. 압축기의 개요

1) 분류
저온 저압의 기체를 압축하여 고온 고압의 기체로 상승시켜 필요한 장치에 보내주는 역할을 한다.

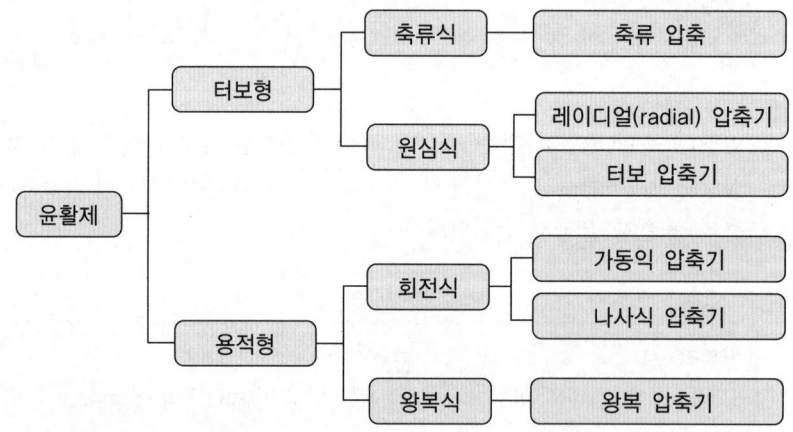

2) 압축기의 기능
① 에너지 보조기능
② 유량보상기능
③ 진동소음 흡수기능

3) 원리

   가) 왕복식 압축기

   모터로부터의 구동력을 크랭크축에 전달시켜 크랭크축의 회전을 실린더의 피스톤을 왕복시켜 유입 밸브를 통하여 흡입된 공기를 토출 밸브를 통하여 압송한다.
   ① 단동식 : 1회전에 1회 압축(상승 시 압축, 하강 시 흡입)
   ② 복동식 : 1회전에 2회 압축(상승, 하강 시 흡입, 압축)

   나) 원심식 압축기

   터보압축기라 하며 임펠러의 고속회전에 의한 회전체의 원심력에 의하여 흡입된 공기 및 가스를 압축하여 토출 밸브를 통하여 압송하는 방식으로 대용량의 공기조화용으로 많이 사용된다.

   다) 회전식 압축기

   회전자(rotor)의 회전력에 의하여 흡입된 공기 및 가스를 압축하여 토출 밸브를 통하여 압송하며 오일쿨러가 있다.

4) 특징

표 3-16 왕복식, 원심식 압축기의 장·단점

구 분	장 점	단 점
왕복식	고압발생 가능	① 설치면적이 넓다. ② 기초가 견고해야 한다. ③ 윤활이 어렵다. ④ 압력의 맥동이 있다. ⑤ 소용량이다.
원심식	① 설치면적이 비교적 좁다. ② 기초가 견고하지 않아도 된다. ③ 윤활이 쉽다. ④ 압력의 맥동이 없다. ⑤ 대용량이다.	고압발생 불가

5) 종류별 특징

   가) 터보형

   유체 유동원리에 의한 압축방식이며, 날개를 고속으로 회전시켜 날개 사이를 통과하는 기체의 에너지를 증가시킴으로써 기체의 압력과 속도를 높이는 형식이다.
   ① 축류압축기 : 날개형의 단면을 가진 날개차를 반지름 방향으로 설치하여 회전시키는데, 이때 기체는 축 방향으로 유동하게 되며 이 과정에서 기체의 속도와 압력을

높이게 된다.
② **레이디얼 압축기** : 샤프트를 중심으로 플런저가 방사상으로 배치된다.
③ **터보 압축기** : 대용량에 적합하며 터보를 고속으로 회전시키면서, 공기는 날개에 의해서 축 방향으로 가속되면서 원심력에 의해 공기를 압축하는 형식 $50000m^2/h$ 이상의 많은 유량발생에 적합하다.

나) 용적형

체적변화에 의한 압축방식으로 회전펌프나 왕복 펌프와 같이 특수한 모양의 회전자(rotor) 또는 피스톤으로 일정한 체적 내에 기체를 흡입하여, 그 기체의 체적을 축소시켜서 압력을 높인 다음 송풍 또는 압축하는 형식으로 다음과 같은 종류가 있다.
① **가동익 압축기** : 압축시 날개가 움직인다.
② **나사압축기** : 오목한 측면과 볼록한 측면을 가진 한쌍의 나사형 회전자(rotor)가 서로 반대로 회전하면서, 축 방향으로 들어온 공기를 서로 맞물려 회전하면서 압축하는 형식으로 $80kgf/cm^2$ 이상의 고압펌프용으로 사용한다.
③ **왕복압축기** : 일반피스톤 형식이며 가장 널리 사용하는 것으로써 실린더 안을 피스톤이 왕복운동을 하면서, 흡입 밸브로부터 실린더 내에 공기를 흡입한 다음, 압축하여 공기를 배출한다. 많이 사용하는 이유는 고압(30bar 이상)발생이 쉽기 때문이다.

나. 설치 및 배관

1) 기초공사

① 기초공사 시에는 기초도의 하중 데이터에 의해 지반을 조사하고, 필요하면 파일을 박고 기초지면의 돌출부분 등에 공사를 한다.

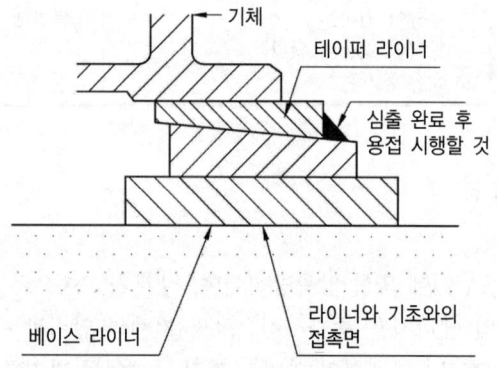

그림 3-173 베이스 라이너 설치 상태

② 기초의 높이는 몰탈(mortar)과 라이너의 두께를 고려하여 마무리보다 45mm 낮게 공사를 한다.
③ 기초표면이 완전히 굳지 않았을 때 기초 라이너를 배치한다.
④ 몰탈의 두께는 50mm가 적당하며, 두꺼우면 강도가 약하게 된다.
⑤ 라이너의 배치는 라이너 배치도 및 상세도를 참고한다.
⑥ 몰탈의 다짐에 의한 베이스 라이너 설치는 시공 전 충분한 계획을 수립 후 시공한다.

2) 베이스 라이너 설치 조정

① 라이너의 사용 개소는 배치도 및 설치 상세도를 보고 확인한다.
② 라이너와 기초면 위 접촉면은 평평하고 매끈하게 하여 완전히 밀착하도록 한다.
③ 각 베이스 라이너의 상부면은 수평에 가까운 레벨(level)로 설치한다.
④ 베이스 라이너 접촉면은 최소한 1/2 정도까지 밀착시킨다.
⑤ 요철면에 설치하면 하중에 의해 레벨이 불균형하게 되므로 주의한다.
⑥ 테이퍼 라이너, 베이스 라이너 설치에 결함이 있으면 기초볼트 체결 후 레벨이 대폭 변하게 된다.

3) 기초의 정비

① 본체, 전동기, 부속기기의 상태 등 관계치수를 확인한다.
② 기초 볼트의 구멍 치수와 위치 등을 확인한다.
③ 기초의 표면은 그라우트(groute) 처리를 위하여 표면을 거칠게 하고 물로 씻어 깨끗이 한다.
④ 기초볼트 구멍의 이물질을 확인하고 깨끗이 청소한다.

4) 크랭크 케이스 설치

가) 가심률

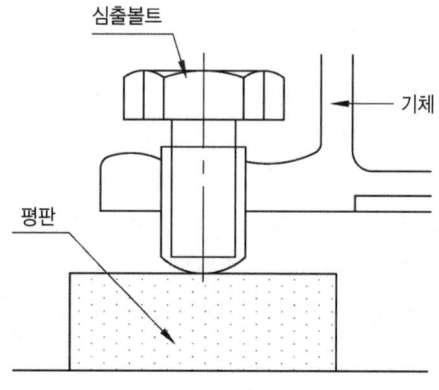

그림 3-174 크랭크 케이스 설치도

① 수평도는 기계가공면 위에서 수평게이지를 사용하여 측정한다.
② 수평게이지를 놓을 위치는 커플리의 주위 면, 크랭크 축 크로스 가이드(crank shaft cross guide)의 크로스 헤드(cross head)의 습동면이다.
③ 가심률에서는 0.05~0.1mm를 목표로 조정한다.
④ 테이퍼 라이너를 압입한다.
⑤ 주의사항
- 사용 수평게이지 : 0.02mm/1m
- 측정 방향 : 전 방향 동일 치수일 것
- 크랭크 케이스 표면의 커버를 벗겼을 때 먼지가 들어가지 않도록 할 것

나) 기초볼트 구멍의 몰탈 충진
① 동공이 생기지 않도록 철봉을 이용한다.
② 무수축시멘트(non shrink cement), 조강시멘트를 사용하며 충분히 양생(2일간)을 한다.

다) 본심률
① 테이퍼 라이너를 이용해서 기초볼트를 다시 조인다.
② 테이퍼 라이너는 본체의 주량을 평균적으로 받을 수 있도록 조정하고 심출 시 조정볼트를 느슨하게 하여 기초볼트를 평균적으로 조여서 수평도가 유지되면 수평이 완료된다.
③ 수평게이지의 위치는 가심률의 경우에 준한다.
④ 본심의 수평도는 0.05mm 이내로 조정한다.

라) 디프렉션(deflection)의 측정
① 기초볼트를 완전히 체결하여 수평을 확인한 후 크랭크축의 디프렉션을 측정한다.
② 커플링의 터닝 바를 사용하여 회전시키고, 다이얼 게이지를 사용하여 90° 간격으로 4점의 편차가 0.03mm 이하로 한다.

마) 그라우팅(grouting)
① 심출 조정 볼트용 플레이트를 제거한다.
② 테이퍼 라이너를 용접한 후 사상한다.
③ 기초 표면에 그라우트를 유입하기 전에 적어도 2~3일 동안 충분히 물을 유입시켜 그라우팅 전 수분을 제거한다.
④ 무수축시멘트를 사용하여 그라우팅한 후 2일간 양생한다.

5) 실린더(cylinder)의 설치
① 실린더의 상부와 플랜지 면에 수평 게이지를 놓고 수평을 유지하게 한다.
② 실린더의 수평을 유지시키며 실린더 지지대를 테이퍼 라이너로 고정시킨다.

6) 피스톤 엔드 클리어런스의 측정
① piston rod를 cross head에 돌려 넣은 다음에 손으로 회전시켜 좌우, 상하 시점의 clearance를 연선을 삽입하여 측정한다.
② 클리어런스는 1.5~3.0mm의 범위로 하고 하부보다 상부의 크기를 크게 한다.

7) 실린더(cylinder)의 배관
① 실린더의 부착은 배관 등에 의해 하중 또는 모멘트가 실린더에 가해지면 심출 치수가 크게 달라지므로 주의를 요한다.
② 가스의 흐름에 변동이 많이 생기는 복잡한 곡선배관 레이아웃은 피한다.
③ 배관의 플랜지 면과 면 사이에 간격이 생겼을 시는 배관의 재가공을 실시한다.

8) 배관
가) 흡입배관
스트레이너는 큰 이물질을 걸러주는 필터 역할을 하는 것으로 석션 스트레이너(suction strainer)가 옥외에 부착되어 있는 경우는 빗물의 비산 물방울을 흡입하지 않도록 빗물 커버(cover)를 부착한다.

> **Tip**
> ▶ 100메시 이하 : 필터로 걸러낸다.
> ▶ 100메시 이상 : 스트레이너로 걸러낸다.

나) 스트레이너 설치 목적
종이, 나뭇잎 등의 이물질이 압축기 내에 흡입되는 것을 방지한다.

다) 스트레이너의 설치
① 흡입 관로 쪽에 설치한다.
② 윗면을 유면보다 10~15cm 이상의 길이포함
③ 스트레이너의 연결부는 오일탱크 바닥부분에서 10cm 이상 떨어진 곳에 세팅하여 오일탱크의 바닥에 침전되어 있는 먼지나 슬랙 등을 스트레이너에 흡입되지 않도록 비치한다.
④ 배관의 길이는 공진 길이를 피해야 한다.

> Tip
>
> ▶ 공진 길이
> 배관 자체가 갖고 있는 고유진동수가 있으며, 고유진동수와 동일한 외력이 들어오면 공진(떨림 현상)하게 되는데 그 외력을 말한다.

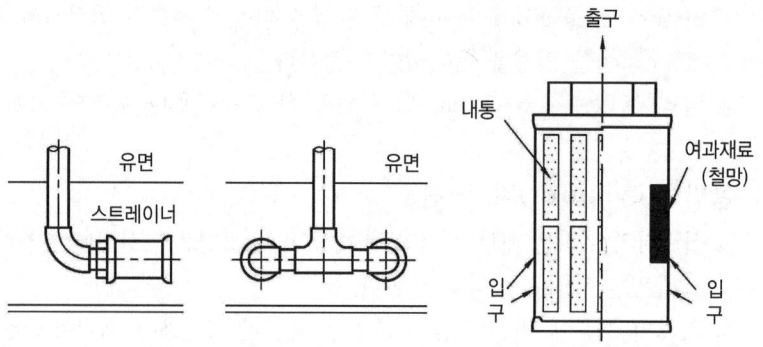

그림 3-175 스트레이너의 취부 방법　　그림 3-176 스트레이너

> Tip
>
> ▶ 드레인 밸브
> 압축공기 저장탱크의 하부에 설치하며 저장탱크 내의 응축된 수분을 배출하기 위하여 설치한다.
>
> ▶ 후부 냉각기 = 애프터 쿨러
> 압축공기에서 발생한 고온의 압축공기를 그대로 사용하면 패킹의 열화를 촉진하거나 기기에 나쁜 영향을 주므로 압축된 고온의 압축공기를 40℃ 정도로 냉각시키는 기기이다.

마) 토출배관
① 열팽창 도피 드레인의 흐름이 용이하도록 경사를 고려한다.
② 곡선부는 가능하면 반경 밴드를 사용한다.
③ 배관 중에 스톱 밸브(stop valve)를 사용할 경우 안전 밸브를 부착한다.
④ 2대 이상의 압축기를 1개의 토출관으로 배관할 경우 체크 밸브와 스톱 밸브를 부착한다.
⑤ 드라이 필터(dryer-filter) 등의 부속기기는 압축기와 탱크 사이에는 설치하지 않는다.
⑥ 배관길이는 맥동을 방지하기 위하여 공진 길이를 피해야 한다.

바) 공기 트랩의 배관
① 트랩 스크린의 정기 점검 시에 분해할 수 있도록 유니언 또는 플랜지를 선택하여

사용한다.
② 드레인 랩은 오토 드레인이며, 드레인 트랩은 항상 열려 있고, 바이패스는 항상 닫혀있다.
③ 트랩의 작동확인 및 고장 시의 드레인 빼기로서, 바이패스 배관을 설치하고 평상시에는 닫혀있는데, 위의 드레인 트랩이 이상이 있을 시 밑의 바이패스는 손으로 돌려서(배관을 열어서) 드레인을 빼낸다.
④ 균일 압의 취부 구멍은 드레인의 취부 구멍보다 높은 위치로 한다.

다. 부품 취급

1) 밸브의 취급

운전 중 사고를 미연에 방지하기 위하여 정기점검은 반드시 실시하며 1일 24시간 운전을 고려하여 표준적인 기간을 정하여 하나의 지침으로 삼는다.
① 정기점검기간 : 1000시간마다
② 교환기간 : 4000시간마다
③ 밸브 플레이트, 밸브 스프링 : 사용한계의 기준치 내에서도 이상이 있으면 전부 교환한다.

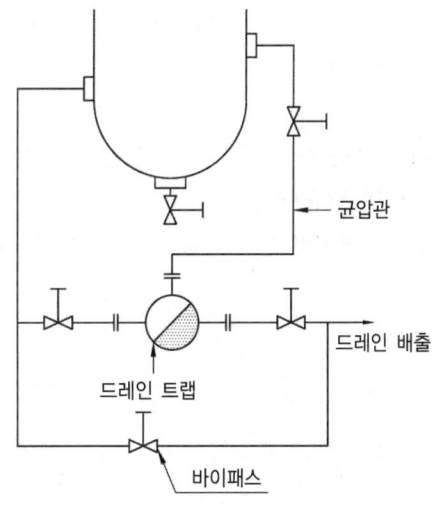

그림 3-177 공기 트랩의 배관

2) 밸브부품의 교환요령 및 손실

가) 밸브 플레이트
① 마모한계에 달하였을 때는 파손되지 않았어도 교환한다.
② 교환시간이 되었으면 사용한계 기준치 내에서도 교환한다.

③ 마모된 플레이트를 뒤집어서 사용해서는 안 된다.
④ 두께가 0.3mm 이상 마모되면 교환한다.

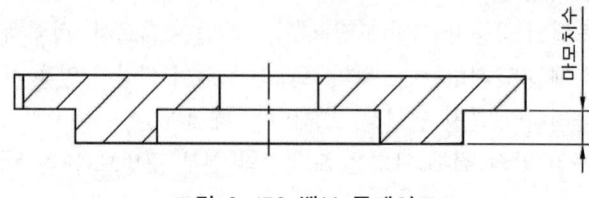

그림 3-178 밸브 플레이트

나) 밸브 스프링
① 자유 상태에서 길이가 규정치수 이하이면 교환한다.
② 교환시간이 되었을 때 탄성마모가 없어도 교환한다.
③ 손으로 간단히 수정하여 사용해서는 안 된다.

그림 3-179 밸브 스프링

다) 밸브 시트
밸브 시트의 접촉면 □가 상처에 의한 편 마모가 발생하여 플레이트와 접촉이 좋지 않으면 랩핑하여 맞춘다.
▶ 연마 랩제 : #600~800, 밸브를 너무 강한 힘으로 조이지 말 것

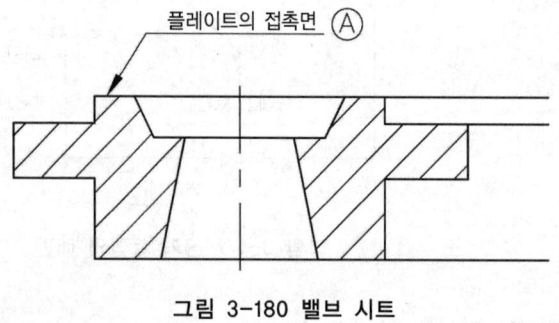

그림 3-180 밸브 시트

3) 그랜드 패킹의 취급

그랜드 패킹은 피스톤 로드의 기밀을 유지하고 실린더로부터 누설을 방지하기 위한 부품으로 실린더의 분해 조립 시 취급에 주의를 요한다.

가) 가스 누설원인 및 손질

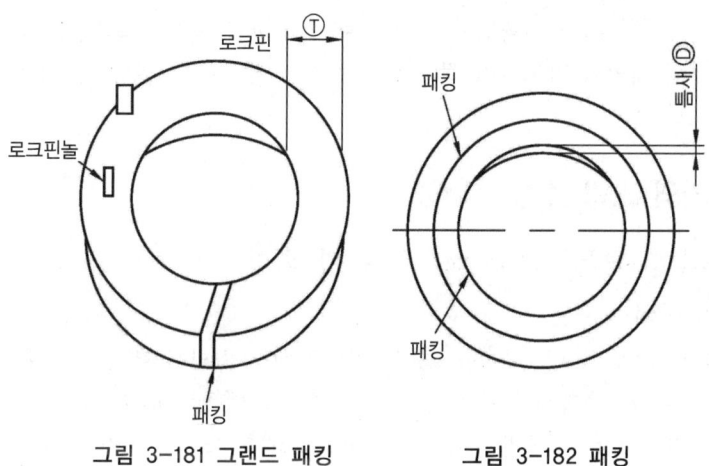

그림 3-181 그랜드 패킹   그림 3-182 패킹

① 내측 패킹의 ㅁ가 0.1mm 마모하면 교환한다.
② 가이드 스프링의 변형 또는 절손되었을 때는 교환한다.
③ 내측 패킹의 내면이 불량한 경우 피스톤 외주면에 맞추고, 상처 또는 파손이 있을 때는 교환한다.
④ 내외 패킹의 조립면의 밀착이 불량한 경우 변형된 틈새 ㅁ를 발생시킨 것은 교환한다.

나) 오일 웨이퍼링의 취급

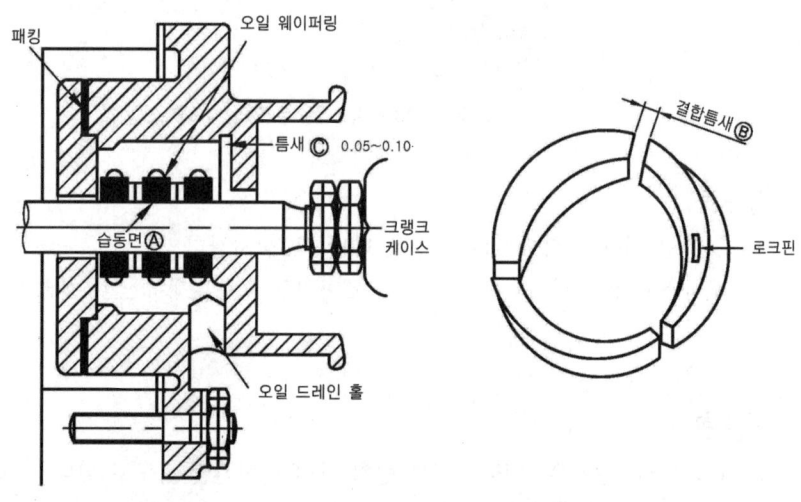

그림 3-183 오일 웨이퍼링   그림 3-184 웨이퍼링

제3장 기계장치 보전

크랭크 케이스 내의 윤활유가 피스톤 로드로 흘러나와 외부로 누설됨을 방지하는 목적으로 오일 웨이퍼링이 부착되어 있다.
① 웨이퍼의 접촉면이 불량할 때 가공하여 피스톤 로드면에 정확히 맞춘다.
② 내면이 마모하여 컷(cut) 부분의 틈새 ⓑ가 없어졌을 때는 교체한다.

라. 압축기의 조립 조정

1) 피스톤 로드(piston rod)의 분해 조립

가) 분해
① 실린더 내의 냉각수를 완전히 빼내고 실린더 헤드 커버를 빼낸다.
② 크로스헤드에 취부되어 있는 로크 드웰(dowel)을 빼낸다.
③ 피스톤 로드의 더블 너트(doble nut)를 느슨하게 풀어 육각 너트를 회전시켜 크로스 헤드로부터 빼낸다.
④ 더블 너트를 빼내고 로드 나사부에 치구를 장착시켜 인출한다.

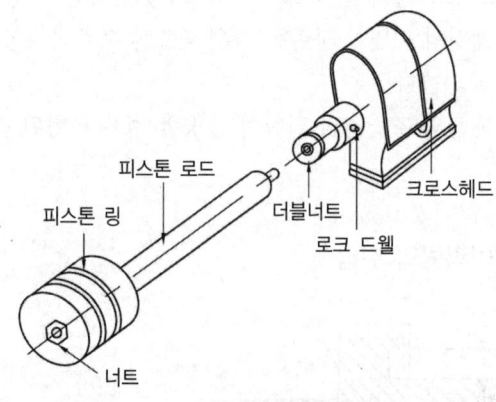

그림 3-185 피스톤 로드의 분해 조립

나) 조립
① 조립 시에는 오일 웨이퍼링을 빼낸 후 실시한다.
② 피스톤 로드 나사부에는 반드시 조립치구를 사용해서 로드 패킹이 손상되지 않도록 서서히 조립한다.

2) 피스톤

① 피스톤링과 링홈의 측면 틈새는 링이 가볍게 회전할 정도로 한다. 측면의 간격이 크면 이상음의 원인이 된다.

② 피스톤 체결 너트는 완전히 조여 분할핀을 넣는다. 분할핀은 한 번 사용한 것은 재사용하지 않는다. 불안전하게 조이면 이상음 발생의 원인과 사고위험이 있다.

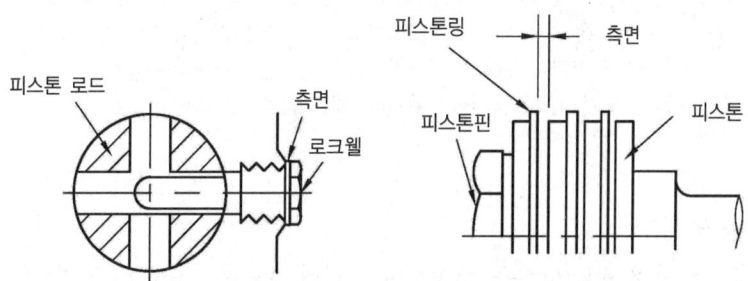

그림 3-186 피스톤의 구조

3) 베어링의 조정

① 각 베어링의 표준간격은 정기점검, 수리 기준서에 의한다.
② 간격 측정은 0.3~0.5mm 정도의 연선을 끼워 행한다.
③ 베어링의 최대 허용 온도는 75℃이다.

4) 베어링의 사고와 원인

표 3-17 베어링의 사고와 원인

현 상	원 인
이상온도의 상승	미터 간격 조정 불량 측면간격 스러스트 간격의 조정 불량
눌어붙음	앤드 플레이트의 조정 불량, 접촉면 불량
이상음의 발생	이물질의 혼입됨(crank case의 소재) 오일 콜러의 냉각부족 윤활유 종류의 부적합 윤활유의 부족(oil hole의 막힘 기름의 누설) 기름의 노화오염(기름 교체)

마. 기타 부속 장치

1) 언로더 장치

언로더 장치는 압축기의 흡입 변에 개방형 언로더 장치를 설치하여 사용공기의 변화에 따라 흡입량을 조정하고 항상 일정한 압력을 유지한다.

> **Tip**
> ▶ 일정한 압력을 유지하기 위한 필요한 기기(압력 게이지, PRESS S/W, 솔리노이드 밸브)
> 규정 이상의 압력에 도달하면 압력에 의해 솔리노이드 밸브가 동작하고 흡입 밸브를 강제로 열고, 피스톤이 전 후진하더라고 흡입 측 밸브가 열려 있으므로 압축이 되지 않으므로 규정압력 이상 올라가지 않는다. 규정압력이 떨어지면 솔리노이드 밸브가 동작하여 피스톤이 정상 작동하게 된다. 즉 공기를 압축하고 정상 압력이 나타난다.

2) 윤활 장치

주유압력 2~4kg/cm² 로 조정하며 압력이 1kg/cm² 이하로 되면 점검해야 한다.

5. 감속기의 점검 및 정비

가. 기어 감속기

1) 기어 감속기의 분류
① 평행축형 감속기 : 스퍼 기어, 헬리컬 기어, 더블 헬리컬 기어
② 교쇄 축형 감속기 : 스트레이트 베벨 기어, 스파이럴 베벨 기어
③ 이 물림 축형 감속기 : 웜 기어, 하이포이드 기어

2) 기어 감속기의 정비
가) 기어정비

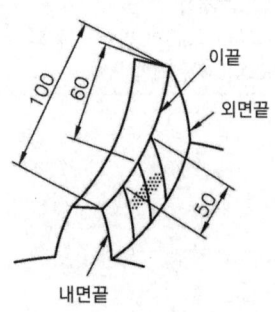
그림 3-187 스파이럴 베벨 기어의 양호한 이닿기

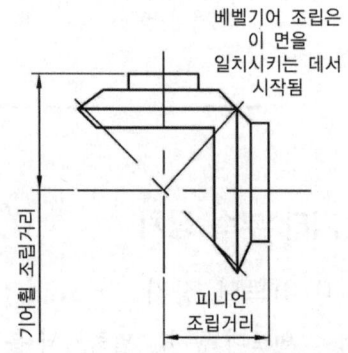
그림 3-188 베벨 기어의 정확한 조립

① 스파이럴 베벨 기어의 이 간섭 : 기어를 조립하고 적색 페인트로 체크하여 이면에 부하를 걸고 운전하면서 닿는 면의 이동을 점검하여 확인한다.
   ▶ 이동원인 : 이의 휨, 베어링의 탄성 왜곡 등에 의하여 이동한다.
   ㉮ 이동량을 감안한 페인트 체크 부위 : 스파이럴 베벨 기어의 폭 중심에서 이면 내측으로 10% 정도 어긋나게 해 둔다.

나) 웜 기어의 이 간섭
웜 휠의 이 간섭 면의 중심을 약간 어긋나게 해서 웜이 회전하여 웜 기어에 미끄러져 들어갈 때 윤활유가 쐐기모양으로 들어가기 쉽게 하기 위함이다.

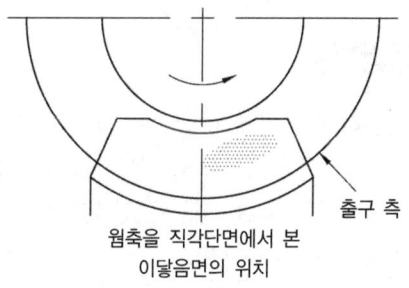

그림 3-189 웜 휠의 초기 이닿기

다) 유성 기어 감속기의 구조와 정비
① 유성 기어 감속기의 구조 : [그림 3-190]의 (a)와 같이 고정된 감속 기어에 내접하는 잇수가 1매 적은 유성 기어가 있고 그 중심부의 크랭크를 화살표 방향으로 1회 전시키면 유성 기어는 고정 기어와 맞물리면서 한계분의 각도만큼 화살표 방향으로 회전한다.

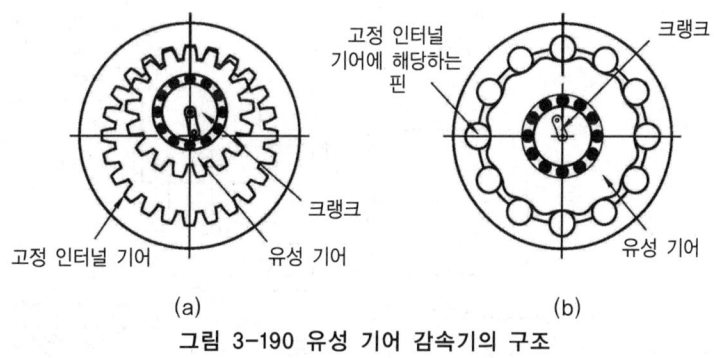

그림 3-190 유성 기어 감속기의 구조

인벌류트 치형은 이 끝의 간섭이 심하므로 [그림 3-190]의 (b)와 같이 사이클로 이드 곡선으로 하고 인터널 기어의 이는 핀으로 바꾸었다. 감속비는 크랭크를 입력축으로 1회전 하면 유성 기어는 잇수 분의 1로 감속된다.

나) 윤활정비
① 1kW 이하의 것은 그리스를 쓰고 그 이상은 유욕 윤활방식이 쓰인다.
② 설명서를 읽은 후 정비를 한다.

6. 전동기의 점검 및 정비

가. 전동기의 일상 점검기준

유도전동기를 많이 사용하나 산업기계에서는 속도제어가 간단하므로 유동전동기에 소용돌이이음을 붙인 것(VS모터, AS모터라고도 함)이 많이 사용된다.
유도전동기는 구조가 간단하고 품질, 성능은 안정돼 있으므로 선택, 전원, 회로, 설치 등에 어려움이 없으므로 고장은 비교적 적다.

1) 점검

신설, 수리 혹은 조립 후 점검은 2~3개월간은 세밀한 점검이 필요하나 안정기간은 2~5년으로 하며, 이 안정기간은 우발적 고장을 방지하기 위한 기준이다.

2) 전동기의 베어링 그리스의 수명

가) 일반적 리튬비누 성분의 수명 : 약 1만 시간

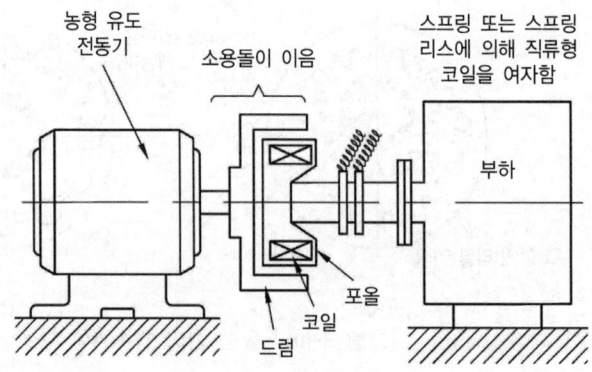

그림 3-191 소용돌이 이음 달림 전동기의 원리도

나. 성능검사 기준의 작성

1) 성능검사 기준
    ① 일상점검
    ② 성능검사
    ③ 정기점검

2) 윤활의 문제
    소형 유도전동기 및 소용돌이 이음은 베어링을 조립 시 그리스도 봉입한다. 베어링 하우징도 공간이 넓지 않으므로 그리스 충진은 그리스 니플인 경우는 회전 중 그리스건을 사용하여 주입한다. 주입량은 그리스 배출구로 그리스가 스며나오는 것이 확인되는 정도면 충분하다.

3) 부하 상황
    ① 전동기의 용량보다 과도한 부하 : 전동기의 발열, 베어링의 과열의 원인
    ② 잦은 정지 및 기동 : 기동 전류에 의한 발열
    ③ 출력축과 기계의 접속 방식
        ㉮ 벨트식 접속 : 과대한 힘에 의한 베어링 발열
        ㉯ 커플링에 의한 접속 : 중심내기에 따라서 베어링에 걸리는 힘이 다르다.

4) 검사기준 설정 포인트
    ① 규격(정격) : 전동기의 상태가 이상적인 것을 기준으로 한다.
    ② 사용한계 : 정비부분으로서 현장 실무자가 운전부분에 자신을 갖고 보증할 수 있는 것
    ③ 수리한계 : 정비부분이 자신이 수리할 경우는 물론 수리부분이나 수리업자에 일을 시킬 경우 주문서로서 한계를 나타내는 것

제4장 설비관리 계획

제1절 설비관리 개론
제2절 설비보전의 계획과 관리

제1절 설비관리 개론

1. 설비관리의 개요

설비란 계속적 또는 반복적으로 사용되며, 고액의 자본을 투입한 유형 고정자산의 총칭으로서 수명이 긴 것이 원칙이고, 그 범위가 광범위하다.

생산성 : 투입에 대한 산출을 의미한다.
생산성 = 산출/투입 = 생산량/사람 수

가. 광의의 설비관리란?

설비의 일생 즉, 설비가 만들어지기까지의 단계와 만들어지고 난 후의 단계 모두를 대상으로 하며, 설비를 유효하게 활용하여 기업의 생산성을 높이는 관리를 말한다. 즉, 설비계획에서 보전에 이르는 종합적 관리이다. 설비관리의 목표는 기업의 생산성 향상이다.

나. 협의의 설비관리란?

설비가 만들어진 후 단계 즉, 설비의 설치가 끝난 후에 행해지는 보전활동의 관리 즉, 설비보전관리를 말한다. 좁은 의미의 설비보전관리 = 보전이다.

다. 설비관리(EM : Equipment Management)의 의의

기업의 생산성을 높이고 수익성을 향상시키기 위해서 기업의 방침에 따라 설비의 계획, 구축, 유지, 개선함으로써 설비의 기능을 최대한으로 활용하려고 조치하는 모든 활동을 말한다. 즉, 생산 보전 활동, 보전도 향상, 설비자산관리를 말한다.

1) 설비관리를 통하여 기업이 얻고자 하는 것

생산성 향상, 품질향상, 원가 절감, 납기 준수, 재해 예방, 근무의욕을 높인다.

2) 설비관리를 통한 효과

제조 원가 하락, 생산 납기의 엄수, 불량 제품을 감소시킨다.

라. 설비관리 시스템의 요소

1) 시스템(system)이란?

다종의 구성 요소가 유기적으로 질서를 유지하고 동일 목적을 향해서 행동하는 것이다. 즉, 시스템은 어떤 목적을 향해서 정보, 에너지, 물질, 인간 등에 대한 문제점들을 처리하기 위해서 두 가지 이상의 요소를 유기적으로 조합시킨 결합체를 말한다.

2) 시스템의 기본구성 요소

① 투입 : 원료
② 산출 : 제품
③ 처리기구 : 설비
④ 관리 : 운전조직, 운전조건
⑤ 피드백 : 제품특성의 측정치, 제품의 질 등으로 대치

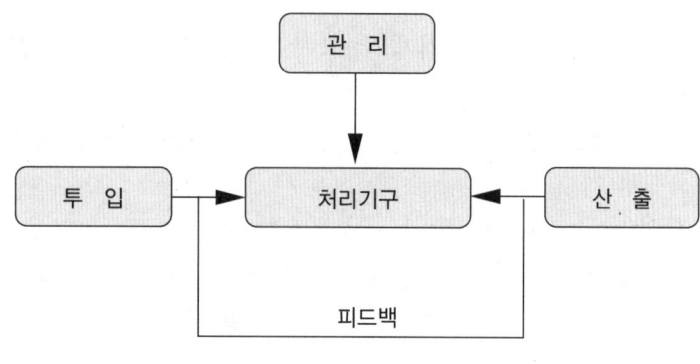

그림 4-1 시스템의 요소

3) 시스템의 라이프 사이클

가) 시스템의 라이프 사이클(life-cycle)이란?

시스템의 탄생에서부터 사멸에 이르기까지의 전 생애를 말한다.

나) 시스템 라이프 사이클의 단계 = 광의의 개념으로서 설비관리의 4단계 순서

① 제1단계 : 시스템의 개념 구성과 규격 결정
② 제2단계 : 시스템의 설계, 개발

③ 제 3 단계 : 제작, 설치
④ 제 4 단계 : 운용, 유지

4) 설비관리 측면에서의 설비 라이프 사이클
① 광의의 설비관리 : 설비의 전 생애 : ①②③
② 협의의 설비관리 : 조업과정 관리 : ③

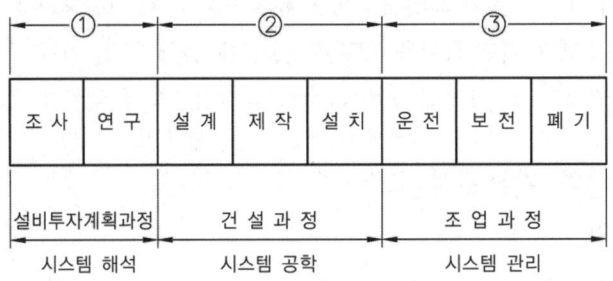

그림 4-2 설비의 라이프 사이클

마. 설비관리의 4대 목적

1) 신뢰성(reliability) : 기계가 고장을 일으키지 않는 성질
설비가 계획된 기간 즉, 다음의 점검 또는 보수기간까지 고장없이 설계된 생산량을 생산하는 성질을 말하며 따라서 고장을 없애는 것이 신뢰성 이상의 의미가 된다.

2) 보전성(maintainability)
고장이 발생하면 가능한 단시간에 복구 생산에 영향을 최소화하기 위해 노력하여야 한다. 이를 보전성이라고 하며, 보전하기 쉬움을 나타내는 성질을 말한다.

3) 경제성(economy)
신뢰성, 보전성 향상을 위해서는 가능한 한 비용의 최소화를 위해 노력해야 한다.

4) 가용성(availability)
설비의 생산참여에 대한 것이며, 유휴설비의 최소화를 위해 노력해야 한다.

바. 설비고장에 따른 기업의 손실

① 생산 정지시간의 감산(減産)에 의한 손실
② 돌발고장 수리비의 지출
③ 정지시간 중 작업자의 작업이 없어서 기다리는 시간
④ 가동 중 원재료의 손실
⑤ 제품불량에 의한 손실
⑥ 품질저하에 따른 손실
⑦ 고장 수리 후 정상 생산까지의 복구 기간 중의 저능률 조업에 따른 복구손실
⑧ 생산계획 착오로 인한 납기연장, 신용저하 등에서 오는 유형·무형의 손실

사. 설비관리의 3대 측면과 비전

1) 설비관리의 3대 측면

가) 기술적인 측면

① 설계기술 : 새로운 설비를 설계시 '생산효율을 극대화할 수 있는 설비'를 계획하는 것이 이상적이며 이에 대한 이상지표로 LCC의 최소화하기 위한 설계(MP설계)
  ▶ LCC : Life Cycle Cost(설비의 생애비용)
② 진단 기술 : 설비의 가동 상태에서 설비의 고장 및 열화를 발견하는 기술이다.
  ▶ 설비진단 방법 : 진동법, 음향법, 온도법, 초음파, X-선 등의 비파괴 검사법
③ 대책 기술 : 재생보수 기술, 마모방지 기술, 방청 및 방식 기술, 방음 기술, 윤활 기술, 단열 기술, 누설방지 기술, 표면처리 기술, 방진 기술 등이 있다.

나) 경제적인 측면

설비예산 편성과 관리, 보전비 관리 등을 들 수 있다. 특히 설비 생애관리의 목적은 생애비용의 최소화 같은 경제적인 측면을 감안한 것이다.

다) 인간적인 측면

설비관리의 방침과 목표, 조직과 요원 등 설비를 관리하는 관리자들의 설비에 대한 기본 생각, 행동방법, 분업방법 등에 관한 측면을 말한다.

아. 설비관리의 기법

1) 테로테크놀리지(terotechnology)

경제적인 라이프 사이클 코스트(LCC)를 추구하기 위하여 유형 자산에 적용되는 경영,

재무, 기술 기타 실제 활동을 종합한 것을 테로테크놀리지라고 한다.

2) 로지스틱스(logistics)
① 제품, 시스템, 프로그램, 설비 등의 물적 자원에 관한 수명비용의 경제적 추구를 목적으로 한다.
② 토털 시스템 어프로치, 즉 제조업체에서 유통단계를 거쳐 소비자에게 도달할 때까지의 총비용을 최소화하여 시스템 유효도를 최적화한다.
③ 신뢰성과 보전성이 강조된다.
④ 로지스틱스는 종합공학이다.

3) TPM(Total Productive Maintenance)
테로테크놀리지, 로지스틱스와 같이 TPM은 PM에서 출발하여 현재는 글로벌한 전사적, 종합적 설비관리의 대표적인 기법으로 발전되고 있으며, 설비의 경제적인 생애 비용을 목적으로 한다.

2. 설비의 범위와 분류

가. 형태별 분류
① 토지
② 건물
③ 구축물
④ 기계 및 장치
  ㉮ 기계 : 그것 자체가 움직여 가공이나 운반을 행하는 것을 말한다. 공작기계, 운반기계, 원동기계 등이 있다.
  ㉯ 장치 : 용기 및 그 내부에서 화학적·물리적인 변화를 가하는 것을 말한다. 증류탑, 열교환기 등이 있다.
⑤ 차량 운반구
⑥ 공기구 및 비품

나. 목적별 분류

1) 생산 설비

직접 생산행위를 하는 기계 및 운반 장치, 전기장치, 배관, 기계, 배선 조명 온도 등 모든 설비와 그 설비에 직접 관계하는 건물 및 구조물을 말한다.

2) 유틸리티(utility) 설비

증기발생장치 및 그 배관 설비, 발전 설비(수력·화력에 의한 단독발전, 경제발전, 비상 발전 설비), 공업용 원수, 취수 설비, 수처리 설비(공정용, 보일러용, 음료용 등), 냉각 탑 설비, 펌프 스테이션 설비(급수설비) 및 주배관 설비, 냉동설비 및 주배관 설비 등이 있다.

3) 연구개발 설비

기초연구 또는 응용연구를 중심으로 한 연구 설비, 공업화 연구를 중심으로 한 개발 설비(파일럿 플랜트), 기업합리화를 중심으로 한 공장연구 설비 등이 있다.

4) 수송 설비

인입선 설비, 도로, 항만 설비(전용부두, 하역설비, 운하계획, 급수, 소화설비 등), 운반 하역 설비(트럭, 컨베이어, 디젤기관차), 저장 설비 등이 있다.

5) 판매 설비

주유소의 가솔린, 경유 스텐드, 서비스 스테이션, 서비스 상점 등이 있다.

6) 관리 설비

본사, 지사, 지점 등의 건물(건물 내에 설치된 기계, 장치 포함), 공장의 관리 설비(식당, 사무실, 수위실 차고 및 그 건물에 설치된 공기조화기, 방송 설비, 컴퓨터 등) 공장 보조 설비, 복리후생 설비를 들 수 있다.

제2절 설비보전의 계획과 관리

1. 설비보전과 관리 시스템

가. 설비보전

1) 설비보전의 의의

'설비의 성능유지 및 이용에 관한 활동'이다. 즉, 검사 제도를 확립하여 설비의 열화현상을 조사하고, 설비의 수리 부분을 예측하며 이에 필요한 자재와 인원을 준비하여 계획적인 보수를 행하는 것을 말한다.

① 보전활동의 예측 : 보전활동의 업무량 결정
② 보전활동의 수준 : 보전활동 요원과 서비스시설의 규모(최적수준)
③ 보전활동의 형태 : 기업의 규모 및 업종에 따라 최적의 형태
④ 예방보전 시스템의 종류
⑤ 보전활동의 일정관리
⑥ 보전활동의 작업관리
⑦ 계량분석

2) 설비보전의 목적

가) 생산량(production)의 확보

소정의 제품이 소정의 시간 내에 최대의 생산량이 확보할 수 있도록 설비상태를 최상으로 유지하는 것이다.

나) 품질(quality)의 확보

불량품을 만들지 않는 체제를 만드는 것을 말하며, 제품의 품질은 설비의 상태에 의하여 대부분 결정되므로 설비의 상태를 감시하여 최상의 상태를 유지하여야 한다.

다) 코스트(cost) 절감

원가가 비싸진다면 좋은 제품도 의미가 없게 되므로 설비생애비용에 입각해 주어진

보전비 내에서 효율적인 보전을 할 것인가를 고려하여야 한다.

라) 납기(gelivery)의 확보
다품종 소량화 및 납기단축에 부합하는 설비보전을 하여야 한다.

마) 안전성(safety)과 환경의 확보
보전과 안전, 환경은 표리일체의 관계이나 인위적인 안전보다 철저한 설비보전이야 말로 확실한 대책이 될 것이다.

바) 의욕(morle)의 향상
조도, 소음, 분진 등 작업환경을 개선하고 종업원의 근로의욕을 높일 수 있도록 하여야 한다.

나. 보전목표

생산 계획에 따라 설비종합효율이나 보전비 또는 목표 가동시간 등의 보전 목표를 수립하고, 보전목표에 의해 보전요원, 예비품 보유수준 및 세부적인 보전 계획을 수립한다.

다. 설비보전의 효과

① 설비고장에 의한 유휴손실이 감소된다. 특히 연속조업의 공장에서는 이에 의한 이익이 크다.
② 보전비가 감소된다.
③ 제품불량이 적어진다.
④ 수율이 향상된다.
⑤ 예비설비가 필요 없어진다. 따라서 투자비가 적어도 된다.
⑥ 예비품 관리가 잘되고, 따라서 재고금액이 감소된다.
⑦ 제조원가가 절감된다.
⑧ 작업자들의 안전, 환경보전이 잘 되며, 보상비나 보험료가 적어진다.
⑨ 인간관계가 잘 된다. 고장으로 말미암아 노동의욕의 저해가 없어진다. 또 돌발고장이 감소되기 때문에 안정감을 느낄 수 있다.
⑩ 고장으로 말미암아 생산예정이 지연되거나 납기지연을 일으키는 일이 최소화할 수 있다.

라. 설비 관리 시스템

1) 설비보전조직의 기본형과 특색

설비의 운전과 보전의 기능분업은 설비의 자동화, 고도화와 함께 전문 보전원(保全員)을 배치하는 경향이 있다. 이들 보전원을 관리 감독하여 보전의 책임을 수행할 관리자가 누구인가 또한 보전책임이 집중인지 분산인지에 따라서 보전조직의 기본형이 분류된다.

가) 집중보전(central maintenance)

공장의 모든 보전요원을 한 사람의 관리자(보전부문의 장) 밑에 조직하고, 모든 보전을 집중 관리하는 보전 방식이다.

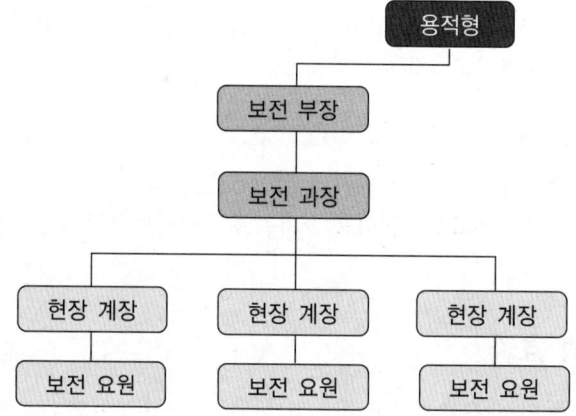

(가) 장점
① 공장의 작업 요구를 처리하기 위하여 충분한 인원을 동원할 수 있다.
② 각종 작업에 각각 다른 기능을 가진 보전원을 배치하기 때문에 담당정도의 유연성이 필요하다.
③ 긴급작업, 고장, 새로운 작업을 신속히 처리한다.
④ 특수 기능자는 한층 효과적으로 이용된다.
⑤ 1인으로 보전에 관한 전 책임을 지고 있다.
⑥ 자본과 새로운 일에 대하여 통제가 보다 확실하다.
⑦ 보전원이 기능향상을 위하여 훈련이 보다 잘 행해진다.

(나) 단점
① 보전요원이 공장 전체에서 작업을 하기 때문에 적절한 관리 감독을 할 수 없다.
② 작업표준을 위한 시간 손실이 많다.

③ 일정 작성이 곤란하다.
④ 작업의뢰와 완성까지의 시간이 상당히 길다.
⑤ 보전원이 각종 생산 작업에 대하여 우선순위를 갖게 된다.

나) 지역보전(area maintenance)
공장의 특정 지역에 보전요원이 배치되어 그 지역의 예방보전 검사, 급유, 수리 등을 담당하는 보전 방식이다.

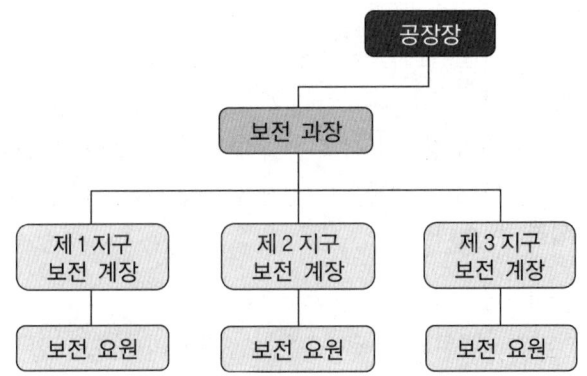

(가) 장점
① 보전요원이 용이하게 제조부분의 작업자에게 접근할 수 있다.
② 작업지시의 발행에서 그 완성까지 시간적인 지체를 최소로 할 수 있다.
③ 보전감독자와 보전요원이 해당설비에 정통하고 예비품의 요구에 신속히 대처할 수 있다.
④ 생산라인의 공정변경이 신속히 이루어진다.
⑤ 근무시간의 교대가 유기적이다.
⑥ 보전감독자나 보전작업원들은 생산계획, 생산성의 문제점, 특별작업 등에 관하여 잘 알게 된다.

(나) 단점
① 대수리작업 처리가 어렵다.
② 지역별로 스태프(staft)를 배치하는 경향이 있다.
③ 배치전환, 고용, 초과근로에 대하여 인간문제나 제약이 많다.
④ 실제로는 전문가 채용이 어렵다.

다) 부분보전(departmental maintenance)
공장의 보전요원을 각 제조 부문 감독자 밑에 배치하여 보전을 행하는 보전 방식이다.

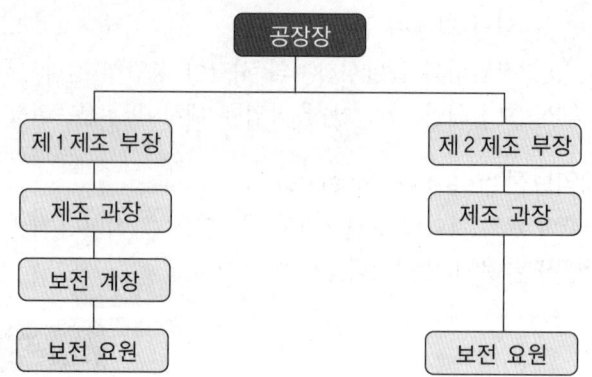

(가) 장점

지역보전의 장점과 아주 유사하나 보전요원이 제조부문의 감독자 밑에 배속되어 있으므로 작업계획은 생산 할당에 따라 책임을 져야할 관리자에 의하여 세워질 수 있다.

(나) 단점

① 제조 부문의 감독자들은 보전업무의 지도를 할 수 없다.
② 감독자들은 생산계획을 만족시키기 위해서 보전작업의 업무를 무시하는 수가 있다.
③ 공장의 보전책임이 분할된다.
④ 보전비를 획득하는 것도 어렵고 관리하는 것도 곤란하다.
⑤ 인사문제는 지역보전의 경우보다 조금 양호한 편이다.

라) 절충보전(combination maintenance)

지역보전 내지 부분보전과 집중보전을 조합시켜 각각의 장점을 살리고 단점을 보정하는 보전방식이다. 이것은 지역보전 내지 부분보전과 집중보전을 조합시켜 각각의 장점을 살리고 단점을 보정하고자 하는 보전방식을 말한다.

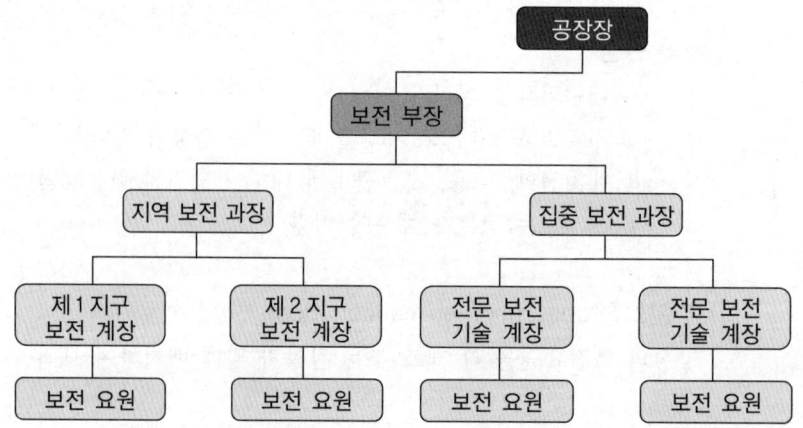

2. 설비보전의 본질과 추진방법

가. 설비보전의 중요성과 효과

1) 중요성

설비의 유지, 관리활동은 기업에 있어서 대단히 중요한 과제이므로 이러한 과제를 해결하는 것이 설비보전이다.

2) 설비보전의 효과
① 보전비가 감소한다.
② 제작 불량이 적어진다.
③ 고장으로 인한 납기지연이 감소한다.
④ 예비비의 필요성이 감소되어 자본투자가 적어진다.
⑤ 예비품 관리가 좋아져서 재고품이 감소된다.
⑥ 설비 고장으로 인한 정지손실이 감소한다(특히 연속조업 공장).
⑦ 종업원의 안전, 설비유지가 잘되어 보상이나 보험료가 감소한다.
⑧ 제조원가가 절감된다.
⑨ 가동률이 향상된다.

나. 설비 유지관리 추진방법

1) 절대적 열화와 상대적 열화
① 절대적 열화 : 현 보유설비가 신품일 때와 비교하여 점차로 열화되어 가는 것
② 상대적 열화 : 현 보유설비보다 우수한 신형설비에 비하여 구형이 되는 것

2) 설비열화의 대책
① 열화의 방지 : 일상정비(점검, 급유, 간단한 교환 및 조정, 정상운전)
② 열화의 측정 : 검사(양부검사 : 성능저하형, 경향검사 : 돌발고장형)
③ 열화의 회복 : 수리(예방수리, 사후수리)

3) 설비의 최적보전 계획

가) 설비보전의 비용 개념
① 생산량 저하 손실 : 한계이익(=판매단가 - 변동비) × 감산량

② 품질 저하 손실 : 판매가의 차 × 수량 또는 배상요구처리 비용이나 회사의 신용 저하
③ 비용증가 : 원단위 손실
④ 납기지연 손실, 잔반, 휴일 근무의 노무비 증가, 벌과금, 선박체선료 지출, 신용의 실추 등
⑤ 안전 및 사기저하 손실

4) 설비보전의 추진방법

가) 설비보전의 핵심 포인트
① 보전의 형태 ② 보전의 분담 ③ LCC 측면
④ 보전관리의 대책 ⑤보전의 경제성 추구

나) 향후 보전활동의 방향
① TBM에서 CBM으로
② 운전 중의 보수기술 향상
③ 품질보증 보전기술
④ 보전기술의 확보와 교육훈련 강화
⑤ MP정보 및 설계방법의 확립설비진단 기술, 특히 잔여수명 측정기술의 발달
⑥ 설비의 신뢰성 향상에 대한 노력
⑦ 설비관리 시스템의 충실화 및 통합화
⑧ 모니터링 시스템의 우전지원 시스템에 편입

다. 설비보전 조직과 표준

1) 설비보전 조직

가) 설비보전 조직의 기능

(가) 직접기능

① **총괄적 기능** : '설비가 열화하고 고장정지를 일으켜 유해한 성능저하를 가져오는 상태를 제거, 조정 또는 수복(修復)하여 설비성능을 최경제적으로 유지하는 활동'이다. 이와 같은 설비보전 기능을 분류하면 아래와 같다.

② 수리 : 설비의 열화, 돌발 고장 등에 의하여 정상생산을 할 수 없을 때 설비를 정상생산에 복귀시키는 작업을 말하며 수리의 종류는 편의상 아래와 같이 분류한다.
  • 예방수리 : 예방보전 검사에 입각하든가, 경제적인 주기에 예방적으로 실시하는 수리

• 사후수리 : 검사를 하지 않고 고장이 발생하여 행하는 수리

표 4-1 설비보전의 직접 기능

구 분	내 용
예방보전검사	고장을 예측 또는 조기에 발견하고, 수리요구를 계획화하기 위해 실기되는 점검, 측정, 효율측정 등
일상보전(정비)	고장예방 또는 조기처치를 위해서 실시되는 급유, 청소, 조정, 부품교체 등
예방수리	고장예방을 위해서 실시되는 제작, 분해, 조립, 축가공 등
사후수리	고장발생 후에 실시되는 제작, 분해, 조립, 축가공 등
개량보전	재질이나 설비변경에 의한 수명의 연장, 검사나 수리를 하기 쉽도록 개선하는 등 보전효과를 높이기 위한 개수(改修)
검수	수리 또는 부품이나 설비제작이 요구대로 실시되었는가를 확인하기 위한 점검, 측정, 시운전 등

(나) 관리기능

설비보전의 목적은 설비를 최대한 유효하게 활용하여 기업의 생산성을 높이는 데 있다. 이것은 관리의 목적이고, 또한 결과의 평가에 유용한 결과가 생기도록 고도의 이론과 경험을 근거로 한 기술 활동이다.

목표와 평가는 경제적 측면이고 결과가 생기도록 하는 실제 활동의 원천은 관리의 기술적 측면이다. 경제적 측면은 설비와 화폐가치의 면에서 관리하는 가치 관리이고, 기술적 측면은 설비 성능의 면을 관리하는 성능관리라 한다.

2) 설비보전 조직을 위한 고려사항

① 제품의 특성(원료, 반제품, 제품의 물리적, 화학적, 경제적 특성)
② 생산형태(프로세스, 계속성, 시프트(shift)수)
③ 설비의 특성(구조, 기능, 열화속도, 열화 정도)
④ 지리적 조건(입지, 분산도, 환경)
⑤ 공장의 규모
⑥ 인적 구성 및 역사적 배경(기술수준, 관리수준, 인간관계)
⑦ 외주 이용도(외주이용의 가능성, 경제성)

3) 설비관리 조직과 요원

가) 설비관리의 조직과 개념

설비관리의 조직은 설비관리 기능의 한 요소이며, 조직체의 구조적인 측면을 취급한다는 점이 가장 중요한 관리 기능으로, 효율적이면서 유효한 관리를 하기 위하여 설

제4장 설비관리 계획

비관리의 개념은 다음과 같은 요소가 있다.
① 설비관리의 목적을 달성하기 위한 수단이다.
② 설비관리의 목적을 달성하는 데 지장이 없는 한 될수록 단순해야 한다.
③ 인간을 목적달성의 수단이라는 요소로서만 인식해야 한다.
④ 구성원을 능률적으로 조절할 수 있어야 한다.
⑤ 그 운영자에게 통제 상의 정보를 제공할 수 있어야 한다.
⑥ 구성원 상호 간을 효과적으로 연결할 수 있는 합리적인 조직이어야 한다.
⑦ 환경의 변화에 끊임없이 순응할 수 있는 유기체이어야 한다.

나) 설비관리의 조직계획

설비를 보다 효과적으로 활용해서 사업목적을 달성하기 위해서는 어떻게 하면 좋을 것인가를 고려하여 다음 조직방식 중에 선택한다.
① 기능분업 방식
　㉮ 직접기능 : 설계, 건설, 수리 등을 직접 수행하는 실무적인 기능
　㉯ 관리기능 : 직접 기능을 수행하기 위한 계획, 통제, 조정 등과 같은 관리적 기능
② 전문기술분업 : 기계, 전기, 기계장치, 토목건설 등과 같은 전문기술별 분업
③ 지역(제품별, 공정별)분업

다) 설비보전 조직 계획 시의 고려할 사항
① 제품의 특성 : 원료, 반제품, 제품의 물리적·화학적·경제적 특성
② 설비의 특징 : 구조, 기능, 열화의 속도, 열화의 정도
③ 생산 형태 : 프로세스, 계속성
④ 지리적 조건 : 입지, 분산의 비율, 환경
⑤ 기업의 크기 또는 공장의 규모
⑥ 인적 구성과 그의 역사적 배경 : 기술수준, 관리수준, 인간관계
⑦ 외주 이용도 : 외주 이용의 가능성, 경제성

라) 설비관리 요원

(가) 설비관리 업무의 특징

생산설비는 생산 공정의 기초가 되는 것이므로 설비는 언제든지 최고의 능률을 유지하고 기대하는 부품의 정도를 유지하여야 하며 일반적인 설비 관리업무는 다음과 같은 특징이 있으며 생산의 연속화, 설비의 고도화 경향이 높아질 것이다.
① 휴지공사나 신·증설공사 등 작업량의 변동이 크다.
② 배관, 용접, 가공, 전기 등의 다양한 직종의 풍부한 숙련 노동력이 필요하다.
③ 기계, 전기, 계장, 토건, 화학 등 많은 전문기술을 갖춘 기술자를 필요로 한다.

(나) 설비관리 업무와 요원의 대책(설비관리 요원이 가져야 할 업무 자세)
① 작업량의 변동이 크므로 최고부하(paek load)를 없애고 또한 중요설비의 최고부하를 없앤다.
   ㉮ OSI(On Stream Inspection) : 기계장치 등의 운전 중에 실시되는 검사를 OSI라 한다. 예를 들면 장치(설비)류의 결함 발견, 제품의 측정 등의 비파괴검사, 회전기계의 진동측정 등에 의한 수리시간의 판정 등을 말한다.
   ㉯ OSR(On Stream Repair) : 기계장치 등의 운전 중에 실시되는 수리를 OSR이라 한다. 예를 들면 밸브의 누출이 정지되지 않을 때 운전을 하면서 밸브를 교환, 수리하는 것을 말한다.
   ㉰ 부분적 SD(Shut Down) : 모든 장비(설비)를 동시에 휴지(shut down)해서 수리 공사를 하면 피크를 피할 수 없으므로, 계통별로 순차적으로 SD 시켜 수리하므로 피크를 없애는 방법이다.
   ㉱ 유닛방식 : 예비 유닛을 갖춘 후 유닛을 교체하고, 교체한 유닛을 장비(설비)의 운전 중에 정비하는 방법이다.
② 많은 직종에 걸쳐 풍부한 경험과 기능을 필요로 한다.
③ 긴급 돌발적인 것을 없앤다. 긴급 돌발수리로 요원확보가 문제가 되고 생산성 저하의 원인이 된다. 이것은 예방보전(PM), 보전예방(MP), 개량보전(CM) 등의 수준을 높여 돌발을 없애는 것이 선결문제이다.

(다) 작업자(operator)의 협력 자세
운전자 보전의 기능을 너무 지나치게 분리하여 운전자는 운전만, 보전자는 보전만 행하지 말고 상호협조하는 자세가 필요하다.

(라) 보전관리요원의 능력 개발 = 보전요원의 능력개발

(마) 외주업자의 이용(전문기술 영역이나 작업량 증가시)

(바) IE(Industrial Engineering)적 연구 = 생산적 연구
① 일반적으로 보전의 작업능률은 낮으며 50% 이하인 경우도 많다.
② IE법의 적용은 인적 자원(man power)의 활용에 크게 이바지한다. 예를 들면 IE법에 의하여 감소된 인력을 다른 업무에 투입하여 활용할 수 있다.

마) 조업시간구성
① **부하시간** : 정미 가동시간에 정지시간을 부가한 시간(단위 운전시간)
② **무부하시간** : 기계가 정지하고 있는 시간
③ **기타 시간** : 조업시간 내에 전기, 압축기가 정지하여 작업 불능시간이나 조회, 건강진단 등

④ 정미가동시간 : 기계를 가동하여 직접 생산하는 시간
⑤ 정지시간 : 준비시간, 대기시간, 설비수리시간, 불량 수정시간 등

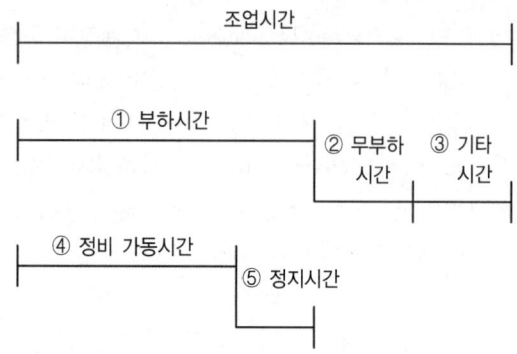

바) 효과를 측정하기 위한 척도

① 설비 가동률 = $\dfrac{\text{정미 가동시간}}{\text{부하시간}} \times 100$ ················(유용성)

② 고장 도수율 = $\dfrac{\text{고장횟수}}{\text{부하시간}} \times 100$ ················(신뢰성)

③ 고장 강도율 = $\dfrac{\text{고장정지시간}}{\text{부하시간}} \times 100$ ················(보전성)

④ 제품단위당 보전비 = $\dfrac{\text{보전총액}}{\text{생산량}} \times 100$ ················(경제성)

:: 예 제 ::

어느 공장의 월가동수가 20일인 장비가 설비고장과 작업고장에 의한 설비 휴지시간이 1개월에 10시간이 걸리면 실제 가동률은 몇 %인가? (단, 1일 가동시간은 8시간이다.)

해설

설비가동률 = $\dfrac{\text{정미가동시간}}{\text{부하시간}} \times 100 = \dfrac{150}{160} \times 100 = 93.75\%$

부하시간 = 20일 × 8시간 = 160
정미가동시간 = 부하시간 − 정지시간 = 160 − 10 = 150

:: 예 제 ::

어느 공장에서 고장이 잦은 기계의 설비능력을 파악하기 위하여 설비의 운영능력을 조사 연구하여 보니 공구 교체시간이 총 10시간, 기계고장시간이 15시간, 1달 30일 동안에 일요일이 4번, 토요일이 4번이었고, 평일은 8시간 조업, 토요일은 4시간을 조업하였다. 이 기계의 가동률을 계산하시오. (단, 소수점 이하는 반올림한다.)

해설

$$설비가동률 = \frac{정미가동시간}{부하시간} \times 100 = \frac{167}{192} \times 100 = 86.97 = 87\%$$

부하시간 = [30일 × 8시간]−[(일요일4일 × 8시간)+(토요일4일 × 4시간)] = 192시간
정미가동시간 = 192−(10시간+15시간) = 167시간

라. 고장분석의 필요성과 대책

1) 고장분석의 필요성

① 설비의 신뢰성 향상(설비의 고장을 없게 한다.)
② 보전성 향상(고장에 의한 휴지시간을 단축한다.)
③ 경제성 향상(가능한 비용을 절감한다.)

2) 고장분석의 대책

① 강도, 내력을 향상 : 재질, 방법의 변경
② 응력(stress)을 분산한다. : 완충, 축경이 변하는 부분의 R변경
③ 안전율을 높인다.
④ 환경을 좋게 한다. : 온도, 습도
⑤ 작업방법, 조건의 개선
⑥ 예측한다. : 고장상관성이 높은 항목을 선택하여 일정치 이상 시 경보가 울린다.
⑦ 검사주기, 방법의 개선

마. 설비의 경제성 평가방법

1) 비용비교법

가) 평균비교법
설비의 내구 사용기간 사이의 자본비율과 가동비의 합을 현재 가치로 환산하여 내구 사용 기간 중의 연평균 비용을 비교하여 대체 안을 결정하는 방법이다.

나) 평균이자법
연간 비용으로 정액상액에 의한 상각비와 평균 이자 및 가동비를 합한 방법으로 회계 상의 수속과 쉽게 대응하고, 사고방식이 쉽다는 특징이 있다.

2) 자본회수법

투자액이 c인 설비를 n년간 s씩 균등하게 회수하는 투자계획이 있다. 이때 투자계획에 의해 얻을 수 있는 연평균 이윤이 회수금보다 크다면 이 투자계획은 성립한다.

3) MAPI(Machinary & Allied Product Institute)방식

MAPI의 조사부장 터보가 1949년에 발표한 설비교체의 경제적 분석방법이다.

바. 설비보전의 표준

1) 설비보전의 표준

설비보전의 표준은 기술적인 것과 관리적인 것으로 분류되고 그 분류는 아래와 같다. 기술면의 표준을 '규격' 또는 '표준'이라 칭하고, 관리면의 표준은 '규정(規程)', '규정(糾正)', 규칙 등으로 칭하여 구분하기도 한다.

표 4-2 표준의 분류

표준	기술면의 표준	준수하여야 할 표준	규격, 사양서(품질규격, 설비 사양서 등)
		목표가 되는 표준	기준, 지도서(작업방법 등)
	경영관리의 표준	조직의 표준	조직규정, MG(Management Guide) (조직도, 각 직위의 직능, 책임한계 등)
		관리제도의 표준	관리규정, CM(Control Manual)

2) 설비계열의 표준에 대해서 그 특색은 다음과 같다

① 설비설계규격 : 설비설계의 표준을 말하며, 설비에 대해서 공통요소, 즉 축수, 밸브, 플랜지 등과 같은 사내표준법 규격이라든가, 설비능력 계산방식 등을 표시하는 것을 말한다.
② 설비능력표준 : 설비가 운전 시에 발휘하는 성능의 표준이며, 용도, 주요치수, 용량 및 정도, 성능, 주요 부분의 구조, 재질, 작동에 요하는 전력, 증기량, 수량 등을 표시하는 것으로서 이를 설비사양이라 하기도 한다.
③ 설비자재 구매규격 : 설비용 재료, 부품 등의 품질에 대한 표준을 말하며 이는 설비설계 표준, 설비성능 표준에 따라 규정된다.
④ 설비자재 검사표준
⑤ 시운전 검수표준
⑥ 설비보전표준
   ㉮ 열화의 측정(점검 검사)

㉯ 열화의 진행방지(일상보전)
㉰ 열화회복(수리)
⑦ 보전작업표준

3) 설비보전표준의 분류

가) 설비검사표준
실비검사에는 수입(收入)검사, 운전 중 예방보전 검사, 수리 후 검수가 있다. 이들 중에서 예방보전을 위해 하는 검사는 점검이라고 불리는 경우도 있다. 특히 예방보전검사가 특징이 있는 것이기 때문에 예방보전 표준을 들어 논한다.

나) 정비표준
일상보전이나 정비의 방법이나 조건에 따라 표준을 정하는 것으로 급유(주유)표준, 청소표준, 조정표준 등을 정하고 세부적으로는 급유개소, 급유방식, 기름의 종류, 주기, 유량 등을 표시한다.

다) 수리표준
수리조건 방법에 따른 표준이며 또는 설비부품에 대한 수리표준을 작성하는 경우와 수리공작의 직능별(주물, 선반, 배관, 제관 목공 전공 등)로 작성한다.

사. 설비의 기호

설비를 분류하고 기호를 명백히 해두게 되면 설비 관리상으로 다음과 같은 이점이 있다.
① 설비대상이 명백히 파악된다.
② 설비계획을 수립하기가 손쉬워 진다.
③ 사무적인 처리가 쉬워지며, 착오가 감소된다.
④ 통계적인 각종 데이터를 얻기가 쉬워진다.

> **Tip**
> ▶ 설비분류법의 일반적인 방법
> 대분류 ➡ 중분류 ➡ 소분류

아. 설비번호의 표시 방법

분류기호나 번호를 부착시킬 경우에 반드시 지켜야 할 사항
① 부착은 눈에 잘 띄는 곳에 하여야 한다.
② 부착은 확실하고 견고하게 하여야 한다.

③ 표시판은 될 수 있는 대로 손상의 위험이 없는 재질로 사용한다.
④ 부착방법은 설비의 성능에 어떤 형태로든지 영향을 주는 일이 있어서는 안 된다.
⑤ 부착으로 인해 미관을 해치는 일이 없도록 한다.

자. 설비대장이 구비해야 할 조건

① 설비에 대한 개략적인 크기
② 설비의 입수시기 및 가격
③ 설비에 대한 개략적인 기능
④ 설비의 설치 장소

3. 공사관리

가. 공사의 목적분류

1) 공사관리의 목적

설비에 투입되는 비용의 최소화

표 4-3 공사의 분류

분류	명 칭	설 명	예산구분	공사요구
A	돌발수리공사	설비검사에 의해서 계획하지 못했던 고장의 수리	PM 담당과	사용과
B	사후수리공사	설비검사를 하지 않은 생산설비의 수리		
C	예방수리공사	설비검사에 의해서 계획적으로 하는 수리	PM 담당과	PM 담당과
	정기수리공사	정기수리계획에 의해서 하는 수리		
D	보전개량공사	보전상의 요구에 의해서 하는 개량공사 예를 들면, 수리주기를 연장하기 위한 재질 변경 등		
E	개수공사	조업상의 요구에 의해서 하는 개량공사 예를 들면, 배관교체, 기타 변경공사 등	사용과	사용과
F	일반보수공사	제조의 부속설비의 공정, 사무, 연구, 시험, 복리, 후생 등의 수리		

나. 공사관리가 갖추어야 할 요점

① 공사의 완급도를 정확히 결정한다.
② 일정을 표시한 작업명령을 내리고 진도를 통제
③ 소요의 수요와 공수(攻守)를 견적한다.
④ 실적을 조사하여 원가절감을 도모한다.
⑤ 완급도, 견적공수능력에 기초를 두고 여력관리를 하여 일정을 결정한다.

다. 공사의 완급도

공사에 대한 완급도를 정확하게 결정할 필요가 있다는 점은 전술한 바와 같으며 일반적인 공사의 완급도는 다음과 같이 분류된다.

표 4-4 공사의 완급도 분류

완급도	명 칭	설 명	사무수속
1	긴급공사	즉시 착수해야 할 공사	구두연락으로 즉시 착공하고, 착공 후 전표를 낸다. 여력 표에 남기지 않는다.
2	준급공사	당 계절에 착수하는 공사	전표를 제출할 여유가 있다. 여력 표에 남기지 않고, 당 계절에 착공한다.
3	계획공사	일정계획을 수립하여 통제하는 공사	당 계절에 접수하여 공수 견적을 한다. 다음 계절 이후로 넘긴다.
4	예비공사	한가할 때 착수하는 공사	예비적으로 직장이 전표를 보관하고 있다가 한가할 때 착공한다.

라. 여력관리와 일정계획

1) 여력관리

계획공사의 견적공수와 현 보유 표준능력을 비교하여 이월량이 거의 일정하게 되도록 공사요구의 접수를 조정하든가, 예비공사를 중간 차입(差入)시킨다든가, 외주발주량을 조정하는 것을 여력관리라 한다.

2) 일정계획

일정계획은 원칙적으로 공정담당자의 희망 납기에 맞도록 세워야만 한다. 순서계획, 공수계획을 기본으로 해서 각종의 공사예정이나 관련업무 수배의 시기를 결정해야 할 것

제4장 설비관리 계획

이다. 즉, 공사의 착수에서 완료까지의 세부적인 작업의 예정은 물론 필요에 따라서 현장작업에 직접 관리를 유지하며 다른 업무의 예정도 반영시켜야 한다.

마. 진도관리(進度管理)

진도관리란 일정계획에서 결정된 착수, 완성의 계획에 따라 작업자에게 작업분배를 하고 당해 공사의 납기 내로 완성해 가는지 시간상 진행에 있어서 통제를 하는 것으로 납기의 확정과 공사일의 공사일의 단축이 그 목적이며 납기관리, 일정관리라고도 한다.

4. 보전용 자재관리와 상비품 관리 및 경제적 주문량

가. 보전용 자재관리

1) 보전용 자재의 관리상 특징
   ① 보전용 자재는 연간 사용빈도가 낮으며, 소비속도가 늦은 것이 많다.
   ② 자재 투입의 품목, 수량, 시기의 계획을 수립하기 곤란하다.
   ③ 보전의 기술수준 및 관리수준이 보전자재의 재고수준을 좌우하게 된다.
   ④ 불용자재의 발생 가능성이 크다.
   ⑤ 보전자재의 경우에는 열화 되어 폐기되는 것과 예비품과 같이 순환 사용되는 것이 있다.
   ⑥ 보전자재는 대형 밸브, 펌프, 감속기, 모터 등과 같이 순환 사용되는 것이 많다는 것이 특징이다.

나. 상비품

1) 상비품발주방식

   가) 정량발주방식

   발주점법라고도 하며, 재고량이 일정한 양(주문 점)으로 내려가면 기계적으로 일정량만큼의 보충 주문하는 것을 말한다. 정량발주방식에는 복책법과 포장법이 있으며, 이는 정량발주방식을 간소화한 것이다.

   나) 사용고발주방식

   최고 재고량을 일정량으로 정해 놓고 사용할 때마다 사용량만큼을 발주해서 재고량을 항상 일정하게 유지하는 방식을 말하며 이것을 정량유지방식, 정수형(正數型) 또는 예비품방식이라고도 한다.

다) 정기주문방식

이 방식은 발주시기를 일정하게 하고 소비실적 및 예상의 변화에 따라 발주량을 그때마다 변화시키는 것을 말한다.

2) 상비 품목의 결정

보전용 자재의 1품목마다 이것을 상비품으로 할 것인가 비상비품으로 할 것인가를 결정하는 것이 재고압축(在庫壓縮)을 위해서 매우 중요하다.

3) 상비품의 요건

① 여러 공정의 부품에 공통적으로 사용될 것
② 사용량이 비교적 많으며 계속적으로 사용될 것
③ 단가가 낮을 것
④ 보관상(중량, 체적, 변질 등) 지장이 없을 것

다. 경제주문량

$$Q = 100\sqrt{\frac{Um}{C}}$$

:: 예제 ::

월간사용량 $Um = 700$개, 단가 $C = 25$원이고, $k = 100 (k = \sqrt{\frac{24A}{i}})$이라면 경제주문량은 얼마인가?

해설

$$Q = 100 \times \sqrt{\frac{Um}{C}} = 100 \times \sqrt{\frac{700}{25}} = 529개$$

5. 설비보전 관리

가. 설비의 열화 현상과 원인

1) 절대적 열화와 상대적 열화
① 절대적 열화 : 현 보유설비가 신품일 때와 비교하여 점차로 열화되어 가는 것
② 상대적 열화 : 현 보유설비보다 우수한 신형설비에 비하여 구형이 되는 것

2) 기회손실(opportunity) = 기회원가
보전비를 들여서 설비를 만족한 상태로 유지하여 막을 수 있었던 생산성의 손실

3) 설비의 성능열화
성능열화라 함은 설비의 사용에 의한 열화(운전조건, 사용방법 등), 자연열화(녹, 노후화), 재해에 의한 열화(폭풍, 지진, 침수 등)로 대별된다.

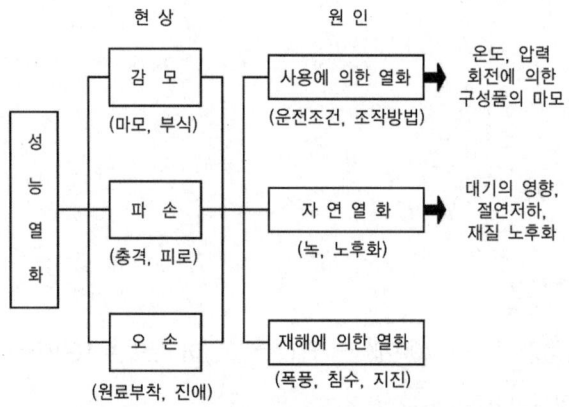

그림 4-3 설비의 열화현상과 원인

4) 성능열화의 원인과 현상

표 4-5 열화의 원인

열화 원인		열화 내용
사용열화	운전조건	온도, 압력, 회전수, 설비기능과 재질, 마모, 부식, 충격, 피로, 원료부착, 진애
	조작방법	취급, 반자동 등의 오조작
자연열화		방치에 의한 녹 발생, 방치에 의한 절연저하 등 재질 노후화
재해열화		폭풍, 침수, 지진, 우뢰, 폭발에 의한 파괴 및 노후화 촉진

나. 설비열화의 대책

열화방지(이상보전), 열화측정(검사), 열화회복(수리) 등이 있다. 즉, 설비열화의 대책으로서 성능유지 활동인 보전을 생각해 보면 성능유지를 위해서는 먼저 열화방지를 해야 한다.

>
> ▶ 생산의 3요소
> 사람(man), 설비(machine), 재료(material)의 조합을 가장 효과적으로 하는 것이 최적방법을 얻는 길이며 이와 같은 요소를 종합적으로 생각하는 것이다.

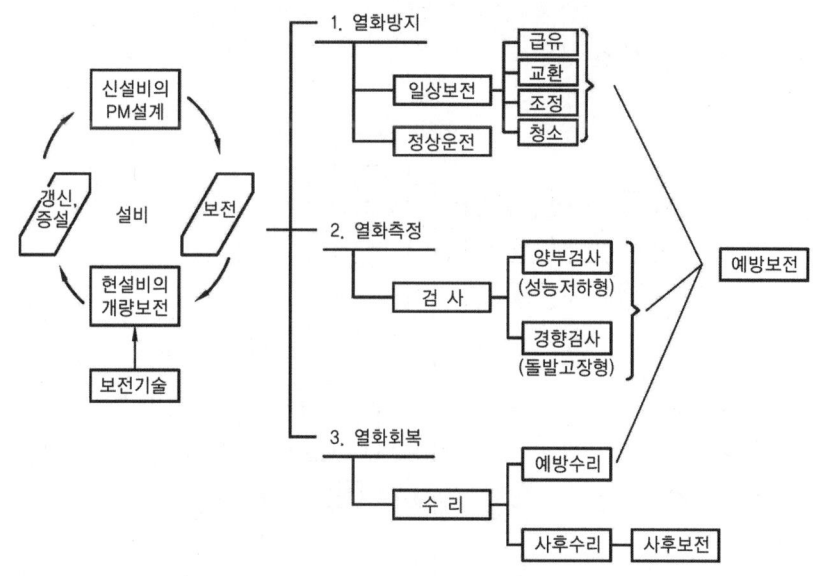

그림 4-4 설비열화의 대책

다. 설비의 최적보전계획

1) 설비보전의 비용

① 생산량 저하손실 : 생산감소 손실은 생산량 × (판매단가 - 변동비)로 계산된다.
② 품질저하 손실
③ 납기지연 손실
④ 안전저하에 의한 재해손실
⑤ 원단의 증대손실
⑥ 환경조건의 악화로 인한 의욕저하 손실

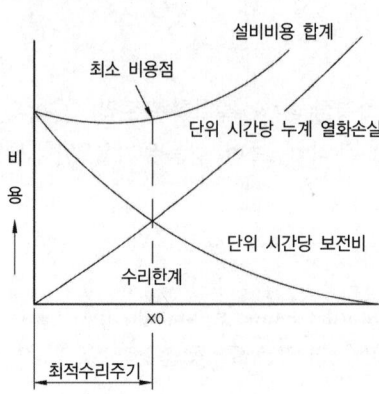

그림 4-5 최적 수리주기

2) 보전비의 요소

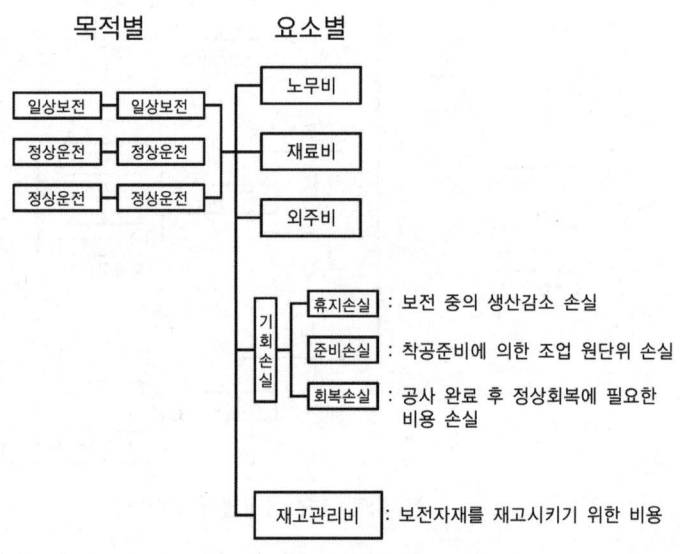

그림 4-6 보전비의 요소

라. 열화손실 감소조치

① 일상보전 : 급유, 교환, 청소, 조정 등의 적절실시
② 정상운전 : 운전자에게 훈련과 지도실시
③ 예방보전 : 주기적 검사와 예방수리 적정실시
④ 개량보전 : 보정면에서 중점을 둔 설비 자체의 적정 체질개선
⑤ 설비갱신 : 갱신분석의 조직화
⑥ 보전예방 : 신설비의 PM설계

마. 최적수리 주기의 결정방법

① 설비의 보전비와 열화손실비의 합을 최소로 하는 것이 가장 경제적인 방법이다.
② 단위시간당의 열화손실비는 시간(처리량)의 증대와 더불어 증대한다.
③ 단위시간당의 보전비는 수리주기(시간 또는 처리량)를 길게 하면 감소한다.
④ 이 두 가지 비용곡선의 합계곡선으로부터 최소비용을 구할 수 있다.
⑤ 이 최소비용점까지의 주기로 수리하는 것이 가장 경제적이며, 이를 설비의 최적수리 주기라고 한다.

> **Tip**
> ▶ 단위시간당 보전 비 $= a/x$
> ▶ 단위시간당 열화의 합계 $= \dfrac{1}{x}\int_0^{x_0} f(x)dx$
> 이를 합하고 미분하여 0으로 놓으면 $x_0 = \sqrt{\dfrac{2a}{m}}$

바. 부품의 최적대체법

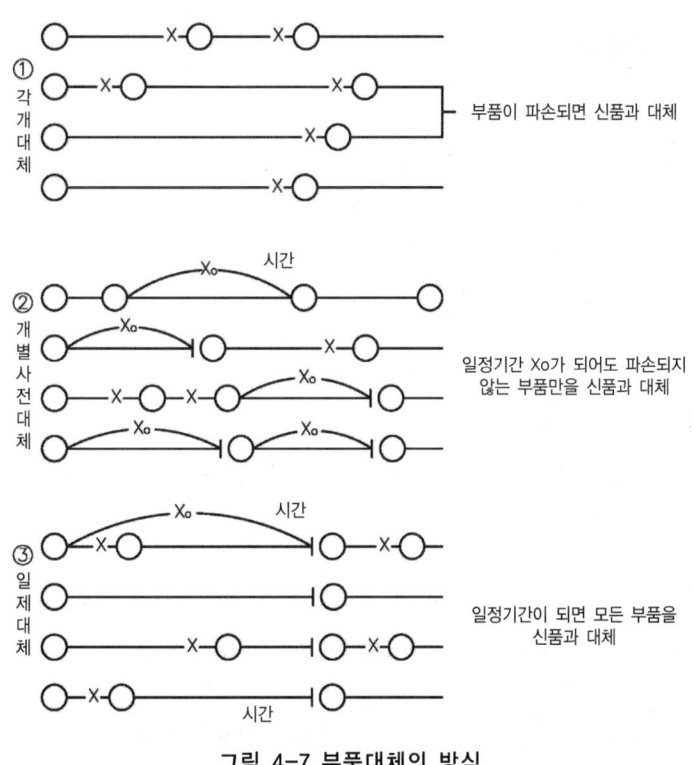

그림 4-7 부품대체의 방식

사. 최적설비 검사주기의 결정

$$T = \sqrt{\frac{2 \cdot A}{r \cdot B}} = \sqrt{\frac{2}{C \cdot r}}$$

여기서, T : 최적검사주기 $\quad r$: 단위시간당 장해발생 도수
$\quad\quad\quad A$: 1회 검사에 소요되는 비용 B : 장해 때문에 생기는 단위시간당 손실
$\quad\quad\quad C$: 손실계수 ($C = A/B$)

6. 설비보전의 추진방법

① 현 보유설비와 현존 기술범위 내에서 가장 설비비용이 적게 드는 보전의 정도(최소비용점)를 찾아내야 한다.
② 열화손실비를 최소화해야 한다.
③ 최소의 보전비로 보전효과를 높이는 방법을 찾아야 한다.

가. 설비의 예방보전

1) 예방보전의 기능
   ① 취급되어야 할 대상설비의 결정
   ② 점검시기에 관한 결정
   ③ 대상설비 점검개소의 결정
   ④ 조직에 관한 결정
   ⑤ 보전작업에서 보전주기의 결정

2) 예방보전의 효과
   ① 설비의 정확한 상태파악(예비품의 적정 재고도 파악)
   ② 대수리의 감소
   ③ 긴급용 예비기기의 필요성 감소와 자본투자의 감소
   ④ 고장원인의 정확한 파악
   ⑤ 비능률적인 돌발고장 수리로부터 계획수리로 이행가능
   ⑥ 예비품 재고량의 감소
   ⑦ 유효손실의 감소와 설비가동률의 향상(경제적인 계획수리가 가능)

⑧ 작업에 대한 계몽교육, 관리수준의 향상(취급부주의에 의한 고장의 감소)
⑨ 설비갱신기간의 연장에 의한 설비 설비투자액의 경감
⑩ 보전작업의 질적 향상 및 신속성
⑪ 보전비의 감소, 제품불량의 감소, 수율(收率)의 향상, 제품원가의 절감
⑫ 작업의 안전, 설비의 유지가 좋아져서 보상비나 보험료가 감소
⑬ 작업자와의 관계가 좋아져서 빈번한 고장으로 인한 작업의욕 감퇴 방지와 돌발 고장 감소로 안도감 고취

7. 설비의 신뢰성과 보전성

가. 신뢰성 관리

1) 신뢰성(reliability)의 의의

설비가 고장을 일으키지 않는 성질을 의미한다. 즉, 설비를 '언제나 안심하고 사용할 수 있다.'라는 것을 뜻하고 '고장이 없다.' 또는 '신뢰할 수 있다.'라는 것을 말한다.

나. 신뢰성의 평가 척도

① 고장률(failure)
② 평균고장간격(MTBF : Mean Time Between Failure)
③ 평균고장시간(MTTF : Mean Time To Failure)

다. 설비 유효 가동률

설비 유효 가동률 = 시간 가동률 × 속도 가동률

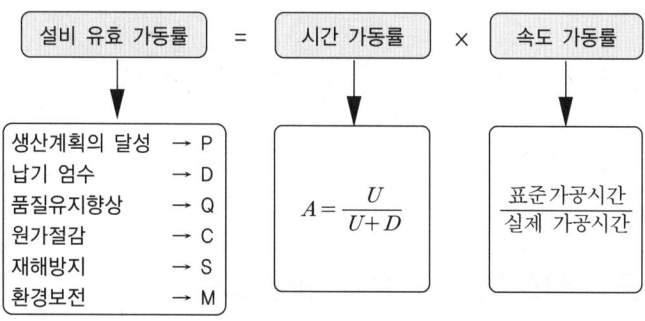

그림 4-8 설비 유효 가동률

라. 보전성과 유용성

① 보전성(maintenability) : 보전에 대한 용이성(容易性)을 나타내며 양적으로 표현할 때는 보전도라고 한다.
② 유용성(avaiability) : 신뢰도와 보전도를 종합한 평가척도로 '어느 특정 순간에 기능을 유지하고 있는 확률'로서 신뢰성과 보전성을 함께 고려할 때는 광의의 신뢰성 척도라고 볼 수 있다.

8. 보전작업 관리와 보전효과 측정

가. 보전작업표준

보전작업에 대한 작업순서와 표준시간을 표시하는 것

나. PER/CPM 보전 작업관리 기법의 특징

① 필요한 정도에 따라 프로젝트를 세분하여 표시할 수 있다.
② 장래예측이 가능하며 선진적 관리기법이다.
③ 시공일을 앞당겨야 할 경우에는 공기단축을 위한 지침을 세울 수 있다.
④ 대체공법을 신속하게 평가할 수 있게 한다.

다. FMCA설계 법

System의 잠재적 결함을 조직적으로 조사하는 설계기법으로 설비에 대한 평가와 개선을 실시할 수 있는 방법이다.

> **Tip**
> ▶ 위험우선순위(RPN)값에 포함되는 요소
>   발견등급, 발생등급, 치명등급

라. 보전작업표준의 설정을 위한 작업 선정 요령

① 정기보전(수리)의 공사계획 상 시간적으로 애로가 있는 작업

② 공사지연에 의한 생산물질 상에 미치는 영향이 큰 작업
③ 비용면에서 영향이 큰 작업
④ 비교적 작업 능률이 나쁘다고 생각되는 작업
⑤ 고도의 기술을 요하는 작업

마. 보전작업표준의 설정

1) 경험법

경험자의 견적에 의하여 작업표준을 설정하는 것으로 수리공사에 많이 사용되는 방법이며, 주관적이고 불확실하다.

2) 실적자료법

실적기록에 입각해서 작업의 표준시간을 결정하는 방법이다. 이 경우 될 수 있는 대로 작업을 세분화하여 실적을 택하게 되면 적용범위가 넓어지며, 작업시간의 실적은 개인별 변동이 심하므로 표준시간의 결정에는 세심한 주의가 필요하다.

3) 작업연구법

작업연구에 의해서 표준시간을 결정하는 방법으로 작업순서나 시간이 다 같이 신뢰적인 것이라 할 수 있으나 모든 보전작업(시간과 비용이 많이 소요되어야 표준작업시간의 설정이 가능)에 적용하기는 어려우나 반복성이 많은 작업에 유리하다. 작업표준시간을 결정하는 방법에는 PTS(Predetermined Time Standad)기법이 있으며 PTS기법은 다시 WF(Work Factor)법과 MTM(Methods Time Measurement)법으로 구분할 수 있으며, 이중에서 MTM법이 미국과 유럽에서 많이 사용된다.

9. 보전효과 측정

가. 보전효과 측정의 의의

효과측정 결과와 그 과정에서 획득한 제 자료를 활용하여 보전기술상의 개선중점을 발견하고, 즉시 필요한 조치를 취함으로써 보전의 목표는 달성될 것이다.

나. 보전효과 측정을 위한 듀퐁방식

① 보전관리자가 스스로 자기결점이나 약점을 발견하기 위해 정기적 자기진단을 한다.
② 도식 평가를 하는 것이 특징이다.
③ 보전효과를 계획, 작업량, 비용, 생산성에 따라 4가지의 기본기능을 평가하기 위해 다시 4가지의 기본요소로 분류한다. 분류는 다음 표와 같다.
④ 16가지의 요소는 두 가지 요소를 제외하고 어느 것이나 비율에 의해서 표시한다.
⑤ 기본기능의 평가는 각 기능마다 선택한 네 가지 요소로서 도표에 의해 작성하여 6등급으로 평가한다.

  E : 우수   G : 양(良)   +A : 보통 이상
  A : 보통   -A : 보통 이하   P : 불량

⑥ 정기적으로 평가하여 개선목표를 수립하고 이 목표를 달성하기 위한 개선계획을 작성한다.

표 4-6 보전효과 측정 4가지 기본 기능

기본기능	요 소	현장 조사결과	장래의 목표
계획	노동효율	65.0%	80.0%
	주단위로 계획하고 예측한 작업과 보전작업의 총고수와의 비	50.0%	35.0%
	월간 긴급작업과 합계 공수의 비율	15.0%	4.0%
	월당 초과근무시간과 합계공수와의 비율	8.0%	2.0%
작업량	주단위로 표시한 **당좌(當座)의 잔유 작업량**	5주	3주
	주단위로 표시한 전 보유 작업량	8주	3주
	월당 총공수에 대한 예방보전의 비율	10.0%	25.0%
	월당 총공수에 대한 일상보전작업의 비율	90.0%	75.0%
비용	**설비투자에 대한 보전비의 비율**	15.0%	6.0%
	기준기간에 대해서 생산한 제품 단위당 보전비 증감	+15.0%	-10.0%
	전 보전비에 대한 직접 및 일반보전의 비율	65.0%	85.0%
	전 보전비에 대한 간접보전의 비율	35.0%	15.0%
생산량	생산적 작업에 종사한 노동력을 %로 표시한 보전의 가동률	55.0%	75.0%
	계획달성률	40.0%	75.0%
	보전의 이유로 기계가 중지했기에 상실된 조업시간의 %	12.0%	3.0%
	기준기간에 대해서 보전비 1$당 제품의 증감비율	-17.0%	+12.0%

제5장 종합적 설비관리

제1절 공장 설비관리
제2절 종합적 생산보전

제1절 공장 설비관리

1. 공장 설비관리의 개요

가. 공장 설비의 자산화의 의미

설비관리는 기업의 경쟁력의 핵심요소로서 설비관리의 궁극적 목표는 수익성을 중심으로 활동 방향을 정하는 것에서부터 시작된다.

나. 설비자산관리(EAM : Equipment Asset Management)

생산수단으로부터 최대의 가치를 얻기 위한 하나의 통합적이고 포괄적인 전략과정 및 의식적 행동으로 정의된다. 즉, 설비자산관리란 경영과 제조설비와의 최적화 관리라 할 수 있다. 단순 보전기능을 넘어 성과, 비용 및 유용도 결정요소와 궁극적인 목표인 수익성을 결정짓는 요소들에 대한 전략적인 개념이다.

다. 보전과 설비자산관리

① 생산보전의 최적화　　② 설비효율의 수익성 연계
③ 수익성 중심 보전활동　④ 설비 정보체제 구축

2. 공장 설비의 자동화

가. 자동화 설비

1) 자동화 가공기계

　가) NC공작기계

　　NC(Numerical Control)의 약자로서 주로 단능작업을 하는 기계를 말하여, NC선반,

NC밀링, NC드릴링 등이 있다. 일반 기업체에서 가장 많이 활용되고 있으며, NC정보는 정보처리회로에 의하여 펄스(pulse)로 변화되어 서보모터가 작동하여 기계의 테이블을 움직여 가공이 이루어진다. NC선반에는 X, Z의 이동경로이며, NC밀링은 X, Y, Z의 이동경로가 표시된다.

나) CNC공작기계(컴퓨터 수치제어 = CNC : Computer Numerical Control)

컴퓨터를 내장한 NC기계를 말하며, data를 입력하여 NC공작기계를 직접 작동하는 방식이며 디스켓 또는 RSC232C를 이용하여 정보를 기계에 입력할 수 있다.

다) 머시닝센터(MCT : Machining Center)

CNC 밀링에 ATC(Automatic Tool Changer)를 부착한 CNC 밀링을 말하며, 기계의 공구 매거진(tool magazine)에 많은 절삭공구를 장착하여 프로그램의 지령에 따라 공구가 호출되어 공구를 ATC가 자동으로 교환하며 주축에 장착함으로써 사람이 없어도 공구를 자동으로 교체하여 시간을 절약할 수 있다.

라) 직접수치제어(DNC : Direct Numerical Control)

컴퓨터 1대로 CNC 공작기계 1대 또는 수십 대를 통제할 수 있으며, 방식에 따라서는 컴퓨터를 이용하여 온라인 리얼타임 형식으로 각각의 NC기계에 이송하여 제어하는 것을 직접수치제어(DNC)라 한다.

마) FMS(Flexible Manufacturing System)

FMS형태의 기본 설계에서 시스템형태 결정에 관계되는 것
① 제품의 종류　　　　② 생산량　　　　③ 공정

3. 계측관리

가. 계측관리의 개요

계측관리란, 각종 공업 계측기술을 이용하여 생산과정에서의 여러 가지 양을 측정, 기록, 적산 또는 자동 제어하여 생산을 관리하는 것으로 계장관리와 같다.

나. 계측기의 선정 시 유의 사항

① 작업용, 관리용, 시험연구용, 검사용 등 계측 목적에 대응하여 각각 적합한 것을 선정한다.

② 계측하여야 할 특성(온도, 압력, 점도, 경도, 가소성, 치수, 중량, 밀도 등) 및 공정에 관한 여러 종류의 변수(공정변수)를 측정하기에 적당한 예측기를 선정한다.
③ 계측해야 할 공정변수의 성질이나 변화 상황과 관리 목적을 고려해서 이것에 적합한 특성을 가지고 있는 계측기를 선정한다.
④ 사용방법, 사용 장소, 설치위치, 사용빈도, 취급방법, 계측대상의 조건, 환경 조건 등에 대해 적당한 계측기를 선정한다.

다. 계측화의 방식

계측관리에 대해서 공적을 객관적으로 명기하도록 공정도를 작성하여야 한다.

라. 계측의 목적

① 수입검사에서 구입품의 치수를 검사하기 위하여 측정한다.
② 재료의 성질을 알기 위하여 금속조성을 측정한다.
③ 공정을 안정적으로 관리하기 위하여 프레스 압력, 전류 값, 온도 등의 파라미터를 측정한다.

마. 계측기 장치 방법

1) 직접 측정식 계측기

측정자가 계측대상에 접근해서 **직접 측정하는 경우에 사용**되며 수동조작 측정형, 정치식과 이동식 등으로 분류한다. 스톱위치, 형틀(mould)시험기, 수은온도계, 압력계, 마이크로미터, 측장기, 버니어 캘리퍼스 등이 있다.

2) 원격 측정식 계측기

측정자가 계측대상에 접근하지 않고 간접적으로 측정하는 경우이며 대부분 자동측정형이다. 일반적으로 검출부, 지시부, 기록부, 조절부로 구성되어 있고, 기계식, 전기식, 전자식, 공기식, 유압식 등이 있다.

3) 현장 작업용 계장(計裝)

현장 작업자가 작업의 자기관리에 이용하며, 간편하고 직관적으로 이용하기 쉽도록 장치한다.

4) 관리작업용 계장

관리자가 사용하는 것으로서 현장작업 중에 이용하는 것보다도 비교적 장기적, 정기적으로 사용하는 것이 많다. 설비관리나 열관리, 안전위생이나 환경관리, 품질관리나 생산관리, 종합판단이나 조사, 조정 등에 사용한다.

5) 시험연구용 계장

시험 연구의 담당자 또는 계측기 관리 상의 교정 등에 사용하는 것으로서, 정밀도가 극히 높고 취급에 상당한 지식과 기량을 필요로 하므로 담당자 혹은 전문가가 특별히 관리하는 것이 바람직하다.

4. 치공구 관리

가. 치공구

'금형(Die), 치구(지그 = Jig), 부착구(Fixture), 절삭공구, 검사공구(Gauge) 등 각종의 공구를 통괄해서 통칭하는 것'을 치공구라 한다.

1) 다이(die)

재료의 소성 또는 유동성을 이용해서 재료를 가공 성형하여 제품을 얻는 것으로, 주로 금속 재료를 이용해서 만든 형을 총칭하는 것을 말한다.

2) 치구(지그 = jig)

형상으로 만들기 위하여 **빵틀과 같은 하나의 완성된 조합품**을 말한다.

3) 부착구(fixture)

작업할 재료를 규정된 형상으로 만들기 위하여 고정하는 공구로 바이스, 클램프가 대표적이다.

4) 공구(tool)

소재를 가공해서 기대하는 형상으로 만드는 공작 작업에 사용하는 도구를 말한다.

5) 검사구(gauge)

생산 공정에 있어서 취급되는 재료, 반제품, 완제품을 공정에 받아들일 때 또는 공정

중 공정의 최종 작업 단계에서 그것들이 작업이 규정하는 기준에 합치하고 있는가, 아닌가를 조사하기 위하여 사용되는 공구를 말한다.

나. 치공구 설계 시 고려할 사항

① 설계도면상의 기능과 정밀도는 실제로 만들 수 있는 구조일 것
② 피공작물의 부착과 해체가 용이하며, 공작하기 쉬운 주조일 것
③ 충분한 강성을 가져 운반취급이 용이한 구조일 것
④ 가능한 단순하고 균형이 잡힌 구조일 것
⑤ 작업자에 대하여 안정성, 신뢰성이 높은 구조일 것이다. 즉, 인간공학의 도입이 필요하다.
⑥ 제작, 유지, 보수 등에 있어서 경제성이 있는 구조일 것
⑦ 구성부품의 표준화를 적극 고려한 구조일 것

다. 치공구 관리

1) 공구의 관리

① 공구의 정리·보관   ② 공구의 보전정비   ③ 공구관리의 시스템

2) 공구관리의 기능

표 5-1 공구관리 기능

공구의 계획단계	공구의 보전단계
① 공구의 설계·표준화	① 공구의 제작·관리
② 공구의 연구와 시험	② 공구의 검사
③ 공구의 사용조건 관리	③ 공구의 보관·대출
④ 공구 소요량의 계획·보충	④ 공구의 연삭

5. 열관리

가. 열관리의 목적

제품 원가 중에 차지하는 **연료비의 절감**을 꾀하는 데 목적이 있다. 즉, 연료를 사용하는 설비 및 열 설비의 개선 및 신설화를 꾀하여 열효율을 높이고, 손실열을 회수하여 합리적으로 관리하는 등의 제품의 원가절감에 있다.

나. 열관리 영역

① 연료의 관리 ② 연소의 관리 ③ 열사용의 관리 ④ 배열(폐열)회수 이용

다. 열관리 방법

가) 부하가 과대한 경우의 대책
① 연료의 품질 및 성질이 양호한 것을 사용한다.
② 연도를 개조하여 통풍이 잘되게 한다.
③ 연소방식을 개량한다.
④ 연소실의 증대를 도모한다.

나) 부하가 과소한 경우의 대책
① 이용할 노상 면적을 작게 한다.
② 연료의 품질을 저하시킨다.
③ 연소방식을 개선한다.
④ 연소실의 구조를 개선한다.

라. 전력관리

가) 전력의 직접낭비요소
공정관리의 합리화로 해결 가능
① 기계의 공회전   ② 누전   ③ 저능률 설비

나) 전력의 간접낭비요소
품질관리의 향상으로 해결 가능
① 공정관리   ② 품질불량

다) 전력에너지 절약지침
① 실내 적정온도를 준수한다(여름철 : 26~28℃, 겨울철 : 18~20℃).
② 고효율 형광등 기구(고조도 반사가)를 사용한다.
③ 실내는 자연 조명을 적극 활용한다.
④ 점심, 퇴근 시간에는 사용하지 않는 전력을 차단한다(퇴근 한 시간 전 냉·난방기 작동 중지).
⑤ 외곽 등은 고압 나트륨이나 메탈힐라이트 등으로 교체한다.

마. 수배전 설비에 사용하는 용어

① 부하밀도 = 전력사용량/공장면적(kW/km²)
② 평균부하 = 일정기간 전력량/기간의 총 시간수(kW/시간, kW/일, kW/월 등)
③ 수용률 = 최대수용전력/부하설비 총 설비용량×100%
④ 부하율 = 일정기간 평균부하/같은 기간 최대부하×100%
⑤ 부등률 = 각 부하의 최대수용전력 합계/각 부하에 실제 공급한 최대수용전력(%)
⑥ 최대수용전력 = (부하설비×수용률)/부등률
⑦ 수용률 = 최대부하/총 설비용량

바. BOD

생물학적 산소요구량이라고 하며, 폐수나 물의 유기물량을 나타내는 지표이다.

사. COD

화학적 산소요구량이라고 하며, 수중의 유기물량 측정에 사용된다.

아. 공장에너지 관리

① 에너지 이용효율을 높이는 방법
  ㉮ 효율이 높은 혁신적인 에너지변환방식을 채택할 것
  ㉯ 현재 방식에서 에너지사용의 효율을 높일 것
② 태양에너지 : 복사열에너지, 인력에너지
③ 해양에너지 : 조류에너지, 파도에너지, 해류에너지, 해수 온도차에너지

자. 자원에너지

① 화석에너지 : 석탄에너지, 석유에너지, 천연가스에너지
② 핵분열에너지 : 우라늄에너지, 토륨에너지
③ 핵융합에너지 : 리튬에너지, 2중수소에너지, 중수소에너지

차. 폭발을 일으키는 에너지 유형

① 물리적에너지   ② 화학적에너지   ③ 원자에너지

# 제2절 종합적 생산보전

1. 종합적 생산보전의 개요

가. TAM(Total Productive Maintenance)의 의의

종합적 설비보전을 말하며 설비의 효율을 최고로 높이기 위하여 설비의 라이프 사이클을 대상으로 한 종합시스템을 확립하고 설비의 계획, 사용, 보전부문 등 모든 부문에 걸쳐 최고경영자로부터 최일선 작업자에 이르기까지 전원이 참가하는 생산보전을 말한다. 즉, 설비효율 극대화를 추구하고 기업의 체질개선을 통하여 모든 낭비요소를 예방하는 시스템을 구축하는 것을 말한다.

나. TPM의 목표

① 사람의 질 개선
② 설비의 체질 개선
③ 기업의 체질 개선

2. 설비효율 개선방법

가. 6대 로스

고장로스, 작업준비 및 조정, 속도저하, 일시정체, 불량 수정, 초기로스

나. 문제해결의 기본 7단계

표 5-2 문제해결의 7단계

계 명		실시 사항
제1단계	테마의 선정	• 문제를 파악한다. 테마를 정한다.
제2단계	현상 파악 및 목표의 설정	〈현상파악〉 • 사실을 수집한다. 특성치(개선대상)를 정한다. 〈목표 설정〉 • 목표(목표치와 기한)를 정한다.
제3단계	활동계획의 입안	• 실시 항을 정한다. 일정, 역할 분담 등을 정한다.
제4단계	요인 분석	• 특성치의 현상을 조사한다. • 요인을 체크한다. • 요인을 분석한다. • 대책 항목을 정한다.
제5단계	대책의 검토 및 실시	〈대책의 검토〉 • 아이디어를 낸다. • 구체화 방법을 검토한다. • 내용을 확인한다. 〈대책의 실시〉 • 실시 방법을 검토한다. • 대책을 실시한다.
제6단계	효과의 확인	• 대책 실시 결과를 확인한다. • 목표치와 비교한다. • 성과(유형·무형)를 확인한다.
제7단계	표준화와 관리의 정착	〈표준화〉 • 표준을 제정 또는 개정한다. • 관리 방법을 정한다. 〈관리의 장착〉 • 관계자에게 철저히 주지시킨다. • 담당자를 교육한다. • 유지되고 있는지를 확인한다.

다. 8대 로스

SD로스(Shut Down), 생산조정 로스, 설비고장 로스, 프로세스고장 로스, 정상생산 로스, 비정상생산 로스, 품질불량 로스, 재가공 로스

3. 로스 계산방법

가. 시간가동률

$$시간가동률 = \frac{부하시간 - 정지시간}{부하시간}$$

나. 성능가동률

① 속도가동률 = $\dfrac{기준사이클시간}{실제사이클시간}$

② 실질가동률 = $\dfrac{생산량 \times 실제사이클시간}{부하시간 - 정지시간}$

③ 성능가동률 = 속도가동률 × 실질가동률

다. 종합효율

$$종합효율 = 시간가동률 \times 성능가동률 \times 양품률$$

4. 만성로스 개선방법

가. 만성로스의 개요

1) 만성로스의 개요(불량률과의 관계)

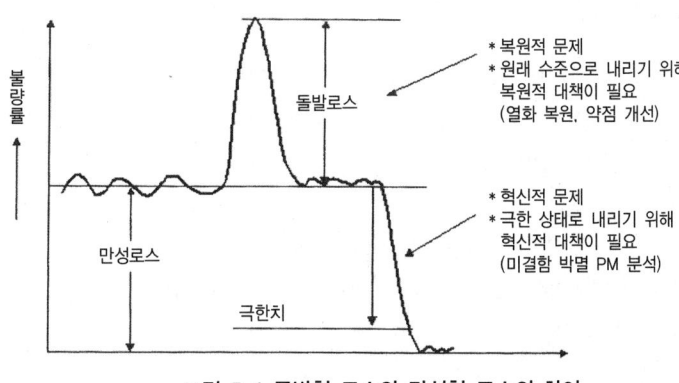

그림 5-1 돌발형 로스와 만성형 로스의 차이

2) 만성로스의 대책
① 현상의 해석을 철저히 한다.
② 관리해야 할 요인 계를 철저히 검토한다.
③ 요인 중에 숨어 있는 결함을 표면으로 끌어낸다.

5. PM 분석방법

개선의 수단으로 특성요인도가 현장에서는 많이 활용되고 있으나, 복잡하고 만성화한 로스를 감소시키는 것은 많은 약점이 있다. 이것은 작업현장의 해석을 충분히 하지 않은 이유로, 또는 그때그때 생각나는 대로 원인을 작성하는 관계로 이러한 약점을 보완하기 위하여 개발된 것이 PM분석이다. 다음의 단계로 이루어진다.
① 제1단계 : 현상을 명확히 한다.
② 제2단계 : 현상을 물리적으로 해석한다.
③ 제3단계 : 현상이 성립하는 조건을 모두 생각해 본다.
④ 제4단계 : 각 요인의 목록을 작성한다.
⑤ 제5단계 : 조사방법을 검토한다.
⑥ 제6단계 : 이상한 점을 발견한다.
⑦ 제7단계 : 개선안을 입안한다.

6. 자주보전 활동

가. 자주보전의 개요

자주보전(自主保全)이란 작업자 개개인이 '자기설비는 자신이 지킨다.'는 것을 목적으로 자기설비의 평상시 점검, 급유, 부품교환, 수리, 이상의 조기발견, 정밀도 체크 등을 행하는 것을 말한다. 설비보전에 강한 작업자의 요구능력은 다음과 같다.
① 설비의 이상발견과 개선능력
② 설비의 기능·구조의 이해와 이상의 원인 발견 능력
③ 설비와 품질관계를 이해하고 품질 이상의 예지와 원인 발견 능력
④ 수리할 수 있는 능력

나. 자부보전의 진행방법

■ 진행방식의 특징 6가지
① 단계(step) 방식으로 진행시킨다.   ② 진단(診斷)을 실시한다.
③ 직제지도형으로 한다.   ④ 활동판을 활용한다.
⑤ 전달교육을 한다.   ⑥ 모임을 갖는다.

다. 자주보전의 전개단계(5단계)

① 제1단계 : 초기청소   ② 제2단계 : 발생원인, 곤란개소대책
③ 제3단계 : 청소, 급유기준 작성과 실시   ④ 제4단계 : 총 점검
⑤ 제5단계 : 자주점검

라. 3정5S 활동

① 3정 : 작업자의 눈으로 하는 정리 정돈활동을 말한다.

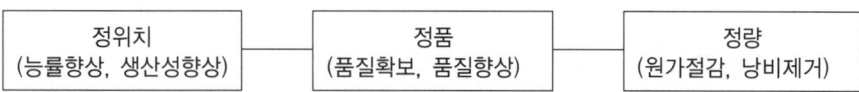

② 5S : 작업 현장이나 사무실에서 기본적으로 실시되는 정리, 정돈, 청소, 청결, 습관화를 말한다.

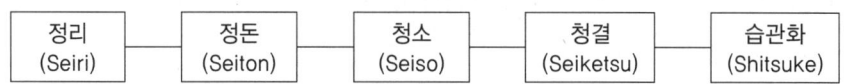

7. 보전부문의 계획보전 활동

가. 계획보전의 개요

미리 작성한 보전 스케줄 표에 따라서 계획적으로 보전활동을 전개해 나가는 것을 말한다. 다음과 같은 점검·측정은 자주보전에서 할 수 없다.
① 특수한 기능을 요하는 것   ② 오버홀을 요하는 것
③ 분해, 부착이 어려운 것   ④ 특수한 측정을 필요로 하는 것

⑤ 고공(高公)작업처럼 안전상 어려운 것

나. 보전 캘린더의 개요

각 설비부위마다 점검, 오버홀, 작동유, 부품교환 등의 실시항목을 모두 목록 작성하여 그것은 언제 해야 하는가를 한눈에 알아볼 수 있도록 1장의 종이에 설정한 것을 말하며, 보통 연간·월간·주간단위로 작성되며, 아울러 점검정비기준을 작성하여 활용하며 효과적인 설비보전을 할 수 있다.

다. MP설계와 초기 유동관리 체제

1) MP설계

MP(Maintenanc Prevenyion)설계란 신설비의 도입단계에서 고장이 나지 않고, 불량이 발생되지 않는 설비를 설계하기 위한 활동이다.

8. 품질개선 활동

가. 문제의 개요

'개선을 필요로 하는 사항'이라고 정의할 수 있다.

나. 문제의 분류

| 주어진 문제 | 부딪친 문제 | 찾아낸 문제 |

다. 단계별 전개방법

① 주제선정　　② 현상파악
③ 목표설정　　④ 원인분석
⑤ 대책수립 및 실시　　⑥ 효과파악
⑦ 표준화 및 사후관리

9. 표준화 순서

4M 중 개선활동이 이루어진 항목을 점검한다.

표 5-3 4M의 요소

4M	개선 요소	관리 표준
사람(Man)	작업자교육/인원 재배치	-
기계(Machine)	작업조건/설비점검 보수	기술표준/설비표준
재료(Material)	원자재 변경	자재표준
방법(Method)	작업순서/검사기준	작업표준/품질표준
기타	환경	일반표준

10. QC Story

가. QC Story 전개

- **활동단계**

  주제선정 – 활동계획 수립 – 현상파악 – 목표설정 – 원인분석 – 대책수립 – 대책실시 – 효과파악 – 표준화 및 사후관리 – 반성 및 향후계획 – 주제완료 보고

나. QC 7가지 도구

1) 특성요인도

   결과(제품의 특성)에 원인(요인)이 어떻게 관계하고 있으며 영향을 주고 있는가를 한눈에 알 수 있도록 작성한다.

2) 파레토(pareto) 그림

   불량품이라든가 결점, 클레임, 사고건수 등을 그 현상이나 원인별로 데이터를 내고 수량이 많은 순서로 나열하여 그 크기를 막대그래프로 나타낸 것으로서 진정한 문제점이 뭔지를 찾아낼 수 있다.

3) 체크시트(check sheet)

불량항목별, 요인별, 결점위치별 체크시트 등으로 데이터를 간단히 취해서 정리하기 쉽도록 사전에 설정된 시트를 말하며, 이것을 이용하면 간단한 체크만으로도 필요한 정보가 정리되고 수집할 수 있다.

4) 층별

제품의 불량이 나왔을 때 기계별, 작업자별, 시간별, 재료별, 공정별 등으로 구분하여 데이터를 수집하면 각각의 불량의 원인을 파악하는 데 큰 도움이 된다. 데이터를 잡을 수 있도록 층별, 로트별로 구분하여 분석자가 알아보기 쉽고 알기 쉽게 내용을 정리하여 만든 그림을 말한다.

5) 산정도

두 개의 대응하는 데이터가 있을 때, 이 두 데이터에 상관관계가 있는지 여부를 판단하는 수법으로, 30개 이상의 대응하는 데이터가 필요하다.

6) 관리도

품질은 산포하고 있으므로 공정에서 시계 열적으로 변화하는 산포의 모습을 보고 공정이 정상 상태인가, 이상 상태인가를 판독하기 위한 수법이다. 관리도 작성 시에는 설비, 작업자, 재료, 작업방법 등 제조요인에 따라 층별하는 방법을 강구하여야 한다.

7) 히스토그램(histogram)

공정에서 취한 계량치 데이터가 여러 개(약 100개) 있을 때 데이터가 어떤 값을 중심으로 어떤 모습으로 산포하고 있는가를 조사하는 데 사용하는 그림으로써 보통 길이, 무게, 시간, 경도 등을 측정한 그림이다.

제 6 장 공압과 유압

제 1 절 공압의 개요
제 2 절 공압 기기
제 3 절 공압제어 기본회로
제 4 절 유압의 개요
제 5 절 유압기기
제 6 절 유압 구동기기
제 7 절 유압 밸브
제 8 절 유압부속기기
제 9 절 전기 기호와 기초 지식
제 10 절 전기전자 회로 측정

제1절 공압의 개요

1. 공압 기술의 역사

압축공기는 인간이 사용한 가장 오래된 에너지 중의 하나이며 B.C. 1000년경 그리스인 Ktesibios가 최초로 사용하였다. 공기압을 이용한 최초의 기구는 수렵에 사용한 바람살(추진식 석궁)이다. 그후 B.C. 100~A.D. 100년경에는 무기, 펌프, 시계, 오르간 등에 이용하기 시작하였고, 고대 이집트인들은 이 압축공기를 이용(풀무)하여 불을 피웠다.
'Pneuma'라는 말은 고대 그리스어에서 왔으며 호흡, 바람을 의미하였고 철학에서는 정신(영)을 의미했다. Pneumatics(공기의 운동이나 현상에 관한 학문)는 'Pneuma'라는 말에서 유래되었다. 압축공기를 이용하여 공기압 실린더나 공기압 모터 등을 구동하는 액추에이터와 이를 제어하는 밸브, 유체 소자 등이 산업 기술에 응용되고 있다.
옛날에는 공압의 필요성이 Blow-pipe나 벨 로즈에 국한되었으나, 1770년경 금속제련에 사용된 최초의 Blast-engine은 압축기의 선구자가 되었고, 1957년 압축공기를 이용한 착암기(Rock drill)가 철도 터널 건설에 최초로 사용되었다. 이때의 착암기가 현재의 공압 해머의 기원이 된다. 1888년 파리에서는 압축공기의 공압이 재봉시스템에 설치되었고 공작기계, 직기, 프레스 등을 구동시키기 위한 곳에도 사용되었는데, 이것이 산업용 압축공기 공급 시스템의 원조가 된다.
14세기부터 동력의 기계화 및 작업성을 향상시키는 데 이용하면서 일찍이 광업이나 건설업 등에 사용되어 왔으며, 실제로 공압 기술이 산업에 적용된 것은 제2차 산업혁명과 1850년 채광용 증기 드릴, 1880년 공기 브레이크, 1927년 차량용 자동문 개폐장치 등을 들 수 있다. 현재에는 고도의 산업용 기기나 의료기기 등에도 널리 이용되고 있으며 품질이 고급화되어 자동화의 주체로서 유압제어, 전기제어와 함께 널리 사용되고 있다. 공기압 기술은 종래의 공기압 실린더의 응용에서 보는 것처럼 on-off적인 동작으로부터 좀 더 다양한 동작을 가능하게 하는 피드백 제어로 발전해 왔다. 이것은 비례제어 밸브나 중간위치 정지를 가능하게 하는 브레이크 부착의 공기압 실린더의 등장으로 가능하게 되었다. 그 이외에 전기, 전자 기술의 혁신으로 신뢰성과 내구성이 대단히 높은 기기가 출현하였고 해마다 그 이용 분야가 확대되고 있다.

2. 공압의 이용

가. 압력의 이용

인공적으로 압축한 공기의 압력에너지를 기계적 작동으로 변환시키는 동력기기를 사용해서 여러 가지 일을 한다. 이런 기기에는 각종 액추에이터(Actuator), 반송장치 등이 있다. 예를 들면 기계적인 작업에서 부품을 클램프하거나 공기를 이용한 공구를 사용하여 볼트를 조이는 일 등이다. 공기압 기술의 중심을 이루는 이용 방법으로써 자동화 장치에 널리 사용되고 있다.

나. 압축성의 이용

압력 매체의 공기 압축성을 이용하는 것으로써, 공기총이나 전동차의 공기 스프링이 있다. 공기의 압력을 변화시켜 임의의 강도로 조절할 수 있다.

다. 흐름에 의한 풍력의 이용

풍력의 이용은 요트나 풍차 등이 널리 알려져 있다. 또 빌딩 내 우송물의 반송용 에어 슈터나 곡물, 비료, 시멘트 등의 분체를 파이프 속의 기류에 실어 운반하는 공기 컨베이어와 공기 수송 장치가 있다. 도장, 청소용의 에어 스프레이건 또는 주물의 모래 제거 작업에는 모래나 쇼트 등을 압축공기로 불어서 제거한다.

라. 흐름으로 생기는 현상의 이용

공기의 흐름에서 생기는 여러 가지 현상을 이용하는 일이다. 예를 들면 물체의 섭동 면에 공기를 분출시켜서 얇은 공기층을 형성시켜 마찰 저항을 대단히 작게 할 수 있다. 이것을 응용한 호버크라프트나 공작기계의 정압 베어링, 에어 베어링, 에어 테이블 등이 있다. 노즐에서 분출하는 공기배압은 노즐 간격에 따라 크게 변화한다. 이 원리를 응용한 에어 마이크로미터나 각종 공기압 센서가 있다. 플랜트에서는 검출기, 조절 밸브를 배합해서 프로세스 제어를 한다.

마. 공기의 기능에 따른 이용

운동의 형식과 작업 목적에 따른 공압 액추에이터(Actuator)의 여러 가지를 알아보기로 한다.

1) 직선운동(linear motion)
가) 실린더
사용 압력과 실린더의 직경에 따라 추진력 10N~50,000N까지의 다양한 구조를 가진 실린더가 사용된다. 공압 실린더는 주로 10mm/sec~1,000mm/sec 정도의 속도 범위에서 사용되고 있다.

나) 연속 왕복 운동기구
로드리스(rodless) 실린더를 이용하는 경우 4m 정도의 행정거리 이동이 가능하며 특수한 것은 이를 초과하는 것도 있다. 공유압 이송기구는 650mm가 최대 행정거리이다.

다) 미끄럼 운동기구
설계에 따라 다르나 대체로 100mm가 최대 행정거리이다. 미끄럼 운동은 유압이나 공압 모두 가능하다.

2) 간헐직선운동(intermittent linear motion)
가) 이송기구
두 개의 단동실린더와 한 개의 복동실린더가 조합된 이송기구가 상품화되어 현장에서 활용되고 있다.

나) 실린더
일반적인 실린더를 조합해서도 원하는 물체를 이송시키기 위한 장치를 만들 수 있다. 일반 실린더를 이용하여 제작한 경우 최대 작업 횟수는 100회/분 정도이며, 행정거리와 부하가 커질수록 작업 횟수는 감소하게 된다.

3) 요동운동(angular motion)
가) 베인형
구조가 간단하며 주로 소형에 이용되고 있다. 최대 회전각도는 90°, 180°, 270°가 생산되고 있으며, 회전각도는 조절 가능하도록 되어 있다.

나) 실린더형
실린더의 직선운동을 래크(rack)와 피니언(pinion)을 이용하여 회전운동으로 변환시키는 기구로서, 큰 토크가 필요한 경우에 많이 이용된다. 최대 회전각도는 360°가 넘는 것도 있다.

다) 간헐회전운동(intermittent rotary motion)
   ① 회전 인덱싱 테이블 : 상품화된 가장 대표적인 간헐회전운동기구로 회전각은 4, 6, 9, 12, 24등분이 가능하며, 회전각의 조절도 쉽게 이루어진다. 최대 위치 제어 정밀도는 ±0.02mm 정도이다.
   ② 실린더형 : 실린더와 라체트 기구를 이용하여 분할 회전 기구를 만들 수도 있다. 상품화된 적당한 회전운동기구를 구입할 수 없는 경우에 사용된다.

라) 연속회전운동(continuous rotary motion)
   ① 공압 모터 : 여러 가지 구조의 공압 모터가 이용되고 있다. 일반적으로 출력은 100W~20kW, 평균 부하에서의 회전수는 500rpm~30,000rpm 정도가 된다. 그러나 공압 모터는 에너지 소비량이 많기 때문에 높은 운전비용이 들게 된다.

3. 공압의 기초이론

가. 대기와 대기압

1) 대기의 성분

지구의 둘레는 기체로 둘러싸여 있고, 그 기체는 지구의 표면에서 농도가 짙으며, 위로 올라갈수록 엷어져서 1000km 상공까지 퍼져 있다. 지구를 둘러싸고 있는 기체를 대기라 하고, 지구 표면으로부터 약 15km까지에 있는 기체를 공기라 한다. 공기 중에는 산소와 질소가 1 : 4의 비율로 혼합되어 있고, 그 밖에 소량의 다른 성분을 함유하고 있다. 실제의 공기는 물의 증발에 의해서 수증기를 함유한 습공기로 되어 있다. 따라서 공기 압축기를 이용할 때, 이 공기 중의 수증기가 온도와 양에 따라 물로 변하여 공압 기기에 심각한 영향을 끼치기 때문에 수증기의 온도와 양은 주의를 요하는 사항이다. 지구상에는 〈표 6-1〉과 같이 질소와 산소를 주성분으로 하는 공기가 있다. 그러나 이것은 청정한 공기를 말하는 것이며, 실제로 우리들의 주위에 있는 대기에는 표에 나타낸 것 외에 수분, 먼지, 오염 가스, 오염 물질 등이 포함되어 있다.

표 6-1 대기 성분표

성분/ 용·질량	질소 (H_2)	산소 (O_2)	아르곤 (Ar)	이산화탄소 (CO_2)	수 소 (H_2)	네 온 (Ne)	헬 륨 (He)
용적	78.030	20.990	0.933	0.030	0.010	0.0018	0.0005
질량	75.470	23.200	1.280	0.046	0.001	0.0012	0.00007

제6장 공압과 유압

지구를 둘러싸고 있는 대기인 공기는 물질이므로 질량이 있기 때문에 지구의 인력을 받으며, $1cm^2$당 1.033kgf의 중량이 있다. 즉, 지표면에서는 $1.033kgf/cm^2$의 압력이 있으며 이 압력을 대기압이라고 한다. 대기압은 해면으로부터의 높이와 지역, 기상조건 등에 따라서 변화하므로 1013.25mbar를 표준 기압으로 하고 있다. 대기압은 공기의 밀도와 마찬가지로 해발 높이가 높아짐에 따라 낮아진다.

나. 공기의 압력

1) 압력이란

압력이란, 단위 면적에 작용하는 힘을 말한다. 예를 들면 W/kgf의 무게가 A/cm^2의 밑면에 걸려 있을 경우, 밑면에 작용하는 단위 면적 $1cm^2$당의 힘은 다음과 같이 구할 수 있다.

$$압력[kgf/cm^2] = \frac{전체\ 무게[kgf]}{면적[cm^2]}$$

또, 우리들이 살고 있는 지구상에는 공기가 겹쳐 있는 상태에 있다고 할 수 있는데, 그 무게로 지구 표면에 압력이 발생하고 있는 것이다. 지구 표면의 $1cm^2$에는 무게 1.033kgf의 공기가 겹쳐 쌓여져 있다. 일반적으로 이것을 대기압이라고 하며 1표준 기압(=atm)이라는 단위로 나타낸다. 그리고 1atm은 약 $1.033kgf/cm^2$로 치환할 수 있다.

2) 수주와 수은주에 의한 압력의 표시 방법

압력을 나타내는 방법으로 수주를 사용하기도 하는데 $1cm^3$의 물 상자를 100개 겹쳐 놓으면 1m의 수주가 된다. 물은 $1cm^3$이 1gf이므로 이때의 수주의 밑면의 $1cm^2$에는 100gf의 무게가 가해진다. 압력의 표시로는 $1mAq(=1mH_2O)$를 사용하기도 하는데 이것은 $0.1kgf/cm^2$과 같은 압력이다.

대기압(1기압 = $1.033kgf/cm^2$일 때)에 의해서 물이 진공 파이프 속을 밀어 올려 수주는 10.33m이 된다. 물은 대기압($1.033kgf/cm^2$)과 동일해질 때까지 파이프 속에 밀어 올린다. 즉, 대기압으로서 $1cm^2$에 1.033kgf의 힘이 작용하고 있으므로 이것과 균형을 이루는 무게는 $1cm^3$의 물 상자를 1033개 쌓아올린 것과 똑같이 되는데, 이때 수주의 높이는 10.33m이 된다.

수주가 아닌 수은주를 사용해서 측정하면 그 높이가 760mm가 된다. 수은의 무게는 $1cm^3$이 13.6gf이므로 대기압과 균형을 이루는 무게는 $1cm^3$의 수은 상자를 76개 쌓아올린 것이 되며, 이때의 수은주의 높이는 760mm가 된다. 수은을 사용해서 압력을 나타낼 경우에는 mmHg라는 단위를 사용한다.

3) 게이지 압력과 절대 압력

공기압 기기를 사용할 때는 적정한 압력으로 사용하는 것이 장치의 안전상이나 신뢰성, 내구성 면에서 중요하다. 그러므로 공기 압력이 어느 정도인가를 정확하게 알 필요가 있다.

공기 압력은 대기 압력을 0(기준점)으로 해서 표시하는 게이지 압력과 절대진공을 0(기준점)으로 해서 표시하는 절대 압력으로 구분된다.

절대압력을 표시하는 기호는 abs(absolute : 절대의), 게이지 압력을 표시하는 기호는 G이다. 우리들이 보통 '압력'이라고 부르는 것은 게이지 압력을 뜻하는 것이므로, 'G'는 비슷해서 혼동하기 쉬울 경우에만 사용하고 보통은 생략한다.

만일 공기압이 대기압보다 작을 때는 진공이며, 진공의 압력 표시에는 절대압력과 게이지 압력이 모두 사용된다. 게이지 압력을 사용할 경우에는 대기압을 기준으로 해서 얼마나 되는 진공압력인가를 표시하고 가령 진공도 400mmHg라 할 때는 대기압보다 수은주로 400mm 낮은 압력 상태를 말하며 -400mmHg라고도 표시한다.

절대 압력과 게이지 압력과의 관계를 식으로 나타내면 다음과 같다.

절대 압력 = 대기압 + 게이지 압력(대기압보다 클 때)
절대 압력 = 대기압 - 진공도(대기압보다 작을 때)

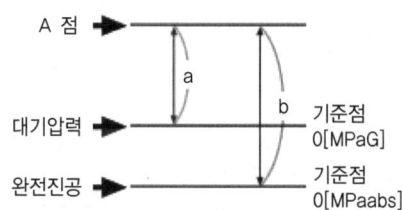

그림 6-1 게이지 압력과 절대 압력의 표시

4) 게이지 압력과 절대 압력의 용도

'압력이 얼마나 될까?'라는 질문에 레귤레이터나 배관에 있는 압력 게이지를 읽고서 알아낸다. 이것은 대기압을 0(기준점)으로 하고 있으므로 게이지 압력이다. 기술 계산에서는 실린더의 출력물을 산출할 경우에 사용한다. 또 공기압 기기의 카탈로그에 게재되어 있는 사용 압력 범위 등의 압력도 게이지 압력이다. 즉, 통상 사용하고 있는 것은 게이지 압력이다.

공기압의 기술계산에는, 공기의 물성에 관한 것이 있다. 예를 들면 유량, 소비량, 팽창량, 압축량 등의 계산 등이다. 절대 압력은 이와 같은 계산에 사용되며, 특히 진공기기를 사용할 경우 마이너스를 사용하지 않고 절대 압력을 사용하는 일도 많이 있다.

제6장 공압과 유압

4. 공압의 물리량과 단위체계

국제적으로 통용되는 물리량의 특정단위로 SI단위가 있는데 다음과 같은 6개의 기본 단위가 있다. 통용되는 여러 단위와 SI단위를 비교하면 다음과 같다.

표 6-2 기본 단위

길이	질량	시간	전류	온도	광도
미터[m]	킬로그램[kg]	초[s]	암페어[A]	캘빈[K]	칸델라[cd]

가. 힘[N]

힘을 표현하는 기본 단위인 [kgf]란 단위는 SI 단위에서는 뉴턴(Newton)이란 단위가 사용되고 기호는 [N]을 쓴다.

1N은 1kg의 질량을 가진 물체에 $1m/s^2$의 가속도를 주기 위한 힘이다.

$$1N = 1kg \cdot m/s^2$$

[kgf](킬로그램 중)을 [N]으로, [N]을 [kgf]으로 변환하는 것은 다음 식을 적용한다.

$$1N = 0.101 kgf, \quad 1kgf = 9.8N$$

나. 압력[Pa]

SI 단위에서의 압력의 기본 단위는 파스칼(Pascal)이며, 기호는 [Pa]이다.
1Pa는 $1m^2$의 면적에 1N의 힘이 작용할 때의 압력이다.

$$1Pa = 1N/m^2 = 1kg/s^2 \cdot m$$

Pa는 대기압과는 무관한 단위이기 때문에 어떠한 형태의 힘이 작용하는 곳이라 할지라도 쉽게 응용할 수 있다. 파스칼[Pa]은 공학에서 쓰기에는 너무 작은 단위이기 때문에 좀 더 큰 단위인 [bar]가 더 많이 사용된다.

$$1bar = 10^5 Pa = 100,000 Pa$$

압력을 표현하는 다른 단위인 기압[atm]과 [kgf/cm²]도 SI단위로 쉽게 바꿀 수 있다.

$$1kgf/cm^2 = 0.98066 bar \fallingdotseq 0.98 bar$$
$$1bar = 1.0197 kgf/cm^2 \fallingdotseq 1.02 kgf/cm^2$$

공압에서 자주 접하게 되는 일의 단위는 [kgf·m], [kgf·cm]이다. 이 단위는 토크(Torque)를 나타내기 때문에 공압 모터, 요동 운동기구 등에서 사용된다. 하지만 SI단위에서 일의 단위는 줄(Joule)이며 기호는 [J]로 표시한다.

다. 일[J]

[J]은 1N의 힘을 작용시켜 힘이 작용하는 방향으로 1m의 거리만큼 이동시킬 때 한 일이다.

$$1J = 1Nm = 1kgm^2/s^2$$

[kgf·m] 또는 [kgf·cm]은 다음과 같이 SI단위로 바꿀 수 있다.

$$1J = 0.102 kgfm$$
$$1kgfm = 9.8J$$

라. 일률

일률은 일의 속도를 의미하며, 일반적으로 마력을 사용해 왔는데, SI단위계에서는 와트(watt)를 사용하며 기호는 [W]로 표시한다.

$$1W = 1J/s = 1Nm/s = 1gfm^2/s^2$$

마력[HP]과 와트[W]와의 관계는 다음과 같다.

$$1W = 0.00135HP$$
$$1HP ≒ 746W (미터단위계 표기)$$
$$1PS ≒ 735W (독일어 표기)$$

5. 공기 중의 수분

가. 습공기

대기 중의 공기는 수증기를 포함한 습공기로 되어 있다. 습공기란 대기 중의 건조 공기와 수분의 혼합기체로 우리가 일상생활에서 접하고 있는 공기는 모두 습공기이다.

나. 포화와 불포화

공기에 포함되어 있는 수증기의 양은 압력과 온도가 결정되면 그 조건에서 한도가 결정된다. 최대한도의 수증기를 포함한 공기를 포화 공기라 하고, 최대한도에 달하지 않은 것을 불포화 공기라 한다. 한도 이상의 수증기가 있는 공기를 과포화 공기라 하고, 이 상태에서는 조그만 충격 등으로도 물이 생성된다.

공기 중의 수증기량은 온도와 압력에 따라 한계가 있으므로 공기를 압축하면 압력의 증가에 따른 체적의 감소로 많은 양의 수분이 발생하게 되며 이를 드레인(drain : 수분)이라고 한다.

1) 드레인

대기 속에는 먼지 매연, 기타 여러 가지 오염 물질이 존재한다. 또 공기 중에 수증기가 존재하는 습한 공기도 있다. 이런 공기를 흡입해서 압축하면 오염물질까지 농축되어 몹시 더러운 압축공기가 되며, 수분도 역시 다량 포함하게 된다. 드레인은 수증기가 응축되어 생긴 물로 공기 압축기로부터 새어 나온 윤활유나 산화 생성물로 된 윤활유 등 여러 가지 불순물이 섞인 액체 상태의 것이다.

2) 공기 압축 시 발생되는 수분의 양

공기를 압축하면 압력이 높아짐에 따라 동시에 온도도 상승하게 되며 따라서 압축 후 냉각시키는 것이 일반적이다. 공기를 압축 시 그 온도에 해당하는 포화증기압에는 대부분 미치지 못하므로 수분 발생량을 고려하면 압력과는 무관하다고 보아도 되며, 압축 후의 온도 또는 냉각 시에는 압축 후 냉각 온도에 대한 포화 수증기량을 습공기표에서 찾아 체적의 변화량을 계산한 후 수분의 양을 구하면 된다.

3) 습기의 영향과 건조

압축공기의 수증기는 공기의 온도가 내려갈 때는 포화 수증기량의 저하로 물이 되어 배관 중에 고이고 일부는 공기의 흐름에 동반하여 흐르게 되어 기기의 윤활유를 제거하게 됨으로써 기기의 수명저하, 워터 해머 발생, 결빙에 의한 배관의 파열 등을 일으킬 수가 있다. 따라서 압축 후 높은 온도의 공기를 냉각시키지 않을 경우는 배관 등에서의 자연 냉각에 의해 수분 발생이 되므로 쿨러에 의한 강제 냉각에 의해 수분을 제거하는 것이 일반적이며 때로는 화학적 제습법을 사용하는 경우도 있다.

4) 관련 용어

① 전압력 $P[\mathrm{kgf/cm^2 abs}]$: 수분과 건조 공기의 혼합기체가 나타내는 압력을 나타낸다.
② 수증기분압 $P_w[\mathrm{kg/cm^2}]$: 습공기 중의 수증기가 나타내는 압력이며 건조공기분압

$P_a[\text{kgf/cm}^2]$은 전압력에서 수증기 분압을 뺀 값이다. 포화 습공기의 수증기 분압은 그 온도의 포화증기압 $P_s[\text{kgf/cm}^2]$과 같다.

③ 절대습도[kg/kg] : 습공기 중에 포함되어 있는 건조공기 1kg에 대한 수분의 양을 말한다.

> **Tip**
> ▶ **d. 상대습도($\phi\%$)**
>   어떤 습공기 중의 수증기분압(P_w)과, 같은 온도에서의 포화공기의 수증기분압(P_s)과의 비

④ 노점온도 : 이슬점 온도라고도 하며 어느 습공기의 수증기 분압에 대한 증기의 포화 온도다. 즉, 그것과 똑같은 수증기 분압을 갖는 포화 공기의 온도이다. 어떤 습공기에 그 노점 온도 이하의 온도인 물체가 접촉하면 그 물체의 표면에 이슬이 생긴다.

6. 공기의 상태변화

가. 압력과 체적의 관계(보일의 법칙)

우리가 풍선을 입으로 불 때, 처음에는 쉽게 풍선이 커지지만 어느 정도 바람이 들어가고 나면 점점 바람을 넣기가 힘들어진다. 이것은 공기가 압축됨에 따라 그 압력이 커져 반발력이 증가하기 때문이다. 압축 전의 공기 체적 V_1과 공기 압력 P_1에 대하여, 압축 후의 공기 체적 V_2와 공기 압력 P_2의 사이에는 [그림 6-2]에서도 알 수 있듯이, 다음 식이 성립한다.

$$V_1 P_1 = V_2 P_2 = (\text{일정})$$

여기서, P : 절대압력[kg/cm^2], V : 체적[cm^3]

(단, 이때 압축 전후의 공기 온도는 일정한 것으로 한다.(등온 변화))

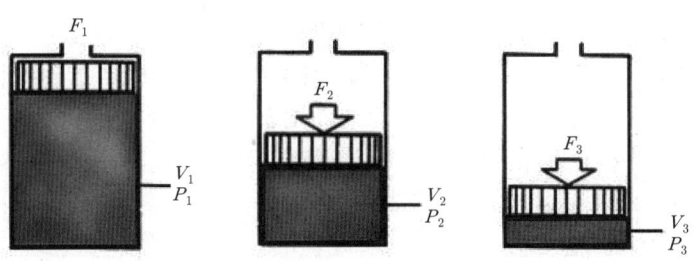

그림 6-2 체적과 압력과의 관계(보일의 법칙)

다시 말하면, 압축 전의 공기 체적과 압력을 곱한 값은, 압축한 후의 공기 체적과 압력을 곱한 값과 같다는 것이다. 또한 압축한 공기를 팽창 시킬 경우에도, 보일의 법칙은 성립한다. 이 식은 실린더 등의 공기 소비량을 계산할 때도 이용되므로 실제 활용도가 높다.

나. 체적과 온도와의 관계(샤를의 법칙)

기체의 상태를 나타내기 위해서는 압력과 체적 외에 온도도 관계하는데, 찌그러진 탁구공을 뜨거운 물속에 넣으면 다시 원상태로 돌아가는 것에서 예를 찾을 수 있다. 이것은 공기의 온도가 상승하면 팽창해서 체적이 커지기 때문이다.

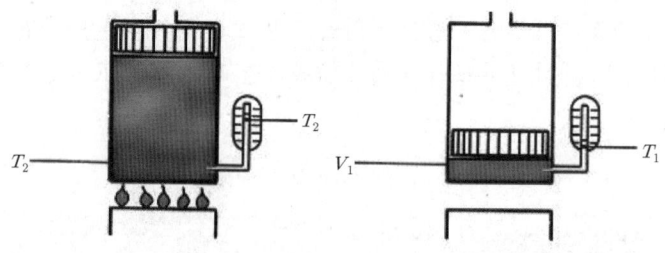

그림 6-3 온도에 따른 공기의 체적 변화

다시 말하면, 가열 전의 온도 T_1과 그때의 공기 체적 V_1의 비는, 가열 후의 온도 T_2와 그때의 공기 체적 V_2의 비와 같다. 이것을 샤를의 법칙이라고 한다. 단, T_1, T_2는 절대 온도이다.(절대 온도란, 섭씨 -273℃를 0(기준점)으로 한 것으로, 단위는 [K](켈빈)를 사용한다.) 위와 같이 공기의 체적은 절대온도에 정비례하는데 그 비율은 온도 1℃에 1/273씩 증감한다.

다. 압력·체적·온도와의 관계(보일-샤를의 법칙)

보일의 법칙과 샤를의 법칙을 하나로 정리한 것이 보일-샤를의 법칙이라고 하는 것으로, 다음의 식으로 나타내며 이 식을 기체의 상태 방정식이라고 한다. 즉, 보일-샤를의 법칙은 공기의 압력과 체적을 분자로 하고, 그 때의 온도를 분모로 하는 값은 그 공기의 상태가 변화하기 전에도, 변화한 후에도 일정하다는 것을 나타내고 있다. 단, 이 식은 공기의 상태 변화의 전후에 있어서, 공기의 절대량에 변화가 없을 때에만 성립한다. 공기 체적의 단위에는 특별한 제한이 없지만, 압력에는 절대 압력을, 온도에는 절대 온도를 사용해야 한다.
이 식을 다음과 같이 표현할 수도 있다.

$$PV = GRT$$

여기서, G : 기체의 중량[kgf]

R : 기체 상수[kgf·m/kgf·K](공기의 경우에는 $R=29.27$)

공압에서는 '표준상태(Normal Conditions)'라고 불리는 조건을 공기의 체적에 관한 자료의 기준으로 한다.

1) 공학적 표준 상태

표준 온도 : $T_s = 20℃ = 293.15K$

표준 압력 : $P_s = 98066.5Pa = 98066.5N/m^2 = 0.980665bar$

2) 물리적 표준 상태

표준 온도 : $T_s = 0℃ = 273.15K$

표준 압력 : $P_s = 101325Pa = 101325N/m^2 = 1.01325bar$

7. 오리피스

오리피스란, 밸브 내 통로에서 가장 좁고, 그 길이가 단면 치수에 비하여 비교적 짧은, 다시 말해서 교축되는 부분을 말한다. 오리피스는 원형인 경우가 많으며, 그 크기를 지름 치수로 나타낸 것이 오리피스 사이즈이다. 오리피스가 원형이 아닌 경우는 그 단면적을 원형 단면적으로 환산해서 그 지름을 나타낸다. [그림 6-4]와 같이 날카로운 둘레를 가진 오리피스에서는 오리피스 그 자체의 최소 단면적 A_1보다, 하류측 흐름의 단면적 A_2가 최소로 되며 이때의 유속은 최대가 된다. 이때의 A_2를 유효 단면적이라고 하며 유동능력을 나타내는 가상적인 단면적이다.

구멍부의 최소 단면적 A_1과 이 축류부의 최소 단면적 A_2의 비 즉, A_2/A_1을 축류율이라 한다.

공기압 기기의 내부 흐름은 관로를 통과할 때의 유체 마찰이나 소용돌이 등으로 일어나는 압력 손실 또는 좁아지는 부분의 오리피스부 축류 등이 혼합된 복잡한 흐름으로 되어 있다. 그러나 우리가 다루는 공기압에서는 어느 일정 조건하에서 공기압 기기의 흐름이 오리피스부를 흐르는 것으로 생각해도 큰 오차가 없다는 점이 확인되고 있으므로 이렇게 오리피스로서 생각한다면 계산이 쉬워진다. 오리피스에서의 공기 흐름은 [그림 6-4], [그림

6-5]에서 제시한 것처럼 흐름에 따라서 축류현상과 단면적이 변화하고 있다.

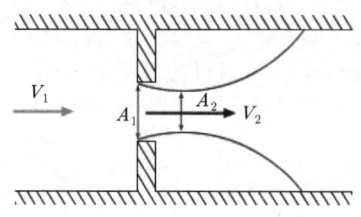 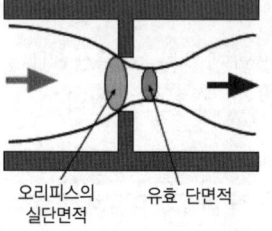

그림 6-4 오리피스를 통과하는 흐름   그림 6-5 유효 단면적

제2절 공압 기기

1. 공압 조정기기

가. 메인 라인 필터(main line filter)

압축공기 장치의 메인 라인에 사용되는 필터로 압축공기 중의 먼지, 배관 속의 스케일 등의 고체 이물질이나 수분을 제거하여 깨끗한 공기를 공압회로에 공급한다. 정밀용은 5~20㎛, 일반용은 44㎛, 메인 라인용은 50㎛ 이상을 사용한다.

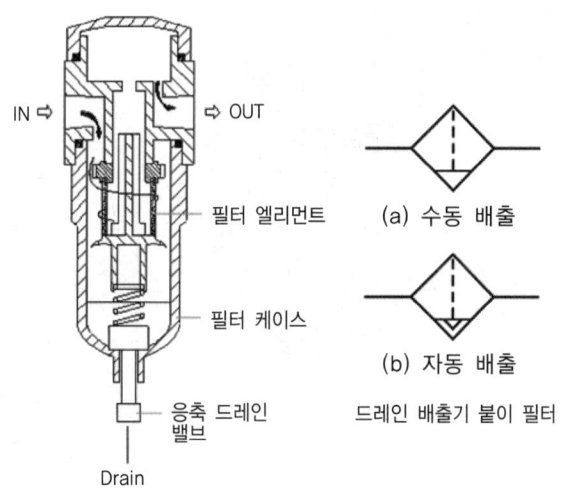

그림 6-6 메인 라인 필터 단면도 및 기호

나. 압력조절 밸브(감압 밸브)

공급 압력이나 작동압력을 일정하게 유지시키는 역할을 담당하는 밸브로 압력제어 밸브의 일종이다. 주로 회로의 전단에 설치되어 고압의 압축공기를 일정한 공기압력으로 감압시켜 안정된 압축공기를 공압 기기에 공급하는 목적으로 사용된다.

349

그림 6-7 압력조절 밸브

다. 공압 서비스 유닛(service unit)

공압 유닛은 공압필터, 압력조절 밸브, 루브리케이터(lubricator)를 유닛으로 만들어 놓은 것이다. 특히 루브리케이터(lubricator)는 공압 실린더나 공압 모터 등의 액추에이터 구동부나 밸브의 스풀 등 윤활을 필요로 하는 곳에 벤투리(venturi) 원리에 의해 미세한 윤활유를 분무 상태로 공기 흐름에 혼합하여 윤활 작용하는 기기를 루브리케이터라 한다.

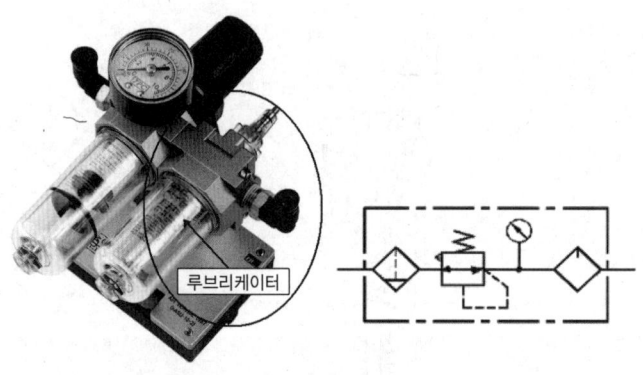

그림 6-8 압력조절 밸브

2. 액추에이터

액추에이터란 에너지를 사용하여 기계적인 일을 하는 기구를 말한다. 공압 액추에이터는 압축공기의 압력 에너지를 기계적인 에너지로 변환하여 직선운동, 회전운동 등의 기계적인 일을 하는 기기로서 구동 기기라고도 한다. 공압 액추에이터는 산업용 기기에 폭넓게 사용되고 있으며 종류는 다음과 같다.

① 공압 실린더 : 실린더 로드가 직선 운동을 한다.
② 로드리스 실린더 : 로드 없이 실린더의 움직임을 실린더 튜브 외부로 전달시켜 직선 운동을 한다.
③ 요동형 액추에이터 : 샤프트가 연속적으로 회전운동을 하는 공압 모터와 샤프트가 한정된 각도 내에서만 회전운동을 하는 요동 형으로 구분한다.
④ 핸드 척 : 실린더에 메커니즘을 연동시켜 워크를 잡거나 끼운다.
⑤ 흡착패드, 공압 브레이크, 공압 클러치 등 : 진공 압력에 의해 워크를 흡착한다.

가. 단동실린더

단동실린더는 포트(작동 유체의 통로 개구부)가 1개이며 압축공기를 실린더의 한쪽으로만 공급해서 작동시키고 다른 한쪽의 작동은 단동실린더 내부에 있는 스프링이나 외력으로 작동하는 액추에이터이다. 이런 종류의 실린더는 한쪽 방향의 일만을 할 수 있다. 내장된 스프링의 스프링력은 실린더가 충분한 속도로 원위치로 될 수 있도록 설계되어 있다. 스프링이 내장된 단동실린더는 스프링 때문에 행정 거리가 제한되게 된다. 보통 단동실린더는 최대 행정 거리가 100mm 정도이다. 이러한 단동실린더는 주로 클램핑(clamping), 이젝팅(ejecting), 프레싱, 리프팅(lifting), 이송(feeding) 등에 사용된다. [그림 6-9]는 단동실린더의 단면도와 기호이다.

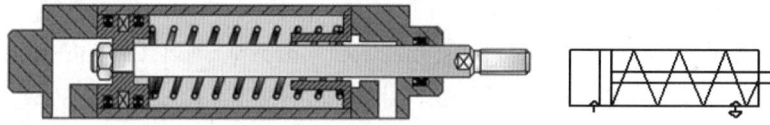

그림 6-9 단동실린더

나. 복동실린더

압축공기에 의한 힘으로 실린더를 전진 또는 후진운동시키는 것이다. 복동실린더는 전진 운동뿐만 아니라 후진 운동에서도 일을 해야 할 경우에 사용되며, 실린더 로드의 구부러짐(buckling)과 휨(bending)을 고려해야 되지만 실린더의 행정거리는 원칙적으로 제한받지 않는다. 복동실린더의 밀봉도 단동실린더의 경우와 같다. [그림 6-10]은 복동실린더의 단면도와 기호이다.

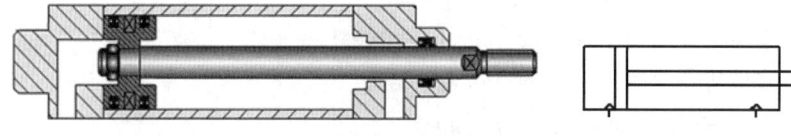

그림 6-10 복동실린더

다. 공압 모터

공압 모터는 압축공기 에너지를 기계적 회전 에너지로 변환하는 액추에이터를 말하며 정회전, 정지, 역회전 등은 방향제어 밸브에 의해 제어된다. 공압 모터는 오래 전부터 광산, 화학 공장, 선박 등 폭발성 가스가 존재하는 곳에 전동기 대신 사용되어 왔으며, 특히 최근에는 저속 고 토크 모터, 가변 속도 모터 등의 출현으로 방폭이 요구되는 장소 이외에 호이스트, 컨베이어, 교반기 등 일반 산업 기계에도 널리 사용된다. 공압 모터는 구조 원리에 따라 베인식, 실린더식, 기어식, 터빈식 등의 공압 모터가 있으나 산업용에는 베인식 모터가 주로 사용되고 터빈식은 치과용 의료기기에 많이 쓰인다.

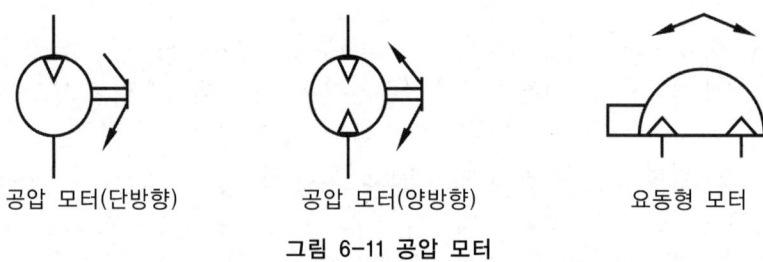

그림 6-11 공압 모터

3. 밸브(valve)

공압제어시스템은 신호감지요소(signal components), 제어요소(control components), 작업요소(working part) 등으로 구성되어 있다. 신호감지요소와 제어요소는 작업요소들의 작동 순서에 영향을 미치며 이들을 밸브라고 부른다.

공기압 장치에서는 압축공기의 압력제어, 유량제어, 방향제어, 흐름의 단속 등을 위하여 각종 밸브를 사용하는데, 이들 밸브의 적절한 선택은 공기압 장치의 기능과 성능상 매우 중요하다. 실제로 밸브를 선정할 때는 밸브의 형식, 크기, 구동장치, 제어 능력 등에 대하여 면밀하게 검토해야 한다.

슬라이드 밸브, 볼 밸브(ball valve), 디스크 밸브(disc valve), 콕(cocks) 등은 국제적으로 통용되는 명칭이며 모든 설계에 일반적으로 적용된다. 밸브들은 기능에 따라 다음의 5개의 그룹으로 구분된다.

① 방향제어 밸브(directional valves, way valve)
② 논-리턴 밸브(non-return valves)
③ 압력제어 밸브(pressure control valves)
④ 유량제어 밸브(flow control valves)
⑤ 셧 오프 밸브(shut-off valves)

가. 방향제어 밸브

■ 밸브의 기능별 분류 및 표시법

방향제어 밸브는 흐름의 방향을 제어하는 밸브의 총칭이며 공기압에서의 방향제어 밸브는 액추에이터에 공급하는 공기흐름의 방향을 제어하기 위해 사용되는 것으로 그 종류는 다음과 같다.

그림 6-12 밸브의 분류

나. 방향변환 밸브의 기능과 분류방법

방향변환 밸브란 KS에 따르면 2개 이상의 흐름 모양을 가지며 2개 이상의 포트를 갖는 방향제어 밸브라 정의되어 있다. 즉 방향변환 밸브는 공기흐름의 방향을 변환시켜 액추에이터를 제어하는 밸브로서 방향제어 밸브의 주된 밸브로 통상 방향제어 밸브라 부르는 예가 많다.

제6장 공압과 유압

체크 밸브나 셔틀 밸브 등과 같이 방향제어에 관련되는 모든 밸브의 총칭을 방향제어 밸브라 하고, 단순히 공기흐름을 변환시키는 밸브를 방향변환 밸브로 분류한다. 방향변환 밸브는 [그림 6-13]에서 분류한 것처럼 그 종류가 많다. 그리고 공기압 회로에 사용되는 밸브 중에서 가장 많이 사용되고 또한 중요한 밸브이므로 이 밸브를 이해한다면 공기압 회로에 사용되는 대부분의 밸브를 이해할 수 있을 것이다. 방향변환 밸브는 밸브를 변환시키는 조작방법과, 밸브의 주된 기능인 포트와 제어위치의 수, 그리고 주 밸브의 구조에 따라 나누어지며 이들을 상호 조합함으로써 대단히 많은 밸브로 만들어지는 것이다.

다. 방향변환 밸브의 기능에 의한 분류

포트 수	제어위치	밸브의 기호	포트 수	제어위치	밸브의 기호
2	2		3	3	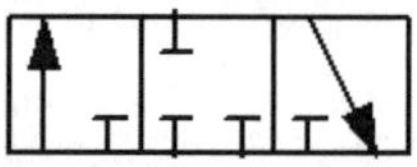
3	2	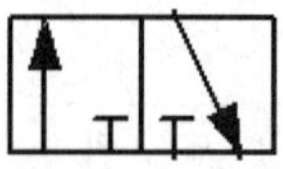	4	3	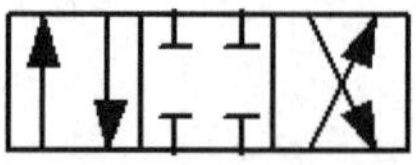
4	2	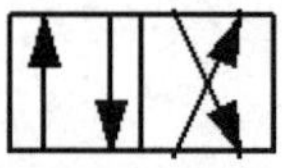	4	3	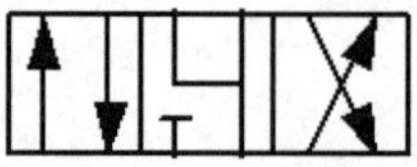
5	2	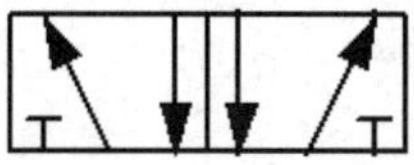	4	3	

그림 6-13 밸브의 기호

1) 포트의 수

방향변환 밸브는 그 사용 목적에서 제어통로의 수가 주된 기능으로, 이를 나타내는 것이 포트의 수이다. 밸브의 포트에는 공기통로의 접속구와 조작신호용 파일럿 포트가 있으나, 밸브의 포트 수는 공기의 주 관로와 밸브를 접속하는 공기구의 수만을 말한다. 포트에는 공기가 진입하는 공급 포트는 P, IN 또는 SW 등으로 표시하고, 실린더와 접속하는 출구(작업 포트)는 A, B, OUT 또는 CYL 등으로 표시한다.

또 압축공기를 대기 중으로 방출하는 배기 포트는 R, S또는 EXH로 표시하는 것이 통례이나 메이커에 따라서는 1, 2, 3 등의 숫자로 표시하는 경우도 있다. 위의 그림과 같이 밸브에는 포트의 수가 2개만 있는 것 또는 5개를 가진 밸브 등 여러 가지가 있으며 표준적인 방향변환 밸브의 포트 수는 4종류가 있다.

4포트와 5포트 밸브는 1개의 밸브에서 2개의 출구를 가진 밸브로 이 밸브 1개만으로도 복동실린더의 방향제어가 가능하다. 상호 다른 점은 4포트 밸브는 배기 포트가 1개인 반면 5포트는 출구에 대한 전용의 배기 포트가 정해져 있어 액추에이터의 속도제어를 배기교축 밸브로 제어 가능하다.

2) 제어위치의 수

제어위치란 공기 흐름의 상태를 결정하는 밸브 본체의 변환상태가 가능한 위치의 수를 말한다. 방향변환 밸브는 그 명칭이 말해주듯이 공기흐름을 변환시키는 것을 목적으로 하기 때문에 최소한 2가지 상태의 기능이 있어야 하고, 그러기 위해선 각기 다른 기능을 발휘할 수 있는 제어위치를 가지고 있어야 한다.

제어위치가 2개인 것을 2위치, 3개인 것을 3위치라 하며, 그것을 표현하기 위해선 그 밸브가 가지고 있는 제어위치 수만큼 정사각형을 연결하여 표시한다. 밸브의 기능은 이 제어위치를 나타내는 직사각형 안에 각종 기호로써 표시한다. 공기압에서 사용되는 밸브의 제어위치는 2위치와 3위치가 대부분이며 특수한 것은 4위치 밸브도 있다.

3) 중립위치에서 흐름의 형식

공기압 실린더의 중간정지나, 기계의 조정작업 등을 위해 3위치나 4위치 밸브를 사용하는 경우가 종종 있다. 이러한 밸브의 제어위치 중 중앙의 것을 중립위치라 말하고, 이 중립 위치에서 흐름의 형식에 따라 클로우즈 센터(올 포트 블록), ABR접속(이그조스트 센터), PAB접속(프레셔센터)형 등이 있다.

클로우즈 센터형은 중앙 위치에서 모든 포트가 닫혀 있는 상태로 표시하면 3포트 3위치 밸브와 같다. ABR 접속형은 중앙 위치에서 A, B포트가 R에 접속되어 모두 배기됨을 의미한다. 또한 PAB접속형은 중앙위치에서 A, B포트에 압력을 가하고 있는 형식으로 프레셔센터형이라고도 부른다.

4) 밸브의 표시법

회로도면에 표시되는 밸브의 상징은 단지 밸브의 기능만 나타내며 그것들의 설계 원리나 구조는 나타내지 않는다. 스프링에 의하여 원 위치로 되돌아올 수 있는 밸브에서 정상위치는 밸브가 연결되지 않았을 때의 위치가 된다.

초기 위치는 밸브를 시스템 내에 설치하고 압축공기나 전기와 같은 작동 매체를 공급하고 작업을 시작하려 할 때에 갖는 위치를 의미한다. 밸브에 대해 서로간의 오해가 없게 하기 위해 각 연결구는 다음과 같은 대문자로 약속하여 표시한다.

표 6-3 연결구 표시 방법

	ISO 1219	ISO 5599
작업라인	A, B, C, ⋯	2, 4, 6, ⋯
압축공기 공급라인	P	1
배기구	R, S, T, ⋯	3, 5, 7, ⋯
제어라인	Z, Y, X ⋯	A, B, C, ⋯

5) 밸브의 표시방법

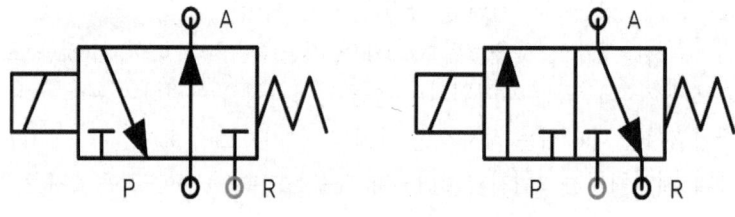

그림 6-14 밸브의 표시방법

다. 전자 밸브

1) 전자 밸브의 역할

전자 밸브는 전자석(솔레노이드)으로 조작되는 밸브의 총칭으로, 전자절환 밸브라고도 한다. 전기 신호로써 전자석을 조작하여 그 힘을 이용, 전자 밸브의 밸브 몸체를 절환하며 공기의 흐름 방향을 제어한다. 전기신호로 작동해서 시퀀스 제어되므로 일반 산업기계에 많이 사용된다.

2) 전자 밸브의 기본 원리

전자 밸브는 밸브 몸체를 움직이게 하는 전자조작부(전자석)와 밸브의 몸체로 구성된다. 전자석에 통전을 하면 가동 철심이 흡인되고 밸브 몸체를 움직이게 해서 유로를 전환한다.

3) 전자석의 종류

전자석은 연철봉 철심 위에 도선을 많이 감고 전류를 통하면 가동 철심(플런저)이 강력한 자석이 되어서 흡인된다. 이 원리를 밸브 몸체 절환에 응용한 것이며, 전자석에는 그 구조에 따라 T형의 플런저형, 평면 플런저형, 평판형 등이 있다. T형의 플런저 형은 T형의 플런저를 사용하며 철심은 규소 강판을 여러 장 겹쳐서 만든다. 흡인력, 스트로크를 크게 할 수 있어서 스트로크가 긴 직동형이나 스풀형 등에 사용하는데 전자석의 형상은 크다.

평면 플런저형은 플런저가 평면 형상으로 되어 있다. T형 플런저에 비교하면 흡인력이나 스트로크가 작아서 소형의 직동형 전자 밸브 또는 파일럿 밸브에 사용한다. 가동 철심을 직접 밸브 몸체로 할 수 있고 코일의 형태를 원통형으로 할 수 있어서 소형화하기가 쉽다. 평판형은 평판으로 된 가동 철심을 사용하며 소형 포핏형의 직통형 전자 밸브, 파일럿 밸브로 사용된다.

가) 교류의 특징

① 교류의 여자 전류는 스트로크에 의해 크게 변화된다. 플런저가 흡착되었을 때의 유지 전류는 작지만 플런저가 떨어졌을 때의 시동전류는 크다. 따라서 어떤 원인으로 플런저의 움직임이 늦거나 흡착이 안 될 때에는 대량의 시동전류가 흘러서 코일이 타게 된다.

② 플런저가 떨어지면 전류가 커지기 때문에 흡인력은 직류만큼 약하게 되지 않으므로 스트로크를 크게 할 수 있다.

③ 반 사이클마다 자속이 변화하기 때문에 가동 철심의 작동 속도가 빠르며 응답성이 좋다.

나) 직류의 특징

① 교류 같은 히스테리시스나 과전류에 의한 손상이 적기 때문에 온도 상승이 적다.

② 여자 전류는 코일 저항으로 결정되며 전 스트로크를 통해서 일정하므로 교류처럼 과전류에 의한 코일 손상은 없다.

③ 흡인력에는 맥동이 없고 울리는 소리가 없다.

④ 여자 전류가 일정한 까닭에 기전력이 일정하므로 플런저가 흡착 면에서 떨어지면 흡인력이 약해져서 스트로크를 크게 잡을 수 없다.

⑤ 응답성은 교류보다 나쁘다. 이것은 시동 때에 자기 유도 기전력 때문에 정격 전류에 도달하는 데 시간이 걸리고 플런저가 떨어져 있어서 흡인력이 약하게 된다는 특징이 있다.

최근에는 반도체의 제어나 코일의 손상을 피하기 위해 직류 전원의 전자석이 많이 활용되고 있다.

4. 논-리턴(non-return) 밸브

논-리턴(non-return) 밸브란 압축공기가 흘러가는 방향에 따른 제어를 해주는 밸브를 뜻한다. 논-리턴 밸브의 범주에는 한쪽 방향으로만 공기를 공급해 주는 체크 밸브, OR 논리 기능을 만족시켜 주는 셔틀 밸브, AND 논리 기능을 만족시켜 주는 2압 밸브, 그리고 배기를 급속하게 해주어 실린더의 속도를 증가시킬 수 있는 급속배기 밸브가 있다.

가. 체크 밸브(check valve)

이 체크 밸브는 한쪽 방향으로는 공기의 흐름을 완전히 차단시키며, 그 반대 방향으로는 가능한 한 적은 압력손실로 흐르게 한다. 차단시키는 것으로는 판(plate) 또는 격판(diaphragm)이 사용된다.

체크 밸브에는 스프링 내장형과 스프링이 없는 것이 있는데 스프링이 없는 체크 밸브는 제한 요소에 작용하는 힘에 의해서 차단되는 기능을 갖고 있으며, 스프링 내장형 체크 밸브는 출구의 압력이 입구의 압력보다 크거나 같을 때에 스프링과 같은 대응되는 압력으로 차단시키는 기능이 있다.

이 밸브의 특징은 거의 완벽하게 공기의 흐름을 차단시킬 수 있다. 따라서 체크 밸브를 통하여 배기될 수 없기 때문에 사용상 주의가 필요하다. 체크 밸브는 단독으로 사용되기도 하지만 유량제어 밸브와 같이 묶어서 반대 측의 운동을 보장하는 바이패스(By-pass) 기능으로 많이 사용된다.

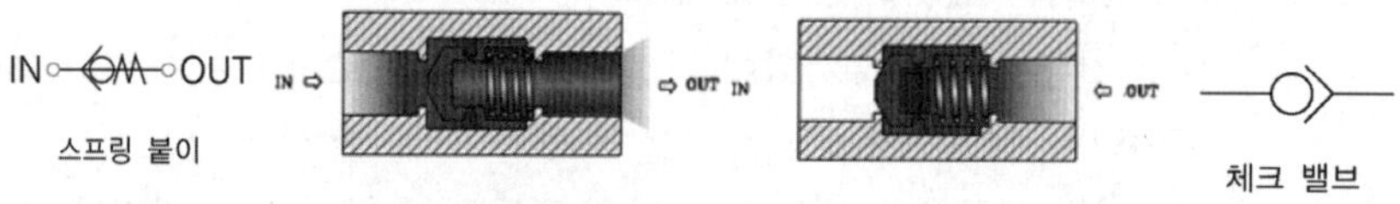

그림 6-15 체크 밸브(check valve)

체크 밸브의 특성과 사용상 주의점은 밸브 몸체를 열기 시작할 때는 스프링의 힘이 있으므로 어느 정도의 공기 압력이 필요하다. 이 압력을 크래킹 압력이라고 한다. 크래킹 압력은 낮을수록 좋으며 공기 저항이 적은 것이 좋다. 스프링이 약하거나 실(seal)이 불완전하면 누설의 염려가 있으므로 누설량을 체크한다. 흐름 방향으로 보냈을 때의 사용 조건으로도 진동을 일으킬 수 있으므로 주의가 필요하다.

나. 셔틀 밸브(shuttle valve, or valve)

논-리턴 밸브는 두 개의 입구 X와 Y를 갖고 있으며, 출구는 A 하나이다. 만약 압축공기가 X에 작용하면 볼은 입구 Y를 차단시켜 공기는 X에서 A로 흐르게 되며, 압축공기가 Y에 작용하게 되면 공기는 Y에서 A로 흐르게 된다. 공기의 흐름이 반대로 되면, 즉 실린더나 밸브가 배기가 되면 볼은 압력조건 때문에 동일한 위치를 유지하게 된다.

이 밸브는 또한 서로 다른 위치에 있는 신호 밸브(signal valve)로부터 나오는 신호를 분류하고, 제2의 신호 밸브로 공기가 빠져나가는 것을 방지해 주기 때문에 OR요소라고도 불린다. 만약 실린더나 밸브가 두 개 이상의 위치로부터 작동되어야만 할 때에는 셔틀 밸브(OR 밸브)를 꼭 사용하여야 한다.

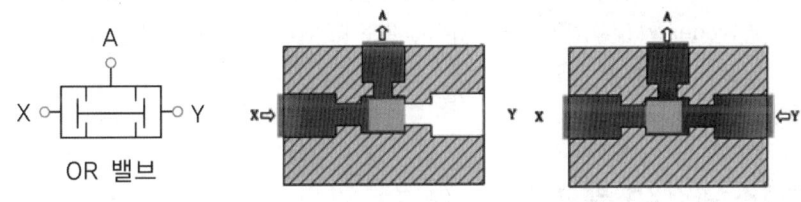

그림 6-16 셔틀 밸브(OR 밸브)

다. 2압 밸브(two-pressure valve, and valve)

이 밸브는 두 개의 입구 X와 Y가 있으며, 하나의 출구 A가 있다 압축공기가 두 개의 입구 X와 Y에 모두 작용할 때에만 출구 A에 압축공기가 흐르게 된다. 만약 압력신호가 동시에 작용하지 않으면 늦게 들어온 신호가 출구 A로 나가게 되며, 두 개의 압력신호가 다른 압력일 경우에는 작은 압력 쪽의 공기가 출구 A로 나가게 된다. 이 밸브는 AND 요소로도 알려져 있으며 연동 제어(interlocking control), 안전 제어, 검사 기능 또는 논리 작동(logic operation)에 사용된다.

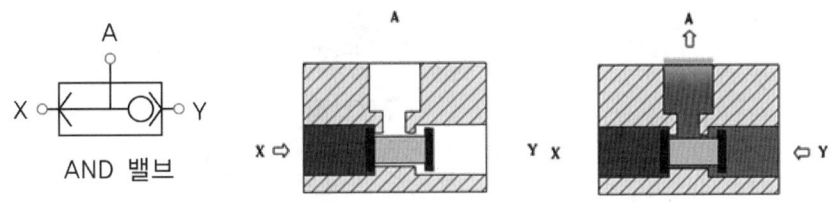

그림 6-17 2압 밸브(two-pressure valve, AND valve)

5. 압력제어 밸브

압력제어 밸브는 압력에 큰 영향을 미치거나 압력의 크기에 의해 제어되는 요소이다. 압력제어 밸브의 역할은 다음과 같다.
① 공기압 라인의 말단에서 공기의 사용량 변동에 따라 변화하는 압축공기의 압력을 일정한 압력으로 제어해서 안정된 공기 압력을 공급한다.
② 적정한 압력으로 사용하여 압축공기의 낭비를 방지한다. 또 공기압 기기의 내구성과 신뢰성을 확보한다.
③ 장치가 정해진 이상의 압력으로 되었을 때 공기를 방출해서 안전을 확보한다.
④ 압력제어 밸브는 압력조절(감압) 밸브(pressure regulating valve), 릴리프 밸브 (relief valve), 안전 밸브(pressure limiting valve), 시퀀스 밸브(sequence valve)로 분류된다.

가. 압력조절(감압) 밸브

감압 밸브의 목적은 압력을 일정하게 유지하는 것이다. 즉, 공급 압력이 변동되더라도 실린더나 모터 등의 작업 요소에 공급되는 압력은 일정해야만 작업의 향상성을 유지할 수 있다. 감압 밸브에는 배기공이 있는 감압 밸브와 배기공이 없는 압력조절 밸브의 두 가지 형태가 있다. 유압에서는 이러한 기능에 대응되는 밸브를 감압 밸브라고 칭하고 매체의 특성상 복귀 라인이 없는 감압 밸브는 사용될 수 없으나 공압에서는 두 가지 밸브가 모두 큰 구분 없이 사용되고 있다.

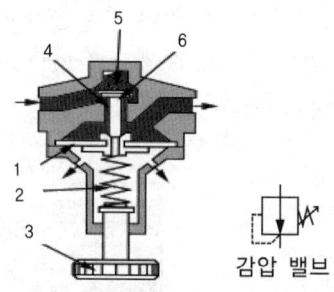

그림 6-18 감압 밸브

감압 밸브의 사용상 주의할 점은 다음과 같다.
① 감압 밸브를 사용할 때는 유량과 압력 특성이 사용조건에 맞는 것을 선정한다.
② 2차 측의 부하로서 압력 상승을 릴리프 시킬 때는 감압 밸브의 릴리프 용량이 큰 것을

선택한다.
③ 감압 밸브 시트면에 먼지가 끼어들지 않도록 상류측에 반드시 공기압 필터를 설치한다.
④ 압력 설정 후에는 록 너트로 조정 나사를 록(lock)한다.
⑤ 높은 장소나 위험한 장소에 설치할 때는 원격 조작이 가능한 외부 파일럿 감압 밸브를 사용하면 된다.

나. 릴리프 밸브와 안전 밸브

이 밸브는 주로 안전 밸브로 사용되며, 시스템 내의 압력이 최대 허용압력을 초과하는 것을 방지해 준다. 만약 밸브 입구의 압력이 설정된 최대 허용압력에 도달하게 되면 밸브의 출구가 열려서 공기는 배기 중으로 빠져나가게 된다. 유압에서는 이와 같은 기능을 갖는 압력 릴리프 밸브가 중요한 기능을 하고 안정상 많이 사용되나 공압 제어시스템에서는 거의 사용되지 않는다. 단지 압축공기 생산 플랜트에서 압축공기의 압력을 제한하는 데 사용되고 있다.

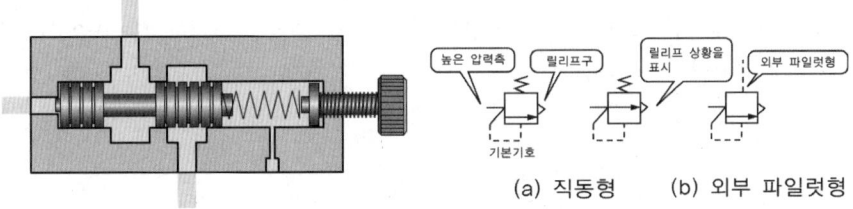

(a) 직동형   (b) 외부 파일럿형

그림 6-19 압력제한 밸브의 작동 원리

릴리프 밸브에는 감압 밸브와 마찬가지로 직동형 릴리프 밸브와 파일럿형 릴리프 밸브가 있다. 직동형 릴리프 밸브는 릴리프 압을 조정 스프링으로 설정하게 되어 있고, 공기압력이 다이어프램에 작용하면 조정 스프링에 균형되는 릴리프압으로 밸브가 열려 배기구를 통해 대기 속으로 배출된다. 파일럿형 릴리프 밸브는 조정 스프링 대신에 외부로부터의 파일럿 압으로 릴리프압을 설정하게 되어 있다. 파일럿압보다 릴리프 설정압이 커지면 배기하게 된다. 릴리프 밸브, 안전 밸브의 선정과 사용상 주의할 점은 다음과 같다.
① 릴리프 밸브는 감압 밸브와 병용해서 릴리프 유량을 보충하게 된다.
② 릴리프 밸브는 릴리프압을 정밀하게 제어해야 할 때 압력차를 취할 경우가 있다. 사용 목적에 맞도록 선정한다.

다. 시퀀스 밸브(sequence valve)

시퀀스 밸브의 작동 원리는 앞서 설명한 릴리프 밸브와 같다. 만약 압력이 스프링에 설정된 압력을 초과하게 되면 밸브가 열리게 되어 공기는 P에서 A로 흐르게 된다. 즉, 파일럿 라인 Z가 미리 설정된 압력에 도달하게 되면 파일럿 스풀이 움직여서 P에서 A로 통하는 통로를 열게 된다. 이 밸브는 스위칭 작용에 특별한 압력이 요구되는 곳에 사용된다.

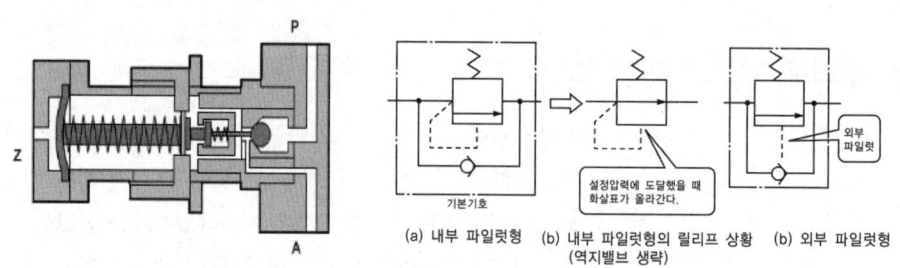

그림 6-20 시퀀스 밸브(sequence valve)

시퀀스 밸브의 사용상 주의할 점은 릴리프 밸브와 거의 같은 주의를 해야 한다. 회로 내의 압력으로 순차적 동작을 하므로 신뢰성은 부족하다. 신뢰성이 요구되는 곳에서는 리밋 밸브나 리밋 스위치를 사용한다.

6. 유량제어 밸브

공기압 회로에서 유량을 제어하기 위해서는 유량제어 밸브를 사용하며 그것은 다음과 같은 역할을 한다.
① 공기압 회로의 흐름을 일정하게 유지한다.
② 공기압 실린더 등의 속도를 제어한다.
③ 유량제어 밸브에는 교축 밸브, 배기교축 밸브, 속도제어 밸브, 급속배기 밸브가 있다.

가. 교축 밸브

공기압 회로 중의 흐름에 저항을 설치한 교축기를 고정 교축기라고 하며, 그 조임을 가변 조정형으로 한 것을 조임 밸브라고 한다. 교축 밸브는 공기압 회로 중 관내를 흐르는 공기의 유속이나 유량을 조정하기 위해 사용된다.

1) 교축 밸브의 구조

교축 밸브는 [그림 6-21]에 제시하는 것처럼 바늘 모양의 밸브를 밸브 시트에 대해 상하로 이동하는 구조가 많다. 조정 나사로써 밸브가 열리는 정도를 조절하여 유효 저항을 변화시켜 유량제어를 한다. 교축 밸브의 선정과 사용상 주의할 점은 다음과 같다.
① 유량과 교축 밸브의 회전수를 조사해서 조정하기 쉬운 범위의 것을 선정한다.
② 미소유량을 조정할 필요가 있을 때는 공기압 필터를 사용해서 먼지를 제거하여 신뢰성을 향상시킨다.
③ 배기교축 밸브를 전자 밸브에 장치해서 공기압 실린더의 속도제어를 할 때에는 전자 밸브와 공기압 실린더 사이의 배관 용적이 크면 양호한 상태의 제어가 어렵다.

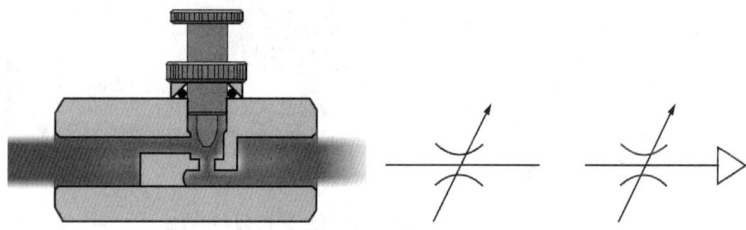

그림 6-21 교축 밸브 및 기호

나. 속도제어 밸브

몸체 내부에 체크 밸브와 교축 밸브를 병렬로 설치한 것이며, 1방향 흐름의 교축 밸브라고 생각할 수 있다. 압축공기가 순방향으로 흐를 때는 역지 밸브가 열리고, 교축 밸브와 체크 밸브 쌍방에서 압축공기가 흐른다. 이때의 흐름을 자유흐름이라고 한다. 압축공기가 역방향에서 흐를 때는 체크 밸브가 닫히고, 교축 밸브로 조정된 공기량이 흐른다. 이때의 흐름을 제어흐름이라고 하며, 액추에이터에서 공기를 공급할 때 교축 효과를 주어 속도의 제어를 하게 된다. 속도제어 밸브의 선정과 사용상 주의할 점은 다음과 같다.
① 기기나 배관에 맞는 사이즈의 것을 선택한다. 제어흐름의 유량 특성이나 자유흐름의 최대 유량이 사용 조건에 맞는가를 검토한다.
② 가능한 실린더 가까이에 설치하는 편이 속도제어에 효율적이다. 조정이 끝나면 조정 나사를 단단히 고정시킨다.

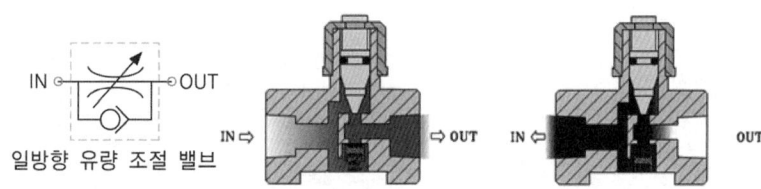

그림 6-22 속도제어 밸브

다. 급속배기 밸브(quick-exhaust valve)

급속배기 밸브는 입구와 출구, 배기구에 3개의 포트가 있는 밸브이며, 입구 유량에 대해 배기 유량이 특별히 큰 밸브이다. 급속배기 밸브는 다음과 같은 목적에 사용한다.
① 배기의 유량을 증가시켜서 액추에이터의 속도를 높인다.
② 공기탱크 내부의 압축공기를 급속히 대기 속으로 배출한다.
③ 급속배기 밸브를 사용하면 배관이나 공기압 기기가 작아도 커다란 배기 유량을 얻을 수 있고 경제적인 회로를 구성할 수 있다.

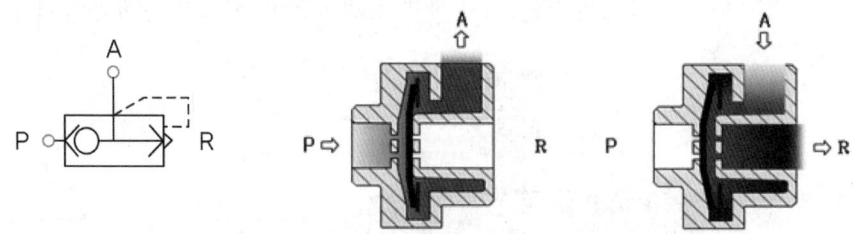

그림 6-23 급속배기 밸브

급속배기 밸브의 구조는 일반적으로 [그림 6-23]에 제시하는 것처럼 밸브 몸체에 다이어프램을 사용한 것이 많다. 그 외에는 플런저 형이 있다. 입구에서 들어온 압축공기는 다이어프램의 입부를 변형해서 출구로부터 액추에이터로 흘러간다. 방향제어 밸브가 작동해서 배기 상태가 되면 입구측 압력이 없어지게 되므로 출구로부터의 압력이 밸브 몸체를 밀어 올려서 배기구가 열리며 액추에이터의 배기는 일시에 대기 속으로 배출된다.

급속배기 밸브의 사용 방법은 공기압 실린더(액추에이터)와 방향제어 밸브 사이에 설치해서 사용한다. 급속배기 밸브는 그 기능상 가능한 실린더에 접근시켜 두는 것이 좋다. 복동실린더는 급속배기 밸브를 아무리 큰 것으로 하더라도 부착하기 전의 약 1.4배 정도밖에는 가속할 수 없으므로 주의해야 한다. 이것은 실린더에 작용하는 공급압력이 부족하기 때문이다.

제3절 공압제어 기본회로

1. 공압 동력원의 조정회로

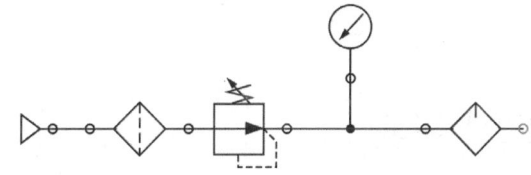

그림 6-24 동력원의 조정회로

[그림 6-24]는 공기압 동력원의 조정회로를 나타낸다. 무급유 공기압 장치에는 윤활기(루브리케이터)가 없는 회로가 사용되며, 일반적으로 ▷기호(공기압 동력원의 기호)만을 사용해도 서비스유닛의 요소들이 포함되어 있다.

2. 일방향 회로

일방향으로 흐르는 공기압의 ON-OFF 제어에는 2개의 제어 연결구(2port)를 가진 밸브를 사용한다. [그림 6-25]에서 동력원에서 공급된 공기는 밸브1.1(2/2-Way 밸브)의 제어 위치에 따라 유량제어 밸브 1.01을 지나 단동실린더 1.0에 작용하여 전진시킨다.

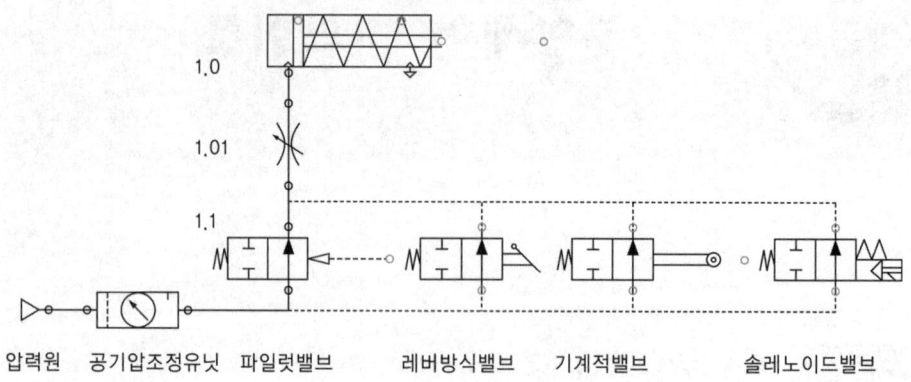

그림 6-25 단동실린더 제어회로

3. 단동실린더 회로

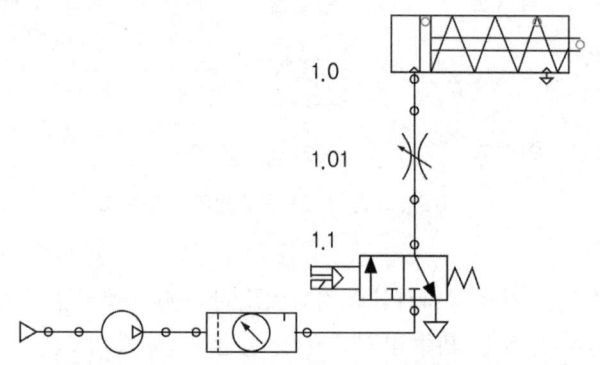

그림 6-26 단동실린더 제어회로

[그림 6-26]은 단동실린더 제어회로이다. 실린더의 운동방향을 제어하는 방향제어 밸브 1.1은 3포트 밸브이다. 1.1 밸브가 작동하면 압축공기는 유량제어 밸브의 교축부를 통하여 단동실린더 1.0에 공급되어 실린더의 실린더를 전진시킨다. 다시 밸브 1.1의 작동이 해제되면 스프링에 의해 복귀되어 실린더 내에 있던 공기는 유량제어 밸브 1.01 밸브를 거쳐 배기구를 통하여 대기로 방출되며, 실린더 1.0은 스프링에 의해 귀환한다.

4. 복동실린더 회로

가. 복동실린더 직접제어회로

[그림 6-27]은 5/2-way 밸브를 사용하여 솔레노이드로 작동되며 귀환은 스프링에 의해 이루어진다. 1.01과 1.02의 유량제어 밸브를 부가하여 속도제어를 할 수 있다. 압축공기가 밸브 1.1의 P연결구를 통하여 B와 연결되고, A와 R이 연결되어 있다.

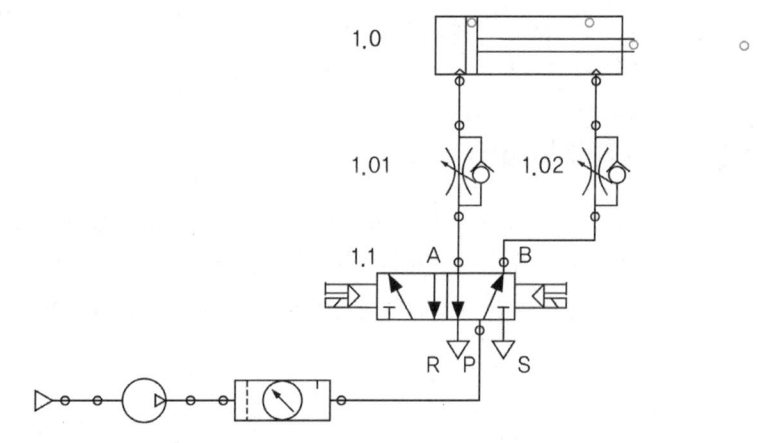

그림 6-27 복동실린더 직접제어회로

따라서 공기는 1.02를 거쳐 실린더 로드 측에 유입되어 실린더는 후진상태에 있다. 솔레노이드 밸브 1.1을 통전시키면 P는 A와 연결되고 B는 S와 연결되어 압축공기는 실린더측으로 들어가 실린더를 전진시킨다.

나. 미터-인, 미터-아웃 회로

실린더에 공급되는 공기를 교축하여 조정하는 방식을 미터-인 회로라 하며, 실린더에서 배기되는 공기를 교축하여 조정하는 방식을 미터-아웃 회로라고 한다. 이 두 회로의 차이는 속도제어 밸브의 고정방법의 차이라 할 수 있으나, 외력이나 압력의 불균일한 변동에 대하여 실린더의 속도를 자연스럽게 조절하는 방법에는 미터-인 방식보다 미터-아웃 방식이 배기되는 압력으로 하중의 변동량을 보정할 수 있어 속도조절이 용이하다. 미터-인 회로로 속도를 제어할 경우에는 하중의 변동이 직접 실린더 속도에 영향을 미치며, 다음 식으로 실린더에 미치는 힘을 구할 수 있다.

$$F = P_1 \cdot A_1 - (P_2 \cdot A_2 + R)$$

여기서, F = 실린더를 미는 힘 [kgf]
P_1 = 실린더에 공급되는 공기의 압력 [kgf/cm^2]
A_1 = 피스톤 헤드측 단면적 [mm^2]
P_2 = 실린더의 피스톤 로드측에 걸리는 배압 [kgf/cm^2]
A_2 = 피스톤 로드측 단면적 [cm^2]
R = 마찰저항 [kgf]

다. 복동실린더 간접제어회로

[그림 6-28]은 양쪽에서 공기압에 의해 작동되는 5/2-way 파일럿 밸브를 사용한 회로로서 신호요소, 즉 1.2 또는 1.3의 3/2-way 밸브의 작동에 따라 복동실린더를 전·후진시킬 수 있다. 공압회로에서는 공기압 시스템의 구성요소 표시를 숫자로 표시할 수 있는데 〈표 6-4〉와 같다.

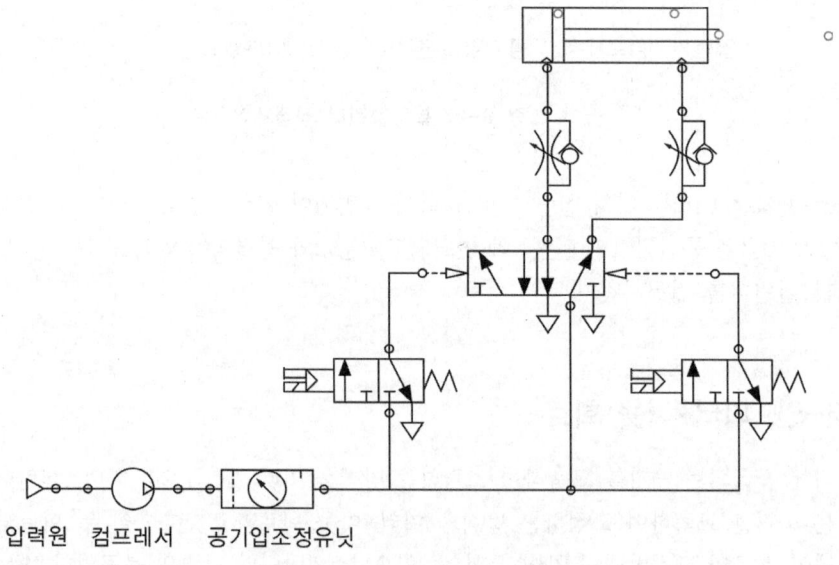

그림 6-28 복동실린더 간접제어회로

표 6-4 공기압 시스템의 구성요소 표시

표시방법	숫자의 의미
0	모든 에너지의 공급 요소(동력원)
1, 2, 3, …	각 제어 대상 또는 목표(실린더, 모터, 밸브 등)
0	작업 요소(1.0은 1군(Group)의 작업 요소)
1	작업의 최종 제어요소
2, 4, …	작업 요소 중 전진 운동에 관계되는 요소
3, 5, …	작업 요소 중 후진 운동에 관계되는 요소
01, 02	교축 밸브와 같이 제어 요소와 구동 요소의 사이에 있는 요소

라. OR 회로

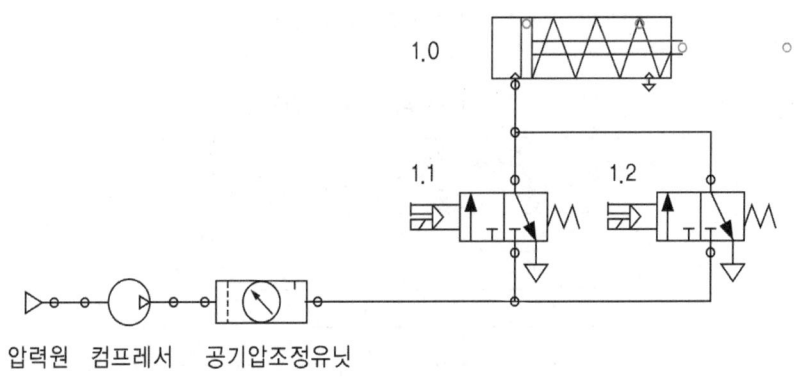

그림 6-29 OR 회로

[그림 6-29]는 2개의 3/2-way 밸브를 사용한 OR 회로이다. 〈표 6-5〉의 진리표를 참조하면 밸브 1.1과 1.2에 입력신호가 주어지지 않으면 출력 1.0은 OFF(후진) 상태가 되며, 어느 한쪽에 신호가 입력되든지 둘 다 신호가 입력되어도 출력 1.0은 ON(전진) 상태가 된다.

표 6-5 OR 회로 진리표

입력신호		출력
1.1	1.2	1.0
0	0	0
0	1	1
1	0	1
1	1	1

마. AND 회로

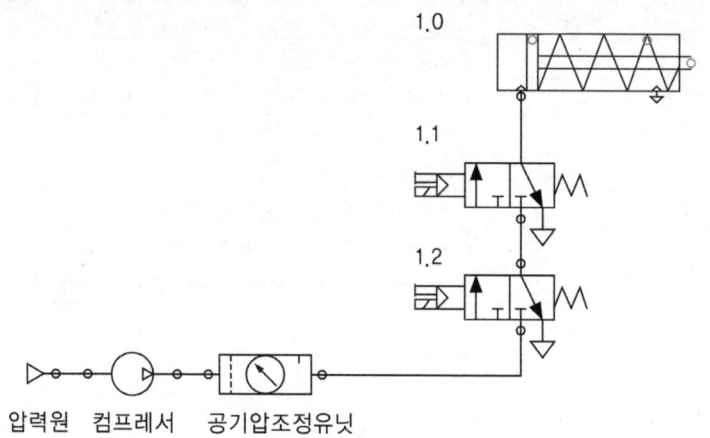

그림 6-30 AND 회로

표 6-6 AND 회로 진리표

입력신호		출력
1.1	1.2	1.0
0	0	0
0	1	0
1	0	0
1	1	1

[그림 6-30]은 두 개의 입력신호 1.1과 1.2에 대해 미리 정한 복수의 조건을 동시에 만족하였을 때에만 출력 1.0이 ON(전진)되는 AND 회로와 진리표를 나타낸다.

바. NOT 회로

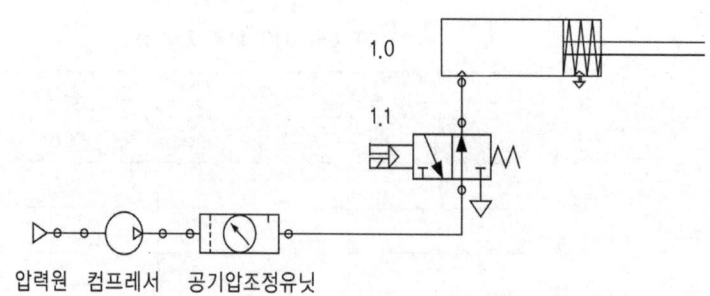

그림 6-31 NOT 회로

표 6-7 NOT 회로 진리표

입력신호	출력
1.1	1.0
0	1
1	0

[그림 6-31]은 입력신호 1.1에 대하여 출력되는 1.0의 상태에 대한 NOT 회로와 진리표를 나타낸다. 입력신호가 주어지지 않으면 출력 1.0이 ON(전진) 상태로 되고, 입력신호가 주어질 때 출력 1.0이 OFF(후진) 상태가 되는 역반응을 나타내므로 인버터(inverter)라고도 부른다.

사. NOR 회로

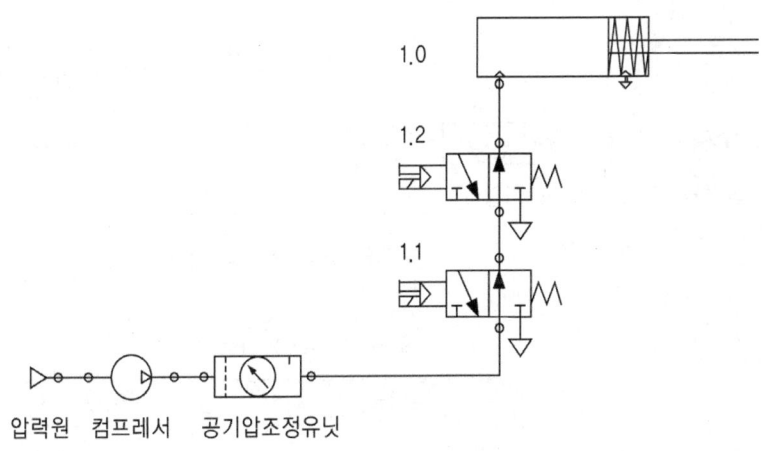

그림 6-32 NOR 회로

〈표 6-8〉은 NOR 회로와 진리표를 나타낸다. NOR 회로는 OR 회로의 역기능의 회로이다. 입력 1.1, 1.2 밸브가 한 개 또는 두 개가 동시에 작동하면 출력 1.0은 OFF(후진)되고 입력 1.1, 1.2 밸브가 동작하지 않으면 출력 1.0은 ON(전진)한다.

표 6-8 NOR 회로 진리표

입력신호		출력
1.1	1.2	1.0
0	0	1
0	1	0
1	0	0
1	1	0

아. NAND 회로

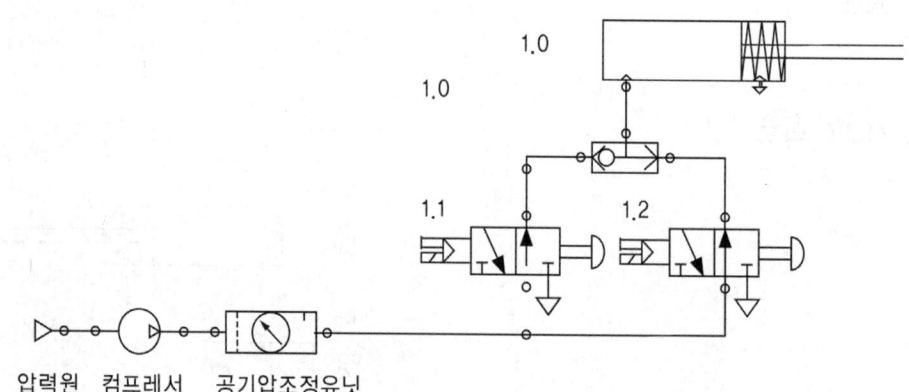

그림 6-33 NAND 회로

표 6-9 NAND 회로 진리표

입력신호		출력
1.1	1.2	1.0
0	0	1
0	1	1
1	0	1
1	1	0

〈표 6-9〉은 NAND 회로와 진리표를 나타낸다. NAND 회로는 AND 회로의 역기능 회로로서 AND 회로를 NOT 회로에 연결한 형태이다. NAND 회로의 입력 1.1, 1.2 밸브의 입력 신호가 없든가 또는 어느 하나라도 없으면 출력 1.0은 ON(전진)되고, 입력 1.1, 1.2 밸브의 입력 신호가 둘 다 있을 때만 출력 1.0은 OFF(후진)한다.

제4절 유압의 개요

1. 유압의 개요 및 원리

가. 유압의 개요

유압(oil hydraulics)이란 유압펌프에 의하여 동력의 기계적 에너지를 유체의 압력에너지로 바꾸어 유체에너지에 압력, 유량, 방향의 기본적인 3가지 제어를 하여 유압 실린더나 유압 모터 등의 작동기를 작동시킨 후 다시 기계적 에너지로 바꾸는 역할을 하는 것으로, 동력을 변환 또는 전달하는 장치 또는 방식을 말한다.

다시 말하면, 기름(작동유)이라는 액체를 활용하여 기름에 여러 가지 능력을 주어서 요구되는 일의 가장 바람직한 기능을 발휘시키는 것을 말하며, 최근 각종 기계의 대형화 및 자동화의 요구에 따라 유압의 응용범위가 대단히 넓어져 기계를 다루는 기술자에게는 유압에 관한 이해는 물론 관련된 사항에 대한 다양한 지식까지도 요구되고 있다.

나. 유압의 원리

전동기 모터를 이용하여 유압펌프를 작동시켜 기름에 압력을 높여 유압회로로 보내면 압력 제어 밸브가 압력을 제어하고, 유량제어 밸브 및 방향전환 밸브는 각각 유량을 제어하고, 방향을 전환하는 구조로 되어 있어 유압실린더나 모터 등의 운동을 제어할 수 있다.

액추에이터에 큰 힘을 요구할 때에는 압력을 높이는 방법과 용량을 크게 하는 방법이 있고, 액추에이터의 속도를 조절하려면 유량을 조절 또는 액추에이터의 용량을 줄이든지, 늘리든지 하여 조절할 수 있다. 한편 기름을 저장할 수 있는 탱크와 유압의 힘을 기계적 힘으로 바꿀 수 있는 유압 액추에이터가 필요하게 된다.

이렇듯 어떠한 유압의 구조에서도 이러한 원리를 이용한다. 예를 들면 [그림 6-34]와 같은 유압의 원리도에서 핸들을 오른쪽으로 이동하면 방향전환 밸브가 오른쪽으로 이동하여 펌프에서 온 기름은 실린더 ①쪽으로 흘러 들어오고 테이블은 오른쪽으로 이동한다. ②쪽에 있던 기름은 파이프에서부터 전환 밸브를 지나 탱크로 귀환한다. 반대로 핸들을 왼쪽으로 돌리면 방향전환 밸브가 왼쪽으로 이동하여 기름은 ②쪽으로 흐르고 테이블은 왼쪽으로 이동

제6장 공압과 유압

한다. 레버 하나로 테이블을 이동한다는 것이 유압의 기본적인 원리라 하겠다.

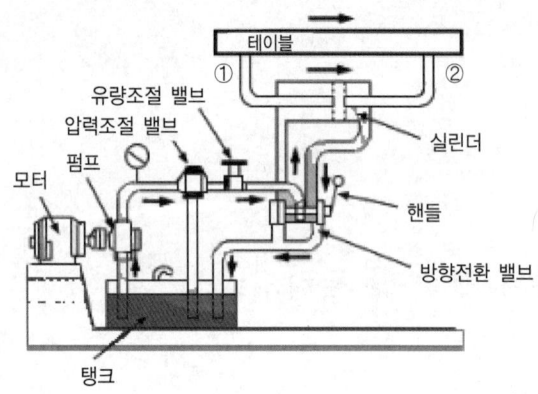

그림 6-34 유압의 원리도

2. 유압의 용도 및 특징

가. 유압의 용도

유압은 앞으로 응용범위가 대단히 넓어지겠으나 주된 용도를 알아보면 직선운동이나 회전운동 그리고 큰 힘이 필요한 곳이나 속도를 바꾸는 경우 등에 주로 사용된다.

표 6-10 유압의 용도

구 분	종 류
건설 기계	굴삭기, 페이로더, 트럭, 크레인, 불도저, 셔블로더(shovel loader)
운반 기계	포크리프트(fork lift), 오프더 로드 트럭(off the road truck), 이동식 크레인
선박 갑판 기계	윈치, 조타기
공작 기계	자동 조종 선반, 다축 드릴, 트랜스퍼 머신
철강 기계	시어링, 권선기
금속 기계	주조기, 압연기, 유압식 머니퓰레이터(manipulator)
합성수지 기계	사출, 압출, 발포성형기, 트랜스퍼 성형기(transfer molding machine)
목공 기계	핫프레스, 목재 이송차
제본. 인쇄 기계	재단기, 옵셋 인쇄, 윤전기
기타	소각로, 레저시설, 로켓트, 로봇

나. 유압의 특징

1) 유압의 장점
① 작은 장치로써 큰 출력을 얻을 수 있다.
② 힘을 무단으로 변화시킬 수 있다.
③ 속도를 무단으로 변화시킬 수 있다.
④ 작동체의 운동방향, 속도를 원격조작으로써 쉽게 변화시킬 수 있다.
⑤ 전기의 조합으로 간단히 자동제어가 가능하다.
⑥ 전기식에 비하여 소형이고 가볍기 때문에 관성이 작다.
⑦ 기계식에 비하여 소형이고 가볍기 때문에 관성이 작다.
⑧ 기계식에 비하여 마찰이나 마모 및 윤활에 있어서 특별히 고려할 필요가 없다.
⑨ 마찰 손실이 적고 효율이 좋다.
⑩ 과부하에 대한 안전장치를 간단하고 확실하게 할 수 있다.
⑪ 압력에 대한 출력의 응답성이 좋다.
⑫ 진동이 적고 작동이 원활하여 저속, 큰 토크 기동이 용이하다.
⑬ 작동체의 왕복운동의 속도제어, 위치 결정을 손쉽게 할 수 있고, 운동의 왕복 변환이 쉽다.
⑭ 여러 가지 운동을 연속적으로 하거나 동기로 할 수 있다.
⑮ 여러 가지 작동을 수동 또는 자동으로 조작할 수 있다.
⑯ 에너지의 축적이 가능하다.
⑰ 왕복운동의 충격이나 진동의 감쇠가 비교적 용이하다.
⑱ 윤활성이 좋다. 따라서 보수가 용이하다.

2) 유압의 단점
① 기계 장치마다 동력원(유압 펌프 및 탱크)이 필요하다.
② 유압유 온도의 영향을 받기 쉬우므로 속도나 위치의 정밀한 제어가 곤란하며 기름 탱크가 커서 소형화가 어렵다.
③ 고압일수록 배관이음 등에서 기름 누설의 염려가 있다.
④ 펌프의 소음이 크다.
⑤ 동력원을 단독으로 사용하므로 출력이 작은 것은 경제적으로 불리하다.

제6장 공압과 유압

3. 유압 장치의 구성

유압을 이용하여 운동, 즉 일을 하려면 유압에 에너지를 공급하는 파워 유니트(power unit), 에너지를 얻은 압유를 제어하는 각종 밸브류, 압유가 가진 에너지를 기계적 운동 혹은 일로 변환시키는 조작단 등 이들 세 개의 요소로 회로를 구성하는 데 부차적으로 필요한 부속품류가 있어야 한다. 이들을 표로 정리하면 아래와 같다.

표 6-11 유압장치의 구성

파워 유니트	유압펌프 커플링(coupling) 스트레이너(strainer)	유압원을 구성하는 기기이며, 구성된 유압원 일체를 유니트라 한다.
제어 밸브	압력제어 밸브	릴리프 밸브, 감압 밸브, 시퀀스 밸브, 카운터밸런스 밸브
	방향제어 밸브	2포트 밸브, 3포트 밸브, 4포트 밸브 등
	유량제어 밸브	양방향 유량제어 밸브, 일방향 유량제어 밸브, 체크 밸브
조작기기	실린더, 유압모터	단동실린더, 복동실린더, 기어모터, 베인모터 등
부속품	배관, 축압기, 열교환기	

[그림 6-35]는 유압의 계통도를 간략화한 것이다.

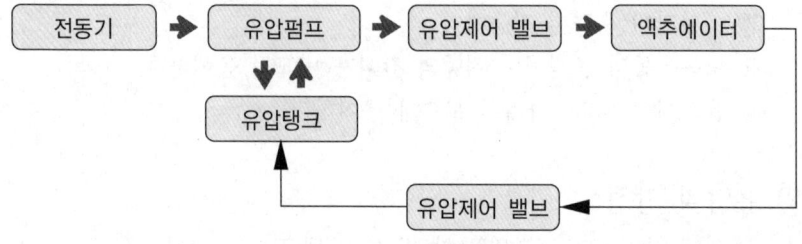

그림 6-35 유압 계통도

4. 유체의 정역학

가. 파스칼의 원리(Pascal's principle)

유압에 의한 힘의 전달은 파스칼의 원리에 기초를 둔 것으로서 유압장치는 이 원리를 응용한 것에 불과하다. 파스칼의 원리는 1653년 파스칼에 의하여 제창된 원리로서, '밀폐된 용기 내에서 정지하고 있는 유체의 일부에 가한 압력은 유체의 모든 부분에 그대로 전달된다.'라는 말로 표현할 수 있다. [그림 6-36]과 같이 밀폐된 용기 중에 액체를 가득 채우고, 상부로부터 힘 F를 가할 때, 실린더의 단면적을 A라 하면, 액체에 가해지는 압력 $P = F/A$이다. 이 압력은 액체의 모든 부분에 전달된다. 그림에 표시한 압력 P는 실린더에 가한 힘 F에 의하여 발생된 압력을 나타낼 뿐 실제로 작용하는 압력은 아니다. 실제로 작용하는 압력은 P에 정수 압력이 작용한다.

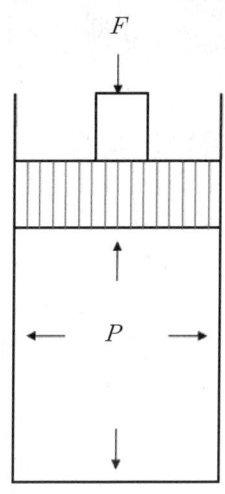

그림 6-36 밀폐용기 압력

나. 압력과 힘의 관계

유압에서 사용하는 압력이란 물체의 단위면적 1cm^{2}에 가해지는 힘의 크기이며, [kg/cm^2]로 나타낸다. 즉, 가해지는 힘을 그 힘을 받는 면적으로 나눈 것이라 생각할 수 있으며, 실린더가 누르는 힘을 F[kg], 실린더의 단면적을 A[cm^2]라고 하면 내부에 발생하는 압력 P는 [kg/cm^2]가 되며, 이 압력이 배관을 통하여 단면적 B[cm^2]의 실린더 밑면에 파스칼의 원리에 의하여 전달된다.

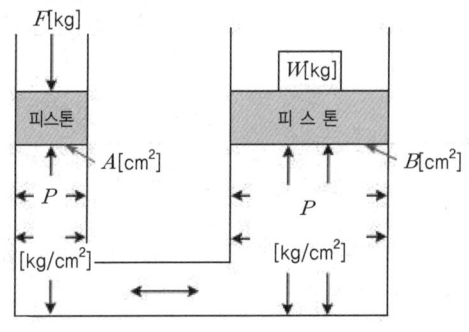

그림 6-37 압력과 힘의 관계

이 압력 P는 하중 W와 평행되기 때문에 [kg]으로 나타낼 수 있다.
압력과 힘의 관계식은

$$F\,\text{kg} = P\,\text{kg/cm}^2 \times A\,\text{cm}^2 \text{으로 되어,}$$
$$F = P \times A \text{로 쓸 수 있다.}$$

4. 유체의 동역학

가. 유량과 유속

1) 유량

유량이란 단위시간에 이동하는 액체의 양을 말하며, 유압에서는 토출량으로 나타내며 단위는 [l/min](분당 토출되는 양) 또는 [cc/sec] (초당 토출되는 양 cc)로 표시한다. 즉 이동한 유량을 시간으로 나눈 것이다. 기호 Q는 유량을 표시한다. 유량의 계산식은 다음과 같다.

$$Q = \frac{W}{t} = \frac{A \cdot S}{t} = A \cdot v [l/\min]$$

여기서, Q : 유량, W : 용량, t : 시간, v : 유속, S : 거리, A : 단면적

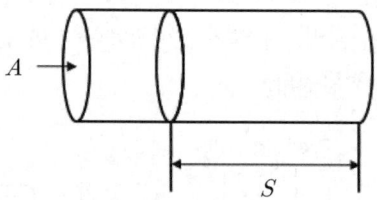

그림 6-38 유량측정

2) 유속

유속이란 단위시간에 액체가 이동한 거리를 나타내며, 유압에서는 단위를 [m/sec]로 기호를 v로 표시한다. 유속의 계산식은 다음과 같다.

$$v = \frac{Q}{A} [\text{m/sec}]$$

여기서, v : 유속[m/sec], Q : 유량[l/min], A : 단면적[cm^2]

나. 연속의 법칙

연속의 법칙은 질량보존의 법칙을 유체의 흐름에 적용한 것으로서 유관 내의 유체는 도중에서 생성된다든지 또는 소실되는 일이 없다는 것을 의미한다.

[그림 6-39]의 유관 속 흐름은 정상류로 생각한다. 임의의 단면 1, 2를 생각하고 단면의 평균속도를 각각 $v1$, $v2$, 단면적을 $dA1$, $dA2$ 밀도를 각각 $\rho1$, $\rho2$라 한다. 이때, 각각의

단면을 단위 시간에 흐르는 유체의 질량은 같지 않으면 안 된다.

$$[dm1/dt] = [dm2/dt] = [dm/dt] = 일정$$

여기서, $dm = dt$는 임의의 점에 있어서 유관을 지나는 질량유량(mass flow rate)이다.

$$Q = vA = comstant$$

의 관계가 있다.

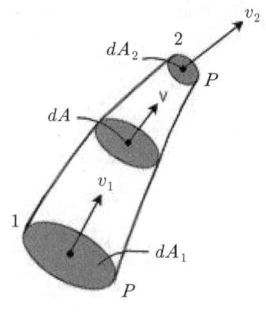

그림 6-39 관내의 흐름

다. 베르누이의 정리

점성이 없는 비압축성의 액체가 수평 관을 흐를 경우, 에너지 보존의 법칙에 의해 성립되는 관계식의 특성을 말한다.
① 압력 수두 + 위치 수두 + 속도 수도 = 일정
② 수평관로에서 단면적이 작은 곳에서 압력이 낮다(왜냐하면 압력에너지가 속도에너지로 변환하기 때문이다.).
③ 관계식

$$\frac{P_1}{r} + h_2 + \frac{1}{2}\frac{V_1^2}{g} = \frac{P_2}{r} + h_2 \frac{1}{2}\frac{V_2^2}{g}$$

여기서, P_1, P_2 : 압력, V_1, V_2 : 유속, r : 액체의 비중량,
g : 중력 가속도, h_1, h_2 : 위치 수두

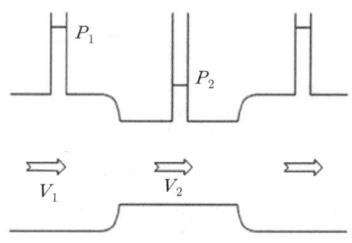

그림 6-40 베르누이의 원리

라. 오리피스

비교적 얇은 판에 구멍을 낸 형상을 오리피스라 한다. 오리피스는 고정 오리피스와 단면적을 변화시킬 수 있는 가변 오리피스가 있다. 이 오리피스를 통하여 흐르는 유체는 점도의

영향을 받지 않으므로 유량과 압력과의 관계는 다음과 같다.

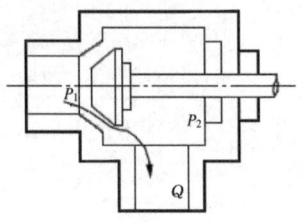

그림 6-41 가변 오리피스

$$Q = CA[2g(p_1-p_2)/\Upsilon]^{\frac{1}{2}}$$

여기서, Q : 오리피스를 흐르는 유량[m³/sec]
C : 오리피스의 유량관계[0.50 - 1.0]
A : 오리피스의 단면적[m²]
g : 중력가속도[m/sec²]
P : 압력[kgf/m²]
Υ : 유체의 비중량[kg/m³]

5. 효율

가. 펌프의 효율

펌프를 구동하는 전동기가 펌프에 부여하는 동력을 축동력이라고 한다. 펌프는 이 축동력을 유체동력으로 변환시키는 기계지만 회전부분의 마찰 등으로 기계적인 손실이 있으므로 축동력의 100%가 기름에 전달되지 않는다. 따라서 기계적 손실을 고려하여 유체에 전달되는 동력의 비율을 기계효율이라고 한다. 또 펌프에서는 틈새를 통하여 기름이 누출되는데 이 손실을 체적손실이라고 한다. 이 체적손실을 고려한 효율을 체적효율이라고 한다.

이와 같이 축동력이 유체동력으로 전달되는 과정에서 각종 손실이 발생하게 되는데 이들 손실들을 모두 고려하여 축동력이 얼마만큼 유효하게 유체동력으로 변환되었는가를 나타내는 비율을 펌프의 전효율이라고 한다.

1) 기계 효율

$$\eta_m = P_{th}Q_{th}/L_s$$

2) 체적 효율

$$\eta_v = Q/Q_{th}$$

3) 수력 효율

$$\eta_h = P/P_{th}$$

4) 펌프의 전 효율

$$\eta_p = PQ/L_s = P_{th}Q_{th}/L_s \cdot Q/Q_{th} \cdot P/P_{th} = \eta_m \eta_v \eta_h$$

여기서, L_s : 축 동력 P_{th} : 이론적인 송출 압력

Q_{th} : 이론 송출량 P : 실제 송출 압력

Q : 실제 송출량

나. 액추에이터 효율

유압실린더나 유압 모터는 유압 펌프와는 반대로 모두 기름의 유체 동력을 기계적인 일로 바꾸는 것이지만 마찬가지로 부여된 동력을 모두 다 유효하게 동력으로 바꿀 수는 없다. 유압실린더의 경우 실린더와 실린더의 사이에는 기름의 누출을 방지하기 위해서 패킹을 사용하고 있지만 이 부분의 마찰로 말미암아 동력의 일부가 손실된다. 또 패킹을 사용해도 작동 중에는 실린더의 고압 측에서 저압 측으로 내부적인 기름의 누설이 있다. 이와 같이 유압 실린더의 효율도 마찰과 기름의 누출에 따른 동력 손실에 의해 정해지는데 그 효율은 대략 80~95% 정도이다.

제5절 유압기기

1. 개요 및 분류

가. 개요

유압 펌프는 전동기나 엔진 등에 의하여 얻어진 기계적 에너지를 받아서 기름에 압력과 유량의 유체에너지를 주어 유압 모터나 실린더를 작동시키는 유압장치의 기본 동력이다. 유압 펌프에 의해 발생된 유체에너지는 관로를 따라 액추에이터에 전달되고 액추에이터를 통하여 사람이 원하는 기계적인 에너지로 사용되며, 이때 유압유는 압력이 떨어지게 되고 드레인 되는 기름은 탱크로 되돌아오게 된다. 제조 공장에서 응용되는 유압 계통은 대부분 교류 전동기에 직결되어 운전되므로 유압 펌프는 대체적으로 1,800rpm으로 구동된다. 건설기계나 자동차 등에 응용되는 유압 계통은 내연기관에 직결하든가 또는 변속장치에 연결하여 운전된다. 이때 유압 펌프는 보통 3,600rpm까지 변속하여 구동한다. 유압 펌프의 출력은 유압 계통에서 마찰과 열 손실이 따르기 때문에 액추에이터에서 외부로 한 일은 유압유가 펌프로부터 받은 에너지보다 훨씬 적다. 따라서 유압 펌프를 선정할 때에는 압력, 액추에이터의 조작 속도, 조작력, 효율, 설비비, 운전비, 보수 등의 운전 특성을 고려하여 액추에이터와 조화시켜서 선정하여야 하며, 펌프의 소음, 진동, 고유 진동수, 흐름 특성 등도 고려하여야 한다. 펌프에는 정용량형 펌프와 가변용량형 펌프가 있으나 일반적으로 정용량형 펌프가 사용되고 있다. 정용량형은 밀폐된 유실의 용량변화에 의해 기름을 흡입, 토출하며 흡입과 토출 쪽은 격리되어 있어서 부하가 변동하여 펌프의 토출압력이 변화하여도 펌프의 토출량은 거의 일정하여 유압장치에 적합하다.

나. 분류

펌프는 여러 종류의 액체를 수송하는 데 사용하는 것이므로, 용도에 따라 여러 종류와 형식, 구조 및 성능을 가진다. 펌프 전반에 대한 분류 방법에는 여러 가지가 있으나, 펌프의 작동 원리와 구조상으로 분류해 보면 [그림 6-42]와 같다. 펌프에는 작용하는 부하에 따라 날개의 1회전에 대하여 배출량이 일정하지 않은 터보형 펌프와 배출량이 일정한 용적형 펌프로 구분할 수 있다.

터보형 펌프는 비용적형에 속하는 것으로, 이것을 날개차의 형상에 따라 분류해 보면, 액체가 날개차의 중심에서 유입되어 반지름 방향으로 유출되는 원심식과, 날개차의 경사 방향으로 유입되어 경사 방향으로 유출되는 경사류식, 날개차의 축 방향으로 유출되는 축류식이 있다. 어느 것이나 이들 펌프에서는 케이싱 내에서 날개차의 회전에 의해서 액체에 압력 및 운동에너지를 공급하여 액체를 배출한다.

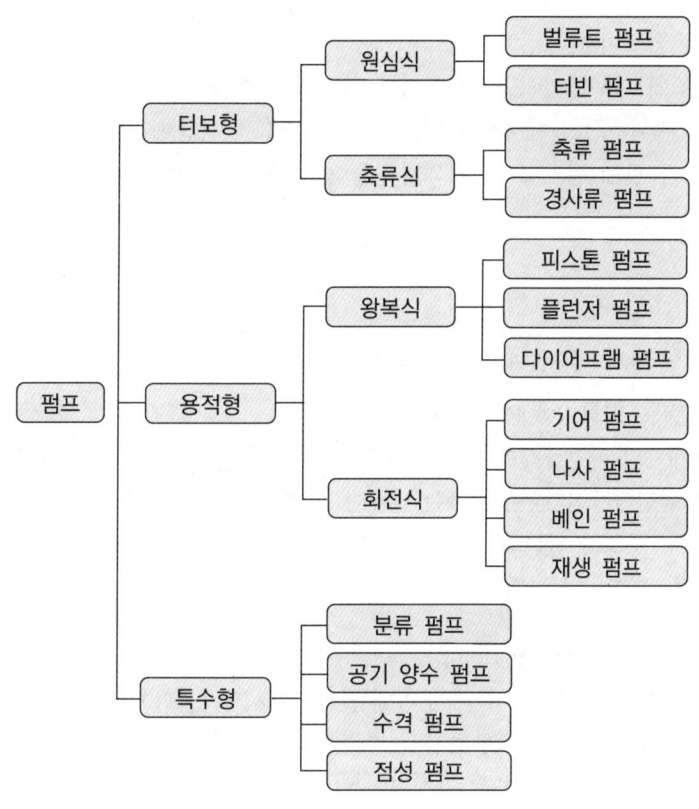

그림 6-42 유압 펌프의 종류

용적형 펌프(positive displacement type)는 실린더 내에서 실린더 또는 플런저를 왕복 운동시키는 왕복식과, 밀폐된 케이싱 내에서 회전자를 회전시켜 일정한 용적의 액체를 흡입쪽에서 배출 쪽으로 보내는 회전식이 있다. 또 구조나 작동 원리면에서 터보형 펌프나 용적형 펌프의 어느 쪽에도 속하지 않는 것을 특수형 펌프라 한다.

2. 원심식 펌프

가. 개요

원심 펌프(centrifugal pump)는 밀폐된 케이싱(casing) 내에서 고속으로 회전하는 날개차의 회전에 의해서 물에 회전 운동을 일으키고, 이때 발생하는 원심력의 작용에 의해서 물을 날개차의 중심부에서 바깥쪽으로 유동시키면서 물의 압력을 증가시킴으로써 양수하는 펌프이다.

이 펌프에서는 물이 흡입관을 지나 다수의 날개를 가진 날개차의 중심부에 들어가며, 날개를 지나는 동안에 원심력의 작용으로 양력 및 운동에너지를 받는다. 그리고 이 운동에너지는 안내 날개를 지나 와류실을 통과하는 사이에 압력에너지로 변환된다.

나. 분류

1) 안내 날개의 유무에 따른 분류

   가) 벌류트 펌프(volute pump)

   날개차의 바깥둘레에 안내 날개가 없어 물을 날개차에 직접 와류실로 유도하는 형식의 원심펌프이다. 이 펌프는 날개차 1단이 발생하는 양정이 낮은 곳에 사용되는 것으로서, 구조가 간단하고 고장도 적다. 또 효율도 좋은 편이며, 양수량의 변화에 따른 효율 감소율이 작다.

   나) 터빈 펌프(turbine pump)

   터빈 펌프는 날개차 둘레에 안내 날개를 가진 원심펌프로서, 안내 날개에 의해서 날개차 출구에서의 물의 흐름을 감속시켜 속도에너지를 압력에너지로 변환시키는 역할을 한다. 안내 날개는 고정되어 있어서 회전하지 않는다. 터빈 펌프는 벌류트 펌프에 비해서 기계효율이 좋을 뿐 아니라, 더 높은 양정을 얻을 수 있다. 특히, 높은 양정과 높은 압력이 필요할 때에는 1축에 여러 개의 날개차를 배열하여 설치한 다단 터빈 펌프를 사용하기도 한다. 저속 회전 펌프는 광산, 상수도, 일반 산업용으로 쓰이고, 고속 회전 펌프는 화력 발전소의 보일러용 급수 펌프로 사용된다.

2) 흡입구에 따른 분류

   가) 한쪽 흡입형(single suction)

   펌프 날개차의 한쪽에서만 물을 흡입하는 형식으로, 배출량이 양정에 비하여 비교적 적은 경우에 사용된다.

나) 양쪽 흡입형(double suction)

펌프 날개차가 양쪽으로 대칭이 되어 물을 흡입하는 형식으로, 주로 배출량이 많은 경우에 사용된다. 날개차의 치수가 동일한 경우에는 한쪽 흡입형과 양정은 같지만, 유량은 양쪽 흡입형이 한쪽 흡입형의 2배가 된다.

3) 단수에 따른 분류

가) 1단 펌프(single stage pump)

하나의 케이싱 내에 1개의 날개차로 구성된 펌프로서, 양정이 비교적 낮은 경우에 사용된다. 1단 펌프로 양수할 수 있는 양정의 범위는 일반적으로 80~100m이다.

나) 다단 펌프(multi stage suction)

하나의 케이싱 내에서 동일 축에 2개 이상의 날개차를 직렬로 배치하여 설치한 펌프로서, 제1단에서 나온 물을 제2단으로 흡입하고 다음 단으로 송수함으로써 차례로 물의 압력을 높여가는 형식의 펌프이다. 이것은 높은 양정 또는 고압의 용기 속에 유체를 집어넣을 때에 사용되는 것으로는 20단이나 되는 것도 있다.

4) 축의 배치에 따른 분류

가) 수평축형 펌프(horizontal type)

펌프의 주축이 수평으로 놓인 펌프로서, 일반적으로 수평축이 많이 사용된다.

나) 수직축형 펌프(vertical type)

펌프의 주축이 수직으로 놓인 펌프로서, 설치 장소가 좁은 곳이나 양정이 높은 지하 수용, 광산 배수용 등에 주로 사용된다.

5) 날개 차의 형상에 따른 분류

가) 반경류형

유체가 날개차 내를 통과할 때, 날개차의 중심부에서부터 바깥쪽을 향하여 거의 반 지름 방향으로 흐르는 형식이다.

나) 혼류형

회전축에 대하여 방사상의 유로를 축 방향으로 눕혀서 축류와 중간 유로를 가지게 한 형식이다. 일반적으로 높은 양정, 적은 배출량에는 반경류형을 사용하고, 낮은 양정, 많은 배출량에는 혼류형이 사용된다. 경사류 펌프도 넓은 의미에서는 혼류형으로 볼 수 있다.

제6장 공압과 유압

다) 축류형

액체의 흐름이 축 방향으로 흐르게 한 형식이다.

3. 축류식 펌프

가. 축류 펌프

축류 펌프(axial flow pump)는 회전하는 날개의 양력(lift)에 의해서 물에 속도에너지 및 압력에너지를 공급해 주며, 물의 흐름은 날개차의 축 방향에서 유입하여 날개차를 지나 축 방향으로 유출되는 형식의 펌프이다.

이 펌프는 날개차가 프로펠러(propeller)의 모양을 하고 있기 때문에 프로펠러 펌프라고도 하며, 날개차에서 나온 물의 속도에너지를 압력에너지로 변환하기 위해서 안내 날개를 날개차의 뒤에 설치한다.

축류 펌프는 배출량이 대단히 많고, 양정이 낮은(10m 이하) 경우에 사용되는 터보형 펌프로서, 증기 터빈의 복수기(condenser)의 순환수 펌프, 농업용수의 양수 및 배수펌프, 상·하수도용 펌프 등에 사용된다. 축류펌프는 다음과 같은 특징을 가지고 있다.

① 비속도(n)가 크기 때문에 저 양정에서도 회전 속도를 크게 할 수 있어서 원동기와 직결할 수 있다.
② 동일 유량을 내는 다른 형의 펌프에 비하여 소형이고, 값이 싸며, 서리 면적이 적다.
③ 구조가 간단하고, 펌프 내의 유로가 짧으며, 원심 펌프에서와 같은 흐름의 굴곡이 작다.
④ 가동 날개형으로 하면 넓은 범위의 유량에 대해서 높은 효율을 얻을 수 있다.
⑤ 양정의 변화에 대해서 유량의 변화가 적고, 효율 저하도 작다.

나. 축류 펌프의 구조

축류 펌프의 구조는 주축, 날개차, 안내 날개, 동체 및 베어링 등으로 구성되어 있다. 동체의 겉모양은 구부러진 몸체로 되어 있고, 날개차는 2~6개의 날개를 가지고 있으며, 날개차의 형식으로는 유량의 변동에 따라 운전 중에 날개의 설치 각도를 자유롭게 변화시킬 수 있는 가동날개형과 변화시킬 수 없는 고정날개형이 있다. 가동날개형은 날개의 설치 각도를 변화시킴으로써 유량이나 양정의 변동에 따라 펌프의 효율이 떨어지는 것을 방지할 수 있다.

축류 펌프에서 안내 날개는 없어서는 안 될 중요한 것이다. 안내 날개는 주축 끝의 베어링을 내장하는 보스와 케이싱을 결합하고 지지해 주는 중요한 역할을 하는 것으로서, 안내 날개의 개수는 보통 3~8장이다.

다. 경사류 펌프

경사류 펌프의 구조는 축류 펌프와 비슷하지만, 물의 흐름은 날개차의 축 방향으로 유입하여 경사진 방향으로 유출된다. 즉, 날개차의 유로가 축심에 대해서 경사져 있으며, 이러한 경사는 비속도가 증가함에 따라 축류형에 가까워진다.

경사류 펌프의 날개차는 밀폐형 날개차와 개방형 날개차가 있으며, 보통 밀폐형 날개차의 비속도는 600~100 정도의 범위이고, 개방형 날개차의 비속도는 900~1300 정도의 범위에 사용된다. 또 날개차의 출구 주변에는 보통 물의 속도에너지를 압력에너지로 변한시켜 주는 안내 날개가 없는 것도 있다. 경사류 펌프를 축류 펌프와 비교해 보면 다음과 같은 특성을 가지고 있다.

① 양수량이 0이라도 축동력은 설계점에서의 그 값도 거의 변하지 않는다.
② 양정이 내려가면 양수량이 크게 증가한다. 이것은 긴급 배수를 하는 데에 매우 유리하다.
③ 저속 회전이 가능하므로 공동 현상에 대한 염려가 없으며, 또 수명도 길다.
④ 적은 유량으로도 운전이 가능하며, 또 유량을 조정하기가 편리하다.

4. 왕복식 펌프

왕복 펌프(reciprocating pump)는 흡입 밸브와 배출 밸브를 장치한 실린더 내를 실린더(piston), 플런저(plunger) 또는 버킷(bucket)을 왕복 운동시켜서 흡입하고, 이에 압력을 가하여 배출하는 펌프로서, 일반적으로 배출량은 적지만 높은 압력을 필요로 할 때에 사용된다. 이 펌프는 실린더나 플런저의 배출량만큼의 물은 간헐적으로 끌어 올리는 특징이 있으며, 반드시 흡입 밸브와 배출 밸브를 필요로 한다.

가. 버킷 펌프

버킷 펌프는 가정용 수동 펌프로 가장 많이 사용되는 형식으로 버킷의 중앙부에 구멍을 뚫어 여기에 직접 밸브를 설치한 것이다. 버킷 펌프에서 실린더의 윗부분이 개방되어 있는 것을 흡입 펌프(suction pump)라 하며, 또 윗부분을 밀폐하여 버킷로드에 패킹을 한 것을 압출

펌프(force pump)라 하는데, 이것은 실린더보다 높은 곳에 양수할 수 있다.

나. 실린더 펌프

실린더 펌프는 실린더의 왕복운동에 의한 부피 변화를 이용하여 액체를 흡입하여 압출하는 펌프로서 고압용 펌프에 적합하다. 플런저 펌프는 왕복운동 방향과 구동회전 방향과의 상대 관계에 따라 액시얼형과 레이디얼형으로 분류할 수 있다. 액시얼형은 실린더가 같은 원주상에 구동축 방향과 나란하게 배열한 것이며, 레이디얼형은 실린더가 축에 대하여 방사상으로 배열되어 있다. 이러한 유형의 펌프를 로터리(rotary) 펌프라고도 한다. 실린더 펌프의 특징으로는

① 가변 용량 형에 적합한 구조이다.
② 각종 토출량 제어장치가 있어서 목적 및 용도에 따라 조정하기 쉽다.
③ 펌프 효율이 가장 높고, 압력이 높은 경우에 사용하기 적합하다.
④ 구조가 복잡하고 가격이 비싸다.
⑤ 기름의 오염에 극히 민감하다.
⑥ 흡입능력이 가장 낮다.

다. 레이디얼형 실린더 펌프

이 펌프는 실린더가 구동축에 수직하게 방사상 모양으로 배열된 펌프로서 고정 실린더식과 회전 실린더식으로 크게 나누어진다. 펌프는 액시얼형에 비하여 최대 회전 속도가 낮으며, 단위 토출양 당의 무게도 크나, 고압이 쉽게 얻어질 수 있고, 부피효율이 높으며 비교적 소음이 적다.

1) 고정 실린더형 레이디얼형 실린더 펌프

이 펌프의 원리와 구조는 [그림 6-43]에 나타나 있다. 실린더는 구동축과 함께 회전하는 편심 캠의 중심에 대하여 방사상으로 배치되어 있고, 보통 실린더의 수는 5, 7 및 9개로 편심 캠의 회전에 의하여 구동된다. 각 실린더의 입구에는 체크 밸브가 붙어 있어 흡입과 토출에 따라 유압유는 한쪽 방향으로만 흐르게 된다. 실린더는 스프링의 힘이나 보조 펌프의 유압을 흡입 측에 가압시켜 편심 캠의 표면에 밀착되도록 설계되어 있다. 이 펌프는 실린더가 회전을 하지 않으므로 비교적 고압에서도 작동이 가능하다.

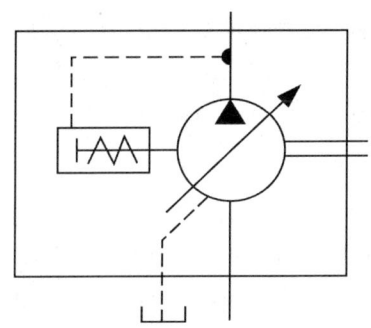

그림 6-43 고정 실린더형 레이디얼 플런저 펌프

2) 회전 실린더형 레이디얼형 실린더 펌프

이 펌프는 플런저를 내장한 실린더 블록이 중공 구동축 지지구인 고정 핀틀(pintle)을 중심으로 회전하면서 미끄럼 슈(sliding shoes)나 롤러(roller)에 붙어 있는 플런저가 실린더 블록과 편심되어 있는 캠 링에 접촉되어 축의 반지름 방향으로 왕복 운동을 하면서 흡입과 토출작용을 하는 펌프이다.

핀틀에는 흡입구와 토출구가 뚫려 있으며, 펌프 하우징에 뚫려 있는 흡입 단자와 토출 단자에 연결되어 있다. 실린더 블록이 돌아가서 플런저가 왕복 운동을 하게 되면 핀틀의 흡입구는 플런저의 흡입행정과, 핀틀의 토출구는 플런저의 토출행정과 연결되도록 되어 있다.

편심량의 조절은 유압, 기계 또는 전기적으로 한다. 이 펌프의 특징은 캠 링을 반대로 이동시켜 편심 방향을 반대로 하면 구동 방향을 바꾸지 않고 유압유의 토출 방향을 반대로 할 수 있다는 것이다.

라. 액시얼형 실린더 펌프

액시얼형 실린더 펌프는 여러 개의 실린더가 축을 중심으로 하는 같은 원주 상에 축과 평행하게 실린더 블록(cylinder block)에 끼워져, 구동축이 경사지든가 경사판 등의 기구에 의하여 왕복 운동을 하도록 구성되어 있다.

1) 경사축식 액시얼형 실린더 펌프

경사축식은 실린더 블록을 회전시키는 구동축과 왕복운동을 하는 플런저와 실린더 블록과 접하여 고정시킨 밸브판으로 구성된다. 실린더 블록은 만능 이음(universal joint)으로 구동축과 연결되어, 구동축과 같은 속도로서 어떤 각도를 유지하면서 회전한다. 구동축과 실린더 블록과의 경사각은 15°, 25° 및 30°가 표준이며, 정용량형은 이들 경사각도 중 어느 하나로 고정되어 있으며, 가변용량형은 임의로 조절할 수 있다.

2) 경사판식 액시얼형 실린더 펌프

이 펌프에는 경사판을 고정하고 실린더 블록을 회전시키는 고정 경사판식과 실린더 블록을 고정하고 경사판을 구동축과 함께 회전시키는 회전 경사판식이 있다.

액시얼형은 레이디얼형에 비하면 소형이지만 내부 구조가 복잡하여 비교적 저압 대용량 펌프로 이용되어 왔으나 최근에는 고속, 고압의 펌프가 제작되고 있다. 또한 경사판식은 경사축식에 비하여 구조가 간단하며 사용되는 부품의 수가 적기 때문에 소형화, 경량화에 적합하며 가격이 싸고 구조상으로 회전 질량이 축 주위에 집중되므로 고속 회전에 적합하여 설치 면적이 좁은 건설 기계나 하역 운반 기계 등에 많이 사용된다.

특히 회전 경사판식은 실린더 블록이 회전하지 않으므로 실린더와 플런저의 강도 설계가 비교적 쉽다. 또 회전체에 볼 베어링과 같은 구름 베어링을 이용할 수 있기 때문에 금속 사이의 활동 부분이 적어 고속, 고압에 적합하다. 단점으로는 경사판이 회전하지 않으므로 평형을 유지하는데 주의가 필요하며, 밸브 기구가 체크 밸브 구조이기 때문에 밸브판 구조와는 달리 같은 구조의 유압 모터 기능을 가질 수 없다.

5. 회전식 펌프

가. 기어 펌프

기어 펌프는 고정용량형 펌프의 대표적인 펌프이다. 펌프의 내용적을 조절할 수 없는 펌프를 고정용량형 펌프, 내용적과 동력전달기구를 조절할 수 있는 펌프를 가변용량형 펌프라 한다. 그러나 구동속도를 조정하여 송출량을 변화시키는 방법은 펌프의 내용적을 조절하여 송출량을 변화시키는 방법보다는 바람직하지 못하다.

기어 펌프는 1598년경에 원리가 고안되었으나, 오랜 시간 동안 다른 특수펌프와 마찬가지로 이용되지 못하고 있다가 근래에 와서 유압원용으로 급속히 발달하였다. 송출압력 35~175 kg/cm^2, 용량 $300 l/min$ 정도의 기어 펌프가 현재 제작 시판되고 있다. 기어 펌프는 구조가 간단하고 신뢰도가 높으며, 운전, 보수가 용이하고 비교적 염가이므로 널리 보급되어 있다. 기어가 서로 맞물고 돌아갈 때 두 기어의 이가 접촉하는 부분은 선 접촉이므로 입구 측(저압력)과 출구 측(고압력)을 차단시킨다. 기어의 이가 입구 측에서 서로 떼어질 때 흡입실 A의 용적이 한 개의 이가 점유한 용적만큼 증대되기 때문에 약간의 진공상태로 되어 유압유를 빨아올린다. 빨아올린 유압유는 기어 치곡과 케이싱 외주 사이에 끼어 송출실 B로 압송된다. 송출실에서 이가 서로 맞물릴 때, 송출실 용적은 이가 서로 맞물릴 때 배제되는 용적만큼 감소되어 유압유는 송출실로부터 송출구로 압출된다.
작동은 다음과 같은 단계로 구분할 수 있다.
① 흡입 : 물려있는 기어 간격이 넓어지므로 부피가 커진다.
② 분리 : 흡입 측 공간과 압축 측 공간이 기어가 서로 물려서 이 끝면이 닿으면서 분리된다.
③ 토출 : 양쪽 기어의 이가 서로 맞물리게 되면서 부피가 줄어든다. 즉 기름이 채워져 있던 공간을 이가 차지한다.
④ 분리 : 맞물리는 기어의 옆면이 서로 접촉하면서 압축실과 흡입실의 구분이 생긴다. [그림 6-44]에서와 같이 폐입 현상이 생기며, 이때 생기는 높은 압력의 기름은 베어링 윤활에 사용되거나 혹은 옆의 홈을 통해 빠져나가게 된다.

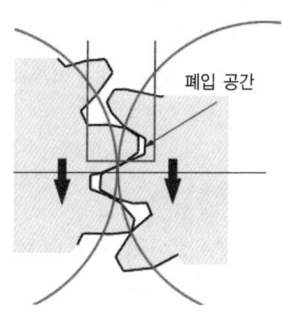

그림 6-44 폐입 공간

나. 베인 펌프

베인 펌프는 공작기계, 프레스, 사출성형기 등을 비롯하여 산업기계로는 차량용으로 널리 사용되고 있다. 베인 펌프를 구성하는 기본 요소는 흡입구, 송출구, 구동 로터, 미끄럼 베인 (sliding vane), 캠 링(cam ring) 및 케이싱이다. 베인은 로터에 파놓은 홈 속에서 미끄러지 면서 캠 링의 형상에 따라 베인과 캠 링 및 로터에 둘러싸인 공간을 변화시킨다. 이 공간이 증가하는 동안 유압유가 흡입되어 흡입실로 들어간다. 베인이 최대로 돌출한 다음은 점차 공간이 감소되면서 공간에 있던 유압유는 압축되어 고압 토출실로 이송되어 토출구로부터 배출된다. 베인의 선단은 원심력이나 스프링 힘 또는 타단에 토출 압력을 이용하여 캠 링과 접촉하도록 설계되어 있다.

1) 베인 펌프의 특징

① 기어 펌프나 실린더 펌프에 비해 토출 압력의 맥동(끊어짐과 이어짐)이 적고 소음이 작다.
② 작게 만들 수 있어 실린더 펌프보다 단가가 싸다.
③ 비교적 고장이 적고 수리 및 관리가 용이하다.

제6장 공압과 유압

④ 수명이 길고 장시간 안정된 성능을 발휘할 수 있어서 산업기계에 많이 쓰인다.
⑤ 기름의 오염에 주의하고 흡입 진공도가 허용한도 이하이어야 한다.

6. 취급 시 주의사항

가. 펌프의 고정 및 중심내기(centering) 작업

벨트 체인 기어에 의한 가로 구동은 소음 발생이나 베어링 손상의 원인이 되기 때문에 가급적 피해야 된다. 펌프를 전동기 또는 구동축과 연결할 때에는 양축의 중심선이 일직선상에 오도록 설치해야 하는데, 중심이 일치하지 않으면 베어링 및 오일 실(oil seal)이 파손된다.

나. 배관의 설치

배관은 규정대로 설치하여야 하며, 흡입저항이 펌프의 허용 흡입저항을 넘지 않고 되도록 작아야 한다. 흡입 쪽의 기밀성에 특히 주의하여야 하며, 공기의 흡입은 소음 발생의 원인이 된다. 흡입 쪽 및 토출 쪽을 강관으로 배관할 때에는 배관에 의해 펌프가 강제적으로 편 하중을 받지 않도록 주의하여야 하며, 이는 소음 발생 및 펌프 파손의 원인이 된다.
드레인 배관의 환류구는 탱크의 유면보다 낮게 하되 흡입관에서 되도록 먼 위치에 설치하여야 하고, 드레인 압력은 $0.7 \mathrm{kg/cm^2}$ 이하로 하여야 하며, 드레인 압력이 높아지면 오일 실의 파손 원인이 된다.

다. 펌프 시동 시의 주의사항

시동 시에는 급격히 회전속도를 올리지 말고 처음에는 전동기의 입력 스위치를 여러 번 ON-OFF시켜 배관 중의 공기를 빼낸 후 연속 운전하여 압력을 낮추거나 무부하 회로로 시동한다.

라. 회전방향의 변경

펌프의 회전방향은 펌프의 앞쪽(축이 있는 쪽)에서 보아 오른쪽으로 회전하는 것이 표준이다. 원형 펌프에서 회전방향을 변경할 때에는 커버를 떼고 카트리지(캠 링 1개, 로터 1개, 베인, 부싱 2매)를 세트한 채로 꺼내어 반대 방향으로 조립하며, 이때 핀의 위치에 주의한다.

마. 흡입저항

흡입저항은 허용 흡입저항이라고도 하며, 기기에 따라 100~200mmHg가 있다. 흡입저항이 높아지면 부품의 파손, 소음, 진동의 원인이 되며, 펌프의 수명이 짧아진다.

바. 필터

흡입 쪽에는 150메쉬의 석션 필터를 사용한다. 다만 고압 펌프일 경우에는 토출 쪽에 25μ 이하의 라인 필터를 사용한다.

사. 유압유

깨끗한 기름을 선택하여야 하며, 내마모성 유압유를 사용하면 수명이 길어진다.

7. 펌프의 고장과 대책

가. 펌프가 기름을 토출하지 않을 때

① 펌프의 회전방향이 올바른지 검사한다.
② 흡입 쪽을 검사한다.
 ㉮ 오일탱크에 규정량의 오일이 있는지 확인
 ㉯ 석션 스트레이너가 막혀 있는지 확인
 ㉰ 흡입관으로 공기를 빨아들이지 않는가 확인
 ㉱ 규정된 점도의 기름이 들어 있는지 확인(점도가 아주 높으면 흡입이 안 될 수도 있다.)
 ㉲ 석션 스트레이너의 눈 간격 확인
 ㉳ 오일탱크 유면에서 펌프까지의 높이가 너무 높지 않은가 또는 배관이 너무 가늘지 않은가 확인
 ㉴ 배관이 심하게 휘어진 곳은 없는지 확인
③ 펌프는 정상적인가 검사한다.
 ㉮ 축의 파손 여부
 ㉯ 내부의 부품에 파손 여부 확인 및 분해, 점검한다.
 ㉰ 분해 조립 시 내부 부품을 빠짐없이 끼웠는지 확인

나. 압력이 상승하지 않을 때

① 펌프로부터 기름이 토출되고 있는지 검사
② 유압회로를 점검
　㉮ 유압 배관이 도면대로 되어 있는지 검사
　㉯ 언로드 회로의 점검 : 펌프의 압력은 부하로 인하여 상승하며, 부하가 걸리지 않는 상태에서는 압력이 상승하지 않는다.
③ 릴리프 밸브를 점검한다.
　㉮ 압력 설정은 올바른가 점검
　㉯ 릴리프 밸브 자체의 고장 여부 점검
④ 언로드 밸브(시퀀스 밸브, 전자 밸브 등을 언로드용으로 사용하고 있는 경우)의 점검
　㉮ 밸브의 설정압력 확인
　㉯ 밸브 자체의 고장 여부 점검
　㉰ 전자 밸브를 언로드 회로에 사용할 때에는 특히 전기신호(램프, 솔레노이드)의 확인 및 전자 밸브가 실제로 작동하고 있는지를 확인해야 한다.

다. 펌프의 점검

축, 카트리지 등의 파손이나 헤드 커버 볼트의 조임 상태 등을 분해, 점검한다.

1) 펌프의 소음

① 석션 스트레이너가 막혀 있을 경우
② 석션 스트레이너가 너무 적은 경우
③ 공기의 흡입은 없는가?
④ 탱크 안의 기름을 점검하여 기름에 기포 등이 없는지 점검한다.
⑤ 유면 및 석션 스트레이너의 위치를 점검한다.
⑥ 흡입관의 이완은 없는가? 패킹은 완전한가?
⑦ 펌프의 헤드 커버 조임 볼트가 느슨하지 않은가?

2) 환류관의 점검

① 환류관의 출구는 흡입관 입구에서 적당한 간격을 유지하고 있는가?
② 환류관의 출구가 유면 이하로 들어가 있는가?

3) 릴리프 밸브의 점검
① 떨림 현상이 발생하고 있지 않은가?
② 유량은 규정에 꼭 맞는가?

4) 펌프의 점검
① 전동기 축과 펌프 축의 중심이 일치되었는가?
② 파손부품은 없는가(특히 카트리지)를 분해, 점검한다.

5) 진동
① 설치면의 강도는 충분한가?
② 배관 등에 진동은 없는가?
③ 설치장소의 불량으로 떨림이나 소음이 없는가(소리의 메아리나 공명은)?

라. 기름 누출

조임부의 볼트 이완 패킹, 오일 실, O-링을 점검한다(오일 실 파손의 원인은 축 중심이 일치하지 않거나 드레인 압력이 너무 높을 때이다.).

마. 펌프의 온도 상승

① 냉각기의 성능은 충분한가? 또는 유량은 적지 않은가?
② 펌프의 온도는 허용온도 이하인가?

바. 펌프가 회전하지 않을 때

펌프의 소손, 축의 절손 : 분해하여 소손 부분을 조사하고 신품과 교환(이 경우 원인을 꼭 규명하여야 한다. 원인으로는 먼지에 의한 마모 또는 헤드 커버 볼트의 조임 불량, 토크가 너무 클 때 등이다.)

사. 전동기의 과열

① 전동기의 용량을 검사한다.
② 릴리프 밸브의 설정압력을 검사한다.

아. 펌프의 이상 마모

① 유압유의 오염
② 점도가 너무 낮거나 기름의 온도가 너무 높다.
③ 유압유의 열화

8. 유압유 종류 및 특성

가. 개요

유압장치에 있어서 동력 전달의 매체 또는 기기의 윤활 등의 중요한 역할을 하는 것이 유압유이다. 유압유의 부적합이 유압장치의 기능저하를 일으키는 경우가 있으므로 유압유의 선정과 오염관리에는 충분히 유의할 필요가 있다.
일반적으로 사용되는 것은 석유계의 윤활유이나, 이외에 불연성의 유압유도 있다. 유압장치에 사용되기 위해서 유압유에 필요한 물리적 성질은 아래와 같다.
① 동력을 유효하게 전달하기 위해서 압축되기 힘들고 저온이나 고압의 상태에 있어서도 용이하게 유동해야 한다.
② 적당한 윤활성을 지니고 운전 온도 범위에 있어서 각부의 유체 마찰 저항이 작아야 하고 내마모성도 커야 한다.
③ 오랫동안 사용해도 물리적, 화학적 성질이 변하지 않아야 한다.
④ 녹이나 부식을 촉진하지 않아야 한다.
⑤ 물, 공기, 먼지 따위를 재빨리 분리할 수가 있어야 한다.
⑥ 인화점이 높고 온도 변화에 대해 점도 변화가 적어야 한다.

나. 비중

비중이란 4℃의 증류수와 같은 체적의 기름이 15℃에서의 중량비를 말한다. 비중은 무명수로 표시하고, 비중량은 단위체적당의 중량[kg/m^3]으로 표시한다.
① 광유계의 유압유 : $0.85 \sim 0.95 kg/m^3$
② 인산 에스텔계 유압유 : $1.12 \sim 1.35 kg/m^3$
③ 수성계의 유압유 : $0.92 \sim 1.1 kg/m^3$

다. 유압유별 특징

표 6-12 유압유 특징

광유계	첨가 터빈유	터빈유에 산화 방지제 등의 첨가제를 넣어 긴 수명, 고온사용 등에 효과
	일반 유압유	첨가 터빈유를 유압에 전용화한 타입이며, 특별한 지시가 없는 한 이 기름을 사용
	내마모성 유압유	일반 유압유에 첨가제(아연계, 유황 등)를 넣어 내마모성, 열 안정성을 향상
	고점도 지수 유압유	점도지수 향상제를 첨가, 온도에 의한 점도변화를 최소화하려는 용도에 사용
합성계	인산 에스텔계 유압유	윤활성은 광유계와 같고 내화성이 뛰어나지만 도료나 실제에 주의
	폴리에스텔계 유압유	내화성은 인산 에스텔계보다 떨어지지만 도료는 에폭시 수지, 실제는 니트릴 고무를 사용
수성계	W/O 에멀존계 유압유	물 약 40%
	O/W 에멀존계 유압유	물 90~95%

라. 비열

비열이란 1kg의 액체를 1℃ 올리는 데 필요한 열량을 비열이라고 하며, 유압장치의 발생열량에서 냉각기로 흡수할 열량을 계산할 때 기름이나 물의 비열이 필요하다. 단위는 [kcal/kg℃]로 표시한다.

① 광유계의 유압유 : 0.44~0.47kcal/kg℃
② 인산 에스텔계 유압유 : 0.3~0.4kcal/kg℃
③ 물 : 1.0kcal/kg℃

마. 점도

점도는 기름의 끈끈한 정도를 나타내는 것이다.

1) 유압에서의 점도의 영향

① 유압펌프나 유압모터 등의 효율에 영향
② 관로 저항에 영향
③ 유압기기의 윤활작용, 누설량에 영향

2) 적정 점도

유압장치에서의 적정 점도는 펌프 종류나 사용압력 등에 따라 다르지만, 일반적으로 40℃에서 20~80℃의 유압유가 사용된다.

바. 점도 지수

동작 기름의 온도에 따른 점도 변화를 다른 기름에 대해서 비교를 쉽게 할 수 있도록 한 것이 점도 지수이다. 이것은 기준이 되는 기름으로서 점도 변화가 비교적 큰 나프탈렌계의 기름과 점도변화가 비교적 작은 파라핀계의 기름을 정하고, 각각의 37.8℃ 및 98.9℃의 동점도를 측정하여 정해 둔다.
① 점도지수가 높은 기름일수록 넓은 온도 범위에서 사용할 수 있다.
② 일반 광유계 유압유의 VI은 90 이상이다.
③ 고점도 지수 유압유의 VI은 130~225 정도이다.

사. 인화점

가연성의 정도를 나타내는 것이며 기름을 가열하면 일부가 증발해서 공기와 혼합하여 불붙게 되는데 이 온도를 인화점이라고 한다. 유압 기름의 인화점은 대략 170~220℃의 범위에 있고 이 측정법은 법규에 정해져 있다.

아. 유동점

기름은 온도가 낮으면 점도가 커지고 나중에는 유동성을 잃는다. 이러한 정도를 나타내는 것이 유동점이며, 특히 겨울의 낮은 온도가 될 경우에는 문제가 된다. 다른 관점에서 유동점은 기름이 응고하는 온도보다 2.5℃ 높은 온도를 말하며, 저온 유동성을 나타내는 방법으로 표시한다(실용상의 최저온도는 유동점보다 10℃ 이상 높은 온도가 바람직하다.). 한랭지에서의 겨울철 사용 개시시 -10℃ 이하가 되는 곳에서는 유동점에 주의할 필요가 있다.

자. 잔류 탄소 및 색상

잔류 탄소는 기름을 도가니 속에 넣어서 찔 때, 도가니 속에 남는 탄소분을 중량 %로 나타낸 것이다. 색은 성질에 전혀 관계없으나, 불순물의 혼입을 조사하는 경우나, 기름 열화 판정 시에 기준으로 쓰인다.

차. 압축성

압축성은 일반적으로 압축률로 나타낸다. 이것은 체적이 감소하는 비율을 말하며 체적 V의 유체에 작용하는 압력을 ΔP만큼 더 강하게 했을 때 체적이 ΔV만큼 감소했다고 하면 압축률은 '$(\Delta V/V)/\Delta P$'로 표시된다.

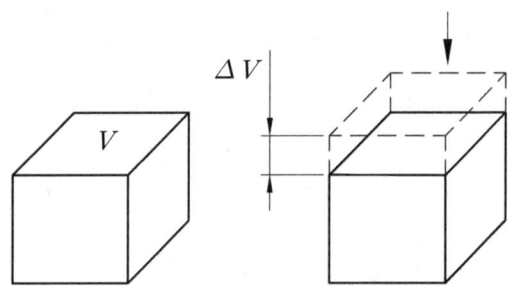

그림 6-45 압축 전·후 용적

압축성은 기체가 최대이고 액체가 그 다음, 고체가 최소이다. 일반적으로 유압유는 압축 안 되는 것으로서 취급되지만 유압장치가 고압일 때는 압축성을 무시할 수가 없다. 실린더의 미세급송의 경우 등 운동이 불규칙하게 되므로 정밀공작에 있어서도 정밀도가 오르지 않는다거나 긴 관로를 통해서 압력신호를 전달하는 제어에 있어서는 시간 지연이 생긴다. 또 유압유가 압축되면 체적이 감소하므로 점도가 증대한다. 그래서 압력손실이 커지고 유온이 상승하여 기름의 산화를 조장한다.

9. 플래싱(flashing)

가. 플래싱의 종류

플래싱은 유압회로 내의 이물질을 제거하는 것과 작동유 교환 시 오래된 오일과 슬러지를 용해하여 오염물의 전량을 회로 밖으로 배출시켜서 회로를 깨끗하게 하는 것이다. 플래싱유는 작동유와 거의 같은 점도의 오일을 사용하는 것이 바람직하나 슬러지 용해의 경우에는 조금 낮은 점도의 플래싱유를 사용하여 유온을 60~80C°로 높여서 용해력을 증대시키고 점도변화에 의한 유속 증가를 이용하여 이물질의 제거를 용이하게 한다. 열팽창과 수축에 의하여 불순물을 제거시키는 수도 있으나 특히, 적당한 방청특성을 가진 플래싱유를 사용해야 한다.

나. 플래싱의 방법

플래싱은 주로 주회로 배관을 중점적으로 한다. 유압실린더는 입구와 출구를 직접 연결하고 유압실린더 내부는 플래싱 회로에서 분리한다. 전환 밸브 등도 고정하며 회로가 복잡한 경우나 대형인 경우에는 회로를 구분하여 플래싱한다. 오일탱크는 플래싱 전용 히터를 사용하여 오일을 가열하고 회로 출구의 끝에 필터를 설치하여 플래싱유를 순환시켜서 배관 내의 오염물질을 제거한다. 일반적으로 플래싱 시간은 수시간 내지 20시간 정도이나 가설필터에 이물질이 없어도 다시 1시간 정도 더 플래싱해 준다.

10. 올바른 사용법

성능이 우수한 작동유를 사용한다고 하여도 올바르게 사용하지 않으면 유압기구가 성능을 충분히 발휘할 수 없다.

가. 작동유의 오염

유압기기 고장의 대부분은 먼지에 의하여 일어나고 있으며, 마찰이나 용접 작업 기타 기계가공 시의 칩, 녹 등 금속입자로 이루어진 경질의 먼지와 오일의 열화나 실(seal)재의 마모 등으로 일어나는 연질의 먼지가 있으며, 경질의 먼지는 기계의 섭동부에 홈을 내게 하여 오일 누설이 이루어지고 기계의 성능이 저하되며, 연질의 먼지는 회로의 관로를 막아서(파일롯 라인 등) 작동불량이나 유량유속 등에 영향을 주게 된다.

1) 회로 중에 처음부터 들어있는 먼지

기계의 가공 중이나 조립 시 들어온 용접 슬래그, 칩 등이 있으며, 경질의 먼지로서 섭동부에 홈을 내어 가장 위험하다. 회로 속에 발생하는 녹은 재료의 선정 잘못이나 조립 전의 보관 잘못 등으로 인하여 생기는 것이 보통이며, 온도의 변화에 따라 공기 중의 수증기가 응고(결로 현상)하여 생기는 경우도 있다.

2) 운전 중의 회로 속에서 발생하는 먼지

기계의 마찰에 의하여 마찰부분이 마모하여 생기는 기계적인 것과 작동유의 산화에 의하여 생기는 화학적인 것이 있으며, 오일의 산화 생성물은 고형인 먼지나 수분과 함께 슬러지가 되는 경우도 있다.

3) 사용 중 외부에서 들어온 먼지

오일 주유구의 필터 불량이나 통기구의 필터 불량으로 들어오는 경우가 많으며, 또한 실린더 로드를 통하여 들어오는 경우도 있다.

4) 보충 오일 속에 들어있는 이물질

특히 물이 가장 많은 이물질이다. 물이 들어가면 무겁기 때문에 탱크 바닥에 모이나 유압펌프의 작동에 의하여 미세하게 분해되어 기계의 각 부분에 녹을 발생시킨다.

나. 작동유의 점검과 교환

작동유의 상태를 점검하는 방법에는 눈으로 보는 방법과 시험에 의한 방법이 있으나, 보통 5000~20000시간 사용하면 작동유의 성질이 변화여 응고되는 경향이 생긴다. 따라서 처음에는 100~1000시간 정도에 교환을 하고 2회부터는 2000시간마다 교환하며, 흑갈색을 띠고 있으면 즉시 교환하고 비중, 점도 등도 확인하는 것이 좋다.

제6절 유압 구동기기

1. 유압 실린더

가. 유압 실린더의 종류

유압 실린더는 작동 방식에 따라 유압을 실린더의 한쪽에만 공급하여 한 방향으로만 힘을 작용시키는 단동식(single action type)과 실린더의 양쪽에 교대로 공급하여 양방향으로 힘을 작동하는 복동식(double action type) 및 여러 단의 실린더형을 갖는 다단식(multistage type)으로 분류된다. 복동식에는 로드를 끼우는 방법에 따라 단로드형과 양로드형으로 나눌 수 있다. 단동실린더의 귀환행정은 중력이나 스프링 혹은 작은 지름의 보조 실린더에 의하여 행해진다. 복동실린더 로드의 단면적은 실린더의 1/2 이상으로 한다. 다단형 유압 실린더는 텔레스코프형과 디지털형이 있다.

텔레스코프형은 1조의 유압 실린더 내부에 다시 별개의 실린더를 내장하여 유압유가 유입하면 순차적으로 실린더가 이동하는 것으로서, 매우 긴 행정을 요하는 엘리베이터나 미사일 발사대, 부하가 초기에 큰 힘을 필요로 하고 행정이 진행됨에 따라 점점 감소하는(예를 들면 점프트럭) 경우에 사용된다. 맨 처음에는 가장 면적이 큰 램에 압력이 걸려 실린더가 작동한다. 그 행정이 끝나면 2단째의 램, 다시 3단째의 램 순으로 작동한다. 포트가 1개여서 귀환 행정 시 중력에 의하는 실린더를 단동형이라 말하고, 양행정 모두 유압에 의하는 실린더를 복동형이라고 한다.

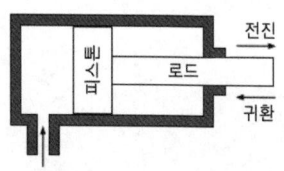
그림 6-46 단동실린더

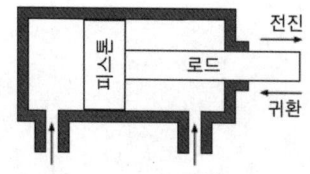
그림 6-47 복동실린더

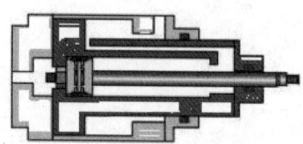
그림 6-48 다단식실린더

나. 표준형 유압 실린더의 특징

1) 로드지름의 종류 및 면적비

튜브의 내경 및 로드지름의 기본치수는 규격화되어 있으며, 로드 지름의 종류와 면적비는 다음과 같다.

표 6-13 로드 지름의 면적비

로드지름기준	A	(X)	B	(Y)	C	(Z)	D
면적비(AH:AR)	2:1	1.6:1	1.45:1	1.32:1	1.25:1	1.18:1	1.12:1

* ( ) 안의 로드 지름의 형식은 가급적 사용하지 않는다.
* 면적비는 로드쪽 수압면적 AR을 1로 했을 때의 헤드쪽 수압면적과의 비이다.

2) 유압 실린더에 필요한 계산식

가) 전진 시

출력 : $F_1 = A \cdot P_1 - B \cdot P_2$

속도 : $v_1 = Q_1/A$

유입량 : $Q_2 = B \cdot v_1$

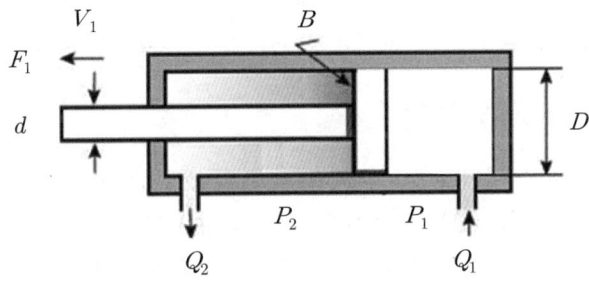

그림 6-49 전진 시

단, 전·후진 시[압력이 걸리는 면적 $A = (\pi D_2)/4, B = \pi(D_2 - d_2)/4$]

여기서, F_1 : 전진 시의 출력 F_2 : 후진 시의 출력
A : 헤드쪽의 수압면적 B : 로드쪽의 수압면적
P_1 : 입구압력 P_2 : 출구압력
Q_1 : 유입량 Q_2 : 유출량
v_1 : 전진 시 실린더의 속도 v_2 : 후진 시 실린더의 속도

2. 요동형 작업 요소

요동형 모터는 유압 실린더와 유압 모터의 중간적인 운동 즉, 270° 이내의 각도로 회전운동을 하는 것이다. 요동형 모터는 생산 공장에 널리 사용되고 있는데, 이는 불필요한 링크, 감속 기구가 필요 없이 좁은 공간에서 회전운동을 얻을 수 있기 때문이다.

가. 베인형 요동 모터

이 모터는 가동 베인과 고정 베인이 각각 1개씩 있는 단일 베인형과 2개 이상으로 된 다중 베인형이 있다.
① 단일 베인형　　　② 이중 베인형　　　③ 삼중 베인형

이중 베인형, 삼중 베인형은 단일 베인형에 비하여 압력에 의한 레이디얼 하중을 받지 않으므로 기계적인 효율이 높다. 단일 베인형의 기계효율은 80~90%, 이중 베인형의 기계효율은 90~95% 정도이다. 단일 베인형의 요동각은 280° 이하이며, 이중 베인형은 100° 이하, 삼중 베인형은 60° 이하이다. 베인형 요동 모터에서 가장 중요한 것은 베인 실(vane seal)이다. 즉 내부 누설 문제로 부하 상태에서 중간 위치로 오랜 시간 동안 정지시키기가 어렵다. 그러나 브레이크 장치를 부착하여 정지 상태를 유지시킬 수도 있다.

나. 실린더 랙형 요동 모터

이 모터는 유압 실린더와 같이 실린더가 유압으로 받는 직선운동을 각종 기구를 사용하여 회전운동으로 변환시켜 놓은 것이다. 실린더 속에 [그림 6-50]과 같이 실린더를 끼워 넣고 실린더 로드에 랙(rack)을 파놓은 것이다. 이 형을 실린더 랙형 요동 모터라고도 한다. 어느 것이나 랙과 피니언이 서로 맞물리어 피니언 축이 회전하도록 되어 있다. 이 모터는 누설이 매우 적고, 회전 각도에 관계없이 출력 토크가 일정하며, 랙의 길이에 따라 요동각을 360° 이상으로도 가능하나 랙의 강도, 가공 정밀도 등에 다소 문제가 있다.

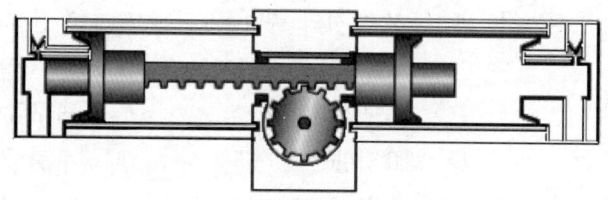

그림 6-50 실린더 랙형 요동 모터

3. 유압 모터

유압 모터는 유체에너지를 연속회전운동을 하는 기계적인 에너지로 변환시켜주는 작동기를 말한다. 유압모터는 유압펌프와 구조상으로 비슷하나 기능이 다르다. 펌프와 모터는 내부 포트의 개폐시간이 다르며 내부 부품의 배열도 약간은 다르다. 펌프는 기계적 에너지를 압력에너지로 변환하는 압력원이므로 드레인 포트가 없거나 모터는 회전부의 압력에너지로부터 기계적 에너지를 생성시키는 것이므로 축의 밀봉장치를 보호하기 위하여 케이스 드레인이 필요하다.

유압 모터는 무단계로 회전수를 조정할 수가 있고 역회전도 가능하다. 필요한 출력의 크기는 회로상의 압력조정 밸브로 조정한다. 회전체의 관성이 작기 때문에 응답성이 빠르다. 따라서 자동 제어의 조작부, 서브 기구 요소로 적합하다. 또한 동일 마력당의 크기가 전동기에 비해 훨씬 작은 이점이 있다.

가. 유압모터의 종류

1) 기어 모터

기어 모터의 구조는 기어 펌프와 거의 같으며 공급된 압유가 기어에 작용하여 토크를 발생시켜 출력 측을 회전시킨다. 기어는 보통 평 기어를 사용하나 헬리컬 기어(Helical Gear)도 많이 사용한다. 또한 기어 모터는 비교적 소형이고 가격이 저렴하므로 건설기계, 산업차량, 공작기계 등에 많이 이용된다. 그러나 구조상 불평형이 많고 100rpm 이하 저속에서는 토크출력 및 회전속도의 맥동률이 커져서 사용할 수 없는 것이 단점이다. 모터의 전 효율은 70~80%로 좋은 편이 아니며, 보통 회전속도는 100~3000rpm이다. 기어 모터의 용도는 변속기, 윈치, 컨베이어, 목공 톱, 콘크리트 믹서, 굴삭기, 냉동기 등에 사용된다.

2) 베인 모터

베인 모터는 베인 펌프와 유사하나 시동 시에 유압이 베인에 작용하여 회전을 일으키므로 베인 압상 스프링을 사용하고 있는 점과 또는 로킹 빔(rocking beam)에 의해 캠 링(cam ring)에 밀어붙이는 장치가 베인 펌프와 다르다. 그 이유로는 베인 펌프에서는 베인을 원심력 또는 토출압에 의해 밀어붙이지만 모터에서는 정지 시 및 속도가 늦을 때도 밀어붙이는 장치가 필요하기 때문이다. 베인 모터의 용도는 컨베이어, 목공 톱, 윈치, 크레인, 콘크리트 믹서 등에 사용된다.

■ 베인 모터의 특징

① 보통 9~13매 정도의 베인이 있고 캠 링의 형상에 따라 유량을 조절할 수 있으므로 출력 토크의 맥동이 아주 적다.
② 베인은 항상 스프링이나 원심력, 또는 유압력으로 캠 링에 접촉하고 있으므로 베인의 마모로 인하여 최고사용압력이 저하될 염려는 없다.
③ 구성부품의 수가 적고, 단순하므로 고장이 적고 보수가 용이하다.
④ 모터축 마력에 비해 크기가 작은 이점이 있다.
⑤ 베인 및 로터(rotor)는 캠 링과 정지부에 끼어서 회전하므로 그 접촉 넓이가 넓기 때문에 각 부분의 치수, 직각도 등은 상당한 정밀도가 요구된다.

3) 실린더 모터

실린더 모터는 흔히 플런저(plunger) 모터 혹은 회전실린더 모터라고도 부른다. 실린더 펌프와 거의 구조가 같고 종류도 액시얼형(axial type)과 레이디얼형(radial type)이 있다. 레이디얼형 실린더 모터는 몇 개 혹은 10여 개의 실린더가 축에 방사상으로 배열되어 반경 방향으로 왕복운동하면서 축을 회전시키는 모터이다. 실린더 모터는 기어 모터나 베인 모터에 비해 고압작동에 적합한 특징이 있다. 실린더 모터의 용도는 변속기, 선반, 그라인더, 착암기, 권선기, 크레인, 압연기, 원심분리기, 기동기, 기관차, 콘크리트 믹서, 윈치 등에 사용된다.

가) 액시얼 실린더형 모터

[그림 6-51]은 실린더 블록과 출력축이 같은 축상에 놓인 정용량형 직축식의 그림이다. 압유가 실린더로 유입되면 실린더가 밀려서 슈(shoe)를 사이에 두고 사판을 민다. 이 힘의 원주방향의 성분에 의해 출력축이 회전하게 된다.

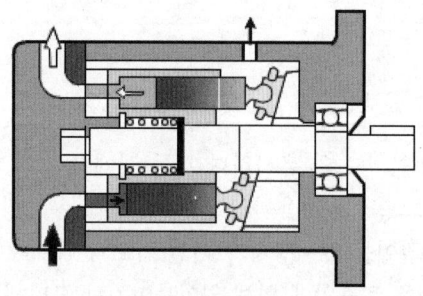

그림 6-51 액시얼 실린더형 모터

나) 레이디얼 실린더형 모터

회전실린더형 레이디얼 실린더 모터의 단면도이다. 그림에서 중앙에 있는 고정분배축 주위를 실린더 블록이 회전할 수 있게 되어 있고 반경 방향으로 3~9개의 실린더가 있다. 여기에 삽입된 실린더는 분배축을 통해서 공급된 압유를 받아 그 두부가 캠 링을 민다. 캠 링은 실린더 블록에 대해 편심된 위치에 있으므로 실린더의 왕복운동에 따라서 실린더 블록이 회전하게 되고 이것과 직결된 출력축에 토크를 발생하게 된다.

레이디얼 실린더 모터는 액시얼형에 비해 용적효율이 약간 떨어지나 반면 먼지 및 기타 이물질의 혼입에 의한 손상에는 강하다. 용적효율은 90~98%의 범위이고 전효율은 80~90% 정도이다.

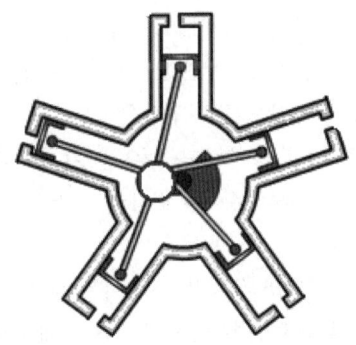

그림 6-52 레이디얼 실린더형 모터

제7절 유압 밸브

1. 유압 밸브 개요 및 분류

유압 밸브란 유압계통에 사용하여 흐름의 정지, 방향의 절환, 유량의 조정, 압력의 조정 등의 기능을 하는 유압기기를 말한다. 이들 밸브를 기능에 따라 크게 나누면 압력제어 밸브, 유량제어 밸브, 방향제어 밸브로 나누어진다. 이들 밸브를 기능에 따라 조합하면 여러 가지 특징을 갖는 유압계통을 구성할 수 있다. 그러므로 유압제어 밸브는 유압계통을 구성하는 요소 중 가장 다양하고 중요한 기기이다. 압력제어 밸브는 회로압력의 제한, 감압, 과부하방지, 무부하동작, 조작의 순서동작, 외부 부하와의 평형동작 등을 하는 밸브이다.

유량제어 밸브는 유압계통의 유량을 조절하는 밸브로서 무보상형과 보상형이 있고 보통은 유압모터나 유압실린더의 속도를 제어하는 데 사용한다. 방향제어 밸브는 일반적으로 흐름의 방향을 제어하는 밸브를 총칭한 것이다. 또한 밸브의 작동은 직동식과 파일롯(pilot) 동작식이 있다.

2. 압력제어 밸브

압력제어 밸브는 유압회로의 제어부를 이용하여 유압기기와 유압계 각부를 과대한 압력으로부터 보호할 목적으로 사용된다. 또 무부하 작동 시 배압을 유지하고 작동순서와 유압계의 시퀀스(sequence) 제어에 결함이 없는 제어 밸브로 사용하고 있으며, 최대 사용압력 $210kg/cm^2$의 고압용으로도 이용된다.

압력제어 밸브 중 릴리프(relief) 밸브는 최고의 압력이 밸브의 설정값에 도달했을 경우 기름의 일부 또는 전량을 복귀 쪽으로 도피시켜 회로 내의 압력을 설정값 이하로 제한하는 밸브를 말하며, 회로의 최고압력을 한정하여 적정압력을 유지하는 데 그 목적이 있다. 또한 유압기기의 안전을 목적으로 하는 안전 밸브도 있다.

가. 릴리프 밸브

릴리프 밸브는 압력이 설정압력 이상이 되면 회로 유량의 일부 또는 전부를 탱크로 보내어 회로 내의 최고압력을 규제하는 동작을 한다.

1) 직동형 릴리프 밸브(direct type relief valve)

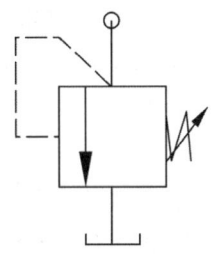

그림 6-53 릴리프 밸브 기호

직동형 릴리프 밸브는 간단히 릴리프 밸브의 요구를 만족시키는 밸브로서 기본적인 직동형 릴리프 밸브의 구조를 나타낸 것이다. 밸브에서 옆에 뚫려 있는 포트(입구, 출구)는 압력회로에, 아래로 뚫려 있는 포트는 기름 탱크에 연결된다. 실린더는 스프링 힘으로 압부된다. 스프링이 누르는 힘은 상부의 조정나사로 조절한다.

회로압력에 의하여 밸브 실린더를 위로 밀어 올리는 힘이 스프링의 힘보다 작을 경우에는 실린더는 스프링 힘으로 압부되어 배유구의 유로를 차단하나, 압력이 높아져 스프링이 누르는 힘보다 커지면 실린더는 위로 밀려 유압유를 압력회로로부터 배출구를 거쳐 유조로 귀환시킨다.

회로압력이 설정압력보다 낮아지면 실린더는 다시 스프링 힘으로 압부되어 배출구를 막아 버린다. 이와 같이 하여 릴리프 밸브는 회로압력을 일정압력으로 유지시키면서 과도한 압력상승을 방지한다. 배출구로부터 기름이 환류되기 시작할 때의 압력을 크래킹 압력(cracking pressure)이라 한다. 또 최대허용유량으로 완류할 때의 압력을 전량 압력이라 한다.

2) 밸런스 실린더형 릴리프 밸브

밸런스 실린더형 릴리프 밸브는 직동형 릴리프 밸브에 비하여 광범위한 유량영역에서 정확하고 안정된 압력설정이 용이하며 벤트 접속구를 사용하여 리모트 컨트롤 밸브의 접속에 의해 원격조작으로서 주회로 압력을 제어할 수 있다. 또한 유압회로의 일부가 과부하 압력으로 되는 것을 방지하고 유압 모터나 조작 실린더의 토크의 힘을 제한하기 위해서도 사용된다.

이 밸브의 경우, 스프링으로 시트면에 고정되어 있는 본체부와 스풀의 움직임을 유압적으로 제어하는 파일럿부의 2개 부분으로 압력조정과 용량 제어가 분리되어 있으므로 실린더부의 크기를 바꾸는 것만으로 압력 조정부와 관계없이 용량을 정할 수 있으며, 밸브의 압력조정은 니들 밸브의 스프링 강도만으로 실린더의 크기에 관계없이 조정할 수 있고, 고압에서의 대용량과 저압에서의 소용량은 물론 고압에서 소용량, 저압에서 대용량까지도 쉽게 조정할 수 있다.

① 유압계의 압유는 입구 포트를 통하여 스풀의 주위를 거쳐 출구 포트로 나간다.

② 압력은 스풀의 하부와 오리피스를 통하여 스풀의 상부로 움직인다.
③ 압력이 작용하는 스풀의 상하 면적은 일치하므로 스풀은 스프링의 힘에 의하여 항상 닫혀져 있다.
④ 포핏이 열리지 않는 한 폐쇄상태이고, 이 조건에 있어서 스풀은 유압밸런스 상태에 있다.
⑤ 유압계의 압력이 조압 스프링의 설정압력보다 높게 되는 경우 포핏이 밀려 압유는 파일럿 실로부터 스풀을 통하여 탱크로 흐르게 된다.
⑥ 이것에 의하여 스풀과 오리피스 양단에 압력차가 생겨 스풀은 스프링의 힘에 대항하여 열리게 된다. 스풀은 압력이 저하할 때까지 계속 열려 소정의 설정압력 이하로 되면 닫히게 된다. 즉, 이때의 포핏은 조압 스프링에 의해 닫히게 되고 스풀의 상하 압력은 동등하게 되며 스프링의 작동에 의하여 스풀은 닫히게 된다.

나. 감압 밸브

감압 밸브는 유압회로에서 분기회로의 압력을 주회로의 압력보다 저압으로 해서 사용하고자 할 때 사용한다. [그림 6-54]는 감압 밸브의 기호이다. 그림에서 상부의 덮개 속에 내장되어 있는 파일럿 밸브는 포핏, 파일럿 스프링 및 조정 나사로 구성되어 있다. 조정나사로 포핏을 누르고 있는 파일럿 스프링의 힘을 조절함으로써 설정압력을 결정할 수 있다. 또 이 압력은 스풀에 뚫려 있는 미세한 구멍을 지나 스풀의 상단에도 가해져, 결과적으로 감압출구의 압력은 스풀

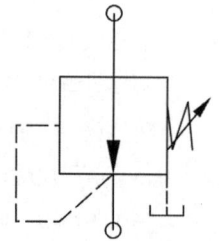

그림 6-54 감압 밸브의 기호

의 양 단면에 가해지게 되어 유압적 평형을 이룬다. 만일 감압출구의 압력이 설정압력보다 높아지면 이 압력은 상부 덮개에 있는 포핏을 밀어 압유는 포핏을 지나 드레인 포트를 통해서 탱크에 환류된다. 이때 스풀의 상하면의 압력은 스풀 중앙에 뚫려 있는 미세한 구멍에서 생기는 압력손실만큼의 압력차가 생겨 스풀의 평형이 깨져 스풀은 위로 밀려 올라가는 동시에 스풀은 압의 흐름에 저항을 주어 감압작용을 한다. 이 감압작용은 감압 출구압이 설정압력으로 될 때까지 계속한다.

다. 시퀀스 밸브

이 밸브는 주 회로로부터 몇 개의 분기회로가 분기되어 있을 때 분기회로의 일부가 작동하더라도 주회로의 압력을 일정하게 유지하면서 조작의 순서를 제어할 때 사용하는 밸브이다. 예를 들면, 따로따로 작동하는 2개의 유압실린더가 있을 때 한쪽이 행정을 완료하면 다른

한쪽의 유압실린더가 작동을 시작하도록 작동순서를 순차적으로 제어하고자 할 때 사용한다. 그러므로 이 밸브는 다음 작동이 행해지는 동안 먼저 작동한 유압실린더를 설정압으로 유지시킬 수 있다. [그림 6-55]는 시퀀스 밸브의 기호를 표시한 그림이다.

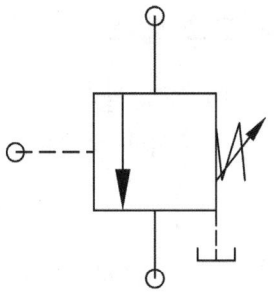

그림 6-55 시퀀스 밸브

3. 유량제어 밸브

유압 실린더나 유압 모터 등 작동기의 운동속도를 제어하기 위하여 기름의 유량을 조정하는 밸브를 유량제어 밸브(flow control valve)라고 한다. 유량의 제어법에는 가변 용량형 펌프를 사용하여 1회전당의 토출량을 변경하는 방법과 정용량형 펌프와 유량제어 밸브를 함께 사용하는 방법이 있다.

일반적으로 가변 용량형 펌프에 의한 경우에는 회로의 효율은 좋지만 펌프의 구조가 복잡하고 정밀한 속도제어도 어려우므로 대체적으로 유량제어 밸브를 사용하고 있다. 그런데 이 유량제어 밸브는 관로 일부의 단면적을 줄여서 저항을 주어 유압회로의 유량을 제어하는 것이며, 일명 속도제어 밸브라고도 한다.

표 6-14 유량제어 밸브

유량제어 밸브	교축 밸브	스톱 밸브(stop valve)
		스로틀 밸브(throttle valve)
		스로틀 체크 밸브(throttle check valve)
	유량조절 밸브	압력 보상 붙이(low control valve)
		온도 보상 붙이(teperature compensated control valve)
	디세러레이션 밸브(deceleration valve)	
	분류(나눔) 밸브(flow dividing valve)	
	집류(모음) 밸브(flow combiner valve)	

가. 교축 밸브

1) 스톱 밸브(stop valve)

유압용 및 상수도용 등의 다양한 용도에 사용되고 있는 교축 밸브이다. 스톱 밸브는 조정 핸들을 조작함으로써 스로틀 부분의 단면적을 바꾸어 통과하는 유량을 조정하는 밸브이다. 그러나 유압용으로 사용할 경우 교축 전후의 압력 차이가 클 때에는 미소 유량을 조정하기가 어렵기 때문에 오일의 흐름을 완전히 멎게 하든지 또는 흐르게 하는 것을 목적으로 할 때 사용한다.

2) 스로틀 밸브(throttle valve)

유압 구동에서 제일 많이 사용되고 있는 밸브로서, 기름의 흐름 방향에 관계없이 두 방향의 흐름을 항상 제어한다. 핸들을 조작하여 밸브 안의 스풀을 미소 유량으로부터 대유량까지 미세 조정이 가능한 밸브이며 일반 산업기계에 널리 사용되고 있다. 이 밸브의 스로틀 부분은 완만한 테이퍼 부분과 V자형의 홈으로 되어 있는 부분으로 만들어져 있으며 교축 전후의 압력 차이가 증가해도 미소유량을 조정하기가 용이한 것이 특징이다. 스로틀 밸브는 교축 부분이 헐거운 테이퍼로 되어 있으며 핸들 조작이 쉽고 비교적 적은 유량을 조정하기가 용이하다.

가) 스로틀 밸브의 특징

① 구조가 간단하고 조작이 쉽다.
② 압력이 밸런스되어 있으므로 고압에서도 핸들조작이 쉽다.
③ 스풀식은 유량을 완전히 차단시키지는 못한다.
④ 열리는 각도가 일정하여도 스로틀 밸브 전, 후의 압력에 변동이 생기면 밸브를 통과하는 유량이 달라지는 결점이 있다.
⑤ 밸브를 사용할 때는 아주 정확한 유량제어를 필요로 하지 않는 회로 또는 부하 변동에 의한 압력변동이 적은 회로에 사용한다.

4. 방향제어 밸브

방향제어 밸브(directional control valve)는 관로 내 기름의 개폐작용 및 역류를 저지하는 작용을 하는 것이며, 작동기의 시동 정지 및 운동방향 등을 변환하는 것을 목적으로 하여 유압의 흐름 방향을 제어하기 위하여 사용하는 밸브이다.
또한 기름의 흐름방향을 제어하고 유압 모터, 유압실린더의 시동, 정지 및 운동방향의 변환 등을 정확하게 제어하는 목적으로 사용되는 밸브이다. 이 중에서도 전기조작에 의한 전환 밸브는 자동적인 연속조작과 규칙적인 동작, 복잡한 운동 등의 원격 제어를 정확히 행하는 것이 가능하다.

방향제어 밸브는 구조면에서 분류하면 볼이나 실린더를 시트에 붙였다 떼었다 하는 포핏(poppet)형과 스풀을 축 둘레에서 회전시키는 회전 스풀형이 있으며, 조작 방식에 따라 분류하면 수동식과 기계식(캠식), 전자식, 파일럿식으로 나눈다.

표 6-15 방향제어 밸브

방향제어 밸브	체크 밸브	흡입형 체크 밸브
		스프링 부하형 체크 밸브(앵글형, 인라인형)
		유량 제한형 체크 밸브
		파일럿 조작 체크 밸브
	디세러레이션 밸브	
	방향전환 밸브	

가. 체크 밸브

유압회로의 흐름에 방향을 주기 위하여 한쪽 방향으로는 자유로이 흐르고 반대 방향에는 흐름을 정지시키는 밸브이다. 이 밸브는 인라인형과 앵글형이 있으며, 접속방식에는 나사접속, 개스킷 접속, 플랜지 접속 등이 있다.

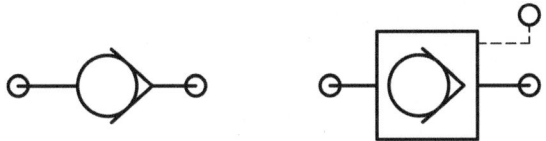

그림 6-56 체크 밸브 기호

[그림 6-56]은 라인에 축선 방향으로 조립되어 크래킹 압력에 달하면 체크 밸브를 눌러 한 방향으로 기름이 흐르고 역방향의 흐름을 방지하는 데 사용되는 밸브이다. 일반적으로 고압, 고속의 흐름이나 쇼크가 큰 회로에는 사용하지 않고 앵글형 체크 밸브를 사용한다. 또한 체크 밸브는 역류방지를 위하여 단독으로 사용되지만 시퀀스 밸브나 감압 밸브, 유량제어 밸브는 자체에 삽입되어 사용하는 경우도 있다.

1) 파일럿 체크 밸브

파일럿 체크 밸브는 크래킹 압력에 달하면 체크 밸브를 눌러 열어 한 방향만으로 기름이 흐른다. 또 외부에서의 파일럿 압력에 의하여 체크 밸브를 눌러 내려 역방향의 흐름을 얻을 수도 있으며, 유압 실린더의 자중에 의하여 하강방지가 필요한 회로 등에 조립하여 사용한다.

나. 체크 밸브의 용도

① 체크 밸브의 강도(스프링의 강도)는 용도에 따라 2가지가 있다.
② 크래킹 압력
  ㉮ $0.5 kg/cm^2$: 단지 역류 방지용 체크 밸브로 사용한다.
  ㉯ $4.5 kg/cm^2$: 배압 밸브(저항 밸브)로 사용한다.

다. 방향전환 밸브

전환 밸브의 사용목적은 유압회로에서 기름의 방향을 제어하는 한편 유압원, 유압 실린더, 유압 탱크 및 기타 조작계통 간의 회로에서 기름의 흐름을 정하는 밸브이다. 전환 밸브는 포트 수, 위치 수, 방향 수, 스풀 형식의 4가지를 포트의 구성요소라고 하는데, 전환기능은 이들 요소의 조합에 따라 여러 가지가 된다. 또한 전환 밸브의 기능은 포트의 구성요소, 스풀의 조작방법, 스풀의 작동특성으로 나타낼 수 있다.

제8절 유압부속기기

1. 기름 탱크

기름 탱크는 유압유를 회로 내에 공급하거나 되돌아 오는 기름을 저장하는 용기를 말한다. 기름 탱크에는 개방 탱크와 예압 탱크가 있으며, 개방형은 탱크 안의 공기가 통기용 필터를 통하여 대기와 연결되며, 탱크의 기름은 자유 표면을 유지하기 때문에 압력의

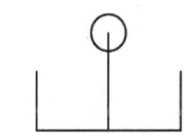

그림 6-57 기름 탱크의 기호

상승 또는 저하를 피할 수 있으며, 가장 일반적인 형태이다. 예압형은 탱크 안이 완전히 밀폐되어 압축공기나 그 밖의 방법으로 언제나 일정한 압력을 가하는 형식인데 캐비테이션이나 기포의 발생을 막을 수 있다.

탱크는 대부분 강판을 용접하여 만드는데 수분, 그 밖의 이물질이 침투할 수 없는 구조이어야 한다. 밑판은 방열이 잘 되도록 공기의 유통이 되게 띄워져 있다. 내부의 청소는 측면의 커버를 떼어내고 실시하며, 위판을 분해하는 구조는 특별한 경우를 제외하고는 사용하지 않는다.

2. 공기 청정기

오일 탱크 윗부분의 통기구에 공기 청정기(Air breather)를 부착하여 공기 중의 먼지가 안으로 들어오는 것을 막는다. 또한 급유 시 오일탱크 안의 압력이 상승하거나 펌프 구동 시 압력저하의 발생을 막는 역할도 한다. 보통 펌프 용량의 1.5~2배에 해당하는 공기를 통과시키는 크기이면 된다. 여과제로는 철망, 여과지, 펠트 및 폴리비닐 등이 쓰이며, 여과 입도는 5~60㎛ 정도이고, 통기 저항은 100mmAq 정도이다.

3. 필터

필터는 기름 중의 먼지를 제거하여 깨끗한 기름을 유압회로나 유압기기에 공급하는 부속기기이다. 일반적으로 아주 작은 먼지를 제거할 목적으로 사용하는 것을 필터라고 하며, 비교적 큰 먼지를 제거할 목적으로 사용되는 기기를 스트레이너라 한다.

유압회로에 사용되는 경우는 펌프의 흡입관로에 넣는 것을 스트레이너, 펌프의 토출관로나 탱크에의 환류관로에 사용되는 것을 필터라고 하며, 모두 다 아주 작은 먼지를 제거하는 데 쓰인다. 또한 펌프의 흡입관로에 쓰이는 것은 탱크용 필터, 탱크용 필터를 제외한 것을 관로용 필터라고 한다. 일반적으로 탱크용 필터를 사용목적에 따라 석션 필터로 부르고 있으며, 관로용 필터를 라인 필터라고도 한다.

가. 필터 엘리먼트(filter element)

유압장치에서 많이 쓰이는 필터 엘리먼트 여과제는 여과지, 철망, 노치 와이어, 소결 금속 등이다.

1) 여과지 엘리먼트

여과지에 페놀레진 처리를 하여 아코디언 모양으로 주름을 넣어 원통형으로 한 것이며, 마이크로닉 엘리먼트라고도 한다.

2) 노치 와이어 엘리먼트

스테인리스, 모넬, 브론즈 따위의 선을 기계적으로 성형하여 원통에 감은 것이며, 리턴 표면의 돌기로 오일의 통로를 열 수 있다. 통로의 단면적은 안쪽이 커지는 기울기를 가지고 있어 세척하기 쉬우며, 메탈 에지 엘리먼트라고 한다.

3) 소결 금속 엘리먼트

스테인리스, 브론즈, 황동 등의 미립자를 그 재질의 용융점보다 약간 낮은 온도에서 소결한 것이며, 여과도는 입자의 크기(입자 크기의 약 18%)와 압축에 따라 결정된다. 형태에 따라 원통형, 판형, 콘형 등이 있다.

나. 탱크용 필터

펌프의 흡입관에 설치하는 것이 석션 필터이며, 케이스 없는 탱크용 필터와 케이스 붙이 탱크용 필터가 있다. 보통 여과 입도는 150~100메쉬(100~149μm) 정도이고, 펌프에 따라 그 이상의 것도 사용되고 있다.

1) 케이스 붙이 탱크용 필터

케이싱 속에 필터 엘리먼트를 부착한 것이며, 오일 탱크 외부에 설치한다. 이 필터는 차압 인디케이터(indicator)를 장치할 수 있다. 또한 배관을 분리하지 않고도 엘리먼트를 꺼낼 수 있기 때문에 막힌 곳의 점검이나 엘리먼트의 교환에 편리하다. 기밀이 완전하지 못하면 공기를 빨아들이므로 주의하여야 한다.

2) 차압 인디케이터 붙이 필터

필터의 막힌 사항을 외부에서 알기 위하여 인디케이터를 붙이는 경우가 많다. 이는 필터, 필터 엘리먼트의 입·출구쪽의 압력차가 커지면 케이스 밖에 설치해 놓은 지침을 압력차에 비례하여 기계적으로 돌려서 차압을 지시하는 것이다. 지시반에는 안전 또는 운전, 주의, 위험 등의 표시가 붙어 있다. 지침에 의해서 마이크로 스위치를 작동시켜서 램프, 부저 등으로 막힘을 알릴 수 있다.

3) 관로용 필터

환류관로와 펌프 토출관로에 설치된다. 여과입도는 장치에 사용되고 있는 기기에 따라 선택하며, 토출 관로에 설치하는 것은 10~40㎛의 것이 많이 쓰이고, 환류관로에는 보통 토출관로에 사용하는 것보다 입도가 굵은 것을 사용한다.

4. 온도계 및 압력계

가. 온도계

유압회로의 온도를 측정하기 위하여 사용하는데 일반적으로는 오일 탱크 안의 오일온도를 재는 데 쓰이며, 그 형상에는 막대 온도계와 압력계형 온도계가 있다.

1) 바이메탈식 온도계

바이메탈 온도계는 감온부에 바이메탈을 넣어 열로써 바이메탈이 움직이는 양을 지시계에 전달하여 지침을 움직여서 그 때의 온도를 지시한다. 바이메탈식 온도계는 그 구조가 간단한 이유로 고장이 적고 내구성 및 내진성에 뛰어난 장점이 있다.

바이메탈이란 온도로 인한 팽창계수가 다른 2종의 금속판을 포갠 것을 말한다.

2) 압력계

가) 부르돈관 압력계

부르돈관과 피니언 등을 이용하여 만든 것으로 공압편에 설명되어 있다.

압력계의 선정 - 압력계에 필요한 최고 압력 범위를 측정할 때에는 압력의 변동이 있는가, 맥동이 있는가 등에 따라 다르지만 압력 변동이 작은 경우에는 상용 압력이 최고 눈금 압력 값의 2/3 이하로 하며, 압력 변동이 크거나 맥동이 있는 경우에는 1/2 이하가 되도록 선정한다.

3) 유량계

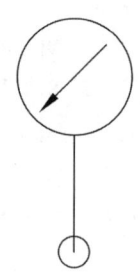

그림 6-58 유량계 기호

5. 기름 냉각기

유압장치에서는 기름 중의 먼지와 열이 고장의 주원인으로 되어 있다. 열의 발생은 회로 내의 마찰이나 저항에 의한 손실 또는 외부로부터의 전열로 인하여 도저히 피할 수가 없다. 작동유를 냉각하는 방법에는 다음과 같은 것이 있다.

오일 탱크 용량을 가급적 크게 하여 열을 방사시키는 방법과 오일 탱크 내부에 동관의 코일을 넣어 이 코일에 냉각수를 순환시켜서 작동유를 냉각시키는 방법이 있다.

유압회로 안에 기름 냉각기(열교환기)를 사용하는 방법이며, 바람직한 방법이다.

가. 오일 냉동기(oil condensing unit)

오일 냉동기에 의하여 작동유, 절삭유, 윤활유를 임의의 사용온도로 조절할 수 있어서 다이얼 조작만으로 자동으로 유온을 일정하게 유지하는 기름온도 조절장치이다. 공작기계의 수치제어 방식, 고정도화 등으로 높은 정밀도, 보다 안정된 가공, 보다 발달된 합리화에는 필수 불가결한 장치이다.

나. 특징

① 냉각수가 필요 없다. ② 유온(+2℃)이 언제나 일정하다.
③ 장소가 적게 든다. ④ 보수관리가 쉽다.

6. 축압기(어큐뮬레이터)

어큐뮬레이터는 구조가 단단하고, 그 용도도 매우 광범위하여 유압장치의 계획 설계에 꼭 필요한 기기의 하나이다. 대표적인 용도로서는 다음과 같은 것이 있다.

가. 에너지 축적용

순간적인 유량으로 하는 경우 정전 등으로 펌프가 정지했을 때 또는 기름누출 및 온도변화로 유압의 변화가 생기는 경우에 어큐뮬레이터에 축적된 유압을 방출시켜서 유압을 일정 한계 내에 유지시킬 수 있다.

나. 충격압력의 흡수용

유체가 흐르고 있는 회로에서 차단 밸브를 급격히 닫음으로써 발생하는 충격압력을 흡수하여 기기, 계기, 배관 등을 보호한다.

다. 펌프의 맥동 제거용

플런저(실린더)형 펌프에 의해 발생하는 맥동압을 제거하여 유압을 일정하게 할 수 있다.

라. 고무주머니형(브리드형)

① 이 형식은 단면이 반구형인 원통형 용기이며, 기체를 봉인하는 고무주머니가 안에 있다. 고무주머니 맨 위에 기체 봉입용 밸브가 달려있고, 용기 밑에는 용기 밖으로 고무주머니가 튀어나가지 못하도록 포핏 밸브(poppet valve)가 있다.
② 이 형식은 고무주머니의 관성이 낮아서 응답성이 아주 좋으며, 유지관리가 쉽고 광범위한 용도에 쓸 수 있는 장점이 있다.

7. 커플링

커플링은 전동기와 펌프의 축을 직결하는 데 쓰이며, 종류는 여러 가지가 있지만 일반적으로 체인 커플링을 사용하고 있다(커플링의 연결 시 전동기와 펌프의 축 중심이 약간 틀려도 펌프의 소음이나 진동의 원인이 되므로 주의하여 설치하여야 한다.).

가. 체인커플링

표준형 2열 롤러 체인 1개와 2개의 스프로킷이 조립되어 있는 간단한 구조이며, 양축의 연결 분리가 쉽다. 장치가 간단하고 체인과 스프로킷 이의 맞물림 유동에 의하여 신축효과를 얻기 때문에 베어링의 과열이나 마모를 막을 수 있다.

회전력은 맞물리고 있는 롤러체인과 스프로킷 이 전체에 나뉘는데 외주 근처에 힘이 걸린다. 따라서 강력한 롤러 체인과 커플링 전체를 작고 가볍게 하여 높은 효율을 얻는다.

나. 러버 플렉시블 커플링

강력한 타이어 코드를 이용하여 그 양면에 탄성과 굴곡회로에 강한 고무로 피복한 타이어형의 플렉시블 커플링이다.

- **특징**
  ① 조립이 간단하여 장착시간이 절약되며, 정비가 간편하다.
  ② 전기 절연이 완전하다.
  ③ 주유, 분해, 정비 등이 필요 없으며 진동, 충격 등의 흡수가 우수하다.
  ④ 각도 오차의 허용범위가 크다.

8. 배관재료

유압배관은 기기 사이, 유닛 사이, 작동기까지 유로를 접속하는 것인데 관이나 이음부로 구성되어 있다. 이들 관이나 이음은 다양한 것이 시판되고 있는데 유압장치의 용도와 목적에 맞고 유압기기와의 균형이 맞는 것을 선택하여야 한다. 이 밖에 배관의 작업성, 관로 유지성, 신뢰성, 경제성 등을 고려하여 유압기능을 보증하는 것이 아니면 안 된다.

가. 고무 호스

고무 호스는 내유성, 내압성, 내열성을 지니며 유연성이 있어 자유자재로 구부러지는 관계로 취급이 쉬워 강관의 배관이 곤란한 장소에서의 배관 또는 이동용 장치의 배관에 쓰이며 차량, 건설 화학공업, 제철 등의 일반 공업용, 선박용, 항공기용 등으로 쓰인다.

1) 고무 호스의 구조

고무 호스에는 저압, 중압, 고압용의 3종류가 있으며, 저압용 호스는 합성고무관의 바깥쪽에, 다만 면사로 짠 것을 피복한 것이나 고무관뿐인 것도 있다.

고압용 호스는 내유, 내열성이 뛰어난 합성고무의 내측 고무층, 강선을 짠 보강층 및 내유, 내후성의 합성고무 표면층의 3층으로 되어 있다.

2) 셀프 실(seal) 링 커플링

호스와 같이 사용되는 장치로 셀프 실(seal) 링 커플링이 있다. 사용 상태를 별로 바꾸지 않고 쉽게 떼었다 붙일 수 있으며, 회로를 완전 차단할 수 있다. 이것을 쓰면 유압회로의 부분적 교환이나 기름의 공급을 간단히 할 수 있다.

제9절 전기 기호와 기초 지식

1. 전기 제어

공기압 기술의 목적은 공기압 실린더 등의 액추에이터를 작동시키는 기술로서, 이 기술에는 제어 방법에 따라 크게 두 가지로 나누어진다. 그 하나는 전기를 사용하지 않고 전부 공기압을 사용하여 액추에이터를 작동시키는 방법으로 제어요소로 마스터 밸브, 기계작동 밸브, 릴레이 밸브, 수동조작 밸브 등을 사용하는 소위 순수공압 시스템이라 말하는 방식이고, 또 한 가지 방법은 전자 밸브를 사용하여 액추에이터를 작동시키는 방법으로 액추에이터와 전자 밸브를 제외하고는 모두 전기부품에 의존하는 방법으로 순수공학의 한 분야이다.

그러나 기계 기술자들 대부분이 전기에 관련된 분야라면 우선 멀리하고 전기 기술자에 의존하는 경향이 많은데, 자동화 분야에서는 순수공압 제어방식에 비해 전기제어방식이 훨씬 많이 채용되고 있으므로 반드시 이해하지 않으면 안 되는 분야이다.

전기제어방식은 응답이 빠르고, 소형이면서 확실한 동작이 이루어진다는 점이 순수공압 시스템보다 장점이며 또한 가는 전선으로 멀리 떨어진 위치에서도 원격조작이 간단하다는 이점이 있다. 그러므로 전기의 스파크에 의한 인화나 폭발의 위험성이 있는 장소를 제외하고는 전자 밸브를 사용한 전기-공압 제어방식을 많이 채용하고 있다. 전자 밸브의 제어는 내장되어 있는 솔레노이드의 여자(ON) 또는 소자(OFF)에 따라 이루어지는 것으로 그를 위해 전기회로가 필요하다.

2. 용어 정의

전자 밸브의 솔레노이드를 ON시키거나 OFF시키려면 전류를 보내야 하기 때문에 전기회로가 필요하다. 더욱이 솔레노이드를 원하는 대로 움직이려면 회로에 전류를 통전시키거나 차단시킬 필요가 있으며 그 역할을 하는 것을 접점이라 한다.

접점은 릴레이 내의 전자석에 의해 동작되며, 전자석 코일에 전류가 흐를 때만 접점이 동작하는 스위치의 일종으로 코일부와 접점부로 나누어지고 기호로 나타낼 경우에도 나누어 표시한다. 접점은 a접점과 b접점이 연동으로 동작하는 접점을 주로 사용하며 이를 c접점이라 한다. c접점은 a접점, b접점을 동시에 사용할 수도 있고, 별도로 한 접점만 사용할 수도 있다. 특히 c접점에서 a접점, b접점을 동시에 사용할 경우에 공통접점을 잘못 사용하면 회로가 단락되는 경우가 있으니 반드시 공통 접점부가 회로에서 사용되고 있는지 확인하고 사용하여야 한다.

전자 밸브나 전자 릴레이의 동작 상태에 관한 용어 해설은 다음과 같다.

① **여자** : 계전기 코일에 전류를 흘려서 여자시키는 것
② **소자** : 계전기 코일에 전류를 차단하여 자화 성질을 잃게 되는 것
③ **자기유지** : 계전기가 여자된 후에도 동작기능이 계속 유지되는 것
④ **조깅** : 기기의 미소시간 동작을 위해 조작 동작되는 것
⑤ **인터록** : 두 계전기의 동작을 관련시키는 것으로 한 계전기가 동작할 때에는 다른 계전기는 동작하지 않도록 하는 것

3. 전기 기기와 심벌

전기회로에 사용되는 기기 중 접점을 지니고 있는 것을 나열해 보면 나이프 스위치, 누름버튼 스위치, 릴레이, 타이머, 전자개폐기 등이 있다. 이들 기기들은 조작이나 검출 기능을 가진 것으로 a접점과 b접점을 갖추고 있어 전류를 통전시키거나 차단시켜 여러 가지 제어를 행하는 것이다.

가. 스위치(switch)와 접점

스위치는 전기 회로의 개폐 또는 접속을 변경하는 기구이며 작업 명령 및 명령 처리 방법의 변경 등에 사용된다. 스위치는 그 상태에 따라 복귀형과 유지형 두 가지로 나눌 수 있다.

1) 접점의 종류와 기호

① **정상 상태 열림 접점(a접점)** : 평상시에는 열려(open) 있다가 조작 시에 닫히는 접점으로 메이크 접점(make contact), 상개 접점(NO 접점, Normally Open Contact)이라고도 한다. [그림 6-59]는 a접점의 KS기호와 IEC기호를 나타낸 것이다.

제6장 공압과 유압

a접점	KS기호	IEC기호
	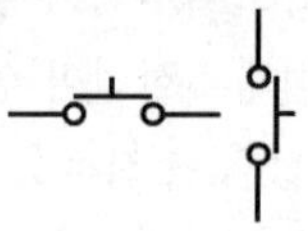	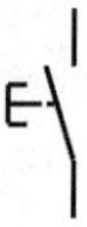

그림 6-59 a접점의 기호

② 정상 상태 닫힘 접점(b접점) : 평상시에는 닫혀(close) 있다 조작 시에 열리는 접점으로 브레이크 접점(break contact), 상폐 접점(NC 접점, Normally Close Contact)이라고 한다. [그림 6-60]은 b접점의 KS기호와 IEC기호를 나타낸 것이다.

b접점	KS기호	IEC기호
	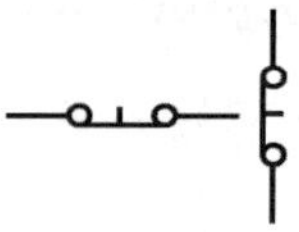	

그림 6-60 b접점의 기호

③ 전환 접점(c접점) : a접점과 b접점을 함께 갖고 있으며 a, b접점이 연동으로 동작한다. 조작을 하면 a접점은 닫히고 b접점은 열리며 체인지 접점(change-over contact)이라고 한다. [그림 6-61]은 c접점의 기호를 나타낸 것이다.

c접점	KS기호	IEC기호
		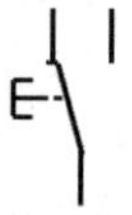

그림 6-61 c접점의 기호

2) 푸시 버튼 스위치(push button switch)

누름 버튼 스위치라고도 하며 사람이 손으로 눌러서 조작하는 스위치를 말한다. 종류는 누르고 있는 동안만 동작하고 손을 떼면 원상태로 복귀하는 복귀형과 일단 조작하면 다시 조작할 때까지 접점을 유지하는 유지형이 있다. [그림 6-62]는 푸시 버튼 스위치의 a, b접점을 나타낸 것이다.

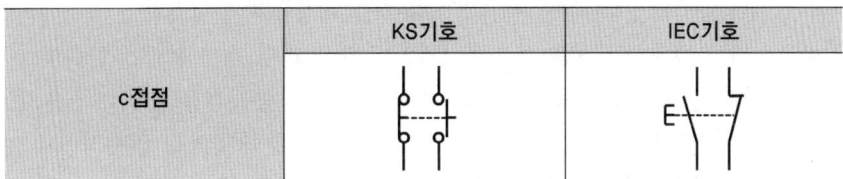

그림 6-62 푸시 버튼 스위치의 a, b접점

3) 셀렉터 스위치(selector switch)

셀렉터 스위치는 왼쪽 방향 또는 오른쪽 방향으로 조작을 하며, 반대 조작이 있을 때까지 조작 접점 상태를 유지하는 유지형 스위치로서 운전-정지, 자동-수동, 연동-단동 등의 절환 스위치로 사용된다. 셀렉터 스위치는 a접점과 b접점을 모두 가지고 있으며 주로 c접점으로 만들어 사용하는 경우가 많다. [그림 6-63]은 셀렉터 스위치의 a, b접점을 나타낸 것이다.

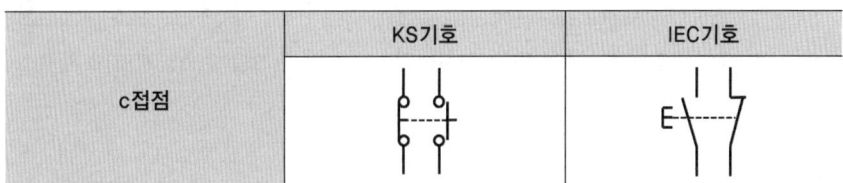

그림 6-63 셀렉터 스위치의 a, b접점

4. 마이크로 스위치와 리밋 스위치

마이크로 스위치와 리밋 스위치는 접촉식 센서의 대표적인 기기로서 서로 다른 점은 구조와 용도면에 있어서 차이가 있다. 마이크로 스위치는 비교적 소형으로 성형품 케이스에 접점 기구를 내장하고 밀봉되지 않은 것으로 주로 계측장치나 경기계의 검출기용으로 사용되는 데 비해 리밋 스위치는 견고한 다이캐스트 케이스에 마이크로 스위치가 내장된 것으로 밀봉되어 있기 때문에 봉입형 마이크로 스위치라고도 하며, 주로 내구성이 요구되는 장소나 외력으로부터 기계적 보호가 필요한 생산설비 등에 사용된다.

마이크로 스위치는 미소 접점 간격을 가진 소형의 검출용 스위치로서 외부에 돌출되어 있는 플런저를 누름에 따라 판스프링의 스냅액션 운동에 의해 접점이 변환되는 스위치이다. 스냅 액션(snap action)이란 눌러진 판 스프링이 어느 한계를 초월하면 순간적으로 도약 반전하는 현상을 말한다.

또한 초기 상태로의 복귀도 플런저에 가하고 있는 외력을 제거함에 따라 스냅 액션하도록 만들어져 있다. 검출은 플런저가 검출 대상물체에 접촉함에 따라 이루어지나 플런저의 마모 방지나 작동력을 저하시키기 위해 롤러나 레버 등과 조합하여 접촉 운동시키는 경우가 많다. 접점은 그림에 나타낸 것과 같이 공통접점인 C접점, 초기상태에 열려 있는 a접점과 초기상태 닫혀 있는 b접점을 갖춘 형식이 가장 일반적이다. 이들 접점의 단자에는 COM, NO, NC 등의 문자가 인쇄되어 있다.

마이크로 스위치의 종류는 매우 많고, KS에서는 기본기구, 정격 전류, 접점 간격, 접촉 형식, 액추에이터 및 단자에 따라 분류하고, 다음의 예에 나타낸 문자 및 숫자를 조합시켜 표시한다.

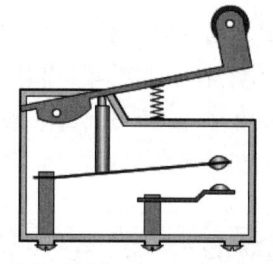
그림 6-64 리밋 스위치(a접점)

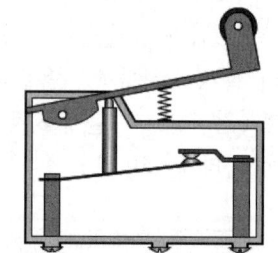
그림 6-65 리밋 스위치(b접점)

5. 기타 검출기

검출기란 앞서 서술한 바와 같이 기계나 장치의 움직임을 감시하여 그 상태를 전기 신호로 변환하여 릴레이와 같은 제어 능력을 가진 기기에 전기신호를 보내는 기기의 총칭이다. 검출형상과 대상으로는 직선변위, 회전변위, 속도, 가속도, 진동, 압력, 유량, 액면, 수분, 점도, 색, 광, 가스, 자기, 수량 등이다. 검출기의 대표적인 것으로는 마이크로 스위치와 리밋 스위치가 있으나 이들 스위치는 접촉하지 않고는 검지할 수가 없다. 그러므로 접촉이 불량하거나 또는 가벼운 물체의 검출에는 부적당하므로 비접촉식 센서를 사용하여야 한다. 즉, 센서는 접촉하여 검출하는 접촉식과 접촉하지 않고도 검출할 수 있는 능력을 가진 비접촉식 센서로 대별되며 그 종류는 다음과 같다.
① 접촉식 센서 : 마이크로 스위치, 리밋 스위치, 압력 스위치
② 비접촉식 센서 : 근접 스위치, 광전 스위치, 초음파 스위치 등

가. 근접 스위치

근접 스위치는 검출부에 자계에너지를 이용하여 근접해 있는 금속체를 무접촉으로 검출하고 검출부에 있는 전기회로를 개폐하는 스위치이다. 근접 스위치의 종류로는 고주파 발진형 근

접 스위치, 유도 브릿지형 근접 스위치, 자기형 근접 스위치, 용량형 근접 스위치 등 4종류가 있다.

리드 스위치는 영구자석과 불활성 가스 속에 접점을 내장한 유리관과 일체로 되어 케이스로 밀봉되어 있으며, 스위치에 자성 금속이 접근하면 용기 내의 접점이 ON되는 스위치이다. 리드 스위치의 응답속도는 1초 동안 100회 정도의 성능을 가지고 있으며 자성금속체도 무접촉 동작으로 수명이 길다. 또 전류도 0.3A까지 흘릴 수 있다.

나. 광전 스위치

광전 스위치는 빛을 차단하거나 빛을 반사하여 물체의 유무를 검지하는 검출 스위치로 투과형과 미러반사형, 직접반사형의 3종류가 있다. 광전 스위치는 리드 스위치에 비해 접점동작이 아니므로 내구성이 향상되고 상당히 먼 거리의 물체 검출이 가능하며 몇 종의 색상 검출도 가능하다.

따라서 응용범위가 넓어 이후로도 많이 이용될 것이다. 광전 스위치의 대표적 응용 예는 프레스 기계에 많이 응용되고 있는 광선식 안전장치가 있다. 광전 스위치는 이외에도 증폭부와 광렌즈부를 분리하여 협소한 장소에도 설치 사용할 수 있는 광 화이버 센서 등 구조와 형상에 따라 여러 종류가 있다. 광전 스위치의 투광기는 광을 발사하는 것으로 발광다이오드, 백열전구, 방전관 등을 사용하고 수광기에는 수신된 빛을 전기로 변환하기 위한 광전변환요소가 내장되어 있으며 그 전면에는 광을 모으는 렌즈가 있다.

6. 제어용 릴레이

가. 릴레이의 원리와 기능

전자 릴레이는 전자력에 의해 접점을 개폐하는 기능을 가진 장치의 총칭으로 신호 처리용 기기로써 가장 많이 사용되고 있으며 다양한 종류의 릴레이가 제작 판매되고 있다. 동작원리는 코일 R에 전류를 인가(여자)하면 철심이 전자석이 되어 가동철편을 끌어당기게 된다. 이때 가동철편의 선단부 가동접점이 이동하여 a접점은 접촉되고 b접점은 떨어진다. 코일에 인가된 전류가 차단(소자)되면 전자력이 없어져 가동철편은 복귀 스프링에 의해 원상태로 복귀되어 돌아온다.

즉 릴레이는 코일부와 접점부 및 가동부로 구성되어 코일에 인가되는 전류의 ON – OFF에 따라 가동접점이 a접점 또는 b접점으로 회로를 변화시키는 제어 기기이다. 릴레이(relay)라고 하는 말은 중계한다 또는 교체시킨다는 의미를 가진 용어로서 KS 규격에서는 전자계전기라 정의되어 있으나 보통은 릴레이라 많이 부르고 있다.

릴레이의 원리는 이상과 같이 전자석의 여자와 소자에 의해 분리된 회로에 전류를 통전시키거나 차단시키는 간단한 조작만으로 증폭기능, 신호전달기능, 다회로 동시 조작 기능, 기억기능, 변환기능 등 풍부한 기능을 가지고 있기 때문에 시퀀스 제어용은 물론 통신기기에서 가정용 전기기기까지 폭넓게 이용되고 있다.

나. 전자 계전기(electromagnetic relay)

1) 전자 계전기의 종류

전자 계전기의 종류에는 여러 가지가 있으며 형태에 따라 힌지형 계전기(relay 종류)와 플런저형 계전기(MC 종류)로 크게 분류할 수 있으며, 전자 계전기의 종류에는 보조 계전기(릴레이), 한시 계전기(타이머), 전자 접촉기(MC) 등 여러 가지가 있으며, 사용시 조작 전원의 정격, 필요한 접점의 수, 제어 전원의 용량 등을 고려하여 특성에 맞게 선택하여야 한다.

① 보조 계전기(relay) : 용량이 작고 많은 접점을 이용할 수 있는 계전기
② 한시 계전기(timer) : 시간 지연 회로가 첨부된 계전기
③ 전자 접촉기(MC, PR) : 주로 전동기 주 회로에 사용하는 계전기
④ 전자 개폐기(MS) : 전자 접촉기에 열동형 과부하계전기를 부착한 계전기

2) 전자 계전기의 기능

전자 계전기에는 증폭기능, 변환기능, 연산기능, 조정·경보 기능, 다회로 동시 제어기능 등이 있으며 이를 정리하면 다음과 같다.

① 여자에 필요한 전압, 전류의 값보다 매우 큰 값의 회로를 개폐하는 능력
② 하나의 신호로 몇 개의 회로를 동시에 개폐할 수 있는 기능
③ 여러 개의 릴레이를 조합하여 판단 기능을 가진 논리 회로를 만들 수 있는 기능

다. 릴레이(relay)

릴레이는 푸시 버튼 스위치와는 달리 사람의 손으로 동작되는 것이 아니라 릴레이 내의 전자석에 의해 동작되며, 전자석 코일에 전류가 흐를 때만 접점이 동작하는 스위치의 일종으로 코일부와 접점부로 나누어지고 기호로 나타낼 경우에도 나누어 표시한다.

접점은 a접점과 b접점이 연동으로 동작하는 접점을 주로 사용하며 이를 c접점이라 한다. c접점은 a접점, b접점을 동시에 사용할 수도 있고 별도로 한 접점만 사용할 수도 있다. 특히 c접점에서 a접점, b접점을 동시에 사용할 경우에 c접점(공통접점)으로 인하여 회로가 단락

되는 경우가 있으니 반드시 공통 접점부가 회로에서 사용되고 있는지 확인하고 사용하여야 한다. 릴레이는 접점의 수에 따라 2a2b(8pin), 3a3b(11pin), 4a4b(14pin) 등이 있다. [그림 6-66]은 주로 전기 기능장 시험에 재료로 사용되는 8핀, 11핀, 14핀 릴레이의 내부 번호와 소켓 번호를 나타낸 것이다.

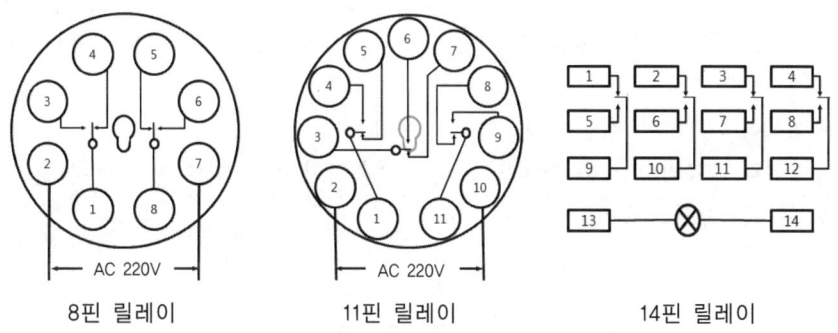

그림 6-66 릴레이 종류별 내부 번호와 소켓 번호

라. 전자 개폐기(MS : Electromagnetic Switch)

전자 접촉기(MC : Magnetic Contactor)는 전동기와 같이 비교적 대용량에 사용하는 계전기이고, 전자 개폐기(MS : Electromagnetic Switch)는 전자 접촉기와 열동형 과부하계전기(THR)를 결합하여 조작 스위치로 사용하는 계전기를 말한다. 접점은 주 접점과 보조 접점으로 분류하여 사용해야 하며, 주 접점은 전동기의 주회로 접점으로 보조접점은 보조회로 접점으로 사용하며 4a1b, 5a2b 등을 주로 사용한다.

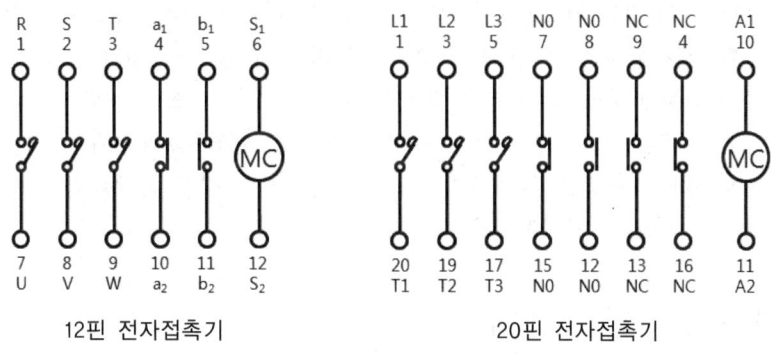

그림 6-67 전자 접촉기의 내부 회로 번호와 소켓 번호

마. 과부하 계전기(overload relay)

과부하 계전기는 부하의 이상에 의한 정상 전류의 증가를 검지하여 작동하는 전동기 보호 장치이며, 일반적으로 열동형과 전자형이 있다. 열동형 과부하계전기(THR : Thermal Overload Relay)는 일반적으로 바이메탈을 이용하여 과전류를 검출하고, 전자식 과전류 계전기(EOCR : Electronic Over Current Relay)는 전자 부품을 이용하여 동작하므로 동작이 확실하고 또한 결상 운전 등을 방지할 수 있다. [그림 6-68]은 과부하 계전기의 내부 회로도이다.

① a접점 : 경보용 접점-경보 램프 점등에 사용
② b접점 : 조작 회로용 접점으로 전자 접촉기의 여자 회로 차단(소자)
③ 복귀는 수동으로 한다.

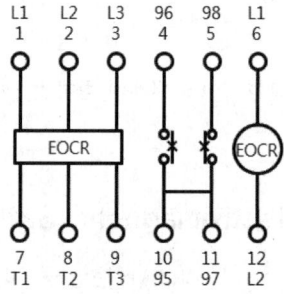

그림 6-68 내부 회로도

바. 한시계전기(timer)

1) 정의

한시계전기는 입력신호를 받아 설정된 시간이 경과한 후 동작이 되는 일종의 계전기이다. 시간을 계산할 때에는 소형의 전동기를 사용하는 방법과 전자회로를 사용하는 방법이 있는데 주파수의 영향을 받는 경우가 있으므로 이를 고려해야 한다. 우리나라의 경우에는 교류전압의 상용주파수가 60Hz이므로 50/60Hz의 기구에서는 60Hz로 조정하여 사용한다. 접점 등은 계전기와 같지만 접점의 동작을 시간을 두고 동작시킬 수 있다는 것이 가장 큰 차이점이다.

2) 타이머 접점의 동작

접점의 동작은 한시동작접점과 한시복귀접점이 있다. 한시동작접점은 동작하는 데 시간이 걸리는 접점으로, 타이머 기동 후 설정된 시간이 지나서 접점이 동작한다. 한시복귀접점은 복귀하는 데 시간이 걸리는 접점으로, 타이머 기동과 동시에 접점이 동작하고 설정된 시간이 지난 후에 원래의 위치로 복귀되는 접점이다.

대부분 a접점과 b접점은 한쪽을 공통(c접점)으로 하여 사용되게 만들어져 있다. 다음은 동작에 따라 구분하여 정리한 것이다. [그림 6-69]는 타이머의 베이스 구조와 번호, 내부 회로도를 표시한 것이다.

① 한시 동작형 : 전압이 가해진 다음 일정 시간이 경과하면 접점이 동작하며, 전압이 제거되면 순시에 접점이 원상 복귀하는 것으로 ON Delay Timer이다.

② 한시 복귀형 : 전압을 가하면 순시에 접점이 동작하며, 전압이 제거된 다음 일정 시간 후에 접점이 원상 복귀하는 것으로 OFF Delay Timer이다.

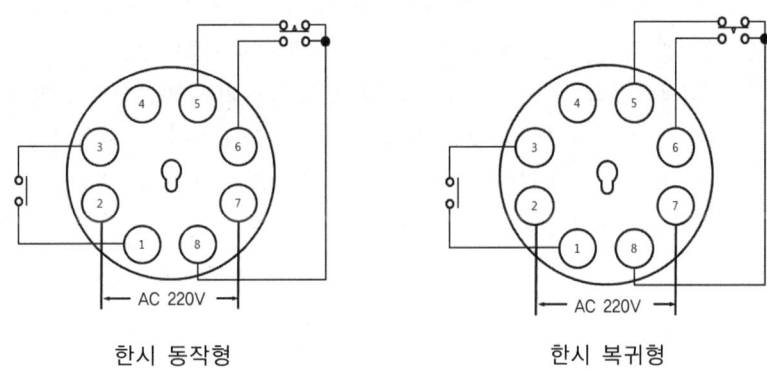

한시 동작형   한시 복귀형

그림 6-69 타이머의 내부 회로 번호와 소켓 번호

3) 타이머(timer) 동작형식에 따른 분류

① 동작시간이 늦은 한시동작타이머(ON Delay Timer)
- 타이머 코일에 전기를 공급(여자-동작하지 않음.)
- 정해진 시간(t)이 지나면 타이머가 동작 : 시한동작
- 전기를 끊으면 복귀

② 복귀시간이 늦은 한시복귀타이머(OFF Delay Timer)
- 타이머 코일에 전기를 공급(동작함.)
- 전기를 끊으면 순간 복귀하지 않음.
- 정해진 시간(t)이 지나면 타이머가 복귀 : 시한복귀

③ 동작과 복귀가 모두 늦은 순한시타이머(ON OFF Delay Timer)
- 타이머 코일에 전기를 공급(여자-동작하지 않음.)
- 전기를 넣으면 바로 동작하지 않고 t초 후에 동작한다.
- 전기를 끊으면 순간 복구하지 않고 t초 후에 타이머가 복구

사. 카운터(counter)

1) 정의 및 종류

카운터(counter)는 계수기라고도 하며 숫자를 세는 기기로서 입력 신호를 전달 요소로 하여 입력 신호가 들어올 때마다 설정 값으로부터 1씩 감산을 하여 0이 되면 출력을 하는 내림 카운터(down counter)와 입력 신호가 들어올 때마다 1씩 가산하여 설정 값에 도달하면 출력하는 올림 카운터(up counter)가 있다. 또한 작동 원리에 따라 적산 카운터, 프리셋 카운터, 메이저 카운터 등으로 분류한다.

① 적산 카운터 : 계수 입력시마다 1씩 수치가 증가하거나 감소하는 카운터
② 프리셋 카운터 : 설정 수치까지 계수하였을 때 제어 출력이 동작하는 카운터
③ 메이저 카운터 : 멀티 모드와 디바이더 모드를 가진 카운터로 멀티 모드는 1개의 입력 신호에 의하여 설정치를 곱해서 표시하는 모드이며, 디바이더 모드는 설정 값만큼 신호가 들어오면 1씩 표시하는 모드이다. [그림 6-70]은 카운터의 베이스 번호와 내부 회로도이다.

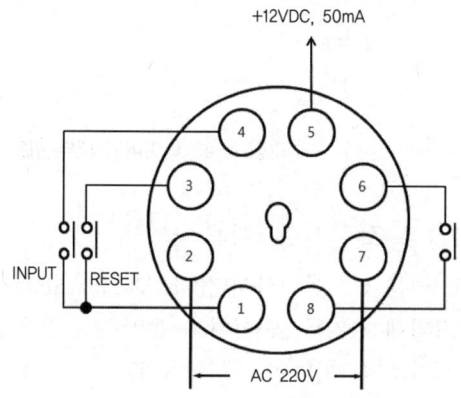

그림 6-70 카운터의 내부 회로도

2) 올림 카운터(up counter)

입력단자로 들어오는 펄스는 카운터의 숫자를 0부터 하나씩 증가시킨다. 숫자가 설정된 값이 이르면 출력단자에 전압이 출력되며 이 출력은 리셋신호가 입력될 때까지 지속된다. 리셋신호가 입력되면 출력은 0이 되고 카운터 숫자는 0이 된다.

INPUT 버튼을 누르면 카운터의 숫자가 하나씩 증가되어 설정 값이 5에 이르면 출력단자에 전압이 출력되어 L1과 L2를 점등시킨다. RESET 버튼을 누르면 출력은 0이 되고 카운터 값은 0으로 초기화된다.

3) 내림 카운터(down counter)

입력단자로 들어오는 펄스는 카운터의 숫자를 설정 값부터 하나씩 감소시킨다. 숫자가

0이 되면 출력단자에 전압이 출력되며 이 출력은 리셋신호가 입력될 때까지 지속된다. 리셋신호가 입력되면 출력은 0이 되고 카운터 숫자는 설정 값이 된다. INPUT 버튼을 누르면 카운터의 숫자가 설정 값부터 1씩 감소되어 설정 값이 0이 되면 출력단에 전압이 출력되어 L1과 L2가 점등한다. RESET 버튼을 누르면 출력은 0이 되고 카운터 숫자는 설정 값으로 바뀐다.

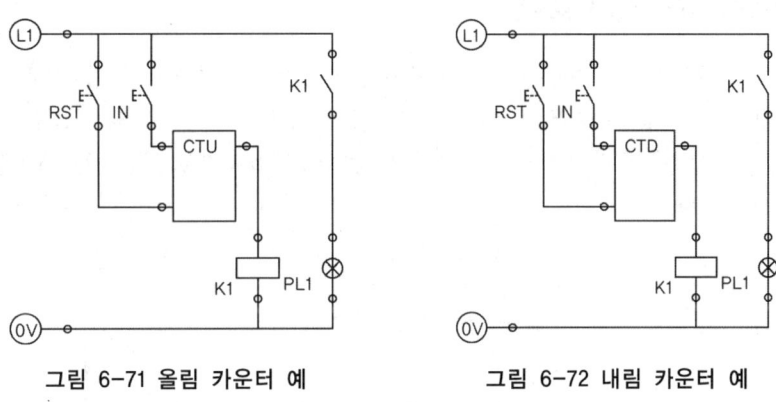

그림 6-71 올림 카운터 예   그림 6-72 내림 카운터 예

7. 전기 공압 회로

다음 표는 전기 공압 회로에 이용되는 기호이다. 일반적으로 전기회로에 사용되는 KS 기호보다는 ISO기호를 많이 사용하기 때문에 반드시 숙지하여야 회로 구성을 원활히 할 수 있다.

제어기기	ISO		KS	
	a접점	b접점	a접점	b접점
누름 버튼 스위치				
리밋 스위치				
계전기				

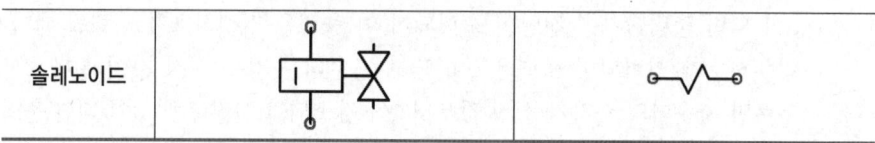

그림 6-73 전기공압에 사용되는 전기 기호

가. 단동실린더 제어 회로

[그림 6-74]의 푸시 버튼 PB1을 누르면 접점이 연결되어 솔레노이드 Sol1에 전류가 발생하여 밸브의 위치가 전환되어 공기가 주입되므로 실린더는 전진한다. PB1을 놓으면 접점이 다시 열려 Sol1은 소자되어 밸브는 원래의 상태로 되돌아가고 실린더는 스프링의 복귀력에 의해 후진한다.

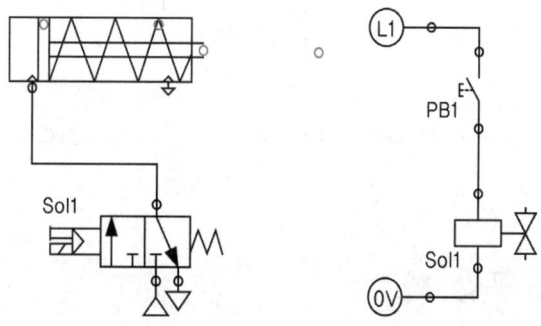

그림 6-74 단동실린더 제어

나. 복동실린더 제어 회로

[그림 6-75]에서 푸시 버튼 PB을 누르면 솔레노이드 Y1에 전류가 공급되고 방향제어 밸브가 전환되어 압축공기가 들어가 실린더는 전진한다. PB을 놓으면 접점이 다시 열려 Y1은 소자되어 밸브는 스프링에 의하여 원래의 위치로 전환되어 실린더 뒤쪽에 공기가 들어가 후진한다.

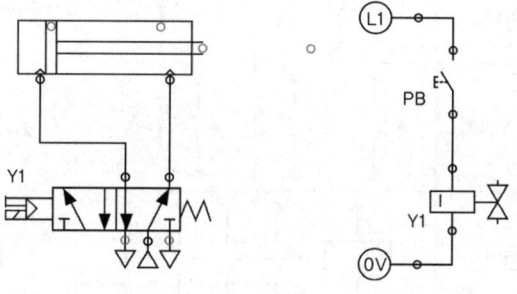

그림 6-75 복동실린더 제어

다. OR 회로

[그림 6-76]에서 푸시 버튼 스위치 S1 또는 S2를 누르면 릴레이 K1이 여자되어 K1-a접점에 의하여 솔레노이드 Y1에 전류가 공급되어 방향제어 밸브는 전환되고 실린더는 전진한다. 실린더의 전진상태는 Y1에 전류가 흐르고 있을 때만 유효하며 입력신호 S1 또는 S2의 신호를 회수하면 신호는 Y1에서 떠나고 밸브는 방향이 전환되어 실린더는 원래의 위치로 후진한다.

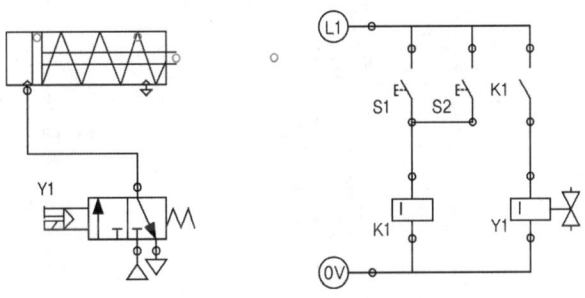

그림 6-76 OR 회로

라. AND 회로

[그림 6-77]에서 푸시 버튼 스위치 PB1과 PB2를 동시에 누르면 접점이 연결되어 통전되므로 솔레노이드 Sol1에 전류가 공급되고 밸브는 방향이 전환되어 실린더는 전진한다. PB1 또는 PB2를 놓으면 Sol1에는 더 이상 신호가 존재하지 않으므로 밸브가 전환되어 실린더는 후진한다. AND 회로는 n개의 신호입력 중에서 1개라도 신호가 누락되면 출력신호가 발생되지 않는다.

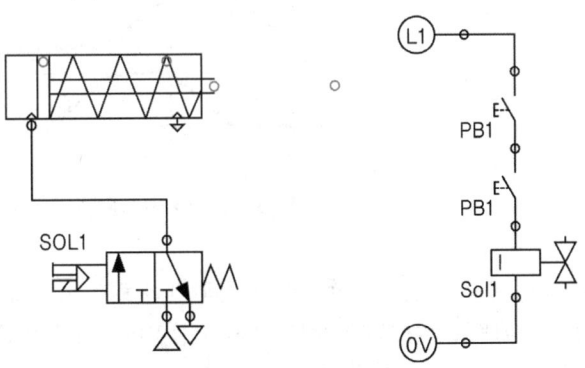

그림 6-77 AND 회로

마. 자기 유지 회로(self holding circuit)

[그림 6-78]은 자기 유지 회로 중 OFF 우선회로의 특성을 이용한 회로도이다. K1은 S1을 누르면 통전된다. S1에 병렬 연결된 릴레이 접점 K1-a에 의하여 릴레이 K1은 S1을 놓아도 자기 유지 상태에 있고, 릴레이 접점 K1-a와 같이 Y0에 전류를 공급하게 되어 실린더를 전진시켜 최종 위치에 머물게 한다. S0이 동작하면 릴레이 K1은 소자되고, Y0 또한 소자시켜 실린더는 본래의 위치로 복귀운동을 하게 된다.

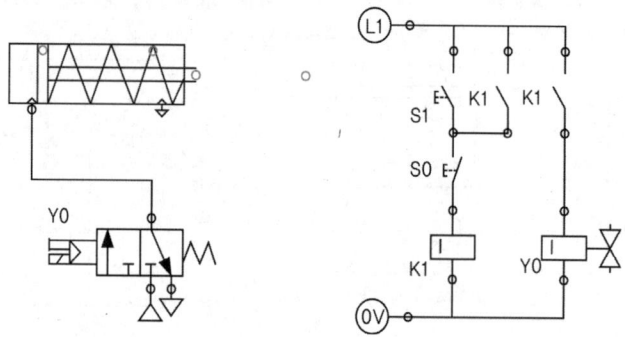

그림 6-78 자기 유지 회로

바. 시퀀스 제어 회로

롤러 컨베이어에 의하여 운반된 상자를 공압실린더로 밀어올린 다음 두 번째 실린더가 상자를 다른 롤러 컨베이어로 밀어낸다. 두 번째 실린더는 첫 번째 실린더가 귀환행정을 끝낸 후에 귀환행정을 하게 되며 작업시작 신호는 수동버튼으로 주어지게 된다. 한 신호에 한 사이클씩 작업을 수행한다.

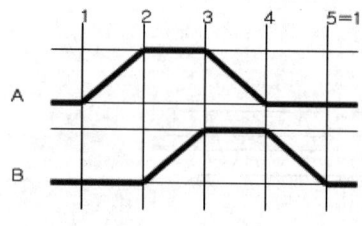

그림 6-79 변위-단계 선도

[그림 6-79]에서 상자가 벨트를 통하여 도달되면 실린더 A가 상자를 위로 올리고 실린더 B가 이를 상단의 벨트로 밀어낸다. 실린더 B는 실린더 A가 돌아온 다음에 돌아오도록 하는 장치이다. 회로를 구성하기 전에 [그림 6-78]의 변위-단계 선도를 작성한다.
회로를 구성하는 방법에는 더블 솔레노이드 밸브를 이용하는 방법과 싱글 솔레노이드 밸브

를 이용한 방법이 있다. 예제는 싱글 솔레노이드 밸브를 이용한 방법이다.

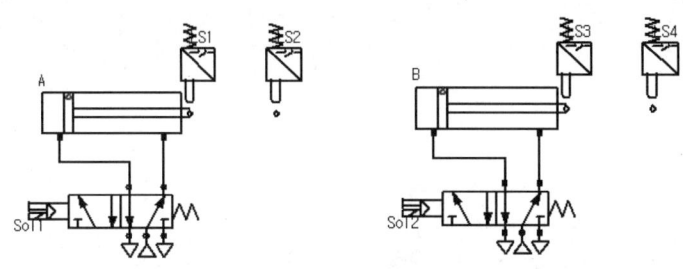

그림 6-80 전기공압회로

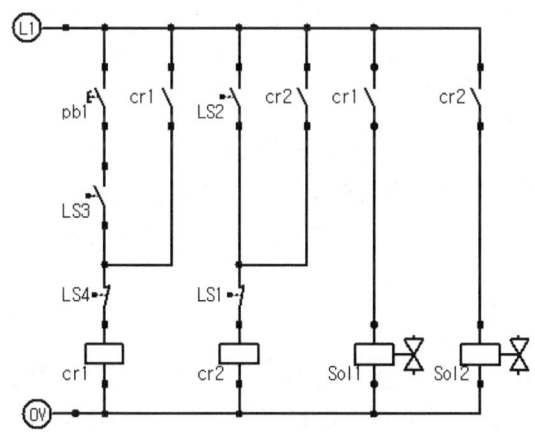

그림 6-81 전기시퀀스 회로

① 1단계 : 실린더 A와 B, 5/2-way 밸브를 그리고 밸브의 양단에 전기 동작 표시를 한다. 또한 리밋 스위치의 위치를 결정한다.
② 2단계 : 제어회로와 주회로를 그린다. 제어회로에서 릴레이 cr1은 ON 푸시 버튼(push button) pb1와 리밋 스위치 LS3을 통하여 전류가 공급된다. 주 회로에서 상시열린 접점 cr1은 회로를 닫으면 Sol1에 전류가 공급되고 실린더 A는 전진운동을 한다.
③ 3단계 : 주 회로에서 두 번째 회로와 제어회로를 그린다. 리밋 스위치 LS2는 실린더 A의 최종위치에서 동작된다. LS2가 릴레이 cr2에 전류를 공급하게 되면 상시열린 접점 cr2는 Sol2에 전류를 보내고 밸브는 전환되어 실린더 B는 전진운동을 한다.
④ 4단계 : 주 회로에서 3번째 회로와 제어회로를 그린다. 실린더 B가 리밋 스위치 LS4를 동작시키면 릴레이 cr1에 소자되어 실린더 A는 복귀한다.
⑤ 5단계 : 주 회로에서 4번째 회로와 제어회로를 그린다. 최종 후진위치에서 리밋 스위치 LS1은 실린더 A에 의해 동작되어 cr2를 소자시켜 실린더 B는 복귀한다.

제10절 전기전자 회로 측정

1. 측정용 계기

가. 계기시스템

1) 아날로그 시스템
아날로그 시스템은 아날로그 형태에서 측정하여 처리되는 것을 말한다. 이것의 정확도는 낮지만 넓은 범위의 측정을 할 수 있는 것으로서, 아날로그 량에 의한 신호는 전압과 시간 E는 변위와 압력의 그래프와 같은 연속 함수로 정의된다.

2) 디지털 시스템
디지털 시스템은 시간에 따라 양의 크기 또는 성질에 관한 정보를 포함한 많은 분리된 불연속 펄스로 구성되며, 정확도가 높은 좁은 범위의 측정에 사용된다.

나. 측정계기

1) 아날로그형 회로 시험기
저항, 직류전압, 전류 및 교류전압을 측정할 수 있는 가장 기본적인 측정용 계기이며, 가동 코일형 계기를 사용하고 배율기, 분류기, 가변 저항기, 정류기, 전지 등으로 구성되어 있어 여러 가지 측정을 할 수 있다. 눈금판은 다중 눈금으로 되어 있으며 증폭기의 출력 측정과 L과 C의 측정 및 트랜지스터, 다이오드, 서미스터 등의 저항 측정도 가능하다.

2) 측정방법
가) 전류측정
전기회로에서도 전류의 양을 측정하기 위한 계기가 전류계이며, 회로의 중간에 넣어 측정해야 한다. 즉, 측정하고자 하는 부하와 직렬로 연결하여 사용하여야 함을 말하는 것이다.

나) 전압측정

전압이란 전기적인 위치에너지(전위)의 차이라고 볼 수 있다. 전기회로에서 전위의 차(전압)가 클수록 많은 전류가 흐르게 된다. 이러한 두 지점의 전위차를 측정하기 위해서 전압계를 사용하며, 측정하고자 하는 부하(측정대상)의 양단을 연결하여 사용한다. 즉, 부하와는 병렬로 연결되어야 한다.

다) 저항측정

① 회로 시험기의 적색 리드 선을 V, Ω, A(+)에, 흑색을 COM(-)에 연결한다.
② 전환 스위치를 저항의 측정 위치에 놓는다. 이때 저항의 크기보다 큰 측정 배율이 되도록 배율을 조절한다.
③ 0[Ω] 조정을 하고, 회로 시험기의 리드 선을 측정할 저항의 양 단자에 연결한다.
④ 지침과 거울에 비친 바늘 그림자가 일치되도록 시선을 맞추고 저항값을 읽는다.
⑤ 측정단자에서 회로 시험기의 리드 선을 제거하고, 전환 스위치를 OFF의 위치로 돌려놓는다.

라) 다이오드측정

① 회로 시험기(테스터)와 다이오드를 준비한다.
② 회로 시험기(테스터)의 레인지를 저항(R)에 놓는다.
③ 흑색 리드 선을 한쪽 극에, 적색 리드 선을 다른 쪽 극에 접속한다.
④ 회로 시험기의 지침이 Zero(0) 쪽으로 이동하는지를 확인한다.
⑤ 리드 선을 반대로 연결하고 ④항목을 확인한다.
⑥ 두 번 모두 지침이 기울거나 전혀 기울지 않으면 불량인 다이오드이다.
⑦ 한쪽만 동작하였을 때 흑색 리드가 연결된 쪽이 다이오드의 P형이 된다.

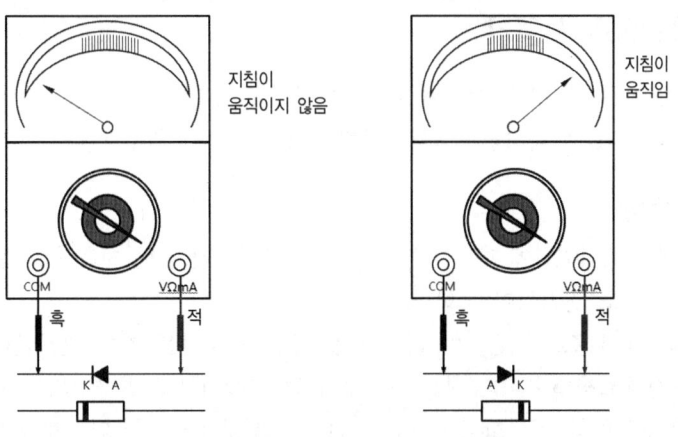

그림 6-82 다이오드 측정방법

마) 트랜지스터 극성 찾기
① 테스터의 레인지를 ×1[R]에 놓고 적색 리드를 한 극에 고정시키고 흑색 리드를 다른 두 극에 각각 접속하여 테스터의 지침이 모두 움직인다면 그 극이 베이스가 된다. 여기서 한쪽만 움직인다면 적색 리드를 다른 극에 놓고 반복하여 실험한다. 또 모든 극에서 나타나지 않는다면 이 트랜지스터는 PNP형이 아니거나 불량이라고 볼 수 있다.
② 테스터의 전환스위치를 ×1에 놓고, 베이스를 제외한 두 극에 테스터의 두 리드 선을 접속하고 지침을 확인한다.
③ 테스터 리드 선을 반대로 접속하여 보고 지침을 확인한다.
④ 많이 움직였을 때의 적색 리드 선에 접속된 극이 이미터가 되고 흑색 리드선이 컬렉터가 된다.
⑤ NPN형에서는 색깔이 반대로 된다.

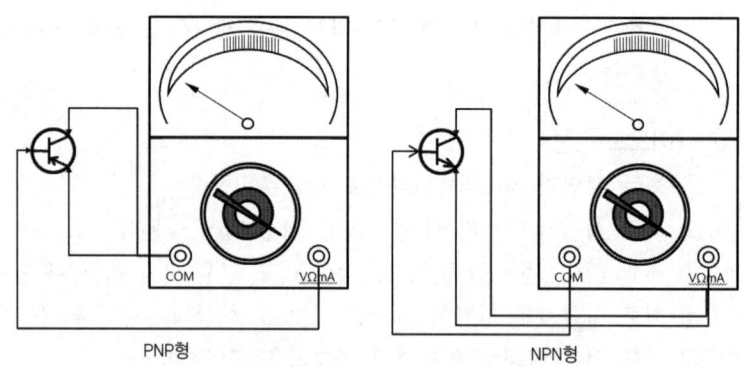

그림 6-83 트랜지스터 측정방법

다. 디지털형 회로 시험기

아날로그형 회로 시험기는 눈금을 읽는 데 따라 오차가 있을 수 있는데 이를 보완하여 정확한 값을 알 수 있는 디지털형 회로 시험기가 많이 사용되고 있다.

1) 전류측정

전류계는 전기회로에 흐르는 전류의 양을 측정하기 위한 계측기로 측정하려는 부하와는 항상 직렬로 연결되어야 한다.
① 그림에서 X표시 된 부분의 회로를 끊고 회로 시험기를 연결한다.
② 측정하고자 하는 DC(직류)전류보다 큰 값에서부터 회로 시험기의 선택레인지를 선택해야 한다. 즉, 회로 시험기의 레인지를 200[mA]에 위치해 놓은 상태에서부터 측정하여야 한다.

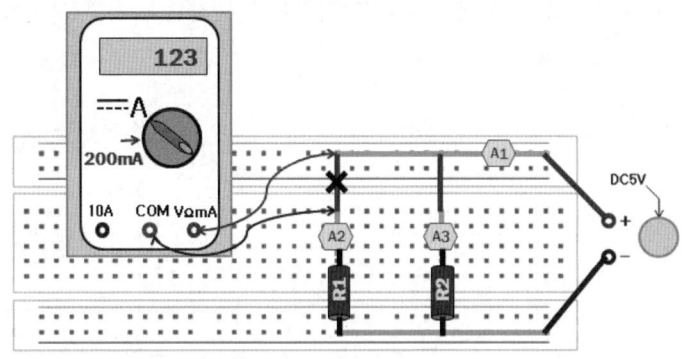

그림 6-84 전류측정

2) 전압측정

두 지점의 전위차를 측정하기 위해서 전압계를 사용하며, 측정하고자 하는 부하(측정대상)의 양단을 연결하여 사용한다. 즉, 부하와는 병렬로 연결되어야 한다. 측정하고자 하는 DC(직류)전압보다 큰 값에서부터 회로 시험기의 레인지를 선택하여 측정하여야 한다.

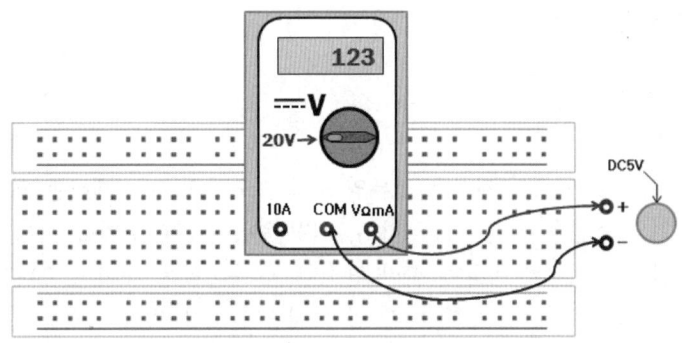

그림 6-85 전압측정

3) 저항측정

① 회로 시험기의 적색 리드 선을 V, Ω, mA(+)에, 흑색을 COM(-)에 연결한다.
② 전환 스위치를 저항의 측정 위치에 놓는다. 이때 저항의 크기보다 큰 측정 배율이 되도록 배율을 조절한다.
③ OHM 레인지로 필요에 따라 레인지를 전환하여 사용한다. 주의할 점은 배수가 낮으면, 이때 흐르는 전류도 크므로 대상에 따라 레인지를 변환하여야 한다. 또한 OHM 레인지에서 전압을 측정하면 회로 시험기가 소손되므로 주의해야 한다.
④ 회로 시험기의 선택레인지를 최솟값에서부터 측정하여 저항값이 나타나지 않으면 점차적으로 선택레인지를 높여가며 측정한다.

제6장 공압과 유압

⑤ 디지털 회로 시험기는 외부 저항에 민감하므로 저항 측정시 인체의 저항값이 측정되지 않도록 주의해야 한다.

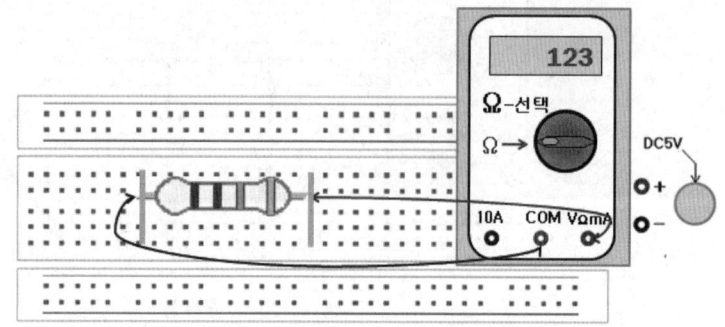

그림 6-86 저항측정

2. 전자부품

가. 전자부품의 종류

1) 수동소자

가) 저항

전자회로에서의 저항은 전류의 흐름을 조절 또는 억제하는 역할을 한다. 저항은 전기의 흐름을 적절히 조절하며, 저항값이 클수록 전기를 적게 흐르게 한다. 저항은 만드는 재료의 종류에 따라 탄소형, 금속피막형 등이 있으며 저항은 극성이 없다. 저항은 쓰이는 용도에 따라 일반 저항과 보다 정밀한 저항으로 크게 나누어 볼 수 있다.

저항값 읽어 나가는 순서는 다리 시작점에서부터 색띠까지의 간격이 좁은 쪽부터 읽어 나가는 것이 정상이나 양산작업 관계상 좁은 쪽을 구별하기가 애매하게 만들어진 제품이 많다. 이런 경우에는 색깔 읽기 좋은 순서, 즉 오차표시 색깔인 금색이 오른쪽으로 가도록 하고 왼쪽부터 순서대로 읽는다.

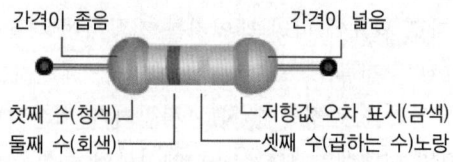

그림 6-87 저항 색띠 읽는 방법

① 저항에 표시된 색을 보고 무슨 색인지를 쉽게 말할 수 있도록 색을 구별하는 연습을 한다.
② 다음에는 검정색0(흑), 고동색1(갈), 빨간색2(적), 오랜지색3(등), 주황색4(황), 녹색5(녹), 청색6(청), 보라색7(자), 회색8(회), 백색9(백) 식으로 색깔과 숫자와의 관계값을 어떤 유사한 단어를 연상하면서 암기하면 저항값을 읽을 때 편리하다.
③ 첫째 수와 둘째 수는 색깔을 숫자로 바꾸어 순서대로 읽고 이 값에다가 셋째 수(곱하는 수, 0의 개수) 값을 그대로 곱해주면 바로 저항값을 알아낼 수 있다.
④ 또한 몇 %의 오차값을 갖고 있는 저항인가를 쉽게 알 수 있다.
⑤ 1000 이상일 때는 다음과 같이 단위를 바꾸어주면 편리하다.(1000000Ω = 1000 ΚΩ = 1 MΩ)

표 6-16 저항 색띠 환산표

저항 환산표			
첫째 수	둘째 수	셋째 수(곱하는 수)	오차표시
0	0	$10^0 = 1$	
1	1	$10^1 = 10$	
2	2	$10^2 = 100$	
3	3	$10^3 = 1000$	
4	4	$10^4 = 10000$	
5	5	$10^5 = 100000$	
6	6	$10^6 = 1000000$	
7	7	$10^7 = 10000000$	
8	8	$10^8 = 100000000$	
9	9	$10^9 = 1000000000$	
		$10^{-1} = 0.1$	±5%
		$10^{-2} = 0.01$	±10%
			±20%

나) 콘덴서

콘덴서에는 전해(electrolytic), 마일러(mylar), 세라믹(ceramic), 탄탈(tantal) 콘덴서 등이 있다. 적은 양의 전기를 잠깐 동안 저장한다. 교류는 잘 흘려주고 직류는 잘 흘려주지 않는다.

① **전해콘덴서** : 전해콘덴서는 전기를 저장 또는 필요한 전류를 차단, 공급하는 역할을 한다. 두 장 중 한 장의 표면에 산화피막을 형성시켜 (+) 전극으로 하고 전해액을 넣어 만들었기 때문에 보다 더 큰 용량을 얻을 수 있다. 이때 (+), (−)극성에

주의해야 한다.

전해콘덴서는 용량값과 콘덴서가 사용될 수 있는 전압 한곗값이 몸체에 바로 쓰여 있다. 예를 들어서 10μF/16V라고 몸체에 써 있다면 10[μF]은 용량을 표시하는 것이고 16[V]는 콘덴서를 사용하는 전압의 한곗값을 뜻하는 것이다.

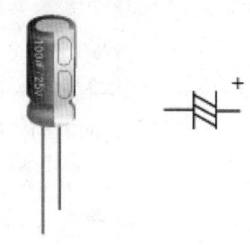

그림 6-88 전해콘덴서

② 세라믹콘덴서 : 세라믹콘덴서는 낮은 주파수보다 높은 주파수를 비교적 잘 통과시켜 준다. 따라서 고주파 회로부에 많이 쓰인다. 두 개의 은박으로 된 전극 사이에 세라믹 판을 넣고 만들어 거기에다는 갈색의 점토질로 방습처리를 했다. 정전용량이 작은 편이고 극성이나 방향이 없다.

③ 마일러콘덴서 : 적은 양의 전기를 잠깐 동안 저장한다. 교류는 잘 흘려주고 직류는 잘 흘려주지 않는다. 마일러콘덴서는 높은 주파수보다 낮은 주파수를 비교적 잘 통과시켜 준다. 따라서 저주

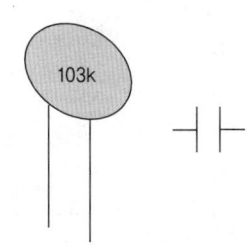

그림 6-89 세라믹콘덴서

파 회로부에 많이 쓰인다. 폴리에스테르 필름을 유전체로 사용하였기 때문에 절연저항, 내열성, 내한성이 우수하여 소형화의 이점이 있다. 극성이나 방향이 없다.

다) 콘덴서 보는 법

전해콘덴서를 제외한 세라믹, 마일러, 스티롤 콘덴서는 다음과 같이 세 개의 숫자와 한 개의 영문으로 표시되어 있다.

표 6-17 콘덴서 값 읽는 방법

첫째 수	둘째 수	셋째 수	오차 표시	
2 2	2 2	3 $\times 10^3 = 1000$	K ±10%	22000pF = 0.022μF, 오차 ±10%
1 1	0 0	4 $\times 10^4 = 10000$	K ±10%	100000pF = 0.1μF, 오차 ±10%
2 2	2 2	2 $\times 10^2 = 100$	K ±10%	2200pF = 0.0022μF, 오차 ±10%
1 1	0 0	3 $\times 10^3 = 1000$	J ±5%	10000pF = 0.01μF, 오차 ±5%
6 6	8 8	1 $\times 10^1 = 10$	K ±10%	680 pF, 오차 ±10%

2) 능동소자

가) 트랜지스터

반도체의 대표적인 부품으로 현재 사용되는 것은 실리콘이며 트랜지스터는 PNP와 NPN의 2종류가 있다. PNP형은 얇은 N형 반도체를 2개의 P형 반도체 사이에 끼우는 것이고, NPN형은 반대로 N형 사이에 P형을 끼우는 것이다.

EBC 또는 ECB의 단자는 PNP형은 왼쪽에 P형을 이미터(E) 중앙의 N형을 베이스(B), 오른쪽의 P형을 컬렉터(C)라고 부른다. 이것은 각각에 전극

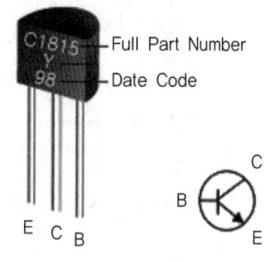

그림 6-90 트랜지스터

을 붙여 밖으로 끌어낸 단자이며, 각각 E.B.C 또는 E.C.B 단자라 한다.

① 트랜지스터의 대표적인 작용은 증폭 작용과 스위칭 작용이 있다. 증폭이란 작은 전기 신호를 수백 배까지 크게 할 수 있다. 예를 들면 증폭작용에 의해 베이스에 전류를 100배 증폭하여 이 베이스 전류를 몇 배로 증폭하였는가에 따라 증폭률이 결정된다.

② 스위칭 작용은 이미터와 컬렉터 간의 도통 상태로 하려면 베이스 전류가 다량으로 흐를 때 ON 상태가 되며, 베이스 전류가 전혀 흐르지 않게 하면 OFF 상태가 되는 것이다. 이 동작의 상태는 1초에 1000번 정도 반복 동작이 가능하다. 즉 베이스 전류를 가감하여 컬렉터 전류를 조절할 수 있는 것이며, 이것을 스위치 작용이라 한다.

나) 트랜지스터 보는 법

표 6-18 트랜지스터 기호 읽는 방법

2	S	C	1815	Y
반도체소자의 구분 정류기의 접합수	Semicontor의 머리글자	종별표시 A-PNP 고주파용 B-PNP 저주파용 C-NPN 고주파용 D-NPN 저주파용 F-사이리스터 J-P형의 FET P-발광소자 H-단접합트랜지스터 (유니정크션 TR) JK-FET M-TRiac V-가변용량다이오드	100에서부터 부여하는 등록 번호 예) 2SC372 2SC373 2SC1815 2SC3198 등	최초의 품종을 개량한 표시 A부터~K까지 R 표시는 극성이 반대인 다이오드
1. 다이오드소자 2. 트랜지스터소자 3. 사이리스터 FET 4. 5단자 FET	반도체 소자의 표시			

3) 다이오드(diode)

P형 반도체와 N형 반도체를 붙인 것인데 P형 반도체는 실리콘과 같은 4가 원소에 인듐과 같은 3가지 원소를 첨가, 공유 결합시켜 전자를 부족하게 하여 양(+)극성을 띠도록 만든 것이고 N형 반도체는 4가 원소에 비소와 같은 5가 원소를 첨가 공유 결합시켜 전자가 남게 하여 음(-)극성을 띠도록 만든 것이다. 다이오드는 A(P형) 극에 (+), K(N형) 극에 (-)극의 전압을 공급할 때 곧 순방향 전압이 연결될 때만 전류를 흘려주는 특성이 있으며, 용도에 따라 전압제어 곧 스위칭작용을 하는 스위칭다이오드, 검파작용을 하는 검파다이오드, 정류작용을 하는 정류다이오드 등이 있다.

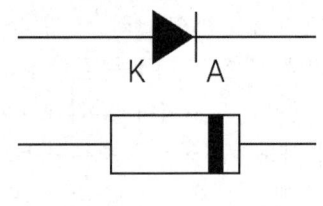

그림 6-91 다이오드 기호

3. 반도체

가. 반도체의 성질

1) 저항률에 의한 물질의 구분

① 도체(conductor) : $10^{-4}[\Omega m]$ 이하의 물질(은, 구리 등)
② 절연체(insulator) : $10^{7}[\Omega m]$ 이상의 물질(베이클라이트, 고무 등)
③ 반도체(semiconductor) : $10^{8} \sim 10^{-5}[\Omega m]$ 사이의 물질(Ge, Si 등)

2) 진성 반도체와 불순물 반도체

① 진성 반도체 : 불순물이 전혀 섞이지 않은 반도체
② 불순물 반도체 : N형과 P형으로 구분한다.
③ N형 반도체 : 과잉 전자에 의해 전기 전도가 되는 불순물 반도체라고 하며, 진성 반도체에 첨가되는 5가 원소를 도너(donoer)라 한다. 첨가되는 5가 원소에는 Sb, As, P, Pb 등이 있다.
④ P형 반도체 : 정공(hole)에 의해 전기 전도가 되는 불순물 반도체라고 하며, 진성 반도체에 첨가되는 3가 원소를 억셉터(accepter)라 한다. 첨가되는 3가 원소에는 Ga, In, B, Al 등이 있다.

나. 다이오드와 트랜지스터

1) PN 접합 다이오드(PN : Junction Diode)

① P형 반도체와 N형 반도체를 접합시켜 만든다.

② 다이오드의 종류 $\begin{cases} \text{점 접촉형} \\ \text{접합형} \begin{cases} \text{합금 접합형} \\ \text{확산 접합형} \end{cases} \end{cases}$

일반적으로 다이오드는 한 방향으로만 전류가 흐르기 쉬운 성질을 이용한 전류용이나 검파용을 말한다. 일단 P-N접합이 이루어지면 양쪽의 다수 반송자들은 상대적으로 농도가 묽은 쪽으로 확산되어 들어가서 그 쪽의 소수 반송자가 된다. 확산이 진행되는 도중에 접합면 근처에서 만난 일부의 전자-전공은 결합에 의하여 소멸되어 반송자의 결핍층이 형성된다. 이것을 공핍층이라 한다.

접합면 한쪽에 (+), 다른 쪽에 (-)로 외부에서 직류 전압을 걸었을 때 이 직류 전원을 바이어스 전압이라 한다. 이때 P형 쪽에 (+)단자를, N형 쪽에 (-)단자를 접속시키는 방식을 순방향 바이어스라 한다.

2) 제너 다이오드(zener diode)

① 전압을 일정하게 유지하기 위한 전압제어소자로 쓰인다(정전압 회로).
② 재료의 배합에 따라 1V~1,000V 정도까지의 제너 전압 V_Z이 결정된다.
③ 순방향으로 바이어스 되면 다이오드처럼 동작한다.

3) 포토다이오드(photodiode)

① 동작영역이 역방향 바이어스 영역으로 제한된다.
② 빛 에너지의 크기는 $w = hfJ$이다.

4) 발광 다이오드(LED : Light-Emitting Diode)

① 자유전자는 높은 에너지 위치에서 낮은 에너지로 떨어질 때 에너지를 발산한다.
② 에너지를 빛으로 발산한다.
③ 계측기, 계산기, 카드 판독기, 샤프트 인코더, 도난 경보기 등에 쓰인다.

5) 트랜지스터(transistor)

가) 트랜지스터의 전극
① 컬렉터(C, Collector) : 전류의 반송자를 모으는 부분의 전극

② 베이스(B, Base) : 주입된 반송자를 제어하는 전극
③ 이미터(E, Emitter) : 전류의 반송자를 주입하는 전극

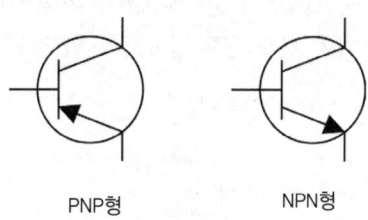

그림 6-92 트랜지스터 기호

나) 트랜지스터의 동작

트랜지스터는 3층으로 된 반도체 소자로 2층의 N형 층과 1층의 P형 층 또는 2층의 P형 층과 1층의 N형 층으로 되어 있으며 전자를 N-P-N형, 후자는 P-N-P형 트랜지스터라 한다.

트랜지스터는 중앙에 좁혀진 부분을 베이스(base), 베이스의 좌측 영역은 전하를 운반하는 반송자를 발사(emitter)라고 부르며, 우측의 영역은 반송자를 모으는 (collect) 작용을 한다는 의미에서 컬렉터(collector)라고 한다.

이미터에 전류가 흐르는 방향을 나타내는 화살표를 붙여서 구별하며, 그 물리적 구조를 P-N-P형 기준으로 설명하면 다음과 같다.

① 이미터, 베이스, 컬렉터의 순으로 도핑 농도를 달리한다. 즉 이미터의 반송자 농도를 제일 크게 한다.
② 가운데 N층(베이스) 지역을 대단히 얇게 형성시킨다.
③ 컬렉터층이 가장 크게 형성된다.

4. 전압, 전류, 저항 측정

가. 전압측정

1) 전압측정하기
   ① 측정하고자 하는 DC(직류)전압보다 큰 값에서부터 회로 시험기의 선택레인지 선택한다.
   ② 단, 회로 시험기의 레인지를 20V에 위치해 놓은 상태에서 측정값이 5V로 표시되었다면, 회로 시험기의 선택레인지를 측정값 이하로 더 이상 내리지 말아야 한다.

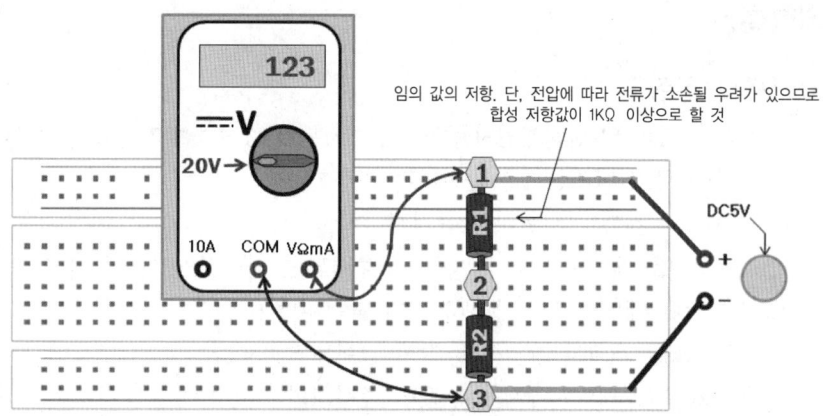

그림 6-93 전압 측정 방법

나. 전류측정

1) 전류측정하기

① 측정하고자 하는 DC(직류)전류보다 큰 값에서부터 회로 시험기의 레인지 선택 즉, 회로 시험기의 레인지를 200mA에 위치해 놓은 상태에서부터 측정한다.

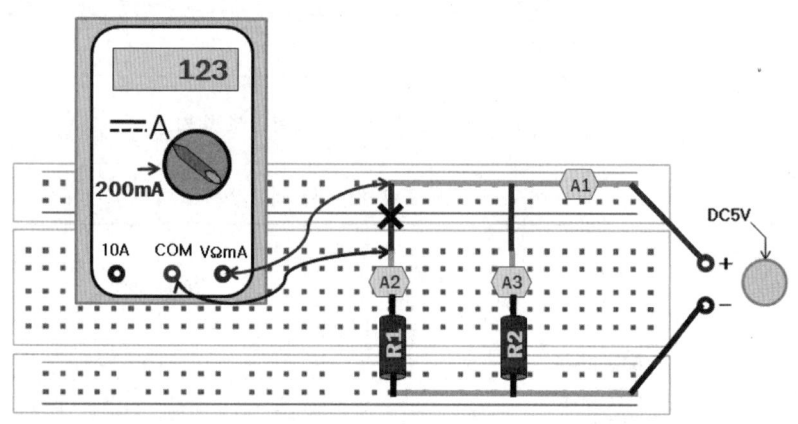

그림 6-94 전류측정 방법

② 임의 저항값을 선정하여 회로도와 같이 결선한 후 각 저항에 흐르는 전류값을 측정한다. 단, 전압에 따라 전류가 소손될 우려가 있으므로 개별 저항값은 1kΩ 이상으로 하여야 한다.

다. 저항측정

1) 저항측정하기

① 회로 시험기의 선택레인지를 최솟값에서부터 측정하여 저항값이 나타나지 않으면 점차적으로 선택레인지를 높여가며 측정한다.

② 670Ω의 저항을 시험기로 측정시
  ㉮ 200Ω 레인지에서 1.＿ 값이 출력되면 선택레인지를 높여서 측정
  ㉯ 2kΩ 레인지에서 0.675 값이 출력되면 675Ω
  ㉰ 20kΩ 레인지에서 0.68 값이 출력되면 680Ω
  ㉱ 200kΩ 레인지에서 0.8 값이 출력되면 700Ω

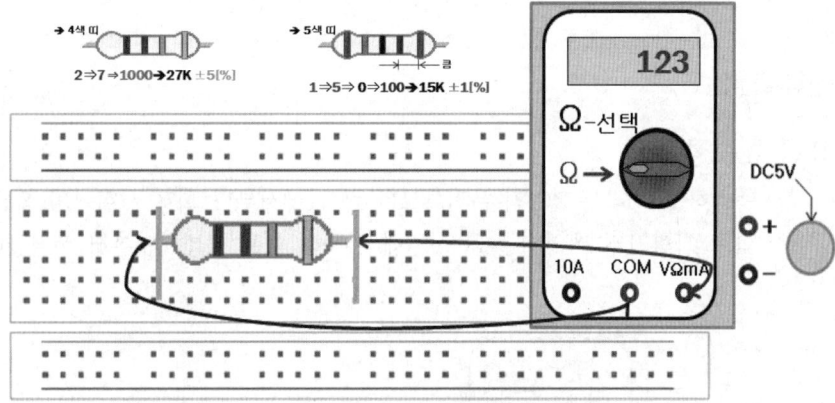

그림 6-95 저항측정 방법

표 6-19 저항 색띠 읽는 방법

색명 (Color)	제 1 색대 (1st Band)	제 2 색대 (2nd Band)	제 3 색대 (3rd Band)	승수 (Multiplier) 10^x	허용차 (Tolerance)
검 Black	0			$1 \times 10^0 = 1$	
갈 Brown	1			$1 \times 10^1 = 10$	$\pm 1\%(F)$
빨 Red	2			$1 \times 10^2 = 100$	$\pm 2\%(G)$
주 Orange	3			$1 \times 10^3 = 1,000$	
노 Yellow	4			$1 \times 10^4 = 10,000$	
녹 Green	5			$1 \times 10^5 = 100,000$	$\pm 0.5\%(D)$
파 Blue	6			$1 \times 10^6 = 1,000,000$	$\pm 0.25\%(C)$
보 Purple	7			$1 \times 10^7 = 10,000,000$	$\pm 0.1\%(B)$
회 Grey	8			$1 \times 10^8 = 100,000,000$	$\pm 0.05\%(A)$
흰 White	9			$1 \times 10^9 = 1,000,000,000$	
금 Gold				$1 \times 10^{-1} = 0.1$	$\pm 5\%(J)$
은 Silver				$1 \times 10^{-2} = 0.01$	$\pm 10\%(K)$

라. 전기전자측정

전기전자측정은 아날로그 랩 유닛이나 디지털 랩 유닛이란 장비를 가지고 저항을 직렬 또는 병렬로 연결하고 저항, 전압, 전류를 측정하는 것을 말한다.

:: 예제 1 ::

임의의 저항값을 선택하여 회로도와 같이 결선 후 아래 표의 빈칸을 채우시오.

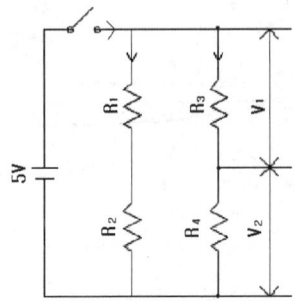

그림 6-96 회로도

표 6-20 저항값 및 전압 측정값 기록표

항 목	R_1	R_2	R_3	R_4	V_1	V_2
측정치						

해설

1. 저항 4개를 선택하여 회로도와 같이 브레드보드에 연결한다.
2. 저항을 R1:주백빨, R2:주주주, R3:주주갈, R4:갈검빨로 선택하였다면 R1은 3.9㏀, R2 33㏀, R3은 330Ω, R4는 1.0㏀이 된다. 따라서 측정 회로 시험기를 저항측정 레인지로 바꾸어 각 저항을 측정해서 근사값을 기록표에 기록한다. 이때 스위치는 OFF 상태에서 측정하며 전극봉은 구별 없이 사용해도 된다. [그림 6-97]은 저항측정 방법이다.

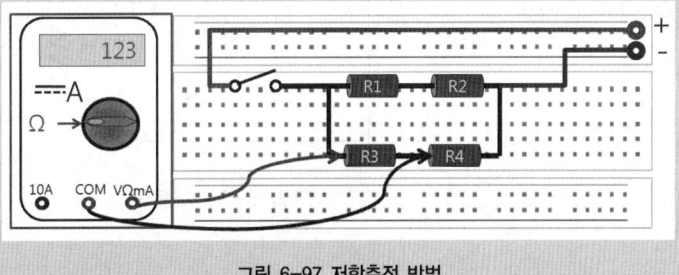

그림 6-97 저항측정 방법

제6장 공압과 유압

3. 전압측정은 측정 회로 시험기를 전압측정 레인지로 바꾸어 R3 양단을 측정하여 V1 값으로 기록하고, R4 양단의 전압을 측정하여 V2 값으로 기록한다. 전압측정은 스위치를 반드시 ON시킨 후 측정하여야 한다. [그림 6-98]은 V2 전압을 측정하는 개략도이다.

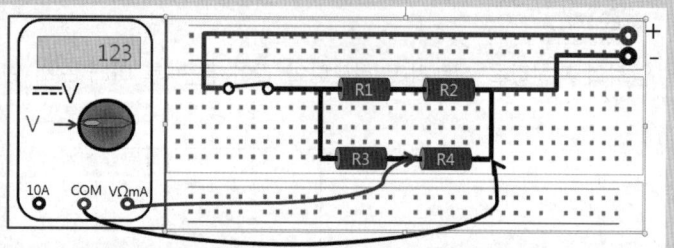

그림 6-98 전압측정 방법

표 6-21 저항값 및 전압 측정값 기록표

항 목	R_1	R_2	R_3	R_4	V_1	V_2
색띠	주백빨	주주주	주주갈	갈검빨		
측정치	3.9㏀	33㏀	330Ω	1.0㏀	1.4V	3.5V

::예제 2::

임의의 저항값을 선택하여 회로도와 같이 결선 후 아래 표의 빈칸을 채우시오.

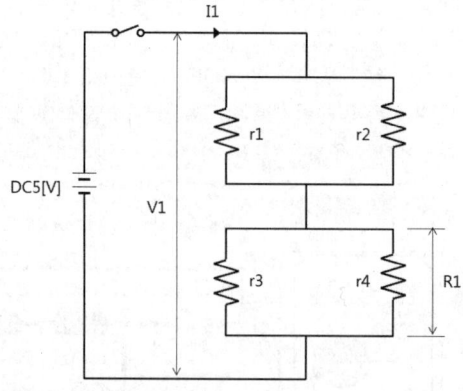

그림 6-99 회로도

표 6-22 저항값 및 전압 측정값 기록표

항 목	R_1	V_1	I_1
측정치			

해설

1. 저항 4개를 선택하여 회로도와 같이 브레드보드에 연결한다.
2. 저항을 r1:빨보주, r2:주주갈, r3:빨검빨, r4:로 선택하였다면 r1은 27㏀, r2는 330Ω, r3은 2.2㏀, r4는 15㏀이 된다. 따라서 측정 회로 시험기를 저항 측정 레인지로 바꾸어 R1에 해당되는 부분을 측정해서 근사값을 기록표에 기록한다. 이때 스위치는 OFF 상태에서 측정하며 전극봉은 구별 없이 사용해도 된다. [그림 6-100]은 저항측정 방법이다.

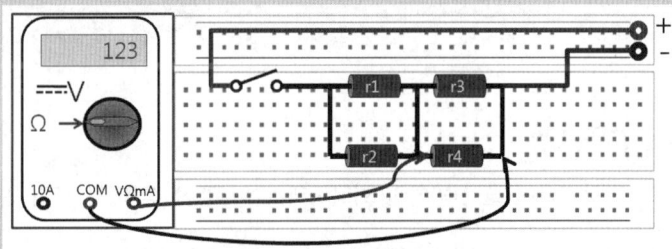

그림 6-100 저항측정 방법

3. 전압측정은 측정 회로 시험기를 전압측정 레인지로 바꾸어 전원 양단을 측정하여 V2 값으로 기록한다. 예를 들어 전원이 5[V]이라면 측정값은 5[V]가 된다. 전압측정은 스위치를 반드시 ON시킨 후 측정하여야 한다. [그림 6-101]은 V1 전압을 측정하는 개략도이다.

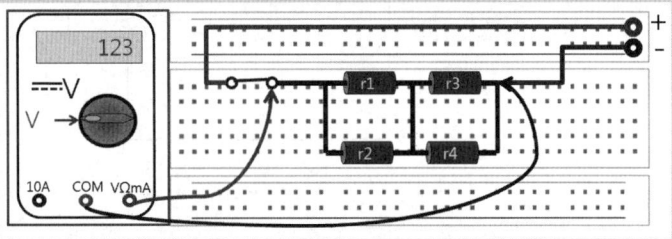

그림 6-101 전압측정 방법

4. 전류측정은 측정 회로 시험기를 전류측정 레인지로 바꾸고 스위치를 OFF시킨 상태에서 스위치 양단을 측정하면 된다. 이때 적색 리드봉은 +측, 흑색 리드봉은 -측에 연결하여 측정한다.

제6장 공압과 유압

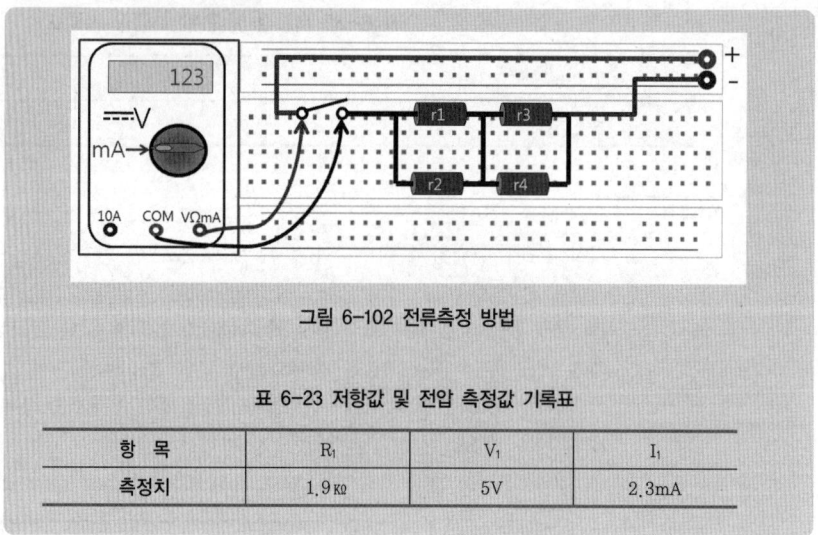

그림 6-102 전류측정 방법

표 6-23 저항값 및 전압 측정값 기록표

항 목	R_1	V_1	I_1
측정치	1.9 KΩ	5V	2.3mA

::예제 3::

임의의 저항값을 선택하여 회로도와 같이 결선 후 아래 표의 빈칸을 채우시오.

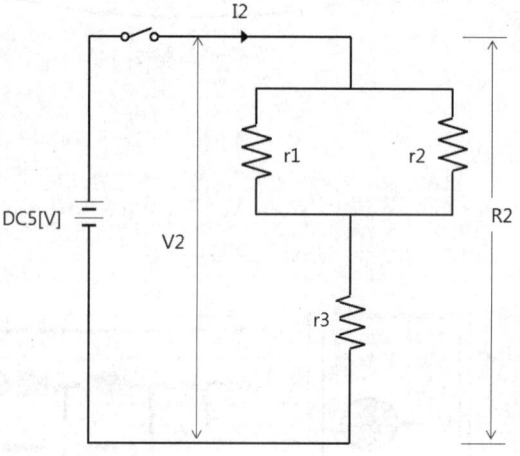

그림 6-103 회로도

표 6-24 저항값 및 전압 측정값 기록표

항 목	R_2	V_2	I_2
측정치			

해설

1. 저항 3개를 선택하여 회로도와 같이 브레드보드에 연결한다.
2. 저항을 r1:빨노노, r2:갈검갈, r3:주주주로 선택하였다면 r1은 470㏀, r2는 100Ω, r3은 33㏀이 된다. 따라서 측정 회로 시험기를 저항측정 레인지로 바꾸어 R2에 해당되는 부분을 측정해서 근사값을 기록표에 기록한다. 이때 스위치는 OFF 상태에서 측정하며 전극봉은 구별 없이 사용해도 된다. [그림 6-104]는 저항측정 방법이다.

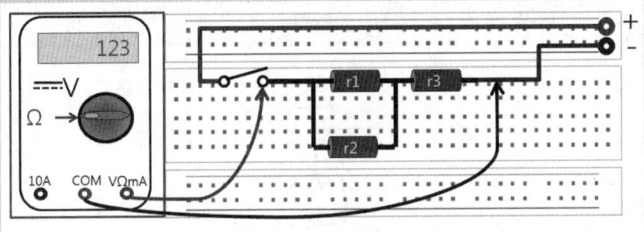

그림 6-104 저항측정 방법

2. 전압측정은 측정회로 시험기를 전압측정 레인지로 바꾸어 전원 양단을 측정하여 V2 값으로 기록한다. 예를 들어 전원이 5[V]이라면 측정값은 5[V]가 된다. 전압측정은 스위치를 반드시 ON시킨 후 측정하여야 한다. [그림 6-105]는 V2 전압을 측정하는 개략도이다.

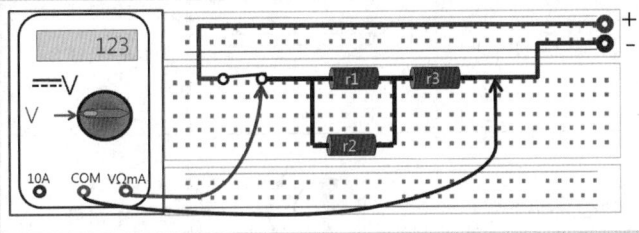

그림 6-105 전압측정 방법

3. 전류측정은 측정 회로 시험기를 전류측정 레인지로 바꾸고 스위치를 OFF시킨 상태에서 스위치 양단을 측정하여 근사값을 기록표에 기록한다. 이때 적색 리드봉은 +측, 흑색 리드봉은 -측에 연결하여 측정한다.

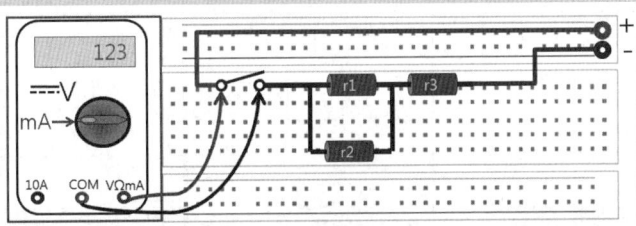

그림 6-106 전류측정 방법

제6장 공압과 유압

표 6-25 저항값 및 전압 측정값 기록표

항 목	R_2	V_2	I_2
측정치	33[KΩ]	5[V]	0.15[mA]

■ 공압기호

기기명	기호	기기명	기호
압력원		배기구	
컴프레서		전기모터	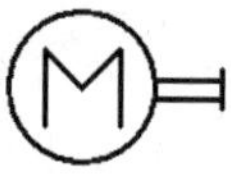
단동실린더	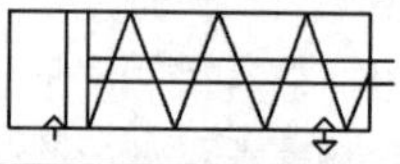	복동실린더	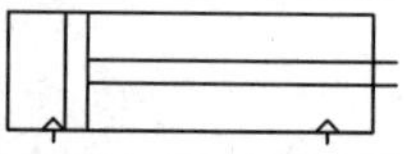
양로드실린더	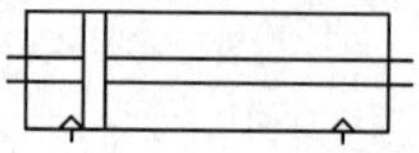	로드리스 실린더	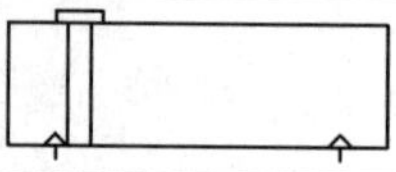
텔레스코프실린더	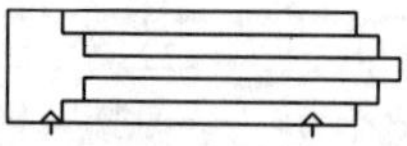	공압모터(단방향)	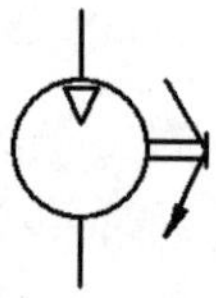
공압모터(양방향)	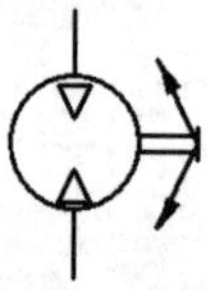	요동형 모터	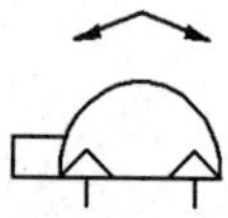
흡입관	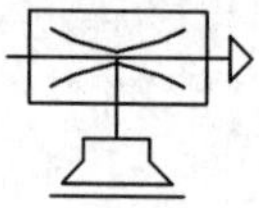	감압 밸브	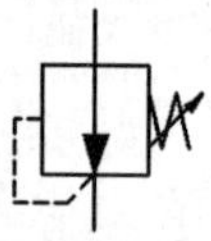
릴리프 밸브	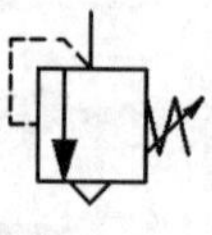	시퀀스 밸브	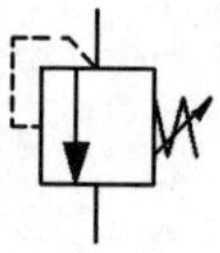
스로틀 밸브		논리턴스로틀 밸브	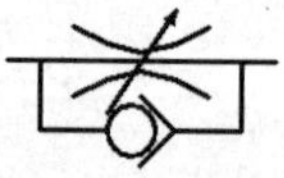

제 10 절 전기전자 회로 측정

기기명	기호	기기명	기호
급속배기 밸브		체크 밸브	
AND 밸브		OR 밸브	
3/2WAY 솔레노이드 (NC)		3/2WAY 솔레노이드 (NO)	
5/2WAY 솔레노이드 (편솔)		5/2WAY 솔레노이드 (양솔)	
3/2WAY 롤러레버 (NC)		3/2WAY 롤러레버 (NO)	
3/2WAY 수동제어 (NC)		3/2WAY 수동제어 (NO)	
전기리밋 스위치		근접센서	

■ 유압기호

기기명	기호	기기명	기호
압력원		탱크	
펌프		전기모터	
단동실린더		복동실린더	
양로드실린더		로드리스 실린더	
텔레스코프실린더		유압모터(단방향)	

제6장 공압과 유압

기기명	기호	기기명	기호
유압모터(양방향)		요동형 모터	
감압 밸브		릴리프 밸브	
시퀀스 밸브		카운터밸런스 밸브	
스로틀 밸브		논리턴스로틀 밸브	
스로틀 밸브(기계적)		체크 밸브	
AND 밸브		OR 밸브	
3/2WAY 솔레노이드 (NC)		3/2WAY 솔레노이드 (NO)	
5/2WAY 솔레노이드 (편솔)		5/2WAY 솔레노이드 (양솔)	
3/2WAY 롤러레버 (NC)		3/2WAY 롤러레버 (NO)	
3/2WAY 수동제어 (NC)		3/2WAY 수동제어 (NO)	
전기리밋 스위치		근접센서	

제 7 장 산업안전

제1절 산업안전의 개요
제2절 산업시설의 안전
제3절 가스 및 위험물에 관한 안전
제4절 사고예방
제5절 산업안전 관계법규

제1절 산업안전의 개요

1. 산업안전의 목적과 정의

가. 산업안전의 필요성

① 생산능률의 향상   ② 산업재해를 미연에 방지   ③ 기업의 경제적 손실을 방지

나. 안전관리의 중요성

① 기업의 신뢰도 높임   ② 기업의 이직률 감소
③ 기업의 투자 경비 절약   ④ 상하 동료 간의 인간관계 개선
⑤ 기업 내 규칙과 안전수칙이 준수   ⑥ 고유 기술이 축적되어 품질이 향상

다. 안전관리의 목적

① 인명존중   ② 사회복지의 증진   ③ 생산성의 향상   ④ 경제적 향상

라. 경영과 안전

① 경영의 3요소 : 자본(money), 기술(engineering), 인간(man)
② 안전의 3요소 : 교육적 요소, 기술적 요소, 관리적 요소
③ 안전의 5 요소 : 인간, 도구, 환경, 원재료, 작업방법

마. 산업심리학의 개요

심리학의 방법과 식견을 가지고 인간의 산업에 있어서의 행동을 연구하는 실천과학이자 응용 심리학의 한 분야이며, 산업 관리에 적용하여 생산 능률과 성과를 증대시키고 인간의 복지를 증진시키는 데 목적을 두고 있다.

제1절 산업안전의 개요

바. 욕구(desire) : 생리적 욕구와 사회활동 욕구로 분류한다.

① 생리적 욕구 : 호흡 욕구, 안전 욕구, 해갈 욕구, 배설 욕구, 수면 욕구, 식욕, 활동 욕구
② 사회활동 욕구 : 정신활동, 생활행동, 통제행동, 가족행동, 경제활동

사. 안전심리의 5요소

동기, 기질, 감정, 습성, 습관

아. 동기부여 이론

1) Maslow의 욕구 5단계

   ① 생리적 욕구(1단계) : 기아, 갈증, 호흡, 배설, 성욕 등 인간의 기본적인 욕구(종족 보존)
   ② 안전 욕구(2단계) : 안전에 대한 욕구
   ③ 사회적 욕구(3단계) : 애정, 소속에 대한 욕구(친화 욕구)
   ④ 인정을 받으려는 욕구(4단계) : 자존심, 명예, 성취, 지위에 대한 욕구(승인의 욕구)
   ⑤ 자아실현의 욕구(5단계) : 잠재적인 능력을 실현하고자 하는 욕구(성취 욕구)

자. 인간공학적 안전의 설정

① 페일-세이프티(fail-safety) : 인간 또는 기계에 과오나 동작상의 실수가 있어도 안전사고를 발생시키지 않도록 2중 또는 3중으로 통제를 가하도록 한 체계를 말한다.
② 록 시스템(lock system) : 기계와 인간은 각각 기계 특수성과 생리적 관습에 의하여 사고를 일으킬 수 있는 불안정한 요소를 지니고 있기 때문에 기계에 인터록 시스템, 인간의 심중에 인트라록 시스템, 그 중간에 트랜스록 시스템을 두어 불안정 요소에 대해서 통제를 가한다.
③ 시퀀스(sequence) : 순차 제어는 지시대로만 동작(수정 불가)하는 것을 의미한다.
④ 피드백(feedback) : 제어 방식은 제어 결과를 측정하여 목표로 하는 동작이나 상태와 비교하여 잘못된 점을 수정하여 가는 제어 방식이다.

차. 안전 보건 교육

1) 안전 보건 교육의 개요

   지식 교육은 작업에 관련된 취약점이나 그 취약점에 대응하는 작업 방법에 대한 전문지식을 부여하는 교육이며, 기능 교육은 지식교육 완료 후 실시하는데 작업 방법 등 실제의 작업에 적용될 수 있는 능력을 부여하는 교육이다.

2) 교육의 요소

① 교육의 3요소 : 주체(강사), 객체(수강자), 매개체(교재, 교육 내용)
② 교육의 이해도(교육 효과)
　　귀(20%)　　눈(40%)　　입(80%)　　귀+눈(80%)　　머리+손+발(90%)

카. 안전교육의 종류 및 단계

표 7-1 안전교육의 종류 및 단계

교육의 종류	교육 시 요점
제1단계(지식 교육)	작업에 관련된 취약점과 그것에 대응하는 작업방법을 알도록 한다.
제2단계(기능 교육)	지시된 표준 작업방법대로 시범을 보여주고 실습을 시킨다.
제3단계(태도 교육)	가치관 형성 교육을 한다. 교육방법으로는 토의식 교육이 효과적임
추후지도 방법	주기적으로 OJT(현장교육)를 실시한다.

2. 산업재해의 분류

가. 기인물 가해물의 의미

1) 기인물

불안전한 상태에 있는 재해요인을 물체로 나타내는데 이러한 상태인 것을 말하며, 재해를 직접 가져오는 근본 원인이 되는 기계, 장치, 기타 물 또는 환경을 말한다.

2) 가해물

사람의 신체에 직접 접촉하여 피해를 입히는 것을 말한다.

나. 재해의 원인별 분류

1) 직접 원인

가) 인적 원인(불안전한 행동)

① 부적당한 속도로 장치를 운반한다. ② 허가 없이 장치를 운전한다.
③ 잘못된 방법으로 장치를 운전한다. ④ 결함이 있는 장치를 사용한다.
⑤ 안전장치가 작동하지 않게 한다. ⑥ 가동 중인 장치를 정비한다.

⑦ 잘못된 작업위치를 취한다. ⑧ 물건을 잘못 올린다.
⑨ 개인 보호구를 사용하지 않는다. ⑩ 장치 또는 자재의 부적당한 하적 또는 배치
⑪ 공동 작업자에게 경고하지 않는다. 또는 준비를 충분히 하지 않는다.

나) 물적 원인(불안전한 상태)
① 불충분한 지지 또는 방호 ② 결함이 있는 공구, 장치 또는 자재
③ 작업 장소의 밀집 ④ 불충분한 경보 시스템
⑤ 화재 또는 폭발 위험성 ⑥ 빈약한 장비
⑦ 지나친 소음 ⑧ 빈약한 조명
⑨ 빈약한 노출 위험성이 있는 대기 상태(가스, 먼지, 증기 등)

2) 간접 원인
① 기술적인 원인 ② 교육적인 원인
③ 신체적인 원인 ④ 정신적인 원인
⑤ 관리적인 원인

다. 산업재해의 발생 형태

① **단순 자극형** : 상호 자극에 의하여 순간적으로 재해가 발생하는 유형으로 재해가 일어난 장소에, 그 시기에 일시적으로 요인이 집중한다.
② **연쇄형** : 하나의 사고 요인이 또 다른 요인을 발생시키면서 재해를 발생시키는 유형이며 단순 연쇄형과 복합 연쇄형이 있다.
③ **복합형** : 단순 자극형과 연쇄형의 복합적인 발생 유형이다.

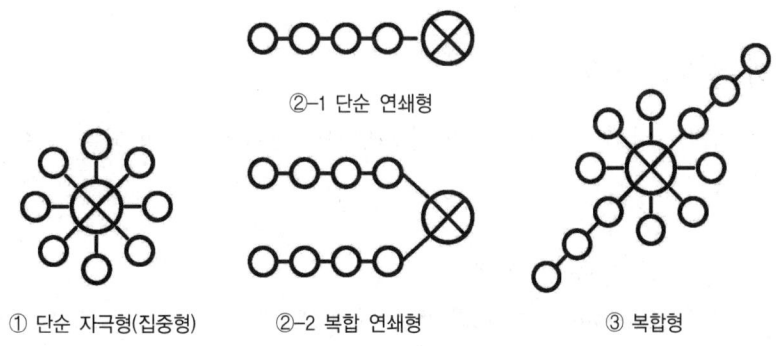

그림 7-1 산업재해의 유형

라. 재해의 분류

표 7-2 발생 형태별 재해의 분류

분류번호	분류항목	세부 항목
1	추 락	사람이 건축물, 비계, 사다리, 계단, 경사면, 나무 등에서 떨어지는 것
2	전 도	사람이 평면상으로 넘어졌을 때를 말함(과속, 미끄러짐 포함)
3	충 돌	사람이 정지 물에 부딪친 경우
4	낙하, 비래	물건이 주체가 되어 사람이 맞는 경우
5	협 착	물건에 끼워지거나 말려든 상태
6	감 전	전기 접촉이나 방전에 의해 사람이 충격을 받은 경우
7	폭 발	압력의 급격한 발생 또는 개방으로 폭음을 수반한 팽창이 일어난 경우
8	붕괴, 도괴	적재물, 비계, 접촉물이 무너진 경우
9	파 열	용기 또는 장치가 물리적인 압력에 의해 파열한 경우
10	화 재	화재로 인한 경우를 말하며 관련 물체는 발화물로 기재
11	무리한 동작	무거운 물건을 들다 허리를 삐거나 부자연스런 자세 또는 동작의 반동으로 상해를 입은 경우
12	이상온도접촉	고온이나 저온에 접촉한 경우
13	유해물접촉	유해물 접촉으로 중독이나 질식된 경우
14	기 타	1~13항으로 구분 불능 시 발생 형태를 기재할 것

3. 재해 통계

가. 재해 통계의 목적

기업의 안전관리 수준을 평가하며 이후의 재해 방지에 기본이 되는 정보를 파악하기 위해 작성한다.

1) 사고의 원인 분석 방법

① 퍼레이드(parade) : 사고의 유형, 기인 물 등 분류 항목을 큰 순서대로 도표화한다. 문제나 목표의 이해에 편리하다.

② 특성요인도 : 특성과 요인관계를 도표로 하여 어골상(원인과 결과를 한눈에 볼 수 있도록 물고기 뼈모양으로 그린 특성요인도)으로 세분한다.

③ 크로스(cross) 분석 : 2개 이상의 문제 관계를 분석하는 데 사용하는 것으로, 데이터를 집계하고 표로 표시하여 요인별 결과 내역을 교차한 크로스 그림을 작성하여 분석한다.
④ 관리도 : 재해발생 건수 등의 추이를 파악하여 목표 관리를 행하는 데 필요한 월별 재해 발생 수를 그래프화하여 관리선을 설정 관리하는 방법이다.

나. 재해율

재해율은 일람표식 방법과 경험식 방법의 두 가지가 있으며, 전자는 주관적인 판단이 개재되어 객관적인 신뢰성이 부족한 것이 결점이나 후자는 신뢰성은 높은 반면 현재 상황에 대한 평가가 아니라는 것이다. 경험식 방법의 평가 방법은 연천인율, 도수율, 강도율이 있다. 재해율 통계는 단위가 없고 연천인율은 정수로 나타내고, 도수율과 강도율은 소수 둘째 자리까지 기록한다.

1) 재해율 계산

① 연천인율 : 연간 근로자 1,000명당 1년간에 발생하는 재해자 수를 말한다.

$$연천인율 = \frac{재해자\ 수}{평균\ 근로자\ 수} \times 1,000$$

② 도수율(빈도율) : 연 100만 근로 시간당 몇 건의 재해가 발생했는가를 나타낸다.

$$도수율 = \frac{재해건\ 수}{연근로\ 시간\ 수} \times 1,000,000$$

③ 강도율 : 산업재해의 경중의 정도를 알기 위해 많이 사용되며, 근로시간 1,000시간당 발생한 근로손실일수를 말한다.

$$강도율 = \frac{근로\ 손실일\ 수}{연근로\ 시간\ 수} \times 1,000$$

④ 연천인율과 도수율의 관계

$$연천인율 = 도수율 \times 2.4 \ \ 또는\ \ 도수율 = \frac{연천인율}{2.4}$$

다. 안전율(safety factor)

기초강도와 허용응력과의 비를 안전율이라 말하여, 안전계수(safety factor)라고 하기도 한다. 안전율은 응력(stress)설정의 부정확, 재료의 불균일에 대한 신뢰성 결여를 충분히 보충하여야 하며, 각각의 부분이 필요로 하는 충분한 안전도를 갖게 하기 위한 숫자이며 보통 항상 1보다 크게 된다.

$$안전율 = \frac{기초강도}{허용응력} = \frac{극한강도}{최대설계응력} = \frac{파괴하중}{최대사용하중} = \frac{파단하중}{안정하중}$$

라. 재해의 정도별 분류

① 사망 : 부상의 결과로 생명을 잃는 것
② 중상해 : 부상으로 인하여 2주 이상의 노동손실을 가져온 상해 정도
③ 경상해 : 부상으로 1일 이상 14일 미만의 노동손실을 가져온 상해 정도
④ 경미 상해 : 부상으로 8시간 이하의 휴무 또는 작업에 종사하면서 치료를 받는 상해 정도

마. 재해의 국제적 구분

① 사망 : 안전사고로 사망하거나 혹은 사고의 결과로 생명을 잃는 것
② 영구 전노동 불능 상태 상해 : 부상의 결과로 노동 기능을 완전히 잃게 되는 부상(신체 장애 등급 제1급에서 제3급에 해당)
③ 영구 일부노동 불능 상태 상해 : 부상 결과로 노동 기능을 상실한 부상(신체 장애등급 제4급에서 제14급에 해당)
④ 일시 부분노동 불능 상해 : 의사의 진단으로 일정기간 정규 노동에 종사할 수 없으나 휴무 상태가 아닌 상해(가벼운 노동에 종사)
⑤ 응급조치 상해 : 부상을 입은 다음 치료를 받고, 다음부터 정상 작업에 임할 수 있는 정도의 상해

바. 근로손실일수

다음과 같이 계산한다.
① 사망 및 영구 전노동 불능(신체장애 등급 1~6급)은 7,500일
② 영구, 일부노동 불능은 〈표 7-3〉의 신체장애 등급 4~14급과 같다.
③ 일시 전노동 불능은 휴업일수에 300/365를 곱한다.
④ 위 ①, ②의 경우 휴업일수는 손실일수에 가산되지 않는다.

표 7-3 신체장애 환산 일수

신체장애 등급	4	5	6	7	8	9	10	11	12	13	14
손실일수	5,500	4,000	3,000	2,200	1,500	1,000	600	400	200	100	50

제2절 산업시설의 안전

1. 기계작업의 안전

가. 기계설비의 위험성

사람이 기계로 인하여 상해를 입는 것은 기계의 위험성을 제대로 이해하지 못하거나 기계에 잠재되어 있는 위험을 충분히 제거하지 못한 불안전한 설계 때문이다.

1) 위험점

   가) 협착점(squeeze point)

   왕복운동을 하는 동작부분과 움직임이 없는 고정부분 사이에 형성되는 위험점으로 사업장의 기계설비에서 많이 볼 수 있다. 프레스 전단기, 성형기, 조형기, 굽힘 기계 등이 있다.

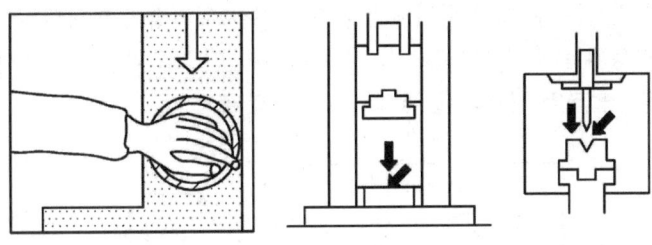

그림 7-2 협착점

   나) 끼임점(shear point)

   고정부분과 회전하는 동작부분이 함께 만드는 위험점으로 연삭숫돌과 덮개, 교반기 날개와 하우징, 프레임에서 암의 요동 왕복운동을 하는 기계를 말한다.

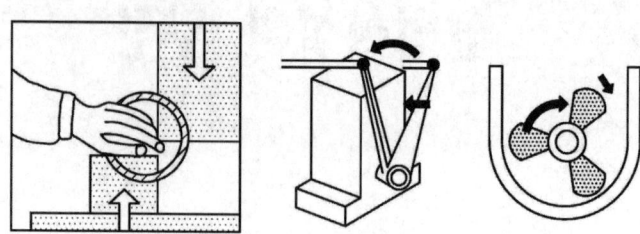

그림 7-3 끼임점

다) 절단점(cutting point)

고정부분과 왕복부분이 만드는 위험점이 아니고 회전하는 운동부분 자체의 위험에서 초래되는 위험점이다. 밀링커터, 목재가공용 둥근톱, 띠톱기계, 동력 절단기, 회전대패의 기계를 말한다.

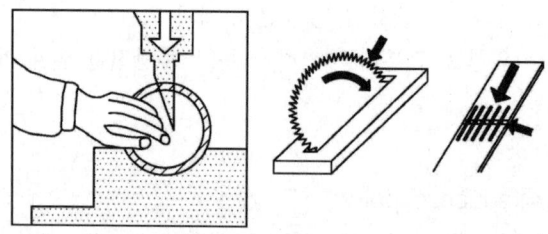

그림 7-4 절단점

라) 물림점(nip point)

회전하는 두 개의 회전체에 물려 들어갈 위험점이 형성되는 것을 말한다. 위험점이 발생되는 조건은 회전체가 서로 반대 방향으로 맞물려 회전하는 경우이며, 기어 물림, 롤러와 롤러의 물림 회전 등이 있다.

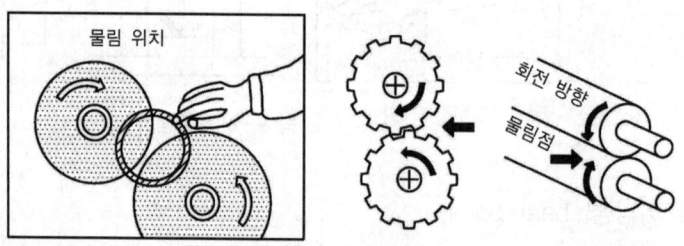

그림 7-5 물림점

마) 접선 물림점(tangential point)

회전하는 부분의 접선 방향으로 물려 들어갈 위험이 존재하는 점이며, V벨트, 체인벨트, 평벨트, 기어와 랙의 물림점 등이 있다.

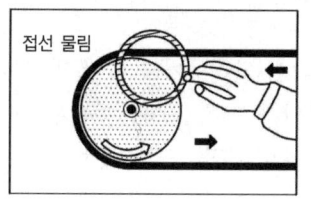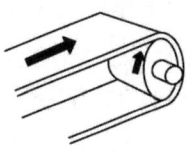

그림 7-6 접선 물림점

바) 회전 말림점(trapping point)

회전하는 물체에 작업복 등이 말려드는 위험이 존재하는 점이며, 회전하는 축, 커플링, 회전하는 보링기나 천공 공구 등이 있다.

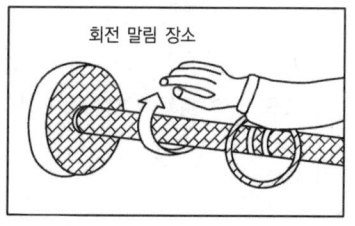

그림 7-7 회전 말림점

2. 위험점의 안전방호 방법

위험한 작업점과 작업자 사이에 서로 접근되어 일어날 수 있는 재해를 방지하기 위하여 차단벽이나 망을 설치하는 원리로서 작업현장에서 가장 많이 설치되어 있는 안전장치이다.

가. 격리형 방호장치

1) 완전차단형 방호장치

어떠한 방향에서도 위험장소까지 도달할 수 없도록 완전히 차단하는 것으로 모든 기계의 동작부분을 덮어씌우는 방법이다.

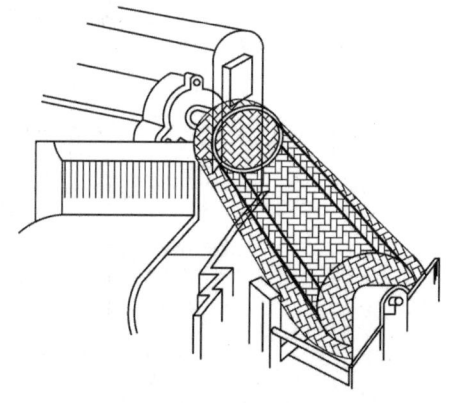

그림 7-8 완전차단형 방호장치

2) 덮개형 방호장치

작업점 외에 직접 사람이 접촉하여 말려들거나 다칠 위험이 있는 장소를 덮어씌우는 방법으로, 동력 전달장치뿐만 아니라 기계기구의 동작부분이나 위험점에까지 확대될 수 있으며 V벨트, 평벨트 또는 기어가 회전하면서 접선 방향으로 물려 들어갈 위험장소에 많이 설치한다.

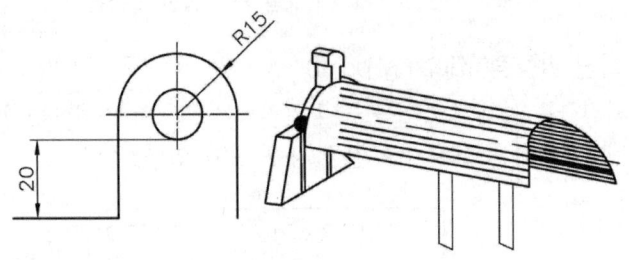

그림 7-9 위치제한형 방호장치

3) 안전방책

위험한 기계·기구의 근처에 접근하지 못하도록 방호울을 설치하는 방법으로 대마력의 원동기나 발전소의 터빈 또는 고전압을 사용하는 전기시설의 주위에 울타리를 설치하거나 승강기의 수직통로 전체를 둘러싸는 것 등이다.

4) 위치제한형 방호장치

조작자의 신체 일부가 위험 한계 밖에 있도록 의도적으로 기계의 조작 장치를 기계에서 일정거리 이상 떨어지게 설치한다. 조작하는 두 손 중에서 어느 하나가 떨어져도 기계의 동작이 멈춰지게 하는 장치이다. 프레스에 사용하는 양수조작식 방호장치가 있다.

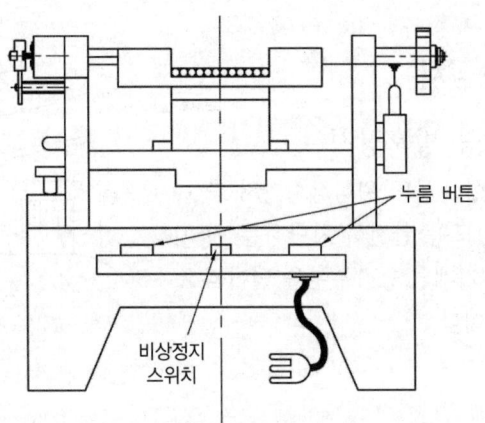

그림 7-10 위치제한형 방호장치

5) 접근거부형 방호장치

작업자나 그의 신체부위가 위험 한계 내로 접근하면 기계의 동작 위치에 설치해 놓은 기계적 장치가 접근하는 신체부위를 안전한 위치로 밀거나 당기는 장치이다.

6) 접근반응형 방호장치

작업자의 신체부위가 위험 한계 또는 그 인접한 거리로 들어오면 이를 감지하여 그 즉시 동작하던 기계를 정지시키거나 스위치가 꺼지도록 하는 기능을 가지고 있다. 프레스, 전단기 또는 압력을 이용해서 사용하는 기계 등에 많이 사용한다.

7) 포집형 방호장치

회전하는 연삭숫돌이 파괴되어 비산되면서 작업자의 신체 부위로 파괴된 숫돌들을 포집하는 장치이며, 목재 가공작업에서 작업물질이나 재료가 튀어 오르는 것을 방지하는 반발예방장치가 있다.

3. 가공 기계의 안전 대책

가. 선반(lathe)

가공 재료의 칩(chip)이나 냉각유 등이 비산되어 나오는 위험으로부터 보호하기 위해 전후 좌우·상하 쪽으로 이동되는 플라스틱제의 덮개를 설치하는 **실드 장치** 등이 있다.

나. 밀링 머신(milling machine)

작업자의 소매가 커터에 감겨들거나 칩이 작업자의 눈에 들어가서 일어나는 재해가 많이 발생하므로 상부의 암에 가공물에 대한 적합한 **덮개**를 설치한다.

다. 드릴 머신(drill machine)

회전하면서 말려들 위험이 있으므로 텔레스코형의 **방호울**을 드릴의 공구 주위에 두르고 공구가 내려오면 울이 같이 내려오지만 작업 재료가 있는 부분은 짧아서 작업을 할 수 있다.

제7장 산업안전

라. 가루 반죽기의 안전장치

전기적 인터로크 장치에 의해 덮개가 작동한다.

마. 원심분리기의 안전장치

덮개를 열면 회전하는 내통은 정지한다. 덮개를 움직이려면 록 손잡이를 먼저 움직여야 한다. 내통이 멈춰진 상태이면 조속기의 레버가 늦추어져 록 손잡이가 움직인다.

바. 소형 인쇄기의 안전장치

투명한 사이드 스크린을 인쇄판 가까이에 장치하여 문의 틀 사이에 끼는 것을 방지한다.

사. 제과기계의 안전장치

호퍼는 2단의 가이드가 부착되어 있으며 손을 넣어도 직접 롤러 부분에 접촉되지 않도록 되어 있다.

아. 제면기용 안전 롤러

이송 롤러에 재료를 눌러 넣을 때 손이 들어가는 것을 방지한다.

자. 방직기의 덮개

셔틀부 탈출 방지용 덮개로 장치가 없으면 셔틀이 밖으로 튀어나와 작업자가 상해를 입는다.

4. 위험 기계·기구의 안전 대책

가. 양수조작식 방호장치

슬라이드 작동 중에 누름 버튼에서 프레스 작업자가 손을 떼면 즉시 슬라이드의 동작이 정지하는 것이다. 양손 중 어느 한쪽을 떼어도 슬라이드는 즉시 동작을 멈춘다.

나. 수인식 방호장치

연속낙하로 인한 사고를 방지하는 수인기구가 설치되어 있다.

다. 손쳐내기식 방호장치

손쳐내기 기구가 슬라이드 기구와 직면하고 있기 때문에 연속낙하에 특히 유효하다.

라. 게이트 가드식 방호장치

슬라이드기가 하강하기 전에 게이트가 금형 앞면에 내려오게 되면 작업물이 게이트의 하강을 방해할 경우에 슬라이드의 동작이 정지하게 되며 각종 크랭크 프레스에 많이 사용된다.

마. 감응식 방호장치

작업자의 신체 일부가 위험 구역 내에 접근할 경우에 센서에 의해 감지되고 동력전달장치로 전달되어 작동하던 슬라이드를 급정지시키는 장치이다.

바. 롤러기

롤러와 롤러 사이에 작업물질 외에 작업자의 신체 부위가 들어가지 못하도록 덮개나 가이드물을 설치한다.

사. 연삭기

숫돌에는 덮개를 설치하며 숫돌 파괴 시의 충격에 견딜 수 있는 재질을 사용한다.
연삭기의 안전 대책
① 플랜지는 좌우 동형으로 숫돌 차의 바깥지름 1/3 이상의 것을 사용한다.
② 숫돌은 작업 개시 전 1분 이상, 숫돌 교환 후 3분 이상 시운전한다.
③ 숫돌과 받침대 간격은 3mm 이하로 유지한다.
④ 소형 숫돌은 측압에 약하므로 측면 사용을 금한다.

아. 목재 가공용 둥근 톱

톱날 접촉 예방장치 및 목재 반발 예방장치를 설치하며 목재가공 시 끝부분은 밀대나 압목을 사용하도록 한다.

자. 산업용 로봇의 안전 대책

1) 머니퓰레이터
프로그램을 짤 때 산업용 로봇의 고장으로 인한 이상 상태에서 움직일 경우에 가동 범위를 중심으로 한 위험 지역 전체를 예측하지 않으면 안 된다.

2) 로봇의 안전방호
안전방호 울타리 등을 설치하거나 위험 영역 내에 출입한 사람이 상해를 입기 전에 로봇을 정지시키는 등의 기능을 가지게 한다.

5. 전기취급 시 안전

전기 설비의 충전부분이나 누전부분에 접촉해서 일어나는 감전 재해 이외에 방전 아크 등에 의한 화상, 아크용접 작업 등에 의한 전광선 안염 과열, 스파크 누전 정전기 등이 점화원이 되어 일어나는 화재나 폭발·재해 등이 있다.

가. 전기 재해의 위험 요소
감전 재해와 전기의 점화원으로 인한 화재·폭발 및 정전기, 전자파에 의한 자동화 전기·설비의 오작동 등이 있다.

나. 감전에 의한 재해
전기 재해 중 가장 빈도수가 높은 것이 감전 재해, 즉 전격에 의한 재해이다. 신체가 감전되었을 때 그 위험도는 다음의 순으로 크게 영향을 받는다.
① 통전 전류의 크기
② 통전의 시간과 전격의 위상
③ 통전 경로
④ 전원의 종류

표 7-4 감전 시 인체의 생리적 현상

전류의 크기[mA]	감전의 정도
1	짜릿하게 느낀다.
5	상당히 통증을 느낀다.
10	참을 수 없을 만큼 고통스럽다.
20	근육이 수축되어 움직일 수 없다.
50	상당히 위험하게 된다.
100	치명적인 장애를 일으킨다.

다. 전기 기계·기구에 대한 감전 재해 방지 대책

1) 직접 접촉에 의한 감전 방지
① 충전부가 노출되지 않도록 폐쇄형 외함 구조 제작
② 충전부에 방호망 또는 절연덮개 설치
③ 사람의 출입이 금지되는 장소에 설치

2) 간접 접촉에 의한 감전 방지
① 모든 도전성 금속을 절연 처리해야 하며 작업장 바닥도 절연물로 마감해야 한다.
② 누전이 발생하더라도 안전 전압 이하로 하여 감전 사고를 유발시키지 않는다.
③ 평상시 충전되지 않는 도전성 부분을 접지극에 연결하는 것으로 이때의 접지 저항은 가능한 작은 것이 좋다.

라. 접지

누전 시에 인체에 가해지는 전압을 감소시킴으로써 감전을 방지하고 지락 전류를 원활히 흐르게 함으로써 차단기를 확실히 동작시켜 화재·폭발의 위험을 방지하기 위해서이다.
① **계통 접지** : 발전기 또는 변압기의 중심점 등을 접지시키는 것으로 직접접지, 비접지, 저항접지 등으로 구분되어 각각 서로 다른 특징을 가지고 있다.
② **기기 접지** : 인명의 보호를 주목적으로 하여 실시하는 것

마. 누전 차단기

지락 전류에 의한 감전·화재 및 기계·기구의 손상 등을 방지하기 위하여 설치하는 것으로 저전압 전로에서는 누전 차단의 주된 사용목적은 다음과 같다.

① 감전 보호
② 누전 화재 보호
③ 전기설비 및 전기기기의 보호
④ 기타 다른 계통으로의 사고 파급 방지

표 7-5 접지 공사의 종류 및 접지 저항

접지 공사의 종류	기기의 구분	접지 저항
제1종 접지 공사	고압용 또는 특고압용	10Ω 이하
제2종 접지 공사	특고압과 저압을 결합하는 변압기의 중심점	$\frac{150}{1선지락전류}$ Ω 이하 단, 대지 전압이 150V를 넘는 경우 1초를 넘고 2초 이내에 자동 차단되면 $\frac{300}{1선지락전류}$ Ω 이하 1초 이내에 자동 차단되면 $\frac{600}{1선지락전류}$ Ω 이하 10Ω
특별 제3종 접지 공사	400V 넘는 저압용	10Ω 이하
제4종 접지 공사	400V 이하의 저압용	100Ω 이하

바. 교류 아크 용접기의 방호 장치

■ 자동 전격 방지기

무부하 2차측 홀더와 어스가 약 65V~90V의 높은 전압이 걸려 작업장에 대한 위험도가 높으므로 용접기가 아크 발생을 중단시킬 때 단시간 내에 용접기의 2차 무부하 전압을 안전 전압인 250V 이하로 내려줄 수 있는 전기적 방호장치이다.

6. 여러 가지 산업시설의 안전

가. 용접작업 기기

1) 아세틸렌
   ① 15도에서 15기압으로 충전, 이음매 있는 용기에 분해 폭발을 방지하기 위하여 다공물질(다공도 75% 이상, 92% 미만)을 넣고 아세톤을 침윤시킨 후에 충전해 놓은 것이다. 사용압력은 1kg/cm 이하로 한다. 용기 저장고의 온도는 35℃ 이하로 유지한다.
   ② 산소 발생기에서 5m 이내, 발생기실에서 3m 이내의 장소에서 흡연과 화기를 사용하거나 불꽃이 일어나는 행위를 금한다. 밸브의 개폐는 조심스럽게 하고 1/2 회전 이상 돌리지 않는다.
   ③ 법정압력 $1.3kg/cm^2$ 이하, $2kg/cm^2$ 이상이면 폭발한다.
   ④ 호스는 $2kg/cm^2$ 압력에 합격
   ⑤ 압력에 따른 토치의 구분
      ▶ 저압식 : 0.07 이하   ▶ 중압식 : 0.07~1.3   ▶ 고압식 : 1.3 이상
   ⑥ 아세틸렌 발생기실의 물의 온도가 60℃ 이상이면 폭발의 위험이 있으며, 물의 온도는 50℃ 이하로 유지
   ⑦ 아세틸렌 용기를 눕혀 놓고 사용하면 아세톤이 흘러 나와 위험하다.
   ⑧ 방호 장치의 종류 : 안전기(수봉식, 건식) 법정 방호 장치 = 수봉식 안전기
      ▶ 안전기의 기능 : 가스의 역화 및 역류 방지

2) 산소
   ① 35℃에서 120기압 이상으로 압축하여 충전
      ▶ 용기 내의 산소용량(l) = 용기 내의 용적(l)×압력계에 지시되는 용기 내의 압력 $[kg/cm^2]$
   ② 충전된 산소병은 직사광선을 피한다. 산소병의 표면 온도가 40℃ 이상되지 않도록 한다. 조정기의 나사는 홈을 7개 이상 완전히 막아 넣는다. 기름이 묻은 손으로 용기를 만져서는 안 된다(산소는 친화력이 크므로 인화된다.).
   ③ 산소 발생기에서 5m 이내, 발생기실에서 3m 이내의 장소에서 흡연과 화기를 사용하거나 불꽃이 일어나는 행위를 금한다.
   ④ 산소 절단용 $15kg/cm^2$에 합격
   ⑤ 압력 조정기를 산소용기에 바꾸어 달 경우에는 반드시 조정핸들을 풀도록 한다.
   ⑥ 산소용기에서 조정기를 떼어 놓을 경우에는 반드시 압력 조정핸들을 풀어 놓는다. 그렇지 않고 밸브를 열면 조정기가 파손될 염려가 있음.

⑦ 적재 시는 구르지 않도록 받침목을 사용하고, 세워 놓고 사용 시 쇠사슬로 묶는다.
⑧ 높은 곳으로 운반 시 크레인 사용 때는 금망이나 철재함에 안전하게 격납하여 운반

3) 용접기
① 리드 단자와 케이블의 접속은 반드시 절연체로 한다.
② 고무호스와 아세틸렌병의 조임쇠는 황동재료를 사용하고 구리는 절대로 사용하지 않도록 한다.

나. 용접안전

① 작업 전 안전기와 산소 조정기의 상태를 점검한다.
② 토치의 점화는 조정기의 압력을 조정하여 아세틸렌을 먼저 열고 산소를 열어 점화시키고 작업 후에는 역순으로 한다.
③ 캡타이어 케이블을 사전에 점검하고 밸브 부분의 상태를 확인
④ 팁의 청소는 팁 클리너 사용
⑤ 점화는 성냥불이나 담뱃불로 하지 않는다.
⑥ 역화시 산소 밸브를 잠근다.
⑦ 실린더 저장소는 50피트 이내에 '금연' 표지를 단다.

다. 고압가스

충전 용기는 항상 40℃ 이하의 온도 유지

라. 수공구 안전

장갑을 착용하지 않는 작업 : 선반, 드릴, 목공기계, 그라인더, 해머, 기타 정밀기계 작업

1) 해머 작업
① 타격면이 경사진 것은 사용 금지
② 작업에 알맞은 무게를 가하여 타격한다.
③ 가볍게 타격 후 점점 무게를 가하여 타격한다.

2) 정(chisel) 작업
① 시선은 정의 날 끝을 본다.

② 정을 잡은 손의 힘을 뺀다.
③ 처음에는 가볍게 두드리고 점차 힘을 가한 후 작업이 끝날 때에 가볍게 두드린다.

3) 줄 작업
줄눈에 칩이 있으면 와이어 브러시로 제거한다.

4) 스크레이퍼
① 절삭 날은 급랭 급열에 의한 재질의 변화가 생기지 않도록 한다.
② 자루의 끝은 왼손으로 가볍게 잡고 오른손으로 날 끝 부분의 위를 꼭 잡고 힘주어 작업을 한다.

5) 손 톱 작업
① 톱날은 밀 때 절삭되며 알맞은 힘으로 작업한다.
② 시선은 깎이는 공작물을 보며 작업이 끝날 때는 서서히 작업한다.

6) 스패너 작업
① 볼트의 크기에 맞는 것을 사용한다.
② 파이프를 스패너 자루에 사용해서는 안 된다.
③ 스패너는 당기면서 작업을 한다.
④ 몽키 스패너는 고정 조가 있는 부분으로 힘을 가하여 사용한다.

마. 동력 전달 장치

1) 샤프트
① 스크루 키 등의 돌출부에는 덮개를 설치한다.
② 돌출부가 없는 샤프트는 슬리브나 망 책을 1.8m 높이로 설치한다.

2) 벨트
① 벨트를 걸 때나 벗길 때에는 기계를 정지한다.
② 벨트의 이음쇠는 돌기가 없는 구조로 한다.
③ 벨트가 풀리에 감겨 돌아가는 부분은 커버나 덮개를 설치한다.
④ 바닥면으로부터 2m 이내의 벨트는 덮개를 설치한다.
⑤ 거리가 3m 이상, 폭이 15cm 이상, 속도가 매초 10m 이상일 때는 덮개를 설치한다.

3) 기어

기어의 맞물리는 부분은 안전하게 덮개를 한다.

4) 플레이너

① 테이블의 행정 내에 장애물의 이상 유무를 확인한다.
② 바이트는 되도록 짧게 설치한다.
③ 작업 시 정면에 서서 작업하지 않는다.

5) 프레스 작업

① 크랭크 프레스는 슬라이드 스트로크 조정을 확실하게 한다.
② 작업 전에 클러치 페달 브레이크를 검사한다.
③ 클러치 페달 위에는 견고하게 덮개를 설치하고 안전 유지가 되도록 한다.
④ 운전 중 램 밑에 손을 절대 넣어서는 안 된다.

바. 추락재해

▶ 추락 : 사람이나 물체가 중간 단계의 접촉 없이 자유 낙하하는 것이다.
▶ 전락 : 계단이나 경사면에서 굴러 떨어지는 것을 말한다.

1) 추락 방지 대책

① 작업 발판 등의 설치
② 개구부 등의 방호 조치 : 2m 이상인 고소 작업에는 손잡이를 75cm 이상 설치한다.
③ 악천후 시 작업 금지
④ 높이 2m 이상인 장소는 폭풍, 폭우 및 폭설 등 악천후 시 작업 금지
⑤ 조명의 유지 : 높이 2m 이상인 장소에서 작업 시 필요한 조명을 유지한다.
⑥ 슬레이트 등 지붕 위에서의 위험 방지 : 폭 30cm 이상의 발판을 설치하거나 방망을 설치
⑦ 승강 설비의 설치 : 높이 또는 길이가 2m를 초과하는 장소에서의 작업을 할 경우에는 경사 발판, 리프트카, 호이스트, 가설 엘리베이터 등의 승강 설비를 설치한다.
⑧ 이동식 사다리의 구조
　㉮ 견고한 구조로 할 것
　㉯ 재료는 심한 손상이나 부식이 없는 것으로 할 것
　㉰ 폭은 30cm 이상으로 할 것
⑨ 다리 기둥의 구조

㉮ 견고한 구조로 할 것
㉯ 재료는 심한 손상이나 부식이 없는 것으로 할 것
㉰ 기둥과 설치 수평면과의 각도는 75° 이하로 한다.
⑩ 울의 설치 : 근로자가 작업 중 또는 통행 시 전락으로 인한 화상, 질식 등의 위험을 미칠 우려가 있는 케틀, 호퍼, 피트 등이 있을 때에는 높이 90cm 이상의 울을 설치하여야 한다.

사. 운반 작업의 안전

① 슈트를 설치하여 중력의 이강 설비의 설치용을 시도한다.
② 컨베이어를 이용하여 동일한 크기의 물건을 안전하게 운반하기 위해서 컨베이어의 폭은 최소 운반물 크기의 5배로 한다.
③ 지면으로부터 1.8m 이상의 높이에 설치된 컨베이어에는 승강 계단을 설치한다.
④ 로프가 과도하게 감기면 위험하므로 권과 방지 장치를 부착한다.
⑤ 긴 물건을 적재할 때는 앞끝에 위험표시 할 것
⑥ 손수레 등은 앞에서 끌어당기지 말고 뒤에서 밀도록 한다.
⑦ 손수레의 방향회전 바퀴는 뒤에 부착할 것

아. 운반차에 의한 운반

① 로프의 사용한계(안전하중)는 로프 파단력의 106까지 허용한다.
② 4개의 로프로 가능하면 90℃ 이하로 묶고 무게중심이 아래로 한다.
③ 물건의 운반은 행거로 이용하고 안전하중(안전계수 5 이상)을 고려한다.

7. 안전보호구

유해물질로부터 인체의 전부나 일부를 보호하기 위해 착용하는 보조기구이다.

가. 검정을 받아야 할 대상인 보호구

① 안전모 ② 안전대
③ 안전화 ④ 보안경

⑤ 안전장갑   ⑥ 보안면
⑦ 방진마스크   ⑧ 귀마개 또는 귀덮개
⑨ 송기 마스크   ⑩ 방열복

나. 보호구 사용 시 유의 사항

① 작업에 적절한 보호구를 설정한다.
② 작업장에는 필요한 수량의 보호구를 비치한다.
③ 작업자에게 올바른 사용방법을 빠짐없이 가르친다.
④ 보호구는 사용하는 데 불편이 없도록 관리를 철저히 한다.

다. 보호구 선택 시 유의 사항

① 작업 중 언제나 사용하는 것 : 안전모, 안전화
② 작업 중 필요한 때에 사용하는 것 : 보안경
③ 위급한 때에 임시로 사용하는 것 : 방독마스크
④ 노동부에서 실시하는 성능 검정에 합격한 것이어야 한다.
⑤ 사용방법이 간편하고 손질이 쉬워야 한다.
⑥ 무게가 가볍고 크기가 사용자에게 알맞아야 한다.

라. 보호구의 구비 조건

① 착용이 간편할 것
② 작업에 방해가 안 되도록 할 것
③ 구조와 끝마무리가 양호할 것
④ 유해 위험요소에 대한 방호성능이 충분할 것
⑤ 보호 장구의 원재료 품질이 양호한 것일 것
⑥ 겉모양과 표면이 섬세하고 외관상 좋을 것

마. 보호구 종류

1) 안전모

전선작업, 보수작업 등에서는 머리를 보호하기 위하여 반드시 안전모를 착용하여야 한다. 사용목적에 따라 일반용 안전모, 승차용 안전모, 전기 작업용 안전모 및 하역작업용 안전모가 있다. 안전모의 종류는 A, B, AB, AE, ABE가 있다.

표 7-6 안전모의 사용연수

안전모의 종류	사용기간
열가소성 수지(폴리에틸렌, ABS, 폴리카보네이트)	약 2년
열가화성 수지(FRP)	3~4년

2) 보안경

① 방진안경 : 절단을 하거나 절삭하는 작업을 할 때에 칩가루 등이 눈에 들어갈 우려가 있을 때 눈을 보호하기 위해 사용한다.

② 차광용 안경 : 자외선(아크 용접 등), 가시광선, 적외선(가스 용접, 용광로 작업)으로부터 눈의 장해를 방지하기 위한 것이다.

바. 보안면

유해광선으로부터 눈을 보호하고 파편에 의한 화상이나 안면부를 보호하기 위하여 착용하는 보호구이다.

표 7-7 보안면의 구분

종류	사용 구분	렌즈 재질
용접용 보안면	아크 용접, 가스 용접, 절단 시 나오는 유해광선, 가열된 용재 등의 파편에 의한 화상, 머리 부분, 목 부분을 보호하기 위한 것	발카나이즈드 파이브FRP
일반 보안면	일반 작업 및 점용접 작업 시 발생하는 각종 비산물과 유해한 액체로부터 얼굴을 보호하기 위하여 착용한다.	플라스틱

사. 안전대

전기공사, 통신선로공사, 기타 높은 곳에서 작업할 때 추락을 방지하는 것이다.

8. 안전표지

가. 안전표지의 종류

표 7-8 안전표지의 종류 및 색상

표지의 종류	사용 용도	표지 색상
금지 표지	출입 금지, 보행 금지, 차량 통행금지, 사용 금지, 탑승 금지, 금연, 화기 금지, 물체 이동 금지	**흰색 바탕**에 기본 모형은 빨강, 관련 부호 및 그림은 검정색
경고 표지	인화성 물질, 산화성 물질, 폭발물 경고, 독극물 경고, 부식성 물질 경고, 방사성 물질 경고, 고압전기 경고, 매달린 물체 경고, 낙하 물체 경고, 고온 경고, 저온 경고, 몸균형 상실 경고, 레이저 광선 경고, 유해 물질 경고	**바탕은 노랑색**, 기본 모형 관련 부호 및 그림은 검정색
지시 표지	보안경 착용, 방독 마스크 착용, 방진 마스크 착용, 안전모자 착용, 귀마개 착용, 안전화 착용, 안전복 착용	**바탕은 파랑색**, 관련 그림은 흰색
안내 표지	녹십자 표지, 응급구호 표지, 들것, 세안장치, 비상구, 좌측 비상구, 우측 비상구,	**바탕은 흰색**, 기본 모형 및 관련 부호는 녹색, 바탕은 녹색, 관련 부호 및 그림은 흰색

제3절 가스 및 위험물에 관한 안전

1. 가스 안전

가. 화재의 용어

① 연소 : 물건이 타면서 열과 빛을 다량으로 발산하는 것을 말한다.
② 화재 : 연소로 인하여 사람과 물체에 피해를 입히는 현상이다.
③ 폭발 : 연소로 급격한 압력 상승과 함께 큰 폭음과 폭풍을 동반하는 파괴작용을 한다.

나. 연소의 3원소

산소, 점화원, 가연물

표 7-9 소화의 원리

가연물질	산 소	열 원
제거 소화법	질식 소화법	냉각 소화법

표 7-10 화재의 분류

구분	명 칭	가연물	소화 방식	적용 가능한 소화제
A급 화재	일반화재	목재, 종이, 섬유, 석탄	냉각효과	물, 산·알칼리 소화기
B화재	유류·가스 화재	각종 유류 및 가스	질식효과	포말 소화기 CO_2 소화기 분말 소화기
C급 화재	전기 화재	전기기기, 기계, 전선	질식효과, 냉각효과	CO_2 소화기 분말 소화기 유기성 소화기
D급 화재	금속 화재	Mg 분말, Al분말	질식효과	건조사 팽창 진주암

표 7-11 고압가스 용기의 도색 구분

가스의 종류	도색의 구분	가스의 종류	도색의 구분
액화석유가스(LPG)	회색	액화암모니아	백색
수소	주황색	산소	녹색
아세틸렌	황색	액화탄산가스	청색
액화염소	갈색	그 밖의 가스	회색

다. 가스누설 검사 방법

① 가스누설 검지기 사용
② 비눗물 검사
③ 가스누설 시험지 검사

라. 고압가스

충전 용기는 항상 40℃ 이하의 온도 유지

2. 위험물 안전

가. 위험물의 개요

25℃, 상압(1기압)에서 대기 중의 산소 또는 수분 등과 쉽게 그리고 격렬히 반응하면서 짧은 시간 내에 방출되는 막대한 에너지로 인해 화재 및 폭발을 유발시킬 수 있는 물질이다. 일반적인 특징은 다음과 같다.
① 물 또는 산소와의 반응이 쉽다.
② 반응 시 수반되는 발열량이 크다.
③ 수소와 같은 가연성 가스를 발생시킨다.
④ 화학적 구조 및 결합력이 매우 불안정하다.

1) 인화점

가연성 액체가 공기 중에서 액체 표면 부근에서 인화하는 데 충분한 농도의 증기가 생기는 최저 온도를 말한다. 인화점이 낮을수록 위험성은 증가한다.

2) 발화점

가연성 물질이 공기와 접촉된 상태에서 서서히 외부에서 직접 화기를 가까이 대지 않아도 일정한 온도에 이르면 발화한다. 그 최저 온도를 발화점이라 한다.

나. 위험물의 분류

1) 폭발성 물질

가열, 마찰, 충격 또는 다른 화학물질과의 접촉 등으로 인하여 산소나 산화재의 공급이 없더라도 폭발 등 격렬한 반응을 일으킬 수 있는 고체나 액체로 구성되어 있다.

① 질산 에스테르류　　　② 니트로 화합물
③ 니트로소 화합물　　　④ 아조 화합물 및 디아조 화합물
⑤ 하이드라진 및 그 유도체　　　⑥ 유기과산화물

2) 발화성 물질

스스로 발화하거나 발화가 쉽고, 물과 접촉하여 발화하여 가연성 가스를 발생할 수 있는 물질로 다음과 같은 물질이 있다.

가) 가연성 가스
① 황화인　　　② 적린
③ 황　　　④ 철분
⑤ 금속분　　　⑥ 마그네슘

나) 자연 발화성 및 금속성 물질
① 칼륨　　　② 나트륨
③ 알킬알미늄　　　④ 알킬리듐
⑤ 황인　　　⑥ 알칼리 금속
⑦ 유기금속 화합물　　　⑧ 금속의 수소화물
⑨ 금속의 인화물

3) 가연성 가스

폭발 한계농도의 하한값이 10% 이하 또는 상한값과 하한값의 차이가 20% 이상인 가스로 다음과 같은 물질이 있다.

① 수소　　　② 아세틸렌　　　③ 에틸렌
④ 에탄　　　⑤ 프로　　　⑥ 부탄

4) 인화성 물질

대기압(1기압)하에서 인화점이 65℃ 이하인 가연성 액체로 다음과 같은 물질이 있다.

① 에틸에테르, 가솔린, 아세트알데히드, 산화프로필렌 등 인화점이 영하 30℃ 미만인 물질
② 아세톤, 산화에틸렌, 노르말 헥산 등 인화점이 영하 30℃ 이상 0℃ 미만인 물질
③ 메틸알코올, 에틸알코올, 크실렌 아세트산 등 인화점이 영하 0℃ 이상 30℃ 미만인 물질
④ 등유, 경유, 테레핀유, 이소, 벤질알코올 등 인화점이 영하 30℃ 내지 65℃ 이하인 물질

5) 산화성 물질

산화력이 강하고 가열·충격 및 다른 화학물질과의 접촉 등으로 인하여 격렬히 분해되거나 반응하는 고체 및 액체로 다음과 같은 물질이 있다.

① 요오드산 염류   ② 질산 및 그 염류
③ 불 소산 및 염류   ④ 중크롬산 및 그 염류
⑤ 과산화수소 및 무기 과산화불   ⑥ 과망간산 염류
⑦ 과염소산 및 그 염류

표 7-12 위험물 분류

류 구분	제1류	제2류	제3류	제4류	제5류	제6류
성질	산화성 고체	가연성 고체	자연발화성 물질 및 금속성 물질	인화성 고체	자기 반응성 물질	산화성 액체

표 7-13 발화성 물질의 저장

물질	나트륨, 칼륨	황인	적린, 마그네슘, 칼륨	질산은 용액
저장	산화성 고체	가연성 고체	자연발화성 물질 및 금속성 물질	인화성 고체

표 7-14 유기용제의 허용 소비량 및 표시방법

유기용제	허용 소비량	구분의 표시
제1종 유기용제	$W = \dfrac{1}{15}A$	적색
제2종 유기용제	$W = \dfrac{2}{5}A$	황색
제3종 유기용제	$W = \dfrac{3}{2}A$	청색

제4절 사고예방

1. 사고방지의 대책

가. 안전점검의 필요성

안전을 확보하기 위하여 인적 문제와 물적 문제에 대한 실태를 파악하고 결함을 발견하여 대책을 수립하고 확인하는 것을 말한다.

1) 안전점검의 목적

안전보건을 확보하기 위하여 실태를 파악하고 설비의 불안전한 상태나 사람의 불안전한 행동에서 발생하는 결함을 발견하거나 상태를 확인하는 행동 또는 수단이다.
① 설비의 근원적 안전 확보
② 설비의 안전상태 유지
③ 인적인 안전행동의 유지 등 물적, 인적, 양적에서 안전 상태를 확보

2) 안전점검 순서

실태 파악 - 결함 발견 - 대책 결정 - 대책 실시

나. 안전점검의 종류와 실시 방법

1) 일상 점검

현장에서 매일 기계 설비를 가동하기 전 또는 기계의 가동 중은 물론, 작업의 종료 시에 행하는 점검으로 현장 작업자 스스로 점검표에 의하여 규정된 상태가 이상이 있는지의 여부를 점검한다.

2) 특별 점검

폭우, 폭풍, 지진 등 천재지변이 발생한 경우나 이상 사태가 발생하였을 때에 감독자나 관리자가 시설 및 기계기구의 기능상 이상 유무에 대하여 점검을 행하는 것을 말한다.

3) 정기 점검

회사 자체에서 주지적으로 일정한 기간을 정하여 일정한 시설이나 건물 및 기계 등에 대하여 점검하는 방법으로 주간 점검, 월간 점검, 연간 점검 등이 있다.

4) 임시 점검

경영자나 기술 부서장 및 관리 감독자에 의하여 비정기적으로 실시되는 점검을 말한다.

5) 안전점검 실시자

안전점검 점검자는 경영자, 안전관리자, 부·과장(관리자), 감독자, 작업자 등이 있다.

6) 자체 검사

제품이나 기계 기구 등이 본래의 목적에서 벗어남이 없이 유지되고 있는지, 기준에 맞게 적정한 성능을 발휘하고 있는지를 당해 기구의 운전자나 외부의 전문 검사원에게 의뢰하여 검사하는 것을 말한다.

가) 자체 검사의 목적
① 재해 예방 ② 쾌적한 작업환경 유지
③ 작업근로자의 안전유지 ④ 기계 기구 등 설비의 성능 유지

나) 검사 방법
① 육안 검사 ② 타격에 의한 음 검사
③ 검사기 검사 ④ 비파괴 시험 검사

다) 자체 검사 주기
① 1월에 1회 이상 : 승강기
② 3월에 1회 이상 : 리프트, 타워크레인
③ 6개월에 1회 이상 : 보일러, 압력용기
④ 1년에 1회 이상 : 동력프레스, 전단기, 원심기, 아세틸렌 용접장치, 가스 집합용접장치 롤러기
⑤ 2년에 1회 이상 : 화학설비 및 그 부속설비, 건조설비 및 그 부속설비

7) 안전점검의 결과와 조치

안전점검은 불안전한 상태나 불안전한 행동을 발견하여 그 미비점을 보완하고 시정하여 사고를 미연에 방지하는 데 있다. 점검된 기록 사항은 반드시 일정기간 보관하여야 한다. 자체 검사는 3년간 보관할 의무가 있다.

2. 사고발생원인 및 예방

가. 재해의 용어 설명

① 재해(loss) : 사고의 결과로 인해 인간이 입는 인명과 재산상의 손실
② 산업재해(Industrial) : 사업장에서 우발적으로 발생하는 사고로 인하여 신체적 상해와 경제적 손실을 입히는 것. 사망 또는 4일 이상의 요양을 요하는 부상 또는 질병
③ 산업사고 : 500만 원 이상의 재산적 손실을 가져오는 사고
④ 안전사고 : 아무 고의성이 없는 불안전한 행동이나 조건이 선행되어 발생하는 사고
⑤ 사고 : 국제노동기구(ILO : International Labor Organization)에 의하면 사고란 '사람이 물질 또는 타인과의 접촉에 의해서 물체나 작업 조건 때문에 또는 근로자의 작업 동작 때문에 사람에게 상해를 주는 사건이 일어나는 것'으로 정의한다.

> **Tip**
> ▶ 5관
> 시각, 청각, 촉각, 후각, 미각

나. 산업재해의 발생 분류

인재가 98%이다.
① 불안전한 행동 : 88%
② 불안전한 조건(기계설비의 결함) : 10%
③ 자연적 재해(천재지변에 의한 재해) : 2%

다. 심리적 원인

무리, 과실, 숙련도 부족, 난폭, 흥분, 소홀, 고의
① 심리의 5대 요소 : 습관, 기질, 동기, 감정, 습성
② 생리적 원인 : 음주, 질병, 수면부족, 피로, 신체결함, 체력의 부작용

라. 재해 발생 과정

하인리히는 재해 발생 과정을 재해 방지의 기본 원리인 도미노(domino)이론을 적용하여 다섯 개의 골패를 세워 놓고 다섯 개의 골패 중 하나의 골패가 넘어지면 이로 인하여 나머지 골패가 연쇄적으로 넘어지면서 재해가 발생한다는 것을 설명하였다.

제7장 산업안전

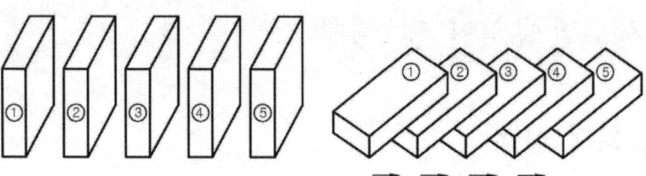

① 사회적, 선천적 결함→② 개인적 결함→③ 불안전 행동, 불안전 상태→④ 사고→⑤ 재해

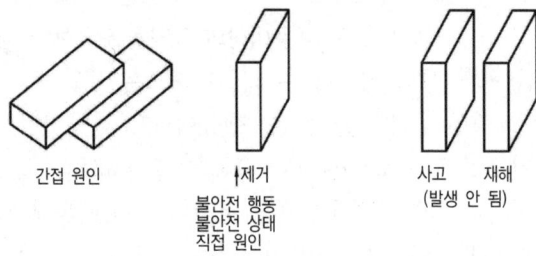

그림 7-11 재해발생의 도미노 이론

골패 중 ①이 넘어지면 연속해서 ②~⑤까지 넘어진다는 이론이다. 여기서 주요 요인인 ③번을 제거하는 것이 바람직하다.

마. 재해 원인

1) 인적 원인

가) 선천적 원인

내장, 골격, 근육, 지속력, 운동력

나) 후천적 원인

① 기능적인 능력
② 기량이 낮아서 작업 동작
③ 행동이 안전하게 되지 않는 경우
④ 지식이 충분치 못하여 위험에 대한 방호 방법이나 통제하는 방법을 모르는 경우
⑤ 생각이나 의견
⑥ 의향이 나쁘기 때문에 수칙을 지키지 않는 불량한 태도로 인하여 안전하게 하지 못한 경우

라. 재해발생 비율에 관한 이론

1) 하인리히의 1:29:300의 법칙

산업현장에서 불안전한 행동이나 불안전한 상태를 300회 동안 가볍게 보아 넘겨 그때

무상해 사고가 일어났다고 해서 그대로 방치하면 결국 그 다음에 29건의 경상 상해가 발생하고 1건의 중대 재해가 발생한다고 하며, 하인리히의 1:29:300의 법칙은 무상해 사고를 방치할 경우 큰 재해가 발생한다는 것을 설명하는 것이다.

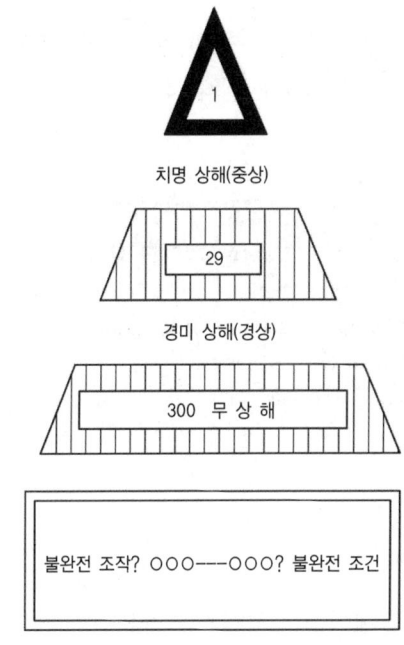

그림 7-12 하인리히의 1 : 29 : 300의 법칙

2) 버즈의 1:10:30:600

재해의 구성 비율을 보면 중상 또는 폐질 1, 경상(물적 또는 인적 상해) 10, 무상해 사고(물적 손실) 30, 무상해 사고 고장(위험 순간) 600의 비율로 사고가 발생한다는 이론이다.

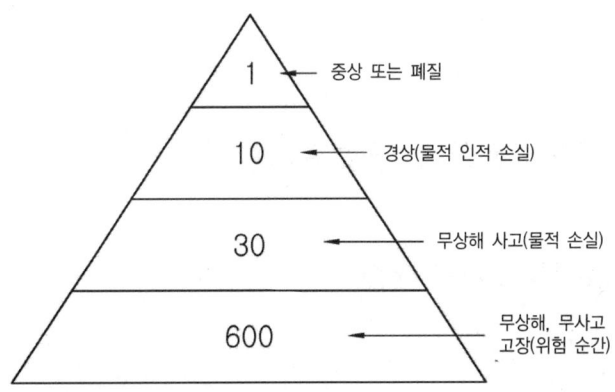

그림 7-13 버즈의 1 : 10 : 30 : 600의 법칙

3. 사고 예방의 원리

표 7-15 사고예방 원리 5단계

단계	제1단계	제2단계	제3단계	제4단계	제5단계
방법	조직	사실의 발견	평가분석	시정책의 선정	시정책의 적용

> **Tip**
> - **시정책의 3E** : 교육(Education), 기술(Engineering), 독려(Enforcement)
> - **4E** : 3E + 환경(Environment)
> - **3S** : 표준화(Standardization), 전문화(Specification), 단순화(Simplification)
> - **4S** : 3S + 종합화(Synthesization)
> - **4M** : 인간(Man), 기계(Machine), 자본(Money), 관리(Management)

가. 재해예방의 4원칙

① 예방 가능의 원칙 : 재해는 천재지변을 제외한 모든 인재는 사전에 예방이 가능하다.
② 손실우연의 원칙 : 사고에 의해서 생기는 손실(상해)의 종류와 정도는 우연적으로 발생한다.
③ 원인 연계의 원칙 : 모든 재해는 단독으로 발생하는 것이 아니고 대부분 복합적인 연계 원인을 가지고 있으며, 사고와 원인과의 관계는 필연적이라는 것이다.
④ 대책 선정의 원칙 : 재해의 원인은 제각각이므로 정확히 규명하여 대책을 선정하여야 한다. 재해예방의 대책은 3E(Engineering, Education, Enforcement)를 적용해야 효과적이다.

4. 무재해운동의 안전활동기법

가. 위험예지훈련의 3가지 훈련

① 감수성 훈련
② 문제해결 훈련
③ 단시간 미팅훈련

제5절 산업안전 관계법규

1. 산업안전보건법

가. 안전보건관리 체제(법 제13조)

근로자의 유해·위험 예방조치에 관한 사항으로서 고용노동부령으로 정한다.
관리자를 두어야 할 사업의 종류·규모 관리책임자의 자격 그 밖에 필요한 사항은 대통령령으로 정한다.

나. 안전보건관리규정(법 제20조)

안전보건관리규정을 작성하여야 할 사업의 종류·규모와 안전보건관리규정에 포함되어야 할 세부적인 내용 등에 관하여 필요한 사항은 고용노동부령으로 정한다.

다. 도급사업에 있어서의 안전조치

사업주는 그의 수급인이 사용하는 근로자가 토사 등의 붕괴, 화재, 폭발, 추락 또는 낙하 위험이 있는 장소 등 고용노동부령으로 정하는 산업재해 발생위험이 있는 장소에서 작업을 할 때에는 안전·보건시설의 설치 등 고용노동부령으로 정하는 산업재해예방을 위한 조치를 하여야 한다.

라. 안전보건 교육

표 7-16 안전교육의 종류 및 교육시간

안전교육의 종류	교육 시간
채용 시 안전교육	8시간 이상(건설업은 1시간 이상)
작업내용 변경시 교육	2시간 이상(건설업은 1시간 이상)
근로자 정기안전보건 교육	월 2시간 이상(사무직은 월 1시간 이상)
관리 감독자 정기안전보건 교육	매월 8시간 또는 연간 16시간 이상
유해위험작업 근로자의 특별 교육	16시간 이상(건설업은 2시간 이상)

마. 유해하거나 위험한 기계·기구 등의 방호조치

기계·기구·설비 및 건축물 등으로서 대통령령으로 정하는 것을 타인에게 대여하거나 대여받는 자는 고용노동부령으로 정하는 유해·위험방지를 위하여 필요한 조치를 하여야 한다.

바. 물질안전보건자료의 작성·비치 등

① 화학물질의 명칭·성분 및 함유량
①-2 구성성분의 명칭 및 함유량
② 안전·보건상의 취급주의 사항
③ 건강 유해성 및 물리적 위험성
④ 그 밖에 고용노동부령으로 정하는 사항

2. 산업안전보건법 시행령

중요한 부분만 발췌하여 설명하도록 하겠다.

가. 관리감독자의 업무 내용(령 제10조)

① 법 제14조 제1항 본문에서 '안전·보건점검 등 대통령령으로 정하는 업무'란 다음 각 호의 업무를 말한다.
  1. 사업장 내 관리감독자가 지휘·감독하는 작업(이하 이 조에서 '해당 작업'이라 한다.)과 관련된 기계·기구 또는 설비의 안전·보건 점검 및 이상 유무의 확인
  2. 관리감독자에게 소속된 근로자의 작업복·보호구 및 방호장치의 점검과 그 착용·사용에 관한 교육·지도
  3. 해당 작업에서 발생한 산업재해에 관한 보고 및 이에 대한 응급조치
  4. 해당 작업의 작업장 정리·정돈 및 통로확보에 대한 확인·감독
  5. 해당 사업장의 산업보건의, 안전관리자 및 보건관리자의 지도·조언에 대한 협조
  6. 법 제41조의2에 따른 위험성평가를 위한 업무에 기인하는 유해·위험요인의 파악 및 그 결과에 따른 개선조치의 시행
  7. 그 밖에 해당 작업의 안전·보건에 관한 사항으로서 고용노동부령으로 정하는 사항

나. 안전관리자의 업무 등(령 제13조)

① 법 제15조 제2항에 따라 안전관리자가 수행하여야 할 업무는 다음 각 호와 같다.
  1. 법 제19조 제1항에 따른 산업안전보건위원회 또는 법 제29조의2 제1항에 따른 안전·보건에 관한 노사협의체에서 심의·의결한 업무와 법 제20조 제1항에 따른 해당 사업장의 안전보건관리규정(이하 '안전보건관리규정'이라 한다.) 및 취업규칙에서 정한 업무
  2. 법 제34조 제2항에 따른 안전인증대상 기계·기구 등(이하 '안전인증 대상 기계·기구'라 한다)과 법 제35조 제1항 각 호 외의 부분 본문에 따른 자율안전확인대상 기계·기구 등(이하 '자율안전확인대상 기계·기구 등'이라 한다.) 구입 시 적격품의 선정에 관한 보좌 및 조언·지도
  2의2. 법 제41조의2에 따른 위험성평가에 관한 보좌 및 조언·지도
  3. 해당 사업장 안전교육계획의 수립 및 안전교육 실시에 관한 보좌 및 조언·지도
  4. 사업장 순회점검·지도 및 조치의 건의
  5. 산업재해 발생의 원인 조사·분석 및 재발 방지를 위한 기술적 보좌 및 조언·지도
  6. 산업재해에 관한 통계의 유지·관리·분석을 위한 보좌 및 조언·지도
  7. 법 또는 법에 따른 명령으로 정한 안전에 관한 사항의 이행에 관한 보좌 및 조언·지도
  8. 업무수행 내용의 기록·유지
  9. 그 밖에 안전에 관한 사항으로서 고용노동부장관이 정하는 사항
② 사업주가 안전관리자를 배치할 때에는 연장근로·야간근로 또는 휴일근로 등 해당 사업장의 작업 형태를 고려하여야 한다.
③ 사업주는 안전관리 업무의 원활한 수행을 위하여 외부전문가의 평가·지도를 받을 수 있다.
④ 안전관리자는 제1항 각 호에 따른 업무를 수행할 때에는 보건관리자와 협력하여야 한다.
⑤ 안전관리자에 관하여는 제10조 제2항을 준용한다.

다. 안전보건총괄책임자 지정 대상사업(령 제23조)

법 제18조 제1항 각 호 외의 부분 전단에서 '대통령령으로 정하는 사업'이란 다음 각 호의 어느 하나에 해당하는 사업으로서 수급인과 하수급인에게 고용된 근로자를 포함한 상시 근로자 50명(제4호부터 제7호까지의 규정에 해당하는 사업의 경우에는 100명) 이상인 사업 및 수급인과 하수급인의 공사금액을 포함한 해당 공사의 총공사 금액인 20억 원 이상인 건설업을 말한다.
  1. 1차 금속 제조업
  2. 선박 및 보트 건조업
  3. 토사석 광업

제7장 산업안전

  4. 제조업(제1호 및 제2호는 제외한다.)
  5. 서적, 잡지 및 기타 인쇄물 출판업
  6. 음악 및 기타 오디오물 출판업
  7. 금속 및 비금속 원료 재생업

라. 산업안전보건위원회 설치 대상 사업장(령 제25조)

법 제19조 제8항에 따라 산업안전보건위원회를 설치·운영하여야 할 사업은 별표 6의2와 같다.

>
>
> **별표 6의2.** 산업안전보건위원회를 설치·운영해야 할 사업의 종류 및 규모(제25조 관련)
> ▶ 규모 : 상시 근로자 50명 이상
>   1. 토사석 광업
>   2. 목재 및 나무제품 제조업; 가구 제외
>   3. 화학물질 및 화학제품 제조업; 의약품 제외(세제, 화장품 및 광택제 제조업과 화학섬유 제조업은 제외한다.)
>   4. 비금속 광물제품 제조업
>   5. 1차 금속 제조업
>   6. 금속가공제품 제조업; 기계 및 가구 제외
>   7. 자동차 및 트레일러 제조업
>   8. 기타 기계 및 장비 제조업(사무용 기계 및 장비 제조업은 제외한다.)
>   9. 기타 운송장비 제조업(전투용 차량 제조업은 제외한다.)
>
> ▶ 규모 : 상시 근로자 300명 이상
>   10. 농업
>   11. 어업
>   12. 소프트웨어 개발 및 공급업
>   13. 컴퓨터 프로그래밍, 시스템 통합 및 관리업
>   14. 정보서비스업
>   15. 금융 및 보험업
>   16. 임대업; 부동산 제외
>   17. 전문, 과학 및 기술 서비스업(연구개발업은 제외한다.)
>   18. 사업지원 서비스업
>   19. 사회복지 서비스업
>
> ▶ 규모 : 공사금액 120억 원 이상
> ('건설산업기본법 시행령' 별표 1에 따른 토목공사업에 해당하는 공사의 경우에는 150억 원 이상)
>   20. 건설업

> ▸ 규모 : 상시 근로자 100명 이상
> 21. 제1호부터 제20호까지의 사업을 제외한 사업

마. 유해·위험성 조사 제외 화학물질(령 제32조)

법 제40조 제2항 각 호 외의 부분 본문에서 '대통령령으로 정하는 화학물질'이란 다음 각 호에 해당하는 화학물질을 말한다.
1. 원소
2. 천연으로 산출된 화학물질
3. 방사성 물질
4. 법 제40조 제3항에 따라 고용노동부장관이 명칭을 공표한 물질
5. 고용노동부장관이 환경부장관과 협의하여 고시하는 화학물질 목록에 기록되어 있는 물질

3. 산업안전보건법 시행규칙

가. 재해의 정의(규칙 제2조) : 중대재해

① 산업안전보건법 제2조 제7호에서 '고용노동부령으로 정하는 재해'란 다음 각 호의 어느 하나에 해당하는 재해를 말한다.
1. 사망자 1명 이상 발생한 재해
2. 3월 이상의 요양이 필요한 부상자가 동시에 2명 이상 발생한 재해
3. 부상자 또는 직업성질병자가 동시에 10명 이상 발생한 재해

나. 산업재해의 발생 보고(규칙 제4조)

① 사업주는 산업재해로 사망자가 발생하거나, 3일 이상의 휴업이 필요한 부상을 입거나, 질병에 걸린 사람이 발생한 경우에는 산업재해가 발생한 날부터 1개월 이내에 산업재해 조사표를 작성하여 관할 지방고용노동청장 또는 지청장(지방고용노동관서의 장)에게 제출(전자문서에 의한 제출을 포함한다.)하여야 한다.
② 사업주는 제2조 제1항 제1호부터 제3호까지의 재해(이하 '중대재해'라 한다.)가 발생한 사실을 알게 된 경우에는 지체 없이 다음 각 호의 사항을 관할 지방고용노동관서의 장에

게 전화·팩스, 또는 그 밖에 적절한 방법으로 보고하여야 한다. 다만, 천재지변 등 부득이한 사유가 발생한 경우에는 그 사유가 소멸된 때부터 지체 없이 보고하여야 한다.
1. 발생 개요 및 피해 상황
2. 조치 및 전망
3. 그 밖의 중요한 사항

다. 물질안전보건자료

1) 물질안전보건자료의 작성방법(규칙 제22조의2)

① 법 제41조 제1항에 따른 대상화학물질(이하 '대상화학물질'이라 한다.)을 양도하거나 제공하는 자는 법 제41조 제1항에 따른 물질안전보건자료를 작성하는 경우에는 그 물질안전보건자료의 신뢰성이 확보될 수 있도록 인용된 자료의 출처를 함께 적어야 한다.
② 물질안전보건자료의 세부작성방법, 용어 등 필요한 사항은 고용노동부장관이 정하여 고시한다.

2) 물질안전보건자료의 기재사항 및 게시·비치 방법(규칙 제92조의4)

① 법 제41조 제1항 제4호에서 '고용노동부령으로 정하는 사항'이란 다음 각 호의 사항을 말한다.
1. 물리·화학적 특성
2. 독성에 관한 정보
3. 폭발·화재 시의 대처 방법
4. 응급조치 요령
5. 그 밖에 고용노동부장관이 정하는 사항

라. 교육대상별 교육내용(규칙 제33조)

표 7-17 사업 내 안전·보건교육(제33조 제1항 관련)

교육과정	교육대상		교육시간
가. 정기교육	사무직 종사 근로자		매분기 3시간 이상
	사무직 종사 근로자 외의 근로자	판매 업무에 직접 종사하는 근로자	매분기 3시간 이상
		판매업무에 직접 종사하는 근로자 외에 근로자	매분기 6시간 이상
	관리감독자의 지위에 있는 사람		연간 16시간 이상

나. 채용 시의 교육	일용근로자	1시간 이상
	일용근로자를 제외한 근로자	8시간 이상
다. 작업내용 변경 시의 교육	일용근로자	1시간 이상
	일용근로자를 제외한 근로자	2시간 이상
라. 특별교육	별표 8의2 제1호 라목 각 호의 어느 하나에 해당하는 작업에 종사하는 일용근로자	2시간 이상
	별표 8의2 제1호 라목 각 호의 어느 하나에 해당하는 작업에 종사하는 일용근로자를 제외한 근로자	• 16시간 이상(최초 작업에 종사하기 전 4시간 이상 실시하고 있고 12시간은 3개월 이내에서 분할하여 실시가능) • 단기간 작업 또는 간헐적 작업인 경우에는 2시간 이상
마. 건설업 기초안전·보건교육	건설 일용근로자	4시간

마. 직무교육(규칙 제39조)

① 법 제32조 제1항에 따라 다음 각 호의 어느 하나에 해당하는 사람은 해당 직위에 선임(위촉의 경우를 포함한다. 이하 같다.)된 후 3개월(보건관리자가 의사인 경우는 1년) 이내에 직무를 수행하는 데 필요한 신규교육을 받아야 하며, 신규교육을 이수한 후 매 2년이 되는 날을 기준으로 전후 3개월 사이에 고용노동부장관이 실시하는 안전·보건에 관한 보수교육을 받아야 한다.
1. 안전보건관리책임자
2. 안전관리자
3. 보건관리자
4. 재해예방 전문지도기관에서 지도업무를 수행하는 사람

② 신규교육 및 보수교육(이하 '직무교육'이라 한다)의 교육시간은 별표 8과 같고, 교육내용은 별표 8의2와 같다.

표 7-18 안전보건관리관리책임자 등에 대한 교육(제39조 제2항 관련)

교육대상	교육시간	
	신규교육	보수교육
가. 안전보건관리책임자	6시간 이상	6시간 이상
나. 안전관리자	34시간 이상	24시간 이상
다. 보건관리자	34시간 이상	24시간 이상
라. 재해예방 전문지도기관 종사자	–	24시간 이상

4. 산업안전보건기준에 관한 규칙 : 안전 규칙

가. 통로

1) 가설통로의 구조(규칙 제23조)

사업주는 가설통로를 설치하는 경우에는 다음 각 호의 사항을 준수하여야 한다.
1. 견고한 구조로 할 것
2. 경사는 30도 이하로 할 것. 다만, 계단을 설치하거나 높이 2미터 미만의 가설통로로서 튼튼한 손잡이를 설치한 때에는 그러하지 아니하다.
3. 경사가 15도를 초과하는 때에는 미끄러지지 아니하는 구조로 할 것
4. 추락의 위험이 있는 장소에는 안전난간을 설치할 것. 다만, 작업상 부득이한 경우에는 필요한 부분만 임시로 이를 해체할 수 있다.
5. 수직갱에 가설된 통로의 길이가 15미터 이상인 경우에는 10미터 이내마다 계단참을 설치할 것
6. 건설공사에 사용하는 높이 8미터 이상인 비계다리에는 7미터 이내마다 계단참을 설치할 것

나. 계단

1) 계단의 강도(규칙 제26조)

① 사업주는 계단 및 계단참을 설치하는 경우 매제곱미터당 500킬로그램 이상의 하중에 견딜 수 있는 강도를 가진 구조로 설치하여야 하며, 안전율(안전의 정도를 표시하는 것으로서 재료의 파괴응력도와 허용응력도의 비율을 말한다.)은 4 이상으로 하여야 한다.
② 사업주는 계단 및 승강구 바닥을 구멍이 있는 재료로 만드는 경우 렌치나 그 밖의 공구 등이 낙하할 위험이 없는 구조로 하여야 한다.

2) 계단의 폭(규칙 제27조)

① 사업주는 계단을 설치하는 경우 그 폭을 1미터 이상으로 하여야 한다. 다만, 급유·보수용·비상용 계단 및 나선형 계단이거나 높이 1미터 미만의 이동식 계단인 경우에는 그러하지 아니하다.
② 사업주는 계단에 손잡이 외의 다른 물건 등을 설치하거나 쌓아 두어서는 아니 된다.

3) 계단참의 높이(규칙 제29조)

사업주는 높이가 3미터를 초과하는 계단에 높이 3미터 이내마다 너비 1.2미터 이상의 계단참을 설치하여야 한다.

4) 천장의 높이(규칙 제29조)

사업주는 계단을 설치하는 경우 바닥면으로부터 높이 2미터 이내의 공간에 장애물이 없도록 하여야 한다. 다만, 급유용·보수용·비상용 계단 및 나선형 계단인 경우에는 그러하지 아니하다.

5) 계단의 난간(규칙 제30조)

사업주는 높이 1미터 이상인 계단의 개방된 측면에 안전난간을 설치하여야 한다.

다. 양중기(규칙 제132조)

양중기란 다음의 기계를 말한다.
① 크레인[호이스트(hoist)를 포함한다.]
② 이동식 크레인
③ 리프트(이삿짐운반용 리프트의 경우에는 적재하중이 0.1톤 이상인 것으로 한정한다.)
④ 곤돌라
⑤ 승강기(최대하중이 0.25톤 이상인 것으로 한정한다.)

라. 방호장치(규칙 제134조)

① 사업주는 다음의 양중기에 과부하방지장치, 권과방지장치(捲過防止裝置), 비상정지장치 및 제동장치, 그 밖의 방호장치[(승강기의 파이널 리밋 스위치(final limit switch), 조속기(調速機), 출입문 인터 록(inter lock) 등을 말한다.]가 정상적으로 작동될 수 있도록 미리 조정해 두어야 한다.
  1. 크레인
  2. 이동식 크레인
  3. 「자동차관리법」에 따라 차량 작업부에 탑재되는 이삿짐운반용 리프트
  4. 간이리프트(자동차정비용 리프트는 제외한다.)
  5. 곤돌라
  6. 승강기
② 제1항 제1호 및 제2호의 양중기에 대한 권과방지장치는 훅·버킷 등 달기구의 윗면(그 달기구에 권상용 도르래가 설치된 경우에는 권상용 도르래의 윗면)이 드럼, 상부 도르래, 트롤리프레임 등 권상장치의 아랫면과 접촉할 우려가 있는 경우에 그 간격이 0.25미터 이상[(직동식(直動式) 권과방지장치는 0.05미터 이상으로 한다.)]이 되도록 조정하여야 한다.

③ 제2항의 권과방지장치를 설치하지 않은 크레인에 대해서는 권상용 와이어로프에 위험표시를 하고 경보장치를 설치하는 등 권상용 와이어로프가 지나치게 감겨서 근로자가 위험해질 상황을 방지하기 위한 조치를 하여야 한다.

마. 양중기의 와이어로프 등

1) 와이어로프 등 달기구의 안전계수(규칙 제163조)

가) 양중기의 와이어로프 등 달기구의 안전계수(달기구 절단하중의 값을 그 달기구에 걸리는 하중의 최댓값으로 나눈 값을 말한다.)가 다음의 구분에 따른 기준에 맞지 아니한 경우에는 이를 사용해서는 아니 된다.
① 근로자가 탑승하는 운반구를 지지하는 달기와이어로프 또는 달기체인의 경우: 10 이상
② 화물의 하중을 직접 지지하는 달기와이어로프 또는 달기체인의 경우: 5 이상
③ 훅, 샤클, 클램프, 리프팅 빔의 경우: 3 이상
④ 그 밖의 경우: 4 이상

나) 달기구의 경우 최대허용하중 등의 표식이 견고하게 붙어 있는 것을 사용하여야 한다.

2) 고리걸이 훅 등의 안전계수(규칙 제164조)

양중기의 달기 와이어로프 또는 달기 체인과 일체형인 고리걸이 훅 또는 샤클의 안전계수(훅 또는 샤클의 절단하중 값을 각각 그 훅 또는 샤클에 걸리는 하중의 최댓값으로 나눈 값을 말한다.)가 사용되는 달기 와이어로프 또는 달기체인의 안전계수와 같은 값 이상의 것을 사용하여야 한다.

3) 와이어로프의 절단방법(규칙 제165조)

가) 와이어로프를 절단하여 양중(揚重)작업용구를 제작하는 경우 반드시 기계적인 방법으로 절단하여야 하며, 가스용단(溶斷) 등 열에 의한 방법으로 절단해서는 아니 된다.

나) 아크(arc), 화염, 고온부 접촉 등으로 인하여 열영향을 받은 와이어로프를 사용해서는 아니 된다.

4) 와이어로프의 사용 금지(규칙 제166조)

다음 내용에 해당하는 와이어로프를 달비계(양중기)로 사용해서는 안 된다.
① 이음매가 있는 것

② 와이어로프의 한 꼬임인 스트랜드(strand)에서 끊어진 소선(素線)[필러(pillar)선은 제외한다.)]의 수가 10% 이상인 것. 단, 비자전로프의 경우: 끊어진 소선의 수가 와이어로프 호칭지름의 6배 길이 이내에서 4개 이상이거나 호칭지름 30배 길이 이내에서 8개 이상
③ 지름의 감소가 공칭지름의 7%를 초과하는 것
④ 꼬인 것
⑤ 심하게 변형되거나 부식된 것
⑥ 열과 전기충격에 의해 손상된 것

5) 늘어난 달기체인의 사용 금지(규칙 제167조)
다음에 해당하는 달기체인을 달비계(양중기)에 사용해서는 안 된다.
① 달기체인의 길이가 달기체인이 제조된 때의 길이의 5%를 초과한 것
② 링의 단면지름이 달기체인이 제조된 때의 해당 링의 지름의 10%를 초과하여 감소한 것
③ 균열이 있거나 심하게 변형된 것

바. 관리감독자의 직무, 사용의 제한 등

1) 관리감독자의 유해·위험 방지 업무(규칙 제35조) : 작업시작 전 점검사항
사업주는 관리감독자로 하여금 유해·위험을 방지하기 위한 업무를 수행하도록 하여야 한다. 또한 사업주는 작업을 시작하기 전에 관리감독자로 하여금 필요한 사항을 점검하도록 하여야 한다.

가) 크레인을 사용하여 작업을 하는 때
① 권과방지장치·브레이크·클러치 및 운전장치의 기능
② 주행로의 상측 및 트롤리(trolley)가 횡행하는 레일의 상태
③ 와이어로프가 통하고 있는 곳의 상태

나) 곤돌라를 사용하여 작업을 할 때
① 방호장치·브레이크의 기능
② 와이어로프·슬링와이어(sling wire) 등의 상태

다) 지게차를 사용하여 작업을 하는 때
① 제동장치 및 조종장치 기능의 이상 유무
② 하역장치 및 유압장치 기능의 이상 유무
③ 바퀴의 이상 유무
④ 전조등·후미등·방향지시기 및 경보장치 기능의 이상 유무

라) 구내운반차를 사용하여 작업을 할 때(제2편 제1장 제10절 제3관)
①~④ 지게차를 사용하여 작업을 하는 때
⑤ 충전장치를 포함한 홀더 등의 결합상태의 이상 유무

마) 양중기의 와이어로프·달기체인
와이어로프 등의 이상 유무

2) 사용의 제한(규칙 제36조)
사업주는 방호조치를 하지 아니하거나 안전인증기준, 자율안전기준 안전검사기준에 적합하지 않은 기계·기구·설비 및 방호장치·보호구 등을 사용해서는 아니 된다.

사. 항타기 및 항발기(규칙 제211조)

사업주는 항타기 또는 항발기의 권상용 와이어로프의 안전계수가 5 이상이 아니면 이를 사용하여서는 아니 된다.

아. 폭발·화재 및 위험물 누출에 의한 위험방지

1) 가스 등의 용기(규칙 제234조)
사업주는 금속의 용접·용단 또는 가열에 사용되는 가스 등의 용기를 취급하는 경우에 다음 각 호의 사항을 준수하여야 한다.
1. 다음 각 목의 어느 하나에 해당하는 장소에서 사용하거나 해당 장소에 설치·저장 또는 방치하지 않도록 할 것
   가. 통풍이나 환기가 불충분한 장소
   나. 화기를 사용하는 장소 및 그 부근
   다. 위험물 또는 제236조에 따른 인화성 액체를 취급하는 장소 및 그 부근
2. 용기의 온도를 섭씨 40도 이하로 유지할 것
3. 전도의 위험이 없도록 할 것
4. 충격을 가하지 않도록 할 것
5. 운반하는 경우에는 캡을 씌울 것
6. 사용하는 경우에는 용기의 마개에 부착되어 있는 유류 및 먼지를 제거할 것
7. 밸브의 개폐는 서서히 할 것
8. 사용 전 또는 사용 중인 용기와 그 밖의 용기를 명확히 구별하여 보관할 것
9. 용해아세틸렌의 용기는 세워 둘 것
10. 용기의 부식·마모 또는 변형상태를 점검한 후 사용할 것

5. 산업안전보건기준에 관한 규칙 : 보건 기준

가. 소음작업(규칙 제512조)

① '소음작업'이란 1일 8시간 작업을 기준으로 85데시벨 이상의 소음이 발생하는 작업을 말한다.
② '강렬한 소음작업'이란 다음 각목의 어느 하나에 해당하는 작업을 말한다.
  ㉮ 90데시벨 이상의 소음이 1일 8시간 이상 발생하는 작업
  ㉯ 95데시벨 이상의 소음이 1일 4시간 이상 발생하는 작업
  ㉰ 100데시벨 이상의 소음이 1일 2시간 이상 발생하는 작업
  ㉱ 105데시벨 이상의 소음이 1일 1시간 이상 발생하는 작업
  ㉲ 110데시벨 이상의 소음이 1일 30분 이상 발생하는 작업
  ㉳ 115데시벨 이상의 소음이 1일 15분 이상 발생하는 작업
③ '충격소음작업'이란 소음이 1초 이상의 간격으로 발생하는 작업으로서 다음 각 목의 어느 하나에 해당하는 작업을 말한다.
  ㉮ 120데시벨을 초과하는 소음이 1일 1만회 이상 발생하는 작업
  ㉯ 130데시벨을 초과하는 소음이 1일 1천회 이상 발생하는 작업
  ㉰ 140데시벨을 초과하는 소음이 1일 1백회 이상 발생하는 작업
④ '진동작업'이란 다음 각 목의 어느 하나에 해당하는 기계·기구를 사용하는 작업을 말한다.
  ㉮ 착암기(鑿巖機)
  ㉯ 동력을 이용한 해머
  ㉰ 체인톱
  ㉱ 엔진 커터(engine cutter)
  ㉲ 동력을 이용한 연삭기
  ㉳ 임팩트 렌치(impact wrench)
  ㉴ 그 밖에 진동으로 인하여 건강장해를 유발할 수 있는 기계·기구
⑤ '청력보존 프로그램'이란 소음노출 평가, 소음노출 기준 초과에 따른 공학적 대책, 청력보호구의 지급과 착용, 소음의 유해성과 예방에 관한 교육, 정기적 청력검사, 기록·관리사항 등이 포함된 소음성 난청을 예방·관리하기 위한 종합적인 계획을 말한다.

나. 산소결핍의 정의(규칙 제618조)

① '밀폐공간'이란 산소결핍, 유해가스로 인한 화재·폭발 등의 위험이 있는 장소로서 [별표 18]에서 정한 장소를 말한다.
② '유해가스'란 밀폐공간에서 탄산가스·황화수소 등의 유해물질이 가스 상태로 공기 중에 발생하는 것을 말한다.
③ '적정공기'란 산소농도의 범위가 18퍼센트 이상 23.5퍼센트 미만, 탄산가스의 농도가 1.5퍼센트 미만, 황화수소의 농도가 10피피엠 미만인 수준의 공기를 말한다.
④ '산소결핍'이란 공기 중의 산소농도가 18퍼센트 미만인 상태를 말한다.
⑤ '산소결핍증'이란 산소가 결핍된 공기를 들이마심으로써 생기는 증상을 말한다.

[별표 18]

밀폐공간(제618조 제1호 관련)

1. 다음의 지층에 접하거나 통하는 우물·수직갱·터널·잠함·피트 또는 그밖에 이와 유사한 것의 내부
   가. 상층에 물이 통과하지 않는 지층이 있는 역암층 중 함수 또는 용수가 없거나 적은 부분
   나. 제1철 염류 또는 제1망간 염류를 함유하는 지층
   다. 메탄·에탄 또는 부탄을 함유하는 지층
   라. 탄산수를 용출하고 있거나 용출할 우려가 있는 지층
2. 장기간 사용하지 않은 우물 등의 내부
3. 케이블·가스관 또는 지하에 부설되어 있는 매설물을 수용하기 위하여 지하에 부설한 암거·맨홀 또는 피트의 내부
4. 빗물·하천의 유수 또는 용수가 있거나 있었던 통·암거·맨홀 또는 피트의 내부
5. 바닷물이 있거나 있었던 열교환기·관·암거·맨홀·둑 또는 피트의 내부
6. 장기간 밀폐된 강재(鋼材)의 보일러·탱크·반응탑이나 그 밖에 그 내벽이 산화하기 쉬운 시설(그 내벽이 스테인리스강으로 된 것 또는 그 내벽의 산화를 방지하기 위하여 필요한 조치가 되어 있는 것은 제외한다)의 내부
7. 석탄·아탄·황화광·강재·원목·건성유(乾性油)·어유(魚油) 또는 그 밖의 공기 중의 산소를 흡수하는 물질이 들어 있는 탱크 또는 호퍼(hopper) 등의 저장시설이나 선창의 내부
8. 천장·바닥 또는 벽이 건성유를 함유하는 페인트로 도장되어 그 페인트가 건조되기 전에 밀폐된 지하실·창고 또는 탱크 등 통풍이 불충분한 시설의 내부
9. 곡물 또는 사료의 저장용 창고 또는 피트의 내부, 과일의 숙성용 창고 또는 피트의 내부, 종자의 발아용 창고 또는 피트의 내부, 버섯류의 재배를 위하여 사용하고 있는 사일로(silo), 그 밖에 곡물 또는 사료종자를 적재한 선창의 내부
10. 간장·주류·효모 그 밖에 발효하는 물품이 들어 있거나 들어 있었던 탱크·창고 또는 양조주의 내부
11. 분뇨, 오염된 흙, 썩은 물, 폐수, 오수, 그 밖에 부패하거나 분해되기 쉬운 물질이 들어있는 정화조·침전조·집수조·탱크·암거·맨홀·관 또는 피트의 내부
12. 드라이아이스를 사용하는 냉장고·냉동고·냉동화물자동차 또는 냉동컨테이너의 내부
13. 헬륨·아르곤·질소·프레온·탄산가스 또는 그 밖의 불활성기체가 들어 있거나 있었던 보일러·탱크 또는 반응탑 등 시설의 내부

14. 산소농도가 18퍼센트 미만 23.5퍼센트 이상, 탄산가스농도가 1.5퍼센트 이상, 황화수소농도가 10ppm 이상인 장소의 내부
15. 갈탄·목탄·연탄난로를 사용하는 콘크리트 양생장소(養生場所) 및 가설숙소 내부
16. 화학물질이 들어있던 반응기 및 탱크의 내부
17. 유해가스가 들어있던 배관이나 집진기의 내부

다. 채광 및 조도

1) 채광 및 조명(규칙 제7조)

사업주는 근로자가 작업하는 장소에 채광 및 조명을 하는 경우 명암의 차이가 심하지 않고 눈이 부시지 않은 방법으로 하여야 한다.

2) 조도(규칙 제8조)

사업주는 근로자가 상시 작업하는 장소의 작업면 조도(照度)를 다음 기준에 맞도록 하여야 한다. 다만, 갱내(坑內) 작업장과 감광재료(感光材料)를 취급하는 작업장은 그러하지 아니하다.

① 초정밀작업: 750럭스(lux) 이상
② 정밀작업: 300럭스 이상
③ 보통작업: 150럭스 이상
④ 그 밖의 작업: 75럭스 이상

설비보전기능사 기출문제(필기)

2011년 5회 설비보전기능사 필기시험
2012년 5회 설비보전기능사 필기시험
2013년 1회 설비보전기능사 필기시험
2013년 5회 설비보전기능사 필기시험
2014년 2회 설비보전기능사 필기시험
2014년 5회 설비보전기능사 필기시험
2015년 1회 설비보전기능사 필기시험
2015년 2회 설비보전기능사 필기시험
2015년 5회 설비보전기능사 필기시험
2016년 1회 설비보전기능사 필기시험
2016년 2회 설비보전기능사 필기시험
2017년 1회 설비보전기능사 필기 모의고사
2017년 2회 설비보전기능사 필기 모의고사
2017년 3회 설비보전기능사 필기 모의고사

2011년 5회 설비보전기능사 필기시험

01 박리현상(flaking)에 대한 설명으로 옳은 것은?
① 윤활이 부족하여 과열로 인하여 베어링이 손상되는 현상
② 피로현상으로 궤도나 전동체 표면에서 비늘 모양의 입자가 떨어져 나가는 현상
③ 베어링 그리스를 과다하게 주유하여 마찰열로 베어링이 과열되어 손상되는 현상
④ 베어링 조립을 잘못하여 축에서 베어링 내륜이 회전하여 축과 베어링 내륜이 손상되는 현상

해설
구름베어링의 수명
• 박리현상(flaking) : 피로현상으로 인하여 궤도나 전동체 표면에서 비늘 모양의 입자가 떨어져 나가는 현상, 즉 플레이킹(flaking)현상
• 베어링의 고장 : 타붙음, 균열, 깨어짐 등이 일어나 베어링을 사용할 수 없는 경우
• 정격 피로 수명(rating fatigue life) : 동일한 베어링을 동일조건에서 운전하였을 때 이들 중 90%가 구름피로에 의하여 박리현상을 일으키지 않고 회전할 수 있는 총 회전수

02 일반적으로 회전 중에 변속 조작이 가능한 것은?
① 무단 변속기
② 웜 감속기
③ 헬리컬 기어 감속기
④ 베벨기어 감속기

해설
• 변속기 : 회전 중에 간섭 없이 무단 변속이 가능하다.
• 서로 이가 맞물려 있어 회전 중에 변속이 불가능하다.
 ㉮ 웜 감속기, ㉯ 헬리컬 기어 감속기, ㉰ 베벨기어 감속기

03 베어링을 축이나 하우징에 조립할 때 일반적인 끼워 맞춤의 관계가 적당한 것은?
① 베어링 내륜과 축은 억지 끼워 맞춤한다.
② 베어링 외륜과 하우징은 억지 끼워 맞춤한다.
③ 베어링 내륜과 축은 헐거운 끼워 맞춤한다.
④ 베어링 외륜과 축은 볼트로 끼워 맞춤한다.

01. ② 02. ① 03. ①

04 제3각법에서 좌측면도는 정면도의 어느 쪽에 위치하는가?
① 좌측　　　　　　　　② 우측
③ 상측　　　　　　　　④ 하측

해설
- 우측면도 : 정면도의 우측에 있다.
- 평면도 : 정면도의 위쪽에 있다.
- 저면도 : 정면도의 아래쪽에 있다.
- 배면도 : 정면도의 뒤쪽에 있다.

05 다음 중 도형의 중심선을 나타내는 데 사용하는 선으로 맞는 것은?
① 굵은 실선　　　　　　② 가는 1점 쇄선
③ 가는 2점 쇄선　　　　④ 가는 파선

해설
- 굵은 실선 : 대상물의 보이는 부분에 사용
- 가는 2점 쇄선 : 가상선, 무게 중심선에 사용
- 가는 파선 : 대상물의 보이지 않는 부분에 사용
- 굵은 1점 쇄선 : 특수한 가공을 하는 부분에 사용

06 한쪽 방향으로는 회전하고 반대 방향으로는 회전이 불가능하도록 만든 장치 또는 기구는?
① 링크(link) 기구　　　　② 래칫(ratchet) 기구
③ 블록 브레이크(block brake) 장치　　④ 밴드 브레이크(band brake) 장치

07 체결용 기계요소 중 와셔(Washer)의 용도로 틀린 것은?
① 볼트 지름보다 구멍이 클 때　　② 접촉면이 바르지 못하고 경사졌을 때
③ 기계부품의 위치를 고정할 때　　④ 자리가 다듬어지지 않았을 때

해설
- 와셔(washer)의 용도
  ㉮ 볼트 구멍이 볼트 지름보다 너무 클 때
  ㉯ 볼트머리 및 너트를 받치는 면에 요철이 심할 때
  ㉰ 내압력이 작은 목재의 접촉면이 기울어져 있을 때, 고무나 경합금 등의 볼트를 사용할 때
  ㉱ 너트의 풀림방지, 개스킷을 조일 때
  ㉲ 자리면의 재료가 탄성이 부족하여 볼트의 죔 압력을 오랫동안 유지하지 못할 때

정답　04. ①　05. ②　06. ②　07. ③

08 펌프 내부에서 흡입 양정이 높거나 흐름 속도가 국부적으로 빠른 부분 등은 압력이 저하, 유체가 증발되는 현상이 발생한다. 이와 같은 현상을 무엇이라 하는가?

① 와류 현상   ② 서징   ③ 캐비테이션   ④ 수격 현상

해설 ......
- 와류 현상 : 수류 속에 물체가 있을 때 그 뒤에 소용돌이가 생기며, 이 소용돌이는 물체의 양측에서 교대로 주기적으로 진동이 발생될 수 있으며 이것을 칼만 와류라 하며 흐름과 직각인 방향에 교대로 힘이 미친다.
- 서징(surging) 현상 : 펌프의 운전 중 토출량이 변화하는 것과 같은 소용돌이 현상이 발생하는 것을 서징이라 한다. 송풍압력과 송출유량의 주기적인 변동이 일어나서 숨을 쉬는 상태로 나타나는 현상이다.
  ※ 서징 현상 방지법
  ㉮ 송풍기의 회전수를 낮춘다.   ㉯ 토출량의 일부를 방출한다.
  ㉰ 흡입밸브를 교축한다.   ㉱ 토출량의 압력을 낮춘다.
- 캐비테이션(폐입 현상) : 2개의 기어가 서로 물림에 의해서 압류가 흡입구 쪽으로 되돌려지는 현상으로 흡입량 감소 등 여러 가지 영향을 준다. 폐입된 부분의 용적은 폐입을 개시하여 폐입 중앙부까지는 점차 감소하고 폐입 중앙 위치로부터 폐입 종료 시까지 점차 증가한다.
- 수격 현상 : 관로에서 유속의 급격한 변화에 의해 관내 압력이 상승 또는 하강하는 현상으로 펌프의 송수관에서 정전에 의해 펌프의 동력이 급히 차단될 때, 펌프의 급 기동 밸브가 급하게 열리거나 닫힐 때 발생한다.
  ※ 펌프에서 동력을 급하게 차단할 때 생기는 3가지 형태
  ㉮ 토출 측에 밸브가 없는 경우
  ㉯ 토출 측에 체크 밸브가 있는 경우
  ㉰ 토출 측에 밸브를 제어할 경우

09 다음 중 압력용기의 설계 조건이 아닌 것은?
① 압력의 급격한 변화에 견딜 수 있을 것
② 온도의 변화에 따른 재료의 강도를 고려할 것
③ 내용물의 누설을 방지하고 안전도를 고려할 것
④ 규격과 기준에 관계없이 제작할 것

10 키, 핀, 코터의 제도 시 주의사항을 열거한 것 중 바르게 설명한 것은?
① 키, 핀, 코터 등은 조립도에 있어서 길이방향으로 절단하며 도시한다.
② 부품도에는 키, 핀은 표준수치가 아닌 경우 표제란에 호칭만 적으면 된다.
③ 기울기를 표시할 때는 보통 기울기 선에 평형하게 분수로 기입한다.
④ 테이퍼를 표시할 때는 일반적으로 수직선에 수직하게 분수로 기입한다.

08. ③   09. ④   10. ③

11 다음 중 윤활 관리의 효과와 거리가 먼 것은?
① 윤활 사고의 방지　　② 동력 비용의 증대
③ 제품 정도의 향상　　④ 보수 유지비용의 절감

12 송풍기 축의 온도상승에 의한 신장에 대한 대책은?
① 전동기축 베어링이 신장되도록 한다.
② 반 전동기축(자유축) 방향으로 신장되도록 한다.
③ 양쪽이 모두 신장되도록 한다.
④ 신장되지 못하도록 제한한다.

> **해설**
> 송풍기의 축은 운전 중 축의 압축열이나 기타 가스의 온도 영향으로 인하여 운전 중에 축 방향으로 신장(늘어남)하려고 하는데, 이런 영향으로 전동기 축 베어링(고정축이라고 함)은 고정하고 반 전동기 축(자유축이라고 함) 방향으로 신장되도록 설계되어 있다.

13 다음 중 윤활유의 순환 급유법이 아닌 것은?
① 유욕 급유법　　② 링 급유법
③ 적하 급유법　　④ 원심 급유법

> **해설**
> • 순환식 급유법 : 패드 급유법, 유륜식 급유법, 유욕 급유법, 비말 급유법, 중력 순환 급유법, 강제 순환 급유법, 원심 급유법
> • 비순환식 급유법 적하 급유
>   ㉮ 수 급유법
>   ㉯ 적하 급유법 : 사이펀 급유법(syphon oiling), 바늘 급유법(needle oiling), 가시 적하 급유법(sight feed oiling), 실린더용 적하 급유법(cylinder feed oiling), 플런저식 적하 급유법, 펌프 연결식 적하 급유법, 플런저식 압입 적하 급유법
>   ㉰ 가시 부상 유적 급유법

14 길이 방향으로 단면하여 도면에 표시해도 관계없는 것은?
① 핸들의 암　　② 구부러진 배관
③ 베어링의 볼　　④ 조립상태의 볼트

> **해설**
> • 길이 방향으로 절단하지 않는 기계부품들
>   축, 핀, 볼트, 너트, 와셔, 리벳, 키, 테이퍼

정답 11. ②　12. ②　13. ③　14. ②

15 용접기호의 표시법 중 보조기호 ''에 대한 것으로 맞는 것은?
① 전체 필렛 용접
② 전체 둘레 용접
③ 연속 필렛 용접
④ 현장 용접

16 설비보전 조직에 있어서 집중보전의 장점은?
① 긴급작업, 고장, 새로운 작업을 신속히 처리한다.
② 생산라인의 공정변경이 신속히 이루어진다.
③ 보전요원이 용이하게 제조부의 작업자에게 접근할 수 있다.
④ 근무 시간의 교대가 유기적이다.

해설
- 집중보전의 장점
  ㉮ 공장의 작업 요구를 처리하기 위하여 충분한 인원을 동원할 수 있다.
  ㉯ 각종 작업에 각각 다른 기능을 가진 보전원을 배치하기 때문에 담당 정도의 유연성이 필요하다.
  ㉰ 긴급작업, 고장, 새로운 작업을 신속히 처리한다.
  ㉱ 특수 기능자는 한층 효과적으로 이용된다.

17 다음 중 끼워 맞춤 용어의 설명에서 잘못된 것은?
① 최소틈새 : 구멍의 최소치수와 축의 최대치수와의 차
② 최대틈새 : 구멍의 최대치수와 축의 최소치수와의 차
③ 최대죔새 : 축의 최대치수와 구멍의 최소치수와의 차
④ 최소죔새 : 축의 최소치수와 구멍의 최소치수와의 차

해설
- 최소죔새 : 축의 최소치수와 구멍의 최대치수와의 차

18 금속이 가공에 의하여 경도가 커지는 반면 연신율이 감소되는 것을 무엇이라고 하는가?
① 인장강도(tensile strength)
② 강도(strength)
③ 가공경화(work hardening)
④ 취성(brittleness)

해설
- 인장강도(tensile strength) : 인장시험편에서 인장하중(P)을 시험편 평행부위의 원단면적(A)으로 나눈 값을 말한다.
- 강도(strength) : 어떤 물체에 하중을 가한 후에 파괴되기까지의 변형 저항을 말하며 인장강도가 표준이 된다.
- 취성(brittleness) : 외부의 충격으로 물체가 깨어지는 것, 즉 파괴되는 성질로서 인성에 반대되는 개념이다.

15. ④ 16. ① 16. ① 17. ④ 18. ③

19 전동기가 기동하지 않는 원인으로 가장 적당한 것은?
① 베어링 내의 이물질 혼입　② 커플링의 마모
③ 코일의 단선　　　　　　　④ 모터의 발열

해설
- 전동기 기동불능 원인
  ㉮ 퓨즈용단, 서머릴레이, 노 퓨즈 브레이크 등의 작동
  ㉯ 단선
  ㉰ 기계적 과부하
  ㉱ 전기 기기류의 고장
  ㉲ 운전조작 잘못

20 윤활제로서 가장 많이 사용되는 윤활유는?
① 고체 윤활유　　② 반고체 윤활유
③ 액상 윤활유　　④ 기상 윤활유

21 원심식 압축기의 장점이 아닌 것은?
① 고압 발생이 가능하다.　② 윤활이 쉽다.
③ 맥동 압력이 없다.　　　④ 대용량이다.

해설
- 원심식 압축기의 장점
  ㉮ 설치 면적이 비교적 좁다.　㉯ 기초가 견고하지 않아도 된다.　㉰ 윤활이 쉽다.
  ㉱ 맥동 압력이 없다.　　　　㉲ 대용량이다.
- 원심식 압축기의 단점
  ㉮ 고압 발생이 어렵다.

22 밸브 플레이트(valve plate)의 교환 요령 중 틀린 것은?
① 마모한계에 달하였을 때는 파손되지 않았어도 교환한다.
② 교환시간이 되었으면 사용한계의 기준치 내에서도 교환한다.
③ 플레이트의 두께가 0.3mm 이상 마모되면 교체하여 사용한다.
④ 마모된 플레이트는 뒤집어서 사용한다.

해설
- 밸브 플레이트(valve plate)의 교환 요령 : 마모된 플레이트는 뒤집어서 사용해서는 안 된다.

19. ③　20. ③　21. ①　22. ④

설비보전기능사 필기시험 기출문제

23 볼트, 너트의 이완 방지 방법이 아닌 것은?
① 동일한 크기의 너트를 두 개 체결하는 방법
② 절삭 너트에 의한 방법
③ 너트의 일부에 플라스틱을 끼워 넣은 특수 너트에 의한 방법
④ 분할 핀 고정에 의한 방법

해설
- 볼트, 너트의 풀림(이완) 방지
  - ㉮ 홈 달림 너트 분할 핀 교정법
  - ㉯ 로크 너트(더블)에 의한 방법
  - ㉰ 분할 핀 고정에 의한 방법
  - ㉱ 와셔에 의한 방법
  - ㉲ 플라스틱 플러그에 의한 방법
  - ㉳ 홈 달림 너트(홈붙이 너트)와 핀
  - ㉴ 절삭 너트, 특수 너트에 의한 방법
  - ㉵ 핀, 작은 나사
  - ㉶ 자동 죔 너트(절삭너트)에 의한 방법
  - ㉷ 멈춤 나사에 의한 방법
  - ㉸ 철사를 이용하는 방법
  - ㉹ 아연도금 연철 선에 의한 와이어 고정 방법

24 다음 중 테스트 해머를 가볍게 두드려 나는 타격 음으로 알 수 있는 것은?
① 끼워 맞춤 불량
② 치수불량
③ 균열
④ 급유불량

해설
- 물체 내부의 균열 확인
  테스트 해머로 물체를 두드려 내부에 균열이 있는 경우에는 타격음이 다르게 난다.

25 설비보전의 미비와 비효율성에 의해 직접적으로 영향을 끼치는 내용이 아닌 것은?
① 자재, 에너지, 노동력 등 생산요소를 낭비
② 안전사고의 위험성 증대
③ 근로자의 사기 저하
④ 제조원가 감소

26 설비의 성능을 유지보전 하기 위한 수리공사 등에 의해 발생되는 지출은?
① 경비지출
② 자본지출
③ 영업지출
④ 여력지출

23. ① 24. ③ 25. ④ 26. ①

27 수리표준시간, 준비작업 표준시간 또는 분해검사 표준시간을 결정하는 것은?
① 작업표준
② 일상점검표준
③ 수리표준
④ 설비점검표준

28 설비를 목적별로 분류한 것 중 틀린 것은?
① 생산설비 : 기계, 운반장치, 전기장치, 배관
② 유틸리티설비 : 증기발생장치, 발전설비, 수처리설비
③ 연구개발설비 : 기초 연구설비, 응용 연구설비, 공업화 연구설비
④ 관리설비 : 항만설비, 도로, 저장설비

29 공정개선과 생산보전의 효율성 관리가 가능하나 수많은 공정과 설비에 의한 보전 작업의 어려움을 갖는 설비망은?
① 시장중심 설비망
② 제품중심 설비망
③ 공정중심 설비망
④ 프로젝트중심 설비망

30 치공구의 정의를 바르게 설명한 것은?
① 지그와 고정구(jig & fixture), 금형, 절삭공구, 검사공수 등 각종 공구를 통칭하는 용어이다.
② 현장 작업자가 작업관리에 사용하는 것으로 사용이 간편하고 직관적으로 이용하는 데 사용하는 공구이다.
③ 장치공업이나 제조공업에 있어서 제어기를 이용하여 종합적으로 파악하고 관리하는 데 사용하는 계측기이다.
④ 정밀도가 극히 높고 취급에 상당한 지식이나 기능을 필요로 하는 공구이다.

해설
- 치공구 : '금형(die), 치구(지그 = jig), 부착구(fixture), 절삭공구, 검사공구(gauge) 등 각종의 공구를 통괄해서 통칭하는 것'을 치공구라 한다.
- 치구(지그 = jig) : 형상으로 만들기 위하여 빵틀과 같은 하나의 완성된 조합품을 말한다.
- 부착구(fixture) : 작업할 재료를 규정된 형상으로 만들기 위하여 고정하는 공구로 바이스, 클램프가 대표적이다.

27. ① 28. ④ 29. ③ 30. ①

31. 설비의 형태적 분류 항목에 속하지 않는 것은?

① 토지
② 기계 및 장치
③ 연구개발 설비
④ 건물

해설
㉮ 토지 ㉯ 건물 ㉰ 구축물 ㉱ 차량 운반구 ㉲ 공기구 및 비품
㉳ 기계 및 장치
　㉠ 기계 : 그것 자체가 움직여 가공이나 운반을 행하는 것을 말한다. 공작기계, 운반기계, 원동기계
　㉡ 장치 : 용기 및 그 내부에서 화학적·물리적인 변화를 가하는 것을 말한다. 증류탑, 열교환기

32. SLP(체계적 공장배치계획)는 세 가지 형식으로 분류가 된다. 대량생산형태에서 생산 효율을 최대화하기 위하여 각 공정 간의 공정 평균의 효율이 중요시 되는 설비배치는?

① 제품별 설비배치
② 기능별 설비배치
③ GT 설비배치
④ 제품 고정형 설비배치

33. 품질개선활동으로 사용하는 방법이 아닌 것은?

① 파래토차트(Pareto Chart)
② 간트차트(Gant Chart)
③ 관리도(Control Chart)
④ 특성요인도(Cause and effect Chart)

해설
- 파레토(pareto) : 불량품이라든가 결점, 클레임, 사고건수 등을 그 현상이나 원인별로 데이터를 내고 수량이 많은 순서로 나열하여 그 크기를 막대그래프로 나타낸 것으로서 진정한 문제점이 뭔지를 찾아낼 수 있다.
- 관리도(control chart) : 품질은 산포하고 있으므로 공정에서 시계열적으로 변화하는 산포의 모습을 보고 공정이 정상상태인가, 이상상태인가를 판독하기 위한 수법이다. 관리도작성 시에는 설비, 작업자, 재료, 작업방법 등 제조요인에 따라 층별하는 방법을 강구하여야 한다.
- 특성요인도(cause and effect chart) : 결과(제품의 특성)에 원인(요인)이 어떻게 관계하고 있으며 영향을 주고 있는가를 한눈에 알 수 있도록 작성한 그림이다.
- 산정도 : 두 개의 대응하는 데이터가 있을 때, 이 두 데이터에 상관관계가 있는지 여부를 판단하는 수법으로 30개 이상의 대응하는 데이터가 필요하다.
- 히스토그램(histogram) : 공정에서 취한 계량치 데이터가 여러 개(약 100개) 있을 때 데이터가 어떤 값을 중심으로 어떤 모습으로 산포하고 있는가를 조사하는 데 사용하는 그림으로서 보통 길이, 무게, 시간, 경도 등을 측정한 그림이다.

31. ③ 32. ① 33. ②

34 버텀-업(bottom-up)으로 전 종업원이 참가하여 활동을 일체화하고 동기부여로 현장 설비에 대한 자주보전을 통하여 설비 종합효율 향상을 추진하는 활동은?
① 벤치마킹
② 위험예지훈련
③ 무재해 운동
④ TPM 분임조

35 다음 로스(loss)에 대한 설명 중 틀린 것은?
① 고장로스 : 모든 설비에 있어서 제로를 추구
② 속도저하로스 : 설계시방과의 차이를 제로로 함.
③ 초기, 수율로스 : 만성적, 돌발적 불량을 말함.
④ 일시정체로스 : 장애물에 의해 잠시 정지하는 것

> **해설**
> • 일시정체로스(순간정지로스)
>   작업물이 슈트(chute)에 막혀서 공전하거나, 품질, 불량 때문에 센서가 작동하여 일시적으로 정지하는 경우로서 이들은 작업물을 제거하거나 리셋(reset)하여 설비가 정상적으로 작동하는 것이며, 설비의 고장과는 본질적으로 다르다고 볼 수 있다.

36 설비의 물리적 성질과 메커니즘을 이해하여 만성화된 설비나 시스템의 불합리 현상을 원리 및 원칙에 따라 해석하여 현상을 밝히는 기법은?
① PM분석
② FMEA
③ FTA
④ QM분석

37 전력관리 합리화의 가장 주된 사항은 전력의 낭비를 배제하는 것이다. 다음 중 전력의 직접 낭비 요소가 아닌 것은?
① 기계의 공회전
② 누전
③ 저능률 설비
④ 품질 불량

> **해설**
> • 전력의 직접 낭비 요소 : 기계의 공회전, 누전, 저능률 설비
> • 전력의 간접 낭비 요소 : 공정관리, 품질불량

34. ④ 35. ③ 36. ① 37. ④

38 계측화의 방식을 설명한 것은?
① 기업의 목적을 명확히 확립할 것
② 기업을 과학적 합리적으로 관리 운영하는 방침을 수립할 것
③ 계측관리에 대해서 공정을 객관적으로 명기하도록 공정도를 작성할 것
④ 정보 검출부로서 계측기를 정비하고, 계측관리의 체계를 확립할 것

39 자주보전의 효과 측정을 위한 방법이 아닌 것은?
① MTBF의 연장
② OPL(One point lesson) 작성현황
③ 자주보전 개선시트의 작성현황
④ 수익성과의 연계추적

40 압축공기 속에 포함된 수분을 제거하여 건조한 공기로 만드는 기기는?
① 에어 드라이어 ② 윤활기 ③ 공기 여과기 ④ 공기 압축기

해설
- 윤활기 : 기계 장치의 작동에 필요한 윤활유의 공급을 위한 장치이다.
- 공기 여과기 : 장치 내로 공급되는 공기의 불순물을 제거하는 장치이다.
- 공기 압축기 : 공기를 압축 생산하여 높은 압력으로 저장하였다가 이것을 필요에 따라서 각 공압 공구에 공급해 주는 장치이다.

41 단계적인 출력제어가 가능한 실린더는?
① 텔레스코프 실린더   ② 탠덤 실린더
③ 다위치 실린더   ④ 충격 실린더

해설
- 텔레스코프 실린더 : 로드의 전장에 비해 긴 행정거리를 얻을 때 사용
- 다위치 실린더 : 2개의 실린더를 직렬로 일체화하여 실린더의 스토크를 다변화시킬 때 사용
- 충격 실린더 : 빠른 속도를 얻을 때 사용

42 흡착식 건조기의 설명으로 맞지 않는 것은?
① 건조제로 실리카 겔, 활성 알루미나 등이 사용된다.
② 건조제가 압축공기 중의 수분을 흡착하여 공기를 건조하게 된다.
③ 흡착식 건조기는 최대 −70℃ 정도까지의 저온점을 얻을 수 있다.
④ 냉매에 의해 건조되며 섭씨 2도에서 5도까지 냉각되어 습기를 제거한다.

38. ③ 39. ④ 40. ① 41. ② 42. ④

46 필터의 여과 입도가 너무 미세하면 어떤 현상이 생기는가?
① 베이퍼록 현상   ② 공동 현상
③ 맥동 현상   ④ 블로바이 현상

> 해설
> • 베이퍼록 현상 : 유압회로 내에서 과도한 사용이나 과열 또는 부품과 오일의 불량으로 해당 기구의 회로 내에 부분적인 증발로 기포가 발생하여 압력의 전달이 중단되거나 불량인 상태
> • 맥동 현상 : 펌프의 입구와 출구에 부착된 진공계와 압력계의 지침이 흔들리고 동시에 토출유량이 변화를 가져오는 현상
> • 블로바이 현상 : 실린더 벽이 닳아서 피스톤 압축 시 가스가 새는 현상

47 다음 중 용도가 서로 다른 밸브는?
① 릴리프 밸브   ② 시퀀스 밸브
③ 교축 밸브   ④ 언 로드 밸브

> 해설
> • 릴리프 밸브 : 시스템 내에 압력이 최대허용 압력을 초과하는 것을 방지하는 밸브
> • 시퀀스 밸브 : 액추에이터를 순차적으로 작동시키기 위한 밸브
> • 언 로드 밸브 : 일정한 조건하에서 펌프를 무부하로 하기 위하여 사용되는 밸브

48 실린더가 전진운동을 완료하고 실린더 축에 일정한 압력이 형성된 후에 후진운동을 하는 경우처럼 스위칭 작용에 특별한 압력이 요구되는 곳에 사용되는 밸브는?
① 3/2way 방향 제어 밸브   ② 4/2way 방향 제어 밸브
③ 시퀀스 밸브   ④ 급속 배기 밸브

49 다음 그림의 기호 이름은 무엇인가?
① 릴리프 밸브   ② 필터
③ 감압 밸브   ④ 윤활기

50 유압 작동유의 구비조건으로 틀린 것은?
① 화학적으로 안정할 것   ② 압축성이 좋을 것
③ 방열성이 좋을 것   ④ 적절한 점도가 유지될 것

46. ② 47. ③ 48. ③ 49. ④ 50. ②

51 두 개 이상의 분기회로에서 실린더나 모터의 작동 순서를 순차적으로 제어해 주는 회로는?

① 시퀀스 회로 ② 감압 회로
③ 파일럿 회로 ④ 무부하 회로

해설
- 감압 회로 : 감압 밸브를 사용하여 회로 내의 특정 부분만을 기본압력보다 낮게 설정한 회로
- 파일럿 회로 : 누름 버튼스위치, 마스터 스위치 등에서 전자 접촉기, 기타 제어기기에 신호를 부여하도록 구성된 제어회로
- 무부하 회로 : 작업을 하지 않는 동안 펌프를 무부하 상태로 유지할 수 있는 회로

52 토크에 대한 관성의 비가 크므로 응답성이 좋은 반면에 저속에서는 토크출력 및 회전속도의 맥동이 커서 정밀한 서보기구에는 적합하지 않은 유압모터는?

① 기어 모터 ② 축 방향 피스톤 모터
③ 액셀형 피스톤 모터 ④ 레이디얼형 피스톤 모터

53 다음 중 가연성 가스가 아닌 것은?

① 메탄 ② 수소 ③ 에탄 ④ 질소

해설
- 가연성 가스 : 폭발한계농도의 하한값이 10% 이하 또는 상한값과 하한값 차이가 20% 이상인 가스를 말한다.
  ㉮ 수소 ㉯ 아세틸렌 ㉰ 에틸렌 ㉱ 메탄 ㉲ 에탄 ㉳ 프로판 ㉴ 부탄

54 아세틸렌 용접작업 시 아세틸렌 사용 압력으로 맞는 것은?

① $1.3[kgf/cm^2]$ 이하 ② $1.5[kgf/cm^2]$ 이하
③ $1.7[kgf/cm^2]$ 이하 ④ $2.0[kgf/cm^2]$ 이하

해설
- 아세틸렌
  ㉮ 15도에서 15기압으로 충전, 이음매 있는 용기에 분해 폭발을 방지하기 위하여 다공물질(다공도 75% 이상, 92% 미만)을 넣고 아세톤을 침윤시킨 후에 충전해 놓은 것이다.
  ㉯ 사용압력은 $1kgf/cm^2$ 이하로 한다. 용기 저장고의 온도는 35도 이하로 유지한다.
  ㉰ 산소 발생기에서 5m 이내, 발생기 실에서 3m 이내의 장소에서 흡연과 화기를 사용하거나 불꽃이 일어나는 행위를 금한다. 밸브의 개폐는 조심스럽게 하고 1/2 회전 이상 돌리지 않는다.
  ㉱ 법정압력 $1.3kgf/cm^2$ 이하, $2kgf/cm^2$ 이상이면 폭발한다.
  ㉲ 호스는 $2kgf/cm^2$ 압력에 합격
  ㉳ 압력에 따른 토치의 구분 : 저압식 : 0.07 이하 중압

51. ① 52. ① 53. ④ 54. ①

55 펌프 내부에서 유압유를 흡입, 토출하는 운동형태가 다른 것과 비교하여 동일하지 않은 유압 펌프는?
① 기어 펌프　　　　　　　② 나사 펌프
③ 베인 펌프　　　　　　　④ 왕복동 펌프

> 해설　기어 펌프, 나사 펌프, 베인 펌프의 경우 펌프 내부의 회전에 의한 펌프의 입·출력 형성이 이루어진다.

56 스패너로 작업할 때 안전에 유의해야 될 점으로 틀린 사항은?
① 스패너 사용 시에는 맞물린 부분의 방향에 유의해야 한다.
② 힘이 들 때에는 스패너 자루에 적당한 길이의 파이프를 연결하여 사용한다.
③ 볼트 머리와 너트의 치수에 맞는 것을 사용해야 한다.
④ 스패너 작업 시에는 반드시 다리와 몸의 균형을 잡아야 한다.

57 인력운반 시 재해의 유형이 아닌 것은?
① 요통　　② 협착　　③ 낙하　　④ 치통

58 유기용제 등의 구분 표시사항으로 틀린 것은?
① 제1종 유기용제 : 적색　　② 제2종 유기용제 : 황색
③ 제3종 유기용제 : 청색　　④ 제4종 유기용제 : 흑색

> 해설
> • 유기용제 중독 예방규칙에 규정되어 있는 물질은 다음과 같다.
>   ㉮ 제1종(적색) 7가지
>   ㉯ 제2종(황색) 40가지
>   ㉰ 제3종(청색) 7가지
> • 제4종은 규정되어 있지 않다.

59 다음 중 도수율을 구하는 식은?
① $\dfrac{\text{재해건수}}{\text{노동자 수}} \times 1000$　　② $\dfrac{\text{총 손실일수}}{\text{연근로시간 수}} \times 1000$
③ $\dfrac{\text{재해건수}}{\text{연근로시간 수}} \times 1000000$　　④ $\dfrac{\text{재해건수}}{\text{노동자 수}} \times 1000000$

55. ④　56. ②　57. ④　58. ④　59. ③

해설

- **연천인율** : 1년간 평균 근로자 1,000명당 재해 발생 건수를 나타내는 통계

$$연천인율 = \frac{사상자\ 수}{연평균근로자\ 수} \times 1,000$$

- **빈도율(도수율)** : 100만 인 시간당 재해 발생 건수를 나타내는 통계

$$도수율 = \frac{재해발생건수}{연평균근로\ 총\ 시간\ 수} \times 1,000,000$$

* 연천인율과 도수율과의 관계

연천인율 = 도수율 × 2.4

$$도수율 = \frac{연천인율\ 수}{2.4}$$

- **강도율** : 1,000인 시간당 산업재해로 인한 근로손실일 수를 나타내는 통계

$$강도율 = \frac{근로손실\ 일수}{근로총시간\ 수} \times 1,000$$

60 동력으로 운전하는 기계는 안전을 위하여 어느 장치를 하여야 하는가?
① 감시장치 ② 서행장치
③ 안전이탈장치 ④ 동력차단장치

60. ④

2012년 5회 설비보전기능사 필기시험

01 투상도를 보는 방향에 따라 분류할 때 투상 물체의 가장 주된 면, 즉 기본이 되는 투상도를 무엇이라 하는가?
① 정면도
② 평면도
③ 우측면도
④ 후면도

02 고장, 정지 또는 유해한 성능저하를 가져온 후에 수리를 행하는 보전 방식은?
① 사후보전
② 예방보전
③ 생산보전
④ 개량보전

해설
- 예방보전 : 설비의 고장이 발견되기 전에 미리 발견하여 운전 상태를 유지하는 것으로, 설비가 고장을 일으키게 되면 생산이나 서비스에 지장을 주므로 고장을 예방하는 관리
- 생산보전 : 생산의 경제성을 높이기 위한 보전으로 예방보전을 말한다.
- 개량보전 : 예방보전이라는 생각을 발전시키면 설비자체의 체질을 개선시켜 수명이 길고, 고장이 적으며, 보전절차가 없는 재료나 부품을 사용할 수 있도록 설비를 개조, 갱신하는 보전을 말한다.
- 보전예방 : 고장이 없고 보전이 필요 없는 설비의 설계 제작, 구입

03 내연기관의 윤활유에 연료유가 혼입되어 윤활유의 점도가 변화하는 현상은?
① 윤활유의 산화
② 윤활유의 탄화
③ 윤활유의 유화
④ 윤활유의 희석

해설
- 산화(oxidation) : 윤활유는 사용 중 공기 중의 산소를 흡수하여 화학적 반응을 일으켜 산화한다.
- 탄화(carbonization) : 윤활유가 가열 분해되어 기화된 기름 가스가 산소와 결합할 때에 열전도 속도보다 산소와의 반응속도가 늦으면 열 때문에 기름이 건류되어 탄화됨으로써 다량의 잔류탄소를 발생하는 현상 점도가 낮은 윤활유가 탄화경향이 적다
- 유화(emulsification) : 윤활유가 수분과 혼합해서 유화액을 만드는 현상
- 희석(dilution) : 윤활유 중에 연료 및 다량의 수분이 혼입하였을 때 일어나는 현상

01. ① 02. ① 03. ④

04 두 개의 너트를 사용하여 최초의 너트로 조이고 두 번째 너트를 조인 후 두 번째 너트를 잡고 최초의 너트를 약간 역회전시켜서 볼트, 너트의 풀림을 방지하는 이완방지법은?

① 홈달린 너트 분할 핀 고정에 의한 방법
② 절삭 너트에 의한 방법
③ 로크 너트에 의한 방법
④ 특수 너트에 의한 방법

해설
• 볼트, 너트의 풀림(이완) 방지
  ㉮ 홈 달림 너트 분할 핀 고정법   ㉯ 절삭 너트, 특수 너트에 의한 방법
  ㉰ 로크 너트(더블)에 의한 방법   ㉱ 핀, 작은 나사
  ㉲ 분할 핀 고정에 의한 방법   ㉳ 자동 쵬 너트(절삭 너트)에 의한 방법
  ㉴ 와셔에 의한 방법   ㉵ 멈춤 나사에 의한 방법
  ㉶ 플라스틱 플러그에 의한 방법   ㉷ 철사를 이용하는 방법
  ㉸ 홈 달림 너트(홈붙이 너트)와 핀   ㉹ 아연도금 연철 선에 의한 와이어 고정 방법

05 관용 기계요소의 제도 시 유체의 표기가 잘못된 것은?

① 공기 : A   ② 가스 : G
③ 기름 : L   ④ 증기 : S

해설
G : 가스   O : 기름   S : 증기   W : 물   B : 브라인 또는 2차 냉매   C : 냉각수
CH : 냉수   R : 냉매

06 도면의 종류 중 제작도를 만드는 기초가 되는 도면은 무엇인가?

① 계획도   ② 견적도
③ 설명도   ④ 주문도

해설
• 견적도 : 견적 의뢰를 받은 사람이 의뢰 받은 물건의 견적 내용을 나타낸 도면으로 견적서에 첨부한다.
• 설명도 : 사용자에게 물품의 구조·기능·성능 등을 설명하기 위한 도면으로 주로 카탈로그에 많이 사용한다.
• 주문도 : 주문하는 사람이 주문하는 물건의 크기, 형태, 정밀도, 정보 등의 주문 내용을 나타낸 도면으로 주문서에 첨부한다.
• 제작도 : 제작에 필요한 모든 정보를 전달하기 위한 도면으로 공정도, 시공도, 상세도가 있다.
• 승인용도면 : 주문자 또는 기타 관계자의 승인을 얻기 위한 도면을 말한다.
• 승인도 : 주문자 또는 기타 관계자의 승인을 얻은 도면을 말한다.

정답 04. ③   05. ③   06. ①

07 브레이크(brake)의 역할이 아닌 것은?
① 기계 운동부분의 에너지를 흡수한다.   ② 기계 운동부분의 속도를 감소시킨다.
③ 기계 운동부분을 정지시킨다.   ④ 기계 운동부분의 마찰을 감소시킨다.

08 직접 측정에 사용되는 측정기가 아닌 것은?
① 버니어 캘리퍼스   ② 마이크로미터
③ 다이얼 게이지   ④ 측장기

해설
- 직접 측정기 : 버니어 캘리퍼스, 마이크로미터, 하이트 게이지, 눈금자(강철자), 측장기, 각도기
- 비교 측정기 : 다이얼 게이지, 인디케이터, 실린더 게이지, 미니미터, 옵티미터, 틈새게이지, 한계 게이지, 나사 게이지, 공기마이크로미터, 전기마이크로미터, 내경퍼스, 패소미터, 측미현미경

09 배관 설비 중 나사이음부의 누설이 발생했을 때 정비 내용으로 잘못된 것은?
① 나사이음부의 누설이 발생했을 경우 그 상태로 밸브나 관을 더 죈다.
② 플랜지부터 순차적으로 누설부위까지 분해하여 상태를 확인한다.
③ 누설부위의 교체 여부를 판단한 후 교체가 불필요할 때에는 실(seal)테이프를 감고 다시 조립한다.
④ 관의 분해, 교체가 용이하게 플랜지나 유니언 이음쇠가 적당히 배치되도록 한다.

10 관로에서 유속의 급격한 변화에 의해 관내 압력이 상승 또는 하강하는 현상은?
① 캐비테이션   ② 수격 작용
③ 서징 현상   ④ 크래킹

해설
- 서징(surging) 현상 : 펌프의 운전 중 토출량이 변화하는 것과 같은 소용돌이 현상이 발생하는 것을 서징이라 한다. 송풍압력과 송출유량의 주기적인 변동이 일어나서 숨을 쉬는 상태로 나타나는 현상이다.
  ※ 서징 현상 방지법
  ㉮ 송풍기의 회전수를 낮춘다.   ㉯ 토출량의 일부를 방출한다.
  ㉰ 흡입밸브를 교축한다.   ㉱ 토출량의 압력을 낮춘다.
- 캐비테이션(폐입 현상) : 2개의 기어가 서로 물림에 의해서 압류가 흡입구 쪽으로 되돌려지는 현상으로 흡입량 감소 등 여러 가지 영향을 준다. 폐입된 부분의 용적은 폐입을 개시하여 폐입 중앙부까지는 점차 감소하고 폐입 중앙 위치로부터 폐입 종료 시까지 점차 증가한다.
- 수격 현상 : 관로에서 유속의 급격한 변화에 의해 관내 압력이 상승 또는 하강하는 현상 펌프의 송

07. ④   08. ③   09. ①   10. ②

수관에서 정전에 의해 펌프의 동력이 급히 차단될 때, 펌프의 급 기동 밸브가 급하게 열거나 닫힐 때 발생한다.

※ 펌프에서 동력을 급하게 차단할 때 생기는 3가지 형태
㉮ 토출 측에 밸브가 없는 경우
㉯ 토출 측에 체크 밸브가 있는 경우
㉰ 토출 측에 밸브를 제어할 경우

11 도형의 대부분을 외형도로 하고, 필요한 요소의 일부분만을 단면도로 나타낸 것은?
① 전단면도
② 한쪽 단면도
③ 부분 단면도
④ 회전도시 단면도

해설
- 온단면도(전단면도) : 물체를 반으로 자른 것으로 가정하고 도형 전체를 단면으로 표시한 것을 전 단면도라 한다.
- 한쪽 단면도: 대칭형의 물체를 1/4절단한 것으로 가정하고 반은 외형도, 반은 단면도를 그려 동시에 표시한 단면도이다.
- 회전도시 단면도 : 암, 리브 등의 단면을 90° 회전시켜 표시 핸들이나 바퀴 등의 암, 리브, 훅, 축 구조물 부재 등의 절단면을 90° 회전하여 그린 단면도로, 도형 내의 절단한 곳에 겹쳐서 가는 실선으로 그린다. 절단선의 연장선 위에 그린다. 절단할 곳의 전후를 끊어서 그 사이에 그린다.
- 계단 단면도 : 투상면에 평행 또는 수직하게 계단형태로 절단한 단면도로 절단면의 위치는 절단선으로 표시한다. 끝과 방향이 변화는 부분에 굵은 선 기호를 붙여 단면도 쪽에 기입한다.

12 배관을 분기하지 않고 180°로 바꿔주는 배관용 이음쇠는?
① 티(T)
② 와이(Y)
③ 크로스(cross)
④ U형 밴드

13 액상 윤활유가 갖추어야 할 성질이 아닌 것은?
① 충분한 점도를 가질 것
② 청정하고 균질하지 않을 것
③ 화학적으로 불활성일 것
④ 산화나 열에 대한 안정성이 높을 것

해설
- 액상 윤활유가 갖추어야 할 성질
㉮ 사용 상태에서 충분한 점도를 가질 것
㉯ 한계 윤활상태에서 견디어 낼 수 있는 유성이 있을 것
㉰ 산화나 열에 대한 안전성이 높고 화학적으로 불활성이며 청정, 균질할 것

11. ③ 12. ④ 13. ②

14 웜 기어(worm gear) 감속기의 특징으로 잘못된 것은?
① 치면에서의 미끄럼이 커서 전동 효율이 떨어진다.
② 적은 용량으로 큰 감속비를 얻을 수 있다.
③ 역전을 방지할 수 있다.
④ 소음이 커서 정숙한 회전이 어렵다.

15 윤활유 급유법 중 순환급유방식이 아닌 것은?
① 사이펀 급유법 ② 강제순환 급유법
③ 중력 순환 급유법 ④ 유욕 급유법

해설
- 순환식 급유법 : 패드 급유법, 유륜식 급유법, 유욕 급유법, 비말 급유법, 중력 순환 급유법, 강제 순환 급유법, 원심 급유법
- 비순환식 급유법 적하 급유
  ㉮ 수 급유법
  ㉯ 적하 급유법 : 사이펀 급유법(syphon oiling), 바늘 급유법(needle oiling), 가시 적하 급유법(sight feed oiling), 실린더용 적하 급유법(cylinder feed oiling), 플런저식 적하 급유법, 펌프 연결식 적하 급유법, 플런저식 압입 적하 급유법
  ㉰ 가시 부상 유적 급유법

16 양쪽지지형 송풍기의 축을 설치할 때 전동기축과 반전동기축의 좌·우측 구배의 차이는 몇 mm 이하인가?
① 0.05 ② 0.1 ③ 0.15 ④ 0.2

해설
- 축의 설치와 조정 : 전동기 축과 반 전동기축의 평부에 수준기를 놓고 수준기의 좌·우 차가 0.05mm 이하 또는 베어링 케이스의 축 관통부의 축과의 틈새의 차가 0.2mm 이하로 되도록 베드 밑쪽에 라이너로 조정한다.

17 벨트 내측과 풀리 외측에 같은 피치의 사다리꼴 또는 원형 모양의 돌기를 만들어 회전 중에 벨트와 벨트 풀리가 이 물림이 되어 미끄럼이 없이 정확한 회전각속도 비가 유지되는 벨트는?
① 평 벨트 ② V벨트
③ 타이밍 벨트 ④ 사일런트 체인

14. ④ 15. ① 16. ① 17. ③

18 모터와 펌프의 축을 커플링으로 연결 조립하여 가동하였을 때 커플링 연결부의 축 정렬 불량으로 나타날 수 있는 가장 일반적인 현상은 무엇인가?

① 언밸런스   ② 미스얼라인먼트   ③ 공진현상   ④ 캐비테이션

해설
- 언밸런스(unbalance) : 언밸런스는 진동의 가장 일반적인 원인으로 모든 기계에 약간씩 존재하며 회전체의 회전중심이 맞지 않는 상태를 언밸런스라 한다.
  ※ 언밸런스 진동의 특성
  ㉮ 회전 주파수의 1f 성분의 탁월 주파수가 나타난다.
  ㉯ 회전 벡터이므로 언밸런스량과 회전수가 증가할수록 진동레벨이 높게 나타난다.
- 미스얼라인먼트(misalignment) : 커플링 등에서 서로의 회전 중심선(축심)이 어긋난 상태로서 일반적으로는 정비 후에 발생하는 경우가 많다. 항상 회전주파수의 2f(3f)의 특성으로 나타나며 높은 축진동이 발생한다.
- 기계적 풀림 : 부적절한 마운드나 베어링의 케이스에서 주로 발생한다. 특성으로는 축의 회전주파수 f와 그 고주파성분(2f, 3f,…) 또는 분수주파수 성분(1/2f, 1/3f, …)이 나타난다.
- 공진현상 : 외력의 진동수와 계의 어느 한 고유진동수가 일치할 때의 진동. 이때 계는 위험한 큰 폭의 진동(2배의 진폭이 생성됨)이 발생한다.(교량, 빌딩, 비행기의 날개 등 파괴의 원인)
  ※ 공진현상 방지법
  ㉮ 우발력의 주파수를 기계 고유진동수와 다르게 한다.(기계의 회전수를 변경한다.)
  ㉯ 기계의 강성과 질량을 바꾸고 고유진동수를 변화시킨다.(기계의 보강)
  ㉰ 우발력을 없앤다.
- 캐비테이션(폐입현상) : 2개의 기어가 서로 물림에 의해서 압류가 흡입구 쪽으로 되돌려지는 현상으로 흡입량 감소 등 여러 가지 영향을 준다. 폐입된 부분의 용적은 폐입을 개시하여 폐입 중앙부까지는 점차 감소하고 폐입 중앙 위치로부터 폐입 종료 시까지 점차 증가한다.

19 왕복식 압축기가 원심식 압축기보다 좋은 점은 무엇인가?

① 고압 발생이 가능하다.   ② 맥동 압력이 없다.
③ 대용량이다.   ④ 윤활이 쉽다.

해설
- 왕복식 압축기의 장점
  ㉮ 고압 발생 가능
- 왕복식 압축기의 단점
  ㉮ 설치 면적이 넓다.   ㉯ 기초가 견고해야 한다.   ㉰ 윤활이 어렵다.
  ㉱ 압력의 맥동이 있다.   ㉲ 소용량이다.

20 일반 유도 전동기의 특징으로 틀린 것은?

① 구조가 간단하다.   ② 품질, 성능이 안정되어 있다.
③ 회전수 조절이 자유롭다.   ④ 전원회로 설치가 용이하다.

정답 18. ② 19. ① 20. ③

21. 캐비테이션의 방지책이 아닌 것은?

① 펌프의 설치 위치를 되도록 낮게 할 것
② 흡입관을 가능한 짧게 할 것
③ 펌프의 회전수를 낮게 할 것
④ 흡입 양정을 크게 할 것

해설
- 캐비테이션(폐입 현상) : 2개의 기어가 서로 물림에 의해서 압류가 흡입구 쪽으로 되돌려지는 현상으로 흡입량 감소 등 여러 가지 영향을 준다.
- ※ 캐비테이션 방지책
  ㉮ 임펠러의 설치 위치를 낮게 하고 흡입양정을 작게 한다.
  ㉯ 펌프의 회전수를 낮게 하고 흡입구를 크게 한다.
  ㉰ 단흡입이면 양흡입으로 고친다.
  ㉱ 흡입관은 짧게 하는 것이 좋으나 부득이 길게 할 경우는 흡입관을 크게 한다.
  ㉲ 흡입측에서 펌프의 토출량을 조여서 줄인다는 것은 절대 피한다.
  ㉳ 전 양정은 캐비테이션을 고려하여 적합하게 한다.
  ㉴ 양정의 변화가 클 경우에도 캐비테이션이 생기지 않게 해야 한다.
  ㉵ 외적 조건으로 캐비테이션을 피할 수 없을 경우 침식에 강한 고급재질을 택한다.
  ㉶ 이미 캐비테이션이 발생한 경우 소량의 공기를 흡입측에 넣어 소음과 진동을 거게 한다.

22. 정비 시스템에 속하지 않는 것은?

① 예방 정비   ② 사후 정비   ③ 개량 정비   ④ 개수 정비

해설
- 사후보전 : 설비의 기능이 정지된 후 원래의 상태로 복원 고장, 정지 또는 유해한 성능 저하를 가져온 후에 수리를 행하는 것
- 예방보전 : 설비의 고장이 발견되기 전에 미리 발견하여 운전 상태를 유지하는 것
- 생산보전 : 생산의 경제성을 높이기 위한 보전으로 예방보전을 말한다.
- 개량보전 : 설비자체의 체질을 개선시켜 수명이 길고, 고장이 적으며, 보전절차가 없는 재료나 부품을 사용할 수 있도록 설비를 개조, 갱신하는 보전
- 보전예방 : 고장이 없고 보전이 필요 없는 설비의 설계 제작, 구입

23. 금속재료가 고온에서 일정한 하중을 받고 있을 때 시간의 경과에 따라 변형도가 증가하는 현상을 무엇이라 하는가?

① 피로한도   ② 크리프   ③ 인장강도   ④ 시효경화

해설
- 피로한도 : 재질이 외부의 반복하중을 받아도 파괴되지 않는 한계
- 인장강도 : 인장시험에서 인장하중(Pmax)을 시험편의 평행부의 원단면적(A_0)으로 나눈 값을 말한다.
- 시효경화 : 열처리 중에서 시간의 경과와 더불어 강도와 경도가 증가되는 현상으로 알루미늄 합금이나 두랄루민이 대표적이다.

21. ④ 22. ④ 23. ②

24 개별 개선활동 대상으로 해당되지 않는 것은?
① 설비효율 저하 6대 로스 개선활동
② 사람의 효율 저하 7대 로스 개선활동
③ 원단위 3대 로스 개선활동
④ 일상업무 및 5S를 위한 개선활동

25 설비보전의 추진은 P-D-C-A 4단계의 사이클로 지속적인 개선을 추진한다. 내용이 틀린 것은?
① 계획(Plan) ② 실시(Do) ③ 조정(Control) ④ 재실시(Action)

26 나사의 종류를 표시하는 기호 중에서 관용 평행나사를 나타내는 것은?
① E ② G ③ M ④ R

해설
• ISO 표준나사
  ㉮ E : 전구나사
  ㉯ M : 미터나사
  ㉰ R : 관용 테이퍼 수나사 R_C : 관용 테이퍼 암나사 R_P : 관용 평행 암나사
  ㉱ T_r : 미터 사다리꼴 나사
  ㉲ S : 미니추어 나사
  ㉳ UNC : 유니파이 보통나사
  ㉴ UNF : 유니파이 가는나사
• ISO 표준나사에 없는 나사
  ㉮ TW : 29° 사다리꼴 나사
  ㉯ TM : 30° 사다리꼴 나사
  ㉰ PF : 관용 평행나사
  ㉱ PT : 관용 테이퍼 나사
  ㉲ PS : 관용 평행 암나사

27 자주보전에 대한 설명 중 거리가 가장 먼 것은?
① TPM의 시작 단계로 TPM 수행의 가장 기본이 될 기능이다.
② 자기가 운전하는 설비는 본인 스스로 관리함으로써 현장 개선의 일익을 담당하는 것이 핵심이다.
③ 보전요원들은 기술개발을 위하여 많은 시간 투자와 제조 현장의 생산성 극대화를 추진하여야 한다.
④ 고장 및 불량을 극소화하여 회사가 계획하고 필요한 보전효율 달성을 목적으로 한다.

28 만성로스 개선 방법 중에서 설비나 시스템의 불합리 현상을 원리 및 원칙에 따라 물리적 성질과 메커니즘을 밝히는 사고방식은?
① QM분석 ② FMEA ③ FTA ④ PM분석

24. ④ 25. ③ 26. ② 27. ④ 28. ④

29 공사 관리에서 PERT의 계산절차는 낙관적 시간, 비관적 시간, 전형적 시간의 추정시간을 사용하여 어떤 분포의 평균치를 구하는가?

① 정규 분포   ② 베타 분포   ③ 지수 분포   ④ 푸아송 분포

30 예방보전주기에 대한 설명으로 맞는 것은?
① 예비품 이용이 용이한 설비는 예방보전이 유리하다.
② 예방보전주기가 짧으면 보전비용이 감소한다.
③ 예방보전주기가 짧으면 돌발고장 수리횟수가 감소한다.
④ 고장정지 손실이 큰 중점설비는 예방보전주기를 길게 한다.

31 계속적 또는 반복적으로 사용되며, 고액의 자본을 투입한 유형 고정 자산의 총칭을 무엇이라고 하는가?

① 기구   ② 범용 공작 기계
③ 설비   ④ 컴퓨터 제어 기계

32 다음 중 설비보전의 표준이 아닌 것은?

① 설비수리표준   ② 설비검사표준   ③ 제조기술표준   ④ 설비정비표준

33 제조부문과 협의하여 연간계획 하에서 추진하며, 검사 주기가 1개월 이내인 검사를 무엇이라 하는가?

① 정기검사   ② 일상검사   ③ 월간검사   ④ 분기검사

해설
- 정기검사 : 연간 일정한 일자를 정하여 검사하는 것
- 월간검사 : 월별 일정한 일자를 정하여 검사하는 것
- 분기검사 : 분기별로 계획을 세워 검사하는 것

34 공구관리의 기능을 계획단계와 보전단계로 구분할 때 계획단계의 기능은?
① 공구의 제작 및 수리   ② 공구의 검사
③ 공구의 보관과 대출   ④ 공구의 설계 및 표준화

29. ② 30. ③ 31. ③ 32. ③ 33. ② 34. ④

• 공구관리 기능

공구의 계획단계	공구의 보전단계
① 공구의 설계·표준화 ② 공구의 연구와 시험 ③ 공구의 사용조건 관리 ④ 공구 소요량의 계획·보충	① 공구의 제작·관리 ② 공구의 검사 ③ 공구의 보관·대출 ④ 공구의 연삭

35 종합적 생산 보전(TPM)의 주요활동과 가장 거리가 먼 것은?
① 자주 보전 활동 ② 계획 보전 활동
③ 전문 보전 활동 ④ 사후 활동(소방 활동)

36 보처(Botcher)는 보전조직을 집중보전, 지역보전, 부분보전 및 절충보전으로 구분하고 있다. 집중보전의 장점으로 볼 수 없는 것은?
① 노동력의 유효성 ② 보전비 통제의 확실성
③ 보전책임의 명확성 ④ 운전과의 일체감

• 집중보전의 장점
㉮ 공장의 작업 요구를 처리하기 위하여 충분한 인원을 동원할 수 있다.
㉯ 각종 작업에 각각 다른 기능을 가진 보전원을 배치하기 때문에 담당 정도의 유연성이 필요하다.
㉰ 긴급작업, 고장, 새로운 작업을 신속히 처리한다.
㉱ 특수 기능자는 한층 효과적으로 이용된다.

37 설비보전을 효과적으로 운영함으로써 얻을 수 있는 기대효과와 거리가 먼 것은?
① 설비 고장으로 인한 기계 및 작업의 유휴기간 감소
② 설비의 신뢰성 향상으로 인한 원가절감과 품질향상
③ 작업장의 안전도 향상
④ 설비 수리에 투입된 노무비의 증가

• 설비보전을 효과적으로 운영함으로써 얻을 수 있는 기대효과
㉮ 보전비가 감소한다. ㉯ 제작 불량이 적어진다.
㉰ 가동률이 향상된다. ㉱ 고장으로 인한 납기지연이 감소한다.
㉲ 제조원가가 절감된다. ㉳ 예비비의 필요성이 감소되어 자본투자가 적어진다.
㉴ 예비품 관리가 좋아져서 재고품이 감소된다.

35. ④ 36. ④ 37. ④

㉮ 설비 고장으로 인한 정지손실이 감소한다.(특히 연속조업 공장)
㉯ 종업원의 안전, 설비유지가 잘되어 보상이나 보험료가 감소한다.

38 과학적 합리적 계측을 전제로 생산 활동이나 상업활동 및 경영관리를 할 수 있는 관리는?
① 생산관리   ② 자재관리   ③ 원가관리   ④ 계측관리

39 생산보전을 중심으로 총체적인 설비관리를 추진함으로써 얻을 수 있는 효과가 아닌 것은?
① 제조원가 감소   ② 예비품 관리향상 및 재고 감소
③ 설비보전 비용증가 및 제품불량 감소   ④ 설비고장에 따른 휴지손실 감소

40 공압 복동 실린더의 구조에서 커버와 실린더 튜브를 서로 결속, 고정시키는 부위는 어떤 것인가?
① 패킹   ② 트라니언   ③ 쿠션장치   ④ 타이로드

41 작동유 속에 혼입하는 불순물을 제거하기 위하여 사용하는 부품은 어느 것인가?
① 스트레이너   ② 밸브   ③ 패킹   ④ 축압기

해설
• 밸브 : 유체를 통하게 하거나 차단 또는 제어하기 위해 통로를 개폐할 수 있도록 한 가동 기구를 가진 기기
• 패킹 : 관의 이음매, 기타 접합부에서 액체, 기체가 누설하지 않도록 충전하는 재료
• 축압기 : 가스 터빈 엔진의 연료계에서 축적된 압력에 의해 압축공기 속에 연료를 방출하는 장치

42 조작력이 작용하고 있을 때의 밸브 몸체의 최종 위치를 나타내는 용어는?
① 노멀 위치   ② 중간 위치   ③ 작동 위치   ④ 과도 위치

43 유압 실린더의 기본 구성품이 아닌 것은?
① 피스톤   ② 피스톤 로드
③ 실린더 튜브   ④ 프런지형 지지대

38. ④   39. ③   40. ④   41. ①   42. ③   43. ④

44 다음 도면을 보고 알 수 없는 사항은 어느 것인가?

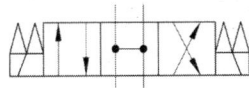

① 포트 수　② 위치의 수　③ 조작방법　④ 접속의 형식

45 기계식 서보 밸브 설명과 관계가 없는 것은?
① 위치 조정을 위하여 힘을 증폭하는 밸브이다.
② 축의 운동 방향 및 변위를 결정해 준다.
③ 조향장치에 많이 사용한다.
④ 오리피스에서 증폭되어 큰 힘을 낸다.

46 관로의 면적을 줄인 길이가 단면치수에 비하여 비교적 긴 경우의 교축을 무엇이라 하는가?
① 초크　② 오리피스　③ 공동　④ 서지

해설
- 공동 : 국부적인 압력 강하나 온도 상승으로 발생하며, 외부 유동과 분리된 닫힌 유동 영역
- 서지 : 유체의 유속이나 압력이 급변하는 상태
- 오리피스 : 유체를 분출시키는 구멍으로 관로의 중간에 설치하는 기구

47 탠덤 실린더를 사용하여 실린더의 램을 전진시켜 높지 않은 압력으로 강력한 압축력을 얻을 수 있는 회로는?
① 시퀀스 회로　② 무부하 회로
③ 증강 회로　④ 블리드 오프 회로

해설
- 시퀀스 회로 : 한 회로 내에 있는 2개 이상의 실린더를 미리 정해진 순서에 따라 순차적으로 동작시키기 위한 회로
- 무부하 회로 : 반복 작업 시에 펌프의 수명연장, 동력비 절감, 열 발생 방지, 조작의 안정성 등을 위하여 작업을 하지 않는 동안 펌프를 무부하 상태로 유지할 수 있는 회로
- 블리드 오프 회로 : 실린더에 유입 유량을 바이패스로 조절하여 속도 제어하는 회로

48 다음 중 압력제어 밸브에 속하지 않는 것은?
① 감압 밸브　② 교축 밸브　③ 릴리프 밸브　④ 시퀀스 밸브

44. ④　45. ④　46. ①　47. ③　48. ②

해설
- 감압 밸브 : 입구의 압력을 조정 압력까지 감압해서 출구로 내보내는 밸브
- 릴리프 밸브 : 시스템 내의 압력이 허용 최대 압력을 초과하는 것을 방지하는 밸브
- 시퀀스 밸브 : 액추에이터를 순차적으로 작동시키기 위한 밸브

49 다음 중 보조가스 용기에 대한 기호로 맞는 것은?

50 유압실린더나 유압 모터의 작동 방향을 바꾸는 데 사용되는 것으로 회로 내의 유체 흐름의 통로를 조정하는 것은?
① 체크 밸브 ② 유량제어 밸브
③ 방향제어 밸브 ④ 압력제어 밸브

해설
- 체크 밸브 : 유체가 역류하는 것을 방지 하는 밸브
- 유량제어 밸브 : 관의 단면적을 변화시켜 유량을 제어하고 액추에이터의 속도 또는 모터의 회전수를 가변시키는 밸브
- 압력제어 밸브 : 기체나 유체의 흐름을 제어하여 안정된 압력을 공급하는 밸브

51 유압피스톤 펌프의 구조에서 경사각을 조정하여 토출량을 변화시킬 수 있는 것은?
① 콘로드 ② 사판 ③ 로터 ④ 밸브 플레이트

해설
- 콘로드 : 피스톤과 크랭크축 핀을 연결하기 위한 로드
- 로터 : 유압기기 내에 원심력을 얻기 위해 회전시키는 회전체
- 밸브 플레이트 : 압력이 발생하는 실린더와 실린더 헤드 사이에 설치하는 장치

52 다음은 어큐뮬레이터를 설치할 때 주의사항을 열거한 것이다. 틀린 것은?
① 어큐뮬레이터와 펌프 사이에는 역류방지 밸브를 설치한다.
② 어큐뮬레이터는 점검, 보수에 편리한 장소에 설치한다.
③ 펌프 맥동방지용은 펌프 토출 측에 설치한다.
④ 어큐뮬레이터는 수평으로 설치한다.

49. ② 50. ③ 51. ② 52. ④

53 다음 중 사용압력의 범위가 10~100kgf/cm² 로서 가장 널리 사용되는 공기 압축기는?
① 회전식 공기 압축기   ② 왕복식 공기 압축기
③ 스크루식 공기 압축기 ④ 베인식 공기 압축기

해설
- 공기 압축기의 종류
  ㉮ 회전식 압축기 : 편심 로터가 흡입과 배출구가 있는 실린더 형태의 하우징 내에서 회전하는 형태
  ㉯ 스크루식 압축기 : 두 개의 로터가 한 쌍이 되어 회전하면서 흡입측의 공기를 토출측으로 운반하는 형태의 공기 압축기
  ㉰ 축류 압축기 : 공기의 유동원리를 이용한 것이며, 대용량에 적합
  ㉱ 반경식 압축기 : 날개에 의해 반경 방향으로 가속되며, 다시 축으로 흡입되어 가속되는 동작을 반복하는 공기 압축기

54 재해의 원인으로 볼 수 없는 것은?
① 운전을 정지하고 기계를 정비한다.   ② 허가 없이 장치를 운전한다.
③ 결함이 있는 장치를 운전한다.   ④ 안전장치를 제거하고 운전한다.

55 가죽제 안전화의 구비조건으로 맞지 않는 것은?
① 신는 기분이 좋고 작업이 쉬울 것   ② 잘 구부러지고 신축성이 있을 것
③ 가능한 가벼울 것   ④ 디자인, 색상 등은 고려하지 말 것

56 크레인 후크걸이용 와이어로프의 벗겨지는 것을 방지하기 위한 장치를 무엇이라 하는가?
① 권과방지장치   ② 과부하방지장치
③ 해지장치   ④ 비상정지장치

57 가연성 물질이라고 볼 수 없는 것은?
① 아세틸렌   ② 프로판
③ 수소   ④ 산소

해설
- 가연성 가스 : 폭발한계 농도의 하한값이 10% 이하 또는 상한값과 하한값 차이가 20% 이상인 가스를 말한다.
  ㉮ 수소 ㉯ 아세틸렌 ㉰ 에틸렌 ㉱ 메탄 ㉲ 에탄 ㉳ 프로판 ㉴ 부탄

정답 53. ② 54. ① 55. ④ 56. ③ 57. ④

58 건설재해 예방대책으로 맞지 않는 것은?
① 경영자의 안전에 관한 인식이 투철하여야 한다.
② 근로자에 대한 안전관리교육을 철저히 하여야 한다.
③ 재해예방을 위하여 적정한 공사 기간을 확보하여야 한다.
④ 하도급에 대한 안전관리체제를 느슨하게 하여야 한다.

59 선반작업 시 안전사항으로 올바르지 않은 것은?
① 절삭공구의 고정은 확실하게 한다.
② 공작물의 측정은 절삭 또는 회전 중에 장갑을 끼고 한다.
③ 가공물의 장착이 끝나면 척 렌치류는 벗겨 놓는다.
④ 기계 위에 공구나 가공물을 올려놓지 않는다.

60 산업안전보건법의 목적에 해당하지 않는 것은?
① 산업안전보건기준의 확립
② 산업재해의 예방과 쾌적한 작업환경조성
③ 산업안전보건에 관한 정책의 수립 및 실시
④ 근로자의 안전과 보건을 유지·증진

2013년 1회 설비보전기능사 필기시험

2013년 1월 27일 시행

01 단면도에 대한 설명으로 잘못된 것은?
① 온 단면도는 물체의 기본적인 모양을 가장 잘 나타낼 수 있도록 물체의 중심에서 반으로 절단하여 도시한다.
② 한쪽 단면도는 주로 대칭인 물체의 중심선을 기준으로 내부모양과 외부모양을 동시에 나타낸 것이다.
③ 회전 단면도는 핸들이나 바퀴의 암, 리브, 축 등의 단면모양을 90° 회전시켜서 투상도의 안이나 밖에 그리는 것이다.
④ 박판, 형강 등과 같이 절단면이 얇은 경우에는 절단면을 검게 칠하거나 2개의 굵은 실선으로 표시한다.

02 다음 측정기 중 직접 측정기로 맞는 것은?
① 다이얼 게이지 ② 측장기 ③ 옵티미터 ④ 전기 마이크로미터

해설
- 직접 측정기 : 버니어 캘리퍼스, 마이크로미터, 하이트 게이지, 눈금자(강철자), 측장기, 각도기
- 비교 측정기 : 다이얼 게이지, 인디케이터, 실린더 게이지, 미니미터, 옵티미터, 틈새 게이지, 한계 게이지, 나사 게이지, 공기마이크로미터, 전기마이크로미터, 내경퍼스, 패소미터, 측미현미경

03 순환 펌프를 이용하는 윤활제의 급유방법은?
① 핸드 급유법 ② 오일링 급유법
③ 강제 순환 급유법 ④ 담금 급유법

해설
- 순환식 급유법 : 패드 급유법, 유륜식 급유법, 유욕 급유법, 비말 급유법, 중력 순환 급유법, 강제 순환 급유법, 원심 급유법
- 비순환식 급유법 적하급유
  ㉮ 수 급유법
  ㉯ 적하 급유법 : 사이펀 급유법(syphon oiling), 바늘 급유법(needle oiling), 가시 적하 급유법(sight feed oiling), 실린더용 적하 급유법(cylinder feed oiling), 플런저식 적하 급유법, 펌프 연결식 적하 급유법, 플런저식 압입 적하 급유법
  ㉰ 가시 부상 유적 급유법

정답 01. ④ 02. ② 03. ③

04 펌프에서 압력이 국부적으로 낮아져서 기포가 생겨 소음과 진동을 일으키게 되는 현상은?
① 보일링(Boiling) ② 캐비테이션(Cavitation)
③ 서징(Surging) ④ 채터링(Chattering)

05 한쪽 끝이 두 가닥으로 갈라진 핀으로 축에 끼워진 부품이 빠지는 것을 막고, 핀을 때려 넣은 뒤 끝을 굽혀서 늦춰지는 것을 방지하는 핀은?
① 스프링 핀 ② 분할 핀
③ 테이퍼 핀 ④ 평행 핀

해설
- 평행 핀 : 평평한 핀으로 위치 고정용으로 사용
- 테이퍼 핀 : 한쪽이 테이퍼 진 핀으로 호칭 지름은 작은 쪽의 지름으로 표시하며, 1/50의 값을 가지며, 부품 또는 보스를 축에 고정용으로 사용
- 스프링 핀 : 세로 핀이라고 하며, 철판을 둥글게 말아서 사용하여 망치로 억지로 박아서 사용

06 물체 앞에서 바라본 모양을 도면에 나타낸 것으로 그 물체의 가장 주된 면을 나타내는 투상도는?
① 평면도 ② 정면도 ③ 측면도 ④ 저면도

07 임펠러의 진동발생시 임펠러에 시편을 붙여 진동을 교정하는 작업방법은?
① 플러링 작업 ② 밸런싱 작업
③ 센터링 작업 ④ 코오킹 작업

08 관속을 흐르는 유체의 종류를 표시하는 경우에는 문자나 기호로서 표시한다. 유체 종류와 문자기호가 올바르게 표시 된 것은?
① 공기-A ② 가스-S
③ 증기-W ④ 기름-G

해설
G : 가스   O : 기름   S : 증기   W : 물   B : 브라인 또는 2차 냉매
C : 냉각수 CH : 냉수   R : 냉매

정답 04. ② 05. ② 06. ② 07. ② 08. ①

09 감속기의 점검 항목-점검방법-판단기준으로 틀린 것은?
① 윤활유량-유면계의 위치확인-상하한선 사이에 위치할 것
② 이상 음, 진동, 발열-촉수 청음봉 사용-진동, 이상 음, 발열이 없을 것
③ 입·출력 원동축과 부하축의 중심-다이얼 게이지, 직선자 사용-어긋남이 없을 것
④ 축이음 상태-입·출력축의 중심선-발열만 없으면 될 것

10 밀봉장치에 사용되는 오링(O-ring)의 구비조건으로 틀린 것은?
① 누설을 방지하는 기구에서 탄성이 양호할 것
② 가급적 사용온도 범위가 좁을 것
③ 내마모성을 포함한 기계적 성질이 좋을 것
④ 상대 금속을 부식시키지 말 것

11 장치공업에서 각 장치의 배치, 제조공정의 관계 등을 나타낸 도면은 어느 것인가?
① 장치도   ② 배근도   ③ 부품도   ④ 조립도

12 구부러진 축을 수정할 수 있는 공구는?
① 커플링   ② 짐 크로우   ③ 임펙트 렌치   ④ L-렌치

13 기어 이의 면 열화현장 중 표면피로에 해당하는 현상은?
① 피이닝 항복   ② 초기 피칭
③ 스코어링   ④ 절손

해설
• 표면피로 : 초기 피칭, 파괴적 피칭, 피칭(스포오링)

14 축 고장의 원인 중 설계 불량에 해당하는 것은?
① 재질불량   ② 풀리, 기어, 베어링 등의 끼워 맞춤 불량
③ 휜 축사용   ④ 급유불량

정답 09. ④ 10. ② 11. ① 12. ② 13. ② 14. ①

15 설비계획이 행해지는 때에 대한 것으로 틀린 것은?
① 설계 변경이나 생산 규모를 변경할 경우
② 기존사업을 계속 유지할 경우
③ 확장에 따라 공장을 증설할 경우
④ 제품의 품종을 변경할 경우

16 다음 중 왕복식 압축기의 단점이 아닌 것은?
① 설치면적이 넓다.   ② 윤활이 어렵다.
③ 고압 발생이 불가능하다.   ④ 압력의 맥동이 있다.

해설
- 왕복식 압축기의 장점
  ㉮ 고압 발생 가능
- 왕복식 압축기의 단점
  ㉮ 설치 면적이 넓다.   ㉯ 기초가 견고해야 한다.   ㉰ 윤활이 어렵다.
  ㉱ 압력의 맥동이 있다.   ㉲ 소용량이다.

17 다음 중 2개의 마찰면이 직접 접촉하는 일 없이 비교적 두꺼운 연속적인 유막과 그 압력에 의해서 완전히 격리되어 있는 상태의 마찰은?
① 건조마찰   ② 경계마찰
③ 유체마찰   ④ 고체마찰

18 밸브에 대한 설명으로 틀린 것은?
① 글로브 밸브는 유체의 입구와 출구의 흐름 방향이 같지 않고, 직각으로 바뀌는 구조로 되어 있다.
② 체크 밸브는 유체를 한 방향으로만 흘러가게 한다.
③ 안전 밸브는 유체가 제한된 최고압력을 초과하였을 때 유체를 외부로 방출하는 밸브이다.
④ 감압 밸브는 고압유체를 보다 낮은 압력으로 감압하고, 일정하게 유지하는 경우에 쓰인다.

정답 15. ② 16. ③ 17. ③ 18. ①

19 설비의 운전조건 및 조작방법에 의해 발생되는 성능 열화로 맞는 것은?
① 사용열화　　　　　　② 자연열화
③ 재해열화　　　　　　④ 절대열화

해설
- 열화의 원인
  ㉮ 사용열화
    - 운전조건 : 온도, 압력, 회전수, 설비기능과 재질, 마모, 부식, 충격, 피로, 원료부착, 진애
    - 조작방법 : 취급, 반자동 등의 오조작
  ㉯ 자연열화 : 방치에 의한 녹 발생, 방치에 의한 절연저하 등 재질 노후화
  ㉰ 재해열화 : 폭풍, 침수, 지진, 우뢰, 폭발에 의한 파괴 및 노후화 촉진

20 윤활유의 열화방지 대책으로 틀린 것은?
① 윤활유가 고온부에 접촉하는 시간을 짧게 하고 유온을 일정하게 유지한다.
② 윤활유 내부의 슬러지 성분을 신속하게 제거한다.
③ 윤활유 교환 시 적정한 점도유지를 위하여 윤활유를 혼합하여 사용한다.
④ 교환 시는 열화유를 완전히 제거한다.

21 나사의 도시 방법으로 옳은 것은?
① 암나사의 골지름은 굵은 실선으로 그린다.
② 수나사의 바깥지름은 굵은 실선으로 그린다.
③ 완전나사부와 불완전 나사부의 경계는 가는 실선으로 그린다.
④ 수나사와 암나사의 조립부를 그릴 때는 암나사를 기준으로 그린다.

해설
- 나사의 도시 방법
  ㉮ 수나사의 바깥지름은 굵은 실선, 골 지름을 표시하는 선은 가는 실선
  ㉯ 불완전 나사부의 골밑을 표시하는 선은 축 선에 대하여 30(도)경사진 가는 실선으로 표시하고 불완전 나사부의 치수로 표시한다.
  ㉰ 암나사의 안지름은 굵은 실선으로 표시하고 골 지름은 가는 실선
  ㉱ 수나사와 암나사의 측면을 도시할 때 골 지름은 가는 실선으로 그린다.

22 제동장치로 사용되는 것은?
① 클러치　　② 완충기　　③ 커플링　　④ 브레이크

정답　19. ①　20. ③　21. ②　22. ④

23 진동이 있는 차량, 항공기 등의 체결용 요소의 풀림 방지 및 가스, 액체가 누설되는 것을 막기 위해서도 사용되며, 침투성이 좋고 경화한 후 무게가 감량되지 않으며 일단 경화되면 유류, 소금물, 유기 용제에 대하여 내성이 우수한 접착제는?
① 유화액(Emulsion)형 접착제 ② 혐기성 접착제
③ 금속 구조용 접착제 ④ 중합제(Prepolymer)형 접착제

24 다음 중 금속가공용 윤활유가 아닌 것은?
① 절삭유 ② 연삭유 ③ 열처리유 ④ 방청그리스유

25 공장설비란 넓은 뜻에서 건물을 비롯하여 부대시설, 방재설비, 운반설비 등으로 분류할 수 있다. 그 중 부대시설에 포함되지 않는 것은?
① 안전설비 ② 급수설비 ③ 배수설비 ④ 난방설비

26 어떤 설비에 대한 시간가동률을 산출하려고 한다. 지난 1주간의 설비가동 현황은 다음과 같다. 지난 1주간의 시간가동률은 약 몇 %인가?

조업시간 = 500분, 고장시간 = 30분, 계획된 휴지시간 = 60분

① 92.3% ② 90.5% ③ 88.2% ④ 82.0%

27 공사 관리의 목적에 대한 것으로 가장 적합한 것은?
① 조업상 요구에 의해서 하는 개량공사 지원
② 보전상 요구에 의해서 하는 수리 지원
③ 설비에 투입되는 비용을 최소화
④ 검사에 의하여 필요한 수리를 최소화

28 보전작업 표준화란 보전작업의 낭비를 제거하여 효율성을 증대시키기 위한 것이다. 표준화할 보전작업의 대상은 여러 가지가 있다. 보전표준의 종류가 아닌 것은?
① 작업표준 ② 수리표준 ③ 일상점검표준 ④ 자재표준

23. ② 24. ④ 25. ① 26. ① 27. ③ 28. ④

29 열관리의 방법 중에서 열사용의 효율을 높이기 위해 공장 내에서 1차 목적을 위해서 사용된 후의 열 혹은 수송 중에 새어 나오는 열을 2차 목적에 사용하기 위해 하는 것은?
① 연료관리 ② 배열(폐열)회수 ③ 연소관리 ④ 열사용 관리

해설
- 열관리의 목적 : 제품 원가 중에 차지하는 연료비의 절감을 꾀하는 데 목적이 있다. 즉, 연료를 사용하는 설비 및 열 설비의 개선 및 신설화를 꾀하여 열효율을 높이고, 손실열을 회수하고 합리적으로 관리하여 제품의 원가 절감에 있다.
- 열관리 영역 : ㉮ 연료의 관리 ㉯ 연소의 관리 ㉰ 열사용의 관리 ㉱ 배열(폐열)회수 이용

30 듀폰 방식의 보전효과 측정요소 중 생산성의 요소는 무엇인가?
① 노동효율
② 계획 달성률
③ 설비 투자에 대한 보전비의 비율
④ 월당 총 공수에 대한 예방보전 비율

31 설비관리를 통해 달성할 수 있는 것 중 옳지 않은 것은?
① 납기준수 ② 신뢰성 향상 ③ 안전성 향상 ④ 유지비용 증가

32 품질확보를 위해서 품질보전의 전개 순서가 있다. 추진 순서가 올바른 것은?
① 현상분석→목표설정→요인해석→표준화→개선 및 실시
② 목표설정→현상분석→요인해석→표준화→개선 및 실시
③ 목표설정→현상분석→요인해석→개선 및 실시→표준화
④ 현상분석→목표설정→요인해석→개선 및 실시→표준화

33 치공구 공장의 생산형태로 가장 적합한 것은?
① 소품종 다량생산
② 다품종 다량생산
③ 다품종 소량생산
④ 중품종 중량생산

34 만성로스의 원인을 과학적 사고로 인과성을 밝혀 바람직한 원리 및 원칙을 수립하여 필요한 대책을 강구하는 분석 방법은?
① PM분석 ② 보전 분석 ③ 파레토 분석 ④ 관리도 분석

29. ② 30. ② 31. ④ 32. ④ 33. ③ 34. ①

35 TPM은 여러 가지 측면에서 전통적인 관리시스템과 차이점이 많다. TPM을 설명한 내용 중 틀린 것은?
① 사전활동 중심
② 로스(Loss) 측정
③ Output 지향
④ 불량발생원 제거

36 설비를 목적에 따라 분류하였을 때 관리설비의 종류에 해당하지 않는 것은?
① 본사의 건물
② 공장의 보조설비
③ 서비스 스테이션
④ 복리후생설비

37 전 보전요원이 한 사람의 보전 책임자 밑에 조직되어 지휘 감독을 받아 긴급작업, 고장을 신속히 처리하고, 새로운 일에 대한 통제가 보다 확실한 특징을 가지고 있는 설비 보전 조직은?
① 지역보전
② 부문보전
③ 절충보전
④ 집중보전

38 설비보전에 대한 설명을 맞는 것은?
① 개량보전을 일명 예지보전이라고도 한다.
② 보전예방은 설비의 특정 운전 조건을 유지하기 위해 수행되는 모든 계획보전의 전형적인 보전활동이다.
③ 사후보전은 중점설비를 대상으로 설비 가동 중 또는 중지 이후 비가동 시간을 유발시켜 보전을 시행한다.
④ 상태 기준보전은 설비의 잠재 열화현상에 대한 정확한 상태를 예측하기 위하여 직접 설비를 감지하는 방법이다.

39 측정자가 계측대상에 접근하지 않고 간접적으로 측정하는 경우 사용하며 일반적으로 검출부, 지시부, 기록부, 경보부, 조절부로 구성되어 있는 계측기는?
① 원격측정식 계측기
② 현장작업용 계측기
③ 관리작업용 계측기
④ 직업측정식 계측기

35. ③ 36. ③ 37. ④ 38. ④ 39. ①

40 유압 실린더의 지지형식 중 요동형으로만 짝지어진 것은?
① 풋형, 플랜지형 ② 풋형, 트러니언형
③ 플랜지형, 클레비스형 ④ 트러니언형, 클레비스형

• 고정방식에 따른 분류
  ㉮ 고정형 : 풋형, 플랜지형
  ㉯ 요동형 : 클레비스형, 트러니언형

41 유량제어 밸브 중에서 압력 보상이 되는 것은?
① 스톱 밸브 ② 니들 밸브 ③ 유량조절 밸브 ④ 스로틀 밸브

• 유량조절 밸브
  ㉮ 압력보상형, 압력-온도보상형 유량조절 밸브가 있다.
  ㉯ 압력의 변동에 의해 유량이 변동되지 않도록 회로에 흐르는 유량을 일정하게 한다.

42 펌프 무부하 회로의 특징으로 틀린 것은?
① 펌프의 수명을 연장시킨다. ② 동력이 절감된다.
③ 유온의 상승을 방지한다. ④ 장치의 효율을 감소시킨다.

• 무부하회로 : 구동부의 작동이 필요하지 않은 경우에 유압 펌프에서 송출되는 압류를 탱크로 귀환시켜 유압 펌프에서 송출되는 압유를 탱크로 귀환시켜 펌프에 부하가 걸리지 않도록 하는 회로
• 무부하 회로의 장점
  ㉮ 유압펌프의 구동력을 절약할 수 있다. ㉯ 유압 창치의 가열을 방지한다.
  ㉰ 펌프의 수명을 연장한다. ㉱ 유온 상승을 방지한다.
  ㉲ 유압유의 노화를 방지한다.

43 다음 그림과 같은 밀도가 각각 d_1, d_2인 액체관에 유리관을 넣고 고무관을 통하여 공기를 빼면 각 액체가 h_1, h_2의 높이까지 올라간다. 이 관계가 옳게 표현된 것은?

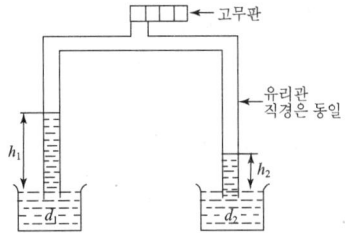

정답 40. ④ 41. ③ 42. ④ 43. ①

① $\dfrac{h_1}{h_2} = \dfrac{d_2}{d_1}$　　② $\dfrac{h_1}{h_2} = \dfrac{d_1}{d_2}$　　③ $\dfrac{\sqrt{h_1}}{\sqrt{h_2}} = \dfrac{d_2}{d_1}$　　④ $\dfrac{\sqrt{h_1}}{\sqrt{h_2}} = \dfrac{d_1}{d_2}$

44 공기압 발생 장치 중 압축된 공기를 냉각하여 수분을 제거하는 장치는?
① 공기압축기　② 공기냉각기　③ 공기조정유닛　④ 공기필터

해설
- 공기압축기 : 기계적 에너지를 기계적 에너지로 변환하는 기계로 공기를 압축하여 압을 높인다.
- 공기조정유닛 : 필터, 압력조절 밸브, 윤활기로 이루어져 공압 시스템에 공기공급을 준비해주는 장치이다.
- 공기필터 : 생산된 압축공기에 포함된 수분, 먼지 등의 이물질들을 제거하기 위해 입구부에 설치한다.

45 공압 실린더의 출력 결정에 관계가 없는 것은?
① 실린더 튜브의 내경
② 실린더의 재질
③ 실린더의 추력 효율
④ 사용공기 압력

46 유압제어 밸브 중 출구가 고압측 입구에 자동적으로 접속되는 동시에 저압측 입구를 닫는 작용을 하는 밸브는?
① 셀렉터 밸브
② 셔틀 밸브
③ 바이패스 밸브
④ 체크 밸브

해설
- 셀렉터 밸브 : 밸브 선택기로 기기 내에서 높은 출력을 필요로 하지 않을 때 실린더의 일부를 제거하는 배기량 조정형 밸브
- 바이패스 밸브 : 펌프의 전 유량을 한 가지 기능에 사용하는 경우나 다른 기능을 위해 유량을 흘려 보내야 하는 경우에 사용하는 밸브
- 체크 밸브 : 유체가 역류하여 흐르는 것을 방지해 주는 밸브

47 유압유에 요구되는 성질이 아닌 것은?
① 넓은 온도 범위에서 점도 변화가 적을 것
② 방열성이 좋을 것
③ 장시간 사용하여도 화학적으로 안정될 것
④ 압축성이 좋을 것

정답　44. ②　45. ②　46. ②　47. ④

해설
- 유압유가 갖추어야 할 성질
  ㉮ 적당한 점성을 갖추어야 한다.
  ㉯ 유동점이 낮아야 한다.
  ㉰ 압축성이 작아야 한다.
  ㉱ 열팽창계수가 작아야 한다.
  ㉲ 방열성이 좋아야 한다.
  ㉳ 온도의 변화에 따른 점성의 변화가 작아야 한다.
  ㉴ 장시간 사용에도 물리적, 화학적 변화가 작아야 한다.

48 도면에서 조작방식 A와 입력신호 B가 모두 충족될 때 출력 C가 나오는 회로의 이름은 무엇인가?

① OR회로
② AND회로
③ NOT회로
④ NOR회로

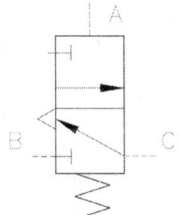

49 유압장치의 기본 구성 요소인 동력원의 설명과 거리가 먼 것은?

① 유압에너지를 발생하는 곳이다.
② 유압 펌프와 유압탱크가 해당된다.
③ 심장에서 혈액을 공급하는 것과 같다.
④ 일의 출력, 속도, 방향을 제어하는 역할을 한다.

해설
- 유압장치의 구성요소
  ㉮ 동력원 : 유압탱크, 유압펌프
  ㉯ 제어부 : 압력제어, 방향제어, 유량제어 밸브
  ㉰ 구동부 : 실린더, 유압모터, 유압요동 액추에이터

50 관 이음방식에서 나사 끼우기형 이음을 압력 배관에 사용할 경우 허용되는 적당한 압력은?

① 70kgf/cm² ② 150kgf/cm²
③ 200kgf/cm² ④ 250kgf/cm²

정답 48. ② 49. ④ 50. ①

51. 공기압 회로에서 실린더나 기타의 액추에이터로 공급되는 압축 공기의 흐름 방향을 변환시키는 밸브는?

① 압력제어 밸브
② 유량제어 밸브
③ 방향제어 밸브
④ 릴리프 밸브

해설
- 압력제어 밸브 : 압력을 일정하게 유지시키고 최고 압력을 제한하는 밸브
- 유량제어 밸브 : 유량의 흐름을 제어하는 밸브
- 릴리프 밸브 : 압력을 제한하고 입구측 압력이 스프링 힘보다 크면 유량을 통과시키는 밸브

52. 공기압 도면 기호에서 기체의 흐름 방향을 나타내는 기호로 맞는 것은?

① ▷　　② ○　　③ ●　　④ ▶

53. 주회로의 압력을 일정하게 유지하면서 압력의 축압상태에 따라 조작을 순차적으로 제어할 수 있는 것은?

① 언 로드 밸브
② 체크 밸브
③ 차단 밸브
④ 시퀀스 밸브

해설
- 언 로드 밸브 : 무부하 밸브로 작동압력이 규정압 이상이 되면 유압유를 펌프로부터 오일 탱크로 귀환시켜 펌프를 무부하 상태로 만드는 밸브
- 체크 밸브 : 유량이 반대 방향의 흐름으로 역류하는 것을 차단하는 밸브
- 차단 밸브 : 공기압이나 유압유의 흐름을 정지시키는 밸브

54. 수공구의 보관 방법으로 적합하지 않은 것은?

① 사용한 수공구는 방치하지 말고 소정의 보관 장소에 보관한다.
② 날이 있거나 끝이 뾰족한 물건은 위험하므로 뚜껑을 씌워 둔다.
③ 회전 숫돌은 수분이나 습기가 있는 곳에 보관한다.
④ 회전 숫돌을 보관 중 금이 가거나 결손이 생기면 파열될 위험이 있으므로 전용 정리대나 상자에 보관한다.

55. 산업안전보건법상 관리감독자 정기안전보건 교육시간은?

① 연간 10시간
② 월 1시간
③ 반기 6시간
④ 연간 16시간

51. ③　52. ①　53. ④　54. ③　55. ④

해설
- 안전교육의 종류 및 교육시간

안전교육의 종류	교육 시간
채용 시 안전교육	8시간 이상(건설업은 1시간 이상)
작업내용 변경시 교육	2시간 이상(건설업은 1시간 이상)
근로자 정기안전보건 교육	월 2시간 이상(사무직은 월 1시간 이상)
관리 감독자 정기안전보건 교육	매월 8시간 또는 연간 16시간 이상
유해위험작업 근로자의 특별 교육	16시간 이상(건설업은 2시간 이상)

56 안전·보건 표지의 종류별 형태 및 색채에 대한 내용으로 틀린 것은?
① 금지표지 : 바탕은 흰색, 기본모형은 빨간색
② 경고표지 : 바탕은 빨간색, 기본모형은 노란색
③ 지시표지 : 바탕은 파란색, 관련그림은 흰색
④ 안내표지 : 바탕은 흰색, 기본도형은 녹색 또는 바탕은 녹색, 관련그림은 흰색

57 사다리식 통로에 대한 설명으로 틀린 것은?
① 재료는 부식이 없는 것으로 한다.
② 폭은 15cm 이상으로 한다.
③ 견고한 구조로 한다.
④ 사다리 밑에는 미끄럼 방지를 한다.

58 산업안전 실천의 효과로 적합하지 않은 것은?
① 생산재의 손실을 축소시킬 수 있다.
② 생산성을 감소시킬 수 있다.
③ 인명 피해를 예방할 수 있다.
④ 산업설비의 손실을 감소시킬 수 있다.

59 가스용접 시 역화현상의 원인이 아닌 것은?
① 용접봉의 예열온도 부적당
② 팁 구멍에 이물질 부착
③ 팁의 과열
④ 팁과 모재의 접촉

60 연삭기 사용 시의 안전사항으로 옳지 않은 것은?
① 연삭기를 사용할 때에는 방진 마스크와 보안경을 착용한다.
② 숫돌과 받침대의 간격은 3mm 이하로 유지한다.
③ 숫돌 커버가 작업에 방해가 될 때는 떼어내고 작업한다.
④ 숫돌은 장착하기 전에 균열이 없는가를 점검한다.

정답 56. ② 57. ② 58. ② 59. ① 60. ③

2013년 5회 설비보전기능사 필기시험

01 공기 중에는 액체 상태를 유지하고 공기가 차단되면 중합이 촉진되어 경화되는 접착제로 진동이 있는 차량, 항공기, 동력기 등의 풀림을 막거나 가스, 액체의 누설을 막기 위해 사용하는 접착제는?
① 액상 가스킷
② 유하액형 접착제
③ 혐기성 접착제
④ 모노마형 접착제

02 TPM(Total Productive Maintenance)의 5가지 기본활동이 아닌 것은?
① 자주보전 체제구축
② 계획보전 체제의 확립
③ 설비의 효율화를 위한 개선활동
④ PM 설계와 초기 유동관리 체제확립

03 다음 중 회전체나 회전축의 흔들림 점검, 공작물의 평행도 및 평면상태의 측정에 사용하는 공구는?
① 필러게이지
② 다이얼게이지
③ 피치게이지
④ 마이크로미터

04 단면도의 해칭 방법에 관한 설명으로 옳은 것은?
① 해칭을 하는 부분 속에는 문자나 기호 등을 삽입할 수 없다.
② 기본 중심선에 대하여 굵은 실선으로 같은 간격의 평행선으로 그린다.
③ 서로 인접하는 다른 단면의 해칭은 해칭선을 동일한 각도로 한다.
④ 동일한 부품의 단면은 떨어져 있어도 해칭의 각도와 간격을 같게 한다.

05 원심식 압축기의 장점으로 옳지 않은 것은?
① 윤활이 쉽다.
② 맥동압력이 없다.
③ 고압발생이 가능하다.
④ 설치면적이 비교적 좁다.

01. ③   02. ④   03. ②   04. ④   05. ③

해설
- 원심식 압축기의 장점
  ㉮ 설치면적이 비교적 좁다.   ㉯ 기초가 견고하지 않아도 된다.   ㉰ 윤활이 쉽다.
  ㉱ 맥동압력이 없다.   ㉲ 대용량이다.
- 원심식 압축기의 단점
  ㉮ 고압발생이 어렵다.

06 윤활의 목적으로 옳지 않은 것은?
① 금속 간 접촉에 의한 마모 방지
② 이물질 침입을 막고 녹과 부식 방지
③ 냉각작용으로 윤활유 자신의 열화 방지
④ 금속표면에 접촉하여 금속의 산화현상 촉진

07 기어 손상의 분류 중 피칭과 관련이 있는 것은?
① 마모   ② 융착   ③ 소성 항복   ④ 표면 피로

08 볼트, 너트의 죔 토크를 구하는 식으로 옳은 것은?(단, l은 죔이 작용하는 점까지의 길이, F는 힘이다.)
① lF ② $l^2 F$ ③ $\dfrac{l}{F}$ ④ $\dfrac{F}{l}$

09 나사의 제도법에 관한 설명으로 옳지 않은 것은?
① 수나사와 암나사의 결합부분은 주로 암나사로 표시한다.
② 수나사의 골지름을 표시하는 선은 가는 실선으로 한다.
③ 수나사의 바깥지름을 표시하는 선은 굵은 실선으로 한다.
④ 수나사와 암나사의 측면 도시에서는 골지름은 가는 실선으로 한다.

10 윤활유를 비교할 때 그리스 윤활의 장점으로 옳지 않은 것은?
① 누설이 적다.   ② 급유 간격이 길다.
③ 냉각작용이 우수하다.   ④ 밀봉성이 좋고 먼지 등의 침입이 적다.

정답 06. ④   07. ④   08. ①   09. ①   10. ③

11 3상유도 전동기의 과열원인으로 옳지 않은 것은?
 ① 냉각팬의 절손
 ② 과부하 상태로 운전
 ③ 3상 중 1상의 퓨즈가 용단된 상태로 운전
 ④ 배선용 차단기(MFB)의 동작으로 인한 전원 차단

> 해설
> • 전동기 과열의 원인
> ㉮ 과부하 운전   ㉯ 빈번한 기동
> ㉰ 베어링 부분 발열   ㉱ 냉각 불충분
> ㉲ 3상 중 1상의 결상(퓨즈 용단 등)

12 '$G\frac{1}{2}-A$'로 표기된 나사가 의미하는 것은?

 ① 관용 평행 수나사 ($G\frac{1}{2}$) A급
 ② 관용 평행 암나사 ($G\frac{1}{2}$) A급
 ③ 관용 테이퍼 수나사 ($G\frac{1}{2}$) A급
 ④ 관용 테이퍼 암나사 ($G\frac{1}{2}$) A급

13 기계장치에 사용하는 실(Seal) 중 많이 사용하는 오링(O-ring)의 장점이 아닌 것은?
 ① 가격이 저렴하다.
 ② 설계, 가공 및 조립이 쉽다.
 ③ 사용 유체에 따른 재질의 종류가 단순하다.
 ④ 규격이 다양하여 원하는 치수로 설계가 가능하다.

14 파이프의 도시 방법에서 유체의 종류 중 공기를 뜻하는 기호는?
 ① A
 ② G
 ③ O
 ④ S

> 해설
> G : 가스   O : 기름   S : 증기   W : 물   B : 브라인 또는 2차 냉매
> C : 냉각수   CH : 냉수   R : 냉매

11. ④ 12. ① 13. ③ 14. ①

15 윤활제의 급유 방법 중 순환급유법에 해당하지 않는 것은?
① 비말 급유법
② 적하 급유법
③ 원심 급유법
④ 유륜식 급유법

16 다음 중 관 이음 방법의 종류가 아닌 것은?
① 나사 이음
② 올덤 이음
③ 용접 이음
④ 플랜지 이음

17 예방정비(preventive maintenance)에 관한 내용으로 가장 적절한 것은?
① 고장, 정지 또는 유해한 성능 저하를 가져온 후에 수리를 행하는 것
② 고장이 없고 정비가 필요하지 않은 설비를 설계, 제작 또는 구입하는 것
③ 고장, 정지 또는 성능 저하를 가져오는 상태를 조기에 발견하고 초기에 이러한 상태를 제거 또는 복귀시키기 위한 보전
④ 고장난 설비의 수리시 단순히 원상태로 수리하는 것이 아니라 설비의 약점을 파악하여 고장이 일어나지 않도록 개량하거나 설비의 질을 개선하는 것

18 원심 펌프를 사용하여 양정을 높이고자 할 때 다음 중 가장 적절한 방법은?
① 다단 펌프를 사용한다.
② 토출 배관을 길게 한다.
③ 흡입 배관을 길게 한다.
④ 양흡입 펌프를 사용한다.

19 송풍기의 점검사항 중 운전 중 점검사항에 해당하는 것은?
① 베어링의 진동
② 케이싱의 이상 진동
③ 각부 볼트의 조임 상태
④ 댐퍼 및 베인 컨트롤 장치의 개폐조작

15. ② 16. ② 17. ③ 18. ① 19. ①

20 다음 그림 기호가 표시하는 것은?

① 제1각법
② 정투상법
③ 제3각법
④ 등각투상법

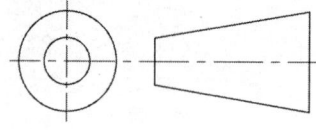

해설
제1각법과 제3각법 비교

구 분	제3각법	제1각법
투상 공간	제3면각 공간	제1면각 공간
투상 방법	눈 → 투상면 → 물체	눈 → 물체 → 투상면
투상도 위치	평면도 → 정면도의 위쪽 우측면도 → 정면도의 오른쪽	평면도 → 정면도의 아래 우측면도 → 정면도의 왼쪽
표시기호		

21 기어 펌프에 관한 설명으로 옳은 것은?
① 기어가 회전할 때 기포가 발생하지만 유압펌프로도 사용할 수 있다.
② 유압펌프로 사용 시 효율은 낮으나 소음과 진동이 거의 발생하지 않는다.
③ 회전 1500rpm 정도의 윤활유 펌프에 많이 이용되고 있으며, 점성이 큰 액체에서는 회전수를 크게 한다.
④ 원통형의 케이싱 내에 편심된 회전체가 회전하고 이 회전체에 홈이 있어 홈 속에 판 모양의 베인이 삽입된 구조이다.

22 글루브 밸브에 관한 설명으로 옳지 않은 것은?
① 개폐가 빠르다.
② 압력강하가 작다.
③ 구조가 간단하다.
④ 유체 저항이 크다.

23 유성기어 감속기에 관한 설명으로 옳지 않은 것은?
① 큰 감속비를 얻을 수 있다.
② 감속기 기어의 잇수 차이가 있다.
③ 입형은 펌프를 이용하여 윤활한다.
④ 1kW 이하의 소형은 유욕 윤활을 한다.

20. ③　21. ①　22. ②　23. ④

24 유체의 흐름을 한 방향으로만 흐르게 하기 위한 밸브는?
① 스톱 밸브 ② 체크 밸브
③ 안전 밸브 ④ 격막 밸브

25 설비 계획 단계에서의 생산성 측정의 척도로 맞는 것은?
① 투자 효율 ② 보전 효율
③ 제품단위당 보전비 ④ 제품단위당 투자비

26 설비관리를 수행할 때 기능적으로 구분하면 일반 관리기능, 기술기능, 실행기능 및 지원기능으로 구분할 수 있다. 이때, 일반 관리기능에 해당하지 않는 것은?
① 보전 정책 결정 ② 공급망 관리
③ 보전업무의 계획, 일정계획 및 통제 ④ 설비 성능 분석

27 고장 유형의 치명도 분류에서 MIL-STD-1629A 표준은 고장 영향도와 심각도를 4가지로 분류하는데 틀린 것은?
① 파국적(Catastrophic)고장 ② 한계(Marginal)고장
③ 치명적(Critical)고장 ④ 가끔(Occasional)고장

28 TPM 전개상 중요한 5가지 활동과 그 세부 내용이 잘못된 것은?
① 설비의 효율화를 위한 개선 활동 - 6대 로스(Loss)의 근절
② 작업자의 자주보전 체계 확립 - 수시로 수리할 수 있도록 공구 배치 효율화 추진
③ 계획보전의 체계 확립 - 보전 부문이 효율적 활동을 할 수 있도록 체계를 확립
④ 기능 교육의 확립 - 작업자의 기능수준 향상 도모

29 차공구의 설계 시 고려할 사항으로 거리가 먼 것은?
① 운전, 취급이 쉬워야 한다.
② 부착과 해체가 어렵더라도 정밀하면서 세밀한 설계가 이루어져야 한다.
③ 지그와 고정구 구성 부품의 표준화를 고려해야 한다.
④ 절삭에 의해서 생긴 칩을 제거하기 쉬운 구조로 해야 한다.

24. ② 25. ① 26. ④ 27. ④ 28. ② 29. ②

30 보전성 공학의 기능에서 보전도 프로그램준비, 사용자와의 정보연락 등과 같은 기능을 담당하는 것을 무엇이라 하는가?
① 보전도 계획
② 보전도 분석
③ 보전도 설계
④ 보전도 합리화

31 품질 보전이 설비 문제와 밀접한 관계를 갖고 있는 이유 중 틀린 것은?
① 제조 현장의 자동화, 설비 고도화 및 전력화 등으로 변화
② 설비의 상태에 따라 제품의 품질이 확보되는 시대의 도래
③ 설비의 설정 조건 변동이 용이하며, 자기진단 기능을 요구
④ 생산 공정 중에 발생하는 공정 불량의 최소화의 중요성 대두

32 설비 관리의 변천에서 공장을 중심으로 한 생산현장 개선의 수단으로 설비관리를 보전도(Maintainability) 중심으로 하는 설비 관리는?
① 예방보전
② 종합생산보전(TPM)
③ 생산보전
④ 종합생산성관리

33 문제 해결의 단계별 전개 방법에서 목표 설정 시 이용되는 QC기법이 아닌 것은?
① 레이더 차트법
② 막대그래프법
③ 특성요인도법
④ 히스토그램법

34 가공 및 조립형 설비의 6대 로스에 대한 정의로 틀린 것은?
① 고장 로스는 돌발적 또는 만성적으로 발생하는 고장에 의하여 발생되는 시간 로스이다.
② 속도 저하 로스는 설비의 설계에 의한 이론 사이클 시간과 실제 사이클 시간과의 차이이다.
③ 순간 정지 로스는 공정 중에 발생하는 불량품에 의한 불량 로스이다.
④ 준비, 조정 로스는 품종교체, 공구 교환에 의한 시간적 로스이다.

30. ① 31. ③ 32. ④ 33. ③ 34. ③

35 자주 보전의 전개단계가 바르게 된 것은?
① 초기청소→발생원인, 곤란개소대책→청소, 급유기준 작성과 실시→자주점검→총점검
② 초기청소→발생원인, 곤란개소대책→청소, 급유기준 작성과 실시→총점검→자주점검
③ 청소, 급유기준 작성과 실시→초기청소→발생원인, 관곤란개소대책→자주점검→총점검
④ 청소, 급유기준 작성과 실시→초기청소→발생원인, 곤란개소대책→총점검→자주점검

36 장치 공업에 있어서의 계장의 특징으로 맞는 것은?
① 자동화를 고려하기 어렵다.
② 정밀도가 극히 높고, 구조는 섬세한 지시형, 가변형 계측기가 사용된다.
③ 제품이 연속해서 정상적으로 만들어지기 때문에 정치식, 자동 지시식, 리록시 계측기가 주로 사용된다.
④ 측정해야 할 변수의 종류가 적고, 상호 관련성이 적기 때문에 간단하고 정밀도가 낮은 계측기가 사용된다.

37 설비 종합 효율을 구하는 식은?
① 설비 종합 효율 = 성능가동률 × 양품률
② 설비 종합 효율 = 시간가동률 × 성능가동률
③ 설비 종합 효율 = 시간가동률 × 성능가동률 × 양품률
④ 설비 종합 효율 = 속도가동률 × 성장가동률 × 양품률

38 배열 회수에 있어 고려해야 할 점을 설명한 것 중 틀린 것은?
① 각 열 설비마다 배열의 양 및 질을 파악하고, 배열하는 방법들의 기술적 가능성 및 경제적 방법을 검토한다.
② 회수에 필요한 비용, 회수열의 품질, 작업조건, 노무조건 등을 비교 검토하여 가장 이용가치가 있는 방법을 선택한다.
③ 배열 이용 방법을 관련 설비, 전 공장 또는 공장 밖에 토지로 확대하여 고려하는 것도 필요하다.
④ 열사용의 효율이 높은 설비나 열 수송 중에 새어 나오는 열은 회수할 수 있도록 조치한다.

35. ② 36. ④ 37. ③ 38. ④

39 예방보전의 효과를 설명한 것 중 거리가 먼 것은?
① 설비의 정확한 상태 파악
② 대수리 감소
③ 고장 원인의 정확한 파악
④ 예비품 재고량의 증가

40 유압모터에 비해 공기압 모터의 특징으로 잘못된 것은?
① 부하에 의한 회전수 변동이 크다.
② 배기 소음이 적다.
③ 에너지 변환 효율이 낮다.
④ 가격이 저렴한 제어 밸브만으로 회전수 토크를 자유롭게 조정할 수 있어야 한다.

• 공압모터의 특징
㉮ 에너지를 축적할 수 있어 정전 발생 시에도 기동이 가능하다.
㉯ 과부하에 안전하고, 일정 토크 이상의 힘을 발생시키지 않는다.
㉰ 폭발의 위험이 없어 안전하고, 회전수, 토크 조절이 가능하다.
㉱ 기동, 정지, 역회전 운전이 쉬우나, 에너지 변환 효율이 낮다.
㉲ 회전 운동에 공기 소비량이 많기 때문에 운전비용이 많이 든다.
㉳ 압축성이 불량하여 제어에 어려움이 있고, 소음이 크게 발생한다.

41 유압장치는 작은 힘으로 큰 힘을 낼 수 있는 장치이다. 이를 설명할 수 있는 원리는 어느 것인가?
① 연속의 법칙   ② 베르누이 원리   ③ 레이놀즈 수   ④ 파스칼의 원리

• 연속의 법칙 : 질량보존법칙을 유체의 흐름에 적용한 것으로 유관 내의 유체는 도중에 생성된다든지 또는 소실되는 일이 없다는 법칙
• 베르누이 정리 : 점성이 없는 비압축성의 액체가 수평관을 흐를 경우 에너지보존의 법칙에 의해 성립되는 원리
• 레이놀즈 수 : 배관 내에서 유체의 흐름의 형태를 분류하는 수

42 다음 도면 기호의 명칭은 무엇인가?
① 단동실린더(스프링붙이)
② 양 로드형 복동 실린더
③ 복동 텔레스코프형 실린더
④ 복동 실린더(쿠션붙이)

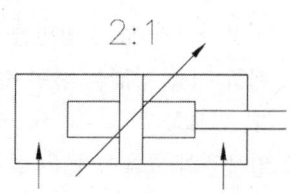

39. ④ 40. ② 41. ④ 42. ④

43 기어 펌프에 대한 설명이다. 틀린 것은?
① 기름의 오염에 비교적 강하다.
② 가변 용량형으로 만들기 쉽다.
③ 내접기어 펌프와 외접기어 펌프가 있다.
④ 폐입현상에 대한 대책이 필요하다.

해설
• 기어 펌프의 특징
  ㉮ 구조가 간단하고 가격이 저렴하다.   ㉯ 왕복 펌프에 비해 고속 운전이 가능하다.
  ㉰ 신뢰도가 높고 운전 보수가 편리하다.   ㉱ 외접기어와 내접기어 펌프가 있다.
  ㉲ 기어 펌프의 폐입 현상에 의해 대책이 필요하다.

44 카운터 밸런스 회로를 설명한 것 중 맞는 것은?
① 실린더 입구측의 불필요한 압유를 배출시켜 작동 효율을 증진시킨 회로
② 펌프 용량을 변화시켜 실린더의 속도를 제어하는 회로
③ 피스톤의 수압 면적 차에 의하여 피수톤을 전진시키는 회로
④ 일정한 배압을 만들어 중력에 의한 자유낙하를 방지하는 회로

해설
• 카운터 밸런스 회로
  부하가 급격하게 감소되었을 경우 피스톤이 자유낙하하는 것을 방지하는 회로

45 흡수식 에너 드라이어(공기건조기)의 특징이 아닌 것은?
① 취급이 복잡하다.   ② 장비의 설치가 간단하다.
③ 기계적 마모가 적다.   ④ 외부 에너지 공급이 필요 없다.

해설
• 흡수식 공기건조기 특징
  ㉮ 장비의 설치가 간단하고, 기계적 마모가 적다.
  ㉯ 건조기에 움직이는 부분이 없어 외부 에너지 공급이 필요 없다.
  ㉰ 건조제 교체에 다른 운전비용이 많이 들고 효율이 낮다.

46 램형 실린더를 작동 형식에 따라 분류하였을 때 어디에 속하는가?
① 단동 실린더   ② 복동 실린더   ③ 차동 실린더   ④ 다단 실린더

해설
  램형 실린더는 로드와 실린더의 지름이 같은 것으로 단동형 실린더에 속한다.

정답 43. ② 44. ④ 45. ① 46. ①

설비보전기능사 필기시험 기출문제

47 유압유의 첨가제 중 거품성 기포의 발생 억제 및 기포의 분리가 잘 되도록 하는 것은?
① 점도지수 향상제 ② 유동점 강하제
③ 내마모제 ④ 소포제

• 작동유의 첨가제
㉮ 점도지수 향상제 : 유압유가 고열의 영향을 받아 점도 지수의 변화가 생기는 것을 방지, 향상시켜 주는 첨가제
㉯ 유동점 강하제 : 이동이 많은 유압유의 유동성을 향상시키기 위한 첨가제
㉰ 내마모제 : 실린더 내부에서 왕복 운동을 하는 실린더의 내마모성을 향상시키는 첨가제

48 유압 장치의 이음 중에서 동관이음 시 많이 사용하며, 분해 및 조립 시 용이한 배관이음 방식은?
① 플레어 이음   ② 슬리브 이음   ③ 나사 이음   ④ 용접 이음

동관 이음 시 플레어 이음과 납땜 관이음이 사용된다.

49 포핏(Poppet)식 공압 방향제어 밸브의 장점은?
① 밸브의 이동거리가 길다.
② 밸브 시트는 탄성이 있는 실(Seal)에 의해 밀봉되어 공기누설이 잘 안 된다.
③ 다방향 밸브로 되어도 구조가 간단하다.
④ 공급 압력이 밸브에 작용하지 않기 때문에 큰 변환 조작이 필요 없다.

• 포핏식 공압 방향제어 밸브의 특징
㉮ 구조가 간단하기 때문에 이 물질의 영향을 받지 않는다.
㉯ 짧은 거리에서 밸브를 개폐할 수 있다.
㉰ 밸브 시트는 탄성이 있는 실에 의하여 밀봉되기 때문에 공기가 누설되기 어렵다.
㉱ 활동부가 없기 때문에 윤활의 필요가 없고 수명이 길다.
㉲ 큰 변환 조작이 필요하고, 다방향 밸브로 되면 구조가 복잡하다.

50 3포트 2위치 변환 밸브를 나타내는 것은?

① 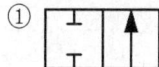   ②    ③ 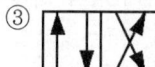   ④

• ㉮ 2/2Way ㉯ 4/4Way ㉰ 5/2Way

47. ④ 48. ① 49. ② 50. ②

51 공기발생장치에서 공기탱크의 역할이 아닌 것은?
① 공기 압력의 맥동을 흡수한다.   ② 압력이 급격히 떨어지는 것을 방지한다.
③ 압축공기를 통하여 윤활유를 공급한다. ④ 압축공기를 저장한다.

- 공기저장탱크
  ㉮ 압축공기의 공급안정화   ㉯ 압력 변화의 최소화
  ㉰ 전기 공급이 차단되는 경우 운전가능   ㉱ 공기 압력의 맥동 흡수

52 다음 기호는 유량조절 밸브이다. 이 밸브에 대한 설명으로 옳은 것은?

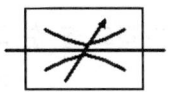

① 니들 밸브와 유량조절 밸브를 조합하여 유량을 자유롭게 흐르게 하는 밸브이다.
② 압력조절 밸브와 온도의 변화에 대응하기 위한 밸브이다.
③ 온도 변화와 관계없이 관로 내에 설정된 값을 유지하는 밸브이다.
④ 압력보상 밸브를 내부에 설치하여 부의 변동에 관계없이 유량을 일정하게 하는 밸브이다.

- 유량조절 밸브
  ㉮ 압력 보상 기구를 내장하고 있으므로 압력의 변동에 대하여 유량이 변동되지 않도록 회로에 흐를 유량을 일정하게 자동적으로 유지시켜 주는 밸브이다.
  ㉯ 다이얼 눈금을 선정하여 유압 모터의 회전이나 유압 실린더의 이송속도 등을 제어한다.
  ㉰ 유량조절부, 압력보상부, 체크 밸브로 이루어져 있다.

53 다음 중 유압회로도의 종류가 아닌 것은?
① 단면회로도   ② 총식회로도
③ 기호회로도   ④ 상세회로도

- 단면회로도 : 기기와 관로의 단면도를 가지고 압유가 흐르는 회로를 알기 쉽게 나타낸 회로도
- 총식회로도 : 기기의 외형도를 배치한 회로도로 견적도, 승인도에 사용
- 기호회로도 : 유압 기기의 제어와 기능을 기호로 간단히 표시할 수 있으며 배관이나 회로 작동 해석에 사용

51. ③ 52. ④ 53. ④

54 | 다음 중 크레인의 안전장치에 속하지 않는 것은?
① 백 레스트
② 권과방지장치
③ 비상정지장치
④ 과부하방지장치

해설
- 권과방지장치: 권과를 방지하기 위해 자동으로 동력을 차단하고 작동을 중지하는 장치
- 비상정지장치 : 운전 중 이상이 발생하면 급정지 시키는 장치
- 과부하방지장치 : 크레인에 있어 정격 하중 이상의 부하로 운전할 때 자동적으로 상승이 정지되면서 경보음을 발생시키는 장치
- 후크해지장치 : 후크에서 와이어로프가 이탈되는 것을 방지하는 장치

55 | 일반적으로 공장화재의 주원인이라고 볼 수 없는 것은?
① 전기배선의 노후
② 위험물의 취급 부주의
③ 소방설비의 부족
④ 위험물의 부적합한 보관

해설
- 소방설비의 부족은 화재에 의한 피해 확산의 원인에 속한다.

56 | 안전사고 발생의 가장 큰 원인은?
① 천재지변
② 불안전한 행동
③ 시설의 결함
④ 불안전한 조건

57 | 누전차단기의 사용 목적이 아닌 것은?
① 단선 방지
② 감전으로부터 보호
③ 누전으로 인한 화재 예방
④ 전기설비 및 전기 기기의 보호

해설
- 누전차단기(ELB) : 전기회로에 정격 이상의 과전류가 흐를 때 사고예방을 위해 전류를 차단하는 장치

58 | 다음 중 산업안전보건법에서 규정하고 있는 안전·보건 표지의 종류에 해당하지 않는 것은?
① 금지표지
② 경고표지
③ 지시표지
④ 위험표지

54. ① 55. ③ 56. ② 57. ① 58. ④

59 가연성 액체나 고체의 표면에 순간적으로 화염을 접근시킬 경우, 연소시키는 데 필요한 만큼의 증기를 발생하는 최저 온도를 무엇이라고 하는가?
① 발화점 ② 폭발점
③ 연소점 ④ 인화점

60 다음 중 장갑을 착용하고 작업해 좋은 작업은?
① 선반작업 ② 밀링작업
③ 용접작업 ④ 드릴작업

해설
• 장갑 착용금지 작업 : 선반, 드릴, 목공기계, 그라인더, 해머, 기타 정밀기계 작업

59. ④ 60. ③ **정답**

2014년 2회 설비보전기능사 필기시험

01 제동장치에서 작동부분의 구조에 따라 분류하였을 때 해당하지 않는 것은?

① 밴드 브레이크
② 전자 브레이크
③ 블록 브레이크
④ 디스크 브레이크

해설
- 작동력의 전달방법 → ㉮ 공기 브레이크 ㉯ 유압 브레이크 ㉰ 전자 브레이크
- 제동 목적에 따라 → ㉮ 유체 브레이크 ㉯ 전기 브레이크

02 나사의 도시방법 중 틀린 것은?

① 수나사와 암나사의 골지름은 가는 실선으로 그린다.
② 보이지 않는 나사부는 중간 굵기의 파선으로 그린다.
③ 나사의 결합된 부분의 도시는 주로 수나사를 나타낸다.
④ 불완전 나사부는 측선에 대하여 45°로 가는 실선으로 그린다.

해설
㉮ 수나사의 바깥지름을 표시하는 선은 굵은 실선, 골 지름을 표시하는 선은 가는 실선으로 그린다.
㉯ 불완전 나사부의 골밑을 표시하는 선은 축 선에 대하여 30° 경사진 가는 실선으로 표시하고 불완전 나사부의 치수로 표시한다.
㉰ 암나사의 안지름을 표시하는 선은 굵은 실선으로 표시하고 골 지름을 표시하는 선은 가는 실선
㉱ 수나사와 암나사의 측면을 도시할 때 골 지름은 가는 실선으로 그린다.
㉲ 암나사의 유효 나사부 길이와 암나사내기의 구멍지름 길이를 표시할 때 관통하지 않는 암나사의 드릴 구멍 끝 부분은 120°로 표시한다.
㉳ 나사의 결합부분을 도시할 때 수나사로 나타내며, 암나사와 맞물리는 끝선은 확대도를 그려 수나사부의 골밑까지 은선으로 표시한다.
㉴ 해칭을 하는 경우 수나사를 기준으로 바깥지름을 표시하는 선까지 해칭을 한다.

03 배관계통의 정비를 위하여 분해할 필요가 있는 곳에 사용하는 관 이음쇠로 적당한 것은?

① 엘보
② 유니언
③ 소켓
④ 밴드

01. ② 02. ④ 03. ②

04 펌프에서 진동이 발생할 때 그 원인으로 거리가 먼 것은?
① 축의 중심이 불일치
② 축봉에 대한 불충분한 냉각수 공급
③ 견고하지 않은 기초
④ 임펠러(회전자)의 손상

05 정 투상도에 대한 설명으로 올바르지 않은 것은?
① 어떤 물체의 형상도 정확하게 표현할 수 있다.
② 물체를 보는 방향에 따라 3종류로 분류하며 이것을 기준 투상도라 한다.
③ 물체 전체를 완전히 표현하려면 두 개 이상의 투상도가 필요할 때가 있다.
④ 정면도는 물체의 앞에서 바라본 모양을 나타낸 도면이다.

06 무거운 물체를 달아 올리기 위하여 훅(hook)을 걸 수 있는 고리가 있는 볼트는?
① 아이 볼트   ② 나비 볼트   ③ 리머 볼트   ④ 간격유지 볼트

> 해설
> ㉮ 나비 볼트(wing bolt) → 손으로 돌릴 수 있다.
> ㉯ 리머 볼트(reamer bolt) → 정밀 가공된 볼트로 볼트에 걸리는 전단하중에 견딤.
> ㉰ 스테이 볼트(stay bolt) → 기계부품의 간격을 일정하게 유지

07 합성고무와 합성수지 및 금속 클로이드 등을 주성분으로 제조된 것으로 어떤 상태의 접합부 위에도 쉽게 바를 수 있고 누설을 방지하기 위해 사용하는 것은?
① 액상개스킷   ② 록타이트   ③ 와세린 방청유   ④ 감압형 접착제

> 해설
> • 합성고무와 합성수지 및 금속 클로이드 등을 주성분으로, 제조된 액체상태의 개스킷으로 어떤 상태의 접촉 부위에도 용이하게 바를 수 있다.
> • 상온에서 유동적인 접착성 물질로 바른 후 일정시간이 경과하면 건조되거나 균일하게 안정되어 누설을 완전히 방지하는 접착제이다. 개스킷의 두께 : 0.5 ~ 5mm

08 액체윤활제에 비해 그리스 윤활제의 장점이라 할 수 있는 것은?
① 밀봉성이 좋다.
② 냉각효과가 크다.
③ 순환급유가 쉽다.
④ 이물질의 연속제거가 가능하다.

>
> 그리스(Grease)급유법
> • 장점 : ㉮ 급유간격이 길다. ㉯ 누설이 적다. ㉰ 밀봉성이 좋고 먼지 등 이물질 침입이 적다.
> • 단점 : ㉮ 냉각효과가 적다. ㉯ 질의 균일성이 떨어진다.

04. ② 05. ② 06. ① 07. ① 08. ①

09 미끄럼 베어링과 구름 베어링을 비교했을 때 구름 베어링에 대한 설명으로 옳지 않은 것은?
① 설치가 간편하다.   ② 기동 토크가 작다.
③ 표준형 양산품으로 호환성이 좋다.   ④ 감쇠력이 우수하고 충격 흡수력이 크다.

해설

구분	미끄럼 베어링	구름 베어링
크기	지름은 작으나 폭이 크게 된다.	폭은 작으나 지름이 크게 된다.
설치	설치가 복잡하다.	설치가 간편하다.
충격흡수	유막에 의한 감쇠력이 우수하다.	감쇠력이 작아 충격흡수력이 작다.
회전	고속회전에 유리하다.	고속회전에 불리하다.
소음	정숙하다.	소음이 크다.
기동토크	기동 토크가 크다.	기동 토크가 적다.

10 다음 그림과 같은 센터 게이지의 용도는?
① 나사의 길이 측정
② 나사의 강도 측정
③ 나사산의 피치 측정
④ 나사 절삭바이트의 각도 측정

11 윤활제의 급유에서 사이펀(syphon) 급유 방법은 어느 방식인가?
① 손 급유법   ② 적하 급유법
③ 패드 급유법   ④ 가시부상 유적 급유법

해설
- 적하 급유법(滴下給油法, drop-feed oiling) → 급유할 마찰 면이 넓고 손 급유법으로 불편한 경우에 사용한다. 기름의 보충에 주의하면 급유는 계속되며 기름의 소모가 많다.
  ㉮ 사이펀 급유법(syphon oiling) → 기름통의 기름을 끈의 모세관현상을 이용하여 기름을 빨아올려서 급유를 하므로 사용하지 않을 때는 끈을 잡아 올려 급유를 중지하여야 하고, 온도가 올라가면 점도가 감소하며 기름의 소모가 많다.
  ㉯ 바늘 급유법(needle oiling) → 바늘 주위의 기름은 축의 회전에 의한 진동 때문에 바늘이 움직이므로 적하하여 기름을 공급하고, 회전이 정지하면 모세관 현상에 의해 공급이 중지된다. 바늘의 굵기에 따라 조절되고 같은 굵기라도 축의 회전수가 증가하면 기름의 공급도 증가한다.
  ㉰ 가시 적하 급유법(sight feed oiling) → 기름 공급량을 볼 수 있게 유리로 제작하고, 적하량은 니들 밸브로 구멍의 크기를 조절한다.
  ㉱ 실린더용 적하 급유법(cylinder feed oiling) → 실린더용 급유기에 의해 행하여지는 방법으로써 실린더의 주위에 직접 급유기를 붙여 사용한다. 기름단지 상·하에 콕을 붙여 기름을 넣을 때는 아래 콕은 닫고 위쪽의 콕을 열고, 급유 시는 반대로 하여 급유 시 증기압에 의하여 기름이 압

09. ④   10. ④   11. ②

축되지 않도록 한다.
- ⓜ 플런저식 적하 급유법 → 가시적 급유기를 사용하는 방법으로 송유관보다 먼저 압력이 걸려 있는 경우에 쓰이고, 가시 급유기의 기름이 중력에 의하여 적하하면 펌프 기름을 송유관에 보내게 된다.
- ⓝ 펌프연결식 적하 급유법 → 소형 오일 탱크에 펌프와 유적 가시(油滴可視)유리를 이용하는 방법이다. 이 급유법은 주축의 운동을 취하여 풍차 또는 간헐장치를 이용하여 펌프를 작동하여 기름을 파이프를 통하여 급유장소로 보내진다.
  - ㉠ 구조가 간단하고 과정이 간편하다.
  - ㉡ 기름은 회수되지 않고 소비된다.

12 모세관 현상에 의해 마찰면에 급유하는 방법으로 맞는 것은?
① 패드 급유법(pad oiling)
② 버킷 급유법(bucket oiling)
③ 비말 급유법(splash oiling)
④ 유륜식 급유법(ring oiling)

해설
- ② 버킷 급유법(bucket oiling) → 컬러 급유와 비슷한 것으로 저속 고하중에 적합하고 축이 베어링의 일단에서 끝나는 부분에 사용한다.
- ③ 비말 급유법(splash oiling) → 기계의 일부인 운동부가 기름 탱크 내의 유면에 미접하여 기름의 미립자 또는 분무상태로 기름 탱크에서 떨어져 마찰면에 튀겨 급유하는 방법으로 특징은 다음과 같다.
  - ㉮ 냉각효과
  - ㉯ 수 개의 다른 마찰면에 동시에 자동으로 급유
- ④ 유륜식 급유법(ring oiling) → 유륜(오일링)은 축의 회전에 수반하여 마찰면에 기름을 운반 윤활작용을 하고 나머지 대부분은 마찰면에서 열을 제거시킨 후 기름 탱크로 되돌아온다.

13 베어링 윤활의 목적이 아닌 것은?
① 금속류의 직접 접촉에 의한 소음을 방지
② 마모를 막고 베어링 수명을 연장
③ 동력손실이 늘어나고 마찰에 의한 온도상승 효과
④ 먼지 또는 이물질의 침입을 방지

14 한국산업규격(KS) 중에서 'KS B'로 분류되는 부문은?
① 기계
② 섬유
③ 전기
④ 수송기계

해설
KS A : 기본	KS C : 전기	KS D : 금속	KS E : 광산
KS F : 토건	KS G : 일용품	KS H : 식료품	KS K : 섬유
KS L : 요업	KS M : 화학	KS P : 의료	KS R : 수송기계
KS V : 조선	KS W : 항공	KS X : 정보산업	

정답 12. ① 13. ③ 14. ①

15 압축기 밸브부품 중 밸브스프링의 교환에 대한 내용으로 잘못된 것은?
① 자유 상태에서 높이가 규정치 이하로 되었을 때 교환한다.
② 손으로 간단히 수정하여 사용해서는 안 된다.
③ 교환 시간이 되면 기준치 내에서도 교환한다.
④ 교환시간이 되어도 탄성마모가 없으면 교환하지 않는다.

16 송풍기의 풍량이 부족한 경우의 원인이 아닌 것은?
① 회전수가 저하되었을 때
② V-벨트의 장력이 적당할 때
③ 임펠러에 이물질이 끼었을 때
④ 송풍기 또는 닥트에 먼지 등이 쌓여 있어 저항이 증대 되었을 때

17 기계부품의 단면 표시법 중 옳지 않은 것은?
① 단면부에 일정 간격으로 경사선을 그은 것을 해칭(hatching)이라 한다.
② 단면 표시로 색칠한 것을 스머징(smudging)이라 한다.
③ 단면 표시는 치수, 문자 및 기호보다 우선하므로 중단하지 않고 해칭이나 스머징을 한다.
④ 개스킷(gasket)이나 철판 등 극히 얇은 제품의 단면은 투상선을 1개 굵은 실선으로 표시한다.

18 유압기술을 산업분야에 적용할 때 가장 큰 장점은?
① 소형장치로 큰 출력을 낼 수 있다.
② 폭발과 인화의 위험이 없다.
③ 동력전달이 간단하며 먼 거리 이송이 쉽다.
④ 과부하에 대하여 안전하다.

19 축의 센터링(centering) 불량시 발생하는 현상이 아닌 것은?
① 진동이 크다. ② 축의 손상(절손우려)이 크다.
③ 베어링부의 마모가 심하다. ④ 기계성능이 향상 된다.

15. ④ 16. ② 17. ③ 18. ① 19. ④

20 체인(chain) 전동 장치 중 오프셋 링크에서 링크판과 부시를 일체화 시킨 것으로 오프셋 링크와 이음 핀으로 연결되어 있으며, 저속 중용량의 컨베이어, 엘리베이터에 사용하는 체인은?

① 롤러 체인(roller chain) ② 부시 체인(bush chain)
③ 핀틀 체인(pintle chain) ④ 사일런트 체인(silent chain)

21 다음 중 비용적형 펌프가 아닌 것은?

① 벌류트 펌프 ② 터빈 펌프 ③ 기어 펌프 ④ 축류 펌프

해설
• 비용적형 펌프
  ㉮ 원심 펌프(벌류트 펌프, 터빈 펌프)
  ㉯ 프로펠러 펌프(축류 펌프, 혼류 펌프)
  ㉰ 정성 펌프(케스케이스 펌프)
• 용적형 펌프
  ㉮ 왕복 펌프(피스톤 펌프, 플런저 펌프, 다이어 프램, 윙 펌프)
  ㉯ 회전 펌프(기어 펌프, 편심 펌프, 나사 펌프)

22 전동기가 기동이 안 될 때 그 원인으로 옳지 않은 것은?

① 단선 ② 전원 전압의 변동
③ 전기 기기류의 고장 ④ 운전조작 잘못

해설
• 기동불능 원인
  ㉠ 단선 ㉡ 전기 기기류의 고장 ㉢ 운전조작 잘못 ㉣ 기계적 과부하
  ㉤ 퓨즈용단, 서머 릴레이, 노 퓨즈 브레이크 등의 작동

23 와셔(washer)의 용도가 아닌 것은?

① 볼트 구멍이 볼트 지름보다 너무 클 때
② 볼트와 너트의 자리면이 고르지 못할 때
③ 볼트 자리면 재료의 강도가 강할 때
④ 너트의 풀림을 방지하고자 할 때

해설
• 와셔(washer)의 용도
  ㉮ 볼트 구멍이 볼트 지름보다 너무 클 때
  ㉯ 볼트머리 및 너트를 받치는 면에 요철이 심할 때

정답 20. ③ 21. ③ 22. ② 23. ③

㉰ 내압력이 작은 목재, 고무, 경합금 등의 볼트를 사용할 때
㉱ 너트의 풀림방지, 개스킷을 조일 때
㉲ 자리면의 재료가 탄성이 부족하여 볼트의 쥠 압력을 오랫동안 유지하지 못할 때, 구멍이 클 때, 내압력이 작은 목재 접촉면이 기울어져 있을 때, 고무, 경합금 등의 볼트를 사용할 때

24 설비의 고장을 곡선(욕조, 곡선)을 기준으로 설비의 고장 상태를 3단계로 구분하였을 경우 해당하지 않는 것은?

① 초기 고장기
② 우발 고장기
③ 마모 고장기
④ 말기 고장기

㉮ 초기 고장기 : 시간의 경과와 함께 고장발생이 감소되는 고장률 감소형 기간으로, 비교적 높은 신뢰성을 가진 것만 남는 형식이다. 대표적인 원인은 다음과 같다.
  ㉠ 부품수명이 짧은 것 ㉡ 설계불량 ㉢ 제작 불량
㉯ 우발 고장기 : 고장률은 거의 일정하나 고장발생 패턴이 우발적이므로, 예측할 수 없는 고장률 일정형으로, 많은 구성부품으로 이루어진 설비에서 볼 수 있는 형식이다.
㉰ 마모 고장기 : 설비를 구성하고 있는 부품의 마모나 열화에 의하여 고장이 증가하는 고장률 증가형이라고 할 수 있다. 사전에 열화 상태를 파악하고 이상 점검에서 청소, 급유, 조정 등을 잘 해두면 열화속도는 완전히 늦어지고 부품의 수명은 길어진다.

25 설비표준에서 일상보전의 조건, 방법에 대한 표준으로 급유표준, 청소표준, 조정표준 등이 작성되는 표준은?

① 정비표준   ② 수리표준   ③ 검사표준   ④ 작업표준

㉮ 수리표준 : 수리조건 방법에 따른 표준이며 또는 설비부품에 대한 수리표준을 작성하는 경우와 수리공작의 직능별(주물, 선반, 배관, 제관 목공 전공 등)로 작성한다.
㉯ 검사표준 : 실비검사에는 수입(收入)검사, 운전 중 예방보전 검사, 수리 후 검수가 있다. 이들 중에서 예방보전을 위해 하는 검사는 점검이라고 불리는 경우도 있다. 특히 예방보전검사가 특징이 있는 것이기 때문에 예방보전 표준을 들어 논한다.
㉰ 작업표준 : 검사, 정비, 수리 등의 보전작업 방법과 보전작업 시간의 표준을 말한다.

26 설비의 보전효과 측정방법에서 각 항목별 산출식이 옳지 않은 것은?

① 평균수리시간 $= \dfrac{\text{총운전시간}}{\text{정지횟수}}$

② 설비가동률 $= \dfrac{\text{가동시간}}{\text{부하시간}} \times 100$

③ 고장도수율 $= \dfrac{\text{고장건수}}{\text{부하시간}} \times 100$

④ 고장강도율 $= \dfrac{\text{고장정지시간}}{\text{부하시간}} \times 100$

24. ④ 25. ① 26. ①

27 계장방법 중 화학, 제철공업 등 공정이 일반적으로 정지하고 있고 원료나 동력이 이동하면서 반응이나 변화가 이루어지는 공정에 사용되는 계장은?
① 시험 연구용 계장
② 현장 작업용 계장
③ 관리 작업용 계장
④ 장치 공업용 계장

28 계측관리 추진 방법에서 계측관리를 추진하는 데 중요한 점이 아닌 것은?
① 필요로 하는 충분한 경제적, 인적 기업노력을 투입하여 유효하게 기능을 발휘하도록 할 것
② 기업목적을 명확히 확립할 것
③ 계측관리, 정보관리 자료 관리를 유기적으로 결합하지 말고 독립적으로 관리할 것
④ 정보검출부에서 계측기를 정비하고 계측관리의 체계를 확립할 것

29 돌발적, 만성적으로 발생하는 고장에 의해 발생되는 로스를 무슨 로스라 하는가?
① 속도 저하 로스
② 고장 로스
③ 순간 정지 로스
④ 수율 저하 로스

㉮ 속도 저하 로스 : 설비의 설계속도와 실제로 움직이는 속도와의 차이에서 생기는 로스이다. 설계 속도로 가동하면 품질적, 기계적 사고가 발생하므로 속도를 감소시켜 가동하는 경우 속도의 감소에 의한 로스를 속도 로스라 한다. 이 속도 로스는 설비의 효율에 영향을 주는 비율이 높으므로 충분한 검토가 요구되어야 한다.
㉯ 일시 정체 로스(순간 정지 로스) : 작업물이 슈트(chute)에 막혀서 공전하거나, 품질불량 때문에 센서가 작동하여 일시적으로 정지하는 경우로서 이들은 작업을 제거하거나 다시 기계를 리셋하면 설비가 정상적으로 작동하는 것을 말하며 설비의 고장과는 본질적으로 다른 개념이다. 일시정지의 대책으로는 다음의 3가지가 있다.
　㉠ 현상을 잘 볼 것　㉡ 미세한 결함을 시정할 것　㉢ 최적조건을 파악할 것
㉰ 초기·수율 로스 : 생산개시 시점으로부터 안정화될 때까지의 사이에 발생하는 로스를 말하며, 가공조건의 불안정성, 지그 및 금형의 정비 불량, 작업자의 기능 등에 따라 그 발생량은 다르지만 의외로 많이 발생하는 경우가 있으며 대책은 불량로스와 비슷하다.

30 전통적인 관리시스템과 비교한 종합적 생산보전(TPM)의 특징으로 틀린 것은?
① 원인추구를 통한 원인제거 활동이다.
② 전사적 조직이 아닌 기능적 조직에 의하여 참여한다.
③ Top down 목표 설정과 Bottom up 활동이다.
④ 현장에서의 사실에 입각한 관리시스템이다.

27. ④　28. ③　29. ②　30. ②

해설
종합적 생산보전(TPM)은 전사적 추진기구로서 최고경영자를 중심으로 한 종합적 PM추진위원회의 설립이 바람직하나 공장 단위로 추진할 때는 공장장을 중심으로 하여 그 산하기구로서 각과, 가계에 PM분과위원회를 설치한다.

31 설비나 시스템의 고장이 발생되기 전 미리 보전하여 특정운전상태를 계속 유지시키는 보전 방법은?
① 사후보전　　② 예방보전　　③ 고장보전　　④ 열화보전

32 설비고장의 종류 중 시스템의 설계와 제조공정과의 불일치에 의한 고장은?
① 오용고장　　② 마모고장　　③ 노화고장　　④ 제조고장

33 연료구입 시 고려해야 할 사항으로 가장 거리가 먼 것은?
① 연료의 저장성　　　　　　② 연료 구입자의 특성
③ 연료의 운반성　　　　　　④ 연료의 폭발, 화재, 중독성

34 설비보전 효과에 속하지 않는 것은?
① 제조원가 절감　　　　　　② 불량품 감소
③ 가동률 향상　　　　　　　④ 납기지연 발생

35 재료의 소성 또는 유동성의 성질을 이용하여 재료를 가공 성형하여 제품을 얻는 치공구는?
① 공구　　② 검사구　　③ 금형　　④ 치구부착구

36 설비관리의 목적은 설비의 기능을 가장 효과적으로 활용하기 위함이라고 말할 수 있다. 설비 관리의 기능 중 설비가 생긴 후부터의 관리단계로 옳은 것은?
① 설비투자 관리단계　　　　② 사업 관리단계
③ 생산보전 관리단계　　　　④ 건설 관리단계

31. ② 32. ④ 33. ② 34. ④ 35. ③ 36. ③

37 설비의 분류방법 중 뜻이 없는 기호법과 같이 종류, 크기, 형태 등에 관계없이 배치순, 구입 순으로 기호를 표기하는 방식은?

① 세구분식 기호법   ② 십진 분류 기호법
③ 순번식 기호법   ④ 기억식 기호법

해설
- 세구분식 기호법 : 연속 번호 중에서 일정 범위의 숫자를 하나의 종류에 해당시킨다.
  예) 1~50 선반   51~100 프레스   101~150 머시닝센터
- 십진 분류 기호법 : 도서 분류법과 같이 표기한다.
- 기억식 기호법 : 뜻이 있는 기호법의 대표적인 것으로서 기억이 편리하도록 항목의 이름 첫 글자라 든가, 그 밖의 문자를 기호로 쓴다. 예) L:lathe(선반)   P:press(프레스)

38 정비계획을 수립할 때 전제가 되는 조건으로 가장 거리가 먼 것은?

① 생산요원   ② 생산계획   ③ 수리능력   ④ 수리형태

해설
- 정비계획 수립시 전제 조건
  ㉮ 생산계획   ㉯ 설비능력(수리능력)   ㉰ 수리형태   ㉱ 수리요원

39 다음 중 일시정체 대책이 아닌 것은?

① 현상을 잘 볼 것   ② 요인계통을 재검토할 것
③ 미세한 결함을 시정할 것   ④ 최적조건을 파악할 것

해설
일시정지의 대책으로는 다음의 3가지가 있다.
  ㉮ 현상을 잘 볼 것   ㉯ 미세한 결함을 시정할 것   ㉰ 최적조건을 파악할 것

40 밸브의 개폐 정도 또는 교축 정도 등을 변화시키기 위하여 스풀의 이동량을 규제하는 조정기구는?

① 드레인 제한기구   ② 가변 내부 제한기구
③ 가변 기호 제한기구   ④ 가변 행정 제한기구

41 물속에서 발열 또는 발화하지 않는 것은?

① 칼륨   ② 나트륨
③ 요오드산 염류   ④ 금속의 수산화물

37. ③   38. ①   39. ②   40. ④   41. ③

42 유압장치에서 작동유의 압력이 국부적으로 낮아지면 용해공기가 기포로 된다. 이 기포가 급격한 압력상승에 의해 초고압으로 되어 액체 통로의 표면을 때려 소음과 진동이 발생하는 현상은?

① 수막현상　　　　　　② 노깅현상
③ 채터링 현상　　　　　④ 캐비테이션

- 캐비테이션(cavitation)
  유수 중 어느 부분의 정압이 물의 온도에 해당하는 증기압 이하로 되어 물이 증발하고 수중에 용입되어 있던 공기가 낮은 압력으로 인하여 기포가 발생하는 현상으로 공동 현상이라고도 한다. 이로 인해 소음과 진동, 침식이 발생한다.

43 회전체의 회전에 의해 기체에 주어진 원심력을 이용하여 기체를 압송하는 기계는?

① 축류 송풍기　　　　　② 왕복 압축기
③ 원심 송풍기　　　　　④ 회전식 압축기

- ㉮ 원심 송풍기 : 임펠러의 회전에 의해 발생하는 기체의 원심력을 이용하여 압송하는 송풍기
- ㉯ 축류 송풍기 : 원통 속에 안내날개를 가진 고압용과 안내날개가 없는 저압용이 있으며, 공기가 회전축 방향으로 흐르는 송풍기
- ㉰ 왕복 압축기 : 피스톤의 왕복운동에 의해 실린더 내의 기체를 압축
- ㉱ 회전식 압축기 : 편심된 회전자가 실린더 내면을 일정한 편심으로 회전하여 흡입한 냉매 가스를 압축

44 유압작동유에 관한 특성 중 일반적으로 가장 중요한 것은?

① 점도　　　　　　　　② 효율
③ 온도　　　　　　　　④ 산화안정성

- 유압작동유 요구 성능
- ㉮ 적정유동성과 점도 : 점도, 온도변화는 작아야 하며 저온 유동성이 좋고 전단안정성이 우수할 것
- ㉯ 윤활성 : 기기의 습동부에 대하여 양호한 윤활성능을 가지고 마모를 작게 하여 소부를 방지할 수 있을 것
- ㉰ 열 및 산화안정성 : 열 및 산화노화에 따른 부식성 산 및 슬러지를 생성하지 말고 장기간 사용에 견딜 것
- ㉱ 방청 및 부식성 : 철, 비철금속에 대하여 부식성을 가지지 말 것
- ㉲ 기포성 및 방기성 : 유중에 혼합된 수분을 분리함과 동시에 먼지 등의 이물질과도 분리가 쉬울 것
- ㉳ 압축성 : 압축성이 작을 것

42. ④　43. ③　44. ①

45 변동하는 공기수요에 공급량을 맞추기 위한 압축기의 조절방식 중 가장 간단한 방식으로 압력 안전 밸브에 의하여 압력을 제어하며 무부하 조절 방식에 속하는 것은?
① 차단 조절
② 흡입량 조절
③ 배기 조절
④ 그립-암 조절

46 ISO 규격에 의해 공유압 밸브 연결구 표시방법으로 옳은 것은?
① 공급라인 : 1
② 배기라인 : 2, 4, 6
③ 작업라인 : 3, 5, 7
④ 제어라인 : 11, 13, 15

구분	ISO 1219	ISO 5599
작업라인	A, B, C, …	2, 4, 6, …
압축공기 공급라인	P	1
배기구	R, S, T, …	3, 5, 7, …
제어라인	Z, Y, X …	A, B, C, …

47 그림과 같은 방향제어밸브의 명칭은?
① 2포트 2위치 밸브
② 3포트 2위치 밸브
③ 4포트 2위치 밸브
④ 5포트 2위치 밸브

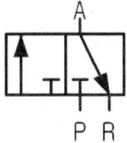

① 포트 : 공압호스를 연결할 수 있는 연결구
② 위치 : 밸브가 움직일 수 있는 위치(방)

48 다음 기호의 공압실린더에 관한 설명으로 옳은 것은?

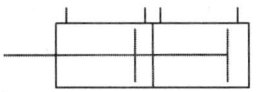

① 전·후진 시 추력이 같다.
② 긴 행정거리가 요구되는 경우에 주로 사용된다.
③ 쿠션장치가 내장되어 있다.
④ 같은 크기의 실린더에 비해 추력이 약 2배 크다.

45. ③ 46. ① 47. ② 48. ④

해설
- 탠덤 실린더(Tendem cylinder) : 실린더의 구조는 두 개의 피스톤에 압축 공기가 공급되기 때문에 피스톤 로드가 낼 수 있는 출력은 2배가 된다. 탠덤 실린더는 공압 실린더가 사용압력이 낮아 출력이 작기 때문에, 실린더의 직경은 한정되고 큰 힘을 필요로 하는 곳에 사용된다.

49 다음 중 축압기의 기능과 거리가 먼 것은?
① 부하 관로의 기름 누설의 보상
② 충격의 증대
③ 온도 변화에 따른 기름의 용적 변화의 보상
④ 쿠션작용

해설
- 축압기(pressure accumulator) : 외부원천에 의한 압력 하에서 압력 없는 유체가 담긴 압력저장 장치

50 약 360° 이내의 일정한 각도 범위에서 각운동을 하는 것은?
① 각도형 액추에이터
② 복동형 액추에이터
③ 차동형 액추에이터
④ 요동형 액추에이터

해설
- 요동형 액추에이터(rotary actuator) : 회전 운동의 각도가 360° 이내로 제한되어 있는 형식의 회전 왕복 운동을 하는 액추에이터

51 도면에서 (B)로 표시한 밸브의 이름은 무엇인가?
① 시퀀스 밸브
② 릴리프 밸브
③ 언로드 밸브
④ 유량조절 밸브

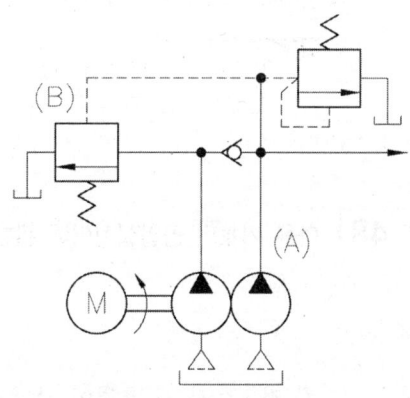

해설
㉮ 시퀀스 밸브 : 액추에이터를 순차적으로 작동시키기 위한 밸브
㉯ 릴리프 밸브 : 시스템 내에 압력이 최대 허용 압력을 초과하는 것을 방지해 주는 밸브

49. ② 50. ④ 51. ③

52. 일반적으로 스패너 작업 시 가장 좋은 방법은?
① 몸 쪽으로 당겨서 사용한다.
② 필요에 따라 임의로 양쪽 모두 사용한다.
③ 몸 반대쪽으로 밀어서 사용한다.
④ 두 개로 잇거나 자루에 파이프를 이어서 사용한다.

53. 유압회로에서 분기회로의 압력을 주회로의 압력보다 낮게 제어하고 싶을 때 사용하는 밸브는?
① 감압 밸브
② 시퀀스 밸브
③ 릴리프 밸브
④ 카운터 밸런스 밸브

해설
- 감압 밸브(pressure reducing valve) : 유체의 압력을 감소시키는 밸브로, 감압할 때 주로 사용한다.
- 시퀀스 밸브(sequence valve) : 액추에이터의 작동 순서를 제어하는 밸브로 사용한다.
- 릴리프 밸브(relief valve) : 압력회로의 압력이 밸브의 설정 압력에 도달하면 유체의 일부 또는 전량을 배출시켜 회로 내의 압력을 설정값 이하로 일정하게 유지시키는 밸브로 사용한다.
- 카운터 밸런스 밸브(counter balance valve) : 중력 등에 의해 실린더가 낙하하는 것을 방지하기 위해 배압을 유지하는 압력제어 밸브로 사용한다.

54. 유압에서 사용하는 제어위치에 관한 설명으로 옳지 않은 것은?
① 정상위치 : 밸브에 신호가 공급되었을 때의 제어위치, 이는 시동조건에 의하여 결정된다.
② 구성요소의 중립위치 : 구성요소에서 외력이 제거된 상태에서 스스로 갖게 되는 제어위치
③ 초기위치 : 구성요소가 작업을 시작할 때에 요구되는 제어위치, 이는 시동조건에 의하여 결정된다.
④ 시스템의 중립위치 : 시스템에 파워가 공급되지 않은 상태이고, 각각의 구성요소는 제작자에 의하여 놓여지거나, 내장된 스프링 등과 같이 외력에 의하지 않고 자체적으로 갖게 되는 제어위치에 있는 상태이다.

해설
- 정상위치 : 전환밸브에 조작력 또는 제어신호가 작용하지 않는 상태에서 밸브 몸체의 위치

52. ① 53. ① 54. ①

55 공압시스템을 설계할 때 각종 기기의 선정방법에 관한 사항으로 옳은 것은?
① 공압필터는 통과 공기량보다 작은 것을 선정한다.
② 윤활기는 공기량에 대해 압력강하가 가능한 작은 쪽이 좋다.
③ 솔레노이드 밸브의 유량은 실린더의 필요 공기량과 같아야 한다.
④ 압력조정밸브는 1차 압력의 부하 변동에 따른 유량 변화에 대하여 2차 압력의 변화가 커야 한다.

56 대통령령으로 정하는 유해·위험설비를 보유한 사업장의 사업주는 공정안전보고서를 작성하여 제출하도록 되어 있다. 이때 보고서에 포함되는 내용이 아닌 것은?
① 공정안전자료
② 공정위험성 평가서
③ 안전운전계획
④ 생산공정계획

57 보건표지의 색채에서 바탕은 노란색이고, 기본 모형, 관련부호 및 그림은 검은색으로 되어 있는 표지판은 무슨 표지인가?
① 금지 표지
② 경고 표지
③ 지시 표지
④ 안내 표지

58 가설 구조물이 갖추어야 할 3가지 조건이 아닌 것은?
① 경제성
② 안정성
③ 외관성
④ 사용성

59 작업에 관련된 취약점이나 그 취약점에 대응하는 작업방법에 대한 전문지식을 부여하기 위한 안전보건교육은?
① 태도교육
② 지식교육
③ 심리교육
④ 기능교육

60 연삭기의 위험 요인으로 잘못 설명한 것은?
① 숫돌이 파괴되어 작업자의 신체 부위와 충돌한다.
② 가공재료에서 비산하는 입자가 작업자의 눈에 들어갈 위험이 있다.
③ 회전하는 숫돌과 같은 방향으로 작업자의 손이 말려들기 쉽다.
④ 숫돌에 작업자의 신체 부위가 접촉될 위험성은 없다.

정답 55. ② 56. ④ 57. ② 58. ③ 59. ② 60. ④

2014년 5회 설비보전기능사 필기시험

01 볼트와 너트의 풀림방지 방법으로 적합하지 않은 것은?
① 테이핑을 하여 체결한다.
② 아연도금 연철선에 의한 와이어 고정방법을 사용한다.
③ 분할 핀, 홈달림 너트 등 풀림방지용 요소부품을 사용한다.
④ 스프링, 이붙이, 혀붙이 등의 풀림방지용 와셔를 사용한다.

해설
• 볼트와 너트의 풀림방지 방법
  ㉮ 홈 달림 너트 분할 핀 고정법   ㉯ 절삭 너트에 의한 방법
  ㉰ 로크 너트(더블)에 의한 방법   ㉱ 특수 너트에 의한 방법
  ㉲ 분할 핀 고정에 의한 방법   ㉳ 자동 죔 너트(절삭 너트)에 의한 방법
  ㉴ 와셔에 의한 방법   ㉵ 멈춤 나사에 의한 방법
  ㉶ 플라스틱 플러그에 의한 방법   ㉷ 철사를 이용하는 방법
  ㉸ 핀, 작은 나사   ㉹ 홈 달림 너트(홈붙이너트)와 핀
  ㉺ 아연도금 연철선에 의한 와이어 고정방법

02 구름베어링을 사용한 감속기 운전 중 발생하는 진동 유발 원인으로 옳지 않은 것은?
① 이 접촉면이 불량한 경우
② 기어의 백래쉬가 작은 경우
③ 감속기 브라켓이 약한 경우
④ 베어링 내부에서 오일휠(oil whirl) 현상이 발생한 경우

03 기어나 회전 링을 이용하여 윤활유를 튀겨 날려서 베어링에 윤활유를 공급하는 방법으로 변속기 및 기어박스 등에 널리 사용되는 윤활유 급유방법은?
① 유욕법   ② 적하 급유법
③ 제트 급유법   ④ 비산 급유법

01. ① 02. ④ 03. ④

04 롤러 베어링의 점검내용에 따른 처치방법으로 옳지 않은 것은?
① 베어링에서 이상음 발생 – 베어링을 교환한다.
② 2시간 운전 후 이상발열 현상 – 분해점검을 한다.
③ 이상 마모 및 동력전달 불량 – 윤활유를 보충한다.
④ 베어링의 고정 볼트 풀림 – 토크 렌치를 이용하여 규정토크로 조인다.

05 다음 중 기어의 손상에서 이 면의 열화에 해당되는 손상의 원인으로 옳은 것은?
① 피로 파손   ② 이면의 균열   ③ 소성 항복   ④ 과부하 절손

해설
• 이 면의 열화
㉮ 마모   ㉯ 소성 항복   ㉰ 용착   ㉱ 표면 피로

06 길이 방향으로 단면하여 도면에 표시하여도 관계없는 것은?
① 핸들의 암   ② 구부러진 배관   ③ 베어링의 볼   ④ 조립 상태의 볼트

07 관계이음 중 신축 이음이 아닌 것은?
① 파형관 이음   ② 루프형 이음   ③ 유니온 이음   ④ 쇼밴드형 이음

08 윤활유의 점도에 해당하는 것으로 그리스의 굳은 정도를 나타내는 성질은?
① 주도   ② 황산회분   ③ 중화가   ④ 산화안정도

해설
• 점도 : 유체 내부의 저항 또는 윤활유의 끈적끈적한 정도

09 그림과 같은 미터나사에서 나사산의 각도는 얼마인가?
① 45°
② 55°
③ 60°
④ 65°

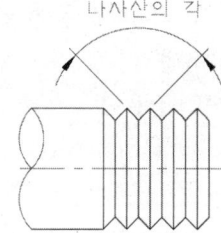

04. ③ 05. ③ 06. ② 07. ③ 08. ① 09. ③

10 다음 중 체결용 기계요소가 아닌 것은?
① 핀   ② 코터   ③ 체인   ④ 볼트, 너트

11 도면에서 2종류 이상의 선이 같은 장소에서 중복될 경우 최우선되는 종류의 선은?
① 외형선   ② 숨은선   ③ 절단선   ④ 중심선

12 코일 스프링의 도시 방법으로 옳은 것은?
① 그림 안에 기입하기 힘든 사항은 일괄하여 표제란에 기입한다.
② 코일 스프링을 도시할 때에는 원칙으로 무하중인 상태에서 그린다.
③ 코일 스프링의 양 끝을 제외한 같은 모양 부분을 일부 생략하는 경우에는 생략된 부분을 한 개의 굵은 실선으로 나타낸다.
④ 코일 스프링의 종류 및 모양만을 간략하게 도시하는 경우에는 스프링의 중심선을 가는 1점 쇄선 또는 가는 2점 쇄선으로 표시한다.

13 선의 종류 중 대상물의 보이는 부분의 모양을 표시하는 것은?
① 1점 쇄선   ② 가는 실선
③ 굵은 파선   ④ 굵은 실선

14 전동기가 기동하지 않는 원인으로 가장 적절한 것은?
① 모터의 발열   ② 코일의 단선
③ 커플링의 마모   ④ 베어링 내의 이물질 혼입

　해설
　전동기가 기동하지 않는 이유는 전동기의 권선이 단선되었을 경우다.

15 압축기를 압축하는 방식에 따라 원심식과 왕복식으로 분류할 때, 원심식 압축기와 비교한 왕복식 압축기의 특징으로 옳지 않은 것은?
① 소용량이다.   ② 윤활이 어렵다.
③ 기초가 견고해야 한다.   ④ 고압발생이 불가능하다.

10. ③   11. ①   12. ②   13. ④   14. ②   15. ④

해설
- 원심식 압축기의 장점
  - ㉮ 설치면적이 비교적 좁다. ㉯ 기초가 견고하지 않아도 된다. ㉰ 윤활이 쉽다.
  - ㉱ 맥동압력이 없다 ㉲ 대용량이다.
- 원심식 압축기의 단점 :
  - ㉮ 고압발생이 어렵다.

16 한쪽 방향으로는 회전하고 반대 방향으로는 회전이 불가능하도록 만든 장치 또는 기구는?
① 링크(link) 기구
② 래칫(rachet) 기구
③ 블록 브레이크(break) 장치
④ 밴드 브레이크(break) 장치

17 보일러나 압력 용기 내부의 압력이 설정압 이상으로 상승할 때 초과 압력을 외부로 배출시키는 밸브는?
① 콕
② 안전 밸브
③ 체크 밸브
④ 글로브 밸브

18 다음 중 원통 및 구멍의 내경 측정에 사용하는 측정기는?
① 블록 게이지
② 실린더 게이지
③ 스트레이트 에지
④ 옵티컬 플레이트

해설
- 블록 게이지 : 비교 측정기의 대표적이며 게이지 등의 종합정도의 기준이다.
- 스트레이트 에지 : 물체의 평면의 곧은 정도를 측정하는 평면 게이지
- 옵티컬 플레이트 : 마이크로미터의 평면도의 측정에 사용한다.

19 접촉 마모, 스코어링, 진행성 피칭, 스포오링을 일으킬 때, 이것의 주된 원인으로 보기에 가장 거리가 먼 것은?
① 기어의 제작 불량
② 기어의 조립 불량
③ 기어의 청소 불량
④ 기어의 윤활 불량

20 보전 방식의 분류 중에서 설비의 주기적인 점검을 통해 고장, 정지 또는 유해한 성능저하를 초기단계에서 제거 또는 복구시키기 위한 방식은?

정답 16. ② 17. ② 18. ② 19. ③ 20. ④

① 사후보전(Breakdown Maintenance) ② 보전예방(Maintenance Preventive)
③ 개량보전(Corrective Maintenance) ④ 예방보전(Preventive Maintenance)

21. 물체의 앞에서 바라본 모양을 도면에 나타낸 것으로 그 물체의 가장 주된 면, 즉 기본이 되는 면의 투상도 명칭은?

① 정면도   ② 평면도   ③ 우측면도   ④ 좌측면도

22. 기어 감속기 중 평행 축형 감속기가 아닌 것은?

① 웜 기어   ② 스퍼 기어   ③ 헬리컬 기어   ④ 더블 헬리컬 기어

해설
- 교쇄 축형 감속기 : 스트레이트 베벨 기어, 스파이럴 베벨 기어
- 이물림 축형 감속기 : 웜 기어, 하이포이드 기어

23. 회전기기의 베어링에 윤활을 하는 목적으로 옳지 않은 것은?

① 마모를 방지하고 베어링 수명을 연장한다.
② 축을 지지하고 부품의 위치를 일정하게 유지한다.
③ 외부로부터 먼지 또는 이물질의 침입을 방지한다.
④ 동력손실을 작게 하고 마찰에 의한 발열을 제어한다.

24. 송풍기에서 일정 풍량 영역에서만 진동이 발생하는 원인으로 옳은 것은?

① 서징(surging)   ② 축의 굽음(bending)
③ 언밸런스(unbalance)   ④ 축 정렬 불량(misalignment)

25. 전력관리 합리화의 가장 주된 사항은 전력의 낭비를 배제하는 것이다. 다음 중 전력의 직접 낭비 요소가 아닌 것은?

① 기계의 공회전   ② 누전   ③ 저능률 설비   ④ 품질 불량

해설
- 전력관리 : 최소한의 전력으로 최대의 효과를 올리는 것
- 전력의 직접낭비 요소 : 기계의 공회전, 누전, 저능률 설비
- 전력의 간접낭비 요소 : 공정관리 및 품질 불량

21. ① 22. ① 23. ② 24. ① 25. ④

26 제품에 대한 전형적인 고장률 패턴인 욕조곡선을 크게 초기고장기간, 우발고장기간 및 마모고장기간으로 구분할 때, 우발고장기간에 발생될 수 있는 고장의 원인으로 가장 거리가 먼 것은?
① 안전계수가 낮은 경우
② 스트레스가 기대 이상인 경우
③ 사용자 과오가 발생한 경우
④ 불충분한 디버깅(debugging)을 하였을 경우

27 설비의 목적별 분류에 있어서 증기 발생장치 및 그 배관설비, 공업용 원수 취수 설비, 수 처리 시설, 냉각탑 설비 등을 무엇이라 하는가?
① 생산 설비
② 구조물 설비
③ 관리 설비
④ 유틸리티 설비

28 설비관리는 설비 조사, 연구, 설계, 제작, 설치, 운전, 보전, 폐기에 이르기까지 설비의 일생을 관리하는 것을 의미한다. 이들 항목 중 협의의 설비관리에 해당하는 것은?
① 운전, 보전, 폐기
② 연구, 설계, 제작
③ 제작, 설치, 운전
④ 설계, 제작, 설치

해설
- 협의의 설비관리 : 운전, 보전, 폐기 또는 설비보전관리 =보전
- 광의의 설비관리 : 설비계획에서 보전에 이르는 종합적 관리

29 고장이나 불량의 발생형태를 돌발형과 만성형으로 구분할 때, 만성형 로스에 대한 설명으로 틀린 것은?
① 만성형 로스 발생 원인은 하나지만 원인이 될 수 있는 것은 수 없이 많다.
② 만성형 로스는 원인을 명확히 파악하기 어렵기 때문에 혁신적인 대책이 필요하다.
③ 만성형 로스는 지그가 마모되어 정밀도가 유지되고 있지 않기 때문에 불량이 발생한다.
④ 만성형 로스는 복합원인에 의해 발생하며, 또 그 요인의 조합이 그 때마다 달라진다.

30 생산 공정에서 취급되는 재료, 반제품 및 완성품을 공정에 받아들일 때, 혹은 공정도중, 최종 작업 단계에 있어서 작업이 규정하는 기준에 합치되고 있는가에 대하여 조사하기 위해서 사용하는 공구는?
① 금형
② 절삭공구
③ 검사구
④ 치구 부착구

26. ④ 27. ④ 28. ① 29. ③ 30. ③ **정답**

31 여러 개의 공작기계를 1대의 컴퓨터에 결합시켜 제어하는 생산설비시스템으로 머시닝 센터(Machining center)의 기초가 되는 것은?
① 컴퓨터 제어 기계(CNC : Computerized Numerical Control machine)
② 유연 기술 시스템(flexible technological system)
③ 수치 제어 기계(NC machine)
④ 직접 제어 기계 (DNC : Direct Numerical Control machine)

32 Dupont 방식에 의한 보전효율 측정 방법의 기본기능 중 작업량 기능에 해당하지 않는 것은?
① 월당 총 공수에 대한 예방보전공수의 비율
② 월당 긴급작업과 합계 공수와의 비율
③ 주 단위로 표시한 현 보유 작업량
④ 월당 총 공수에 대한 일상보전공수의 비율

해설
• 계획 기능
  ㉮ 월당 긴급작업과 합계 공수와의 비율
  ㉯ 월당 초과근무시간과 합계 공수와의 비율
  ㉰ 주 단위로 계획하고 예측한 작업과 보전작업의 총 공수와의 비
  ㉱ 노동효율

33 설비보전의 목적으로 가장 거리가 먼 것은?
① 작업표준의 설정   ② 수리 개소의 예측
③ 계획적인 보수의 실시   ④ 설비의 열화 경향 조사

34 생산보전활동 중 최적보전계획을 위해서 활용되는 방법은?
① 수학적 해법   ② SLP법   ③ FMCEA법   ④ PM 분석법

35 일정계획 및 통제에 사용되는 기법으로 네트워크의 주공정결정과 여유시간 산정을 통하여 완료기일 또는 비용의 최소화를 의도하는 설비보전을 위한 공사관리기법은?
① 간트차트기법(Gantt Chart)   ② 일정계획기법(PERT/CPM)
③ 정액법(straight line)   ④ 특성 요인도법(Fishbone Diagram)

31. ④ 32. ② 33. ① 34. ① 35. ②

36 계측관리에서 대부분 자동 측정형으로 검출부, 지시부, 기록부, 경보부, 조절부로 구성되어 있으며, 기계식, 전자식, 공기식, 유압식 등으로 측정되는 계측 장치는?
① 직접 측정식 계측기
② 원격 측정기 계측기
③ 관리 작업용 계장
④ 현장 작업용 계장

37 전통적 관리시스템과 비교하여 TPM 관리시스템의 특징으로 틀린 것은?
① 원인추구 시스템
② 공개적인 의사소통
③ Top-Down 지시
④ 로스(loss) 측정

38 TPM에서 설비 유효성 판정기준인 설비종합효율의 산출식으로 옳은 것은?
① 설비종합효율 = 시간가동률 × 성능가동률 × 생산량
② 설비종합효율 = 실질가동률 × 성능가동률 × 양품률
③ 설비종합효율 = 시간가동률 × 실질가동률 × 양품률
④ 설비종합효율 = 시간가동률 × 성능가동률 × 양품률

39 품질개선 현상파악에 사용되는 수법 중 불량품, 결점, 클레임, 사고건수 등을 그 현상이나 원인별로 데이터를 내고 수량이 많은 순서로 나열하여 그 크기를 막대그래프로 나타낸 것은?
① 히스토그램
② 파레토도
③ 관리도
④ 산점도

해설
- 히스토그램 : 공정에서 취한 계량치 데이터가 여러 개(약 100개) 있을 때 데이터가 어떤 값을 중심으로 어떤 모습으로 산포하고 있는가를 조사하는 데 사용하는 그림으로써 보통 길이, 무게, 시간, 경도 등을 측정한 그림이다
- 관리도 : 품질은 산포하고 있으므로 공정에서 시계열적으로 변화하는 산포의 모습을 보고 공정이 정상 상태인가, 이상 상태인가를 판독하기 위한 수법이다. 관리도 작성 시에는 설비, 작업자, 재료, 작업방법 등 제조 요인에 따라 층별하는 방법을 강구하여야 한다.
- 산정도 : 두 개의 대응하는 데이터가 있을 때, 이 두 데이터에 상관관계가 있는지 여부를 판단하는 수법으로 30개 이상의 대응하는 데이터가 필요하다.
- 특성요인도 : 결과(제품의 특성)에 원인(요인)이 어떻게 관계하고 있으며 영향을 주고 있는가를 한눈에 알 수 있도록 작성한 그림
- 체크시트(Check sheet) : 불량항목별, 요인별, 결점위치별, 체크시트 등으로 데이터를 간단히 취해서 정리하기 쉽도록 사전에 설정된 시트를 말하며, 이것을 이용하면 간단한 체크만으로도 필요한 정보를 정리하고 수집할 수 있다.

36. ② 37. ③ 38. ④ 39. ②

40 그림이 나타내는 밸브의 특징에 관한 설명으로 옳지 않은 것은?

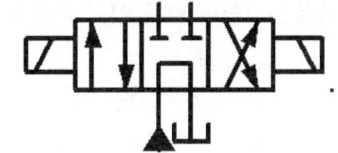

① 탠덤 센터형의 4/3way 밸브이다.
② 솔레노이드에 의하여 제어 위치가 변한다.
③ 일명 바이패스형 밸브로 실린더를 임의의 위치에 고정할 수 있다.
④ 검은색 삼각형으로 표시된 위치에 대한 기호는 A, B, C 중 하나를 임의로 사용할 수 있다.

41 유압실린더의 내부에 또 하나의 다른 실린더를 내장하여 순차적으로 실린더가 작동되며, 실린더 길이에 비해 긴 스트로크를 필요로 하는 경우에 사용하는 유압실린더를 무엇이라 하는가?

① 진공 실린더　　　　② 탠덤형 실린더
③ 충격 실린더　　　　④ 텔레스코프형 실린더

> • 텔레스코프형 실린더 : 실린더 내부에 또 다른 실린더가 내장되어 있고 압력 유체가 유입되면 차례로 실린더가 나오도록 만들어져 큰 스트로크를 얻을 수 있는 구조의 실린더이다. 덤프트럭의 호이스트용 실린더에 사용되고 있다.

42 그림에서 단동 실린더를 제어할 때 사용한 방향전환 밸브는?

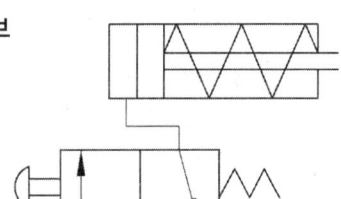

① 2포트 2위치 밸브
② 3포트 2위치 밸브
③ 4포트 2위치 밸브
④ 5포트 2위치 밸브

43 유압작동유의 구비조건으로 옳지 않은 것은?

① 윤활특성이 좋을 것　　② 화학적으로 안정될 것
③ 거품이 잘 일어날 것　　④ 파라핀 성분이 없을 것

> • 유압작동유의 구비조건
> 　㉮ 윤활특성이 좋을 것　㉯ 화학적 안정성이 좋을 것
> 　㉰ 파라핀 성분이 없을 것　㉱ 온도에 따른 변화가 없을 것

40. ④　41. ④　42. ②　43. ③

44 그림과 같은 전기 기기를 나타내는 기호의 명칭은?
① 카운터
② 여자지연타이머
③ 압력 스위치
④ 누름버튼 스위치

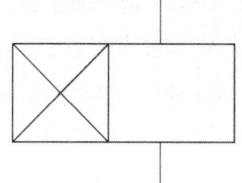

45 유압잭과 같이 힘을 키우기 위한 유압장치에 적용되는 원리는?
① 연속의 원리
② 벤츄리의 원리
③ 파스칼의 원리
④ 베르누이의 원리

• 유압잭의 원리 : 파스칼의 원리가 적용된다.
• 파스칼의 원리 : 파스칼의 법칙은 밀폐된 용기 내에서 유체의 압력은 줄지 않고 그대로 모든 방향으로 전달되고, 유체와 접촉하고 있는 면에 수직으로 작용한다는 것이다.

46 공기저장탱크에 관한 설명으로 옳지 않은 것은?
① 공기 소비 시 발생되는 압력변화를 최소화 해준다.
② 압축공기를 냉각시켜 압축공기의 수분을 응축시킨다.
③ 압축기로부터 배출된 공기 압력의 맥동을 평준화한다.
④ 공기저장탱크에는 안전 밸브, 드레인을 제거하는 자동배수기 등을 설치할 수 없다.

• 공기저장탱크 : 압축공기 발생 장치의 중간 부분에 설치되어 압축공기를 저장하는 설비로서, 맥동을 완화시키고 유사 시 공정에 압축공기를 일정시간 공급하기 위한 역할을 하며, 안전 밸브, 드레인 장치 등을 설치해야 한다.

47 액체의 내부 마찰에 기인하는 점성의 정도를 무엇이라 하는가?
① 비열
② 비중
③ 점도
④ 주도

• 점도 : 끈적거림의 정도를 표시하는 것으로서 유체가 유동하고 있을 때, 인접하는 유체층 간에 작용하는 단위 넓이당의 전단력은 그 위치의 속도 구배에 비례하며, 이 비례 정수를 점도라고 한다.

44. ② 45. ③ 46. ④ 47. ③

48 기기에 관한 작동의 설명이 옳지 않은 것은?
① 체크 밸브는 유체를 양방향으로 흐르게 한다.
② 제어 밸브는 유체를 정지 또는 흐르게 하는 기능을 한다.
③ 릴리프 밸브는 장치 내의 압력이 과도하게 높아지는 것을 방지한다.
④ 실린더는 유압의 압력에너지를 기계적 에너지로 바꾸는 기기이다.

해설
• 체크 밸브 : 유체를 한쪽 방향으로만 흐르게 하고 반대 방향으로는 흐르지 못하도록 하는 밸브이다. 급배수관 또는 냉매관 등에 많이 사용되고 있다.

49 유압유 저장용 용기인 어큐뮬레이터의 용도가 아닌 것은?
① 압력 증폭   ② 맥동 제거
③ 충격 완충   ④ 유압 에너지 축적

해설
• 어큐뮬레이터
유압장치에 있어서 유압펌프로부터 고압의 기름을 저장해 놓는 장치로서 사용목적과 용도는 다음과 같다.
㉮ 유압에너지 축적   ㉯ 고장, 정전 시 긴급 유압원
㉰ 맥동, 충격 압력의 흡수 ㉱ 유체의 수송
㉲ 압력의 증폭

50 유압회로 계산법 중 액추에이터의 설계 조건에 해당되지 않는 것은?
① 출력   ② 행정   ③ 압력   ④ 냉각수

해설
• 액추에이터의 설계 조건
㉮ 출력을 고려할 것
㉯ 행정(로드 길이)을 고려할 것
㉰ 압력을 고려할 것

51 유압 시스템의 언 로드 회로에 관한 설명으로 옳은 것은?
① 발열이 감소된다.   ② 동력이 많이 소비된다.
③ 펌프의 수명이 짧아진다.   ④ 장치의 효율이 감소한다.

해설
• 언 로드 회로(무부하 회로)
액추에이터가 작업을 수행하지 않는 동안에도 펌프를 정지시키지 않고 동력손실을 최소화하는 회로

48. ① 49. ① 50. ④ 51. ①

52 유압 펌프의 종류가 아닌 것은?
① 기어 펌프 ② 실린더 펌프
③ 나사 펌프 ④ 피스톤 펌프

해설
- 유압펌프의 종류
  ㉮ 기어 펌프   ㉯ 베인 펌프
  ㉰ 플런저 펌프(피스톤 펌프)   ㉱ 스크루 펌프(나사펌프)

53 작업방법 등 실제의 작업에 적용될 수 있는 능력을 부여하는 교육으로 특히 유해위험 작업에 종사하는 근로자에게 철저히 시켜야 할 안전교육은?
① 지식교육 ② 태도교육
③ 심리교육 ④ 기능교육

54 공압 모터의 특징으로 옳은 것은?
① 배기음이 작다.
② 과부하시 위험성이 크다.
③ 에너지 변환 효율이 높다.
④ 공기의 압축성에 의해 제어성은 그다지 좋지 않다.

해설
- 공압 모터의 특징
  ㉮ 전동기와 비교할 때 시동·정지가 원활하며 출력/중량비가 크다.
  ㉯ 공기의 압축성 때문에 회전 속도는 부하의 영향을 쉽게 받으나 과부하에 대해 안전하다.
  ㉰ 폭발성 분위기 속에서도 안전하게 사용할 수 있다.
  ㉱ 속도 제어와 정·역회전의 변환이 간단하다.
  ㉲ 사용 주위 온도, 습도 등의 분위기에 대하여 전동기만큼 큰 제한을 받지 않는다.
  ㉳ 자체 발열이 적으며 각 섭동부의 마찰열은 압축 공기의 단열 팽창으로 냉각된다.
  ㉴ 압축공기 이외에 질소가스, 탄산가스 등도 사용할 수 있다.
  ㉵ 공기탱크를 설치하면 정전시 단시간 동안은 비상운전이 가능하다.

55 폭발한계농도의 하한값이 10% 이하 또는 상한값과 하한값의 차이가 20% 이상인 가스를 무엇이라 하는가?
① 가연성가스 ② 폭발성가스
③ 인화성가스 ④ 산화성가스

52. ② 53. ④ 54. ④ 55. ①

56 다음 중 셰이퍼 작업 시 발생할 수 있는 사고로 보기에 가장 거리가 먼 것은?
① 일감의 이탈
② 바이트의 파손
③ 2차 생성물에 의한 질식
④ 회전 바이트에 의한 손가락 절단

57 고용노동부장관이 실시하는 안전 및 보건에 관한 직무교육을 반드시 받아야 하는 대상자는?
① 사업주
② 설계직 종사자
③ 안전관리자
④ 생산직 종사자

58 추락재해 예방대책에 대한 내용으로 옳지 않은 것은?
① 발판은 견고하고 넓게 설치한다.
② 안전대, 안전화, 안전모를 착용한다.
③ 2m 이상 고소작업에는 손잡이를 설치한다.
④ 작업대 위에는 공기구, 자재 등을 적재하도록 한다.

59 다음 중 보호구에 해당되지 않는 것은?
① 귀덮개 ② 절연테이프 ③ 보안면 ④ 송기마스크

60 다음 중 산업안전보건법에서 규정하고 있는 중대재해에 해당하지 않는 것은?
① 사망자가 3명 발생한 재해
② 직업성 질병자가 동시에 5명이 발생한 재해
③ 3개월 이상 요양을 요하는 부상자가 동시에 2명이 발생한 재해
④ 사망자 1명과 3개월 이상 요양이 필요한 부상자 1명이 발생한 재해

정답 56. ③ 57. ③ 58. ④ 59. ② 60. ②

2015년 1회 설비보전기능사 필기시험

01 기계 윤활에서 윤활작용이 아닌 것은?
① 알파작용
② 감마작용
③ 세정작용
④ 응력분산작용

해설
- 윤활유의 작용
  ㉮ 감마작용 : 윤활 개소의 마찰을 감소하고 마모와 소착을 방지한다. 결과적으로 소음의 방지도 한다.
  ㉯ 냉각작용 : 마찰에 의해 생긴 열, 외부로부터 전달된 열을 흡수, 방출한다.
  ㉰ 응력분산작용 : 활동부분에 가해진 힘을 분산시켜 균일하게 하는 작용
  ㉱ 밀봉작용 : 기계의 활동부분을 밀봉하는 작용
  ㉲ 청정작용 : 윤활 개소의 혼입 이물질을 무해한 형태로 바꾸든가 외부로 배출하여 청정하게 해주는 작용
  ㉳ 녹 방지(부식방지) : 윤활 개소의 공기와 직접 접촉을 막아서 부식을 방지
  ㉴ 방청 작용 : 윤활 개소의 활동부분의 청결을 지켜주는 작용
  ㉵ 방진작용 : 윤활 개소에 먼지 등의 이물 혼입을 방지
  ㉶ 동력전달 : 유압작동유로서 동력전달 작용

02 CM형 버니어 캘리퍼스에 관한 설명으로 옳지 않은 것은?
① 최소 측정단위는 0.02mm이다.
② 독일형 또는 모오젤형이라고 한다.
③ 내측 측정이 가능하며 미동장치가 있다.
④ 원척의 1눈금은 1mm, 부척의 눈금은 12mm를 25등분한 것이다.

03 공기압축기용 전자밸브 부하경감장치의 언로더 작동불량 원인으로 볼 수 없는 것은?
① 언로더 조작 압력이 낮다.
② 푸셔의 길이가 기준치보다 길다.
③ 피스톤 또는 다이어프램에서 누설이 발생하고 있다.
④ 솔레노이드 밸브에 유분, 먼지, 수분 등이 혼입되었다.

정답 01. ① 02. ④ 03. ②

04 감속기의 기어박스를 점검한 결과 이뿌리 면이 상대편 기어의 이끝 통로에 따라 마모되었다. 문제해결방법으로 옳지 않은 것은?

① 압력각을 증가시킨다.   ② 기어의 이끝 면을 가공한다.
③ 기어의 이끝 높이를 크게 한다.   ④ 피니언의 이뿌리 면을 가공한다.

해설
- 기어의 이끝 높이를 작게 한다.

05 브레이크 드럼의 지름이 450mm, 브레이크 드럼에 작용하는 힘이 200kgf인 경우 드럼에 작용하는 토크는 얼마인가? (단, 마찰계수[μ]는 0.2이다.)

① 900kgf·mm   ② 9000kgf·mm
③ 900kgf·m   ④ 9000kgf·m

해설
- $T = f\dfrac{D}{2} = \dfrac{\mu \times W \times D}{2} = \dfrac{0.2 \times 200 \times 450}{2} = 9000\,\text{kgf}\cdot\text{mm}$

  여기서, f : 마찰력(Kg)
  μ : 마찰계수
  W : 브레이크 드럼에 작용하는 힘(kgf)
  D : 브레이크 드럼의 지름(mm)

06 유압펌프에서 기름이 토출하지 않을 때 점검할 사항이 아닌 것은?

① 펌프의 회전방향이 옳은지 검사한다.
② 석션 스트레이너의 눈 간격을 확인한다.
③ 규정된 점도의 기름이 있는지 확인한다.
④ 릴리프밸브 자체의 고장 여부를 점검한다.

07 흡수식 공기건조기의 특징으로 옳지 않은 것은?

① 설치가 간단하다.   ② 취급이 용이하다.
③ 기계적 마모가 적다.   ④ 에너지공급이 필요하다.

해설
- 흡수식 에어드라이어 특징
  ㉮ 장비의 설치가 간단하다.   ㉯ 기계적 마모가 적다.
  ㉰ 외부 에너지 공급이 필요 없다.   ㉱ 운전비용이 많이 든다.

04. ③ 05. ② 06. ④ 07. ④

08 축이 구부러졌을 때 교환하지 않고 정비현장에서 수리 여부를 판단하여 수리를 진행할 수 있는 경우로 가장 거리가 먼 것은?

① 베어링 중간부의 풀리 스프로킷이 흔들려 소리를 낼 때
② 500rpm 이하이며 베어링 간격이 비교적 긴 축이 휘어져 있을 때
③ 경하중 기계에서 축 흔들림 때문에 진동이나 베어링의 발열이 있을 때
④ 감속기가 부착된 고속 회전축이나 단 달림부에서 급하게 휘어져 있을 때

• 정비현장에서 수리할 수 있는 경우
㉮ 베어링 중간부의 풀리 스프로킷이 흔들려 소리를 낼 때
㉯ 500rpm 이하이며 베어링 간격이 비교적 긴 축이 휘어져 있을 때
㉰ 경하중 기계에서 축 흔들림 때문에 진동이나 베어링의 발열이 있을 때

09 관용 평행나사는 다듬질 정도에 따라 몇 등급으로 구분하는가?

① 2등급　　② 3등급　　③ 4등급　　④ 5등급

• 관용 평행나사의 등급 : A급, B급

10 강관보다 무겁고 약하지만 내식성이 강하고 값이 저렴하여 주로 매설관으로 많이 사용하는 것은?

① 강관　　② 구리관　　③ 주철관　　④ 염화비닐관

• 주철관 : 지하 매설용으로 많이 사용되며 대마사, 무명사, 매커니컬이음 등으로 패킹을 한다.

11 접착제의 구비조건으로 가장 거리가 먼 것은?

① 액체성일 것
② 중량이 클 것
③ 고체 표면에 침투하여 모세관 작용을 할 것
④ 도포 후 고체화하여 일정한 강도를 유지할 것

• 접착제의 구비조건
㉮ 액체성일 것
㉯ 중량이 작을 것
㉰ 고체 표면의 좁은 틈새에 침투하여 모세관 작용을 할 것
㉱ 도포 직후 용매의 증발 냉각 또는 화학반응에 의하여 고체화하여 일정한 강도를 유지할 것

08. ④　09. ①　10. ③　11. ②

12 기계제도에서 패킹, 박판 등 얇은 물체의 단면표시 방법은?

① 1개의 가는 실선으로 표시
② 1개의 굵은 실선으로 표시
③ 1개의 굵은 파선으로 표시
④ 1개의 가는 일점쇄선으로 표시

해설
• 패킹개스킷, 얇은판, 형강 등과 같이 얇은 물체의 단면은 그 물체의 두께에 해당하는 굵기로 한 개의 실선으로 도시 하고, 이들 단면이 인접할 시는 약간의 틈새를 두어 개개의 단면형을 명확하게 구분 표시한다. 한 선으로 표시함으로써 오독의 염려가 있을 때는 지시선으로 표시한다.

13 로크 너트에 관한 설명으로 옳지 않은 것은?

① 주로 풀림방지에 사용된다.
② 로크 너트를 먼저 삽입하여 체결한다.
③ 정규 너트를 먼저 삽입하여 체결한다.
④ 두께가 얇은 너트를 로크 너트라 한다.

해설
• 두 개의 너트를 사용하여 첫 번째 너트로 조이고 두 번째 너트를 조인 후, 두 번째 너트를 잡고 첫 번째 너트를 약간 역회전시켜서 볼트, 너트의 풀림을 방지하는 이완방지법이다.

14 길이가 긴 축의 구부러짐을 현장에서 수리하는 공구는?

① 짐 크로
② 스트레이트 에지
③ 다이얼 게이지
④ 스크루 익스트랙터

해설
• 바닥면에 V블록을 2개를 놓고 그 위에 축을 올려놓고 손으로 돌리면서 틈새로 그 정도를 확인한다. 이어서 흔들림이 제일 심한 곳에 (b)와 같이 짐 크로우(jim crow)를 대고 약간씩 힘을 가하면서 구부러짐을 수정한다. 이 방법으로 신중히 하면 0.1~0.2mm 정도까지 수정된다.

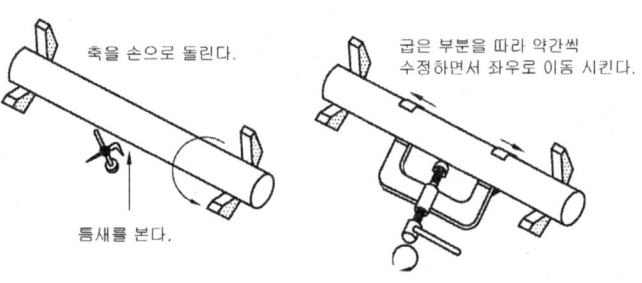

(a) 굽음의 측정방법   (b) 수정 방법

12. ② 13. ③ 14. ①

설비보전기능사 필기시험 기출문제

15 대상물의 좌표면이 투상면에 평행인 직각 투상법은?
① 정투상법 ② 축측투상법
③ 사투상법 ④ 투시투상법

해설
• 정투상법
  ㉮ 입체적인 물체를 평면적으로 표현하고 어떤 물체의 형상도 정확하게 표현할 수 있다.
  ㉯ 물체의 전체를 완전히 표현하려면 두 개 이상의 투상도가 필요할 때가 있다.
  ㉰ 정면도는 물체의 앞에서 바라본 모양을 나타낸 도면이다.
  ㉱ 치수를 쉽게 표시할 수 있다.

16 밸브누설 방지를 위한 밸브의 각 부품 정비시 주의사항으로 옳지 않은 것은?
① 개스킷은 사용유체 및 사용온도 등을 고려하여 선정한다.
② 볼트 조임 시에는 적정한 조임을 위해 토크렌치를 사용한다.
③ 밸브 디스크 및 시트 손상 시 래핑 방법으로 누설을 감소시킬 수 있다.
④ 밸브 플랜지 볼트를 조일 때 개스킷의 적절한 눌림을 위해 볼트를 시계방향 순서로 조인다.

해설
• 밸브 플랜지 볼트를 조일 때 개스킷의 적절한 눌림을 위해 볼트를 대각선방향 순서로 조인다.

17 그리스 윤활법과 오일 윤활법을 비교, 설명한 것으로 옳지 않은 것은?
① 이물질 여과는 오일 윤활방식이 쉽다.
② 냉각작용은 오일 윤활방식이 우수하다.
③ 윤활제 교환은 그리스 윤활방법이 간단하다.
④ 밀봉장치 및 하우징의 구조는 그리스 윤활방법이 간단하다.

해설
그리스 윤활법이 유윤활법에 비해 다음과 같은 장단점이 있다.
• 장점 : ㉮ 급유간격이 길다.
       ㉯ 누설이 적다.
       ㉰ 밀봉성과 먼지 등의 침입이 적다.
• 단점 : ㉮ 냉각작용이 적다.
       ㉯ 질의 균일성이 떨어진다.

정답 15. ① 16. ④ 17. ③

18 도면 중 다음과 같은 표기가 나타내는 의미는?

① 화살표 방향으로 필렛 용접을 한다.
② 화살표 방향으로 맞대기 용접을 한다.
③ 화살표 반대방향으로 필렛 용접을 한다.
④ 화살표 반대방향으로 맞대기 용접을 한다.

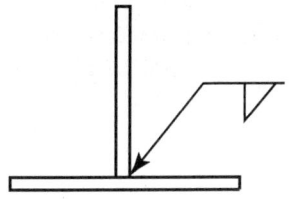

19 핸들, 바퀴의 암, 리브, 축 구조물 부재 등의 절단면을 나타내는 단면도는?

① 전단면도　　　　　② 회전단면도
③ 반단면도　　　　　④ 부분단면도

- 회전단면도 : 암, 리브 등의 단면을 90° 회전시켜 표시하며, 핸들이나 바퀴 등의 암, 리브, 훅, 축 구조물 부재 등의 절단면을 90°도 회전하여 그린 단면도이다.
  그리는 방법
  ㉮ 도형 내의 절단한 곳에 겹쳐서 가는 실선으로 그린다.
  ㉯ 절단선의 연장선 위에 그린다.
  ㉰ 절단할 곳의 전후를 끊어서 그 사이에 그린다.

20 나사의 제도법에 관한 설명으로 옳지 않은 것은?

① 나사의 방향 표시는 왼쪽 나사에만 표시한다.
② 나사의 줄수 표시는 두 줄 이상인 경우만 표시한다.
③ 수나사와 암나사의 결합부분은 주로 수나사로 표시한다.
④ 나사부의 해칭은 수나사는 내경, 암나사는 외경까지 해칭한다.

- 나사부의 해칭은 수나사는 외경, 암나사는 내경까지 해칭한다.

21 기어구동에서 이가 상대측 이뿌리에 간섭을 일으켜 발열하고 윤활막 파괴로 금속접촉을 하는 것을 무엇이라고 하는가?

① 피칭　　　　　　　② 스포어링
③ 스코어링　　　　　④ 백 래시(back lash)

- 피칭 : 이면에 높은 응력이 반복 작용된 결과 이면상에 국부적으로 피로된 부분이 박리되어 작은 구멍을 발생하는 현상이다.
- 스포어링 : 이면의 국부적인 피로 현상에서 나타나지만 피칭보다 약간 큰 불규칙한 형상의 박리를

18. ①　19. ②　20. ④　21. ③

발생하는 현상이다.
- 백 래시(back lash) : 기계에 쓰이는 나사, 톱니바퀴 등의 서로 맞물려 운동하는 기계 장치 등에서 운동방향으로 일부러 만들어진 틈이다.

22 부품의 수명이 짧거나 설계 불량, 제작 불량 등에 의한 결점이 나타나는 고장 시기는?
① 초기 고장기 ② 우발 고장기
③ 돌발 고장기 ④ 노후 고장기

- 우발 고장기 : 고장률은 거의 일정하나 고장발생 패턴이 우발적이므로 예측할 수 없는 고장률 일정형으로, 많은 구성부품으로 이루어진 설비에서 볼 수 있는 형식이며, 이 기간을 유효수명이라고 한다.
- 노후 고장기 : 설비를 구성하고 있는 부품의 마모나 열화에 의하여 고장이 증가하는 고장률 증가형으로, 효과는 마모고장기에 가장 높다.

23 윤활제의 급유방식 중 순환급유법이 아닌 것은?
① 유욕급유법 ② 적하급유법
③ 원심급유법 ④ 중력순환 급유법

- 순환식 급유법
  ㉮ 패드 급유법   ㉯ 유륜식 급유법
  ㉰ 유욕 급유법   ㉱ 비말 급유법,
  ㉲ 중력 순환 급유법 ㉳ 강제 순환 급유법
  ㉴ 원심 급유법
- 비순환식 급유법
  ㉮ 적하급유법 : 사이펀 급유법(syphon oiling), 바늘 급유법(needle oiling), 가시 적하 급유법(sight feed oiling), 실린더용 적하 급유법(cylinder feed oiling), 플런저식 적하 급유법, 펌프 연결식 적하 급유법, 플런저식 압입 적하 급유법
  ㉯ 수 급유법
  ㉰ 가시 부상 유적 급유법

24 내륜 회전하는 베어링을 축이나 하우징에 조립할 때 일반적인 끼워 맞춤의 관계가 적당한 것은?
① 베어링 내륜과 축은 억지 끼워 맞춤한다.
② 베어링 외륜과 축은 볼트로 끼워 맞춤한다.
③ 베어링 내륜과 축은 헐거운 끼워 맞춤한다.
④ 베어링 외륜과 하우징은 억지 끼워 맞춤한다.

22. ① 23. ② 24. ①

25 특별한 문제나 상황의 원인을 탐구하고 규명하여 고장원인을 해결하는 방법으로 일명 생선 뼈 그림이라고도 하는 분석 방법은?

① 특성요인도(Cause and Effect Diagram)
② 파레토 차트(Pareto Chart)
③ 관리도(Control Chart)
④ 흐름 차트(Flow Chart)

해설
- 파레토 차트(Pareto Chart) : 불량품이라든가 결점, 클레임, 사고 건수 등을 그 현상이나 원인별로 데이터를 내고 수량이 많은 순서대로 나열하여 그 크기를 막대그래프로 나타낸 것이다.
- 관리도(Control Chart) : 품질은 산포하고 있으므로 공정에서 시계 열적으로 변화하는 산포의 모습을 보고 공정이 정상상태인가, 이상 상태인가를 판독하기 위한 그림이다.
- 흐름 차트(Flow Chart) : 정보 및 시스템의 흐름을 명확하게 처리하기 위해 도식화된 절차를 도형으로 표현한 플로우차트를 말한다.

26 자주보전의 효과측정을 위한 방법이 아닌 것은?

① 평균가동시간(MTBF)의 연장
② OPL(One Point Lesson) 작성현황
③ 자주보전 개선시트의 작성현황
④ 수익성과 연계추적

해설
- 자주보전의 효과측정 방법
  ㉮ 평균가동시간(MTBF)의 연장
  ㉯ OPL(One Point Lesson) 작성현황
  ㉰ 자주보전 개선시트의 작성현황

27 횡축에 시간, 종축에 부하전력을 설정 및 표시한 도표를 무엇이라 하는가?

① 부하 곡선
② 조정전력 곡선
③ 수요물 곡선
④ 설비이용률 곡선

28 TPM 보전방식의 특징으로 옳은 것은?

① 문제를 해결하려는 방법
② 상벌위주의 동기 부여
③ 상대적 벤치마크 달성
④ 원인추구 시스템

정답 25. ① 26. ④ 27. ① 28. ④

29. PM분석에 대한 설명 중 틀린 것은?

① 우발고장을 규명하고 개선하기 위하여 개발된 방법
② 특성요인도 분석의 단점을 보완할 수 있는 방법
③ 어떤 사물을 분해하여 그것을 성립시키고 있는 성분 및 요소를 명확하게 하는 방법
④ 고장같은 불합리한 현상을 물리적으로 분석하는 방법

30. 완벽한 분해검사로서 설비의 효율을 높이기 위하여 관리하는 데 중요한 활동인 오버홀(overhaul)은 어떤 보전활동에 속하는가?

① 일상보전활동
② 사후보전활동
③ 예방보전활동
④ 개량보전활동

해설
- 오버홀(Overhaul) : 설비의 효율을 높이기 위하여 관리하는 데 매우 중요한 활동이다. 예방보전활동에 오버홀이 포함된다.

31. 다음 중 유틸리티 설비에 해당하는 것은?

① 발전설비
② 운반장치
③ 항만설비
④ 육상하역설비

해설
- 유틸리티(Utility) 설비 : 증기발생장치 및 그 배관설비, 발전설비(수력·화력에 의한 단독발전, 경제발전, 비상 발전설비), 공업용 원수, 취수 설비, 수처리설비(공정용, 보일러용, 음료용 등), 냉각탑설비, 펌프 스테이션 설비(급수설비) 및 주배관설비, 냉동설비 및 주배관설비 등

32. 설비효율을 저해하는 6대 로스에 해당하지 않는 것은?

① 고장 로스
② 초기·수율 로스
③ 관리 로스
④ 속도 로스

해설
- 설비효율을 저해하는 6대 로스
  ㉮ 고장 로스   ㉯ 작업준비·조정 로스
  ㉰ 일시정체 로스 ㉱ 속도 로스
  ㉲ 불량·수정 로스 ㉳ 초기·수율 로스

29. ① 30. ③ 31. ① 32. ③

33 고장유형과 발생빈도, 거시적 현상, 고장 확산속도 및 상대적 안전에 관한 설명 중 옳은 것은?

① 풀림에 변이는 거시적으로 관찰가능하고 급속도로 진행되며 덜 위험하다.
② 마모에 의한 표면변화는 거시적으로는 눈에 보이지 않으며 급속도로 진행되며 위험하다.
③ 부식에 의한 자재변화는 거시적으로는 눈에 보이지 않으나 급속도로 진행되며 위험하다.
④ 피로에 의한 파손은 거시적으로는 눈에 보이지 않으나 급속도로 진행되며 대단히 위험하다.

34 설비 열화측정에서 성능 저하형 열화 설비의 검사방법은?
① 정밀검사   ② 경향검사
③ 정도검사   ④ 양부검사

해설
열화의 측정은 검사라고 부르며, 그 성질에 따라 양부(良否)검사와 경향(傾向)검사로 구분한다.
• 양부검사 : 성능저하형 열화측정에 적용
• 경향검사 : 돌발고장형의 열화에 대하여 열화의 경향을 예측하기 위하여 행한다.

35 공구를 용도별로 분류할 때 프레스, 주·단조 등에 사용되는 공구는?
① 연삭 공구   ② 절삭 공구
③ 형(die)   ④ 치구 부착구

36 계량단위 종류 중 면적, 체적, 속도는 어느 단위에 속하는가?
① 기본단위   ② 유도단위
③ 보조계량단위 ④ 특수단위

해설
• 기본단위 : 길이, 질량, 시간, 온도, 전류, 물질량, 광도
• 유도단위(조립단위) : 면적, 체적, 가속도, 밀도, 일, 열량, 유량
• 보조단위 : 파코미터, 나노미터, 각도

33. ④ 34. ④ 35. ③ 36. ②

37 설비가동률을 나타낸 것으로 가장 옳은 것은?

① $\dfrac{\text{고장건수}}{\text{부하시간}} \times 100$
② $\dfrac{\text{가동시간}}{\text{부하시간}} \times 100$
③ $\dfrac{\text{가동시간}}{\text{고장횟수}} \times 100$
④ $\dfrac{\text{고장정지시간}}{\text{부하시간}} \times 100$

해설
- 시간가동률(설비가동률) = $\dfrac{\text{부하시간} - \text{정지시간}}{\text{부하시간}}$
- 부하시간 : 정미 가동시간에 정지시간을 부가한 시간(단위 운전 시간)
- 가동시간(정미 가동시간) : 기계를 가동하여 직접 생산하는 시간

38 다음 중 설비관리 목적이 아닌 것은?
① 생산계획 달성
② 원가 상승
③ 재해 예방
④ 납기 준수

해설
- 설비관리의 목적 : 생산성 향상, 품질향상, 원가 절감, 납기 준수, 재해 예방, 근무의욕 높임.

39 설비의 종합효율을 구하는 요소가 아닌 것은?
① 설비이용률
② 시간가동률
③ 성능가동률
④ 양품률

해설
- 설비 종합효율 = 시간가동률 × 성능가동률 × 양품률

40 공기탱크의 용량 결정 요소에 해당하지 않는 것은?
① 공기 소비량
② 압축기의 공급 체적
③ 허용 가능한 압력강하
④ 윤활기 내의 윤활유 공급량

해설
- 공기탱크의 용량결정 요소
  ㉮ 공기압축기의 체적
  ㉯ 공압회로의 공기소비량
  ㉰ 공압회로의 허용 압력강하

37. ② 38. ② 39. ① 40. ④

41 공압회로에서 압력제어 밸브의 기능에 속하지 않는 것은?
① 적정한 공기압력을 사용하여 압축공기의 과다 소모를 방지한다.
② 공기압력의 유무를 화학적 신호를 이용하여 공기 흐름의 방향을 제어한다.
③ 적정한 공기압력을 사용함에 따라 공압 기기의 인내성 및 신뢰성을 확보한다.
④ 장치가 소정 이상의 공기 압력으로 될 때에 공기를 빼내어 안전을 확보한다.

해설
- 유압, 공기압 회로에서 압력을 제어하는 밸브를 말하며, 1차압 설정용 릴리프 밸브, 2차압 설정용 감압 밸브, 안전 밸브 등이 있다.
- 공기압력의 유무를 전기적, 기계적 신호를 이용하여 공기 흐름의 방향을 제어한다.

42 실린더가 전진 운동을 할 때 다음 그림은 어떠한 유압회로를 나타내는 것인가?

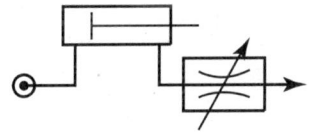

① 로킹(locking) 회로
② 미터 인(meter-in) 회로
③ 미터 아웃(meter-out) 회로
④ 블리드 오프(bleed-off) 회로

해설
- 미터 인(meter-in) 회로 : 실린더에 들어가는 공기를 제어하는 회로로서 주로 밸브나 펌프에 사용한다.
- 미터 아웃(meter-out) 회로 : 실린더에서 나오는 공기를 제어하는 회로로서 보통 공압 회로에서는 meter-out 회로를 많이 사용한다.

43 실린더 중 양 방향의 운동에서 모두 일을 할 수 있는 것은?
① 램형 실린더
② 단동 실린더(피스톤식)
③ 복동 실린더(피스톤식)
④ 다이어프램 실린더(비피스톤식)

해설
- 실린더 양쪽에 압력이 작용하여 출력이 신장 및 수축을 하므로 양쪽으로 작용한다.

44 유압회로 설계상 주의사항으로 가장 거리가 먼 것은?
① 유압회로는 가급적 간단해야 한다.
② 열을 방출되기 쉽도록 하여야 한다.
③ 유압 유닛에서 발생하는 진동, 소음을 작게 하여야 한다.
④ 작업자가 다양한 위치에서 일을 할 수 있도록 하여야 한다.

41. ② 42. ③ 43. ③ 44. ④

45 SI단위계에서 압력의 단위는?
① atm
② bar
③ Pa
④ kgf/cm²

- ㉮ atm : 기압   ㉯ bar : 바   ㉰ Pa : 파스칼   ㉱ kgf/cm² : cm²당 중량킬로그램
- 파스칼(기호 Pa)는 압력에 대한 SI 유도 단위이다.

46 공기 압축기를 작동원리에 따라 분류할 때 터보형 압축기에 속하는 것은?
① 원심식
② 스크루식
③ 피스톤식
④ 다이어프램식

- 압축기의 유형은 크게 용적형 압축기와 다이나믹 압축기(터보형 압축기)로 구분
- 용적형 압축기 : 피스톤형, 스크류형, 베인형, 스크롤형, 다이프램형
- 용적형 압축기(터보형 압축기) : 축류식, 원심식 등

47 그림의 기호가 나타내는 것은?

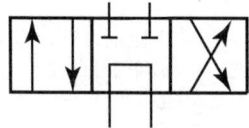

① 4/2way 방향제어 밸브
② 4/2way 방향제어 밸브
③ 4/3way 방향제어 밸브
④ 5/2way 방향제어 밸브

48 5포트 2위치 방향제어 밸브의 연결구 표시 중 작업(동작)라인의 숫자 표시(ISO 규격)는?
① 1, 3
② 2, 4
③ 3, 5
④ 12, 14

구 분	ISO 1219	ISO 5599
작업라인	A, B, C, …	2, 4, 6, …
압축공기 공급라인	P	1
배기구	R, S, T, …	3, 5, 7, …
제어라인	Z, Y, X …	A, B, C, …

45. ③ 46. ① 47. ③ 48. ②

49 유압 작동유의 점도를 나타내는 단위는?

① 토크 ② 디그리 ③ 리스크 ④ 포아즈

• 포아즈(poise) : 점성도의 단위로 보통 centi-poise를 많이 사용함.

50 유압실린더의 구성요소 중 유압작동유의 누설 방지에 사용되는 것은?

① 실(seal) ② 피스톤 로드
③ 헤드커버 ④ 실린더 튜브

• 실(sela) : 유압회로에서 작동유 누출을 방지하기 위해 사용하는 것으로 O-링, U패킹, 금속패킹, 더스트 실, 백업 링 등이 있다.
• 오일 실 구비조건
  ㉮ 내압성과 내열성이 클 것
  ㉯ 피로 강도가 크고, 비중이 적을 것
  ㉰ 내마모성이 적당할 것
  ㉱ 정밀가공 면을 손상시키지 않을 것
  ㉲ 설치하기가 쉬울 것

51 수랭식 오일쿨러(oil cooler)의 장점이 아닌 것은?

① 소음이 적다. ② 냉각수 설비가 필요 없다.
③ 자동유로조정이 가능하다. ④ 소형으로 냉각능력이 크다.

• 오일쿨러(oil cooler) : 윤활용으로 사용된 오일의 온도가 상승할 경우 물 또는 공기로 냉각하는 장치이다.

52 토크에 대한 관성의 비가 크므로 응답성이 좋은 반면에, 저속에서는 토크출력 및 회전속도의 맥동이 커서 정밀한 서보기구에는 적합하지 않은 유압모터는?

① 기어 모터 ② 액시얼형 피스톤 모터
③ 축 방향 피스톤 모터 ④ 레이디얼형 피스톤 모터

• 피스톤 모터(Piston motor) : 액시얼형과 레이디얼형으로 구분되어지며, 특히 액시얼형은 고속회전에 적합하다.

49. ④ 50. ① 51. ② 52. ①

53 흐름이 한 방향으로만 허용되는 일방향 제어 밸브의 명칭은?
① 체크 밸브 ② 언로드 밸브
③ 니들 밸브 ④ 유량 분류 밸브

해설
- 언로드 밸브 : 파일럿 압력을 외부로부터 받았을 때 이것으로 밸브 내에 있는 평형(平衡) 피스톤을 움직여 펌프로부터의 압유(壓油)를 탱크로 빼올려 펌프를 무부하(無負荷) 운전 상태가 되게 하는 것으로서, 동력의 절감(節減)을 꾀하기 위해 사용된다. 즉, 일정한 조건하에서 펌프를 무부하(無負荷)로 하기 위하여 사용되는 밸브이다.
- 니들 밸브 : 보통 관로의 도중에 배치하여 유량을 조절하는 밸브로서 중심에 니들이 있는 밸브이다. 니들은 이중관으로 되어 있어 하나의 관의 출입에 의하여 출구와의 개도가 변한다. 그의 개폐는 니들의 안에 관로의 물을 보내어 그 수압을 이용하는 것이 많다.
- 유량 분류 밸브 : 유압원(油壓原)으로부터 2개 이상의 유압 회로에 분류시킬 때 각각 회로의 압력 여하에 관계없이 일정 비율로 유량을 분할하여 흐르게 하는 밸브이다. 2개 이상의 액추에이터에 동일한 유량을 분배하여 속도를 동기시키는 경우에 사용한다.

54 밀링작업 시 유의사항으로 옳지 않은 것은?
① 장갑을 끼고 작업하지 않도록 한다.
② 기계를 정지하고 공작물을 측정한다.
③ 절삭된 칩(chip)은 솔로 제거하여야 한다.
④ 절삭가공 중 공작물의 거친 정도를 손으로 조사한다.

55 스패너로 작업할 때 안전에 유의하여야 할 사항으로 옳지 않은 것은?
① 볼트 머리와 너트의 치수에 맞는 것을 사용해야 한다.
② 스패너 사용 시에는 맞물린 부분의 방향에 유의해야 한다.
③ 스패너 작업 시에는 반드시 다리와 몸의 균형을 잡아야 한다.
④ 힘이 들 때에는 스패너 자루에 적당한 길이의 파이프를 연결하여 사용한다.

56 유해물질의 표시방법에 관한 설명으로 옳지 않은 것은?
① 유해물질의 성분 함유량은 중량의 비율로 표시한다.
② 유해물질 중 벤젠은 함유된 용량의 비율로 표시한다.
③ 유해물질의 용기에 인쇄하거나 인쇄한 표찰을 부착한다.
④ 유해물질을 표시하는 표찰의 양식, 규격 및 색상 등은 보건복지부장관이 따로 정한다.

53. ① 54. ④ 55. ④ 56. ④

57 이동식사다리에 관한 설명으로 옳지 않은 것은?
① 미끄럼방지장치를 부착한다.
② 사다리의 폭은 20cm 이상으로 한다.
③ 부식이 없는 견고한 구조로 된 것을 사용한다.
④ 기둥과 수평면과의 각도는 75° 이하가 되도록 한다.

• 이동식 사다리의 구조
  ㉮ 견고한 구조로 할 것
  ㉯ 재료는 심한 손상, 부식 등이 없는 것으로 할 것
  ㉰ 폭은 30cm 이상으로 할 것
  ㉱ 발판의 간격은 동일하게 할 것
  ㉲ 다리부분에는 미끄럼 방지장치를 설치하는 등 미끄러지거나 넘어지는 것을 방지하기 위한 필요한 조치를 할 것

58 무재해 운동으로 안전작업 시 나타나는 현상은?
① 생산성이 감소된다.   ② 제품의 품질이 저하된다.
③ 기업에 경제적 이익을 준다.   ④ 수동적인 직장풍토가 이루어진다.

59 안전하게 통행할 수 있는 통로의 조명은 몇 럭스 이상으로 하여야 하는가?
① 15   ② 30   ③ 45   ④ 75

• 초정밀작업은 750럭스 이상   • 정밀작업은 300럭스 이상
• 보통작업은 150럭스 이상   • 그 밖의 작업은 75럭스 이상

60 공기 중에서 점화원 없이 연소하는 최저온도를 무엇이라 하는가?
① 발화점   ② 폭발점   ③ 인화점   ④ 연소점

• **폭발점** : 압력의 급격한 발생 또는 개방으로 폭음을 수반한 팽창이 일어난 경우의 그 순간 시점
• **인화점** : 석유 제품을 어느 온도까지 가열하게 되면 증기가 발생하게 되고 그 증기는 공기와의 혼합가스로 되어 인화성 또는 약한 폭발성을 갖게 된다. 이 혼합가스에 외부로부터 화염을 접근시키면 순간적으로 섬광을 내면서 인화되어 발생 증기가 소멸된다. 이때의 온도를 인화점이라고 한다.
• **연소점** : 가연성 액체(고체)를 공기 중에서 가열하였을 때, 점화한 불에서 발염하여 계속적으로 연소하는 액체(고체)의최저 온도. 인화점의 경우, 한번 불이 붙으면 그 이후는 불이 꺼져도 무방하지만, 연소점에서는 지속되어야 하는 점이 다르다. 따라서 연소점에는 상부 인화점에 상당하는 값이 없고 또 인화점보다 약간 높은 온도를 나타낸다.

57. ② 58. ③ 59. ④ 60. ①

2015년 2회 설비보전기능사 필기시험

01 기계제도에서 도면을 그 성질에 따라 분류한 것이 아닌 것은?
① 복사도(copy drawing)
② 원도(original drawing)
③ 스케치도(sketch drawing)
④ 트레이스도(traced drawing)

해설
- 스케치도 : 물체를 보고 원도(original drawing)를 그리기 위하여 물체의 모양을 프리핸드(free hand)로 그리는 그림
- 원도 : 제도지 위에 연필로 그리는 최초의 도면이다.
- 트레이스도 : 원도 위에 tracing paper를 놓고 연필 또는 먹물로 그린 도면이며, 다수의 도면을 복사하기 위하여 만드는 도면이다.
- 복사도 : 트레이스도를 원도로 하여 감광지에 복사한 도면으로 공장 관계자에게 배포되며, 여러 가지 계획과 작업이 이것에 의하여 진행되며 청사진(blue print)이라고도 불림

02 비교적 작은 배관이나 관의 살이 얇아 용접이 힘들 경우 사용하는 용접이음방법은?
① 웰드인서트법
② 맞대기 용접식
③ 플레어 용접식
④ 끼워넣기 용접식

해설
- 맞대기 용접식 : 두 부재가 대략 같은 면내에서 용접되는 이음이다.
- 웰드 인서트법 : 두께가 3mm 이하의 관에 작은 관을 삽입하여 맞대기 용접을 하는 것을 말한다.
- 플레어 용접식 : 유압장치의 이음 중에서 동 배관 등에 적합하며, 분해 및 조립이 용이한 배관방식이다.

03 다음 중 제동장치로 사용되는 것은?
① 클러치
② 완충기
③ 커플링
④ 브레이크

해설
- 브레이크 : 제동력을 이용하여 기계의 운동부분의 에너지를 흡수해서 속도를 낮게 하거나 정지시키는 장치이다.

01. ③ 02. ④ 03. ④

04 밸브 중 AND 요소로 알려져 있으며, 2개의 입력신호가 다른 압력일 경우에 작은 압력 쪽의 공기가 출력되므로, 안전제어 및 검사기능 등에 사용되는 밸브는?

① 2압 밸브   ② 셔틀 밸브
③ 체크 밸브   ④ 감압 밸브

해설
• 체크 밸브 : 관의 내부에서 유체의 역류를 방지하기 위한 밸브

05 나사의 도시 방법으로 옳은 것은?

① 암나사의 골지름은 굵은 실선으로 그린다.
② 수나사의 바깥지름은 굵은 실선으로 그린다.
③ 완전나사부와 불완전 나사부의 경계는 가는 실선으로 그린다.
④ 수나사와 암나사의 조립부를 그릴 때는 암나사를 기준으로 그린다.

해설
• 나사의 제도
  ㉮ 수나사의 바깥지름을 표시하는 선은 굵은 실선, 골 지름을 표시하는 선은 가는 실선
  ㉯ 불완전 나사부의 골밑을 표시하는 선은 축 선에 대하여 30° 경사진 가는 실선으로 표시
  ㉰ 암나사의 안지름을 표시하는 선은 굵은 실선으로, 골지름을 표시하는 선은 가는 실선
  ㉱ 수나사와 암나사의 측면을 도시할 때 골 지름은 가는 실선으로 그린다.
  ㉲ 암나사의 유효 나사부 길이와 암나사내기의 구멍지름 길이를 표시할 때 관통하지 않는 암나사의 드릴 구멍 끝 부분은 120°로 표시한다.
  ㉳ 나사의 결합부분을 도시할 때 수나사로 나타내며, 암나사와 맞물리는 끝선은 확대도를 그려 수나사부의 골밑까지 은선으로 표시한다.
  ㉴ 해칭을 하는 경우 수나사를 기준으로 바깥지름을 표시하는 선까지 해칭을 한다.

06 용적형 공기 압축기에 해당하지 않는 것은?

① 원심식 압축기   ② 피스톤식 압축기
③ 스크류식 압축기   ④ 다이어프램식 압축기

해설
• 용적형 : 체적변화에 의한 압축방식으로 회전펌프나 왕복 펌프와 같이 특수한 모양의 회전자(rotor) 또는 피스톤으로 일정한 체적 내에 기체를 흡입하여, 그 기체의 체적을 축소시켜서 압력을 높인 다음 송풍 또는 압축하는 형식으로 다음과 같은 종류가 있다.
  ㉮ 피스톤식 압축기(왕복피스톤 압축기)
  ㉯ 스크루식 압축기(스크루 피스톤 압축기)
  ㉰ 다이어프램식 압축기

04. ①　05. ②　06. ①

07 그림에서 깃발 표시는 무엇을 나타내는가?

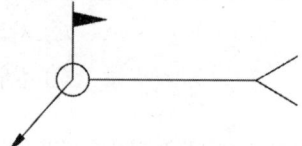

① 아크 용접
② 원둘레 용접
③ 현장 용접
④ 플러그 용접

08 도형의 표시방법에서 단면으로 나타낸 것을 분명하게 할 필요가 있을 때 하는 것은?
① 해칭
② 확대
③ 중심선
④ 지시선

해설
- 단면도의 표시방법
 물체의 모양이나 내부 구조를 알기 쉽게 나타내기 위하여 가상으로 자른 면을 단면(section)이라 한다. 내부가 복잡한 부품의 투상도나 조립도에서, 내부의 보이지 않는 부분을 전부 숨은선으로 나타내면 오히려 도면이 복잡해지고 물체의 모양을 이해하기 어렵다. 이런 경우 적절한 부분을 가상으로 절단하고 그 단면을 외형선으로 나타내면, 물체의 모양을 알아보기 쉬울 뿐만 아니라 시간과 노력을 덜 수 있다.

09 금속이 가공에 의하여 경도가 커지는 반면 연실률이 감소되는 것을 무엇이라 하는가?
① 강도(strength)
② 취성(brittleness)
③ 가공경화(work hardening)
④ 인장강도(tensile strength)

해설
- 인장강도(tensile strength) : 인장시험편에서 인장하중(P)을 시험편 평행부위의 원단면적(A)으로 나눈 값을 말한다.
- 강도(strength) : 어떤 물체에 하중을 가한 후에 파괴되기까지의 변형 저항을 말하며, 인장강도가 표준이 된다.
- 취성(brittleness) : 외부의 충격으로 물체가 깨어지는 것 즉, 파괴되는 성질로서 인성에 반대되는 개념이다.

07. ③ 08. ① 09. ③

10 원심식 압축기의 장점이 아닌 것은?
① 대용량이다.　　　　　　② 윤활이 쉽다.
③ 맥동압력이 없다.　　　　④ 고압발생이 가능하다.

해설
- 장점　㉮ 설치면적이 비교적 좁다.
　　　　㉯ 기초가 견고하지 않아도 된다.
　　　　㉰ 윤활이 쉽다.
　　　　㉱ 압력맥동이 없다.
　　　　㉲ 대용량이다.
- 단점　㉮ 고압 발생 불가

11 전동기 기동 불능의 원인으로 옳은 것은?
① 단선　　　　　　　　　② 공진
③ 베어링의 손상　　　　　④ 로터와 스테이터의 접촉

해설
- 전동기의 고장 원인
　㉮ 진동 원인
　　㉠ 베어링의 손상
　　㉡ 커플링, 풀리 등의 마모, 느슨해짐, 중심이 불량해짐
　　㉢ 로터와 스테이터의 접촉
　　㉣ 냉각팬 날개바퀴의 느슨해 짐
　　㉤ 조립 볼트나 대좌부착 볼트의 느슨해짐, 탈락
　　㉥ 공진
　㉯ 과열 원인
　　㉠ 냉각 불충분
　　㉡ 빈번한 기동
　　㉢ 베어링 부에서의 발열
　　㉣ 과부하 운전
　　㉤ 3상 중 1상의 퓨즈가 용단돼서 단상이 되어 과전류가 흐름
　㉰ 기동불능 원인
　　㉠ 단선
　　㉡ 전기 기기류의 고장
　　㉢ 운전 조작 잘못
　　㉣ 기계적 과부하
　　㉤ 퓨즈용단, 서머 릴레이, 노 퓨즈 브레이크 등의 작동
　㉱ 소손(코일부) 원인
　　㉠ 과열 진행에 의한 것
　　㉡ 절연계통의 선택 잘못
　　㉢ 코일내부의 레어 쇼트

10. ④　11. ①

12 3줄의 V벨트 전동장치 중 1줄의 V벨트가 노후되었을 때 조치방법은?
① 그냥 사용한다. ② 1줄만 교환한다.
③ 상태가 나쁜 것만 교체한다. ④ 3줄 전체를 세트로 교체한다.

해설
- V-벨트의 정비요령
  ㉮ 3줄의 V벨트 중 1줄의 V벨트가 노후 되었을 때는 3줄 전체 세트(set)를 교체한다.
  ㉯ 2줄 이상을 건 벨트는 균등하게 쳐져 있을 것
  ㉰ 풀리의 홈 마모에 주의할 것
  ㉱ V-벨트는 합성 고무라 해도 장기간 보관하면 당연히 열화된다.
  ㉲ V-벨트 전동 기구는 설계 단계에서부터 벨트를 거는 구조로 되어 있다.

13 상면도라고도 하며 물체의 위에서 내려다 본 모양을 나타낸 투상도의 명칭은?
① 정면도 ② 배면도
③ 평면도 ④ 저면도

해설
㉮ 정면도 : 물체의 특징을 가장 잘 나타내는 도면으로 입화면에 나타낸다.
㉯ 평면도 : 평화면에 나타내는 도면이다.
㉰ 측면도 : 측화면에 나타내는 도면으로 가능한 한 파선이 적게 나타나는 쪽 선택한다.

14 깊은 홈형 볼 베어링 조립에 관한 설명으로 옳지 않은 것은?
① 끼워맞춤을 할 때 치수 공차를 확인한다.
② 열박음은 베어링을 가열 팽창시켜 축에 끼우는 방법이다.
③ 일반적으로 외륜과 하우징은 억지 끼워맞춤을 사용한다.
④ 열박음을 할 때 베어링의 가열온도는 100℃ 정도로 한다.

15 송풍기용 베어링의 전식 방지대책으로 옳지 않은 것은?
① 축을 접지한다.
② 유체 윤활상태를 유지한다.
③ 모든 베어링을 절연 조치한다.
④ 베어링 지지대를 비자성 재료로 사용한다.

12. ④ 13. ③ 14. ③ 15. ②

16 설비의 효율화를 저해하는 최대요인은?
① 속도로스
② 작업로스
③ 조정로스
④ 고장로스

17 윤활유의 열화방지법으로 옳지 않은 것은?
① 고온을 피한다.
② 기름의 혼합사용을 피한다.
③ 교환 시는 열화유를 완전히 제거한다.
④ 신기계 도입 시는 세척하지 않고 사용한다.

해설
- 윤활유의 열화 방지법
  ㉮ 고온은 가능하면 피한다.
  ㉯ 기름의 혼합사용은 극력 피할 것
  ㉰ 급유를 원활히 할 것
  ㉱ 교환 시는 열화유를 완전히 제거할 것
  ㉲ 협잡물 혼입 시는 신속히 제거할 것
  ㉳ 신 기계 도입 시는 충분히 세척 후 사용할 것
  ㉴ 사용유는 가능한 한 재생하여 사용할 것
  ㉵ 경우에 따라 적당한 첨가제를 사용할 것
  ㉶ 연 1회 정도 세척을 실시하여 순환 계통을 청정하게 유지할 것

18 웜 기어(worm gear) 감속기의 특징으로 옳지 않은 것은?
① 역전을 방지할 수 있다.
② 소음이 커서 정숙한 회전이 어렵다.
③ 적은 용량으로 큰 감속비를 얻을 수 있다.
④ 치면에서의 미끄럼이 커서 전동효율이 떨어진다.

해설
- 웜 기어의 특징
  ㉮ 작은 공간에서 큰 감속비(1/5~1/70)를 얻을 수 있다.
  ㉯ 주로 웜(worm)이 구동, 웜 기어(worm gear)는 피동이 된다.
  ㉰ 대체로 기어의 효율이 낮다.
  ㉱ 웜기어는 접촉에 의해 동력을 전달하기 때문에 다른 기어에 비해 소음이나 진동이 매우 적다.
  ㉲ 자동제어나 역회전이 불필요한 경우 아주 유용하게 사용된다.

16. ④ 17. ④ 18. ②

19 윤활유의 역할로서 옳지 않은 것은?
① 냉각작용
② 부식작용
③ 청정작용
④ 마찰 및 마모의 감소

해설
- 윤활유의 작용
  ㉮ 감마작용 : 윤활 개소의 마찰을 감소하고 마모와 소착을 방지한다. 결과적으로 소음의 방지도 한다.
  ㉯ 냉각작용 : 마찰에 의해 생긴 열, 외부로부터 전달된 열을 흡수, 방출한다.
  ㉰ 응력분산작용 : 활동부분에 가해진 힘을 분산시켜 균일하게 하는 작용
  ㉱ 밀봉작용 : 기계의 활동부분을 밀봉하는 작용
  ㉲ 청정작용 : 윤활 개소의 혼입 이물질을 무해한 형태로 바꾸든가 외부로 배출하여 청정하게 해주는 작용
  ㉳ 녹 방지(부식방지) : 윤활 개소의 공기와 직접 접촉을 막아서 부식을 방지
  ㉴ 방청 작용 : 윤활 개소의 활동부분의 청결을 지켜주는 작용
  ㉵ 방진작용 : 윤활 개소에 먼지 등의 이물 혼입을 방지
  ㉶ 동력전달 : 유압작동유로서 동력전달 작용

20 다음 중 볼나사(ball screw)의 장점이 아닌 것은?
① 먼지에 의한 마모가 적다.
② 백 래시를 크게 할 수 있다.
③ 높은 정밀도를 오래 유지할 수 있다.
④ 윤활에 그다지 주의하지 않아도 좋다.

해설
- 볼나사(ball screw)의 장점
  ㉮ 나사의 효율이 좋다.
  ㉯ 백 래시를 작게 할 수 있다.
  ㉰ 윤활에 그다지 주의하지 않아도 좋다.
  ㉱ 먼지에 의한 마모가 적다.
  ㉲ 높은 정밀도를 오래 유지할 수 있다.

21 수평도나 수직도 측정 및 수평이나 수직으로 부터의 약간의 기울기를 측정하는 액체식 측정기는?
① 수준기
② 마이크로미터
③ 다이얼 게이지
④ 버니어 캘리퍼스

22 설비의 생산성을 높이기 위한 현상 파악 및 개선 향상 요소가 아닌 것은?
① 원가 ② 품질 ③ 계측 ④ 생산량

> • 설비의 생산성을 높이기 위한 현상 파악 및 개선 향상 요소
>   ㉮ 생산량(production)의 확보
>   ㉯ 품질(quality)의 확보
>   ㉰ 코스트(cost)절감
>   ㉱ 납기(gelivery)의 확보
>   ㉲ 안전성(safety), 환경의 확보
>   ㉳ 의욕(morle)의 향상

23 양쪽지지형 송풍기의 축을 설치할 때 전동기축과 반전동기축의 좌·우측 구배의 차는 몇 mm 이하인가?
① 0.05 ② 0.1 ③ 0.15 ④ 0.2

> • 축의 설치와 조정
>   ㉮ 축 관통부의 축과의 틈새 : 차이가 0.2mm 이하가 되어야 하며, 틈새 게이지가 필요하다.
>   ㉯ 임펠러가 붙은 축의 구배 조정 : 수준기로 0.05mm 이하의 구배로 조정하며, 테이퍼 게이지가 필요하다.

24 필요한 내부 모양을 그리기 위한 방법으로 파단선을 그어서 단면 부분의 경계를 표시하는 것은?
① 한쪽 단면도 ② 부분 단면도
③ 회전 단면도 ④ 계단 단면도

> • 부분 단면도 : 도형의 대부분을 외형도로 하고 필요로 하는 요소의 일부분만을 나타낸 단면도
>   ㉮ 키 홈, 작은 구멍 등 단면을 나타낼 필요가 있는 부분이 적을 때
>   ㉯ 단면의 경계가 애매해서 이해하는 데 지장을 초래할 경우

25 설비에 관한 설명 중 옳지 않은 것은?
① 일반적으로 고액의 자본을 투입한 유형 고정자산이다.
② 설비는 장기적 사용을 할 수 있어야 하고, 계속적, 반복적으로 사용되어야 한다.
③ 설비에는 토지, 구조물, 기계장치, 선박, 차량운반구, 치공구 및 비품 등이 있다.
④ 1년 이내의 단기간 소모되는 공구나 판매를 목적으로 하는 제품 및 구성부품, 재료 등이 포함된다.

22. ③ 23. ① 24. ② 25. ④

26 투자 의사결정과정에서의 역할분담이 사용부서, 보전부서, 기술부서로 분배한다. 보전부서에서의 역할이 아닌 것은?
① 투자설비에 대한 시방서 작성
② 투자설비에 대한 보전도 평가
③ 설비의 제작 가능성을 경제성 및 기술적 분석
④ 회사의 보전수준, 보전방법 등의 능력과 이용 가능성 고려

27 다음 중 로스(loss)에 대한 설명으로 틀린 것은?
① 초기, 수율로스 : 만성적, 돌발적 불량을 말함
② 속도저하로스 : 설계시방과의 차이를 제로로 함
③ 일시정체로스 : 장애물에 의해 잠시 정지하는 것
④ 고장로스 : 모든 설비에 있어서 로스 제로를 추구

- 수율 저하 로스(초기, 수율로스) : 생산개시 시점으로부터 안정화될 때까지의 사이에 발생하는 로스를 말한다.
- 속도 저하 로스(속도 로스) : 설비의 설계속도와 실제로 움직이는 속도와의 차이에서 생기는 로스
- 순간 정지 로스(일시정체 로스) : 적업물이 슈트에 막혀서 공전하거나, 품질 불량 때문에 센서가 작동하여 일시적으로 정지하는 경우로서 이들은 작업 물을 제거하거나 리셋하면 설비가 정상적으로 작동하는 것이며 설비의 고장과는 본질적으로 다르다.
- 고장로스 : 돌발적 만성적으로 발생하며 효율을 저해하는 최대요인으로 모든 설비에 있어서 고장 제로를 추구한다.

28 지그 고정구, 금형, 절삭공구 및 검사구를 포함하는 공구는?
① 치공구   ② 수작업구
③ 종합 가공구   ④ 종합기계 장치

- 치공구 : '금형(die), 치구(지그 = jig), 부착구(fixture), 절삭공구, 검사공구(gauge) 등 각종의 공구구를 통괄해서 통칭하는 것'을 치공구라 한다.

29 설비 효율화를 저해하는 로스(loss) 중 불량·수정로스를 근절하는 방법으로 맞는 것은?
① 미세한 결함을 시정할 것
② 가공조건의 불안정, 지그의 정비불량을 주의할 것
③ 요인 중에 숨은 결함의 체크 방법을 재검토할 것
④ 기본조건(청소, 급유, 더 조임)을 지킬 것

26. ③ 27. ① 28. ① 29. ③

해설
- 불량·수정 로스를 근절하는 방법
  ㉮ 현상의 관찰을 충분히 할 것
  ㉯ 요인 중에 숨은 결함의 체크 방법을 재검토할 것
  ㉰ 요인 계통을 재검토할 것
  ㉱ 원인을 한 가지로 정하지 말고, 생각할 수 있는 요인에 대해 모든 대책을 세울 것

30 계측화 목적에 해당되지 않는 것은?
① 조사 연구
② 품질 공정 과학적 해석
③ 생산공정의 기술적 해석
④ 설비보전, 안전관리, 위생관리

해설
- 계측화 목적
  ㉮ 생산공정의 기술적 해석   ㉯ 공정 작업의 기술적 관리
  ㉰ 시험 검사   ㉱ 기업의 경제면을 관리
  ㉲ 설비보전, 안전관리, 위생관리
  ㉳ 조사 연구

31 PM 분석 추진 스텝의 설명으로 틀린 것은?
① 현상은 물리적 관점에서 해석한다.
② 현상의 명확화는 현상을 세분화하고 5W 2H 관점에서 특성을 파악한다.
③ 4M과의 관련성 검토는 진단 항목별로 바람직한 모습을 도출한다.
④ 조사결과 판정은 미결함 등 불합리점을 적출하고 불분명한 것은 테스트한다.

32 자주보전 활동을 추진하기 위한 7단계의 순서로 맞는 것은?
① 초기청소 - 점검·급유기준 작성 - 발생원 곤란 개소 대책 - 자주점검 - 총 점검 - 자주보전의 시스템화 - 자주관리의 철저
② 초기청소 - 점검·급유기준 작성 - 발생원 곤란 개소 대책 - 총 점검 - 자주보전의 시스템화 - 자주점검 - 자주관리의 철저
③ 초기청소 - 발생원 곤란개소 대책 - 점검·급유기준 작성 - 자주보전의 시스템화 - 자주점검 - 총 점검 - 자주관리의 철저
④ 초기청소 - 발생원 곤란개소 대책 - 점검·급유 기준 작성 - 총 점검 - 자주점검 - 자주보전의 시스템화 - 자주관리의 철저

30. ② 31. ③ 32. ④

33 치공구 관리의 기능 중 보전단계에 해당하지 않는 것은?
① 공구의 검사
② 설비 공정관리
③ 공구의 보관과 대출
④ 공구의 제작 및 수리

해설
• 치공구 관리의 기능

공구의 계획단계	공구의 보전단계
㉮ 공구의 설계·표준화	㉮ 공구의 제작·관리
㉯ 공구의 연구와 시험	㉯ 공구의 검사
㉰ 공구의 사용조건 관리	㉰ 공구의 보관·대출
㉱ 공구 소요량의 계획·보충	㉱ 공구의 연삭

34 TPM의 특징은 제로(0)목표에 있다. 제로 달성을 위하여 예방하는 것이 필수조건이다. 다음 중 예방한다는 개념이 아닌 것은?
① 조기에 대처할 것
② 이상을 빨리 발견할 것
③ 현장의 체질을 유지할 것
④ 정상적인 상태를 유지할 것

35 설비의 성능을 유지보전하기 위한 수리공사 등에 의해 발생되는 지출은?
① 경비지출
② 자본지출
③ 영업지출
④ 여력지출

36 설비의 라이프 사이클을 광의의 설비관리로 구분하였을 때 대분류에 포함되지 않는 것은?
① 건설과정
② 운전조건
③ 조업과정
④ 설비투자계획과정

해설
㉮ 광의의 설비관리 : 설비의 전 생애 : ㉠㉡㉢
㉯ 협의의 설비관리 : 조업과정 관리 : ㉢에서 보전

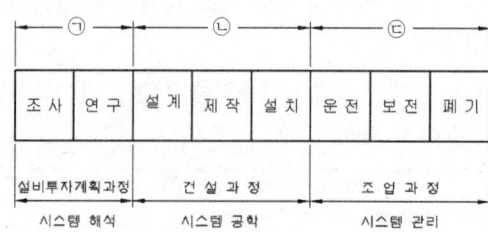

설비의 라이프 사이클

33. ② 34. ③ 35. ① 36. ②

37 보전작업관리에서 인적요소의 개선활동이 아닌 것은?
① 순서   ② 교육훈련   ③ 적성배치   ④ 집단심리

38 품질불량이 발생하지 않는 조건을 갖는 설비를 유지하기 위한 활동이 아닌 것은?
① 예지능력 개발
② 사고방식의 전환
③ 설비 생애비용의 최적화
④ 품질 특성과 설비 정도와의 규명

39 설비의 경제성 평가 방법 중 옳지 않은 것은?
① 자본 회수법   ② 평균 이자법   ③ 사용고발주법   ④ 연 평균 비교법

40 공압용 방향 전환 밸브의 구멍(port)에서 'R' 또는 'S'로 나타내는 것은?
① 탱크로 귀환
② 밸브로 진입
③ 대기로 방출
④ 실린더로 진입

> 해설
> • 밸브의 연결구 표시법
>   ㉮ 작업라인 : A, B, C,⋯ 또는 2, 4, 6,⋯
>   ㉯ 흡입구 : P 또는 1
>   ㉰ 배기구 : R, S, T,⋯ 또는 3, 5, 7,⋯
>   ㉱ 제어라인 : X, Y, Z,⋯ 또는 10, 12, 14,⋯

41 그림과 같은 회로를 이용하여 실린더의 전, 후진 운동속도를 같게 하려고 한다. 점선 안에 연결되어야 할 밸브의 기호는?

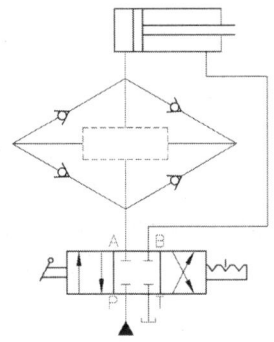

37. ① 38. ③ 39. ③ 40. ③ 41. ②

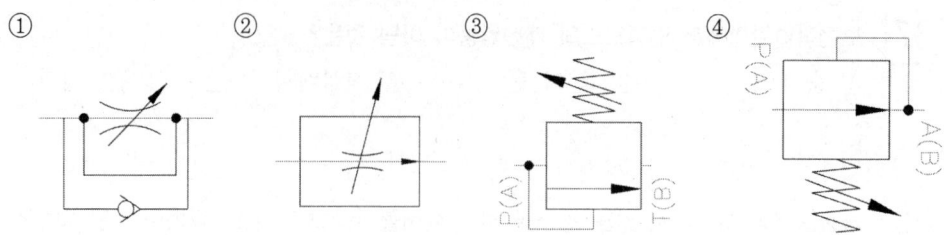

42 공압 작동요소의 특징에 관한 설명으로 옳지 않은 것은?
① 과부하, 과속의 방지 및 방폭이 곤란하다.
② 직선, 회전운동화가 비교적 간단하고 저렴하다.
③ 속도, 토크, 작업속도, 이송력의 조정이 용이하다.
④ 에너지의 저장에 큰 문제가 없고 고속작동이 가능하다.

• 공압작동 요소 : 공압작동요소란 액추레이터, 즉 공압실린더, 공압모터 등을 말하는데 다음과 같은 특징이 있다.
㉮ 속도, 회전수, 토크를 자유로이 조절할 수 있다.
㉯ 과부하 시 위험성이 없다.
㉰ 에너지의 축적으로 정전 시에도 작동이 가능하다.
㉱ 기동, 정지, 역회전 시 자연스럽게 작동한다.

43 토출압력에 의한 분류에서 저압으로 구분되는 공기압축기의 압력범위는?
① 1kgf/cm^2 이하
② 7~8kgf/cm^2
③ 10~15kgf/cm^2
④ 15~20kgf/cm^2

• 공기압축기는 저압, 중압, 고압으로 분류할 수 있다.
㉮ 저압 : 1kgf/cm^2 이하
㉯ 중압 : 1kgf/cm^2 이상 ~ 1,000kgf/cm^2 이하
㉰ 고압 : 1,000kgf/cm^2 이상

44 피스톤 로드가 없이 피스톤의 움직임을 외부로 전달하여 직선왕복운동을 시키는 실린더는?
① 단동 실린더
② 로드리스 실린더
③ 탠덤 실린더
④ 텔레스코핑 실린더

42. ① 43. ② 44. ②

해설
- 로드리스 실린더(rodless cylinder) : 피스톤 로드가 없는 실린더로 일반 공압 실린더가 피스톤 로드에 의한 출력 방식은 달리 피스톤의 움직임을 요크나 마그넷, 체인 등을 통하여 행정길이 범위 내에서 테이블을 직선운동 시켜 일을 하는 것이다.

45 단계적인 출력제어가 가능한 실린더는?
① 충격 실린더
② 다위치 실린더
③ 탠덤 실린더
④ 텔레스코프 실린더

해설
- 텔레스코프 실린더(telescoping cylinder) : 긴 행정의 실린더로 만들기 위하여 다단 튜브형의 로드(Rod)를 가진 실린더를 말한다.

46 압축 공기의 흡수식 건조 방식은?
① 자연건조 방식
② 물리적인 방식
③ 기계적인 방식
④ 화학적인 방식

해설
- 흡수식(용해식) 건조방식은 습기가 흡착 물질로 끌려가는 성질의 화학 과정을 이용한 방식으로, 고체 또는 액체가 흡착 물질로 사용되는데 주로 염화나트륨 및 황산이 쓰인다.

47 밸브의 전환 조작 방법을 나타내는 기호와 명칭이 바르게 연결된 것은?

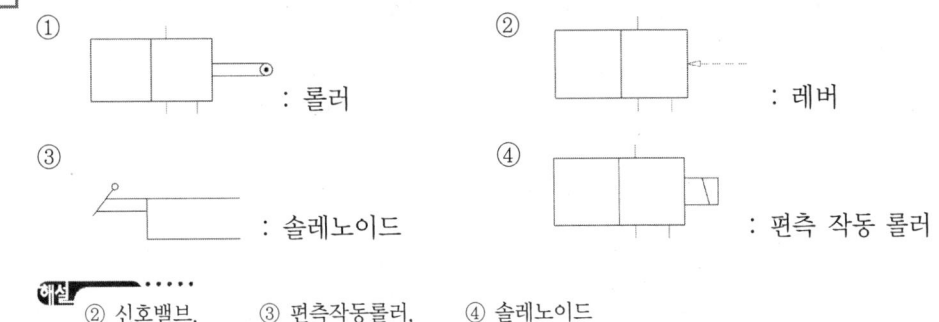

해설
② 신호밸브,   ③ 편측작동롤러,   ④ 솔레노이드

48 양(double) 제어 밸브, 양(double) 체크 밸브라고도 하며 압축공기 입구(X, Y)가 2개소, 출구(A)가 1개소로 되어 있으며, 서로 다른 위치에 있는 신호 밸브로부터 나오는 신호를 분류하고 제2의 신호 밸브로 공기가 누출되는 것을 방지하므로 OR 요소라고도 하는 밸브는?

① 셔틀 밸브　　　　　　② 언로드 밸브
③ 체크 밸브　　　　　　④ 리듀싱 밸브

• 셔틀 밸브(shuttle valve) : 두 개 이상의 입구와 한 개의 출구가 설치되어 있으며, 출구가 최고 압력의 입구를 선택하는 기능을 가진 밸브를 말한다.

49 유압시스템에서 쿨러의 설치 위치는?
① 유면계　　② 흡입관　　③ 주유구　　④ 복귀관

• 유압시스템에서 동력손실은 열로 변환되어 유압유의 온도를 높이므로 쿨러는 탱크로 복귀하는 유압유를 식히기 위하여 복귀관에 설치하여야 한다.

50 카운터 밸런스 회로에 관한 설명으로 옳은 것은?
① 유압신호를 공압신호로 전환시키는 일종의 스위치이다.
② 회로의 일부에 일정한 배압을 유지시키고자 할 때 사용한다.
③ 주회로의 압력을 일정하게 유지하면서 조작의 순서를 제어하는 밸브이다.
④ 어떤 부분회로의 압력을 주회로의 압력보다 저압으로 해서 사용하고자 할 때 사용한다.

• 카운터 밸런스 밸브(배압유지 밸브) : 액추에이터에 배압을 줌으로써 부압에 의한 자주를 방지하고, 공급유에 대응한 액추에이터의 제어속도를 유지한다.

51 공압배관의 방법으로 옳은 것은?
① 가급적 환상(loop) 배관으로 한다.
② 주관로에서 30% 정도의 기울기를 준다.
③ 배관의 가장 높은 곳에는 자동배수장치를 설치한다.
④ 주관로로부터 분기관로를 설치하는 경우 차단 밸브를 설치해서는 아니 된다.

52 구조가 간단하고 가격이 저렴하여 차량, 건설기계, 운반기계 등에 널리 사용되고 있는 저압용 대유량의 고정 용량형 펌프로 구조적으로 외접형과 내접형이 있는 것은?
① 나사 펌프　　② 기어 펌프　　③ 베인 펌프　　④ 피스톤 펌프

49. ④　50. ②　51. ①　52. ②

해설
- 기어 펌프의 특징
  ㉮ 구조가 간단하고 가격이 저렴하다.
  ㉯ 왕복 펌프에 비해 고속 운전이 가능하다.
  ㉰ 신뢰도가 높고 운전 보수가 편리하다.
  ㉱ 외접기어와 내접기어 펌프가 있다.
  ㉲ 기어 펌프의 폐입 현상에 의해 대책이 필요하다.

53 공압 액추에이터 중 직선의 왕복운동을 하는 것은?
① 기어모터
② 피스톤모터
③ 복동실린더
④ 요동형 액추에이터

54 가설공사의 일반적 안전수칙으로 옳지 않은 것은?
① 근로자의 보호구를 점검한다.
② 작업장 주변에 주의 표지를 설치한다.
③ 상·하층 작업을 분리하여 개별적으로 작업을 추진한다.
④ 작업준비에 위험성이나 무리가 없도록 계획을 수립한다.

55 작업자의 눈을 보호할 수 있는 보호구는?
① 안전모   ② 보안경   ③ 안전대   ④ 안전화

56 중대재해가 발생할 경우 사업주가 재해발생 상황을 관할 지방고용노동관서의 장에게 전화, 팩스 등으로 보고하여야 할 시기는?
① 지체없이
② 24시간 이내
③ 72시간 이내
④ 7일 이내

57 크기와 방향이 동시에 변화하면서 인장과 압축이 교대로 반복하여 작용하는 하중은?
① 크리프
② 인장하중
③ 전단하중
④ 교번하중

정답 53. ③ 54. ③ 55. ② 56. ① 57. ④

해설
- 크리프 : 온도가 350℃ 이상의 온도에 도달하면 하중이 일정하더라도 시간이 지남에 따라 변형률이 조금씩 증가하는 현상으로 일정한 온도에서 응력의 최대값을 크리프 한도(Creep Limit)라 한다.
- 인장하중 : 재료의 축선 방향으로 늘어나게 하려는 하중이다.
- 전단하중 : 재료를 가위로 자르려는 것과 같은 형태의 하중이다.

58 스패너 사용시 주의하여야 할 사항으로 옳지 않은 것은?
① 스패너의 입이 너트의 치수에 맞는 것을 사용한다.
② 스패너 자루에 파이프를 끼워서 사용하는 것을 피한다.
③ 스패너를 해머로 두드리거나 해머 대신 사용하지 않는다.
④ 처음에는 너트에 스패너를 약간 물려서 돌리고 점차 깊이 물려서 돌린다.

59 폭발성 물질을 보관시 주의하여야 할 사항으로 옳지 않은 것은?
① 통풍이 잘 되는 곳에 보관한다.　　② 햇빛이 잘 비추는 곳에 보관한다.
③ 마찰이 발생하지 않도록 보관한다.　④ 충격이 발생하지 않는 곳에 보관한다.

60 프레스에서 가장 많이 존재하는 대표적인 위험요소는?
① 협착점　　② 접선 물림점　　③ 물림점　　④ 회전 말림점

해설
- 프레스 작업의 위험요소
  ㉮ 협착점 : 왕복운동을 하는 동작부분과 움직임이 없는 고정부분 사이에 형성되는 위험점으로 사업장의 기계설비에서 많이 볼 수 있다. 프레스 전단기, 성형기, 조형기, 굽힘 기계 등이 있다.
  ㉯ 접선 물림점 : 회전하는 부분의 접선 방향으로 물려 들어갈 위험이 존재하는 점이며, V벨트, 체인 벨트, 평 벨트, 기어와 랙의 물림점 등이 있다.
  ㉰ 물림점 : 회전하는 두 개의 회전체에 물려 들어갈 위험점이 형성되는 것을 말한다. 위험점이 발생되는 조건은 회전체가 서로 반대 방향으로 맞물려 회전하는 경우이며, 기어 물림, 롤러와 롤러의 물림 회전 등이 있다.
  ㉱ 회전 말림점 : 회전하는 물체에 작업복 등이 말려드는 위험이 존재하는 점이며, 회전하는 축, 커플링, 회전하는 보링기나 천공 공구 등이 있다.
  ㉲ 끼임점 : 고정부분과 회전하는 동작부분이 함께 만드는 위험점으로 연삭숫돌과 덮개, 교반기 날개와 하우징, 프레임에서 아암의 요동 왕복운동을 하는 기계를 말한다.
  ㉳ 절단점 : 고정부분과 왕복부분이 만드는 위험점이 아니고 회전하는 운동부분 자체의 위험에서 초래되는 위험점이다. 밀링커터, 목재가공용 둥근톱, 띠톱기계, 동력 절단기, 회전대패의 기계를 말한다.

58. ④　59. ②　60. ①

2015년 5회 설비보전기능사 필기시험

01 길이 방향으로 단면 표시를 하는 것은?
① 핀과 나사
② 리브와 키
③ 기어의 이
④ 커버와 플랜지 커플링

> **해설**
> 이해하는 데 지장이 있고, 절단해도 의미가 없는 것은 단면을 하지 않는다. 축, 핀, 볼트, 너트, 와셔, 리벳, 키, 테이퍼, 리브, 바퀴의 암, 기어의 이, 작은나사, 강구, 원통 롤러 등이 있다.

02 다음 중 볼트의 제도 방법으로 옳지 않은 것은?
① 수나사와 암나사 결합부분은 수나사로 표시한다.
② 수나사와 암나사의 골지름은 가는 실선으로 표시한다.
③ 수나사 바깥지름과 암나사 안지름은 굵은 실선을 그린다.
④ 암나사 드릴 구멍의 끝부분은 굵은 실선으로 90도가 되게 그린다.

> **해설**
> ㉮ 수나사의 바깥지름을 표시하는 선은 굵은 실선, 골 지름을 표시하는 선은 가는 실선으로 그린다.
> ㉯ 불완전 나사부의 골밑을 표시하는 선은 축 선에 대하여 30(도)경사진 가는 실선으로 표시하고 불완전 나사부의 치수로 표시한다.
> ㉰ 암나사의 안지름을 표시하는 선은 굵은 실선으로 표시하고 골 지름을 표시하는 선은 가는 실선으로 그린다.
> ㉱ 수나사와 암나사의 측면을 도시할 때 골 지름은 가는 실선으로 그린다.
> ㉲ 암나사의 유효 나사부 길이와 암나사 내기의 구멍지름 길이를 표시할 때 관통하지 않는 암나사의 드릴 구멍 끝 부분은 120(도)로 표시한다.
> ㉳ 나사의 결합부분을 도시할 때 수나사로 나타내며, 암나사와 맞물리는 끝선은 확대도를 그려 수나사부의 골밑까지 은선으로 표시한다.
> ㉴ 해칭을 하는 경우 수나사를 기준으로 바깥지름을 표시하는 선까지 해칭을 한다.

03 기계제도에서 전체의 그림을 정해진 척도로 그리지 못한 경우에 표시하는 방법은?
① 척도 1 : 1
② 배척이 아님
③ 비례척이 아님
④ 기재하지 않는다.

정답 01. ④ 02. ④ 03. ③

해설
그림이 치수와 비례하지 않을 경우, 치수 밑에 밑줄을 긋거나 '비례척이 아님' 또는 NS 등의 문자로 표시한다.

04 윤활유의 열화 방지법으로 옳지 않은 것은?
① 파라핀계 윤활유를 사용한다.
② 윤활유의 고온부 노출 시간을 줄인다.
③ 산화방지제 또는 청정분산제를 사용한다.
④ 윤활유의 기능 향상을 위해 타 유종과 혼합 사용한다.

해설
- 윤활유의 열화 방지법
  ㉮ 고온은 가능하면 피한다.
  ㉯ 기름의 혼합사용은 극력 피할 것
  ㉰ 급유를 원활히 할 것
  ㉱ 교환 시는 열화유를 완전히 제거할 것
  ㉲ 협잡물 혼입 시는 신속히 제거할 것
  ㉳ 신 기계 도입 시는 충분히 세척후 사용할 것
  ㉴ 사용 유는 가능한 한 재생하여 사용할 것
  ㉵ 경우에 따라 적당한 첨가제를 사용할 것
  ㉶ 년 1회 정도 세척을 실시하여 순환 계통을 청정하게 유지할 것

05 관의 플랜지 이음에서 기밀을 유지하기 위한 고압용 개스킷 재료가 아닌 것은?
① 납   ② 구리   ③ 연강   ④ 파이버

06 회전비의 변화 없이 회전 운동을 직접적으로 전달하는 것은?
① 회전축   ② 정지축   ③ 고정축   ④ 크랭크축

07 윤활제의 작용 중 마찰면의 직접 접촉에 의해서 생기는 건조면 마찰을 해소하기 위하여 건조면 마찰을 유체 마찰로 바꿔 마찰을 최소화시키는 작용은?
① 냉각 작용   ② 감마 작용
③ 밀봉 작용   ④ 응력 분산 작용

04. ④ 05. ④ 06. ① 07. ②

- 윤활유의 작용
    ㉮ 감마작용 : 윤활 개소의 마찰을 감소하고 마모와 소착을 방지한다. 결과적으로 소음의 방지도 한다.
    ㉯ 냉각작용 : 마찰에 의해 생긴 열, 외부로부터 전달된 열을 흡수, 방출한다.
    ㉰ 응력분산작용 : 활동부분에 가해진 힘을 분산시켜 균일하게 하는 작용
    ㉱ 밀봉작용 : 기계의 활동부분을 밀봉하는 작용
    ㉲ 청정작용 : 윤활 개소의 혼입 이물질을 무해한 형태로 바꾸던가 외부로 배출하여 청정하게 해주는 작용
    ㉳ 녹 방지(부식방지) : 윤활 개소의 공기와 직접 접촉을 막아서 부식을 방지
    ㉴ 방청 작용 : 윤활 개소의 활동부분의 청결을 지켜주는 작용
    ㉵ 방진작용 : 윤활 개소에 먼지 등의 이물 혼입을 방지
    ㉶ 동력전달 : 유압작동유로서 동력전달 작용

08 전동기 운전 시 발생한 진동 현상의 원인으로 보기에 가장 거리가 먼 것은?
① 냉각 불충분
② 베어링의 손상
③ 커플링, 풀리 등의 마모
④ 로터와 스테이터의 접촉

- 전동기의 고장 원인
    ㉮ 진동 원인
        ㉠ 베어링의 손상
        ㉡ 커플링, 풀리 등의 마모, 느슨해짐, 중심이 불량해짐
        ㉢ 로터와 스테이터의 접촉
        ㉣ 냉각팬 날개바퀴의 느슨해 짐
        ㉤ 조립 볼트나 대좌부착 볼트의 느슨해짐, 탈락
        ㉥ 공진
    ㉯ 과열 원인
        ㉠ 냉각 불충분   ㉡ 빈번한 기동
        ㉢ 베어링 부에서의 발열   ㉣ 과부하 운전
        ㉤ 3상 중 1상의 퓨즈가 용단돼서 단상이 되어 과전류가 흐름
    ㉰ 기동불능 원인
        ㉠ 단선   ㉡ 전기 기기류의 고장
        ㉢ 운전 조작 잘못   ㉣ 기계적 과부하
        ㉤ 퓨즈용단, 서머 릴레이, 노 퓨즈 브레이크 등의 작동
    ㉱ 소손(코일부) 원인
        ㉠ 과열 진행에 의한 것   ㉡ 절연계통의 선택 잘못
        ㉢ 코일내부의 레어 쇼트

08. ①

09 클러치의 일상 점검 요령으로서 가장 거리가 먼 것은?
① 전자 클러치는 전류 계통을 확인한다.
② 클러치가 유욕 급유이면 적정 유면이 유지되어 있는지 확인하여야 한다.
③ 클러치의 작동에 의한 회전축의 운동이 무리 없이 행하여지고 있는지 확인하여야 한다.
④ 전자 클러치의 작동 상태가 최근 변하지 않았는가를 확인하는 것은 크게 중요하지 않다.

10 제3각법에서 좌측면도는 정면도의 어느 쪽에 위치하는가?
① 상측   ② 하측   ③ 좌측   ④ 우측

해설
- 우측면도 : 정면도의 우측에 있다.
- 평면도 : 정면도의 위쪽에 있다.
- 저면도 : 정면도의 아래쪽에 있다.
- 배면도 : 정면도의 뒤쪽에 있다.

11 윤활유 급유법 중 순환 급유 방식이 아닌 것은?
① 유욕 급유법   ② 강제 순환 급유법
③ 사이펀 급유법   ④ 중력 순환 급유법

해설
- 순환식 급유법 : 패드 급유법, 유륜식 급유법, 유욕 급유법, 비말 급유법, 중력 순환 급유법, 강제 순환 급유법, 원심 급유법
- 비순환식 급유법 적하급유
  ㉮ 수 급유법
  ㉯ 적하 급유법 : 사이펀 급유법(syphon oiling), 바늘 급유법(needle oiling), 가시 적하 급유법(sight feed oiling), 실린더용 적하 급유법(cylinder feed oiling), 플런저식 적하 급유법, 펌프 연결식 적하 급유법, 플런저식 압입 적하 급유법
  ㉰ 가시 부상 유적 급유법

12 다음 중 단면도의 표시 방법으로 옳지 않은 것은?
① 잘린 면만을 단면으로 나타낸다.
② 단면은 기본 중심선에서 절단한 면으로 표시한다.
③ 숨은 선은 이해하는 데 지장이 없는 한 단면도에는 나타내지 않는다.
④ 단면으로 나타낸 것은 분명하게 나타낼 필요가 있을 경우에는 단면으로 잘린 면에 해칭을 한다.

09. ④ 10. ③ 11. ③ 12. ①

해설
㉮ 단면은 원칙적으로 기본 중심선에서 절단한 면으로 표시한다.(이때 절단선은 기입하지 않는다.)
㉯ 단면은 필요한 경우에는 기본 중심선이 아닌 곳에서 절단한 면으로 표시해도 좋다.(단, 이 경우에는 절단 위치를 표시해 놓아야 한다.)
㉰ 단면을 표시할 때에는 대개의 경우 해칭(hatching)을 한다.
㉱ 절단 위치에는 가는 일점쇄선으로 절단선을 그린다.
㉲ 투상 방향과 같은 방향으로 화살표를 그리고 알파벳 대문자로 단면 구분 표시(A)를 한다.
㉳ 단면도에도 A-A형식으로 단면 구분 표시를 한다.
㉴ 숨은선은 단면도에 되도록 기입하지 않는다.
㉵ 단면도는 단면을 그리기 위하여 제거했다고 가정한 부분도 그린다.

13 임펠러의 진동 발생시 임펠러에 시편을 붙여 진동을 교정하는 작업방법은 어느 것인가?
① 플러링 작업 ② 센터링 작업 ③ 코킹 작업 ④ 밸런싱 작업

14 선반 척에 환봉을 고정하고 다이얼 게이지로 편심을 측정하였다. 척을 1회전시켰을 때 다이얼 게이지 눈금의 이동 값이 0.5mm이었다면 편심량은 몇 mm인가?
① 0.1 ② 0.25 ③ 0.5 ④ 1

해설
• 편심량 $= \dfrac{\text{다이얼 게이지의 최대 이동량}}{2} = \dfrac{0.5}{2} = 0.25$

15 펌프의 비속도에 관한 설명으로 옳은 것은?
① 비속도는 회전수에 반비례한다.
② 일반적으로 축류 펌프의 비속도가 크다.
③ 비속도는 양정에서 비례하고 토출량에 반비례한다.
④ 비속도가 크다는 것은 양정에 비해 유량이 작다는 것이다.

해설
㉮ 하나의 펌프 또는 송풍기의 회전차를 형상과 운전상태를 상사하게 유지하면서 그 크기를 바꾸어 단위 송출량에서 단위 양정을 내게 할 때 그 회전차에 주어야 할 회전수를 처음 회전차의 비속도(또는 특유속도, 또는 비교회전도)라고 한다.
㉯ 비속도는 회전차의 상사성 또는 펌프특성 및 형식결정 등을 논하는 경우에 이용되는 값이다. 회전차의 형상, 치수 등을 결정하는 기본요소는 전양정, 토출량, 회전수의 3가지이다. 비속도는 다음 식으로 표시된다.

비속도(N_s) $= n\sqrt{Q} \cdots\cdots H(3/4)$ (H의 3/4승)

n=펌프 회전수[rpm], Q=토출량[m³/min], H=전양정[m]이다.

비속도는 어떤 펌프의 최고효율 점에서의 수치에 의해 계산하는 값으로 한다.

정답 13. ④ 14. ② 15. ②

16 배관 도시 및 파이프 제도법에 관한 설명으로 옳지 않은 것은?
① 파이프는 하나의 굵은 실선으로 그린다.
② 같은 도면 안에 파이프를 표시하는 선은 같은 굵기로 사용한다.
③ 유체의 문자 기호 중 공기는 A, 물은 S, 수증기는 W로 나타낸다.
④ 파이프 내의 유체의 종류는 문자 및 기호로 지시선에 의하여 표시한다.

> **해설**
> - G : 가스
> - S : 증기
> - B : 브라인 또는 2차 냉매
> - CH : 냉수
> - O : 기름
> - W : 물
> - C : 냉각수
> - R : 냉매

17 부러진 볼트를 빼기 위해 사용되는 스크루 익스트랙터의 분해용 구멍 지름과 볼트 지름과의 관계로 가장 적절한 것은 어느 것인가?
① 분해용 구멍 지름은 볼트 지름과 같게 한다.
② 분해용 구멍 지름은 볼트 지름의 40% 정도로 한다.
③ 분해용 구멍 지름은 볼트 지름의 50% 정도로 한다.
④ 분해용 구멍 지름은 볼트 지름의 60% 정도로 한다.

18 재고량이 그 품목에 대해서 결정된 주문점에 달하면 미리 결정하고 있는 정량 만큼 발주하는 방식은?
① 더블 빈 방식
② 정량 발주 방식
③ 정기 발주 방식
④ 사용고 발주 방식

> **해설**
> - 정기 발주 방식 : 발주시기를 일정하게 하고 소비의 실적 및 예상의 변화에 따라 발주수량을 그때마다 바꾸는 것이다.
> - 정량 발주 방식 : 주문점법이라고 하여 재고량이 있는 양(주문점이라고 한다.)까지 내려가면 기계적으로 일정량만큼 보충의 주문을 하고, 계획된 최고, 최저의 사이에서 언제든지 재고를 보유해 가는 방식이다.
> - 사용고 발주 방식 : 최고 재고량을 일정량으로 정해 놓고, 사용할 때마다 사용량만큼을 발주해서, 언제든지 일정량을 유지하는 방식이다.
> - 더블 빈 방식 : 주문량과 주문점을 균등하게 하며 용량이 균등한 2개의 용기를 상호적으로 사용하고 주문점인 한쪽 용기의 물품을 모두 소모하였을 경우 용량분의 주문량을 주문하는 방식이다.

16. ③　17. ④　18. ②

19 펌프 배관에서 흡입관에 대한 설명으로 옳지 않는 것은?
① 흡입관에서 와류가 발생하지 못하도록 한다.
② 관의 길이는 가급적 길고 곡관의 수는 적게 한다.
③ 배관에 공기가 발생하지 않도록 펌프를 향해 올림구배를 한다.
④ 관내 압력은 보통 대기압 이하로 공기 누설이 없는 관 이음으로 한다.

20 다음 중 평행 축형 기어 감속기에 해당하지 않는 것은?
① 스퍼 기어 감속기
② 헬리컬 기어 감속기
③ 하이포이드 기어 감속기
④ 더블 헬리컬 기어 감속기

> **해설**
> • 평행 축형 기어 감속기 : 스퍼 기어, 헬리컬 기어, 더블 헬리컬 기어
> • 교쇄 축형 기어 감속기 : 스트레이트 베벨기어, 스파이럴 베벨기어
> • 이 물림 축형 기어 감속기 : 웜 기어, 하이포이드 기어

21 회전식압축기(rotary compressor)의 특징으로 옳은 것은?
① 압력비를 거의 일정하게 하고 유량을 회전수에 비례시켜 변하게 할 수 있다.
② 송출 기류가 비교적 균일하지만 맥동이나 서징(surging) 현상이 자주 발생한다.
③ 각부의 틈이 균일하여 성능을 충분히 발휘하고 마모가 된 경우에도 성능 저하가 매우 적다.
④ 중량 대형으로 고속 회전이 가능하고 설치 면적이 크며 회전수가 변화하면 일정한 압력을 유지할 수 없다.

> **해설**
> • 회전식압축기(rotary compressor)의 특징
> ㉮ 왕복 압축기에 비해 부품의 수가 적고 구조가 간단하다.
> ㉯ 진동이 적고 고압축비를 얻을 수 있다.
> ㉰ 송출 기류가 균일하다.
> ㉱ 맥동, 서징현상이 없다.
> ㉲ 경량 소형이면서 고속 회전이 가능하며 설치 면적이 작다.
> ㉳ 회전수가 변화하여도 일정한 압력을 유지한다.
> ㉴ 각부의 틈이 매우 균일하며 마모가 생기면 급격한 성능 저하를 발생 시킨다.

19. ② 20. ③ 21. ①

22 왕복동 공기 압축기의 점검 및 정비에 대한 주의 사항으로 옳지 않은 것은?
① 흡입되는 공기는 청결하고 온도는 높을수록 좋다.
② 기계의 수명은 규칙적인 검사와 정비에 의해 결정된다.
③ 오일 펌프의 토출 압력을 기록하고 압력 변화를 감시한다.
④ 분해 조립 시 부품에 번호나 마킹을 하고 조립 시 혼돈되지 않도록 한다.

해설
• 공기 압축기에 흡입되는 공기는 청결하여야 하나, 유입구의 공기온도가 높으면 압축기의 동력소비가 증가한다.

23 유체를 한 방향으로만 흐르게 하고 역류를 방지하여 주는 밸브는?
① 스톱 밸브　　　　　　　② 체크 밸브
③ 안전 밸브　　　　　　　④ 슬루스 밸브

해설
• 체크밸브 : 유체를 한쪽 방향으로만 흐르게 하고 반대 방향으로는 흐르지 못하도록 하는 밸브이다. 급배수관 또는 냉매관 등에 많이 사용되고 있다.

24 다음 중 기어 치면의 표면 피로에 해당되는 것은?
① 박리　　　　　　　　　② 습동 마모
③ 스코어링　　　　　　　④ 피닝 항복

해설
• 습동 마모 : 금속이 서로 습동할 때 생기는 마모 현상
 – 원인 : 고하중, 윤활유 부족
• 스코어링 : 이면에 고하중을 받아 표면 아래가 피로하여 금속 판의 결락이 생기는 현상
 – 원인 : 기어재료의 연질, 충격 고하중

25 설비 표준은 사용하기 쉽도록 실무적인 방법으로 표현하는 것이 좋다. 표준에 대한 표현 형식의 분류로 틀린 것은?
① 도표 형식　　　　　　　② 조문 형식
③ 매뉴얼 방식　　　　　　④ 요인 분석 방식

22. ① 23. ② 24. ① 25. ④

26 다음 설비에 관한 설명 중 옳지 않은 것은?
① 일반적으로 고액의 자본을 투입한 유형 고정 자산이다.
② 토지, 구조물, 기계 장치, 차량, 운반구, 치공구 및 비품 등을 말한다.
③ 생산 설비, 유용 설비, 영구 기계설비, 수송 설비, 판매 설비, 관리 설비로 분류한다.
④ 1년 이내의 단기간 소모되는 공구나 판매를 목적으로 하는 제품 및 구성 부품, 재료 등이 포함된다.

27 다음 중 종합적 생산 보전은?
① 생산 보전에 작업자의 자주 보전을 합한 것
② 설비가 나오기 전의 보전 예방과 생산 보전을 합한 것
③ 설비가 나온 후의 예방보전과 생산 보전을 합한 것
④ 고장 나지 않고 보전하기 쉬운 개량 보전과 자주 보전을 합한 것

28 계측기 장치 방법 중 측정자가 계측 대상에 접근해서 직접 측정하는 직접 측정식 계측기의 종류가 아닌 것은?
① 측장기　　　　　　　　② 수은 온도계
③ 마이크로미터　　　　　④ 원격식 계측기

해설
• 직접 측정기 : 버니어 캘리퍼스, 마이크로미터, 하이트 게이지, 눈금자(강철자), 측장기, 각도기, 수은 온도계, 압력계
• 비교 측정기 : 다이얼 게이지, 인디케이터, 실린더 게이지, 미니미터, 옵티미터, 틈새 게이지, 한계 게이지, 나사 게이지, 공기마이크로미터, 전기마이크로미터, 내경퍼스, 패소미터, 측미현미경

29 생산 현장에서 보전 요원 또는 엔지니어의 보전 업무로서 주유, 청소, 조정 등에 대한 기능은?
① 관리 기능　② 기술 기능　③ 실시 기능　④ 지원 기능

30 매일 혹은 매주와 같이 항시 행해지는 설비의 점검, 청소, 조정, 주유, 교체 등의 활동은?
① 개량 보전　② 사후 보전　③ 일상 보전　④ 보전 예방

정답 26. ④　27. ①　28. ④　29. ③　30. ③

해설
- 사후보전 : 설비의 기능이 정지된 후 원래의 상태로 복원 고장, 정지 또는 유해한 성능저하를 가져온 후에 수리를 행하는 것
- 예방보전 : 설비의 고장이 발견되기 전에 미리 발견하여 운전 상태를 유지하는 것
- 생산보전 : 생산의 경제성을 높이기 위한 보전으로 예방보전을 말한다.
- 개량보전 : 설비자체의 체질을 개선시켜 수명이 길고, 고장이 적으며, 보전절차가 없는 재료나 부품을 사용할 수 있도록 설비를 개조, 갱신하는 보전
- 보전예방 : 고장이 없고 보전이 필요 없는 설비의 설계 제작, 구입

31 시간의 경과와 더불어 가치가 감소되는 열화는?
① 구형화 열화
② 상대적 열화
③ 절대적 열화
④ 기능 정지 열화

해설
- 상대적 열화 : 현 보유 설비보다 우수한 신형설비에 비하여 구형이 되는 것
- 기능 정지 열화 : 설비의 고장으로 전원을 투입하여도 작동이 되지 않는 상태

32 품질 개선 활동에서 현상 파악에 사용되는 기법이 아닌 것은?
① 목표도
② 산정도
③ 체크 시트
④ 히스토그램

33 공구가 제품에 영향을 주는 인자가 아닌 것은?
① 공사의 영향
② 품질의 영향
③ 생산 수량의 영향
④ 공구 관리의 시간과 비율의 영향

34 계측 관리의 추진 시 유의 사항에 해당되지 않는 것은?
① 기업의 목적을 명확히 할 것
② 정보 구동부로서 계측기를 정비할 것
③ 계측 관리, 정보 관리, 자료 관리를 유기적으로 결합할 것
④ 기업을 과학적, 합리적으로 관리, 운영하는 방침을 수립할 것

정답 31. ③ 32. ① 33. ① 34. ②

35 9대 로스 중 설비의 운전 또는 생산이 시작되어 가공 조건과 운전 조건이 안정적이고 정상적인 상태가 될 때까지 발생되는 것은?
① 공전 로스   ② 시가동 로스   ③ 속도 저하 로스   ④ 계획 정지 로스

36 설비 관리의 생애 주기(life cycle)순서로 옳은 것은?
① 계획 단계 – 도입 단계 – 운전 단계 – 폐기 단계
② 계획 단계 – 운전 단계 – 도입 단계 – 폐기 단계
③ 도입 단계 – 계획 단계 – 운전 단계 – 폐기 단계
④ 도입 단계 – 운전 단계 – 계획 단계 – 폐기 단계

37 품질 관리 목표 설정을 할 때 사용되는 QC 기법이 아닌 것은?
① 히스토그램법   ② 레이더 차트법   ③ 막대그래프법   ④ 히스테리시스법

38 다음 중 속도 가동률의 계산 방법으로 옳은 것은?
① $\dfrac{\text{정지시간}}{\text{부하시간}}$
② $\dfrac{\text{기준사이클시간}}{\text{실제사이클시간}}$
③ $\dfrac{\text{부하시간} - \text{정지시간}}{\text{부하시간}}$
④ $\dfrac{\text{생산량} \times \text{실제사이클시간}}{\text{부하시간} - \text{정지시간}}$

39 각종의 물리량, 즉 길이, 압력, 온도, 형상 등의 크기 또는 정확성을 평가하기 위해서 사용되는 기기 및 기구와 수량적으로 정해진 치수로 만들어졌거나 그 치수로 조정된 측정구로서 측정 시에 조절될 수 없는 것을 무엇이라 하는가?
① 금형   ② 지그   ③ 고정구   ④ 검사구

해설
- 금형 : 소재의 소성, 유동성을 이용하여 프레스로 변형 시키거나 형틀에서 필요한 형태로 변화시켜 소정의 제품을 생산하는 것
- 치공구 : '금형(Die), 치구(지그=Jig), 부착구(Fixture), 절삭공구, 검사공구(Gauge) 등 각종의 공구를 통괄해서 통칭하는 것'을 치공구라 한다.
- 치구(지그=jig) : 형상으로 만들기 위하여 빵틀과 같은 하나의 완성된 조합품을 말한다.
- 고정구(부착구(fixture)) : 작업할 재료를 규정된 형상으로 만들기 위하여 고정하는 공구로 바이스, 클램프가 대표적이다.

정답 35. ②　36. ①　37. ④　38. ②　39. ④

40 유압 시스템에서 사용되는 축압기의 용도가 아닌 것은?
① 에너지 축적용
② 밸브 압력 제거용
③ 펌프 맥동 흡수용
④ 충격 압력의 완충용

해설
- 축압기(Accumulator)의 용도
  ㉮ 유압에너지의 축적
  ㉯ 2차 회로의 구동
  ㉰ 누설보충
  ㉱ 압력유량의 보상
  ㉲ 맥동흡수
  ㉳ 충격 압력 흡수
  ㉴ 액체의 수송

41 기어 펌프가 작동 시 오일의 일부가 기어의 맞물림에 의해 두 기어의 틈새에 갇혀서 다시 원래의 흡입 측으로 되돌려지는 현상을 무엇이라 하는가?
① 폐입 현상
② 맥동 현상
③ 서지 현상
④ 채터링 현상

해설
- 캐비테이션(폐입현상) : 2개의 기어가 서로 물림에 의해서 압류가 흡입구 쪽으로 되돌려지는 현상으로 흡입량 감소등 여러 가지 영향을 준다.
- 캐비테이션 방지책
  ㉮ 임펠러의 설치위치를 낮게 하고 흡입양정을 작게 한다.
  ㉯ 펌프의 회전수를 낮게 하고 흡입구를 크게 한다.
  ㉰ 단 흡입이면 양흡입으로 고친다.
  ㉱ 흡입관은 짧게 하는 것이 좋으나 부득이 길게 할 경우는 흡입관을 크게 한다.
  ㉲ 흡입 측에서 펌프의 토출 량을 조여서 줄인다는 것은 절대 피한다.
  ㉳ 전 양정은 캐비테이션을 고려하여 적합하게 한다.
  ㉴ 양정의 변화가 클 경우에도 캐비테이션이 생기지 않게 해야 한다.
  ㉵ 외적 조건으로 캐비테이션을 피할 수 없을 경우 침식에 강한 고급 재질을 택한다.
  ㉶ 이미 캐비테이션이 발생한 경우 소량의 공기를 흡입 측에 넣어 소음과 진동을 적게 한다.

42 방향 제어 밸브에서 존재할 수 있는 포트의 개수가 아닌 것은?
① 1
② 2
③ 3
④ 4

해설
- 방향제어 밸브에서 포트는 공기 또는 기름이 출입하는 곳을 말한다. 따라서 포트 수는 1개 이상이어야 한다.

정답 40. ② 41. ① 42. ①

43 공기 저장 탱크의 기능이 아닌 것은?
① 압축기로부터 배출된 공기 압력의 맥동을 없애는 역할을 한다.
② 다량의 공기가 소비되는 경우 급격한 압력 강하를 방지한다.
③ 주위의 외기에 의해 압축 공기를 냉각시켜 수분을 응축시킨다.
④ 정전에 의해 압축기의 구동이 정지되었을 때 공기를 차단한다.

해설
- 공기 저장탱크의 주기능은 탱크에 일정량의 공기를 저장하는 기능을 가지고 있다. 따라서 정전이 되었을 경우에도 일정량의 공기를 사용할 수 있다.

44 2개의 입력 요소가 입력되어야 출력이 발생하는 AND 논리를 제어할 수 있는 밸브는?
① 셔틀 밸브
② 논리턴 밸브
③ 이압 밸브
④ 시퀀스 밸브

해설
- **셔틀 밸브** : 2개 이상의 입구와 1개의 출구로 되어 있으며, 출구의 최고 압력의 입구를 선택하는 기능을 가진 밸브
- **논리턴 밸브** : 양쪽 방향으로 공기의 흐름에 큰 차이가 있거나, 일정 조건이 갖추어 졌을 때 동작하는 밸브로 역류방지 밸브(체크 밸브)
- **이압 밸브** : 2개의 입력 신호가 동시 발생시 동작하는 밸브로 안전밸브로 사용됨
- **시퀀스 밸브** : 액추에이터를 순차적으로 작동시키기 위한 밸브

45 공압 장치의 특징으로 옳지 않은 것은?
① 제어가 어렵다.
② 작동 속도가 빠르다.
③ 힘의 증폭이 쉽게 이루어진다.
④ 압력 에너지로서 축척할 수 있다.

해설
- 공압장치의 특징
  ㉮ 동력원인 압축공기를 간단히 얻을 수 있다.
  ㉯ 힘의 전달이 간단하고 어떤 형태로도 전달이 가능하다.
  ㉰ 힘의 증폭이 용이하다.
  ㉱ 속도 변경이 가능하다.
  ㉲ 제어가 간단하다.
  ㉳ 취급이 간단하다.
  ㉴ 인화의 위험이 없다.
  ㉵ 탄력이 있다.
  ㉶ 에너지 축적이 용이하다.

정답 43. ④ 44. ③ 45. ①

46 그림의 기호가 의미하는 것은?
① 기어 모터
② 공기 압축기
③ 고정형 유압 펌프
④ 가변 용량형 유압 펌프

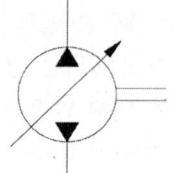

47 그림의 밸브 기호가 나타내는 것은?
① 감압 밸브
② 릴리프 밸브
③ 시퀀스 밸브
④ 무부하 밸브

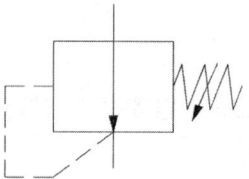

해설
• 감압 밸브 : 유입되는 공기 압력 및 유량의 크기에 관계없이 유출되는 압력을 일정하게 정압력으로 유지하는 밸브

48 다음 중 유압유의 구비 조건으로 옳은 것은?
① 유동성이 낮을 것
② 방청성이 좋을 것
③ 방열성이 낮을 것
④ 온도에 대한 점도 변화가 클 것

해설
• 유압유의 구비 조건
  ㉮ 비 압축성   ㉯ 점도 유지
  ㉰ 화학적 안정 유지   ㉱ 녹이나 부식의 발생 방지
  ㉲ 유동성이 좋을 것   ㉳ 인화점, 발화점이 높을 것
  ㉴ 방열성이 높을 것

49 유압 제어 밸브를 실린더의 출구 측에 설치한 회로로서 유압액추에이터에 배출하는 유량을 제어하는 방식인 회로는?
① 감압 회로   ② 미터 인 회로
③ 미터 아웃 회로   ④ 블리드 오프 회로

정답 46. ④ 47. ① 48. ② 49. ③

해설
- 미터인(Meter-in) 회로 : 유압액추에이터(실린더) 전단에 설치하며, 실린더에 유입되는 유량을 제어하여 속도를 제어하는 방식
- 미터 아웃(Muter-out) 회로 : 유압액추에이터(실린더) 전단에 설치하며, 실린더로부터 유출되는 유량을 제어하여 속도를 제어하는 방식

50 다음 중 유압액추에이터의 종류가 아닌 것은?
① 펌프
② 요동 펌프
③ 기어 펌프
④ 유압 실린더

해설
- 액추에이터(Actuator) : 외부로부터 어떤 에너지를 공급받아 동력을 발생하는 장치의 총칭으로 전기 모터, 전자밸브, 솔레노이드, 유·공압실린더, 유·공압모터 등을 말한다.

51 그림의 기호에 관한 설명으로 옳은 것은 어느 것인가?
① 관로 속에 물이 흐른다.
② 관로 속에 기름이 흐른다.
③ 관로 속에 공기가 흐른다.
④ 관로 속에 가연성 액체가 흐른다.

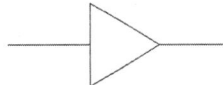

52 유압 모터의 선택 시 고려 사항이 아닌 것은?
① 체적 효율이 우수할 것
② 모터의 외형 공간이 충분히 클 것
③ 주어진 부하에 대한 내구성이 클 것
④ 모터로 필요한 동력을 얻을 수 있을 것

53 공기압 모터의 종류에 해당되지 않는 것은?
① 기어형
② 나사형
③ 베인형
④ 피스톤형

해설
- 공기압 모터의 종류
  ㉮ 베인형 모터
  ㉯ 피스톤형 모터
  ㉰ 기어형 모터
  ㉱ 공기 터빈
  ㉲ 요동 모터

50. ① 51. ③ 52. ② 53. ②

54 산업안전보건법의 목적에 해당되지 않는 것은?
① 산업안전보건 기준의 확립
② 근로자의 안전과 보건을 유지·증진
③ 산업재해의 예방과 쾌적한 작업환경 조성
④ 산업안전보건에 관한 정책의 수립 및 실시

55 폭발 위험성이 있는 창고에서 손전등이 안전한 이유는?
① 조도가 낮으므로
② 발열량이 적으므로
③ 휴대하기가 간편하므로
④ 스파크가 생기지 않으므로

56 정기 점검에 관한 설명으로 옳지 않은 것은?
① 설비의 마모, 부식, 균열 유무를 확인한다.
② 작업 중 조업에 지장이 있더라도 점검한다.
③ 주기적으로 일정한 기간을 정하여 실시한다.
④ 필요에 따라 1년에 1회 정기적으로 조업을 중지하고 실시한다.

57 안전모가 구비하여야 할 조건으로 가장 거리가 먼 것은?
① 충격에 강하고 가능한 가벼울 것
② 외관이 미려하고 호감이 가도록 할 것
③ 모체의 재료는 내열성 및 내한성이 높을 것
④ 원료 단가가 비싸고 제조상 기술이 필요할 것

58 재해 예방 대책을 수립하여 실천하는 경영자의 자세로 바람직하지 않은 것은 어느 것인가?
① 경영자는 생산성을 고려하여 재해 예방 활동을 탄력적으로 실시한다.
② 경영자는 안전 관리를 위한 투자가 일차적인 생산 투자임을 인식하여야 한다.
③ 경영자는 기업의 사회적 가치를 확보하기 위하여 재해 예방 활동에 노력하여야 한다.
④ 경영자는 재해를 예방하는 길이 곧 노사 관계를 안정시킬 수 있는 지름길임을 인식하여야 한다.

54. ④ 55. ④ 56. ② 57. ④ 58. ①

59 수공구의 보관 방법에 관한 설명으로 옳은 것은?
① 회전 숫돌은 습한 곳에 보관한다.
② 톱 작업 후 톱날은 톱 틀에 끼워진 채로 보관한다.
③ 자주 사용하는 수공구는 사용한 곳에 그대로 보관한다.
④ 날이 있거나 끝이 뾰족한 공구는 위험하므로 뚜껑을 씌워 보관한다.

60 드릴 작업시 안전에 관한 사항으로 옳지 않은 것은?
① 작거나 가벼운 일감은 손으로 잡고 작업한다.
② 드릴의 착탈은 회전이 완전히 멈춘 다음 행한다.
③ 가공 중 드릴이 깊이 먹어 들어가면 기계를 멈추고 일감에서 드릴을 뽑아 낸다.
④ 회전하고 있는 주축이나 드릴에 손이나 걸레를 대거나 머리를 가까이 하지 않는다.

해설
- 드릴 작업 안전 유의 사항
  ㉠ 긴 소매 복장은 피하고, 면장갑을 착용하지 않는다.
  ㉡ 척은 돌기가 없는 것을 사용하고, 드릴에는 절삭점을 제외하고 덮개를 설치한다.
  ㉢ 공작물은 작은 공작물도 반드시 지그를 사용하여 고정한다.
  ㉣ 기기의 정비, 검사는 반드시 정지 상태에서 실시한다.

59. ④ 60. ①

2016년 1회 설비보전기능사 필기시험

01 다음 중 사용압력이 0.1MPa 이상으로 높은 압력의 기체를 송출시키는 기기는?
① 압축기   ② 송풍기
③ 환풍기   ④ 통풍기

해설
- 송풍기 : 0.1MPa~1.0MPa
- 통풍기 : 0.1MPa 이하

02 관경이 비교적 크거나 내압이 높은 배관을 연결할 때 나사 이음, 용접 등의 방법으로 부착하고 분해가 가능한 관 이음쇠는?
① 신축 이음쇠   ② 유니온 이음쇠
③ 주철관 이음쇠   ④ 플랜지 이음쇠

해설
- 신축 이음쇠 : 온도에 의해 관의 신축이 생길 때 양단이 고정되어 있으면 열응력이 발생한다. 적당한 간격 및 위치에 신축량을 조절할 수 있는 이음을 설치한다.
- 유니온 이음쇠 : 중간에 있는 유니온 너트를 돌려서 자유로 착탈하는 이음쇠로 양측에 있는 유니온 나사와 유니온 플랜지 사이에 패킹을 끼워서 기밀을 유지한다.
- 주철관 이음쇠 : 주철관을 지하에 매설할 경우에 사용한다.

03 축의 구부러짐을 현장에서 수리할 수 있는 공구는?
① 오스터   ② 기어풀리
③ 짐크로   ④ 유압풀러

04 설계불량, 제작불량 등에 의한 고장이 나타나는 기간은?
① 초기고장기   ② 우발고장기
③ 마모고장기   ④ 중기고장기

정답 01. ① 02. ④ 03. ③ 04. ①

해설
- 초기 고장기
  - ㉮ 부품수명이 짧은 것
  - ㉯ 설계불량
  - ㉰ 제작 불량
- 우발고장기 : 고장발생 패턴이 우발적이므로 예측할 수 없는 고장률 일정형
- 마모고장기 : 부품의 마모나 열화에 의하여 고장이 증가하는 고장률 증가형

05 제3각법에서 정면도의 왼쪽에 배치되는 투상도는?
① 평면도 ② 좌측면도
③ 우측면도 ④ 저면도

해설
- 우측면도 : 정면도의 우측에 있다.
- 평면도 : 정면도의 위쪽에 있다.
- 저면도 : 정면도의 아래쪽에 있다.
- 배면도 : 정면도의 뒤쪽에 있다.

06 배관도를 표시할 때 기호와 굵은 실선을 사용하여 파이프, 파이프 이음, 밸브 등의 배치, 부착품 등을 나타내는 단선도시법이 아닌 것은?
① 등각배관도 ② 복선배관도
③ 투상배관도 ④ 스케치배관도

07 공유압 밸브의 사용목적으로 가장 거리가 먼 것은?
① 유량제어 ② 방향제어
③ 압력제어 ④ 온도제어

08 다음 중 마찰력으로 동력을 전달시킬 수 있는 전동용 요소는?
① 벨트(belt) ② 펌프(pump)
③ 기어(gear) ④ 체인(chain)

05. ② 06. ② 07. ④ 08. ①

09 송풍기 분해시 점검사항에 해당되지 않는 것은?
① 송풍기 임펠러의 마모상태 점검
② 송풍기 케이싱의 누설 및 이음 점검
③ 송풍기 내부의 퇴적물 부착상태 점검
④ 샤프트 저널부의 접촉여부 및 박리상태 점검

10 입력 축과 출력 축에 드라이브 콘(drive cone)을 비치하고, 그 바깥 가장자리에 강구를 접촉시킨 형태의 변속기는?
① 가변 변속기
② 디스크 무단 변속기
③ 링 콘 무단 변속기
④ 컵 무단 변속기

해설
- 가변 변속기 : 몇 장의 원추 판과 거기에 대응하는 플랜지 디스크가 있고 플랜지 디스크는 스프링으로 눌려져 원추 판을 변속핸들에 의해 그 속으로 밀어 넣어 접촉부분의 반경을 무단계로 바꾸어 변속시키는 것이다.
- 디스크 무단 변속기 : 유성 운동을 하는 원추 판을 반경방향으로 이동시켜 접시형 스프링을 가진 한 쌍의 태양플랜지와 접촉시켜 유성 원추 판의 공전을 출력으로 빼내는 구조이다.
- 링콘 무단 변속기 : 원추 판과 외주 림을 가진 링을 스프링 및 자동조압 캠에 의해 누르고 원추 판을 출력축에 대해 화살표 방향으로 이동시킴으로써 변속함.
- 컵 무단변속기 : 입력 축과 출력축에 드라이브 콘을 비치하고 그 바깥 가장자리에 강구(드라이브 볼)를 접촉시켰다.

11 다음 중 제어 밸브의 종류에서 조작신호에 따라 분류한 것이 아닌 것은?
① 공기압식 제어 밸브
② 앵글 밸브
③ 전기식 제어 밸브
④ 유압식 제어 밸브

12 설비의 설계속도와 실제 움직이는 속도와의 차이에서 발생하는 로스(loss)는?
① 초기로스
② 수율로스
③ 속도로스
④ 정체로스

해설
- 6대 로스 : 고장로스, 작업준비 및 조정, 속도저하, 일시정체, 불량 수정, 초기로스
- 속도 저하 로스(속도 로스) : 설비의 설계속도와 실제로 움직이는 속도와의 차이에서 생기는 로스
- 순간 정지 로스(일시 정체 로스) : 작업물이 슈트에 막혀서 공전하거나, 품질 불량 때문에 센서가 작동하여 일시적으로 정지하는 경우로서 이들은 작업물을 제거하거나 리셋하면 설비가 정상적으로

09. ② 10. ④ 11. ② 12. ③

작동하는 것이며 설비의 고장과는 본질적으로 다르다.
• 수율 저하 로스(초기 수율로스) : 생산개시 시점으로부터 안정화될 때까지의 사이에 발생하는 로스를 말한다.

13 유압펌프 운전시 매일점검 사항이 아닌 것은?
① 작동유의 점도를 점검한다.
② 배관의 연결부를 확인한다.
③ 작동유의 유온을 점검한다.
④ 오일탱크속에 이물질이 있는지 확인한다.

14 그림과 같은 기계 바이스의 나사로 가장 적합한 것은?
① 볼 나사
② 삼각나사
③ 둥근나사
④ 톱니나사

15 고온의 유체가 흐르는 관의 팽창 수축을 고려하여 축 방향으로 과도의 응력이 발생하지 않도록 한 관이음 방법은?
① 용접이음
② 나사형이음
③ 신축이음
④ 플랜지이음

16 관용 기계요소의 제도 시 유체의 표기가 틀린 것은?
① 공기 : A
② 가스 : G
③ 기름 : L
④ 증기 : S

해설
• G : 가스
• O : 기름
• S : 증기
• W : 물
• B : 브라인 또는 2차 냉매
• C : 냉각수
• CH : 냉수
• R : 냉매

13. ① 14. ④ 15. ③ 16. ③

17 기계정비용 재료 중 접착제의 구비조건으로 옳지 않은 것은?
① 액체성일 것
② 전기 전도성이 좋을 것
③ 고체 표면의 좁은 틈새에 침투하여 모세관 작용을 할 것
④ 도포 후 고체화하여 일정한 강도를 가질 것

해설
• 접착제의 구비조건
  ① 액체성일 것
  ② 고체 표면의 좁은 틈새에 침투하여 모세관 작용을 할 것
  ③ 도포 후 고체화하여 일정한 강도를 가질 것

18 다음 중 주로 대칭인 물체의 중심선을 기준으로 내부 모양과 외부 모양을 동시에 표시하는 단면도는?
① 한 쪽 단면도
② 회전 도시 단면도
③ 계단 단면도
④ 국부 단면도

해설
• 온 단면도(전 단면도) : 물체를 반으로 자른 것으로 가정하고 도형 전체를 단면으로 표시한 것을 전 단면도라 한다.
• 한 쪽 단면도 : 대칭형의 물체를 1/4절단 한 것으로 가정하고 반은 외형도, 반은 단면도를 그려 동시에 표시한 단면도이다.
• 회전 도시 단면도 : 핸들, 벨트 풀리나 기어 등과 같은 바퀴의 암과 림, 리브, 훅, 축, 주로 구조물에 사용하는 형강, 각강 등은 절단한 단면의 모양을 90° 회전하여 그리는 단면도이다.
• 계단 단면도 : 투상 면에 평행 또는 수직하게 계단형태로 절단한 단면도로 절단면의 위치는 절단선으로 표시한다. 끝과 방향이 변화는 부분에 굵은 선 기호를 붙여 단면도 쪽에 기입한다.

19 3상 유도전동기의 점검 내용 중 육안으로 점검할 수 없는 것은?
① 기름 누설
② 부하전류의 헌팅
③ 도장의 벗겨짐 및 오손
④ 베어링유의 더러움이나 변질 여부

해설
• 유도전동기의 육안 점검 사항
  ㉮ 도장의 벗겨짐, 오손 정도
  ㉯ 먼지의 적재, 부착 정도
  ㉰ 명판의 기재 사항 식별 정도
  ㉱ 베어링유의 기름의 누설 정도
  ㉲ 전선 접속부의 과열에 의한 열화 정도

20 기업 내에서 설비를 가장 유효하게 활용하여 기업의 생산성 향상을 도모하는 것은?
① 생산관리　　　　　② 설비보전
③ 공장관리　　　　　④ 공사관리

21 원심펌프에서 임펠러의 양쪽에 작용하는 수압이 같지 않아 발생하는 추력을 줄여주기 위한 방법으로 적당한 것은?
① 흡입양정을 작게 한다.
② 임펠러의 직경을 증가시킨다.
③ 임펠러의 직경을 감소시킨다.
④ 임펠러의 밸런스 홀(HOLE)을 뚫는다.

22 윤활유의 열화 방지책으로 옳지 않은 것은?
① 고온은 가급적 피한다.
② 자주 혼합하여 사용한다.
③ 새 기계는 세척 후 사용한다.
④ 교환시 열화유를 완전히 제거한다.

> **해설**
> • 윤활유의 열화 방지법
>   ㉮ 고온은 가능하면 피한다.
>   ㉯ 기름의 혼합사용은 극력 피할 것
>   ㉰ 급유를 원활히 할 것
>   ㉱ 교환 시는 열화유를 완전히 제거할 것
>   ㉲ 협잡물 혼입 시는 신속히 제거할 것
>   ㉳ 신 기계 도입 시는 충분히 세척후 사용할 것
>   ㉴ 사용 유는 가능한 한 재생하여 사용할 것
>   ㉵ 경우에 따라 적당한 첨가제를 사용할 것
>   ㉶ 년 1회 정도 세척을 실시하여 순환 계통을 청정하게 유지할 것

23 부러진 볼트를 빼내기 위해서 사용하는 공구는?
① 조합 스패너　　　　② 테이퍼 핀
③ 임팩트 렌치　　　　④ 스크류 엑스트랙터

20. ② 21. ④ 22. ② 23. ④

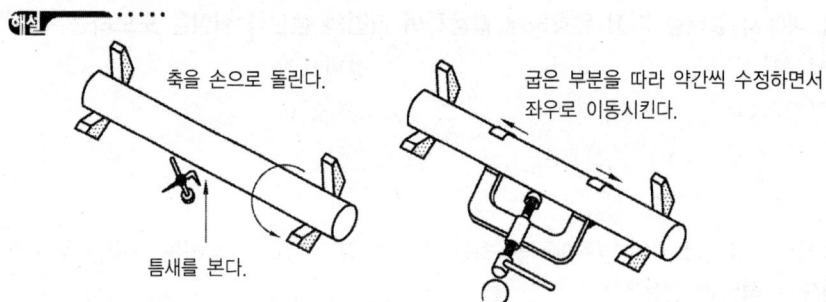

㉮ 축의 휨(구부러짐) 수리법 → 축이 구부러져 있으면 이상소음 및 진동이 발생되며 기어에 흔들림이 일어나면 진동소음 외의 이상 마모의 원인이 되므로 기어의 정도(精度), 하중, 회전수에도 따르지만 일반 산업기계의 기어에서는 0.05mm 이상의 흔들림은 좋지 않다.

㉯ 축의 구부러짐을 정비 현장에서 할 수 있는 경우
  ㉠ 500rpm 이하이며 베어링 간격이 비교적 긴축이 휘어져 있을 때
  ㉡ 경하중 기계에서 축 흔들림 때문에 진동이나 베어링의 발열이 있을 경우
  ㉢ 베어링 중간부의 풀리 스프라킷이 흔들려 소리를 낼 때

㉰ 축의 구부러짐을 정비 현장에서 할 수 없는 경우
  ㉠ 고속 회전축 기어 감속기축이나 단달림부에서 급하게 휘어져 있는 것의 수리는 무리이므로 새로운 것과 교체하는 것이 원칙이다.
  ㉡ ∅100×1m의 축의 구부러짐을 고치기는 힘들지만 길이가 2m가 되면 저속회전으로 쓰는 것은 지장이 없는 정도로 고칠 수 있다.

㉱ 축의 구부러짐의 수리방법 → 바닥면에 V블록을 2개를 놓고 그 위에 축을 올려놓고 손으로 돌리면서 틈새로 그 정도를 확인한다. 이어서 흔들림이 제일 심한 곳에 짐 크로우(Jim crow)를 대고 약간씩 힘을 가하면서 구부러짐을 수정한다. 이 방법으로 신중히 하면 0.1~0.2mm 정도까지 수정된다.

24 운전 중 베어링에 발생하는 윤활 고장을 검지할 수 있는 것으로 베어링의 그리스 윤활상태를 측정하는 기구는?
① 콘 프레스(cone press)   ② 그리스 펌프(grease pump)
③ 베어링 체커(bearing checker)   ④ 핸드 버킷 펌프(hand bucket pump)

25 유틸리티 설비가 아닌 것은?
① 발전 설비   ② 공장의 관리 설비
③ 연료저장 수송설비   ④ 증기 발생 장치 및 그 배관 설비

> **해설**
> - 생산설비 : 직접 생산행위를 하는 기계 및 운반 장치, 전기장치, 배관, 기계, 배선, 조명, 온도 등 모든 설비와 그 설비에 직접 관계하는 건물 및 구조물을 말한다.
> - 수송설비 : 인입선 설비, 도로, 항만설비(전용부두, 하역설비, 운하계획, 급수, 소화설비 등), 운반 하역설비(트럭, 컨베이어, 디젤기관차), 저장설비 등
> - 관리 설비 : 본사, 지사, 지점 등의 건물(건물 내에 설치된 기계, 장치 포함), 공장의 관리 설비(식당, 사무실, 수위실, 차고 및 그 건물에 설치된 공기조화기, 방송설비, 컴퓨터 등) 공장 보조설비, 복리후생 설비

26 설비보전의 직접적인 기능으로 가장 적합한 것은?
① 설비검사 ② 정비계획
③ 고장분석 ④ 정비기록

> **해설**
> - 설비보전의 직접적인 기능
>   ㉮ 설비검사(점검)
>   ㉯ 정비(일상보전)
>   ㉰ 수리(공작)

27 소재를 가공하여 원하는 형상으로 만드는 공작 작업에 사용하는 도구는?
① 공구 ② 금형
③ 연료 ④ 검사구

28 설비의 특정 운전조건을 유지시키기 위해서 수행되는 모든 보전계획의 전형적인 보전 활동은?
① 개량보전 ② 사후보전
③ 예방보전 ④ 종합적 보전

> **해설**
> - 사후보전 : 설비의 기능이 정지된 후 원래의 상태로 복원 고장, 정지 또는 유해한 성능저하를 가져온 후에 수리를 행하는 것
> - 개량보전 : 예방보전이라는 생각을 발전시키면 설비자체의 체질을 개선시켜 수명이 길고, 고장이 적으며, 보전절차가 없는 재료나 부품을 사용할 수 있도록 설비를 개조, 갱신하는 보전을 말한다.
> - 보전예방 : 고장이 없고 보전이 필요 없는 설비의 설계 제작, 구입

정답 26. ① 27. ① 28. ③

29 설비의 6대 로스에 속하지 않은 것은?
① 고장 로스
② 계획정지 로스
③ 준비·조정 로스
④ 속도 저하 로스

해설
• 6대 로스 : 고장로스, 작업준비 및 조정, 속도저하, 일시정체, 불량 수정, 초기로스

30 설비종합효율을 잘 설명한 지표는?
① 가동률×부하시간×조업률
② 시간가동률×성능가동률×양품률
③ 가동시간×부하시간×정지로스율
④ 성능로스율×정미시간 가동률×부하시간률

31 설비보전의 효과가 아닌 것은?
① 보전비가 감소한다.
② 제작 불량이 적어진다.
③ 가동률이 낮아진다.
④ 설비 고장으로 인한 정지 손실이 감소한다.

해설
• 설비 보전 효과
㉮ 보전비가 감소한다.
㉯ 제작 불량이 적어진다.
㉰ 제조원가가 절감된다.
㉱ 가동률이 향상된다.
㉲ 고장으로 인한 납기지연이 감소된다.
㉳ 예비비의 필요성이 감소되어 자본투자가 적어진다.
㉴ 예비품 관리가 좋아져서 재고품이 감소된다.
㉵ 설비 고장으로 인한 정지손실이 감소한다.(특히 연속조업 공장)
㉶ 종업원의 안전, 설비유지가 잘되어 보상이나 보험료가 감소한다.

32 설비관리의 목표인 기업의 생산성을 나타내는 척도는?
① 산출/투입
② 투입/산출
③ 수익/투자액
④ 생산량/보전비

29. ② 30. ② 31. ③ 32. ①

33 자주보전의 추진 방법에 대한 설명 중 틀린 것은?
① 활동판의 활용 – 활동내용과 계획진도표 등을 기록
② 진단실시 – 단계마다 수준의 진단을 받은 후 합격 시 다음 단계로 이행
③ 직제 지도형 조직 – 자주적 대집단 활동을 전개하며 팀원의 참여가 가장 중요
④ 단계(step)방식으로 진행 – 우선 한 가지 일을 철저히 하고, 수준 도달 후 다음 단계로 이행

34 만성로스의 특징 중 옳은 것은?
① 단순 요인이 발생된다.
② 발생 원인은 바꿔지지 않는다.
③ 숨어 있는 요인은 무시하고 돌출된 요인만 해석한다.
④ 원인은 하나지만 원인이 될 수 있는 것은 수없이 많다.

35 소품종 대량생산에 적합하며 단순 반복 흐름 생산작업 방식은?
① 공정별 배치   ② 혼합형 배치
③ 제품별 배치   ④ 기능별 배치

- 공정별 배치(기능별 배치) : 제품의 종류가 많고 수량이 적으며, 주문생산과 표준화가 곤란한 다품종 소량생산에 적합
- 혼합형 배 : 기능별, 제품별, 제품 고정형 배치의 혼합형, 기능별과 제품형의 혼합된 형태
- 제품별 배치(라인별 배치) : 각공정에 필요한 기계가 배치되며 소품종 대량생산에 적합

36 계측관리를 추진하는데 필요한 사항으로 가장 거리가 먼 것은?
① 기업 목적의 명확화
② 계측기에 관한 요건을 명세서에 기입
③ 기업 운영의 과학적 합리적 방침 수립
④ 계측관리, 정보자료 관리 등 유기적인 결합 추진

33. ③ 34. ④ 35. ③ 36. ②

37 다음 그림은 설비관리의 Life Cycle을 설명한 것이다. 이 중 넓은 의미의 설비관리를 정의한 것은?

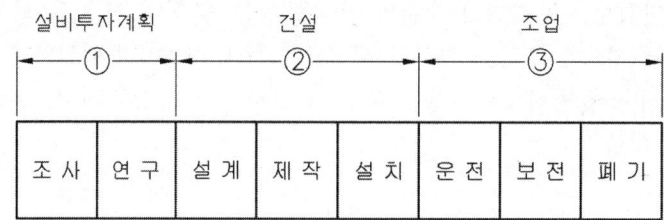

① ㉠, ㉢
② ㉠, ㉡
③ ㉡, ㉢
④ ㉠, ㉡, ㉢

38 설비의 열화 측정 검사에서 양부 검사에 해당되는 열화형은?
① 사후 정지형
② 기능 정지형
③ 돌발 고장형
④ 성능 저하형

> • **성능 저하형(기능저하)** : 설비의 사용 중에 생산량, 수율, 정도 등의 성능이나 전력, 증기 등의 효율이 점차로 저하하는 형, 공작기계, 압축기, 전해조
> • **돌발 고장형(기능정지)** : 사용 중에 성능 저하는 별로 되지 않으나, 부분적 파손, 기타에 의해 돌발적 고장정지, 부분적 교환 교체에 의해 복구되는 형, 기계의 축 절손, 전기회로의 단선, 내압용기의 파괴, 모터의 소손

39 가공공작 공정 또는 조립작업 공정에 있어서 지정된 작업을 용이하게 수행할 수 있도록 하기 위해서 피공작물과 공구로 소정의 위치 관계를 유지시켜 공구를 안내할 수 있도록 설계된 구조를 갖는 도구는?
① 절삭구
② 금형
③ 검사구
④ 지그 고정구

> • **금형** : 소재의 소성, 유동성을 이용하여 프레스로 변형 시키거나 형틀에서 필요한 형태로 변화시켜 소정의 제품을 생산하는 것
> • **치공구** : '금형(Die), 치구(지그 = Jig), 부착구(Fixture), 절삭공구, 검사공구(Gauge) 등 각종의 공구를 통괄해서 통칭하는 것'을 치공구라 한다.
> • **치구(지그=jig)** : 형상으로 만들기 위하여 빵틀과 같은 하나의 완성된 조합품을 말한다.
> • **부착구(fixture)(지그 고정구)** : 작업할 재료를 규정된 형상으로 만들기 위하여 고정하는 공구로 바이스, 클램프가 대표적이다.

37. ④ 38. ④ 39. ④

40 다음 중 가장 높은 압력에서 사용하는 유압 펌프는?
① 나사 펌프　　② 기어 펌프
③ 베인 펌프　　④ 플런저 펌프

해설
- 플런저 펌프(Plunger pump) : 플런저를 실린더 내에서 왕복 운동시키는 펌프로 고압에 적합하다.

41 다음 중 압력 제어밸브에 해당되지 않는 것은?
① 니들 밸브　　② 릴리프 밸브
③ 언로드 밸브　　④ 압력 시퀀스 밸브

해설
- 압력제어 밸브의 종류 : 릴리프밸브, 감압밸브, 시퀀스밸브, 카운터 밸런스 밸브, 무부하 밸브, 안전 밸브, 압력스위치
  ㉮ 릴리프 밸브(Relief valve) : 회로내의 압력을 일정하게 유지시키는 밸브
  ㉯ 언로드 밸브(Unloading valve) : 무부하 밸브로 일정 조건하에서 펌프를 무부하로 하기 위한 밸브
  ㉰ 시퀀스 밸브(Sequence valve) : 액추에이터를 순차적으로 작동시키기 위한 밸브
  ㉱ 감압 밸브(Reducing valve) : 유압회로에서 주회로의 압력보다 저압으로 사용하고자 할 때 사용하며 출구측 압력을 일정하게 유지시키는 밸브
  ㉲ 카운터 밸런스 밸브(Counter balance valve) : 중력에 의한 낙하를 방지하기 위하여 배압을 유지하는 밸브

42 다음 중 유체가 얼마나 압축되기 어려운가를 나타내는 것은?
① 점성계수　　② 양적탄성계수
③ 동점성계수　　④ 체적탄성계수

해설
- 체적탄성 계수(bulk modulus) : 단위 면적당 외력의 강도와 체적의 변형비를 말하며, 체적 변형을 εv라 하면, 체적탄성계수 k는 $k = p/\varepsilon v$ 식으로 나타낸다.

43 회로의 일부에 배압을 발생시키고자 할 때 사용하는 밸브로써 한 방향의 흐름에 대해서는 설정된 배압을 부여하고 다른 방향의 흐름은 자유흐름을 행하는 밸브는?
① 브레이크 밸브　　② 디플레이션 밸브
③ 카운터밸런스 밸브　　④ 파일럿 릴리프 밸브

40. ④　41. ①　42. ④　43. ③

해설
- 카운터 밸런스 밸브(Counter balance valve) : 회로의 일부에 배압을 발생시키고자 할때 한 방향의 흐름에 대해서 설정된 배압을 부여하고, 다른 방향은 자유롭게 흐르도록 하는 밸브로, 부여중력에 의한 낙하를 방지하기 위하여 배압을 유지하는 밸브

44 다음 중 압력의 단위가 아닌 것은?
① atm
② psi
③ mol
④ pa

해설
- 몰(mol) : 물질의 질량을 나타내는 단위

45 실린더 로드가 전·후진 운동 시 간헐적 동작이 일어나는 현상은?
① 플립플롭
② 스틱 슬립
③ 캐스케이드
④ 오버라이드

해설
- 스틱슬립(stick slip) : 실린더 동작이 원활하지 못하고 걸린 듯한 동작을 하는 마찰 현상으로 기계의 수명 및 생산성을 나쁘게 하는 요소

46 회로압이 설정압을 넘으면 막이 파열되어 압유를 탱크로 귀환시켜 압력 상승을 막아 기기를 보호하는 역할을 하는 것은?
① 유체 퓨즈
② 감압 밸브
③ 방향제어 밸브
④ 파일럿 작동형 첵밸브

해설
- 유체 퓨즈 : 회로압이 설정압을 넘으면 막이 유체압에 의하여 파열되어 압유를 탱크로 귀환시킴과 동시에 압력상승을 막아 기기를 보호하는 장치

47 다음 중 공기 건조기의 종류가 아닌 것은?
① 냉동식 건조기
② 흡착식 건조기
③ 공랭식 건조기
④ 흡수식 건조기

해설
- 공기 건조기의 종류 : 냉동식 건조기, 흡착식 건조기, 흡수식 건조기

정답 44. ③ 45. ② 46. ① 47. ③

48 다음과 같은 유압회로의 언로드 형식은 어떤 형태로 분류되는가?

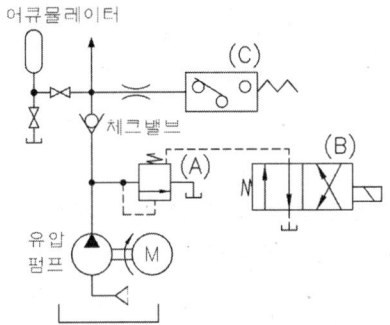

① 탠덤센서에 의한 방법
② 언로드 밸브에 의한 방법
③ 바이패스 형식에 의한 방법
④ 릴리프 밸브를 이용한 방법

49 셔틀밸브에 관한 설명으로 옳은 것은?
① OR 밸브이다.
② AND 밸브이다.
③ 압력을 일정하게 유지시키는 밸브이다.
④ 압력과 상반되는 출력을 내보내는 기능을 가진 밸브이다.

해설
• 셔틀밸브(Shuttle valve) : 1개의 출구와 2개 이상의 입구를 가지고, 출구가 최고 압력 측 입구를 선택하는 기능을 가진 밸브

50 유압 실린더에서 얻을 수 있는 힘(F)은 $F = A \times P$로 표현할 수 있다. A와 P가 의미하는 것은?
① A : 유량, P : 속도
② A : 단면적, P : 압력
③ A : 단면적, P : 파이프 길이
④ A : 펌프의 종류, P : 펌프의 크기

51 작동유가 장치 내에서 할 수 있는 기능으로 가장 거리가 먼 것은?
① 열 흡수
② 유압기기의 윤활
③ 동력의 전달기능
④ 기기의 강도 증가

48. ④ 49. ① 50. ② 51. ④

• 작동유(유압유)의 기능
  ㉮ 동력전달
  ㉯ 열 발산 및 흡수
  ㉰ 유압기의 윤활

52 공기탱크 압력이 최고압력을 초과하면 기기를 손상시키거나 필요 이상의 출력이 생긴다. 어느 한도 이상으로 압력이 상승하면 이를 대기에 방출시켜 압력을 내리는 역할을 하는 밸브는?
① 감압 밸브
② 시퀀스 밸브
③ 릴리프 밸브
④ 언로드 밸브

• 릴리프 밸브(Relief valve) : 회로내의 압력을 일정하게 유지시키는 밸브

53 다음 중 릴리프 밸브를 나타내는 기호는?

① 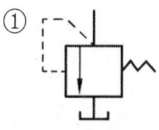   ②

③ 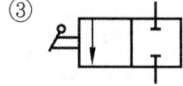   ④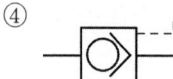

① 릴리프 밸브
② 스로틀 밸브
③ 기계식 방향제어 밸브
④ 체크밸브(파일럿조작)

54 용해 아세틸렌 취급시 주의사항으로 틀린 것은?
① 저정 장소에는 화기를 가까이 하지 말아야 한다.
② 용기는 40℃ 이하에서 보관한다.
③ 아세틸렌 충전구의 동결 시는 40℃ 이상의 온수로 녹여야 한다.
④ 저장 장소는 통풍이 잘 되어야 한다.

52. ③ 53. ① 54. ③

해설
• 아세틸렌
① 15도에서 15기압으로 충전, 이음매 있는 용기에 분해 폭발을 방지하기 위하여 다공물질(다공도 75% 이상, 92% 미만)을 넣고 아세톤을 침윤 시킨 후에 충전해 놓은 것이다.
② 사용압력은 1kg/cm 이하로 한다. 용기 저장고의 온도는 35도 이하로 유지한다.
③ 산소 발생기에서 5m 이내, 발생기 실에서 3m 이내의 장소에서 흡연과 화기를 사용하거나 불꽃이 일어나는 행위를 금한다. 밸브의 개폐는 조심스럽게 하고 1/2회전 이상 돌리지 않는다.
④ 법정압력 1.3kg/cm 이하, 2kg/cm 이상이면 폭발한다.
⑤ 호스는 2kg/cm 압력에 합격
⑥ 압력에 따른 토오치의 구분 : 저압식은 0.07 이하

55 다음 중 안전모의 성능시험의 종류에 해당하지 않는 것은?
① 외관
② 내전압성
③ 난연성
④ 내수성

56 연삭작업을 할 때 유의하여야 할 사항으로 옳지 않은 것은?
① 연삭작업은 숫돌의 측면에 서서 한다.
② 연삭기에는 반드시 안전 덮개를 설치하여야 한다.
③ 숫돌 바퀴와 받침대 사이의 간격은 8mm 이내로 한다.
④ 연삭 숫돌의 회전 속도는 규정 이상으로 빠르게 하지 않는다.

해설
• 숫돌 바퀴와 받침대 사이의 간격은 3mm 이내로 한다.

57 선반작업시 안전사항으로 틀린 것은?
① 기계 위에 공구나 재료를 올려놓지 않는다.
② 바이트 착탈은 기계를 정지시킨 다음에 한다.
③ 이송을 걸은 채 기계를 정지시키지 않는다.
④ 칩을 제거할 때는 맨손을 사용한다.

58 기계설비의 안전화를 위한 고려사항이 아닌 것은?
① 작업의 안전화
② 기능적 안전화
③ 참조적 안전화
④ 외과상의 안전화

55. ① 56. ③ 57. ④ 58. ③

59 가스 절단기 및 토치의 사용에 관한 설명으로 옳지 않은 것은?
① 토치의 점화는 토치 점화용 라이터를 사용한다.
② 토치에 기름이나 그리스를 바르지 않는다.
③ 팁을 청소할 때에는 반드시 팁 클리너를 사용한다.
④ 토치가 가열되었을 때는 산소를 잠그고 아세틸렌만 분출시킨 상태로 물에 식힌다.

60 사다리식 통로에 대한 설명으로 틀린 것은?
① 견고한 구조로 한다.
② 폭은 15cm 이상으로 한다.
③ 재료는 부식이 없는 것으로 한다.
④ 사다리 밑에는 미끄럼 방지를 한다.

해설
- 이동식 사다리의 구조
  ① 견고한 구조로 할 것
  ② 재료는 심한 손상, 부식 등이 없는 것으로 할 것
  ③ 폭은 30cm 이상으로 할 것
  ④ 발판의 간격은 동일하게 할 것
  ⑤ 다리부분에는 미끄럼 방지장치를 설치하는 등 미끄러지거나 넘어지는 것을 방지하기 위한 필요한 조치를 할 것

59. ④ 60. ②

2016년 2회 설비보전기능사 필기시험

01 유압펌프 운전시, 작동유의 온도가 몇 ℃ 정도에 도달될 때까지 무부하 운전하는 것이 좋은가?
① 0℃ ② 10℃
③ 40℃ ④ 80℃

02 송풍기(blower)의 주요 구성성분이 아닌 것은?
① 케이싱 ② 체인
③ 임펠러 ④ 커플링

03 다음 중 구부러진 축을 수리할 때 사용되는 공구는?
① 짐크로(jim crow) ② 파이프 렌치(pipe wrench)
③ 베어링 풀러(bearing puller) ④ 스톱 링 플라이어(stop ring plier)

04 유성기어 감속기에 관한 설명으로 옳지 않은 것은?
① 큰 감속비를 얻을 수 있다.
② 감속기 기어의 잇수 차이가 있다.
③ 입형 펌프를 이용하여 윤활한다.
④ 1kW 이하의 소형은 유욕 윤활을 한다.

05 도면에서 2종류 이상의 선이 같은 장소에서 겹치게 될 경우 가장 우선시 되는 선은?
① 치수보조선 ② 절단선
③ 외형선 ④ 숨은선

01. ③ 02. ② 03. ① 04. ④ 05. ③

해설
- 선이 겹칠 경우 우선 순위
  외형선 - 숨은선 - 절단선 - 중심선 - 무게중심선 - 치수 보조선

06 특수한 가공을 하는 부분의 특수 지정선으로 사용되는 선은?
① 가는 일점쇄선　　　　　② 굵은 일점쇄선
③ 굵은 실선　　　　　　　④ 가는 실선

07 글루브 밸브에 관한 설명으로 틀린 것은?
① 개폐가 빠르다.　　　　　② 압력강하가 적다.
③ 구조가 간단하다.　　　　④ 유체 저항이 크다.

08 오링(o-ring)을 정적실(Static Seal)로 사용할 경우 장점이 아닌 것은?
① 마찰이 적다.　　　　　　② 저압이 좋다.
③ 설치 공간이 작다.　　　　④ 실(Seal) 효과가 크다.

09 다음 중 나사의 표시법을 통하여 알 수 없는 것은?
① 나사의 감긴 방향　　　　② 나사산의 줄수
③ 나사의 종류　　　　　　④ 나사의 길이

10 전동기 기동불능의 원인으로 거리가 먼 것은?
① 배선의 단선　　　　　　② 전기 기기의 고장
③ 기계적 과부하　　　　　④ 베어링 마모

해설
- 기동불능 원인
  ㉠ 단선　　　　　　㉡ 전기 기기류의 고장
  ㉢ 운전 조작 잘못　㉣ 기계적 과부하
  ㉤ 퓨즈용단, 서머 릴레이, 노 퓨즈 브레이크 등의 작동

정답 06. ② 07. ② 08. ② 09. ④ 10. ④

11 다음 나사의 그림에서 [A]는 무엇을 나타내는가?
① 리드(lead)
② 피치(pitch)
③ 호칭지름
④ 모듈(module)

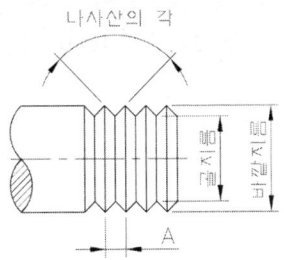

12 다음 중 회전력의 전달과 동시에 보스를 축 방향으로 이동시킬 수 있는 것은?
① 접선 키   ② 반달 키
③ 새들 키   ④ 미끄럼 키

해설
• 접선 키 : 접선 방향으로 설치하며, 2개의 키를 한 쌍으로 한다.
• 반달 키 : 키가 축과 보스 사이에 쉽게 자리 잡는다. 60mm 이하의 작은 테이퍼 축에 적합
• 새들 키 : 안장 키라고 하며 축과 보스 양쪽에 키 홈이 있다. 가장 많이 사용, 1/100 기울기 줌

13 배관지지 장치의 역할이 아닌 것은?
① 관의 중량을 지지한다.
② 관의 수축, 팽창을 흡수한다.
③ 외력에 의한 배관이동을 제한한다.
④ 배관의 누설을 방지한다.

14 윤활유와 비교할 때 그리스 윤활의 장점으로 틀린 것은?
① 누설이 적다.
② 급유간격이 길다.
③ 냉각작용이 우수하다.
④ 밀봉성이 좋고 먼지 등의 침입이 적다.

해설
• 그리스 윤활의 장점
  ㉮ 급유간격이 길다.   ㉯ 누설이 적다.
  ㉰ 밀봉성이 좋고 먼지 등의 침입이 적다.
• 그리스 윤활의 단점
  ㉮ 냉각 효과가 적다.   ㉯ 질의 균일성이 떨어진다.

정답 11. ② 12. ④ 13. ④ 14. ③

설비보전기능사 필기시험 기출문제

15 관속을 흐르는 유체의 종류를 표시하는 경우에는 문자나 기호로서 표시한다. 유체 종류와 문자기호가 올바르게 표시된 것은?
① 공기 - A
② 가스 - S
③ 증기 - W
④ 기름 - G

해설
- G : 가스
- S : 증기
- B : 브라인 또는 2차 냉매
- CH : 냉수
- O : 기름
- W : 물
- C : 냉각수
- R : 냉매

16 원심식 압축기와 비교한 왕복식 압축기의 장점에 해당하는 것은?
① 고압 발생이 가능하다.
② 맥동 압력이 없다.
③ 대용량이다.
④ 윤활이 쉽다.

해설
- 원심식 압축기의 장점
  ㉮ 설치 면적이 비교적 좁다.
  ㉯ 기초가 견고하지 않아도 된다.
  ㉰ 윤활이 쉽다.
  ㉱ 맥동 압력이 없다
  ㉲ 대 용량이다.
- 원심식 압축기의 단점
  ㉮ 고압 발생이 어렵다.

17 다음 중 석유계 윤활유가 아닌 것은?
① 파라핀기 윤활유
② 나프텐기 윤활유
③ 혼합 윤활유
④ 합성 윤활유

해설
- 비 광물유계 윤활유 : 동식물계 윤활유, 합성 윤활유

18 다음 중 미끄럼을 방지하기 위하여 안쪽 표면에 이가 있는 벨트로 정확한 속도가 요구되는 경우에 사용되는 것은?
① 천 벨트
② 가죽 벨트
③ 고무 벨트
④ 타이밍 벨트

15. ① 16. ① 17. ④ 18. ④ **정답**

19 곧은자를 제품에 대고 실제 길이를 알아내는 측정법으로 옳은 것은?
① 비교측정 ② 직접측정
③ 한계측정 ④ 간접측정

해설
- 직접 측정기 : 버니어 캘리퍼스, 마이크로미터, 하이트 게이지, 눈금자(강철자), 측장기, 각도기
- 비교 측정기 : 다이얼 게이지, 인디케이터, 실린더 게이지, 미니미터, 옵티미터, 틈새 게이지, 한계 게이지, 나사 게이지, 공기마이크로미터, 전기마이크로미터, 내경퍼스, 패소미터, 측미현미경

20 재해의 직접 원인이 아닌 것은?
① 물체 자체의 결함 ② 안전방호 장치의 결함
③ 불충분한 경보 시스템 ④ 안전 지식의 부족

21 설비 및 구조들의 고유진동수와 외부환경조건에 의한 강제진동수가 일치할 경우 설비 및 구조물에 진폭이 크게 발생하면서 소음이 발생한다. 이러한 현상을 무엇이라 하는가?
① 언밸런스(Unbalance) ② 기계적 풀림(Looseness)
③ 미스얼라인먼트(Misalignment) ④ 공진(Resonance)

해설
- 언밸런스(unbalance) : 언밸런스는 진동의 가장 일반적인 원인으로 모든 기계에 약간씩 존재하며 회전체의 회전중심이 맞지 않는 상태를 언밸런스라 한다.
  ※ 언밸런스 진동의 특성
    ㉮ 회전 주파수의 1f 성분의 탁월 주파수가 나타난다.
    ㉯ 회전 벡터이므로 언밸런스량과 회전수가 증가할수록 진동레벨이 높게 나타난다.
- 미스얼라인먼트(misalignment) : 미스얼라인먼트는 커플링 등에서 서로의 회전 중심선(축심)이 어긋난 상태로서 일반적으로는 정비 후에 발생하는 경우가 많다. 항상 회전주파수의 2f(3f)의 특성으로 나타나며 높은 축 진동이 발생한다.
- 기계적 풀림 : 부적절한 마운드나 베어링의 케이스에서 주로 발생한다. 특성으로는 축의 회전주파수 f와 그 고주파성분(2f, 3f, …) 또는 분수주파수 성분(1/2f, 1/3f, …)이 나타난다.
- 공진형상 : 외력의 진동수와 계의 어느 한 고유진동수가 일치할 때 진동이 발생한다. 이때 계는 위험한 큰 폭의 진동(2배의 진폭이 생성됨)이 발생한다.(교량, 빌딩, 비행기의 날개 등 파괴의 원인)
  ※ 공진현상 방지법
    ㉮ 우발력의 주파수를 기계 고유진동수와 다르게 한다.(기계의 회전수를 변경한다)
    ㉯ 기계의 강성과 질량을 바꾸고 고유진동수를 변화시킨다.(기계의 보강)
    ㉰ 우발력을 없앤다.

정답 19. ② 20. ④ 21. ④

22 물체를 올릴 때는 제동 작용을 하지 않고 클러치 작용을 하며, 물체를 아래로 내릴 때는 속도를 조절하거나 정지시킬 때 사용되는 브레이크는?

① 블록 브레이크 ② 밴드 브레이크
③ 자동하중 브레이크 ④ 래치 휠(rachet wheel)

해설
- 블록 브레이크 : 회전하는 브레이크 드럼을 브레이크 블록으로 누르게 한 것으로, 블록의 수에 따라 단식 블록 브레이크, 복식 블록 브레이크로 나눈다.
- 밴드 브레이크 : 레버를 사용하여 브레이크 드럼의 바깥에 감겨있는 밴드에 장력을 주면 밴드와 브레이크 드럼 사이에 마찰력이 발생하며 이 마찰력에 의해 제동하는 것을 밴드 브레이크라 한다.
- 래치 휠(rachet wheel) : 폴과 결합하여 사용되며 축의 역전을 방지하기 위한 장치이며, 브레이크 장치의 일부로 사용하기도 한다. 종류로는 외측 래치 휠, 내측 래치 휠이 있다.
- 자동하중 브레이크 : 종류로는 웜 브레이크, 나사 브레이크, 원심 브레이크, 전자 브레이크가 있다.

23 윤활급유법 중 순환급유법이 아닌 것은?

① 비말 급유법 ② 유욕 급유법
③ 적하 급유법 ④ 원심 급유법

해설
- 순환식 급유법
  ㉮ 패드 급유법 ㉯ 유륜식 급유법 ㉰ 유욕 급유법
  ㉱ 비말 급유법 ㉲ 중력 순환 급유법 ㉳ 강제 순환 급유법
  ㉴ 원심 급유법
- 비순환식 급유법 적하급유
  ㉮ 수 급유법
  ㉯ 적하 급유법 : 사이펀 급유법(syphon oiling), 바늘 급유법(needle oiling), 가시 적하 급유법(sight feed oiling), 실린더용 적하 급유법(cylinder feed oiling), 플런저식 적하 급유법, 펌프 연결식 적하 급유법, 플런저식 압입 적하 급유법
  ㉰ 가시 부상 유적 급유법

24 기계제도에서 단면의 해칭법에 대한 설명으로 틀린 것은?

① 기본 중심선에 대하여 대략 45°의 가는 실선으로 일정한 간격으로 그린다.
② 서로 인접한 다른 단면의 해칭은 선의 방향 또는 각도를 바꾸거나 해칭선의 간격을 바꾸어 구별한다.
③ 필요에 따라 해칭하지 않고 채색을 할 수 있으며 이것을 스머징(Smudging)이라 한다.
④ 해칭한 곳에 치수를 기입할 때는 해칭을 중단하지 않고 치수를 기입해야 한다.

22. ③ 23. ③ 24. ④ **정답**

해설
㉮ 단면은 원칙적으로 기본 중심선에서 절단한 면으로 표시한다.(이때 절단선은 기입하지 않는다.)
㉯ 단면은 필요한 경우에는 기본 중심선이 아닌 곳에서 절단한 면으로 표시해도 좋다.(단, 이 경우에는 절단 위치를 표시해 놓아야 한다.)
㉰ 단면을 표시할 때에는 대개의 경우 해칭(hatching)을 한다.
㉱ 절단 위치에는 가는 일점쇄선으로 절단선을 그린다.
㉲ 투상 방향과 같은 방향으로 화살표를 그리고 알파벳 대문자로 단면 구분 표시(A)를 한다.
㉳ 단면도에도 A-A형식으로 단면 구분 표시를 한다.
㉴ 숨은선은 단면도에 되도록 기입하지 않는다.
㉵ 단면도는 단면을 그리기 위하여 제거했다고 가정한 부분도 그린다.

25 계측 장치의 설명 중에서 틀린 것은?
① 원격 측정식은 대부분 자동 측정형이다.
② 직접 측정식은 지시형, 가반형(Portable)이 많다.
③ 관리 작업용은 정밀도가 높으며, 정수(Digital)형이 사용된다.
④ 장치 공업용은 정치식, 자동지시식, 기록식이 많이 사용된다.

26 다음 중 설비의 효율화를 저해하는 로스가 아닌 것은?
① 속도 로스　　　　　② 고장 로스
③ 가동 로스　　　　　④ 일시 정체 로스

해설
• 6대 로스 : 고장로스, 작업준비 및 조정, 속도저하, 일시정체, 불량 수정, 초기로스
• 고장 로스 : 가장 많이 발생하는 로스의 원인
• 속도 저하 로스(속도 로스) : 설비의 설계속도와 실제로 움직이는 속도와의 차이에서 생기는 로스
• 순간 정지 로스(일시 정체 로스) : 작업물이 슈트에 막혀서 공전하거나, 품질 불량 때문에 센서가 작동하여 일시적으로 정지하는 경우로서 이들은 작업물을 제거하거나 리셋하면 설비가 정상적으로 작동하는 것이며 설비의 고장과는 본질적으로 다르다.
• 수율 저하 로스(초기 수율로스) : 생산개시 시점으로부터 안정화될 때까지의 사이에 발생하는 로스를 말한다.

27 TPM의 목표와 가장 잘 부합되는 것은?
① 사람의 체질개선　　　② 자재의 체질개선
③ 품질의 체질개선　　　④ 설비의 체질개선

정답 25. ② 26. ③ 27. ④

해설
- TPM(Total Productive Maintenance) : 전원 참가 생산 보전의 약칭으로 설비 고장을 원천봉쇄하는 전사적 생산 보전을 말한다.

28 설비관리의 목표를 설명한 것 중 옳은 것은?
① 기업의 생산성 향상
② 설비 투자비용 극대화
③ 설비의 수리비용 확대
④ 기업의 설비관리 인력 증원

29 치공구의 보전단계에 해당되는 것은?
① 공구의 검사
② 공구의 표준화
③ 공구의 연구 시험
④ 공구의 소요량 계획

해설
- 공구관리 기능

공구의 계획단계	공구의 보전단계
① 공구의 설계·표준화	① 공구의 제작·관리
② 공구의 연구와 시험	② 공구의 검사
③ 공구의 사용조건 관리	③ 공구의 보관·대출
④ 공구 소요량의 계획·보충	④ 공구의 연삭

30 불량품, 결점, 사고 건수 등을 그 현상이나 원인별로 데이터를 내고 수량이 많은 순서대로 나열하여 막대 그래프로 표시하는 것은?
① 관리도
② 파레토도
③ 특성 요인도
④ 히스토그램

해설
- 파레토(Pareto) : 불량품이라든가 결점, 클레임, 사고건수 등을 그 현상이나 원인별로 데이터를 내고 수량이 많은 순서로 나열하여 그 크기를 막대그래프로 나타낸 것으로서 진정한 문제점이 뭔지를 찾아낼 수 있다.
- 관리도(Control Chart) : 품질은 산포하고 있으므로 공정에서 시계열적으로 변화하는 산포의 모습을 보고 공정이 정상 상태인가, 이상 상태인가를 판독하기 위한 수법이다. 관리도 작성 시에는 설비, 작업자, 재료, 작업방법 등 제조요인에 따라 층별하는 방법을 강구하여야 한다.
- 특성요인도(Cause and effect Chart) : 결과(제품의 특성)에 원인(요인)이 어떻게 관계하고 있으며 영향을 주고 있는가를 한 눈에 알 수 있도록 작성한다.
- 산점도 : 두 개의 대응하는 데이터가 있을 때, 이 두 데이터에 상관관계가 있는지 여부를 판단하는 수법으로 30개 이상의 대응하는 데이터가 필요하다.

28. ① 29. ① 30. ②

• 힛토그램(Histogram) : 공정에서 취한 계량치 데이터가 여러 개(약 100개) 있을 때 데이터가 어떤 값을 중심으로 어떤 모습으로 산포하고 있는가를 조사하는 데 사용하는 그림으로써 보통 길이, 무게, 시간, 경도 등을 측정한 그림이다.

31 공사의 완급도에 따른 구분의 설명이 잘못된 것은?
① 준급공사 = 당월에 착수하는 공사
② 긴급공사 = 즉시 착수해야 할 공사
③ 예비공사 = 한가할 때 착수하는 공사
④ 계획공사 = 일정 계획을 수립하여 통제하는 공사

해설
• 준급공사 = 당 계절에 착수하는 공사

32 자주보전의 역할분담 중 일상보전의 활동에 속하지 않는 것은?
① 청소   ② 급유   ③ 조정   ④ 진단

해설
• 일상보전 : 청소, 급유, 점검, 조정, 조이기 등

33 공사관리에서 일부설비가 고장 나는 경우에 일련의 설비를 일제히 정지시켜, 함께 보전을 수행하는 방법은?
① 휴지공사   ② 개별공사
③ 설비공사   ④ 예지공사

34 설비열화의 대책에 해당하지 않는 것은?
① 열화 안정   ② 열화 회복
③ 열화 방지   ④ 열화 검사

35 설비보전의 목적에 해당되지 않은 것은?
① 품질 향상   ② 원가 절감
③ 외주 이용   ④ 생산량 증대

31. ① 32. ④ 33. ① 34. ③ 35. ③

36 설비의 라이프 사이클(Life Cycle)과 시스템 방법을 연결하였다. 잘못 연결한 것은?
① 시스템 관리 - 운용 유지
② 시스템 연구 - 시스템 효율성
③ 시스템 공학 - 시스템의 설계 개발
④ 시스템 해석 - 시스템의 개념 구성과 규격 결정

37 교체방식으로 일정기간이 되면 모든 부품을 신품과 교체하는 방식은?
① 각개 교체 ② 최적 교체
③ 일제 교체 ④ 개별 사전 교체

38 만성 로스의 대책이 아닌 것은?
① 현상 해석 철저 ② 미소 결함 무시
③ 결함을 표면으로 도출 ④ 관리해야 할 요인계 철저히 검토

39 다음의 설명 중 틀린 것은?
① 생산성 = 산출/투입 ② L = 신뢰도 + 불신뢰도
③ 고장율 = 고장수/동작시간의 합 ④ 제품단위당 보전비 = 산출/보전비

40 방향제어 밸브에 해당하는 것은?
① 분류 밸브 ② 체크 밸브
③ 시퀀스 밸브 ④ 카운터 밸런스 밸브

해설
• 방향제어밸브 : 시퀀스 밸브
• 압력제어밸브 : 체크밸브, 카운터 밸런스 밸브

41 공압의 특징에 대한 설명으로 틀린 것은?
① 배기소음이 발생한다. ② 위치 제어가 용이하다.
③ 에너지 축척이 용이하다. ④ 과부하가 되어도 안전하다.

정답 36. ② 37. ③ 38. ② 39. ④ 40. ② 41. ②

- 공압의 특징
  - ㉮ 동력원인 압축공기를 간단히 얻을 수 있다.
  - ㉯ 힘의 전달이 간단하고 어떤 형태로도 전달 가능하다.
  - ㉰ 힘의 증폭이 용이하다.
  - ㉱ 속도 변경이 가능하다.
  - ㉲ 제어가 간단하다.
  - ㉳ 취급이 간단하다.
  - ㉴ 인화의 위험이 없다.
  - ㉵ 배기소음이 발생한다.
  - ㉶ 에너지 축적이 용이하다.

42 그림의 기호와 같은 일정용량형 유압모터의 흐름 형태는?
① 한방향 흐름
② 두방향 흐름
③ 하부방향 흐름
④ 우방향 흐름

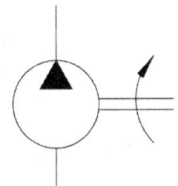

43 다음 중 용도가 서로 다른 밸브는?
① 릴리프 밸브
② 시퀀스 밸브
③ 교축 밸브
④ 언로드 밸브

 • 압력 제어 밸브 : 릴리프 밸브, 감압 밸브, 시퀀스 밸브, 언로드 밸브

44 그림과 같은 유압회로에 대한 설명으로 틀린 것은?
① 릴리프 밸브의 가동율이 높다.
② 미터인 방식의 속도제어 회로이다.
③ 압력에너지의 손실과 유온 상승이 많다.
④ 부하의 크기에 따라 펌프 토출합력이 변화한다.

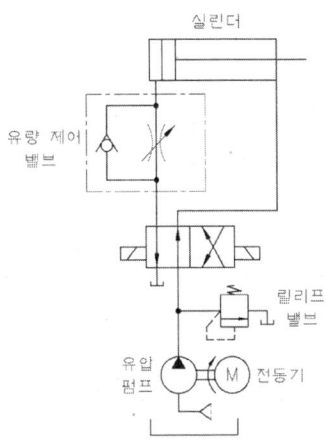

42. ① 43. ③ 44. ④

45 다음 중 온도 변화에 따른 점도변화가 가장 적은 점도지수는?
① 1　　　　　　　　　　② 32
③ 46　　　　　　　　　　④ 90

> • 점도지수란 온도 변화에 따른 점도 변화를 나타내는 수치로 값이 100에 가까울수록 온도 변화에 따른 점도변화가 작다고 할 수 있다.

46 다음 중 밸브의 작업 포트를 표현하는 기호는?
① A　　　　　　　　　　② P
③ Z　　　　　　　　　　④ R

	ISO 1219	ISO 5599
작업라인	A, B, C, …	2, 4, 6, …
압축공기 공급라인	P	1
배기구	R, S, T, …	3, 5, 7, …
제어라인	Z, Y, X …	A, B, C, …

47 전·후진 시 같은 속도와 힘으로 일을 할 수 있는 공압실린더는?
① 텐덤실린더　　　　　　② 로드리스실린더
③ 다위치제어실린더　　　④ 양로드형실린더

> • 양로드 실린더 (Double rod cylinder) : 피스톤 로드가 양쪽에 있는 실린더로 전진 및 후진시 같은 속도와 힘을 얻을 수 있다.

48 다음 중 유압장치의 구성 요소가 아닌 것은?
① 공기(air)　　　　　　　② 동력원(power unit)
③ 제어부(control part)　　④ 액추에이터(actuator)

> • 유압장치의 기본 구성요소
> ㉮ 유압발생부 : 유압펌프, 오일탱크, 오일 냉각기, 필터, 압력계 등
> ㉯ 유압제어부 : 방향제어밸브, 압력제어밸브, 유량조절밸브 등
> ㉰ 유압액추에이터 : 유압모터, 요동모터, 유압실린더 등

45. ④　46. ①　47. ④　48. ①

49 다음 중 왕복동식 공기 압축기는?

① 베인식　　　　　　② 스크류식
③ 피스톤식　　　　　④ 루트 블로어

> • 공기압축기
> ㉮ 피스톤형 : 피스톤의 왕복운동으로 압축
> ㉯ 베이형 : 전기모터, 엔진등에 의해 회전하여 압축
> ㉰ 스크류형 : 고정자 내부를 스크류가 회전하면서 압축

50 다음 중 파스칼의 원리를 이용하지 않은 것은?

① 수압기　　　　　　② 유압 장치
③ 공기 압축기　　　　④ 내부 확장식 제동장치

> • 파스칼의 원리 이용장치 : 액체 압력이용장치(수압기, 유압장치, 내부 확장식 제동장치)

51 어큐뮬레이터(축압기)의 사용 목적이 아닌 것은?

① 에너지의 축적　　　② 유체의 맥동 감쇠
③ 충격 압력의 흡수　　④ 유체의 누설방지

> • 축압기(Accumulator)의 용도
> ㉮ 유압에너지의 축적　㉯ 2차 회로의 구동
> ㉰ 맥동 감쇠　　　　　㉱ 압력유량의 보상
> ㉲ 맥동흡수　　　　　㉳ 충격 압력 흡수
> ㉴ 액체의 수송

52 관속을 흐르는 유체에서 "$A_1V_1 = A_2V_2 = 일정$"하다는 유체 운동의 이론은?

① 파스칼의 원리상　　② 연속의 법칙
③ 베르누이의 정리　　④ 오일러 방정식

> • 연속의 법칙 : 관속을 흐르고 있는 유체는 모든 단면을 통과하는 중량과 유량은 일정하다.

49. ③　50. ③　51. ④　52. ②

53 로드리스(rodless)실린더에 대한 설명으로 틀린 것은?
① 피스톤 로드가 없다.
② 비교적 행정이 짧다.
③ 설치공간을 줄일 수 있다.
④ 임의의 위치에 정지시킬 수 있다.

해설
• 로드리스 실린더(Rodless cylinder) : 실린더 로드가 없는 실린더로 설치장소감소, 행정거리 증가, 임의 중간위치 정지를 시킬 수 있는 실린더

54 산업안전보건법의 목적에 관한 내용으로 적합하지 않은 것은?
① 산업재해를 예방
② 쾌적한 작업환경을 조성
③ 산업안전·보건에 관한 기준을 확립
④ 재해발생 시 책임을 물어 형사 처벌

55 산업용 로봇을 이용하여 작업 시 안전 조치 사항으로 맞지 않는 것은?
① 로봇의 사용 조건에 따라 위험 영역을 명확히 하고, 안전 방호 울타리를 설치한다.
② 로봇이 자동의 상태로 운전 또는 대기하는 동안은 그 상태에 있음을 주위에 명시한다.
③ 위험 영역 안에 작업자가 있더라도 자동의 상태로 로봇을 가동한다.
④ 높이가 2m 이상인 곳에서 로봇의 설정, 조정, 보전 등의 작업이 필요할 경우에는 플랫폼을 설치한다.

56 안전에 대한 관심과 이해가 인식되고 유지됨으로써 얻을 수 있는 이점은?
① 기업의 이직률 감소
② 기업의 투자경비 증대
③ 기업의 대외 신용도 저하
④ 이기적인 직장 분위기 조성

57 해머 사용 시의 유의해야 할 사항으로 틀린 것은?
① 자루가 미끄러우면 장갑을 낀다.
② 쐐기를 박아서 자루가 단단한 것을 사용한다.
③ 녹슨 것을 해머질 할 때에는 보호안경을 사용한다.
④ 작업 전에 정비상태의 이상유무를 점검한 후 사용한다.

53. ② 54. ④ 55. ③ 56. ① 57. ①

58 다음 중 추락방지대책이 아닌 것은?
① 악천후 시 작업 금지
② 작업 발판 등의 설치
③ 개구부 등의 방호장치
④ 지붕 위에서 작업 시 사다리 계단폭 10cm ~ 20cm의 발판 설치

59 다음 중 가연성 가스가 아닌 것은?
① 산소　　　　　　② 수소
③ 프로판　　　　　④ 아세틸렌

해설
• 가연성 가스 : 산소 또는 공기와 혼합하여 점화하면 연소하는 가스로 수소, 메탄, 에탄, 프로판, 아세틸렌, 에틸렌, 부탄 등이 있다.

60 화학물질 취급 장소에서의 유해·위험을 경고하기 위해 사용하는 안전·보건 표지의 색채로 맞는 것은?
① 녹색　　　　　　② 흰색
③ 빨간색　　　　　④ 파란색

정답　58. ④　59. ①　60. ③

2017년 1회 설비보전기능사 필기 모의고사

01 설비의 기능이 정지된 후 원래의 상태로 복원 고장, 정지 또는 유해한 성능저하를 가져온 후에 수리를 행하는 것으로 맞는 것은?

① 개량보전 ② 종합적 생산보전
③ 사후보전 ④ 보전예방

해설
- 사후보전 : 설비의 기능이 정지된 후 원래의 상태로 복원 고장, 정지 또는 유해한 성능저하를 가져온 후에 수리를 행하는 것
- 예방보전 : 설비의 고장이 발견되기 전에 미리 발견하여 운전 상태를 유지하는 것
- 생산보전 : 생산의 경제성을 높이기 위한 보전으로 예방보전을 말한다.
- 개량보전 : 설비 자체의 체질을 개선시켜 수명이 길고, 고장이 적으며, 보전절차가 없는 재료나 부품을 사용할 수 있도록 설비를 개조, 갱신하는 보전
- 보전예방 : 고장이 없고 보전이 필요 없는 설비의 설계 제작, 구입

02 설비의 효율(종합적 효율)을 최고 목표로 하여 설비의 라이프 사이클을 대상으로 한 PM의 종합 시스템을 확립하고 설비의 계획, 사용, 보전부문을 전 사원이 참여하는 설비관리 방법으로 맞는 것은?

① 개량보전 ② 종합적 생산보전
③ 보전예방 ④ 사후보전

해설
- 특징
  ㉮ 전 사원의 참여(최고 경영자부터 제일선 종업원)
  ㉯ 전 사원이 참여하는 동기부여 관리
  ㉰ 그룹별 자주관리 활동에 의한 PM추진

03 시간의 경과와 함께 고장발생이 감소되는 고장률 감소형 기간으로, 비교적 높은 신뢰성을 가진 것만 남는 형식의 고장 형태는?

① 초기 고장기 ② 우발 고장기
③ 중간 고장기 ④ 종료 고장기

01. ③ 02. ② 03. ①

해설
- 시간의 경과와 함께 고장 발생이 감소되는 고장률 감소형 기간으로, 비교적 높은 신뢰성을 가진 것만 남는 형식이다.
- 초기 고장기에는 예방보전은 불필요하고 보전원은 설비를 점검하고 불량개소를 발견하면 이를 개선 수리하며 불량품은 그때마다 대체한다.

04 초기 고장기의 원인이 아닌 것은?
① 부품수명이 짧은 것
② 설계 불량
③ 조립 불량
④ 제작 불량

해설
대표적인 원인은 다음과 같다.
㉮ 부품수명이 짧은 것
㉯ 설계 불량
㉰ 제작 불량

05 설비의 사용 중에 생산량 수율(收率), 정도(精度) 등의 성능이나 전력, 증기 등의 효율이 점차로 저하하는 형이 아닌 것은?
① 공작기계
② 압축기
③ 전해조
④ 연마기

해설
- 성능저하형(기능 저하)으로 설비의 사용 중에 생산량 수율(收率), 정도(精度) 등의 성능이나 전력, 증기 등의 효율이 점차로 저하하는 형

06 완전 윤활 혹은 후막 윤활이라고도 하며, 이것은 가장 이상적인 유막에 의해 마찰 면이 완전히 분리되어 베어링 간극 중에서 균형을 이루게 되는 윤활로 윤활 상태의 모형은?
① 전막 윤활
② 우발 고장기
③ 경계 윤활
④ 유체 윤활

07 어떤 신뢰성 대상물에 대한 전 사용시간의 비를 말하며, 고장률의 역수를 무엇이라 하는가?
① 신뢰도
② 고장률
③ 평균 사용시간
④ 평균고장간격

정답 04. ③ 05. ④ 06. ④ 07. ④

해설
- 어떤 신뢰성 대상물에 대한 전 사용시간의 비를 말하며, 고장률의 역수이다.
  MTBF : 평균고장간격, F(t) : 고장률
  MTBF = 1/F(t)
- 유체윤활(lubrication) : 완전 윤활 혹은 후막 윤활이라고도 하며 이것은 가장 이상적인 유막에 의해 마찰면이 완전히 분리되어 베어링 간극 중에서 균형을 이루게 되는 윤활
- 경계윤활(boundary lubrication) : 불안정 윤활 또는 얇은 막이라고도 하며 이것은 후막 윤활 상태에서 하중이 증가하거나 유온이 상승하면 생기는 윤활
- 극압윤활(extreme-pressure lubrication) : 불안전 윤활보다 하중이 증가하고 마찰온도가 높아지면 흡착 유막으로는 지탱할 수 없어 유막이 파괴되어 금속 간 접촉이 생겨 금속부문에 융착(融着)과 소부(燒付) 현상이 발생한다.

08 전기 절연유의 설명으로 틀린 것은?

① 1종 : 광유를 주재료로 사용
② 2종~6종 : 합성유를 주재료로 사용
③ 5종 : 알킬벤젠을 혼합사용
④ 금속가공용 윤활유

해설
- 전기 절연유 : 오일속의 콘덴서나 케이블, 변압기 등에 사용하는 것을 말하며 1종~7종까지로 구분한다.
  ㉮ 1종 : 광유를 주재료로 사용
  ㉯ 2종 ~ 6종 : 합성유를 주재료로 사용
  ㉰ 7종 : 알킬벤젠을 혼합사용
  ㉱ 금속가공용 윤활유, 절삭유, 연삭유, 열처리유, 압연유, 소성 가공유 등이 있다.

09 그리스(Grease)급유법의 장점이 아닌 것은?

① 급유간격이 길다.
② 누설이 적다.
③ 냉각효과가 적다.
④ 밀봉성이 좋고 먼지 등 이물질 침입이 적다.

해설
- 장점
  ㉮ 급유간격이 길다.
  ㉯ 누설이 적다.
  ㉰ 밀봉성이 좋고 먼지 등 이물질 침입이 적다.

08. ③ 09. ③

10 다음과 같은 윤활 형태는?

① 전막윤활
② 우발 고장기
③ 유체윤활
④ 마찰윤활

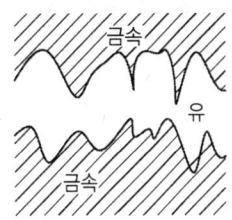

11 극압제(極壓制)의 종류로 틀린 것은?

① 염소(Cl)
② 유황(S)
③ 인(P)
④ 황(S)

• 극압제(極壓制) : 염소(Cl), 유황(S), 인(P) 등이 사용된다.

12 KS의 부문별 기호에서 기계를 나타내는 것은?

① KS A
② KS B
③ KS C
④ KS E

• KS A : 기본   • KS C : 전기   • KS D : 금속   • KS E : 광산
• KS F : 토건   • KS G : 일용품 • KS H : 식료품 • KS K : 섬유
• KS L : 요업   • KS M : 화학   • KS P : 의료   • KS R : 수송기계
• KS V : 조선   • KS W : 항공   • KS X : 정보산업

13 원도 위에 tracing paper를 놓고 연필 또는 먹물로 그린 도면, 즉 다수의 도면을 복사하기 위하여 만드는 도면은?

① 복사도
② 스케치도
③ 트레이스도
④ 원도

• 복사도 : 트레이스도를 원도로 하여 감광지에 복사한 도면으로서 공장 관계자에게 배포되며, 여러 가지 계획과 작업이 이것에 의하여 진행되며 청사진(blue print)이라고도 함.
• 스케치도 : 물체를 보고 원도(original drawing)를 그리기 위하여 물체의 모양을 프리핸드(freehand)로 그리는 그림
• 트레이스도 : 원도 위에 tracing paper를 놓고 연필 또는 먹물로 그린 도면. 즉 다수의 도면을 복사하기 위하여 만드는 도면
• 원도 : 제도지 위에 연필로 그리는 최초의 도면

10. ③   11. ④   12. ②   13. ③

14 제도용지 규격에서 A0의 규격으로 맞는 것은?

① 420×594 ② 297×420
③ 841×1189 ④ 210×297

해설
제도용지 규격

호칭		A0	A1	A2	A3	A4
크기(a×b)		841×1189	594×841	420×594	297×420	210×297
윤곽선	c(최소)	20	20	10	10	10
	d(최소) 철하지 않을 때	20	20	10	10	10
	철할 때	25	25	25	25	25

15 그림이 치수와 비례하지 않을 경우, 치수 밑에 밑줄을 긋거나 "비례가 아님"을 나타내는 것은?

① QS ② NS
③ PS ④ DS

16 얇은 부분의 단선도시를 명시하는 선은?

① 굵은 실선 ② 가는 실선
③ 아주 굵은 선 ④ 가는 2점 쇄선

해설
- 굵은 실선 : 외형선(대상물의 보이는 부분의 모양을 표시하는 선)
- 가는 실선 : 치수선, 치수보조선, 지시선, 회전단면선, 중심선, 수준면선
- 아주 굵은 선 : 특수 용도선(얇은 부분의 단선도시)
- 가는 2점 쇄선 : 가상선, 무게중심선

17 직접측정의 장점이 아닌 것은?

① 측정 범위가 넓다.
② 실제치수를 얻을 수 있다.
③ 다품종 소량 측정에 적합하다.
④ 소품종 대량 측정에 적합하다.

해설
- 직접측정 : 측정기로부터 직접 피측정물의 치수를 읽는 방법을 말한다.

14. ③ 15. ② 16. ③ 17. ④

18 비교측정기가 아닌 것은?
① 다이얼 게이지   ② 미니미터
③ 마이크로미터   ④ 공기마이크로미터

> • 비교측정 : 표준길이와 비교하여 그 표준치와의 차를 측정하는 방법
> (예 : 다이얼 게이지, 인디케이터, 실린더 게이지, 미니미터, 옵티미터, 틈새 게이지, 한계 게이지, 나사 게이지, 공기마이크로미터, 전기마이크로미터, 내경퍼스, 패소미터, 측미 현미경 등)

19 정비용 측정기구가 아닌 것은?
① 베어링 체커   ② 진동계
③ 소음계   ④ 오스터

> • 정비용 측정기구 : 베어링 체커, 진동계, 지시 소음계, 회전계, 표면 온도계
> • 배관용 공기구 : 오스터, 파이프 렌치, 파이프 커터, 파이프 바이스, 파이프 벤더, 유압 파이프 벤더, 플러링 툴 세트

20 아베의 원리에 맞는 측정기는?
① 버니어 캘리퍼스   ② 외측 마이크로미터
③ 캘리퍼스형 내측 마이크로미터   ④ 아베의 원리

> • 아베의 원리(Abbe's principle) = 콤퍼레이터의 원리
> 측정하려는 시료와 표준자는 측정 방향에 있어서 동일 축선상의 일직선상에 배치하여야 한다.
> • 아베의 원리에 맞는 측정기
> 강철자, 줄자, 눈금자, 측장기, 외측 마이크로미터, 깊이 마이크로미터, 나사 마이크로미터, 단체형(봉형 = 막대형)내측 마이크로미터
> • 아베의 원리(콤퍼레이터의 원리)에 어긋나는 측정기
> 버니어 캘리퍼스, 하이 트게이지, 캘리퍼스형 내측 마이크로미터, 캘리퍼스형 외경 마이크로미터

21 기계정비용 재료 중 접착제의 구비조건이 잘못된 것은?
① 액체성일 것
② 고체 표면에 침투 모세관 작용을 할 것
③ 전기의 전도성이 좋을 것
④ 도포 후 고체화하여 일정한 강도를 가질 것

정답 18. ③ 19. ④ 20. ② 21. ③

해설
- 접착제의 구비조건
  ㉮ 액체성일 것
  ㉯ 고체 표면의 좁은 틈새에 침투하여 모세관 작용을 할 것
  ㉰ 도포 후 고체화하여 일정한 강도를 가질 것

22 볼트와 너트의 풀림 방지 방법으로 적합하지 않은 것은?
① 스프링, 이붙이, 혀붙이 등의 풀림방지용 와셔를 사용한다.
② 분할 핀, 홈달림 너트 등 풀림방지용 너트를 사용한다.
③ 구리선을 이용하는 방법
④ 아연도금 연 철선에 의한 와이어 고정방법을 사용한다.

해설
- 볼트, 너트의 풀림(이완)방지
  ㉮ 홈 달림 너트 분할 핀 고정법
  ㉯ 절삭 너트에 의한 방법
  ㉰ 로크 너트(더블)에 의한 방법
  ㉱ 특수 너트에 의한 방법
  ㉲ 분할 핀 고정에 의한 방법
  ㉳ 자동 죔 너트(절삭 너트)에 의한 방법
  ㉴ 와셔에 의한 방법
  ㉵ 멈춤 나사에 의한 방법
  ㉶ 플라스틱 플러그에 의한 방법
  ㉷ 철사를 이용하는 방법
  ㉸ 핀, 작은 나사
  ㉹ 홈 달림 너트(홈붙이 너트)와 핀
  ㉺ 아연도금 연철 선에 의한 와이어 고정방법

23 다음 중 전동용 기계요소가 아닌 것은?
① 볼트, 너트   ② 기어
③ 벨   ④ 체인 전동장치

해설
- 체결용 기계요소 : 나사, 볼트, 너트, 키, 핀, 코터, 리벳, 축 관련부품
- 전동용 기계요소 : 기어, 벨트, 로프, 체인 전동장치

22. ③ 23. ①

24 다음 중 운동용 나사가 아닌 것은?
① 사각나사 ② 톱니나사
③ 미터나사 ④ 둥근나사

해설
- 결합용 나사 : 미터나사, 유니파이나사, 관용나사
- 운동용 나사 : 사각나사, 사다리꼴나사, 톱니나사, 볼나사, 둥근나사

25 와셔(washer)의 용도로 틀린 것은?
① 볼트 구멍이 볼트 지름보다 작을 때
② 볼트머리 및 너트를 받치는 면에 요철이 심할 때
③ 내압력이 작은 목재, 고무, 경합금 등의 볼트를 사용할 때
④ 너트의 풀림방지

해설
- 와셔(washer)의 용도
  ㉮ 볼트 구멍이 볼트 지름보다 너무 클 때
  ㉯ 볼트머리 및 너트를 받치는 면에 요철이 심할 때
  ㉰ 내압력이 작은 목재, 고무, 경합금 등의 볼트를 사용할 때
  ㉱ 너트의 풀림방지
  ㉲ 개스킷을 조일 때
  ㉳ 자리면의 재료가 탄성이 부족하여 볼트의 죔 압력을 오랫동안 유지하지 못할 때, 구멍이 클 때
  ㉴ 내압력이 작은 목재 접촉면이 기울어져 있을 때
  ㉵ 고무, 경합금 등의 볼트를 사용할 때

26 전동기 기동불능의 원인이 아닌 것은?
① 운전 조작 잘못 ② 단선
③ 기계적 과부하 ④ 베어링 마모

해설
- 전동기 기동불능의 원인
  ㉮ 퓨즈용단, 서머 릴레이, 노 퓨즈 브레이크 등의 작동
  ㉯ 단선
  ㉰ 기계적 과부하
  ㉱ 전기 기기류의 고장
  ㉲ 운전 조작 잘못

정답 24. ③ 25. ① 26. ④

27. 원심식 압축기에 대한 설명 중 가장 거리가 먼 것은?

① 고압 발생이 가능　　② 윤활이 쉽다.
③ 압력 맥동이 없다.　　④ 대용량이다.

해설
- 원심식 압축기의 장점
  ㉮ 설치 면적이 비교적 좁다.
  ㉯ 윤활이 쉽다.
  ㉰ 기초가 견고하지 않아도 된다.
  ㉱ 맥동 압력이 없다.
  ㉲ 대용량이다.
- 원심식 압축기의 단점
  ㉮ 고압 발생이 어렵다.

28. 송풍기 축의 온도 상승에 의한 신장에 대한 대책은?

① 전동기 측 베어링이 신장되도록 한다.
② 반전동기 측 방향으로 신장되도록 한다.
③ 양쪽이 모두 신장되도록 한다.
④ 신장되지 못하도록 제한한다.

29. 원심펌프에서 임펠러의 양쪽에 작용하는 수압이 같지 않아 발생하는 추력을 줄여주기 위한 방법으로 적당한 것은?

① 흡입 양정을 적게 한다.
② 임펠러에 밸런스 홀을 뚫는다.
③ 임펠러의 직경을 감소시킨다.
④ 임펠러의 직경을 증가시킨다.

30. 다음 설비는 그 목적에 따라 분류하고 있는데, 분류가 잘못된 것은?

① 생산 설비　　② 연구 개발 설비
③ 판매 설비　　④ 자동화 설비

해설
- 형태별 분류 : 토지, 건물, 구축물, 기계 및 장치, 차량 운반구, 공기구 및 비품
- 목적별 분류 : 생산설비, 유틸리티 설비, 연구개발 설비, 수송설비, 판매설비, 관리 설비

27. ①　28. ②　29. ②　30. ④

31 보전 비를 들여서 설비를 최적 상태로 유지함으로써 막을 수 있었던 생산성의 손실을 무엇이라 하는가?
① 생산손실　　　　　　② 기회손실
③ 시간손실　　　　　　④ 설비손실

해설
• 기회손실(Opportunity) = 기회원가

32 생산 보전을 위한 일반적 관리 시스템으로서 설비 보전의 직접적 기능이 아닌 것은?
① 설비 검사(점검)　　　② 설비 정비(일상 보전)
③ 설비 수리　　　　　　④ 설비 자재 관리

해설
• 설비보전의 직접 기능
　㉮ 설비 검사(점검)
　㉯ 설비 정비(일상 보전)
　㉰ 설비 수리(공작)

33 열관리 방법으로 틀린 것은?
① 연료관리　　　　　　② 연소관리
③ 열사용 관리　　　　　④ 설비 공정관리

해설
• 열관리의 목적 : 제품 원가 중에 차지하는 연료비의 절감을 꾀하는 데 목적이 있다. 즉 연료를 사용하는 설비 및 열 설비의 개선 및 신설화를 꾀하여 열효율을 높이고, 손실열을 회수하여 합리적으로 관리하여 제품의 원가 절감에 있다.
• 열관리 영역 : ① 연료의 관리 ② 연소의 관리 ③ 열사용의 관리 ④ 배열(폐열)회수 이용

34 전력관리 합리화의 가장 주된 사항은 전력의 낭비를 배제하는 것이다. 다음 중 전력의 간접 낭비 요소인 것은?
① 기계의 공회전　　　　② 누전
③ 저능률 설비　　　　　④ 품질 불량

해설
• 전력의 직접 낭비 요소 : 기계의 공회전, 누전, 저능률 설비
• 전력의 간접 낭비 요소 : 공정관리, 품질 불량

정답　31. ②　32. ④　33. ④　34. ④

35 불량품이라든가 결점, 클레임, 사고건수 등을 그 현상이나 원인별로 데이터를 내고 수량이 많은 순서로 나열하여 그 크기를 막대그래프로 나타낸 것은?
① 파래토차트(Pareto Chart)
② 간트차트(Gant Chart)hart
③ 관리도(Control Chart)
④ 특성요인도(Cause and effect Chart)

해설
- 파레토(Pareto) : 불량품이라든가 결점, 클레임, 사고건수 등을 그 현상이나 원인별로 데이터를 내고 수량이 많은 순서로 나열하여 그 크기를 막대그래프로 나타낸 것으로서 진정한 문제점이 뭔지를 찾아낼 수 있다.
- 관리도(Control Chart) : 품질은 산포하고 있으므로 공정에서 시계열적으로 변화하는 산포의 모습을 보고 공정이 정상 상태인가, 이상 상태인가를 판독하기 위한 수법이다. 관리도 작성 시에는 설비, 작업자, 재료, 작업방법 등 제조 요인에 따라 층별하는 방법을 강구하여야 한다.
- 특성요인도(Cause and effect Chart) : 결과(제품의 특성)에 원인(요인)이 어떻게 관계하고 있으며 영향을 주고 있는가를 한눈에 알 수 있도록 작성한다.
- 산정도 : 두 개의 대응하는 데이터가 있을 때, 이 두 데이터에 상관관계가 있는지 여부를 판단하는 수법으로 30개 이상의 대응하는 데이터가 필요하다.
- 히스토그램(Histogram) : 공정에서 취한 계량치 데이터가 여러 개(약 100개) 있을 때 데이터가 어떤 값을 중심으로 어떤 모습으로 산포하고 있는가를 조사하는 데 사용하는 그림으로서 보통 길이, 무게, 시간, 경도 등을 측정한 그림이다.

36 만성로스를 제거하는 방법과 거리가 먼 것은?
① 요인 중에 숨어 있는 결함을 표면으로 끌어낸다.
② 현상의 해석을 철저히 한다.
③ 관리해야 할 요인 계를 철저히 검토한다.
④ ABC 분석을 한다.

37 유체의 흐름에서 길이가 단면치수에 비하여 짧은 경우의 교축을 무엇이라 하는가?
① 감압밸브
② 쵸크
③ 니들밸브
④ 오리피스

해설
- 감압밸브 : 공기 압축기에서 공급되는 압축공기를 감압시켜 회로 내에 압축공기를 일정하게 유지시켜 주는 밸브
- 나들밸브 : 나사손잡이를 돌려 니들을 상하로 이동시키면 공기의 유로 단면적이 변화하여 유량을 조절하는 밸브
- 쵸크 : 길이가 단면치수에 비하여 비교적 긴 경우

35. ① 36. ④ 37. ③

38 다음 중 샬의 법칙에서 압력이 일정하면 공기의 체적과 절대온도의 관계 설명으로 맞는 것은?

① 공기의 체적은 절대 온도에 비례한다.
② 공기의 체적은 절대 온도에 반비례한다.
③ 공기의 체적은 절대 온도의 제곱에 비례한다.
④ 공기의 체적은 절대 온도의 제곱에 반비례한다.

해설
- 샬의 법칙 : 압력이 일정하면 일정량의 공기의 체적은 절대온도에 정비례한다. $\frac{V}{T} = C$
- 보일의 법칙 : 온도가 일정하면 일정량의 기체 압력과 체적의 곱은 항상 일정하다. $PV = C$

39 공압의 장점에 대한 설명이 잘못된 것은?

① 힘의 증폭이 용이하고 속도조절이 간단하다.
② 환경오염의 우려가 없다.
③ 균일한 동작속도를 얻기가 용이하다.
④ 에너지로서 저장성이 있다.

해설
공압의 장·단점

장점	단점
① 에너지 취득이 용이하다.	① 큰 힘을 얻을 수 없다.
② 힘의 증폭이 용이하다.	② 저속 시 균일한 속도를 얻을수 없다.
③ 힘의 전달이 간단하다.	③ 공기압축성으로 효율이 좋지 않다.
④ 속도 변경이 용이하다.	④ 응답속도가 늦다.
⑤ 인화 위험성이 없다.	
⑥ 쿠션성이 있다.	
⑦ 압력 에너지로서 축적가능하다.	

40 다음 중 나사(screw)형 압축기의 특징이 아닌 것은?

① 고속 회전이 가능하다.
② 저주파 소음이 없다.
③ 맥동이 거의 없다.
④ 축의 반경 방향으로 압축되어 토출된다.

정답 38. ① 39. ③ 40. ④

해설 스크류압축기의 특징은 다음과 같다.
㉮ 고속회전이 가능하며 토출능력이 크다.
㉯ 저주파 소음이 없어서 소음대책이 필요없다.
㉰ 습동부분이 적으므로 급유하지 않아도 된다.
㉱ 맥동이 없고 진동이 적다.
㉲ 축방향으로 압축되어 토출된다.
㉳ 무급유 운전이 가능하다.

41 공압장치의 윤활기에 대한 설명 중 틀린 것은?
① 상호간에 운동하는 고체 사이에 유막을 형성하여 마모를 방지한다.
② 섭동면의 저항을 감소시켜서 기기의 효율을 상승시킨다
③ 실(seal)부에 대한 급유로 마모를 증감시키고 공기의 흐름을 높인다.
④ 공기압 기기, 배관 내부의 방청, 방식의 역할을 하게 한다.

해설 공압장치의 윤활기의 역할은 다음과 같다.
㉮ 상호간에 운동하는 고체 사이에 유막을 형성하여 마모를 방지하고 내구성을 향상시킨다.
㉯ 섭동면의 저항을 감소시켜서 기기의 효율을 상승시킨다.
㉰ 실(seal)부에 대한 급유로 마모를 경감시키고 공기의 누설 방지를 한다.
㉱ 공기압 기기, 배관 내부의 방청, 방식의 역할을 하게 한다.

42 다음 중 회로 내 압력이 설정치에 도달하면 유로을 변환시키는 밸브가 아닌 것은?
① 릴리프 밸브   ② 시퀀스 밸브
③ 압력스위치   ④ 카운터밸런스 밸브

해설
• 회로 내에 압력을 일정하게 유지하는 밸브 : 릴리프 밸브, 감압 밸브
• 회로 내 압력이 설정치에 도달하면 유로을 변환시키는 밸브 : 시퀀스 밸브, 압력스위치, 카운터밸런스 밸브

43 공압 액추에이터 중 텔레스코프형 실린더의 특징 중 틀린 것은?
① 다단형 튜브형 로드을 갖춘 실린더이다.
② 짧은 실린더로 긴 행정거리를 얻을 수 있다.
③ 속도 제어가 어렵다.
④ 실린더 전진 끝단에서 출력이 크다.

41. ③ 42. ① 43. ④

해설
- 텔레스코프형 실린더는 다단형 튜브형 로드을 갖춘 실린더이다.
- 짧은 실린더로 긴 행정거리를 얻을 수 있다.
- 속도 제어가 어렵다.
- 실린더 전진 끝단에서 출력이 약하다.

44 공압 회로내 공압이 밸브의 설정값을 넘을때 배기하여 회로 내의 공압을 설정값으로 유지하고자 한다. 이때 가장 적합하게 사용할 수 있는 밸브는?

① 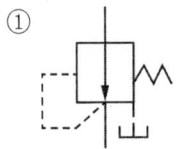   ② 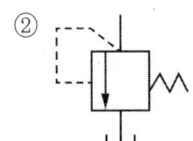   ③ 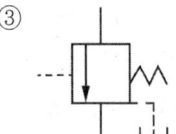   ④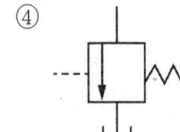

해설
① 감압 밸브   ② 릴리프 밸브
③ 시퀀스 밸브   ④ 무부하 밸브

45 다음 유압 펌프 중 회전 펌프가 아닌 것은?
① 기어 펌프   ② 원심 펌프
③ 나사 펌프   ④ 베인 펌프

해설
- **회전 펌프** : 기어 펌프, 나사 펌프, 베인 펌프
- **피스톤 펌프** : 피스톤 펌프
- **원심 펌프** : 터빈 펌프, 벌류트 펌프

46 단단 베인 펌프 2개를 1개의 본체 내에 직렬로 연결시켜 사용하는 베인 펌프는?
① 단단 베인 펌프   ② 복합 베인 펌프
③ 2단 베인 펌프   ④ 2연 베인 펌프

해설
- **2단 베인 펌프** : 단단 펌프 2개를 1개의 본체 내에 직렬로 연결시킨 것으로 고압으로 대출력이 요구되는 곳에 사용된다.
- **2연 베인 펌프** : 2개의 카트리지를 1개의 본체 내에 병렬로 연결하여 1개의 원동기로 구동되는 펌프이다. 1개의 유압장치로 2개의 유압원을 얻을 수 있다.
- **복합 베인 펌프** : 저압 대용량, 고압 소용량 펌프을 1개의 본체에 조합한 펌프이다.

정답 44. ② 45. ② 46. ③

47 릴리프 밸브에서 압력 오버라이드 값이 커지면 밸브에 어떤 영향을 주는가?
① 충격과 진동이 커진다.
② 충격과 진동이 작아진다.
③ 충격은 커지나 진동은 작아진다.
④ 충격은 작아지나 진동이 커진다.

해설
• 압력 오버라이드 값이 커지면 릴리프 밸브에서 충격과 진동이 커진다.

48 다음 중 유압 모터의 특징이 아닌 것은?
① 소형 경량으로 큰 출력을 낼 수 있다.
② 회전체의 관성력이 작으므로 응답성이 느리다.
③ 작동유의 점도 변화에 영향을 받지 않는다.
④ 무단변속으로 회전수를 조정할 수 있다.

해설
• 유압 모터의 특징
  ㉮ 정·역회전이 가능하다.
  ㉯ 무단변속으로 회전수를 조정할 수 있다.
  ㉰ 회전체의 관성력이 작으므로 응답성이 빠르다.
  ㉱ 소형, 경량이며, 큰 힘을 낼 수 있다.
  ㉲ 자동 제어의 조작부 및 서보기구의 요소로 적합하다.

49 다음 중 어큐뮬레이터(축압기)의 사용 용도에 해당하지 않는 것은?
① 유압 에너지 증가용
② 유압 펌프의 맥동 흡수용
③ 유압 충격의 완충용
④ 유체 이송용

해설
어큐뮬레이터(축압기)의 사용 용도는 유압에너지 축적용, 유압 펌프의 맥동 흡수용, 유압 충격의 완충용, 유체 이송용, 보조 유압원으로 사용한다.

50 오일탱크로써 역할을 다하기 위해서 그 구조상 필요한 조건이 있다. 다음 중 필요한 조건이 아닌 것은?
① 오일탱크의 크기는 펌프토출량의 적어도 5배 이상일 것
② 흡입관과 복귀관 사이에 격판을 설치해야 한다.
③ 유면을 알 수 있도록 유면계를 설치해야 한다.
④ 이물질이 유입되지 않도록 밀폐되어 있어야 한다.

정답 47. ① 48. ② 49. ① 50. ①

해설
- 오일탱크의 구비조건
  ㉮ 유면을 흡입라인 위까지 항상 유지할 것
  ㉯ 오일탱크의 크기는 펌프토출량의 적어도 3배 이상일 것
  ㉰ 공기나 이물질을 오일로부터 분리할 수 있을 것
  ㉱ 공기청정기의 통기용량은 유압펌프 토출량의 2배 이상일 것
  ㉲ 스트레이너(흡입필터)은 유압펌프의 토출량의 2배 이상일 것

51 다음 중 열교환기 중 온도조절기의 기호는 어느 것인가?

①    ② 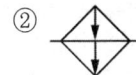   ③ 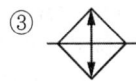   ④

해설
① 에어드라이어
② 온도조절기
③ 냉각기
④ 가열기

52 산업안전의 필요성이 아닌 것은?
① 생산능률의 향상
② 산업재해를 미연에 방지
③ 기업의 경제적 손실을 방지
④ 기업의 이익 창출

해설
- 산업안전의 필요성
  ㉮ 생산능률의 향상
  ㉯ 산업재해를 미연에 방지
  ㉰ 기업의 경제적 손실을 방지

53 경영의 3요소가 아닌 것은?
① 자본   ② 기술
③ 인간   ④ 관리

해설
- 경영의 3요소 : 자본(money), 기술(engineering), 인간(man)

51. ② 52. ④ 53. ④

54 슬라이드 작동 중에 누름 버튼에서 프레스 작업자가 손을 떼면 즉시 슬라이드의 동작이 정지하는 것이다. 양손 중 어느 한 쪽을 떼어도 슬라이드는 즉시 동작을 멈춘다. 이런 안전 장치를 무엇이라 하는가?

① 단순 자극형
② 양수 조작식 방호 장치
③ 손쳐내기식 방호 장치
④ 수인식 방호 장치

해설
- 양수 조작식 방호 장치 : 슬라이드 작동 중에 누름 버튼에서 프레스 작업자가 손을 떼면 즉시 슬라이드의 동작이 정지하는 것이다. 양손 중 어느 한 쪽을 떼어도 슬라이드는 즉시 동작을 멈춘다.
- 수인식 방호 장치 : 연속 낙하로 인한 사고를 방지하는 수인기구가 설치되어 있다.
- 손쳐내기식 방호 장치 : 손쳐내기 기구가 슬라이드 기구와 직면하고 있기 때문에 연속 낙하에 특히 유효하다.
- 게이트 가드식 방호 장치 : 슬라이드기가 하강하기 전에 게이트가 금형 앞면에 내려오게 되면 작업물이 게이트의 하강을 방해할 경우에 슬라이드의 동작이 정지하게 되며 각종 크랭크 프레스에 많이 사용된다.

55 연삭기에서 숫돌은 작업 개시 전 몇 이상, 숫돌 교환 후 몇 이상 시운전하여야 하는가?

① 숫돌은 작업 개시 전 3분 이상, 숫돌 교환 후 1분 이상 시운전한다.
② 숫돌은 작업 개시 전 1분 이상, 숫돌 교환 후 3분 이상 시운전한다.
③ 숫돌은 작업 개시 전 3분 이상, 숫돌 교환 후 1분 이상 시운전한다.
④ 숫돌은 작업 개시 전 3분 이상, 숫돌 교환 후 2분 이상 시운전한다.

해설
- 연삭기 : 숫돌에는 덮개를 설치하며 숫돌 파괴 시의 충격에 견딜 수 있는 재질을 사용한다.
- 연삭기의 안전 대책
  ㉮ 플랜지는 좌우 동형으로 숫돌 차의 바깥지름 1/3 이상의 것을 사용한다.
  ㉯ 숫돌은 작업 개시 전 1분 이상, 숫돌 교환 후 3분 이상 시운전한다.
  ㉰ 숫돌과 받침대 간격은 3[mm] 이하로 유지한다.
  ㉱ 소형 숫돌은 측압에 약하므로 측면 사용을 금한다.

56 아세틸렌 용접작업 시 아세틸렌 사용 압력으로 맞는 것은?

① 1.3[kgf/cm] 이하
② 1.5[kgf/cm] 이하
③ 1.7[kgf/cm] 이하
④ 2.0[kgf/cm] 이하

54. ② 55. ② 56. ①

해설
- 아세틸렌
  ㉮ 15도에서 15기압으로 충전, 이음매 있는 용기에 분해 폭발을 방지하기 위하여 다공물질(다공도 75[%] 이상, 92[%] 미만)을 넣고 아세톤을 침윤시킨 후에 충전해 놓은 것이다.
  ㉯ 사용압력은 1[kg/cm] 이하로 한다. 용기 저장고의 온도는 35도 이하로 유지한다.
  ㉰ 산소 발생기에서 5[m] 이내, 발생기 실에서 3[m] 이내의 장소에서 흡연과 화기를 사용하거나 불꽃이 일어나는 행위를 금한다. 밸브의 개폐는 조심스럽게 하고 1/2회전 이상 돌리지 않는다.
  ㉱ 법정압력 1.3[kg/cm] 이하, 2[kg/cm] 이상이면 폭발한다.
  ㉲ 호스는 2[kg/cm] 압력에 합격한다.
  ㉳ 압력에 따른 토치의 구분은 저압식이 0.07 이하이다.

57 연소의 3원소가 아닌 것은?
① 산소
② 가연체
③ 점화원
④ 가연물

58 안전 점검 순서로 맞느 것은?
① 실태 파악 – 대책 결정 – 결함 발견 – 대책 실시
② 대책 결정 – 결함 발견 – 실태 파악 – 대책 실시
③ 대책 결정 – 실태 파악 – 대책 결정 – 대책 실시
④ 실태 파악 – 결함 발견 – 대책 결정 – 대책 실시

59 생리적 원인이 아니 것은?
① 음주
② 수면부족
③ 무리
④ 피로

해설
- 생리적 원인 : 음주, 질병, 수면부족, 피로, 신체결함, 체력의 부작용

60 안전보건관리규정을 작성하여야 할 사업의 종류와 안전보건관리규정에 포함되어야 할 세부적인 내용 등에 관하여 필요한 사항은 누구의 령으로 정하는가?
① 대통령
② 행정안전부
③ 고용노동부
④ 상공부

정답 57. ② 58. ④ 59. ③ 60. ③

2017년 2회 설비보전기능사 필기 모의고사

01 사후보전의 특징으로 틀린 것은?
① 돌발 고장이 많다.
② 설비 가동률이 저하된다.
③ 예방보전보다 경제적일 수가 있다.
④ 초기 고장이 많다.

해설
- 특징
  ㉮ 돌발 고장이 많다.
  ㉯ 설비 가동률이 저하된다.
  ㉰ 경우에 따라서는 예방보전보다 경제적일 수가 있다(간단한 설비).

02 고장이 없고 보전이 필요 없는 설비의 설계 제작, 구입으로 맞는 것은?
① 개량보전
② 종합적 생산보전
③ 보전예방
④ 사후보전

해설
- 사후보전 : 설비의 기능이 정지된 후 원래의 상태로 복원 고장, 정지 또는 유해한 성능저하를 가져온 후에 수리를 행하는 것
- 예방보전 : 설비의 고장이 발견되기 전에 미리 발견하여 운전 상태를 유지하는 것
- 생산보전 : 생산의 경제성을 높이기 위한 보전으로 예방보전을 말한다.
- 개량보전 : 설비자체의 체질을 개선시켜 수명이 길고, 고장이 적으며, 보전절차가 없는 재료나 부품을 사용할 수 있도록 설비를 개조, 갱신하는 보전
- 보전예방 : 고장이 없고 보전이 필요 없는 설비의 설계 제작, 구입

03 고장 분석의 필요성이 아닌 것은?
① 신뢰성의 향상
② 보전성의 향상
③ 경제성의 향상
④ 기술력의 향상

정답 01. ④ 02. ③ 03. ④

04 | 불안전 윤활보다 하중이 증가하고 마찰온도가 높아지면 흡착 유막으로는 지탱할 수 없어 유막이 파괴되어 금속 간 접촉이 생겨 금속부문에 융착(融着)과 소부(燒付)현상이 발생한다. 이를 막기 위하여 극압제를 첨가하면 윤활이 가능하게 되는 윤활의 형태는?

① 극압윤활
② 우발고장기
③ 마찰윤활
④ 유체윤활

해설
- 유체윤활(lubrication) : 완전 윤활 혹은 후막 윤활이라고도 하며 이것은 가장 이상적인 유막에 의해 마찰면이 완전히 분리되어 베어링 간극 중에서 균형을 이루게 되는 윤활
- 경계윤활(boundary lubrication) : 불안정 윤활 또는 얇은 막이라고도 하며 이것은 후막 윤활 상태에서 하중이 증가하거나 유온이 상승하면 생기는 윤활
- 극압윤활(extreme-pressure lubrication) : 불안전 윤활보다 하중이 증가하고 마찰온도가 높아지면 흡착 유막으로는 지탱할 수 없어 유막이 파괴되어 금속 간 접촉이 생겨 금속 부문에 융착(融着)과 소부(燒付) 현상이 발생한다.

05 | 방청유의 종류로 틀린 것은?

① 지문제거형
② 용제희석형
③ 방청페인트 롤레이덤
④ 방청윤활유, 방청그리스, 기화성 방청제

해설
- 방청유는 미군과 한국공업규격에 6종으로 구분되어 있다.
  지문제거형, 용제희석형, 방청페인트 롤레이덤, 방청윤활유, 방청그리스, 기화성 방청제

06 | 그리스를 가열하여 그리스가 액체 상태로 되어 떨어지는 최초의 온도로써 그리스의 내열성을 평가하는 기준이 되는 점은?

① 이유도
② 적화점
③ 유동점
④ 인화점

해설
- 적화점(dropping point) : 그리스를 가열하여 그리스가 액체 상태로 되어 떨어지는 최초의 온도로써 그리스의 내열성을 평가하는 기준
- 이유도(oil separation) : 그리스를 장시간 보관하거나 사용 중에 그리스를 구성하고 있는 기름 성분이 분리되는 것
- 유동점(pour point) : 윤활유의 온도를 낮추게 되면 유동성을 잃어 마침내는 응고하고 만다. 윤활유가 이와 같이 유동성을 잃기 직전의 온도
- 인화점(flash point) : 혼합 가스에 외부로부터 화염을 접근시키면 순간적으로 섬광을 내면서 인화되어 발생증기는 소멸된다. 이때의 온도를 말한다.

정답 04. ① 05. ② 06. ②

07 용도에 따른 분류가 아닌 것은?

① 견적도 ② 계획도
③ 주문도 ④ 상세도

해설
- 용도에 따른 분류
  - ㉮ 계획도 : 제작도 작성을 위한 기초 도면으로서 설계 계획자의 의도가 명시된 도면. 즉 수요자가 필요로 하는 물품의 대략적인 도면
  - ㉯ 제작도 : 제작자에게 설계자의 의도를 전달하는 도면
  - ㉰ 주문도 : 주문서에 첨부하는 도면
  - ㉱ 설명도 : 구조, 기능의 설명을 목적으로 하는 도면
  - ㉲ 승인도 : 수주자가 주문자의 검토를 거쳐 제작 및 계획에 기초로 하는 도면
  - ㉳ 견적도 : 견적서에 첨부하여 조회자에게 제출하는 도면
- 내용에 따른 분류
  - ㉮ 조립도 : 제품을 구성하는 부품들의 조립 상태와 조립 치수 등을 나타낸 도면
  - ㉯ 부품도 : 부품의 제작에 사용되는 도면으로서 부품의 상세한 것을 나타내는 도면
  - ㉰ 상세도 : 특정 부분의 상세한 사항을 나타내는 도면
  - ㉱ 배선도 : 배선 기구의 위치와 전선의 종류, 굵기, 가닥수 등을 나타낸 도면
  - ㉲ 배관도 : 구조물의 관이나 파이프의 배치를 표시하는 도면
  - ㉳ 전개도 : 판 구조물의 표면을 평면에 전개한 도면
  - ㉴ 공정도 : 제작 공정의 상태를 명시하는 계통도
  - ㉵ 결선도 : 전기기기 내부의 전기의 접속상태, 기능 등을 선도로 나타낸 도면
  - ㉶ 장치도 : 화학공장에서 각 장치의 배치, 제조 공정을 그린 도면
  - ㉷ 계통도 : 물, 기름, 가스 등의 접속과 작동계통을 표시하는 도면

08 가는 1점 쇄선의 용도로 틀린 것은?

① 중심선 ② 기준선
③ 피치선 ④ 수준면선

09 특수한 가공, 특별한 요구사항을 적용할 범위를 표시하는 선은?

① 굵은 실선 ② 가는 실선
③ 아주 굵은 선 ④ 굵은 1점 쇄선

해설
- 굵은 실선 : 외형선(대상물의 보이는 부분의 모양을 표시하는 선)
- 가는 실선 : 치수선, 치수보조선, 지시선, 회전단면선, 중심선, 수준면선
- 아주 굵은 선 : 특수 용도선(얇은 부분의 단선도시)
- 굵은 1점 쇄선 : 특수지정선(특수한 가공, 특별한 요구사항을 적용할 범위를 표시)

07. ④ 08. ④ 09. ④

10 다음에서 가공방법을 표시하는 것은?

① a
② b
③ c
④ d

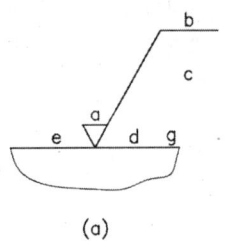

(a)

해설
- a : 중심선 평균 거칠기의 값
- c : 컷 오프 값
- d : 줄무늬 방향의 기호

11 선표시의 우선순위로 맞는 것은?

① 외형선 → 중심선 → 절단선 → 무게중심선 → 숨은선 → 치수보조선
② 외형선 → 절단선 → 숨은선 → 중심선 → 무게중심선 → 치수보조선
③ 외형선 → 숨은선 → 절단선 → 중심선 → 무게중심선 → 치수보조선
④ 외형선 → 중심선 → 절단선 → 숨은선 → 무게중심선 → 치수보조선

12 비교측정의 장점이 아닌 것은?

① 측정 범위가 넓다.
② 고 정밀도 측정에 적합하다.
③ 자동화 측정에 사용된다.
④ 측정이 복잡하고 어렵다.

해설
- 비교측정 : 표준길이와 비교하여 그 표준치와의 차를 측정하는 방법
- 장점
  ㉮ 소품종 다량측정에 적합하다.
  ㉯ 고 정밀도 측정에 적합하다.
  ㉰ 자동화 측정에 사용된다.
  ㉱ 측정이 비교적 간편하고 편리하다.
  ㉲ 형상측정, 공작기계의 정도검사 등 사용 범위가 넓다.

13 공차를 바르게 표현한 것은?

① 측정치 - 참값
② 윗치수허용치수 - 아래치수허용치수
③ 최대허용치수 - 최소허용치수
④ 참값 - 측정치

정답 10. ② 11. ③ 12. ④ 13. ③

14. 제품의 최대 허용치수와 최소 허용치수의 양쪽 계를 정하여 제품의 실제 치수가 그 범위 안에 있는가를 결정하는 방법으로 통과 측과 정지측을 갖고 있으며, 통과 측에 마모 여유를 두는 측정기는?

① 직접 측정 ② 한계게이지 측정
③ 게이지 측정 ④ 비교 측정

해설
- 직접 측정 : 측정기로부터 직접 피측정물의 치수를 읽는 방법을 말한다.
- 비교 측정 : 표준길이와 비교하여 그 표준치와의 차를 측정하는 방법이다.

15. 아베의 원리에 맞지 않는 측정기는?

① 나사 마이크로미터 ② 눈금자
③ 버니어 캘리퍼스 ④ 외측 마이크로미터

해설
- 아베의 원리(Abbe's principle) = 콤퍼레이터의 원리 : 측정하려는 시료와 표준자는 측정 방향에 있어서 동일 축 선상의 일직선상에 배치하여야 한다.
- 아베의 원리에 맞는 측정기 : 강철자, 줄자, 눈금자, 측장기, 외측 마이크로미터, 깊이 마이크로미터, 나사 마이크로미터, 단체형(봉형 = 막대형) 내측 마이크로미터
- 아베의 원리(콤퍼레이터의 원리)에 어긋나는 측정기 : 버니어 캘리퍼스, 하이 트게이지, 캘리퍼스형 내측 마이크로미터, 캘리퍼스형 외경 마이크로미터

16. 최소 측정값이 다른 1개는?

① 49[mm]를 50등분 ② 39[mm]를 20등분
③ 12[mm]를 25등분 ④ 24.5[mm]를 25등분

해설
- 49[mm]를 50등분 : $1 - \dfrac{49}{50} = 0.02$
- 39[mm]를 20등분 : $2 - \dfrac{39}{20} = 0.05$
- 12[mm]를 25등분 : $0.5 - \dfrac{12}{25} = 0.02$
- 24.5[mm]를 25등분 : $1 - \dfrac{24.5}{25} = 0.02$

17. 다음 그림의 명칭은?

① 편구 스패너
② 양구 스패너
③ 타격 스패너
④ 더블 오프셋 렌치

14. ② 15. ③ 16. ② 17. ③

18 기계의 회전속도를 측정하는 장치로 접촉식과 비접촉식으로 사용되는 것은?
① thermo
② tacho - meter
③ surface thermo meter
④ sound level meter

해설
- 표면 온도계(surface thermo meter) : 열전대(thermo couple)를 이용하여 물체의 표면 온도 측정
- 지시 소음계(sound level meter) : 소리의 크기를 측정하는 계기 주택 및 산업체에서 소음을 측정 측정 범위 : 40~140dB(A)D

19 냉각에 의하여 경화되는 접착제는?
① 모노마 또는 중합제형 접착제
② 유화액형 접착제 또는 용액
③ 감압형 접착제
④ 열 용융형 접착제

해설
- 접착제의 종류
  ㉮ 모노마 또는 중합제형 접착제 : 산업현장에서 주로 사용된다.
     [에폭시(페인트류), 순간접착제, 혐기성 접착제(반고체로 화학작용이 있음)]
  ㉯ 유화액형 접착제 또는 용액 : 용매(촉매 역활을 함) 또는 분산매의 증발에 의해 경화되는 것
     [포리초산 비닐, 유화액(액체+물의 형태를 말하여 기름에 물이 섞이면 유화라고 함)]
  ㉰ 열 용융형 접착제 : 냉각에 의하여 경화되는 접착제
  ㉱ 감압형 접착제(상온에서 유지되다 약간의 힘만으로도 접착되는 용제)

20 개스킷의 구비조건이 아닌 것은?
① 강도가 엇을 것
② 기름이 잘 스며들지 않아야 한다.
③ 압축성이 적당할 것
④ 복원성이 있을 것

21 강은 일반적으로 온도가 상승하게 되면 연성이 생기나 200~300℃에 도달하게 되면 오히려 단단해지며 여리게(취성)된다. 이때 이온도는 강이 청색으로 착색하는 온도에 해당하는 것은?
① 고온 취성
② 청열 취성
③ 적열 취성
④ 저온 취성

18. ② 19. ④ 20. ① 21. ②

해설
- 저온취성 : 강이 상온 이하로 내려가면 취성이 생겨서 충격이나 피로에 약해지는 여린 성질(상온취성)
- 적열취성 : 강을 900~1,000[℃]의 적열 상태로 가열하면 여려지는 성질(취성)로서 황(S)의 함유량이 많은 강에서 나타난다.
- 고온취성 : 강은 구리(CU)의 함유량이 0.2[%] 이상이 되면 고온에서 현저히 여리게(취성)되어 고온취성을 일으킨다.

22 부러진 볼트를 빼는 데 사용되는 공구는?
① 토크 렌치   ② 짐 크로
③ 임팩트 렌치   ④ 스크류 엑스트렉터

23 다음 중 기어 감속기의 분류에서 평행축형 감속기에 속하지 않는 것은?
① 헬리컬 기어   ② 스퍼 기어
③ 웜 기어   ④ 더블 헬리컬 기어

해설
- 평행 축형 감속기 : 스퍼 기어, 헬리컬 기어, 더블 헬리컬 기어
- 교쇄 축형 감속기 : 스트레이트 베벨 기어, 스파이럴 베벨 기어
- 이물림 축형 감속기 : 웜 기어, 하이포이드 기어

24 수나사와 암나사의 홈에 강구가 들어있어 일반 나사보다 매우 마찰계수가 적고 운동전달이 가볍기 때문에 CNC 공작기계에 많이 사용되는 나사는?
① 삼각 나사   ② 톱니 나사
③ 둥근 나사   ④ 볼 나사

해설
- 삼각 나사 : 체결용으로 가장 많이 사용하는 나사이며 미터 나사, 유니파이 나사, 관용 나사 등이 있으며 주로 수밀, 기밀, 항공기, 자동차, 정밀기계 등에 많이 사용
- 톱니 나사 : 한쪽에만 힘을 받는 곳에만 사용되며 힘을 받는 면은 축에 직각이고 받지 않는 면은 30도 또는 45도로 되어 있는 나사
- 둥근 나사 : 일명 너클 나사이며 나사산과 골이 다 같이 둥글기 때문에 먼지, 모래가 끼기 쉬운 곳에만 사용한다.(전구, 호스 연결부)

25 미터나사의 등급으로 맞지 않는 것은?
① 1급   ② 2급   ③ 3급   ④ 4급

22. ④ 23. ③ 24. ④ 25. ④

해설
- 나사의 정밀도 등급
  - ㉮ 미터 나사 : 1급, 2급, 3급
  - ㉯ 유니파이 나사 : 수나사는 3A 2A 1A, 암나사는 3B 2B 1B
  - ㉰ 관용 나사 : A, B

26 송풍기를 흡입방법에 의해 분류한 것으로 틀린 것은?
① 실내 대기 흡입형
② 흡입관 취부형
③ 풍로 흡입형
④ 송출관 취부형

해설
- 임펠러의 흡입구에 의한 분류 : ① 편 흡입형 ② 양 흡입형 ③ 양쪽 흐름 다단형
- 흡입 방법에 의한 분류 : ① 실내 대기 흡입형 ② 흡입관 취부형 ③ 풍로 흡입형
- 안내 차에 의한 분류 : ① 안내 차가 없는 형 ② 고정 안내 차가 있는 형 ③ 가동 안내 차가 있는 형

27 설비의 분류방법 중 뜻이 없는 기호법과 같이 종류, 크기, 형태 등에 관계없이 배치 순, 구입 순으로 기호를 표기하는 방식은?
① 세구분식 기호법
② 십진 분류 기호법
③ 순번식 기호법
④ 기억식 기호법

해설
- 세구분식 기호법 : 연속 번호 중에서 일정 범위의 숫자를 하나의 종류에 해당시킨다.
  예) 1~50 : 선반, 51~100 : 프레스, 101~150 : 머시닝센터
- 십진 분류 기호법 : 도서 분류법과 같이 표기한다.
- 기억식 기호법 : 뜻이 있는 기호법의 대표적인 것으로서 기억이 편리하도록 항목의 이름 첫 글자라든가, 그밖의 문자를 기호로 쓴다.
  예) L : lathe(선반), P : press(프레스)

28 설비보전 조직을 위한 고려사항이 아닌 것은?
① 제품의 특성
② 공장의 규모
③ 설비의 특성
④ 납기

해설
- 설비보전 조직을 위한 고려사항
  - ㉮ 제품의 특성(원료, 반제품, 제품의 물리적, 화학적, 경제적 특성)
  - ㉯ 생산 형태(프로세스, 계속성, 시프트(shiht) 수)
  - ㉰ 설비의 특성(구조, 기능, 열화속도, 열화 정도)
  - ㉱ 지리적 조건(입지, 분산도, 환경)

26. ④ 27. ③ 28. ③ **정답**

29 공장의 열관리의 영역을 열에너지 흐름에 따라 분류할 경우 해당하지 않는 것은?
① 연료의 관리
② 연소의 관리
③ 열 발생설비의 다양화
④ 폐열의 회수 이용

해설
- 열관리의 목적 : 제품 원가 중에 차지하는 연료비의 절감을 꾀하는데 목적이 있다. 즉 연료를 사용하는 설비 및 열 설비의 개선 및 신설화를 꾀하여 열효율을 높이고 손실열을 회수하여 합리적으로 관리하여 제품의 원가 절감에 있다.
- 열관리의 영역 : ① 연료의 관리
  ② 연소의 관리
  ③ 열사용의 관리
  ④ 배열(폐열)회수 이용

30 치공구를 정의한 내용으로 틀린 것은?
① 치구 부착구는 가공 성형 시에 적합하게 가공하여 표준화된 제품을 얻는 것이다.
② 공구는 소재를 가공해서 희망하는 형상으로 만드는 공작 작업에 사용하는 도구
③ 검사구는 재료 등을 작업이 규정하는 기준에 합치되는지 조사하기 위한 공구이다.
④ 금형은 재료를 가공, 성형해서 제품을 얻는 것으로 금속재료를 사용해서 만든다.

해설
- 치공구 : '금형(Die), 치구(지그=Jig), 부착구(Fixture), 절삭공구, 검사공구(Gauge) 등 각종의 공구를 통괄해서 통칭하는 것'을 치공구라 한다.
- 치구(지그=jig) : 형상으로 만들기 위하여 빵틀과 같은 하나의 완성된 조합품을 말한다.
- 부착구(fixture) : 작업할 재료를 규정된 형상으로 만들기 위하여 고정하는 공구로 바이스, 클램프가 대표적이다.

31 설비의 6대 로스(loss) 중 적업물이 슈트에 막혀서 공전하거나, 품질 불량 때문에 센서가 작동하여 일시적으로 정지하는 경우로서 발생되는 것은?
① 속도 저하 로스
② 순간 정지 로스
③ 고장 로스
④ 수율 저하 로스

해설
- 속도 저하 로스(속도 로스) : 설비의 설계속도와 실제로 움직이는 속도와의 차이에서 생기는 로스
- 고장 로스 : 돌발적 또는 만성적으로 발생하는 고장에 의해 발생되는 것
- 수율 저하 로스(초기 · 수율로스) : 생산개시 시점으로부터 안정화될 때까지의 사이에 발생하는 로스를 말한다.

29. ③ 30. ① 31. ②

32 자주보전을 효율적으로 달성하기 위한 자주보전 전개 스텝이 있다. 추진방법의 절차가 올바른 것은?

① 총점검 - 초기 청소 - 발생원 곤란 개소대책 - 점검 급유 기준작성 - 자주 점검
② 총점검 - 점검 급유 기준작성 - 초기 청소 - 발생원 곤란 개소대책 - 자주 점검
③ 초기 청소 - 발생원 곤란 개소대책 - 점검 급유 기준작성 - 총점검 - 자주 점검
④ 초기 청소 - 발생원 곤란 개소대책 - 점검 급유 기준작성 - 자주 점검 - 총점검

33 설비 종합효율을 구하는 요소가 아닌 것은?

① 설비 이용률
② 시간 가동률
③ 성능 가동률
④ 양품률

해설
- 설비 종합효율=시간 가동률×성능 가동률×양품률

34 결과(제품의 특성)에 원인(요인)이 어떻게 관계하고 있으며 영향을 주고 있는가를 한눈에 알 수 있도록 작성한 것은?

① 파래토 차트(Pareto Chart)
② 간트 차트(Gant Chart)
③ 관리도(Control Chart)
④ 특성요인도(Cause and effect Chart)

해설
- 파레토(Pareto) : 불량품이라든가 결점, 클레임, 사고건수 등을 그 현상이나 원인별로 데이터를 내고 수량이 많은 순서로 나열하여 그 크기를 막대그래프로 나타낸 것으로서 진정한 문제점이 뭔지를 찾아낼 수 있다.
- 관리도(Control Chart) : 품질은 산포하고 있으므로 공정에서 시계열적으로 변화하는 산포의 모습을 보고 공정이 정상 상태인가, 이상 상태인가를 판독하기 위한 수법이다. 관리도 작성 시에는 설비, 작업자, 재료, 작업방법 등 제조요인에 따라 층별하는 방법을 강구하여야 한다.
- 특성요인도(Cause and effect Chart) : 결과(제품의 특성)에 원인(요인)이 어떻게 관계하고 있으며 영향을 주고 있는가를 한눈에 알 수 있도록 작성한
- 산정도 : 두 개의 대응하는 데이터가 있을 때, 이 두 데이터에 상관관계가 있는지 여부를 판단하는 수법으로 30개 이상의 대응하는 데이터가 필요하다.
- 히스토그램(Histogram) : 공정에서 취한 계량치 데이터가 여러 개(약 100개) 있을 때 데이터가 어떤 값을 중심으로 어떤 모습으로 산포하고 있는가를 조사하는데 사용하는 그림으로서 보통 길이, 무게, 시간, 경도 등을 측정한 그림이다.

정답 32. ③ 33. ① 34. ④

35 다음 중 유압장치에서 파스칼의 원리를 설명한 것?

① 질량과 가속도의 곱이다.
② 압력, 속도, 위치 수두의 합은 일정하다.
③ 압력과 체적의 곱은 일정하다.
④ 밀폐한 용기 속의 유체의 일부에 가해진 압력은 각 부분에 같은 세기를 갖고 있다.

해설
- 힘 : 질량과 가속도의 곱이다.
- 보일의 법칙 : 압력과 체적의 곱은 일정하다.
- 파스칼원리 : 밀폐된 용기 속에 정지 유체의 일부에 가해지는 압력은 유체의 모든 부분에 동일한 힘으로 동시에 전달된다.
- 베르누이의 정리 : 압력, 속도, 위치 수두의 합은 일정하다.

36 기체는 압력이 일정하게 유지하면서 온도를 상승시키면 체적이 증가되는 것을 알 수 있으며 체적 증가는 온도 1℃ 증가함에 따라 체적이 1/273.1씩 증가한다. 이 법칙을 무엇이라 하는가?

① 베르누이의 정리　　② 보일의 법칙
③ 샬의 법칙　　　　　④ 연속의 법칙

해설
- 보일의 법칙=온도가 일정하면 일정량의 기체의 압력은 체적을 곱한 값은 일정하다.
- 샬의 법칙=압력이 일정하면 일정량의 체적은 그 절대온도에 비례한다.

37 공압장치의 구성장치로 잘못 연결된 것은?

① 동력원 : 엔진, 전동기
② 공압 발생부 : 압축기, 탱크, 애프터쿨러
③ 공압 청정부 : 필터, 에어드라이어
④ 작동부 : 압력 제어, 방향 제어, 유량 제어

해설
- 동력원 : 엔진, 전동기
- 공압 발생부 : 압축기, 탱크, 애프터쿨러
- 공압 청정부 : 필터, 에어드라이어
- 제어부 : 압력 제어, 방향 제어, 유량 제어
- 작동부 : 실린더, 모터, 회전작동기

38 압축공기의 건조 작용에 쓰이는 흡착식 건조기에 대한 설명 중 잘못된 것은?
① 건조제의 재생방식은 히터형과 히터리스형이 있다.
② 사용되는 흡착제는 활성 제올라이트이다.
③ 최대 -70℃의 저노점을 얻을 수 있다.
④ 화학적 과정의 방식이다.

해설
㉮ 고체흡착제(실리카겔, 알루미나겔, 활성 제올라이트)를 사용하는 물리적 과정의 방식이다.
㉯ 고체흡착제 속을 압축공기가 통과하도록 하여 수분이 흡착되도록 하는 방식의 건조기이다.
㉰ 최대 -70℃의 저노점을 얻을 수 있다.
㉱ 건조제의 재생방식 : 히터형과 히터리스형이 있다.

39 암수 두 개의 로터(Rotor)에 의해 압축하는 방식으로 압축시에 강제적으로 기름을 주입하여 압축열을 냉각하고 로터의 윤활, 기밀작용과 함께 공기를 냉각하면서 압축하는 압축기는?
① 베인 공기 압축기 ② 터보 공기 압축기
③ 피스톤 공기 압축기 ④ 나사식 압축기

해설
• 베인형 압축기 : 편심된 회전자의 회전에 의해 압력을 발생시킨다.(베인의 개수는 6~12매가 보통)
• 터보 압축기 : 공기의 유동원리를 이용한 것으로 터보를 고속으로 회전시키면 공기도 고속으로 되어 질량 유속이 압축시킨다.
• 왕복피스톤 압축기 : 왕복운동을 하는 피스톤 또는 다이어프램에 의해 압력을 발생시킨다.
• 나사형 압축기 : 암, 수 2개의 나사형 회전자의 회전에 의해 압력을 발생한다.

40 2개의 입구 X와 Y가 있고 1개의 출구가 있다. 따라서 압축공기가 2개의 입구에 동시에 전해질 때만 출구 A에 압축공기가 흐르게 되며 안전제어 및 검사기능 등에 사용되는 밸브는?
① 체크 밸브 ② 셔틀 밸브
③ 2압 밸브 ④ 감압 밸브

해설
• 체크 밸브 : 한 방향만의 흐름을 허용하는 밸브
• 셔틀 밸브 : 공기압 회로를 구성할 때 2개소 이상의 방향으로부터의 흐름을 1개소로 합칠 필요가 있을 때 사용된다.
• 2압 밸브 : 2개의 입구 X와 Y가 있고 1개의 출구가 있다. 따라서 압축공기가 2개의 입구에 동시에 전해질 때만 출구 A에 압축공기가 흐르게 된다.
• 감압 밸브 : 회로 내의 압력을 감압시켜 일정하게 유지시킨다.

38. ④ 39. ④ 40. ③

41 속도 에너지를 이용한 실린더로 피스톤에 공기를 급격하게 작동시켜 피스톤을 고속(7.5~10m/sec)으로 움직일 수 있는 실린더는?
① 탠덤형 실린더　　② 충격 실린더
③ 단동 실린더　　　④ 텔레스코프형 실린더

　해설
• 탠덤형 실린더 : 2개의 복동 실린더가 1개의 실린더 형태로 조립되어 있다. 실린더 출력은 복수의 실린더 출력이 되므로 거의 2배의 큰 힘을 얻을 수 있다.
• 충격 실린더 : 속도 에너지를 이용한 실린더, 피스톤에 공기를 급격하게 작동시켜 피스톤을 고속 (7.5~10m/sec)으로 움직이게 된다.
• 텔레스코프형 실린더 : 다단 튜브형 피스톤 로드를 가지고 있다. 로드의 전장에 비해 긴 스트로크 (행정)를 얻을 수 있는 장점이 있다.

42 공기압 장치 부속 기기에서 루브리게이터를 나타내는 기호는?

① 　② 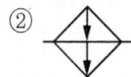　③ 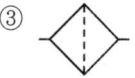　④

　해설
① 루브리케이터　　② 온도조절기
③ 필터　　　　　　③ 에어드라이어

43 단단 펌프의 소용량펌프와 대용량 펌프을 동일 축 상에 조합시킨 것으로 토출구가 2개 있어 각각 다른 유압원이 필요로하는 경우에 사용하는 베인 펌프는?
① 단단 베인 펌프　　② 2단 베인 펌프
③ 2연 베인 펌프　　④ 복합 베인 펌프

　해설
• 1단(단단) 베인 펌프 : 카트리지는 2장의 부시, 캠링, 로터, 베인으로 구성되어 있다.
• 2단 베인 펌프 : 2개의 카트리지를 1개의 본체 안에 직렬로 연결하여 2배의 압력을 낼 수 있는 펌프이다
• 이중(이연) 베인 펌프 : 2개의 카트리지를 1개의 본체 내에 병렬로 연결하여 1개의 원동기로 구동되는 펌프이다. 1개의 유압장치로 2개의 유압원을 얻을 수 있다.
• 복합 베인 펌프 : 저압 대용량, 고압 소용량을 1개의 본체에 조합한 펌프이다.

44 유압 펌프에서 펌프가 이론적인 유량과 실제 배출한 유량과의 비율을 무엇이라 하는가?
① 실제 효율　　② 기계적 효율
③ 전체 효율　　④ 체적 효율

> **해설**
> • 체적 효율 : 이론적인 펌프의 토출량에 대한 실제 토출량의 비
> • 기계적 효율 : 구동장치로부터 받은 동력에 대한 펌프가 유압유에 준 이론 동력의 비
> • 전체 효율 : 펌프 동력의 축동력에 대한 비, 용적 효율과 기계적 효율의 곱

45 유압장치에 감압밸브의 설명으로 알맞은 것은?
① 회로의 일부에 배압(back-pressure)을 발생시킬 때 사용하는 밸브
② 펌프를 무부하로 하여 동력절감 및 유온 상승을 방지할 수 있는 밸브
③ 주회로에서 복수의 실린더를 순차적으로 작동시켜 주는 밸브
④ 주회로의 압력보다 저압으로 감압시켜 사용하고자 할 때 사용되는 밸브

> **해설**
> ㉮ 카운터밸런스 밸브
> ㉯ 무부하 밸브
> ㉰ 시퀀스 밸브

46 유압 모터의 장점이 아닌 것은?
① 정·역회전이 가능하다.
② 대형이며, 큰 힘을 낼 수 있다.
③ 무단변속이 가능하다.
④ 회전체의 관성력이 작으므로 응답성이 빠르다.

> **해설**
> • 유압 모터의 장점
> ㉮ 정·역회전이 가능하다.
> ㉯ 무단변속이 가능하다.
> ㉰ 회전체의 관성력이 작으므로 응답성이 빠르다.
> ㉱ 소형 경량이며, 큰 힘을 낼 수 있다.
> ㉲ 자동 제어의 조작부, 서보기구의 요소로 적합하다.

47 유압장치에서 실(seal)의 선정 시 주의사항이 아닌 것은?
① 내마모성을 포함한 기계적 성질이 양호할 것
② 정밀가공된 금속면을 손상시키지 않을 것
③ 압축 영구변형이 클 것
④ 압력에 대한 저항력 및 내열성이 클 것

정답 45. ④ 46. ② 47. ③

해설
- 실(seal)의 선정 시 주의사항
  ㉮ 압축 영구변형이 적을 것
  ㉯ 내마모성을 포함한 기계적 성질이 양호할 것
  ㉰ 정밀가공된 금속면을 손상시키지 않을 것
  ㉱ 압력에 대한 저항력 및 내열성이 클 것

48 유압 작동유에 요구되는 성질이 아닌 것은?
① 캐비테이션에 대한 저항이 적을 것
② 점도지수, 체적 탄성계수 등이 클 것
③ 열전도율, 장치와의 결합성, 윤활성 등이 좋을 것
④ 장시간 사용해도 화학적으로 안정될 것

해설
- 유압 작동유에 요구되는 성질은 동력을 확실하게 전달하기 위한 비압축성일 것
- 체적 탄성계수가 클 것
- 오염물 제거능력이 클 것
- 캐비테이션에 대한 저항이 클 것
- 비인화성일 것
- 산화 안정성이 클 것
- 장시간 사용해도 화학적으로 안정될 것
- 밀도, 독성, 휘발성 등이 적을 것
- 열전도율, 장치와의 결합성, 윤활성 등이 좋을 것

49 실린더의 부하가 급격히 감소하더라도 피스톤이 급속히 전진하는 것을 방지하기 위하여 귀환 쪽에 일정한 배압을 걸어주기 위한 회로를 구성하고자 한다. 이때 가장 적합하게 사용할 수 있는 밸브 기호는?

①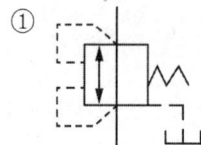
②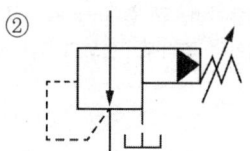
③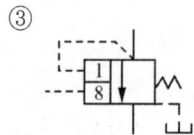
④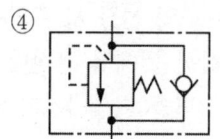

48. ① 49. ①

해설
① 양방향 릴리프 밸브   ② 파일럿 작동형 감압 밸브
③ 시퀀스 밸브   ④ 무부하 밸브

50 안전의 3요소가 아닌 것은?
① 교육적 요소   ② 기술적 요소
③ 관리적 요소   ④ 안전적 요소

해설
• 안전의 3요소 : 교육적 요소, 기술적 요소, 관리적 요소

51 사회활동 욕구가 아닌 것은?
① 정신활동   ② 사회활동
③ 생활행동   ④ 가족행동

해설
• 사회활동 욕구 : 정신활동, 생활행동, 통제행동, 가족행동, 경제활동

52 안전교육의 종류 및 단계 중 틀린 것은?
① 제1단계(지식 교육) - 제2단계(태도 교육) - 제3단계(기능 교육) - 추후지도 방법
② 제1단계(태도 교육) - 제2단계(기능 교육) - 제3단계(지식 교육) - 추후지도 방법
③ 제1단계(지식 교육) - 제2단계(기능 교육) - 제3단계(태도 교육) - 추후지도 방법
④ 제1단계(태도 교육) - 제2단계(지식 교육) - 제3단계(기능 교육) - 추후지도 방법

해설
안전교육의 종류 및 단계

교육의 종류	교육시 요점
제1단계(지식 교육)	작업에 관련된 취약점과 그것에 대응하는 작업방법을 알도록 한다.
제2단계(기능 교육)	지시된 표준 작업방법대로 시범을 보여주고 실습을 시킨다.
제3단계(태도 교육)	가치관 형성 교육을 한다. 교육방법으로는 토의식 교육이 효과적이다.
추후지도 방법	주기적으로 OJT(현장교육)를 실시한다.

53 연삭 숫돌과 받침대 간격은 몇 mm 이하로 유지하여야 하는가?
① 1.5[mm] 이하   ② 3[mm] 이하
③ 5[mm] 이하   ④ 10[mm] 이하

50. ④ 51. ② 52. ③ 53. ②

설비보전기능사 필기시험 기출문제

54 신체가 감전되었을 때 그 위험도 순위에 포함되지 않는 것은?
① 통전 전류의 크기
② 통전의 시간과 전격의 위상
③ 통전 경로
④ 전압의 종류

해설 신체가 감전되었을 때 그 위험도는 다음의 순으로 크게 영향을 받는다.
㉮ 통전 전류의 크기
㉯ 통전의 시간과 전격의 위상
㉰ 통전 경로
㉱ 전원의 종류

55 유기용제의 표시방법으로 틀린 것은?
① 제1종 유기용제 : 적색
② 제2종 유기용제 : 황색
③ 제3종 유기용제 : 청색
④ 제4종 유기용제 : 백색

해설 유기용제의 허용 소비량 및 표시방법

유기용제	허용 소비량	구분의 표시
제1종 유기용제	$W = \dfrac{1}{15}A$	적색
제2종 유기용제	$W = \dfrac{2}{5}A$	황색
제3종 유기용제	$W = \dfrac{3}{2}A$	청색

56 가연성 가스가 아닌 것은?
① 수소
② 아세틸렌
③ 프로판
④ 황

해설
• 가연성 가스 : 폭발 한계농도의 하한 값이 10% 이하 또는 상한 값과 하한 값의 차이가 20% 이상인 가스로 다음과 같은 물질이 있다.
㉮ 수소   ㉯ 아세틸렌
㉰ 에틸렌   ㉱ 에탄
㉲ 프로판   ㉳ 부탄

정답 54. ④ 55. ④ 56. ④

57 폭우, 폭풍, 지진 등 천재지변이 발생한 경우나 이상 사태가 발생하였을 때에 감독자나 관리자가 시설 및 기계기구의 기능상 이상 유무에 대하여 점검을 행하는 것을 무엇이라 하는가?
① 일상 점검　　② 임시 점검
③ 특별 점검　　④ 정기 점검

58 심리의 5대 요소가 아닌 것은?
① 습관　　② 기질
③ 무리　　④ 습성

해설
• 심리의 5대 요소 : 습관, 기질, 동기, 감정, 습성

59 채용 시 안전교육의 시간으로 맞는 것은?
① 2시간 이상　　② 4시간 이상
③ 8시간 이상　　④ 16시간 이상

해설
안전교육의 종류 및 교육시간

안전교육의 종류	교육 시간
채용 시 안전교육	8시간 이상(건설업은 1시간 이상)
작업내용 변경 시 교육	2시간 이상(건설업은 1시간 이상)
근로자 정기 안전보건 교육	월 2시간 이상(사무직은 월 1시간 이상)
관리 감독자 정기안전보건 교육	반기 8시간 또는 연간 16시간 이상
유해위험작업 근로자의 특별 교육	16시간 이상(건설업은 2시간 이상)

60 중대재해의 범위로 틀린 것은?
① 사망자 1인 이상 발생한 재해
② 3월 이상의 요양을 요하는 부상자가 동시에 2인 이상 발생한 재해
③ 2주 이상의 요양을 요하는 부상자가 동시에 2인 이상 발생한 재해
④ 부상자 또는 직업성 질병자가 동시에 10인 이상 발생한 재해

해설
• 중대재해의 범위
㉮ 사망자 1인 이상 발생한 재해
㉯ 3월 이상의 요양을 요하는 부상자가 동시에 2인 이상 발생한 재해
㉰ 부상자 또는 직업성 질병자가 동시에 10인 이상 발생한 재해

정답　57. ③　58. ③　59. ③　60. ③

2017년 3회 설비보전기능사 필기 모의고사

01 일정형으로 많은 구성부품으로 이루어진 설비에서 볼 수 있는 형식의 고장 형태는?
① 초기 고장기
② 우발 고장기
③ 중간 고장기
④ 종료 고장기

해설
• 이 기간의 고장률은 거의 일정하나 고장 발생 패턴이 우발적이므로 예측할 수 없는 고장률 일정형으로 많은 구성부품으로 이루어진 설비에서 볼 수 있는 형식이다.

02 설비효율 목표달성을 위한 운전자의 자주보전 역할분담 중 일상보전 내용에 속하지 않는 것은?
① 조이기
② 5S 운동
③ 급유
④ 사용조건 안정화

03 종합적 생산보전의 특징으로 틀린 것은?
① 최고 경영자부터 제일선 종업원까지 참여
② 전 사원이 참여하는 동기부여 관리
③ 그룹별 자주관리 활동에 의한 PM추진
④ 품질관리 직원만 참여

04 그리스를 장시간 보관하거나 사용 중에 그리스를 구성하고 있는 기름 성분이 분리되는 것을 무엇이라 하는가?
① 이유도
② 적화점
③ 유동점
④ 인화점

해설
• 적화점(dropping point) : 그리스를 가열하여 그리스가 액체 상태로 되어 떨어지는 최초의 온도로써 그리스의 내열성을 평가하는 기준
• 이유도(oil separation) : 그리스를 장시간 보관하거나 사용 중에 그리스를 구성하고 있는 기름 성분

01. ② 02. ④ 03. ④ 04. ①

이 분리되는 것
- 유동점(pour point) : 윤활유의 온도를 낮추게 되면 유동성을 잃어 마침내는 응고하고 만다. 윤활유가 이와 같이 유동성을 잃기 직전의 온도이다.
- 인화점(flash point) : 혼합 가스에 외부로부터 화염을 접근시키면 순간적으로 섬광을 내면서 인화되어 발생증기는 소멸된다. 이때의 온도이다.

05 다음 그림과 같은 급유법은?

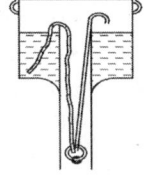

① 가시 적하 급유법
② 적하 급유법
③ 바늘 급유
④ 사이펀 급유

해설
- 가시 적하 급유법(sighted oiling) : 기름 공급량을 볼 수 있게 유리로 제작하고 적하량은 니들 밸브로 구멍의 크기를 조절한다.
- 적하 급유법(滴下給油法 : drop-feed oiling)
  - 급유할 마찰 면이 넓고, 손 급유법으로 불편한 경우에 사용한다.
  - 기름의 보충에 주의하여야 하며 급유는 계속되며 기름의 소모가 많다.
- 바늘 급유법(needle oiling) : 바늘 주위의 기름은 축의 회전에 의한 진동 때문에 바늘이 움직이므로 적하하여 기름을 공급하고 회전이 정지하면 모세관 현상에 의해 공급이 중지된다. 바늘의 굵기에 따라 조절되고 같은 굵기라도 축의 회전수가 증가하면 기름의 공급도 증가한다.
- 사이펀 급유법(syphon oiling) : 기름통의 기름을 끈의 모세관 현상을 이용하여 기름을 빨아올려서 급유를 하므로 사용하지 않을 때는 끈을 잡아 올려 급유를 중지하여야 하고, 온도가 올라가면 점도가 감소하며, 기름의 소모가 많다.

06 유륜식 급유법보다 점도가 높은 기름을 사용할 때 사용하는 급유법으로 저속 고하 중에 적합하고 기름 탱크의 유면과 축이 떨어져 있을 때 사용하는 급유법은?

① 가시부상 유적 급유법 ② 바늘 급유법
③ 플런저식 적하 급유법 ④ 체인 급유법

해설
- 가시부상 유적 급유법(可視浮上油滴 給油法) : 유적을 물 또는 적당한 액체를 가득 채운 유리 관속을 서서히 떠올라 오게 하는 급유기를 사용한 것으로서 급유 상태를 뚜렷이 볼 수 있는 이점이 있다.
- 바늘 급유법(needle oiling) : 바늘 주위의 기름은 축의 회전에 의한 진동 때문에 바늘이 움직이므로 적하하여 기름을 공급하고 회전이 정지하면 모세관 현상에 의해 공급이 중지된다. 바늘의 굵기에 따라 조절되고 같은 굵기라도 축의 회전수가 증가하면 기름의 공급도 증가한다.
- 플런저식 적하 급유법 : 가시적 급유기를 사용하는 방법으로 송유관보다 먼저 압력이 걸려 있는 경우에 쓰이고 가시 급유기의 기름이 중력에 의하여 적하하면 펌프 플런저는 기름을 송유관에 보내게 된다.

05. ④ 06. ④

• 체인 급유법(chain oiling) : 유륜식 급유법보다 점도가 높은 기름을 사용할 때 사용하는 급유법으로 저속 고하중에 적합하고, 기름 탱크의 유면과 축이 떨어져 있을 때 사용한다.

07 파이프의 도시 방법 중 유체의 종류에서 냉매를 뜻하는 기호는?
① A   ② G   ③ O   ④ R

해설
- G : 가스
- S : 증기
- B : 브라인 또는 2차 냉매
- CH : 냉수
- O : 기름
- W : 물
- C : 냉각수
- R : 냉매

08 제3각법의 투상 방법으로 맞는 것은?
① 투상면 → 눈 → 물체
② 투상면 → 물체 → 눈
③ 눈 → 투상면 → 물체
④ 물체 → 눈 → 투상면

09 경사진 경우에는 단축되고 변형되어 나타나기 때문에 도면을 그리기도 어렵고 이해하기 곤란한 경우에 실제 보이는 필요한 부분만 표시하는 투상도는?
① 국부 투상도
② 회전 투상도
③ 보조 투상도
④ 정투상도법

해설
- 국부 투상도 : 물체의 구멍, 홈 등 한 국부만의 모양을 도시하는 것으로 필요한 부분만 투상하는 것
- 회전 투상도 : 보스에서 어느 각도만큼 암이 나와 있는 물체 등을 정투상도에 의하여 나타내면 제도하기도 어렵고 이해하기도 곤란해지는데, 그 부분을 투상면에 평행한 위치까지 회전시켜 실제 길이가 나타날 수 있도록 그린 투상도
- 보조 투상도 : 경사진 경우에는 단축되고 변형되어 도면을 그리기도 어렵고, 이해하기 곤란한 경우에 실제 보이는 필요한 부분만 표시하는 투상도
- 정투상도법 : 서로 다른 방향에서 투상된 몇 개의 투상도를 조합하여, 3차원의 물체를 2차원 평면 위에 정확히 표현한 것으로 투상 면은 물체와 평행하고 투상선은 투상면에 수직이다.

10 고온의 유체가 흐르는 관의 팽창 수축을 고려하여 축 방향으로 과도한 응력이 발생하지 않도록 한 관 이음 방법은?
① 용접 이음
② 나사형 이음
③ 신축 이음
④ 플랜지 이음

07. ④ 08. ③ 09. ③ 10. ③

11 S∅의 표시법은 무엇인가?
① 참고 치수
② 원호의 길이
③ 정사각형의 변
④ 구의 지름

> 해설
> • ☐ : 이론적으로 정확한 치수
> • ☐ : 원호의 길이
> • ☐ : 정사각형의 변

12 측정하려는 시료와 표준자는 측정방향에 있어서 동일 축 선상의 일직선상에 배치하여야 한다는 원리는?
① 터보의 원리
② 게이지의 원리
③ 측정의 원리
④ 아베의 원리

13 최소 측정값이 0.05인 측정기는?
① 49[mm]를 50등분
② 39[mm]를 20등분
③ 12[mm]를 25등분
④ 24.5[mm]를 25등분

14 마이크로미터의 0점 조정에서 ± 0.0[mm] 이하일 때 조정하는 것은?
① 심블
② 라쳇트 스톱
③ 슬리브
④ 엔빌

> 해설
> • 마이크로미터의 0점 조정
>   ㉮ ± 0.0[mm] 이하일 때 : 슬리브(sleeve)로 조정
>   ㉯ ± 0.0[mm] 이상일 때 : 심블(thimble)로 조정

15 정비용 공기구 중 분해용 공구인 것은?
① 양구 스패너
② L-렌치
③ 기어 풀러
④ 타격 스패너

> 해설
> • 체결용 공구 : 편구 스패너, 양구 스패너, 타격 스패너, 더블 오프셋 렌치, 조합 스패너, 훅 스패너, 박스 렌치, L-렌치, 몽키 스패너, 토크렌치
> • 분해용 공구 : 기어 풀러, 베어링 풀러, 스톱 링 플라이어

정답 11. ④ 12. ④ 13. ② 14. ③ 15. ③

16 볼트, 너트의 이완방지 방법이 아닌 것은?
① 동일한 크기의 너트를 두 개 체결하는 방법
② 절삭 너트에 의한 방법
③ 너트의 일부에 플라스틱을 끼워 넣은 특수 너트에 의한 방법
④ 분할 핀 고정에 의한 방법

해설
- 볼트, 너트의 풀림(이완)방지
  ㉮ 홈 달림 너트 분할 핀 고정법   ㉯ 절삭 너트, 특수 너트에 의한 방법
  ㉰ 로크 너트(더블)에 의한 방법   ㉱ 핀, 작은 나사
  ㉲ 분할 핀 고정에 의한 방법   ㉳ 자동 죔 너트(절삭 너트)에 의한 방법
  ㉴ 와셔에 의한 방법   ㉵ 멈춤 나사에 의한 방법
  ㉶ 플라스틱 플러그에 의한 방법   ㉷ 철사를 이용하는 방법
  ㉸ 홈 달림 너트(홈붙이 너트)와 핀   ㉹ 아연도금 연철선에 의한 와이어 고정방법

17 유니파이드 나사의 수나사 등급으로 맞는 것은?
① 3A 2A 1A   ② 2A 1A
③ 3B 2B 1B   ④ 2B 1B

- 나사의 정밀도 등급
  ㉮ 미터 나사 : 1급, 2급, 3급
  ㉯ 유니파이 나사 : 수나사는 3A 2A 1A, 암나사는 3B 2B 1B
  ㉰ 관용 나사 : A, B

18 오른·왼나사가 양끝에 달려 있어서 막대나 로프를 당겨서 조이는데 사용하는 나사는?
① 플레이트 너트   ② 턴버클
③ 슬리브 너트   ④ 스프링 판 너트

19 그림과 같은 키의 명칭은?
① 새들 키
② 미끄럼 키
③ 반달 키
④ 접선 키

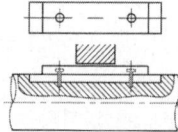

16. ①   17. ①   18. ②   19. ②

20 고정하는 방법에 따른 분류에 맞지 않는 볼트는?
① 관통 볼트 ② 양터드 볼트
③ 탭 볼트   ④ 스터드 볼트

해설
• 고정하는 방법에 따른 분류
  ㉮ 관통 볼트(Through bolt) : 체결하려는 2개의 부품에 구멍을 뚫고 여기에 볼트를 관통시켜 너트로 죄어 붙인다.
  ㉯ 탭 볼트(Tap bolt) : 체결하려는 부분이 두꺼워 관통 구멍을 뚫을 수 없을 때 드릴로 구멍을 뚫고 재료에 탭으로 나사를 만들어 볼트로 죄어 붙이고, 너트는 사용하지 않는다.
  ㉰ 스터드 볼트(Stud bolt) : 볼트에는 머리가 없고 양쪽에 나사가 있는 볼트로서 한쪽은 미리 볼트로 죄고 다른 한쪽은 나중에 죈다.

21  의 표시법으로 맞는 것은?
① 평행 핀   ② 테이퍼 핀
③ 홈붙이 핀 ④ 스프링 핀

해설

평행 핀	테이퍼 핀	홈붙이 핀	분할 핀
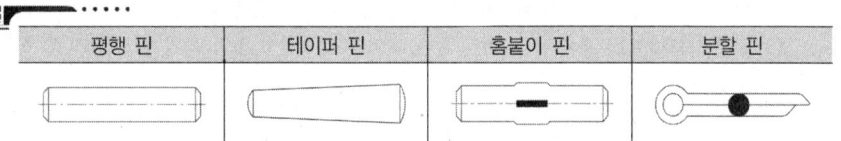			

22 가열 끼워 맞춤에서 가열온도를 250℃ 이하로 하는 이유는?
① 재질의 변화 및 경도 저하를 방지하기 위하여
② 경도의 변화 및 비틀림을 방지하기 위하여
③ 강도의 변화 및 단면적의 변형을 방지하기 위하여
④ 재질의 변화 및 변형을 방지하기 위하여

23 베어링은 몇 ℃ 이상 가열해서는 안 되는가?
① 100°   ② 120°
③ 130°   ④ 200°

해설
• 100℃로 가열하며, 130℃ 이상 가열하면 베어링에서 그 자체의 경도 저하가 일어난다.

24. 폴과 결합하여 사용되며 축의 역전을 방지하기 위한 장치이며, 브레이크 장치는?

① 클러치
② 래칫 휠
③ 클램프 커플링
④ 플랜지 커플링

해설
- 클러치 : 운전 중 필요에 따라 축 이음을 차단시킬 수 있는 장치
- 래칫 휠 : 폴과 결합하여 사용되며 축의 역전을 방지하기 위한 장치이며, 브레이크장치의 일부로 사용되기도 한다.
- 클램프 커플링 : 주철 또는 주강제의 반원 통을 볼트로 죄어 매고 두 축을 공통의 키로 연결한 분해 조립이 쉬운 커플링으로 축 지름이 200[mm]까지에 사용된다.
- 플랜지 커플링 : 두 축 끝에 플랜지를 끼워 키로 고정하며 동력을 확실하게 전달할 수 있어 지름이 200[mm] 이상인 고속 정밀 회전축의 축 이음에 많이 사용한다.

25. 다음 공기 압축기에서 낮은 압력에서 높은 압력까지 사용할 수 있는 압축기는?

① 피스톤 압축기
② 다이어프램 압축기
③ 스크루 압축기
④ 축류식 압축기

해설
- 다이어프램 압축기 : 가장 깨끗한 공기를 만들 수 있는 압축기
- 스크루 압축기 : 두 개의 로터가 한 쌍이 되어 회전하면서 흡입 측의 공기를 토출 측으로 전달하는 형태이다.
- 축류식 압축기 : 공기의 유동원리를 이용한 것이며 대용량에 적합하다.

26. 다음 중 비용적형 펌프가 아닌 것은?

① 벌류트 펌프
② 터빈 펌프
③ 기어 펌프
④ 축류 펌프

해설

비용적형 펌프	용적형 펌프
㉮ 원심 펌프(벌류트 펌프, 터빈 펌프)	㉮ 왕복 펌프(피스톤 펌프, 플런저 펌프, 다이어프램 펌프, 윙 펌프)
㉯ 프로펠러 펌프(축류 펌프, 혼류 펌프)	㉯ 회전 펌프(기어 펌프, 편심 펌프, 나사 펌프)
㉰ 정성 펌프(케스케이스 펌프)	

27. 캐비테이션의 방지책이 아닌 것은?

① 펌프의 설치 위치를 되도록 낮게 할 것
② 흡입관을 가능한 짧게 할 것
③ 펌프의 회전수를 낮게 할 것
④ 흡입 양정을 크게 할 것

24. ② 25. ① 26. ③ 27. ④

해설
- 캐비테이션(폐입 현상) : 2개의 기어가 서로 물림에 의해서 압류가 흡입구 쪽으로 되돌려지는 현상으로 흡입량 감소 등 여러 가지 영향을 준다.
- 캐비테이션 방지책
  ㉮ 임펠러의 설치 위치를 낮게 하고 흡입양정을 작게 한다.
  ㉯ 펌프의 회전수를 낮게 하고 흡입구를 크게 한다.
  ㉰ 단 흡입이면 양흡입으로 고친다.
  ㉱ 흡입관은 짧게 하는 것이 좋으나 부득이 길게 할 경우는 흡입관을 크게 한다.
  ㉲ 흡입 측에서 펌프의 토출량을 조여서 줄인다는 것은 절대 피한다.
  ㉳ 전 양정은 캐비테이션을 고려하여 적합하게 한다.
  ㉴ 양정의 변화가 클 경우에도 캐비테이션이 생기지 않게 해야 한다.

28 3상 유도 전동기의 과열 원인으로 옳지 않은 것은?
① 냉각팬의 절손
② 과부하 상태로 운전
③ 3상 중 1상의 퓨즈가 융단된 상태로 운전
④ 배선용 차단기(NFB)의 동작으로 인한 전원 차단

해설
- 전동기 과열의 원인
  ㉮ 과부하 운전 ㉯ 빈번한 기동 ㉰ 베어링 부분 발열
  ㉱ 냉각 불충분 ㉲ 3상 중 1상의 결상(퓨즈융단 등)

29 다음 설비는 그 형태에 따라 분류하고 있는데, 분류가 잘못된 것은?
① 토지
② 기계 및 장치
③ 차량 운반구
④ 생산 설비

해설
- 형태별 분류 : 토지, 건물, 구축물, 기계 및 장치, 차량 운반구, 공기구 및 비품
- 목적별 분류 : 생산 설비, 유틸리티 설비, 연구개발 설비, 수송 설비, 판매 설비, 관리 설비

30 설비보전 조직에 있어서 집중 보전의 장점은?
① 긴급작업, 고장, 새로운 작업을 신속히 처리한다.
② 생산라인의 공정 변경이 신속히 이루어진다.
③ 보전 요원이 용이하게 제조부의 작업자에게 접근할 수 있다.
④ 근무 시간의 교대가 유기적이다.

28. ④ 29. ④ 30. ①

해설
- 집중보전의 장점
  ㉮ 공장의 작업 요구를 처리하기 위하여 충분한 인원을 동원할 수 있다.
  ㉯ 각종 작업에 각각 다른 기능을 가진 보전원을 배치하기 때문에 담당 정도의 유연성이 필요하다.
  ㉰ 긴급 작업, 고장, 새로운 작업을 신속히 처리한다.
  ㉱ 특수 기능자는 한층 효과적으로 이용된다.

31 다음 중 보전용 자재의 관리상 특징이 아닌 것은?
① 연간 사용빈도가 낮으며 소비속도가 늦은 것이 많다.
② 자재구입의 품목, 시기의 계획을 수립하기가 좋다.
③ 보전의 기술수준 및 관리수준이 보전자재의 재고량을 좌우하게 된다.
④ 불용자재의 발생 가능성이 크다.

해설
- 보전용 자재의 관리상 특징
  ㉮ 보전용 자재는 연간 사용빈도가 낮으며, 소비속도가 늦은 것이 많다.
  ㉯ 자재 투입의 품목, 수량, 시기의 계획을 수립하기 곤란하다.
  ㉰ 보전의 기술수준 및 관리수준이 보전자재의 재고수준을 좌우하게 된다.
  ㉱ 불용자재의 발생 가능성이 크다.
  ㉲ 보전자재의 경우에는 열화되어 폐기되는 것과 예비품과 같이 순환 사용되는 것이 있다.

32 치공구 관리의 기능 중 계획단계에 속하는 것은?
① 공구의 제작 및 수리
② 공구의 검사
③ 공구의 보관과 대출
④ 공구의 연구시험

해설

공구의 계획단계	공구의 보전단계
① 공구의 설계 및 표준화	① 공구의 제작 및 수리
② 공구의 연구시험	② 공구의 검사
③ 공구의 사용조건 관리	③ 공구의 보관과 대출
④ 공구 소요량의 계획, 보충	④ 공구의 연삭

33 공구관리의 기능을 계획단계와 보전단계로 구분할 때 계획단계의 기능은?
① 공구의 제작 및 수리
② 공구의 검사
③ 공구의 보관과 대출
④ 공구의 설계 및 표준화

정답 31. ② 32. ④ 33. ④

해설
- 공구관리 기능

공구의 계획단계	공구의 보전단계
① 공구의 설계·표준화	① 공구의 제작·관리
② 공구의 연구와 시험	② 공구의 검사
③ 공구의 사용조건 관리	③ 공구의 보관·대출
④ 공구 소요량의 계획·보충	④ 공구의 연삭

34 다음 중 설비유효성 판정기준인 설비 종합효율 산출식을 바르게 표현한 것은?
① 설비 종합효율 = 시간가동률 × 성능가동률 × 생산량
② 설비 종합효율 = 실질가동률 × 성능가동률 × 양품률
③ 설비 종합효율 = 시간가동률 × 실질가동률 × 양품률
④ 설비 종합효율 = 시간가동률 × 성능가동률 × 양품률

35 설비의 6대 로스(loss) 중 돌발적 또는 만성적으로 발생하는 고장에 의해 발생되는 것은?
① 속도 저하 로스
② 순간 정지 로스
③ 고장 로스
④ 수율 저하 로스

해설
- 속도 저하 로스(속도 로스) : 설비의 설계속도와 실제로 움직이는 속도와의 차이에서 생기는 로스
- 순간 정지 로스(일시정체 로스) : 작업물이 슈트에 막혀서 공전하거나, 품질 불량 때문에 센서가 작동하여 일시적으로 정지하는 경우로서 이들은 작업 물을 제거하거나 리셋하면 설비가 정상적으로 작동하는 것이며 설비의 고장과는 본질적으로 다르다.
- 수율 저하 로스(초기 수율 로스) : 생산개시 시점으로부터 안정화될 때까지의 사이에 발생하는 로스를 말한다.

36 품질개선 활동에서 QC7 도구는 매우 유용하게 사용된다. 다음은 QC7가지 도구 중 어떤 특정한 도구를 설명한 것인가?

> 결과에 원인이 어떻게 관계하는가를 한눈으로 알 수 있도록 작성한 그림이다. 이 도구를 사용하여 많은 의견을 한 장의 그림에 정리하는데 유용하게 사용된다.

① 파레토그램
② 히스토그램
③ 특성요인도
④ 프로세스 매핑

34. ④ 35. ③ 36. ③

해설
- 파레토그램 : 불량품이라든가 결점, 클레임, 사고건수 등을 그 현상이나 원인별로 데이터를 내고 수량이 많은 순서로 나열하여 그 크기를 막대그래프로 나타낸 것으로서 진정한 문제점이 뭔지를 찾아낼 수 있다.
- 히스토그램 : 공정에서 취한 계량치 데이터가 여러 개(약 100개) 있을 때 데이터가 어떤 값을 중심으로 어떤 모습으로 산포하고 있는가를 조사하는 데 사용하는 그림으로서 보통 길이, 무게, 시간, 경도 등을 측정한 그림이다.

37 공압 시스템의 입구에 부착된 압력 게이지가 7bar을 나타내고 있다. 이때 압력 게이지압은 어떤 압력인가?
① 절대 압력
② 표준 압력
③ 게이지 압력
④ 공학 압력

해설
- 절대 압력 : 완전한 진공을 0으로 측정한 압력이다.
- 게이지 압력 : 대기압을 0으로 측정한 압력이다. 즉 우리가 보는 게이지에 표시되는 압력이다.

38 다음 중 절대 압력의 설명으로 맞는 것은?
① 완전한 진공을 "0"으로 하여 측정한 압력이다.
② 대기압을 "0"으로 하여 측정한 압력이다.
③ 표준대기압력보다 항상 높다.
④ 게이지 압력을 말한다.

해설
- 절대 압력 : 완전한 진공을 0으로 측정한 압력이다. 절대 압력=대기압±게이지 압력
- 게이지 압력 : 대기압을 0으로 측정한 압력이다.

39 공압의 특성에 대한 설명 및 잘못된 것은?
① 큰 힘을 전달할 수 있다.
② 배관이 간단하다.
③ 작업속도가 빠르다.
④ 온도의 변화에 민감하다.

37. ③ 38. ① 39. ①

장점	단점
• 에너지 취득 용이, 힘의 증폭 용이, 힘의 전달 간단, 속도 변경 용이, 인화 위험성이 없다. • 온도의 변화에 둔감하다. • 압력 에너지로서 축적가능, 무단변속이 가능, 작업속도가 빠르다.	• 큰 힘을 얻을 수 없다. • 저속 시 균일한 속도를 얻을 수 없다. • 공기 압축성으로 효율이 좋지 않다. • 응답속도가 늦다.

40 공기여과기의 여과방식이 아닌 것은?
① 원심력을 이용하여 분리하는 방식
② 충돌판을 닿게 하여 분리하는 방식
③ 흡수제를 사용하여 분리하는 방식
④ 가열하여 분리하는 방식

- 공압 필터의 여과방식
  ㉮ 원심력을 이용하여 분리하는 방식
  ㉯ 충돌판을 닿게 하여 분리하는 방식
  ㉰ 흡수제를 사용하여 분리하는 방식
  ㉱ 냉각하여 분리하는 방식

41 공기 압축기는 변동하는 수요에 공급량을 맞추기 위해 압력조절이 필요하다. 조절 방법에는 여러 가지 방법이 있는데 다음 중 무부하 조절에 해당하지 않는 것은?
① 차단 조절
② 배기 조절
③ ON-OFF 제어
④ 그립-암(grip-arm) 조절

- 차단 조절 : 압축기의 흡입구를 차단하여 압력을 낮추는 방법
- 배기 조절 : 설정 압력에 도달하면 안전 밸브가 열려서 압축 공기를 대기 중으로 방출시킴.
- 그립-암 조절 : 피스톤의 상승 시에도 흡입 밸브가 그립암에 의해 열려 있어 공기를 압축할 수 없다.
- ON-OFF 제어 : 압축기의 운전과 정지를 반복시키며 조절하는 방식

42 공압 실린더의 힘을 높이고자 한다. 이때 필요한 밸브는 어느 것인가?
① 압력 제어 밸브
② 방향 제어 밸브
③ 속도 제어 밸브
④ 유량 제어 밸브

- 출력 제어 : 공기 압력(힘) 제어 - 압력 제어 밸브
- 속도 제어 : 유량을 제어 - 유량 제어 밸브
- 방향 제어 : 흐름 방향 제어 - 방향 제어 밸브

40. ④ 41. ③ 42. ①

43 공압에서 한정된 각도를 운동하고자 한다. 이때 사용하는 액추에이터는?
① 공압 요동 모터　　② 공압 밸브
③ 공압 실린더　　　　④ 공압 모터

> 해설
> • 공압 실린더-직선 왕복 운동
> • 공압 요동 모터-한정된 각도 회전
> • 공압 모터-연속 회전

44 다음과 같이 회로를 구성하여 실린더의 속도를 제어하고자 한다. 설명 중 틀린 것은?
① 미터아웃 방식으로 실린더의 속도를 제어하는 방식이다.
② 드릴, 밀링신 등에 활용되고 있다.
③ 실린더의 행정 끝부분에 배압이 작용하므로 미세한 속도 제어 가능하다.
④ 실린더에서 유입되는 유량을 제어하여 실린더의 속도를 제어하는 회로이다.

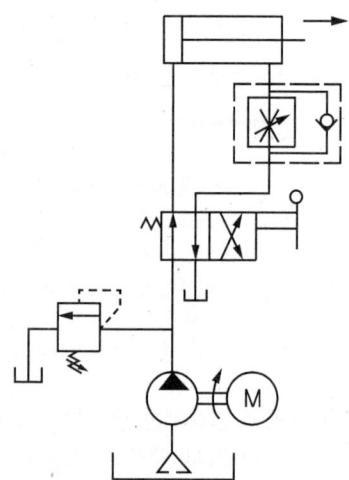

> 해설
> • 미터 아웃회로 방식
> ㉮ 유량 제어 밸브를 실린더에서 작동유가 유출하는 쪽에 설치한 회로이다.
> ㉯ 실린더에서 유출되는 유량을 제어하여 실린더의 속도를 제어하는 회로이다.
> ㉰ 실린더의 행정 끝 부분에 배압이 작용하므로 미세한 속도 제어 가능하다.
> ㉱ 드릴, 밀링신 등에 적용한다.

45 유압 모터의 장점이 아닌 것은?
① 정·역회전이 가능하다.
② 대형이며, 큰 힘을 낼 수 있다.
③ 무단변속이 가능하다.
④ 회전체의 관성력이 작으므로 응답성이 빠르다.

> 해설
> • 유압 모터의 장점
> ㉮ 정·역회전이 가능하다.
> ㉯ 무단변속이 가능하다.

43. ① 44. ④ 45. ②

㉰ 회전체의 관성력이 작으므로 응답성이 빠르다.
㉱ 소형 경량이며, 큰 힘을 낼 수 있다.
㉲ 자동 제어의 조작부, 서보 기구의 요소로 적합하다.

46 다음 중 용적형 펌프 종류가 아닌 것은?
① 기어 펌프
② 베인 펌프
③ 피스톤 펌프
④ 터빈 펌프

해설
- 용적형 펌프 : 기어 펌프, 나사 펌프, 베인 펌프, 피스톤 펌프
- 비용적형 펌프 : 원심 펌프, 축류 펌프

47 다음 중 유압기기 중 압력 제어 밸브에 속하는 않은 것은?
① 셔틀 밸브
② 감압 밸브
③ 시퀀스 밸브
④ 릴리프 밸브

해설
- 유압 압력 제어 밸브는 감압 밸브, 릴리프 밸브, 무부하 밸브, 시퀀스 밸브, 카운트 밸런스 밸브, 압력 스위치, 유체 퓨즈 등이 있다.
- 셔틀 밸브는 방향 제어 밸브이다.

48 유압실린더의 호칭법에 포함되지 않은 것은?
① 구조형식
② 로드경 기호
③ 지지형식의 기호
④ 최저사용압력

해설
- 유압 실린더의 호칭은 규격명칭, 또는 규격번호, 구조형식, 지지형식의 기호, 실린더의 내경, 로드 경기호, 최고사용압력, 쿠션의 유무, 행정길이, 외부노출의 구분, 패킹의 종류에 따른다.

49 얇은 여과면을 다수 겹쳐 쌓아서 사용하는 필터로서 엘리먼트에는 철망, 종이, 금속 등의 원판이나 실을 감은 것으로 사용하는 필터는?
① 흡착식 필터
② 적층식 필터
③ 자기식 필터
④ 표면식 필터

정답 46. ④ 47. ① 48. ④ 49. ②

예설
- 표면식 필터 : 철망이나 여과기에 의한 여과와 같이 표면에서만 이루어 진다.
- 적층식 필터 : 얇은 여과면을 여러 개로 중첩되어 사용하는 필터로서 엘리먼트에는 철망, 종이, 금속 등의 원판이나 실을 감은 것으로 사용하는 필터이다.
- 자기식 필터 : 오일 중에 흡입되어 있는 자석 고형물을 자석에 흡착시키는 것에서 여과된다.

50 유압 작동유의 점도가 너무 높은 경우에 발생하는 현상은?
① 장치의 관내 저항으로 인한 압력 증대된다.
② 정밀한 조절 및 제어가 곤란하다.
③ 펌프효율 저하에 따른 온도 상승한다.
④ 내부 누설 및 외부 누설이 발생한다.

예설

점도(점성)이 지나치게 적은 경우	점도(점성)이 너무 높을 경우
㉮ 내부 누설 및 외부 누설	㉮ 내부 마찰의 증대와 온도 상승
㉯ 펌프 효율 저하에 따른 온도 상승	㉯ 장치의 관내 저항으로 인한 압력 증대
㉰ 마찰 부분의 마모 증대.	㉰ 동력의 손실 증대
㉱ 정밀한 조절 및 제어가 곤란하다	㉱ 작동유의 비활성화

51 유압 실린더 또는 유압 모터의 속도을 서서히 감속 또는 가속시킬 때 사용되는 밸브의 명칭은?
① 체크 밸브　　　　　　② 언로드 밸브
③ 디셀러레이션 밸브　　④ 시퀀스 밸브

예설
- 감압 밸브 : 주회로의 압력보다 저압으로 감압시켜 사용하고자 할 때 사용되는 밸브이다.
- 무부하 밸브 : 유압장치의 작동 중 펌프의 송출압력이 필요로 하지 않을 때 사용한다
- 디셀러레이션 밸브(감속 밸브) : 유압 실린더 또는 유압 모터의 속도를 서서히 감속 또는 가속시킬 때 사용되는 밸브이다.
- 시퀀스 밸브 : 주회로에서 복수의 실린더를 순차적으로 작동시켜 주는 밸브이다.

52 안전의 원인 중 불안전한 행동으로 틀린 것은?
① 잘못된 방법으로 장치를 운전한다.
② 가동 중인 장치를 정비한다.
③ 장치 또는 자재의 부적당한 하적 또는 배치
④ 빈약한 장비

50. ① 51. ③ 52. ④

• 인적 원인(불안전한 행동)
  ㉮ 부적당한 속도로 장치를 운반한다.
  ㉯ 허가 없이 장치를 운전한다.
  ㉰ 잘못된 방법으로 장치를 운전한다.
  ㉱ 결함이 있는 장치를 사용한다.
  ㉲ 안전장치가 작동하지 않게 한다.
  ㉳ 가동 중인 장치를 정비한다.
  ㉴ 잘못된 작업위치를 취한다.
  ㉵ 물건을 잘못 올린다.
  ㉶ 개인 보호구를 사용하지 않는다.
  ㉷ 장치 또는 자재의 부적당한 하적, 배치
  ㉸ 공동 작업자에게 경고하지 않는다. 또는 준비를 충분히 하지 않는다.

53 재해의 정도별 분류 중 틀린 것은?
① 사망 : 부상의 결과로 생명을 잃는 것
② 중상해 : 부상으로 인하여 4주 이상의 노동손실을 가져온 상해 정도
③ 경상해 : 부상으로 1일 이상 14일 미만의 노동손실을 가져온 상해 정도
④ 경미상해 : 부상으로 8시간 이하의 휴무 또는 작업에 종사하며 치료를 받는 상해 정도

• 재해의 정도별 분류
  ㉮ 사망 : 부상의 결과로 생명을 잃는 것
  ㉯ 중상해 : 부상으로 인하여 2주 이상의 노동손실을 가져온 상해 정도
  ㉰ 경상해 : 부상으로 1일 이상 14일 미만의 노동손실을 가져온 상해 정도
  ㉱ 경미상해 : 부상으로 8시간 이하의 휴무 또는 작업에 종사하면서 치료를 받는 상해 정도

54 슬라이드기가 하강하기 전에 게이트가 금형 앞면에 내려오게 되면 작업물이 게이트의 하강을 방해할 경우에 슬라이드의 동작이 정지하게 되며 각종 크랭크 프레스에 많이 사용하는 장치는?
① 손쳐내기식 방호 장치
② 양수 조작식 방호 장치
③ 게이트 가드식 방호 장치
④ 수인식 방호 장치

• 양수 조작식 방호 장치 : 슬라이드 작동 중에 누름 버튼에서 프레스 작업자가 손을 떼면 즉시 슬라이드의 동작이 정지하는 것이다. 양손 중 어느 한 쪽을 떼어도 슬라이드는 즉시 동작을 멈춘다.
• 수인식 방호 장치 : 연속 낙하로 인한 사고를 방지하는 수인기구가 설치되어 있다.
• 손쳐내기식 방호 장치 : 손쳐내기 기구가 슬라이드 기구와 직면하고 있기 때문에 연속 낙하에 특히 유효하다.
• 게이트 가드식 방호 장치 : 슬라이드기가 하강하기 전에 게이트가 금형 앞면에 내려오게 되면 작업물이 게이트의 하강을 방해할 경우에 슬라이드의 동작이 정지하게 되며 각종 크랭크 프레스에 많이 사용된다.

53. ② 54. ③

55 누전 차단기의 사용 목적으로 틀린 것은?

① 합선 보호
② 누전 화재 보호
③ 전기설비 및 전기기기의 보호
④ 기타 다른 계통으로의 사고 파급 방지

- 누전 차단기 : 지락 전류에 의한 감전·화재 및 기계·기구의 손상 등을 방지하기 위하여 설치하는 것으로 저전압 전로에서는 누전 차단의 주된 사용 목적은 다음과 같다.
  1) 감전 보호
  2) 누전 화재 보호
  3) 전기설비 및 전기기기의 보호
  4) 기타 다른 계통으로의 사고 파급 방지

56 다음중 화재의 종류를 틀리게 표현한 것은?

① A급 화재 : 일반화재
② B급 화재 : 유류·가스화재
③ C급 화재 : 전기화재
④ D급 화재 : 가스화재

- A급 화재 : 일반화재
- C급 화재 : 전기화재
- B급 화재 : 유류·가스화재
- D급 화재 : 금속화재

57 고압가스 용기의 도색 구분으로 틀린 것은?

① 수소 : 주황색
② 산소 : 녹색
③ 아세틸렌 : 갈색
④ 액화암모니아 : 백색

- 고압가스 용기의 도색 구분

가스의 종류	도색의 구분	가스의 종류	도색의 구분
액화석유가스(LPG)	회색	액화암모니아	백색
수소	주황색	산소	녹색
아세틸렌	황색	액화탄산가스	청색
액화염소	갈색	그 밖의 가스	회색

58 자체 검사 주기로 틀린 것은?

① 1월에 1회 이상 : 승강기
② 3월에 1회 이상 : 타워크레인
③ 6개월에 1회 이상 : 보일러
④ 1년에 2회 이상 : 동력프레스

55. ① 56. ④ 57. ③ 58. ④

> **해설**
> - 1월에 1회 이상 : 승강기
> - 3월에 1회 이상 : 리프트, 타워크레인
> - 6개월에 1회 이상 : 보일러, 압력용기
> - 1년에 1회 이상 : 동력프레스, 전단기, 원심기, 아세틸렌 용접장치, 가스 집합용접장치, 롤러기
> - 2년에 1회 이상 : 화학설비 및 그 부속설비, 건조설비 및 그 부속설비

59 물질안전보건 자료의 작성 비치로 틀린 것은?
① 화학물질의 명칭　　② 화학물질의 합성 비율
③ 화학물질의 성분　　④ 안전·보건상의 취급 주의사항

> **해설**
> - 물질안전보건 자료의 작성 비치
>   ① 화학물질의 명칭·성분 및 함유량
>   ② 안전·보건상의 취급 주의사항

60 작업내용 변경 시 교육의 시간으로 맞는 것은?
① 2시간 이상　　② 4시간 이상
③ 8시간 이상　　④ 16시간 이상

> **해설**
> - 안전교육의 종류 및 교육시간
>
> | 안전교육의 종류 | 교육 시간 |
> | --- | --- |
> | 채용 시 안전교육 | 8시간 이상(건설업은 1시간 이상) |
> | 작업내용 변경시 교육 | 2시간 이상(건설업은 1시간 이상) |
> | 근로자 정기 안전보건 교육 | 월 2시간 이상(사무직은 월 1시간 이상) |
> | 관리 감독자 정기안전보건 교육 | 반기 8시간 또는 연간 16시간 이상 |
> | 유해위험작업 근로자의 특별 교육 | 16시간 이상(건설업은 2시간 이상) |

59. ②　60. ③

부록 1

동영상 실기시험 문제

1. 정비용 측정 기기류
2. 축용 기계요소 부품
3. 정비용 공구 기기류
4. 베어링 부품
5. 전동장치 부품
6. 소음 및 진동측정

동영상 실기시험 — 1. 정비용 측정 기기류

01 다음 동영상에서 보여주는 정비용 측정 기구는 무엇인가?

해설
한계게이지 측정은 제품의 최대 허용치수와 최소 허용치수의 양쪽계를 정하여 제품의 실제 치수가 그 범위 안에 있는가를 결정하는 방법으로 통과측과 정지측을 갖고 있으며, 통과측에 마모 여유를 둔다. 공작용, 검사용, 점검용이 있으며 합격, 불합격으로 결정된다.

예) 나사 링 게이지(ring gauge), 원통형 플러그 게이지(plug gauge), 나사 플러그 게이지(screw pluggauge), 터보 게이지(tebo gauge), 스냅 게이지(snap gauge), 봉형 게이지(bar gauge)

● 장점
① 대량 측정에 적합하며, 합·불합격 판정을 쉽게 할 수 있다.
② 조작이 간편하고, 경험을 필요로 하지 않는다.

● 단점
① 측정 시 한 개의 치수마다 한 개의 게이지가 필요하다.
② 제품의 실제 치수를 읽을 수 없다.

정답 나사 링 게이지(ring gauge)

02 다음 동영상에서 보여주는 정비용 측정 기구는 무엇인가?

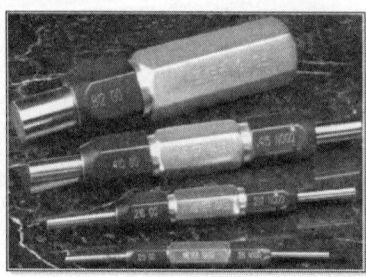

GO/NOGO GAUGE

정답 원형 플러그 게이지(plug gauge)

03 다음 동영상에서 보여주는 정비용 측정 기구는 무엇인가?

 나사 플러그 게이지(plug gauge)

04 다음 동영상에서 보여주는 정비용 측정 기구에서 A와 B의 명칭은 무엇인가?

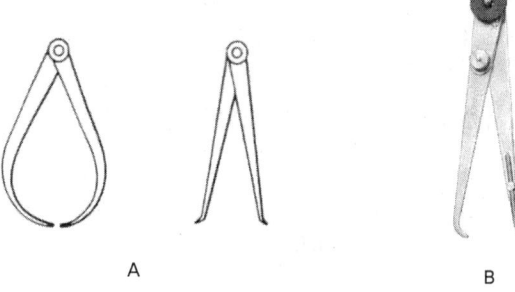

1. 외측 캘리퍼스 : 외측면의 거리나 지름 측정에 사용한다.
   ▶ 크기(규격) : 측정할 수 있는 최대의 치수
1. 내측 캘리퍼스 : 내측면의 거리나 지름 측정에 사용
2. 작다리 퍼스(한쪽퍼스) : 디바이더 + 캘리퍼스 다리를 가진 것
   ▶ 용도 : ① 평행선을 그을 때 ② 원통 물체의 중심을 찾을 때

 A → 외측, 내측 캘리퍼스 B → 작다리 퍼스

05 다음 동영상에서 보여주는 측정기구의 값은 얼마인가?

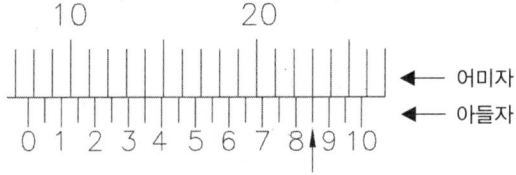

어미자 39mm를 아들자에서 20등분하였으므로 아들자의 최소눈금 읽음값은 0.05mm이다. 그러므로 그림에서는 아들자의 0의 눈금이 어미자의 큰 눈금의 7과 8의 중간정도에 있음을 보여주고 있으며, 아들자의 눈금이 8과 9사이가 어미자의 눈금과 일치하고 있어 0.85mm라 읽는다. 어미자와 아들자의 두 값을 합하면 된다.
치수 측정값 = 7mm + 0.85mm = 7.85mm

부록 1. 동영상 실기시험 문제

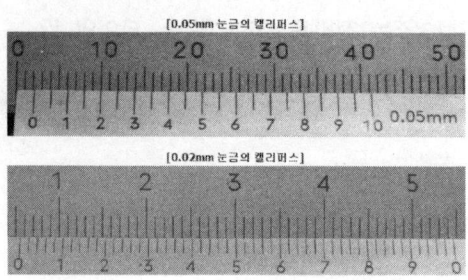

버니어 캘리퍼스의 눈금 판독 방법

정답 7.85mm

06 | 다음 동영상에서 보여주는 측정기구의 값은 얼마인가?

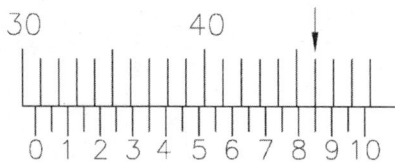

해설
아들자의 최소눈금 읽음값은 0.05mm이다. 그러므로 그림에서는 아들자의 0의 눈금이 어미자의 큰 눈금의 30과 31의 중간정도에 있음을 보여주고 있으며, 아들자의 눈금이 8과 9사이가 어미자의 눈금과 일치하고 있어 0.85mm라 읽는다. 어미자와 아들자의 두 값을 합하면 된다.
치수 측정값 = 30mm + 0.85mm = 30.85mm

정답 30.85mm

07 | 다음 동영상에서 보여주는 측정기구의 값은 얼마인가?

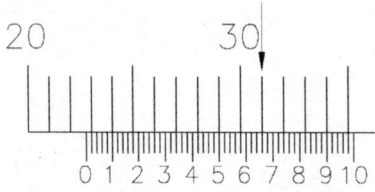

해설
아들자의 최소눈금 읽음값은 0.02mm이다. 그러므로 그림에서는 아들자의 0의 눈금이 어미자의 큰 눈금의 22와 23의 중간정도에 있음을 보여주고 있으며, 아들자의 눈금이 6과 일치하고 1칸이 0.02mm인 3칸이 어미자의 눈금과 일치하고 있어 0.66mm라 읽는다. 어미자와 아들자의 두 값을 합하면 된다.
치수 측정값 = 22mm + 0.66mm = 22.66mm

정답 22.66mm

08 | 다음 동영상에서 보여주는 측정 기구는 무엇인가?

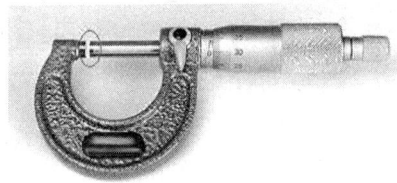

해설 ......
길이 정밀 측정기로 삼각나사에 의해 길이의 변화를 나사의 회전각과 딤플(thimble) 직경의 눈금으로 확대하여 측정하는 측정기

◉ 사용 용도
① 바깥지름 ② 안지름 ③ 깊이 측정 ④ 홈 측정 ⑤ 나사측정

표준 마이크로미터는 나사의 피치가 0.5mm, 딤플의 원주눈금이 50등분되어 있으며 스핀들 이동량 (M)은 M = 0.5 × 1/50 mm = 0.01 mm로 최소 측정값이 0.01mm로 되어 있는 측정기 마이크로미터의 0점 조정
- ±0.0mm 이하일 때 : 슬리브(sleeve)로 조정
- ±0.0mm 이상일 때 : 딤플(thimble)로 조정

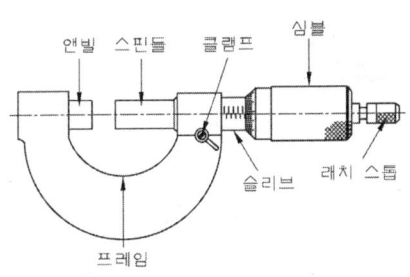

▶ 마이크로미터의 구조 및 명칭

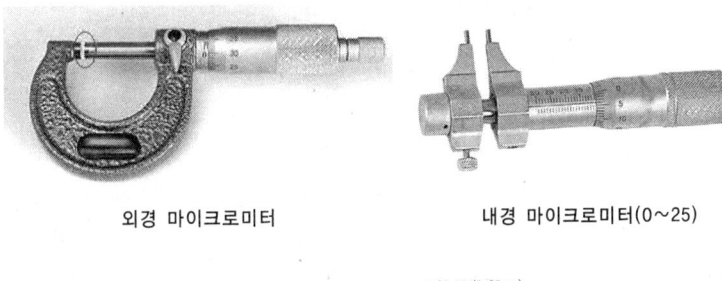

외경 마이크로미터 / 내경 마이크로미터(0~25)

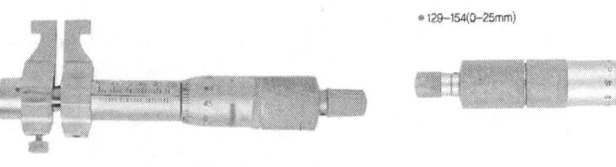

내경 마이크로미터(25~50) / 깊이 마이크로미터

부록 1. 동영상 실기시험 문제

나사 마이크로미터

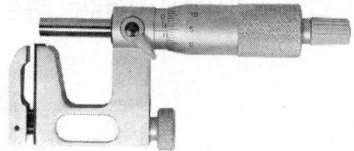
유니온 마이크로미터

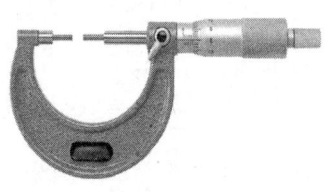
스플라인 마이크로미터

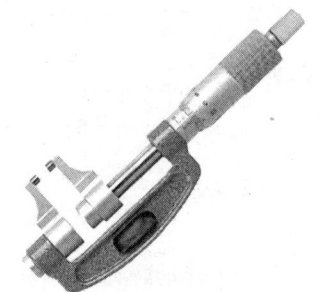
캘리퍼형 마이크로미터

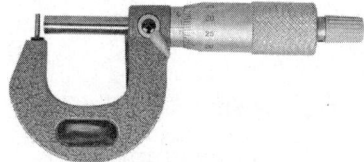
튜브 마이크로미터

그루브 마이크로미터

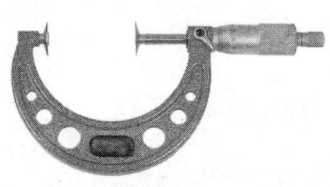
디스크 마이크로미터

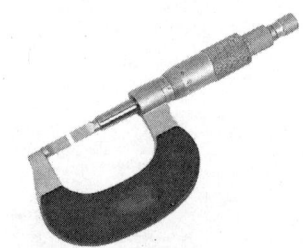
블레이드 마이크로미터

앤빌교환식 마이크로미터

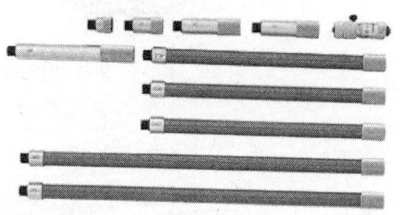
이음식 내경 마이크로미터

정답 외경 마이크로미터(micrometer)

09 다음 동영상에서 보여주는 마이크로미터의 측정값은 얼마인가?

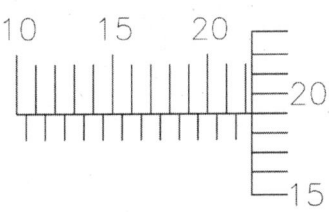

해설
- 슬리브의 눈금이 22
- 딤블의 눈금이 0.19

정답  22.19mm

10 다음 동영상에서 보여주는 마이크로미터의 측정값은 얼마인가?

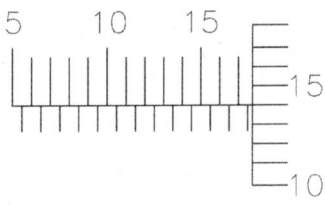

해설
- 슬리브의 눈금이 17.5
- 딤블의 눈금이 0.14

정답  17.64mm

11 다음 동영상에서 화살표가 지시하는 마이크로미터의 측정값은 얼마인가?

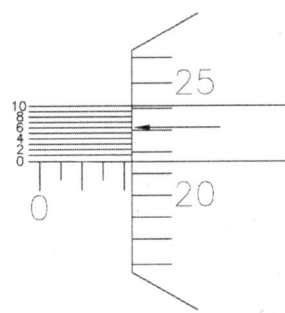

해설
버니어가 장착되어 있는 마이크로미터는 최소 눈금 읽음값이 0.001이다.
- 슬리브의 눈금이 2.0
- 딤블의 눈금이 0.21
- 버니어의 눈금이 0.006

정답 2.216mm

부록 1. 동영상 실기시험 문제

12 다음 동영상에서 보여주는 측정 기구는 무엇인가?

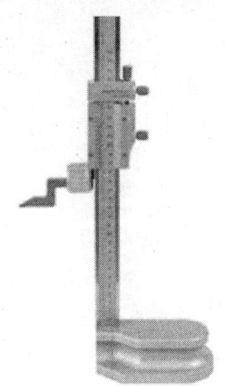

[해설] 정반 위에서 금 긋기 또는 높이 측정 작업에 이용되고 있으며 스케일, 베이스, 스크라이버로 구성되어 있고 다이얼테스트 인디게이트를 부착하여 비교측정할 수 있다.

하이트 게이지의 종류

종류	슬라이더	0점 조정	용도 및 특징
HT형	홈형	가능	표준형으로 높이 측정 및 정밀 금긋기에 사용
HM형	홈형	불가능	금긋기에 많이 사용
HB형	상자형	불가능	스크라이버 밑면에 정반이 닿지 않고 구조가 약해 측정용으로 사용

[정답] 하이트 게이지(hight gauge)

13 다음 동영상에서 화살표가 지시하는 하이트게이지의 측정값은 얼마인가?

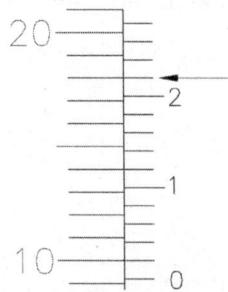

[해설] 하이트게이지의 최소 눈금 읽음값이 0.02이다.
- 본척의 눈금이 9.0
- 부척의 눈금이 0.22

[정답] 9.22mm

14 | 다음 동영상에서 보여주는 측정 기구는 무엇인가?

해설

비교측정기로서 회전축의 흔들림, 공작물의 평행도 측정, 중심내기 등 표준과의 비교측정에 사용되며, 측정자의 직선 또는 원호 운동을 기계적으로 확대하여 그 움직임을 지침의 회전 변위로 변환시켜 눈금을 읽을 수 있는 비교 측정기로써 회전범위가 1회전 이상이며 지침의 회전이 1회전 이하인 것을 지침 측미기라고 한다.
1미크론(μ) = 1/1000mm 즉, 1mm를 1000등분하여 1개의 값이 1미크론이다.

1. 다이얼 게이지의 특징
    ① 소형, 경량으로 취급이 용이하다.
    ② 눈금과 지침에 의하여 읽기 때문에 읽음 오차가 적다.
    ③ 많은 개소의 측정을 동시에 할 수 있다.
    ④ 연속된 변위량의 측정이 가능하다.
    ⑤ 측정범위가 넓다.
    ⑥ 부대품의 사용에 따라 광범위하게 측정할 수 있다.

2. 다이얼 게이지의 용도
    ① 외경, 높이, 두께의 측정   ② 깊이의 측정
    ③ 구면 및 큰 지름의 측정   ④ 직각도의 측정
    ⑤ 흔들림의 측정   ⑥ 가공길이 및 공구의 위치결정
    ⑦ 진원도의 측정(지름법, 3점법, 반지름법)
    ⑧ 안지름의 측정 : 〈측정범위 6~400mm까지로 되어 있다.〉
        ▶ 진원도 측정 방법 : 반경법, 직경법, 3점법

 정답 다이얼 게이지(dial gauge)

15 | 다음 동영상에서 보여주는 측정 기구는 무엇인가?

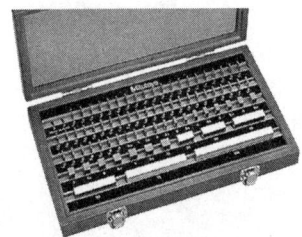

부록 1. 동영상 실기시험 문제

해설
길이의 기준으로 사용되고 1897년 스웨덴의 요한슨에 의해 처음으로 제작되었고 가공면은 래핑 가공되어 그 정도가 아주 높고 임의의 치수를 얻을 수 있다.

1. 블록게이지의 구조
   ① 게이지 블록의 형상은 직사각형 단면을 가진 것 → 요한슨형
   ② 중앙에 구멍이 뚫린 정사각형 단면을 가진 것 → 호크형
   ③ 원형으로 중앙에 구멍이 뚫린 것 → 캐리형
2. 블록게이지의 등급에 따른 정밀도

블록게이지의 등급 및 검사주기

등 급	용 도	검사 주기
K급(참조용, 최고기준용)	표준용 블록게이지의 참조, 정도, 점검, 연구용	3년
0급(표준용)	검사용 게이지, 공작용 게이지의 정도 점검, 측정기구의 정도 점검용	2년
1급(감사용)	기계 공구 등의 검사, 측정기구의 정도 조정	1년
2급(공작용)	공구, 날 공구의 정착용	6개월

정답 블록게이지(Block Gauge) = 슬립게이지(slip gauge)

---

16 다음 동영상에서 보여주는 측정 기구는 무엇인가?

해설
강재의 얇은 편으로 된 것으로 직접 또는 작은 홈의 간극 등을 점검하고 측정하는 데 사용되며 필러게이지라고도 하며, 서로 다른 두께의 강편을 9~22매를 1조로 고정되어 있다.

정답 틈새 게이지(thickness gauge)

---

17 다음 동영상에서 보여주는 측정 기구는 무엇인가?

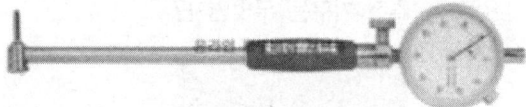

해설
다이얼 게이지와 같은 원리이며 안지름 측정기로 압축기, 펌프, 내연기관의 실린더 안지름 및 내면의 평행도 오차의 정밀측정에 사용되며, 0.001mm의 A급, 0.01mm의 B급이 있다.

정답 실린더 게이지(cylinder gauge)

18 다음 동영상에서 보여주는 측정 기구는 무엇인가?

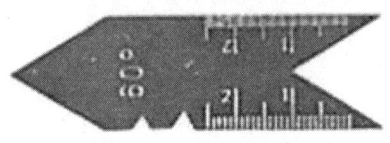 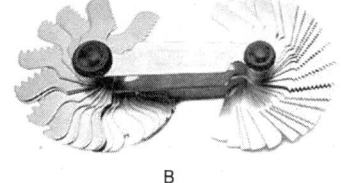

A B

해설
센터 게이지와 스크루 피치 게이지가 있다.
1. 센터 게이지(center Gauge)
   ① 나사 바이트 연삭 시 각도 확인 가능
   ② 나사 바이트 설치 시 공작물과의 직각도 확인 가능
2. 스크루 피치 게이지(screw Pitch Gauge)
   ① 나사의 피치를 알려고 할 때 사용
   ② 〈미터 나사계〉와 〈인치 나사계〉가 있다.

정답 A → 스크루 피치 게이지(screw Pitch Gauge), B → 센터 게이지(center gauge)

19 다음 동영상에서 보여주는 측정 기구는 무엇인가?

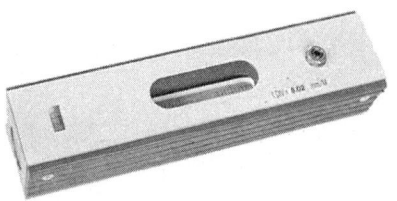

해설
기울기를 측정하는 데 사용되는 액체식 각도 측정기로써 기포관의 기포를 한 눈금 변위시키는 데 필요한 경사각을 측정하여 각도를 계산한다. 이 경사는 저변의 1m에 대한 높이로 나타낸다.

정답 수준기

20 다음 동영상에서 보여주는 측정 기구는 무엇인가?

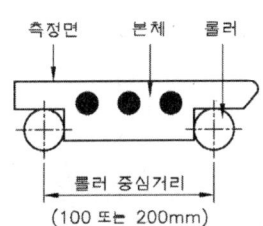 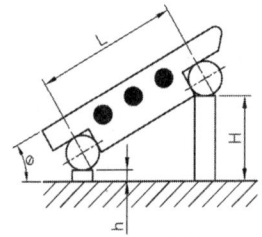

부록 1. 동영상 실기시험 문제

해설
블록 게이지 등을 병용하여, 삼각함수의 사인을 이용하여 각도를 측정한다.
호칭치수는 양쪽 롤러의 중심거리로 나타낸다. 100mm, 200mm가 있다.
각도가 45° 이상이 되면 오차가 커진다.

정답 사인 바(sine bar)

21 다음 동영상에서 보여주는 측정 기구는 무엇인가?

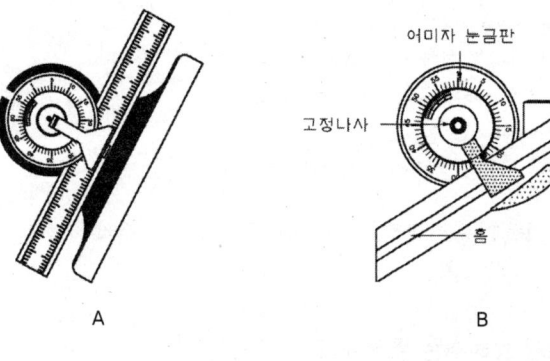

정답 A → 분도기, B → 만능 분도기

동영상 실기시험   2. 축용 기계요소 부품

01 다음 동영상에서 보여주는 나사의 종류는 무엇인가?

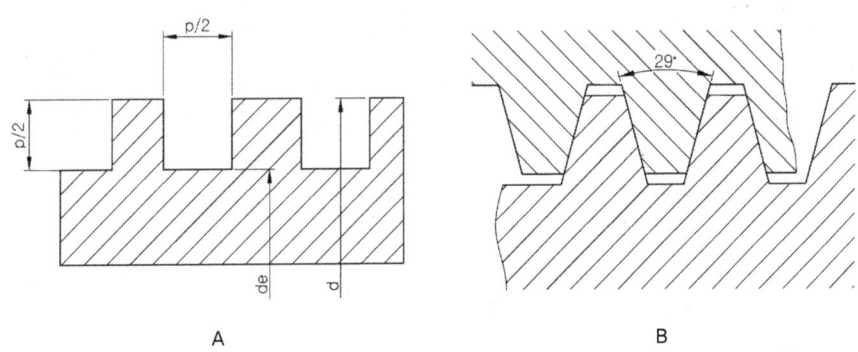

A   B

[해설]
운동용 나사 → 힘을 전달하거나 물체를 움직이게 할 목적으로 이용되는 나사로는 사각나사, 사다리꼴나사, 톱니나사, 볼나사, 둥근나사 등이 있다.
1. 사각나사(square thread) : 축방향의 하중을 받아 축방향으로 큰 힘을 전달하며, 하중이 일정하지 않고 교번하중을 받을 때 효과적이다. 삼각나사에 비해 마찰저항이 적으며 3각 나사보다 잘 풀어짐, 저항이 적은 이점으로 동력 전달용 잭(jack), 나사프레스, 선반의 피드(feed)에 사용
2. 사다리꼴나사(trapezoidal thread) : 스러스트(thrust)를 전달하는 부품에 적합하며, 공작기계용이며 애크미 나사(acme thread), 재형 나사라고도 한다. 사각나사보다 강력한 동력 전달용, 나사산의 각도는 미터계(TM) 30°, 휘트워드계(TW) 29°, ISO 기호는 Tr이다.

[정답] A → 사각나사(square thread), B → 사다리꼴나사(trapezoidal thread)

02 다음 동영상에서 보여주는 나사의 종류는 무엇인가?

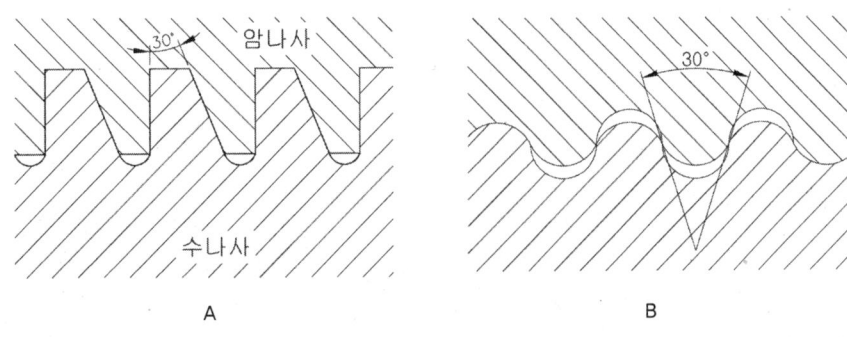

A   B

해설
1. 톱니나사(buttress thread) → 축선의 한쪽에만 힘을 받는 곳에 사용된다. 힘을 받지 않는면은 30°이다.
2. 둥근나사(knuckle thread) → 너클나사라고 하며, 나사산과 골이 둥글다.
   먼지나 모래가 끼기 쉬운 전구, 호스 연결부에 사용한다.

정답 A → 톱니나사(buttress thread), B → 둥근나사(knuckle thread)

03 다음 동영상에서 보여주는 나사의 종류는 무엇인가?

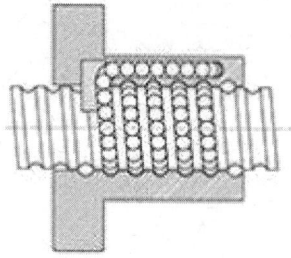

해설
수나사와 암나사의 홈에 강구(steel ball)가 있어 일반 나사보다 매우 마찰계수가 적고 운동 전달이 가볍기 때문에 NC공작기계나 자동차용 스테어링장치에 사용한다.

정답 볼나사

04 다음 동영상에서 보여주는 나사의 종류는 무엇인가?

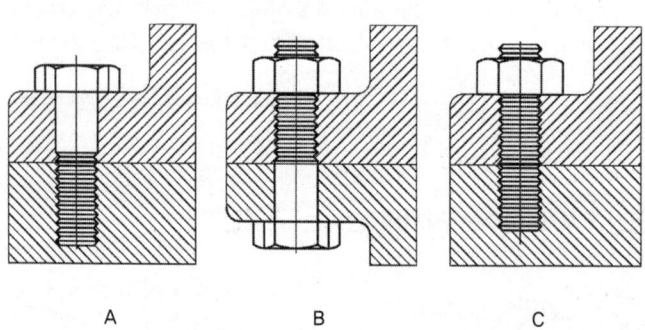

해설
볼트의 사용 방법에 따라 관통볼트(through bolt), 탭 볼트(tap bolt), 스터드 볼트(stud bolt), 양너트 볼트(double nut bolt)가 있다.

정답 A → 관통볼트(through bolt), B → 탭 볼트(tap bolt), C → 스터드 볼트(stud bolt)

2. 축용 기계요소 부품

05 다음 동영상에서 보여주는 볼트의 종류는 무엇인가?

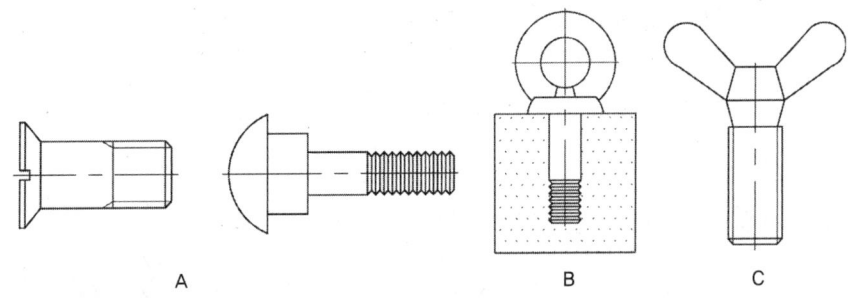

해설
1. 접시머리 볼트(flathead bolt) → 볼트가 파묻힘
2. 아이 볼트(eye bolt) → 로프나 훅에 걸어 물체를 끌어 올리는 데 사용
3. 나비 볼트(wing bolt) → 손으로 돌릴 수 있다.

정답 A → 접시머리 볼트(flathead bolt), B → 아이 볼트(eye bolt), C → 나비 볼트(wing bolt)

06 다음 동영상에서 보여주는 볼트의 종류는 무엇인가?

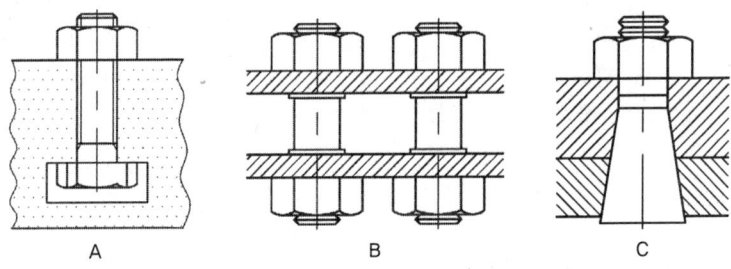

해설
1. T 볼트(t-bolt) → 공작기계의 테이블에 사용
2. 스테이 볼트(stay bolt) → 기계부품의 간격을 일정하게 유지
3. 테이퍼 볼트(taper bolt) → 정확한 고정에 사용

정답 A → T 볼트(t-bolt), B → 스테이 볼트(stay bolt), C → 테이퍼 볼트(taper bolt)

07 다음 동영상에서 보여주는 볼트의 종류는 무엇인가?

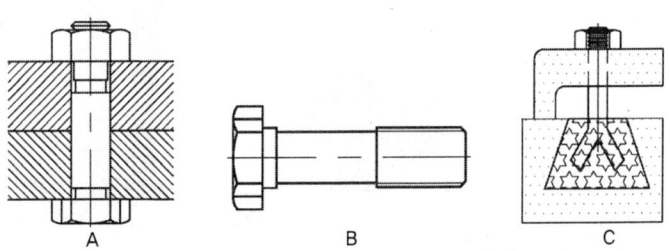

부록 1. 동영상 실기시험 문제

> **해설**
> 1. 리머블트(reamer bolt) → 정밀 가공된 볼트로 볼트에 걸리는 전단하중에 견딤.
> 2. 충격볼트(shock bolt) → 볼트에 걸리는 충격하중에 견디게 만듦.
> 3. 기초 볼트(foundation bolt) → 기계구조물을 고정
>
> **정답** A → 리머블트(reamer bolt), B → 충격볼트(shock bolt), C → 기초 볼트(foundation bolt)

08 다음 동영상에서 보여주는 볼트의 종류는 무엇인가?

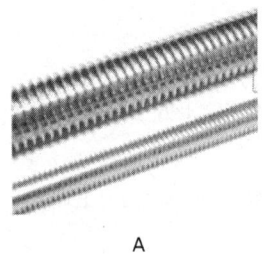
A

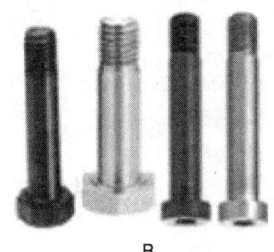
B

> **해설**
> 1. 전산 볼트(Full Theads Bolt) → 스트롱 앙카(strong anchor)와 결합하여 천장형 거치대를 연결할 때 많이 사용한다.
> 2. 리머 볼트(Reamer Bolt) → 내경이 정확하고 다듬질한 면이 깨끗한 구멍에 맞추어진 정밀 볼트로서 케닉팅 로드 볼트에 사용된다. 주로 플랜지 체결에 많이 사용되며 전달력을 많이 받는 곳에 사용하고 몸통 부분을 정밀가공하여야 한다.
>
> **정답** A → 전산 볼트(full theads bolt), B → 리머 볼트(reamer bolt)

09 다음 동영상에서 기계요소 부품의 명칭은 무엇인가?

정답 육가렌지볼트

10 다음 동영상에서 기계요소 부품의 명칭은 무엇인가?

정답 리머 볼트

2. 축용 기계요소 부품

11 다음 동영상에서 보여주는 볼트의 종류는 무엇인가?

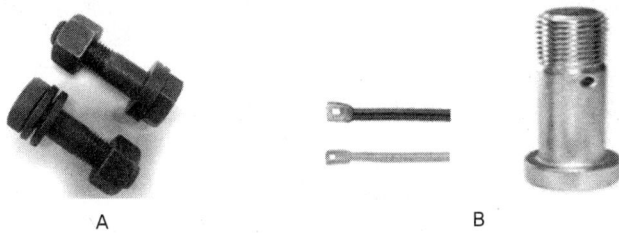

A   B

해설
1. 고장력 볼트(Collar Bolt) → 철골 접합에서 쓰이는 볼트는 일반적으로 고장력 볼트이며 M20(H. T. B, F10T)를 주로 쓰며, 앞에 M20은 볼트의 직경입니다. 나사선의 산과 골의 평균값으로 단위는 mm이다.
2. 핀 볼트(pin bolt) → 볼트에 핀 구멍을 뚫어 분할 핀을 넣어 풀림을 방지한다.

정답 A → 고장력 볼트(collar bolt), B → 핀 볼트(pin bolt)

12 다음 동영상에서 보여주는 기계요소의 종류는 무엇인가?

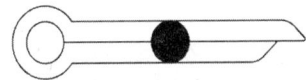

해설
물체의 고정이나 나사의 풀림방지 등을 위해 구멍에 핀을 삽입한 후 핀의 중앙이 분리되어 있어 핀을 꺾어 빠지지 않도록 할 수 있게 되어 있는 제품

정답 분할핀

13 다음 동영상에서 보여주는 볼트의 종류는 무엇인가?

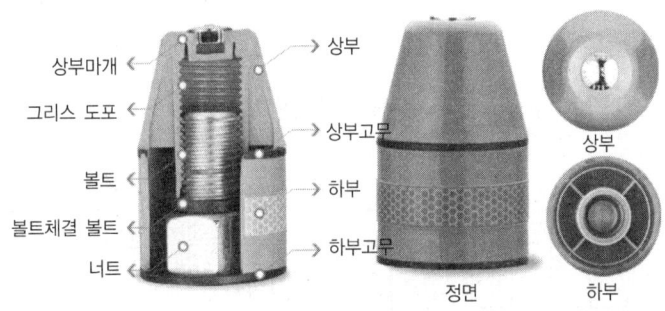

해설
• 볼트캡(boltcap) → 진동이 있는 교량이나 가드레일, 철도, 도로시설물, 각종 철 구조물에 사용되어지며 상부에 사각 홈이 형성되어 있어 사각렌치를 이용하여 잠그면 하부 캡과 완전 밀폐되어 어떠한

오염물질이 침투하지 않는다.

 볼트캡(boltcap)

14 다음 동영상에서 보여주는 볼트의 종류는 무엇인가?

해설 ·····
전산볼트와 함께 천장형 거치대를 연결할 때 많이 사용한다.

 스트롱 앙카

15 다음 동영상에서 보여주는 너트의 종류는 무엇인가?

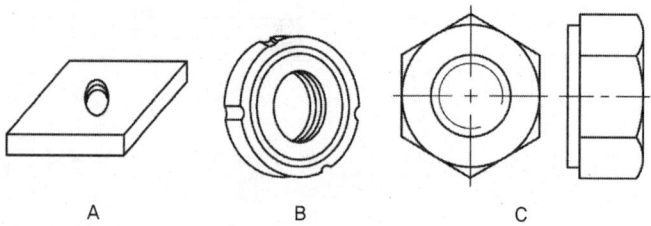

해설 ·····
1. 사각 너트(square nut) → 목재에 사용
2. 둥근 너트(round nut) → 6각 너트를 사용할 수 없을 때, 스패너 사용 가능
3. 와셔붙이 너트(washer facednut) → 너트의 밑면에 6각보다 큰 지름의 와셔가 있다.

정답 A → 사각 너트(square nut), B → 둥근 너트(round nut), C → 와셔붙이 너트(washer facednut)

16 다음 동영상에서 보여주는 너트의 종류는 무엇인가?

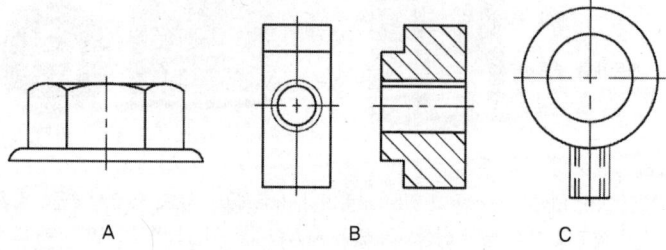

1. 플랜지 너트(flange nut) → 볼트의 구멍이 클 때, 접촉면이 거칠거나 큰 면압을 피하려 할 때
2. T홈 너트(T-slot nut) → 공작기계에 사용
3. 아이 너트(eye nut) → 물건을 들어 올릴 때 사용

 A → 플랜지 너트(flange nut),
B → T홈 너트(T-slot nut),
C → 아이 너트(eye nut)

17 다음 동영상에서 보여주는 너트의 종류는 무엇인가?

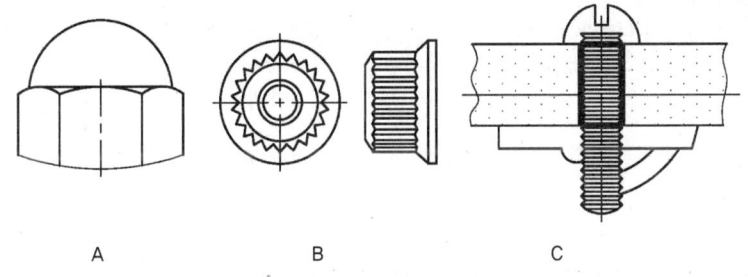

A   B   C

1. 육각 캡 너트(domed cap nut) → 나사의 홈이나 접촉면 등에서 유체 유출 방지
2. 12 포인트 너트(12-pointnut) → 박스렌지로 풀 수 있음
3. 스프링 판 너트(springhalt nut) → 충격완화 너트

 A → 육각 캡 너트(domed cap nut),
B → 12 포인트 너트(12-pointnut),
C → 스프링 판 너트(springhalt nut)

18 다음 동영상에서 보여주는 너트의 종류는 무엇인가?

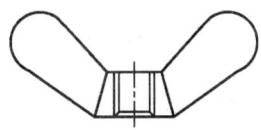 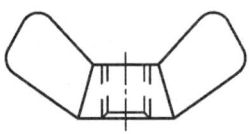 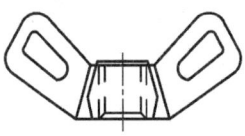

나비 너트(wing nut) → 손으로 돌려서 조일 수 있다.

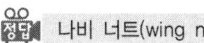 나비 너트(wing nut)

부록 1. 동영상 실기시험 문제

19 다음 동영상에서 보여주는 너트의 종류는 무엇인가?

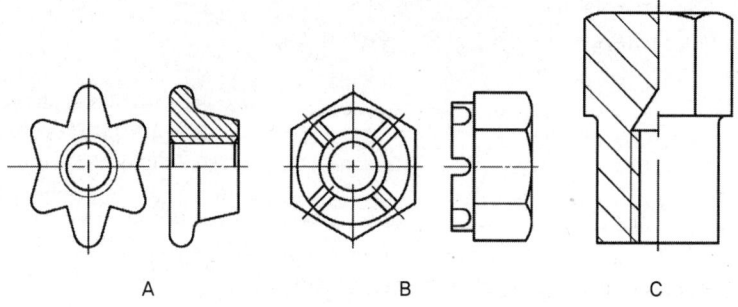

해설
1. 손잡이 너트(thumbnut) → 손으로 돌려서 쉽게 분해 조립 가능
2. 홈붙이 육각 너트 → 위쪽에 분할핀을 끼워 너트의 풀림 방지
3. 슬리브 너트(sleeve nut) → 머리 밑에 슬리브가 달린 너트로써 수나사의 편심방지용

정답   A → 손잡이 너트(thumbnut), B → 홈붙이 육각 너트, C → 슬리브 너트(sleeve nut)

20 다음 동영상에서 보여주는 너트의 종류는 무엇인가?

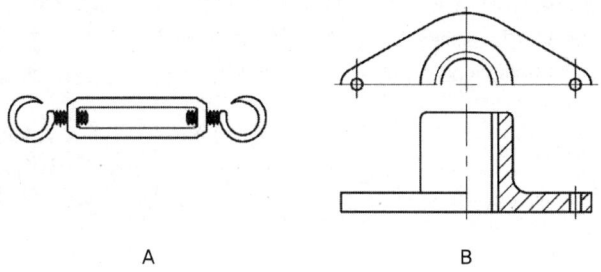

해설
1. 턴버클(turn buckle) → 오른나사와 왼나사가 양끝에 달려 있어서 막대나 로프를 당겨서 조이는 데 사용
2. 플레이트 너트(plate nut) → 암나사를 깎을 수 없는 얇은 판에 리벳으로 설치하여 사용

정답   A → 턴버클(turn buckle), B → 플레이트 너트(plate nut)

21 다음 동영상에서 보여주는 너트의 종류는 무엇인가?

해설 베어링을 체결하고 로크 너트를 넣은 후 훅 스패너로 체결한다.

정답 로크 너트(lock nut)

22 다음 동영상에서 보여주는 와셔의 용도를 3가지 이상 쓰시오?

> 정답 와셔(washer)의 용도
> (1) 볼트 구멍이 볼트 지름보다 너무 클 때
> (2) 볼트머리 및 너트를 받치는 면에 요철이 심할 때
> (3) 내압력이 작은 목재, 고무, 경합금 등의 볼트를 사용할 때
> (4) 너트의 풀림방지
> (5) 개스킷을 조일 때
> (6) 자리면의 재료가 탄성이 부족하여 볼트의 죔 압력을 오랫동안 유지하지 못할 때, 구멍이 클 때, 내압력이 작은 목재 접촉면이 기울어져 있을 때, 고무, 경합금 등의 볼트를 사용할 때

23 다음 동영상에서 보여주는 와셔의 종류는 무엇인가?

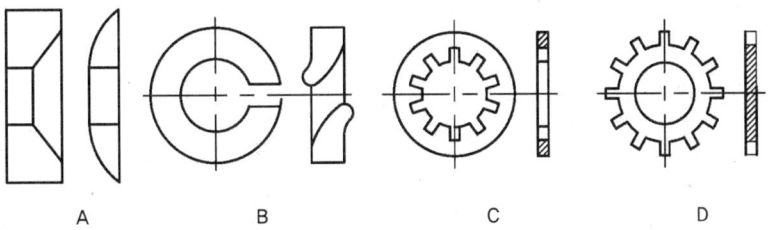

A   B   C   D

정답 A → 구면 와셔, B → 스프링 와셔, C → A형 이붙이 와셔, D → B형 이붙이 와셔

24 다음 동영상에서 보여주는 와셔의 종류는 무엇인가?

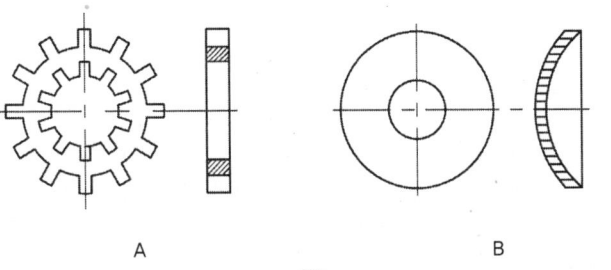

A   B

정답 A → AB형 이붙이 와셔, B → 접시스프링 와셔

25 다음 동영상에서 보여주는 키의 종류는 무엇인가?

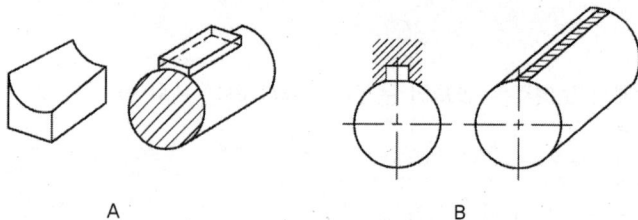

해설
키(key)는 축에 풀리, 기어, 플라이휠, 커플링 등의 회전체를 고정시켜, 원주 방향의 상대적인 운동을 방지하면서 회전력을 전달시키는 결합용 기계요소로 회전축과 키를 포함하는 평면에 직각으로 힘이 작용하여 주로 전단력을 받게 된다. 키의 재료는 축 재료보다 약간 강한 양질의 강을 사용한다. 보통 키에는 테이퍼를 주고, 축과 보스에는 키홈을 판다.
1. 새들키 : 새들키(saddlekey)는 안장키라고도 하며, 축에는 홈을 파지 않고 보스에만 홈을 파서 홈속에 키를 박는 것으로 아주 작은 동력을 전달한다.
2. 평키 : 축을 키의 폭만큼 편평하게 깎아서 보스의 키 홈과의 사이에 사용하는 평키(flakey)는 새들 키보다는 약간 큰 힘을 전달시킬 수 있다. 경하중에 사용되며 키를 밀어 넣어 사용한다.

정답 A → 새들키(saddlekey), B → 평키(flakey)

26 다음 동영상에서 보여주는 키의 종류는 무엇인가?

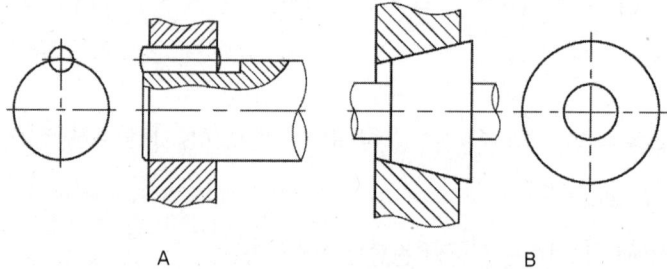

해설
1. 둥근 키(roundkey) → 둥근 키는 핀 키(pinkey)라고도 하며, 핸들과 같이 토크가 작은 것의 고정에 사용되고 단면이 원형이다.
2. 원뿔 키(conekey) → 축과 보스의 양쪽에 모두 키 홈을 파지 않고 보스의 구멍을 테이퍼(1/25) 구멍으로 하여, 속이 빈 원뿔 키를 박아서 마찰력만으로 밀착시키는 키로, 바퀴가 편심되지 않고 축의 어느 위치에서나 설치할 수 있다. 한쪽이 갈라진 원뿔통을 끼워넣어 사용한다.

정답 A → 둥근 키(roundkey), B → 원뿔 키(conekey)

27 | 다음 동영상에서 보여주는 키의 종류는 무엇인가?

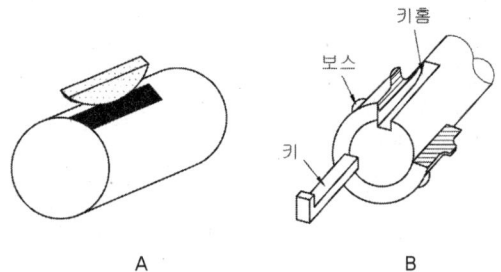

해설

1. 반달 키(woodruffkey) → 반달 키는 축에 키 홈이 깊게 파지므로 축의 강도가 약하게 되는 결점이 있으나, 키와 키 홈 등이 모두 가공하기 쉽고 키와 보스를 결합할 때 자동으로 키가 자리를 잡는 자동 조심작용을 하는 장점이 있어 자동차, 공작 기계 등의 60mm 이하의 작은 축과 테이퍼 축에 사용한다. 축에 키를 끼우고 보스를 밀어 넣어 사용한다.
2. 성크 키(때려 박음 키) → 가장 널리 사용되는 일반적인 키인 성크 키(Sunk key)는 축과 보스 양쪽에 모두 키 홈을 파고 성크 키로 결합하여 토크를 전달시키며, 윗면에 1/100 정도의 기울기를 가진 경사키와 위아래 면이 모두 평행인 평행 키가 있다. 성크 키는 조립 방법에 따라 축과 보스를 맞추고 키를 때려 받는 드라이빙 키(drivingkey)와 축에 키를 끼운 다음 보스를 때려 맞추는 세트 키(set key)가 있다. 구배키의 가공은 경사진 면을 가공하지 않고 그 반대쪽 바닥을 가공한다.

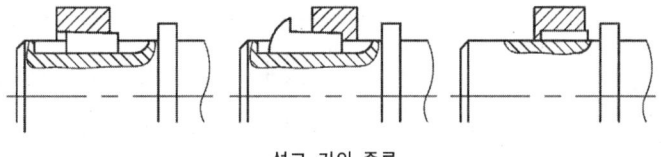

성크 키의 종류

정답 A → 반달 키(woodruffkey), B → 성크 키(때려 박음 키)

28 | 다음 동영상에서 보여주는 키의 종류는 무엇인가?

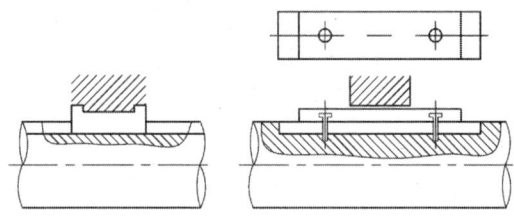

해설

미끄럼 키, 또는 패더키(featherkey)는 안내 키라고도 하며, 보스가 축과 더불어 회전하는 동시에 축 방향으로 미끄러져 움직일 수 있도록 한 키로써, 키를 조립하였을 경우 축과 보스가 가볍게 이동이 가능하다. 기울기가 없고 평행으로 한다. 키의 고정은 키를 축에 고정시키는 방식과 보스에 고정시키는 방식이 있다.

정답 미끄럼 키(sliding key)

29 다음 동영상에서 보여주는 키의 종류는 무엇인가?

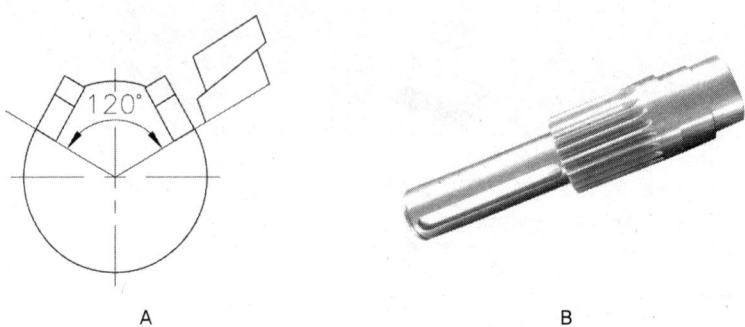

A   B

해설

1. 접선 키(tangentialkey) → 축의 접선 방향에 설치하는 접선 키는 1/40~1/45의 기울기를 가진 2개의 키를 한 쌍으로 하여 키의 압축력을 높이고, 회전 방향이 양 방향일 때 사용하도록 중심각이 120°로 되는 위치에 두 쌍을 설치한다. 이 키는 전달 토크가 큰 축에 주로 사용된다. 키를 조합하여 밀어 넣는다.
2. 스플라인(spline) → 스플라인은 보스쪽 축의 둘레에 많은 키를 깎아 붙인 것과 같은 것으로서 일반적인 키이다. 훨씬 큰 동력을 전달시킬 수 있고 내구력이 크다. 축과 보스의 중심을 정확하게 맞출 수 있어 자동차, 공작기계, 항공기, 발전용 증기 터빈 등에 널리 사용되며, 축 쪽을 스플라인축, 보스 쪽을 스플라인이라 한다. 축에 보스를 끼워서 사용한다.

정답 A → 접선 키(tangentialkey), B → 스플라인(spline)

30 다음 동영상에서 보여주는 키의 종류는 무엇인가?

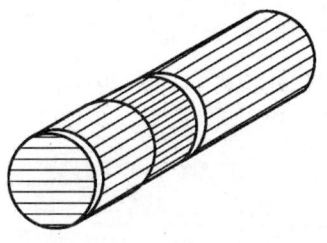

해설

스플라인보다 정확한 회전력을 전달할 수 있다. 둥근 축 또는 원뿔 축과 보스의 둘레에 같은 간격으로 나사산 모양의 삼각형의 작은이를 무수히 깎아 만든 것을 말한다. 세레이션은 축과 보스의 이 높이가 낮고 잇수가 많으므로 측압강도가 크고, 같은 지름의 스플라인 축보다 큰 회전력을 전달시킬 수 있다. 세레이션은 고정 형으로 자동차의 핸들 고정, 라디오의 다이얼과 축의 조립에 널리 이용된다. 축에 보스를 끼워서 사용한다.

정답 세레이션

2. 축용 기계요소 부품

31 다음 동영상에서 보여주는 키의 종류는 무엇인가?

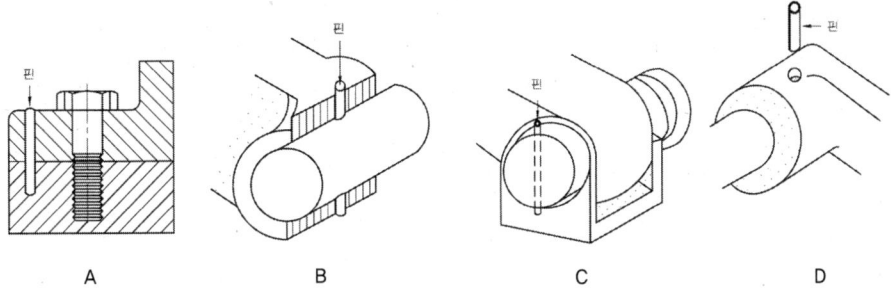

해설
1. **평행 핀** → 분해 조립을 하는 부품의 위치를 일정하게 하는 위치 결정용 A형과 B형이 있으며, 핀 펀치로 때려서 사용하고 핀 구멍은 정확한 구멍을 다듬질하여 핀과의 끼워 맞춤은 H6m6(중간 끼워 맞춤)으로 하며 도저히 관통구멍을 낼 수 없을 경우에는 공기 빼기 홈을 내고 머리에 나사를 낸다.
2. **테이퍼 핀** → 밑에서 때려서 빼거나, 핀 머리에 나사를 내두고 걸어서 빼낸다.
   1/50기울기 크기 : 작은 쪽의 지름
3. **분할 핀** → 볼트, 너트의 풀림 방지용, 축, 이음 핀의 탈락을 방지하며 분할 핀 부착이 평와셔와 같이 사용한다. 부착 후 양끝은 충분히 넓혀 둔다. 큰 강도를 필요로 하지 않는다.
4. **스프링 핀** → 세로방향으로 쪼개져 있어 구멍 크기가 정확하지 않아도 해머로 때려 박을 수 있다. 구멍을 리머가공하지 않아도 쓸 수 있으므로, 대단히 편리해서 최근에는 평행 핀보다 많이 사용한다.

정답 A → 평행 핀, B → 테이퍼 핀, C → 분할 핀, D → 스프링핀

32 다음 동영상에서 보여주는 키의 호칭법은 어떻게 표시하는가?

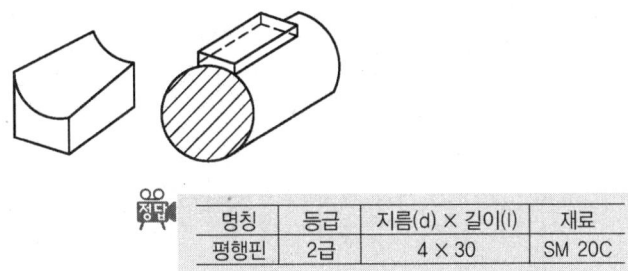

정답

명칭	등급	지름(d) × 길이(l)	재료
평행핀	2급	4 × 30	SM 20C

33 볼트 너트의 풀림방지법을 3가지 쓰시오?

정답
1. 홈 달림 너트 분할 핀 고정에 의한 방법 → 일반적으로 많이 쓰고 확실한 방법이다.
2. 자동 죔 너트(절삭 너트)에 의한 방법 → 너트의 일부를 절삭하여 미리 안쪽으로 약간 변형시켜 두고 볼트에 비틀어 넣을 때 나사부가 꽉 압착되게 한 것이다.

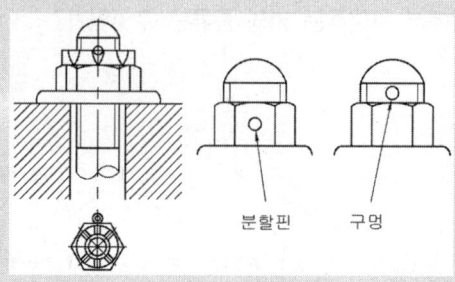

분할 핀 사용

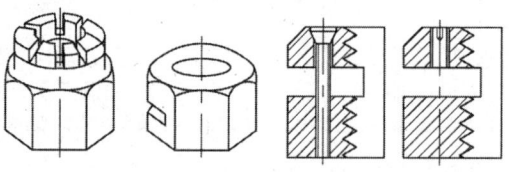

절삭 너트 사용

3. 로크너트(더블)에 의한 방법 → 가장 많이 사용함. 위쪽의 정규 너트를 고정하면서 밑의 로크너트를 15~20° 역회전시킨다.

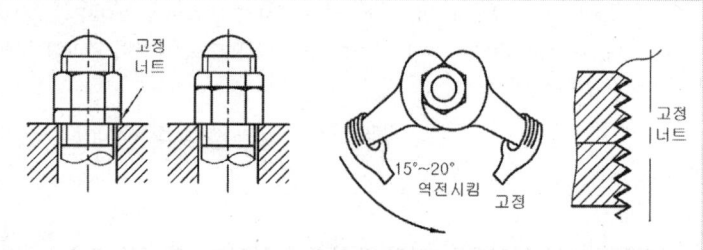

로크너트 사용법

4. 특수너트에 의한 방법 → 너트의 일부에 플라스틱을 끼워 넣어 나사 고정의 마찰을 증가하게 한 것이다.

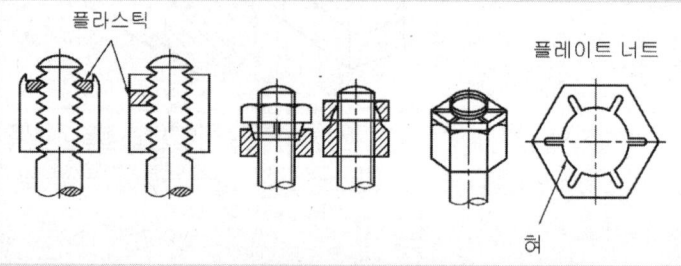

각종 풀림 방지 달림 너트

5. 와셔에 의한 방법(스프링와셔, 이 붙이 와셔, 혀붙이 와셔, 고무와셔, 풀와셔)
6. 멈춤 나사(세트 스크루)에 의한 방법
7. 철사를 이용하는 방법
8. 아연도금 연철선에 의한 와이어 고정방법
9. 핀, 작은 나사 → 가장 확실한 고정 방법임.
10. 홈 달림 너트(홈붙이너트)와 핀

2. 축용 기계요소 부품

34 볼트 사진 2개를 보여주며 1개는 4T, 두 번째는 10.9를 보여준다, 무엇을 의미하는가?

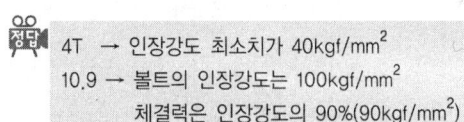

4T → 인장강도 최소치가 40kgf/mm²
10.9 → 볼트의 인장강도는 100kgf/mm²
　　　체결력은 인장강도의 90%(90kgf/mm²)

35 다음 동영상에서 보여주는 부러진 볼트를 빼는 기구는 무엇인가?

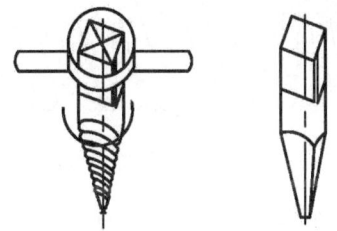

스크루 엑스트랙터 사용 → 스크루 엑스트랙터가 없을 경우에는 환봉(공구강 제작)으로 제작된 엑스트랙터 사용하고, 밑의 구멍 지름은 볼트 직경의 60% 정도가 적당하다.

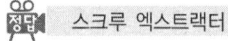
스크루 엑스트랙터

36 다음 동영상에서 보여주는 축의 이름은 무엇인가?

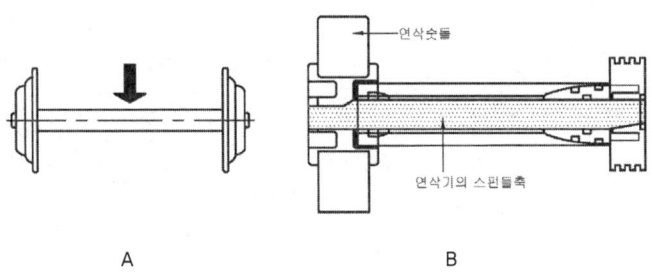

A　　　　　　　　B

1. 차축 → 주로 휨 하중을 받는 축에 사용되며 철도 차량의 차축과 같이 그 자체가 회전하는 회전축과 자동차의 바퀴 축과 같이 회전을 하지만 축은 회전하지 않는 정지축이 있다.
2. 스핀들 → 주로 비틀림 하중을 받으며 직접 일을 하는 회전축으로 치수가 정밀하고 변형량이 작고, 선반, 밀링 등 공작 기계의 주축에 많이 사용한다.

A → 차축, B → 스핀들

부록 1. 동영상 실기시험 문제

37 다음 동영상에서 보여주는 축의 이름은 무엇인가?

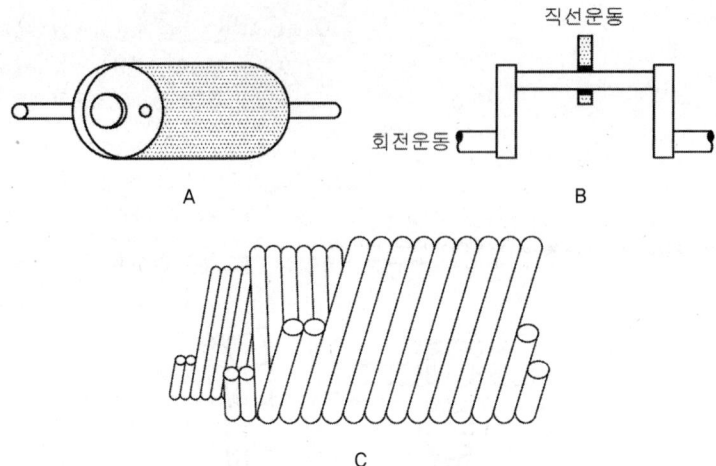

해설
1. 직선축 → 일직선 형태의 축이며, 일반적인 동력 전달용에 많이 사용한다.
2. 크랭크 축 → 왕복 운동 기관 등에서 직선 운동과 회전 운동을 상호 변화시키는 축으로 많이 사용되며 자동차 엔진 등이며 피스톤의 왕복 운동을 회전 운동으로 바꾸어 출력시킨다.
3. 유연축 → 자유로이 구부러질 수 있는 축

정답 A → 직선축, B → 크랭크 축, C → 유연축

38 다음 동영상에서 보여주는 공구의 이름은 무엇인가?

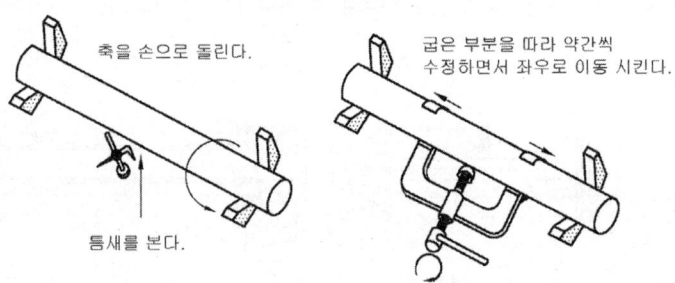

해설
1. 축의 휨(구부러짐) 수리법 → 축이 구부러져 있으면 이상소음 및 진동이 발생되며 기어에 흔들림이 일어나면 진동소음 이외의 이상 마모의 원인이 되므로 기어의 정도(精度), 하중, 회전수에도 따르지만 일반 산업기계의 기어에서는 0.05mm 이상의 흔들림은 좋지 않다.
2. 축의 구부러짐을 정비 현장에서 할 수 있는 경우
    (가) 500rpm 이하이며 베어링 간격이 비교적 긴축이 휘어져 있을 때
    (나) 경하중 기계에서 축 흔들림 때문에 진동이나 베어링의 발열이 있을 경우
    (다) 베어링 중간부의 풀리 스프로킷이 흔들려 소리를 낼 때
3. 축의 구부러짐을 정비 현장에서 할 수 없는 경우

(가) 고속 회전축 기어 감속기축이나 단달림부에서 급하게 휘어져 있는 것의 수리는 무리이므로 새로운 것과 교체하는 것이 원칙이다.

(나) Ø100×1m의 축의 구부러짐을 고치기는 힘들지만 길이가 2m가 되면 저속회전으로 쓰는 것은 지장이 없는 정도로 고칠 수 있다.

4. 축의 구부러짐의 수리방법 → 바닥면에 V블록을 2개를 놓고 그 위에 축을 올려놓고 손으로 돌리면서 틈새로 그 정도를 확인한다. 이어서 흔들림이 제일 심한 곳에 짐 크로우(Jim crow)를 대고 약간씩 힘을 가하면서 구부러짐을 수정한다. 이 방법으로 신중히 하면 0.1~0.2mm 정도까지 수정된다.

정답 짐 크로우(jim crow)

39. 다음 동영상에서 보여주는 부속품의 이름은 무엇인가?

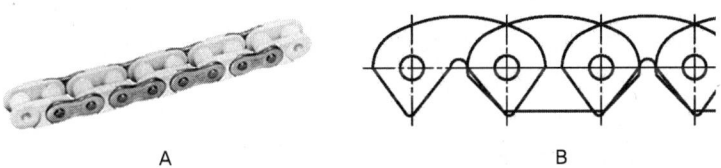

A   B

해설

1. 롤러체인 → 롤러의 링크판과 핀을 이용하여 연속적으로 엇갈리게 연결한 것이 롤러체인이다.

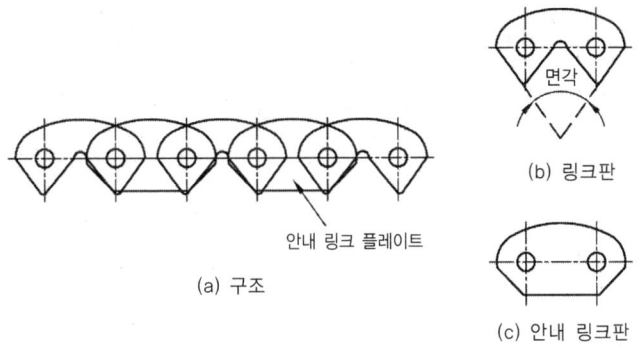

(a) 구조   (b) 링크판

안내 링크 플레이트

(c) 안내 링크판

사일런트 체인의 구조

2. 사일런트 체인 → 고속에서도 소음이 없는 반면에 제작이 어렵고 무거우며 가격이 비싸기 때문에 롤러 체인만큼 널리 사용되지 않는다. 체인이 작동할 때는 삼각 모양의 돌기부가 체인 스프로킷의 이와 접촉되어 고속 회전에서도 소음이 발생하지 않는다. 최고 회전 속도는 9m/s이나 4~6m/s가 적당하다.

▶ 안내링크 플레이트 : 운전 중 가로 미끄럼을 방지하기 위하여 설치한다.

정답 A → 롤러체인, B → 사일런트 체인

40 다음 동영상에서 커플링의 이름은 무엇인가?

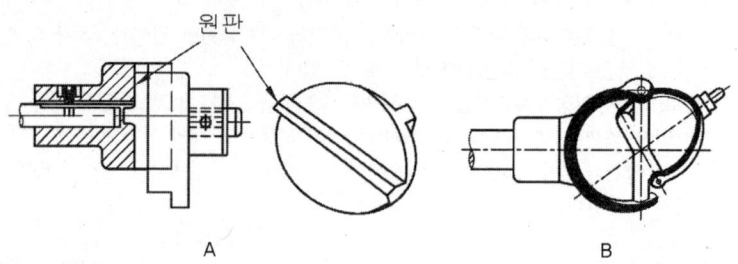

해설

1. 올덤 커플링(oldhams coupling) → 두 축이 평행하며 약간 어긋나는 경우에 사용하나, 진동이나 마찰저항이 커서 고속회전에는 적당하지 않다.
2. 유니버설 조인트 → 두 축이 일직선상에 있지 않고 서로 교차하는 경우에 사용하며, 두 축이 만나는 각은 30° 이하로 해야 한다.

정답 A → 올덤 커플링(oldhams coupling), B → 유니버설 조인트

41 다음 동영상에서 커플링의 이름은 무엇인가?

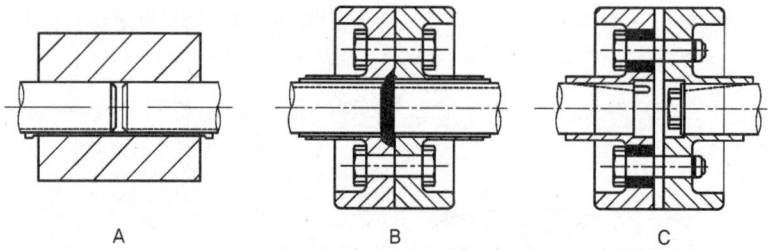

해설

1. 슬리브 커플링 → 고정축 이음으로 주철제 원통 안에 두 축을 맞추어 키로 고정한 것이다.
2. 플랜지 커플링 → 가장 많이 사용하는 축이음으로, 주철제 또는 주강제의 플랜지를 양축에 고정한 후 볼트로 고정한 것이다.
3. 플렉시블 커플링 → 두 축이 정확히 일치하지 않는 경우에 사용하며, 급격히 힘이 변화하는 경우, 완충작용과 전기 절연작용을 한다.

정답 A → 슬리브 커플링, B → 플랜지 커플링, C → 플렉시블 커플링

42 다음 동영상에서 부품의 명칭은 무엇인가?

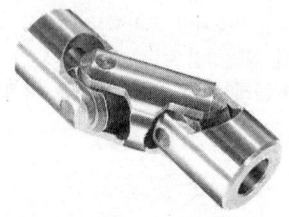

해설 만나는 각이 수시로 변하는 경우에 사용되어 공작기계, 자동차 등에 많이 사용되며, 각도가 30° 이내에서 사용되고, 중심선의 위치가 달라지는 동력의 전달에 사용된다.

정답 유니버설 조인트

43 다음 동영상에서 부품의 명칭은 무엇인가?

해설 정확한 축의 회전이나 위상각 제어가 필요한 곳에 사용되며, 충격진동 흡수성이 양호하며, 동력의 전달이 비교적 정확하고, 구조가 간단하면서 큰 토크를 전달할 수 있다.

정답 디스크 커플링

44 다음 동영상에서 부품의 명칭은 무엇인가?

해설 머프 커플링(muff coupling)은 주철에 원통속에서 두 축을 맞대어 맞추고 키로 고정하는 가장 간단한 커플링으로 전달력이 아주 작은 기계의 축이음에 사용한다.

정답 머프 커플링

45 다음 동영상에서 부품의 명칭은 무엇인가?

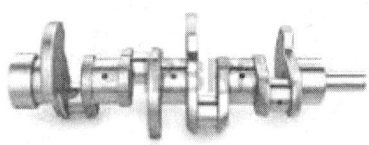

해설 왕복운동기관 등에서 직선운동과 회전운동을 상호 변환시키는 축으로, 자동차 엔진 등에서 많이 사용되며, 피스톤의 왕복운동을 회전운동으로 바꾸어 출력시킨다.

정답 크랭크축(crank shaft)

46 다음 동영상에서 커플링이 측정하는 것은 무엇인가?

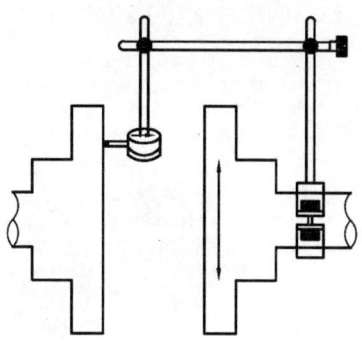

정답 편각측정

47 다음 동영상에서 커플링이 측정하는 것은 무엇인가?

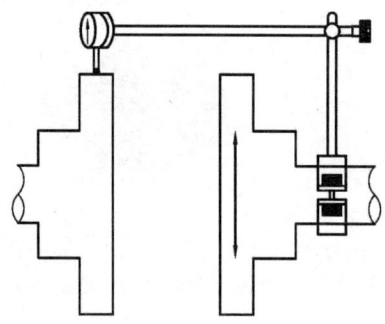

정답 편심측정

48 다음 동영상에 표시하는 기계요소의 명칭은 무엇인가?

A   B

정답 A → 안전망 클램프, B → 빔 클램프

동영상 실기시험   3. 정비용 공구 기기류

01 다음 동영상에서 보여주는 체결용 공구는 무엇인가?

A   B

해설
1. 편구 스패너(single spanner) → 입이 한쪽에만 있는 것으로 크기는 양구와 동일
2. 양구 스패너(open end spanner) → 일반적인 나사 분해, 결합용으로 사용된다.
   ▶ 크기 : 입의 너비로 표시 또는 입에 알맞은 볼트 너트의 대변거리

정답   A → 편구 스패너(single spanner), B → 양구 스패너(open end spanner)

02 다음 동영상에서 보여주는 체결용 공구는 무엇인가?

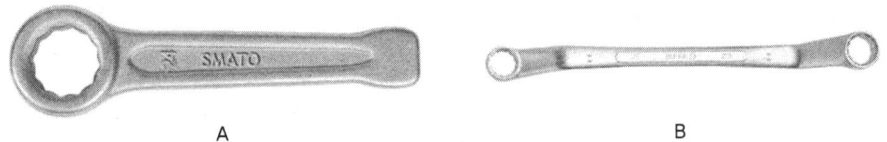

A   B

해설
1. 타격 스패너(shock spanner) → 입이 한쪽에만 있고 자루가 튼튼하여 망치로 타격이 가능하며 크기는 양구와 동일
2. 더블 오프셋 렌치(double off-set wrench) → 볼트머리, 너트모서리를 상하지 않고 좁은 간격에서 작업이 용이 하다.
   ▶ 크기 : 사용 볼트, 너트의 대변거리

정답   A → 타격 스패너(shock spanner), B → 더블 오프셋 렌치(double off-set wrench)

03 다음 동영상에서 보여주는 체결용 공구는 무엇인가?

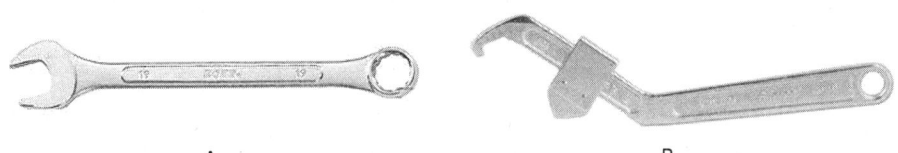

A   B

해설
1. 조합 스패너(combination spanner) → 양구 스패너와 오프 셋 렌치의 겸용으로 사용함.
2. 훅 스패너(hook spanner) → 노치(notch)가 붙은 둥근나사의 체결용

정답 A → 조합 스패너(combination spanner), B → 훅 스패너(hook spanner)

04 다음 동영상에서 보여주는 체결용 공구는 무엇인가?

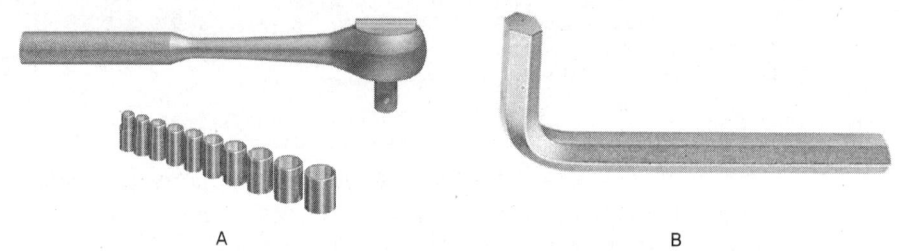

A   B

해설
1. 박스 렌치(box wrench) → 머리가 협소한 공간에 있을 때 유효
2. L-렌치(hexagon bar wrench) → 홈이 있는 둥근 머리 볼트를 빼고 고정할 때 사용
  ▶ 크기 : 육각형의 대변거리

정답 A → 박스 렌치(box wrench), B → L-렌치(hexagon bar wrench)

05 다음 동영상에서 보여주는 체결용 공구는 무엇인가?

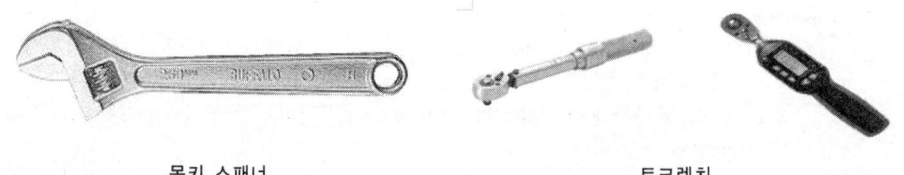

몽키 스패너   토크렌치

해설
1. 몽키 스패너(monkey spanner) → 입의 크기를 조절할 수 있는 공구
  ▶ 크기 : 전체길이를 mm, 또는 inch로 표시
2. 토크렌치(torque wrench) → 볼트, 너트를 규정된 토크(회전력)에 맞춰서 조일 때 사용

정답 A → 몽키 스패너(monkey spanner), B → 토크렌치(torque wrench)

06 다음 동영상에서 보여주는 체결용 공구는 무엇인가?

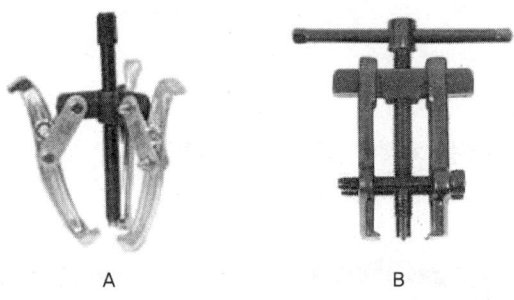

A   B

1. 기어 풀러(Gear Puller) → 기어, 풀리, 커플링 분해 시 축에 고정된 기어 커플링 등을 빼낼 때 사용되며, 기어, 풀리 등의 분해가 곤란할 때도 사용
2. 베어링 풀러(Bearing Puller) → 베어링 분해, 축에 고정된 베어링을 빼는 공구
   ▶ 가속도계 : 베어링의 결함 유무를 측정할 때 사용되는 진동 측정용 센서

정답 A → 기어 풀러(gear puller), B → 베어링 풀러(bearing puller)

07 다음 동영상에서 보여주는 체결용 공구는 무엇인가?

1. 스톱 링 플라이어(stop ring plier) → 스냅링, 리테이너링을 분해하거나 조립할 때 사용
   (1) 축용 → 손잡이를 쥐면 벌어지는 것으로 S0에서 S8까지의 종류
   (2) 구멍용 → 손잡이를 쥐면 닫히며 H1에서 H8까지의 종류

정답 A → 스톱 링 플라이어(stop ring plier)

08 다음 동영상에서 화살표가 지시하는 부품의 명칭은 무엇인가?

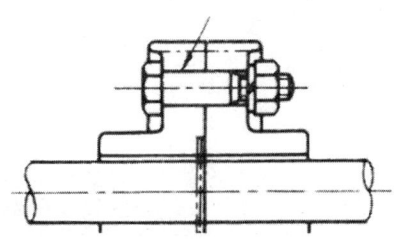

부록 1. 동영상 실기시험 문제

해설 리머 볼트 → 연결하는 두 축을 정확하게 고정할 수 있으며 고속도인 정밀 회전축에 사용한다.

정답 리머 볼트

09 다음 동영상 보여주는 체결용 공구는 무엇인가?

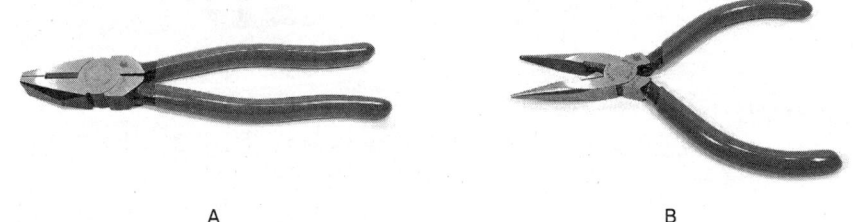

A   B

해설
1. 조합 플라이어(컴비네이션)(commination plier) → 크롬강, 150, 200, 250mm, 일반적으로 말하는 플라이어, 보통 뻰찌라고도 함
   ▶ 크기 → 공구 전체의 길이 150, 200, 250
2. 롱 로즈 플라이어(long plier) → 끝이 가늘어 전기 제품수리나 좁은 장소에서 작업이 적합
   ▶ 크기 : 공구 전체의 길이

정답 A → 조합 플라이어(컴비네이션)(commination plier), B → 롱 로즈 플라이어(long plier)

10 다음 동영상에서 보여주는 체결용 공구는 무엇인가?

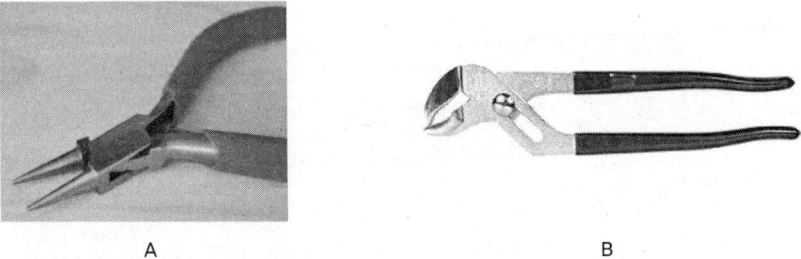

A   B

해설
1. 라운드 노즈 플라이어(round nose plier) → 전기 통신기 배선 및 조립 수리에 사용
   ▶ 크기 : 공구 전체의 길이
2. 워터 노즈(펌프) 플라이어(water nose plier) → 이빨이 파이프 렌치처럼 파여져 둥근 것을 돌리기에 편리하다.

정답 A → 라운드 노즈 플라이어(round nose plier), B → 워터 노즈(펌프) 플라이어(water nose plier)

3. 정비용 공구 기기류

11 다음 동영상에서 보여주는 체결용 공구는 무엇인가?

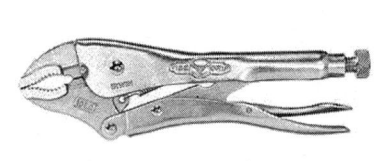 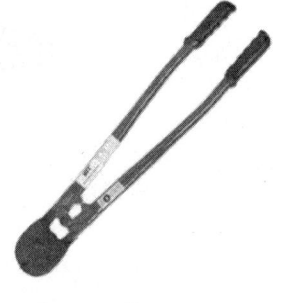

A   B

해설
1. 컴비네션 바이스 플라이어(combination vise plier) → 쥐면 고정된 채 놓질 않는다.
2. 와이어 로프 커터(wire rope cutter) → 와이어 로프 절단에 사용
   ▶ 크기 : 공구 전체의 길이

정답 A → 컴비네션 바이스 플라이어(combination vise plier), B → 와이어 로프 커터(wire rope cutter)

12 다음 동영상에서 보여주는 체결용 분해용 공구는 무엇인가?

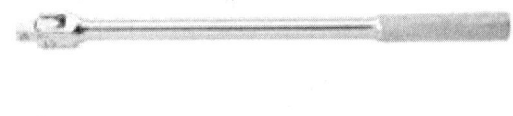

해설
소켓렌치의 핸들

정답 힌치핸들

13 다음 동영상에서 보여주는 체결용 분해용 공구는 무엇인가?

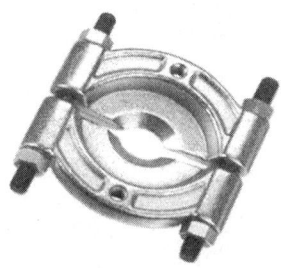

해설
베어링의 착탈(조립, 분해)

정답 베어링 풀러

14 다음 동영상에서 보여주는 공구는 무엇인가?

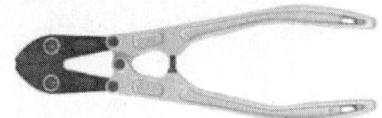

해설 굵은 철사 등을 절단

정답 볼트 커터(케이블 커터)

15 다음 동영상에서 보여주는 공구는 무엇인가?

해설 한 방향으로 회전시키면서 볼트나 너트 등을 체결하고 분해함.

정답 라쳇 렌치

16 다음 동영상에서 보여주는 그림은 무엇인가?

A   B

해설
1. 오일 건(oil gun) → 윤활유 주입기
2. 그리스 건(grease gun) → 그리스주입기

정답 A → 오일 건(oil gun), B → 그리스 건(grease gun)

3. 정비용 공구 기기류

17 다음 동영상에서 보여주는 그림은 무엇인가?

해설 핸드 버킷 펌프(hand bucket pump) → 수동식 펌프로 옥외에서 그리스 주입 시 사용

정답 핸드 버킷 펌프(hand bucket pump)

18 다음 동영상에서 보여주는 배관용 공구는 무엇인가?

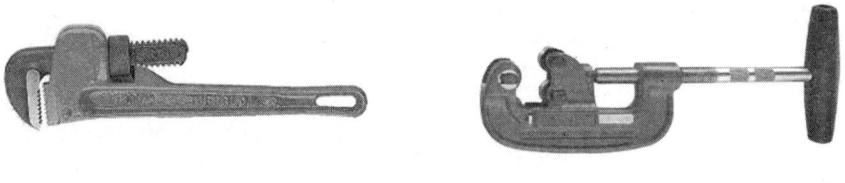

A   B

해설
1. 파이프 렌치(pipe wrench) → 파이프를 쥐고 회전시켜 조립 분해
   ▶ 크기 : 전체 길이를 mm 또는 inch로 표시
2. 파이프 커터(pipe cutter) → 파이프 절단용 공구

정답 A → 파이프 렌치(pipe wrench), B → 파이프 커터(pipe cutter)

19 다음 동영상에서 보여주는 배관용 공구는 무엇인가?

A   B

해설
1. 파이프 바이스(pipe vise) → 파이프 고정 시 사용
2. 오스터(ostler) → 파이프에 나사를 깎는 기구

정답 A → 파이프 바이스(pipe vise), B → 오스터(ostler)

20 다음 동영상에서 보여주는 배관용 공구는 무엇인가?

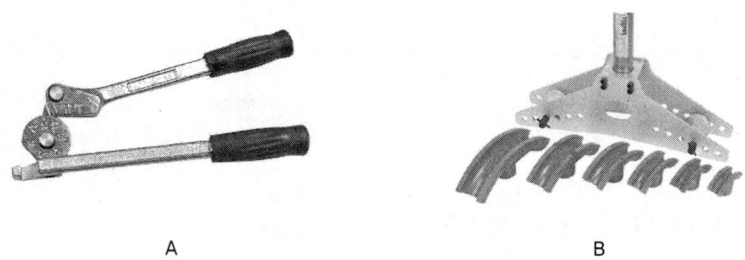

A   B

해설
1. 파이프 벤더(pipe bender) → 파이프를 구부리는 기구(180°까지 벤딩 가능함.)
2. 유압 파이프 벤더 → 지름이 큰 파이프 굽힘에 사용(유압이용)

정답 A → 파이프 벤더(pipe bender), B → 유압 파이프 벤더

21 다음 동영상에서 보여주는 부품의 명칭은 무엇인가?

해설
육각 볼트나 육각 너트를 조이고 해체시 사용되며 핸들에 소켓을 끼워 사용한다.

정답 소켓 렌치(socket wrench)

3. 정비용 공구 기기류

22 다음 동영상에서 보여주는 그림의 명칭은 무엇인가?

해설) 파이프에 나사를 절삭하는 다이스 돌리기의 일종이다.

 오스터

23 다음 동영상에서 보여주는 정비용 측정기는 무엇인가?

A

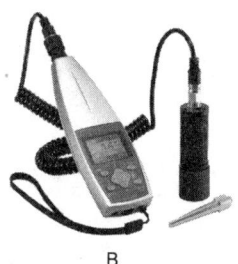
B

해설)
1. 베어링 체커(bearing checker) → 운전 중 베어링에서 발생하는 윤활고장을 알 수 있다. 베어링의 그리스 윤활 상태를 측정하는 측정기구 주유구에 찔러 넣음(안전, 주의, 위험 세단계로 표시).
2. 진동계(tele-vinometer) → 전동기, 터빈, 공작·산업기계, 등 여러 가지 진동체의 진동을 측정하는 휴대용 진동측정기 설치 후 언밸런스(unbalance)나 기계적 풀림 등을 측정하며, 최근에 가장 많이 사용되는 것은 FFT진동분석기이다.

정답 A → 베어링 체커(bearing checker), B → 진동계(tele-vinometer)

24 다음 동영상에서 보여주는 측정기는 무엇인가?

A

B

부록 1. 동영상 실기시험 문제

> **해설**
> 1. 회전계(tacho - meter) → 계의 회전속도를 측정하는 장치로 접촉식과 비접촉식이 있다.
> 2. 표면 온도계(surface thermo meter) → 열전대(thermo couple)를 이용하여 물체의 표면온도 측정
>
> **정답** A → 회전계(tacho-meter), B → 표면 온도계(surface thermo meter)

25 다음 동영상의 그림은 무엇인가?

> **해설**
> 기계의 기름통 안에 있으며 주로 기름속의 이물질 제거
>
> **정답** 스트레이너

26 다음 동영상의 그림은 무엇인가?

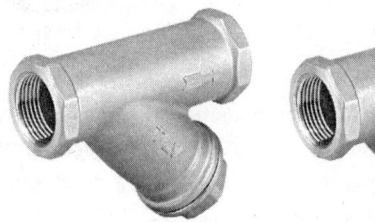

> **정답** Y형 스트레이너

27 다음 동영상의 그림은 무엇인가?

해설 기계를 작동하면 발열된 유체는 높은 온도를 발생시켜 열에 의하여 장치에 많은 문제점을 발생시키는데, 허용 온도 이내로 냉각을 시켜야 기계가 정상적으로 작동하는데 열을 냉각시키는 기계를 냉각기라 한다.

정답 냉각기

28 다음 동영상에서 보여주는 그림은 무엇인가?

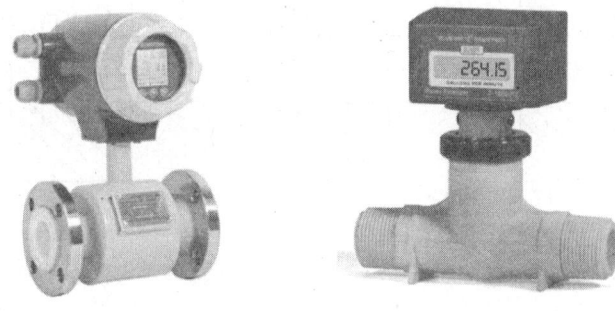

해설 관의 내부를 흐르는 유체의 양을 계측하는 장치를 유량계라 한다.

정답 유량계

29 동영상에서 감속기의 제일 아래에 있는 부품으로 다음의 그림은 무엇인가?

해설 수분 및 이물질 제거, 탱크 수리 시 내부오일 배출

정답 드레인 밸브

동영상 실기시험 4. 베어링 부품

01 다음 동영상에서 보여주는 베어링의 이름은 무엇인가?

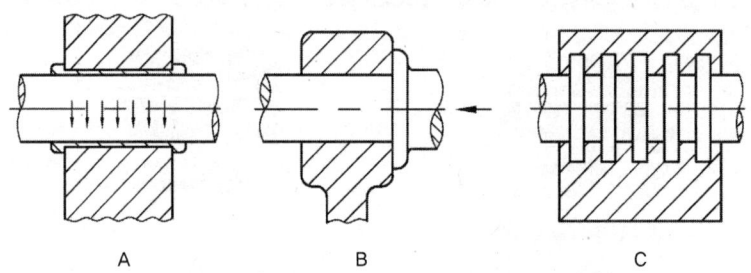

정답 A → 레이디얼 베어링, B → 스러스트 베어링, C → 칼라 베어링

02 베어링의 가열온도는 몇 °C가 적당한가?

해설
▶ 열 박음(fitting)의 개요 → 기계 부품을 끼워 조립하는 방법을 말하며 종류는 열 박음, 냉각 박음이 있다. 가열 유조에서 베어링을 가열 팽창시켜 축에 끼우는 방법이 있다. 이것에 의해 베어링, 커플링, 기어 등의 열 박음을 간단히 할 수 있다.

1. 베어링의 가열온도 : 100°C로 가열하며 130°C 이상 가열하면 베어링에서 그 자체의 경도 저하가 일어난다.
2. 가열 방법
   ㉮ 가스버너나 가스토치로 가열하는 법　　㉯ 열 박음 로에서 가열하는 법
   ㉰ 수증기로 가열　㉱ 기름으로 가열　　㉲ 전기로로 가열
3. 베어링의 장착 방법
   ㉮ 열 박음 압입 방법　㉯ 프레스를 이용한 압입 방법　㉰ 해머를 이용한 압입 방법
4. 가열 끼움 작업 시 필요한 공구 및 기계
   마이크로미터, 체인블록, 서모미터(surface Thermo meter)
5. 가열 끼워 맞춤 작업 시 주의사항
   ㉮ 가열시에는 골고루 서서히 가열한다.
   ㉯ 가열할 때는 200~250℃ 정도로 가열한다.
   ㉰ 조립 후 죔쇠를 유지하기 위해 서서히 냉각한다.
   ㉱ 베어링은 120℃ 이상 가열해서는 안 된다.
   ㉲ 기계부품의 가열 끼워 맞춤 가열온도 : 200~250℃
   ㉳ 가열 끼워 맞춤에서 가열온도를 250℃ 이하로 하는 이유?
      → 재질의 변화 및 변형을 방지하기 위하여

정답 100°C로 가열

4. 베어링 부품

03 다음 동영상에서 보여주는 부품의 명칭은 무엇인가?

A

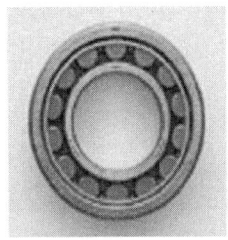
B

정답 A → 구름 베어링(볼 베어링), B → 구름 베어링(로울러 베어링)

04 다음 동영상에서 보여주는 부품의 명칭은 무엇인가?

A

B

정답 A → 깊은 홈 볼 베어링, B → 앵귤러 베어링

05 다음 동영상에서 보여주는 부품의 명칭은 무엇인가?

A

B

정답 A → 스러스트 베어링, B → 원통형 로울러 베어링

부록 1. 동영상 실기시험 문제

06 다음 동영상에서 보여주는 부품의 명칭은 무엇인가?

A

B

정답 A → 원통형 로울러 베어링, B → 테이퍼 로울러 베어링

07 다음 동영상에서 보여주는 부품의 명칭은 무엇인가?

A

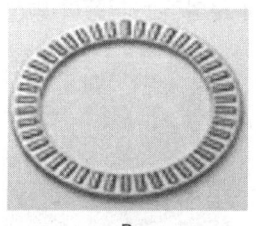
B

정답 A → 자동조심 로울러 베어링, B → 스러스트 니들 베어링

08 다음 동영상에서 보여주는 부품의 명칭은 무엇인가?

 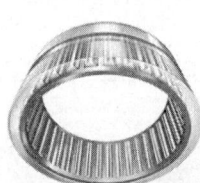 

정답 니이들 베어링

09 다음 동영상에서 보여주는 부품의 명칭은 무엇인가?

A　　　　　B　　　　　C　　　　　D

정답 A → 로드앤드, B → 볼베어링 깊은홈, C → 롤러 베어링 테이퍼, D → 스러스트 볼 베어링

10 다음 동영상에서 보여주는 부품의 명칭은 무엇인가?

해설 자동조심(自動調心) 강구(鋼球) 또는 스페리컬 롤러 베어링과 같이 조립되어 설비전체의 회전체 축의 부하와 하중을 지지하며 회전운동을 안정적으로 유지시키기 위해 고 정밀도가 요구되는 매우 중요한 기계요소이다. 비바람이나 먼지 등에 노출되는 옥외, 또는 고온, 고속 중하중 등의 어려운 운전조건에서도 밀봉 효과나 내구성 등의 고유의 기능을 발휘할 수 있다.

정답 플러머 블록

11 다음 동영상에서 보여주는 베어링 유니트 부품의 명칭은 무엇인가?

해설 축 받침 장치로 플러머 블록과 함께 많이 사용한다.

정답 A → UCP 베어링, B → UCF 베어링, C → UCT 베어링

부록 1. 동영상 실기시험 문제

12 다음 동영상에서 보여주는 베어링 부품의 명칭은 무엇인가?

해설
크랭크축을 지지하는 역할을 한다.

정답: 크랭크 축 베어링

13 다음 동영상에서 보여주는 부품의 명칭은 무엇인가?

정답: 베어링 가열기

동영상 실기시험   5. 전동장치 부품

01 다음 동영상에서 보여주는 부속품의 이름은 무엇인가?

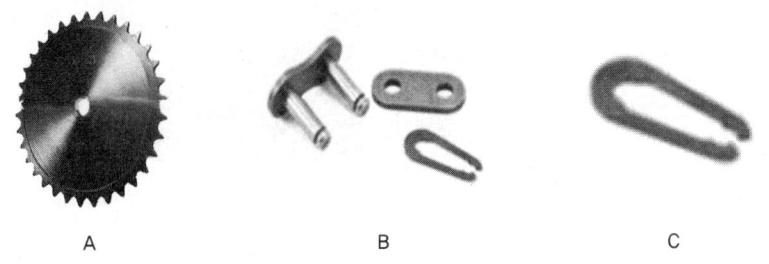

정답   A → 스프로킷 휠, B → 링크, C → 클립형 이음 링크

02 다음 동영상에서 보여주는 부품의 명칭은 무엇인가?

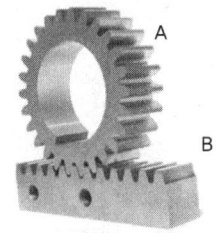

정답   A → 피니언, B → 래크

03 다음 동영상에서 보여주는 부품의 명칭은 무엇인가?

해설 이 끝이 직선이며, 이가 축에 평행

정답 스퍼어 기어

04 다음 동영상에서 보여주는 부품의 명칭은 무엇인가?

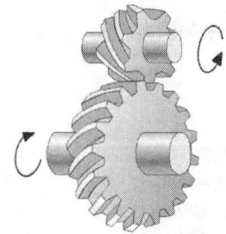 

해설 이를 축에 경사시킨 것으로 물림이 순조롭고 축에 트러스트를 받는다.

정답 헬리컬 기어

05 다음 동영상에서 보여주는 부품의 명칭은 무엇인가?

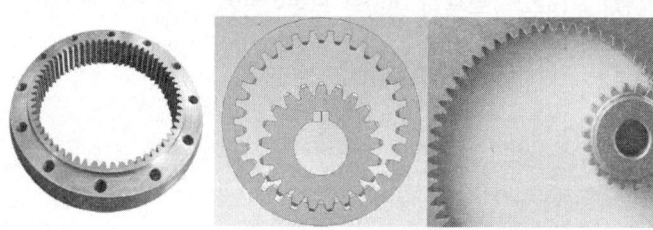

해설 원통의 안쪽에 있는 기어이며, 맞물린 두 개의 기어로 회전방향은 같다.

정답 내접 기어

06 다음 동영상에서 보여주는 부품의 명칭은 무엇인가?

해설 두 기어가 서로 직각, 둔각으로 만나 축 사이에 동력을 전달하고 피치면이 원뿔형인 기어

정답 베벨 기어

07 다음 동영상에서 보여주는 부품의 명칭은 무엇인가?

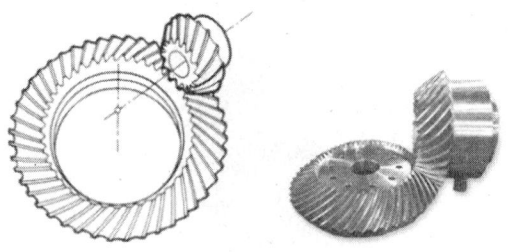

해설 이가 원뿔면의 모선에 경사진 것

정답 스파이럴 베벨 기어

08 다음 동영상에서 보여주는 치면에 광명단을 바르고 기어를 서로 맞물려 회전시키면서 기어의 상태를 검사하는 방법은 무엇을 위한 검사인가?

정답 치면의 접촉상태 검사(치합검사)

09 다음 동영상에서 보여주는 부품의 명칭은 무엇인가?

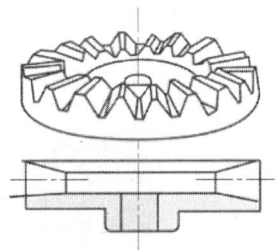

785

부록 1. 동영상 실기시험 문제

해설 피치면이 평면인 베벨 기어로서 스퍼 기어에서 래크에 해당한다.

정답 크라운 기어

10 다음 동영상에서 보여주는 부품의 명칭은 무엇인가?

해설 나선 각이 0°인 한 쌍의 스파이럴 베벨 기어

정답 제롤 베벨 기어

11 다음 동영상에서 보여주는 부품의 명칭은 무엇인가?

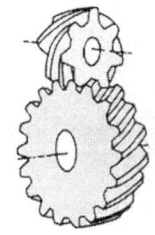 

해설 비틀림 각이 서로 다른 헬리컬 기어를 엇갈린 축에 조합시킨 것으로, 헬리컬 기어가 구름 전동하는 데 비해 스크류 기어는 미끄럼 전동하여 마멸이 많다.

정답 스크류 기어

12 다음 동영상에서 보여주는 부품의 명칭은 무엇인가?

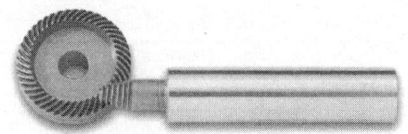

786

5. 전동장치 부품

해설 베벨 기어의 축을 엇갈리게 한 것으로 자동차 차동기어 장치의 감속기어로 사용된다.

정답 하이포이드

13 다음 동영상에서 보여주는 부품의 명칭은 무엇인가?

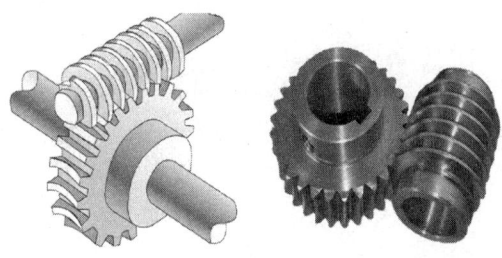

해설 웜과 웜 휠로 이루어진 한 쌍의 기어로 큰 감속비를 얻을 수 있다.

정답 웜 기어

14 다음 동영상에서 보여주는 부품의 명칭은 무엇인가?

해설 보통의 기어보다 정밀도가 조금 떨어진 일반기계의 동력 전달에 사용되며, 사일런트 체인과 함께 사용하면 효과적이다.

정답 스플라인 체인기어

15 다음 동영상에서 보여주는 부품의 명칭은 무엇인가?

부록 1. 동영상 실기시험 문제

해설 비틀림 모멘트를 받으며 직접 일을 하는 회전축으로 치수가 정밀하고 변형량이 작으며, 길이가 짧아 선반, 밀링 등 공작기계의 주축으로 많이 사용된다.

 스핀들(spindle)

16 다음 동영상에서 보여주는 부품의 명칭은 무엇인가?

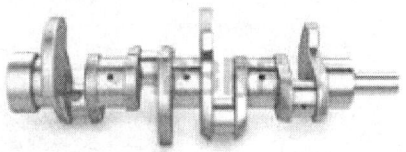

해설 왕복운동기관 등에서 직선운동과 회전운동을 상호 변환시키는 축으로, 자동차엔진 등에서 많이 사용되며, 피스톤의 왕복운동을 회전운동으로 바꾸어 출력시킨다.

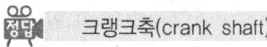 크랭크축(crank shaft)

17 다음 동영상에서 보여주는 부품의 명칭은 무엇인가?

해설 공간상의 제한으로 일직선 형태의 축을 사용할 수 없을 때 자유로이 휠 수 있는 축으로 강선을 2중, 3중으로 감은 나사 모양의 축을 말한다.

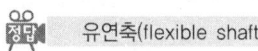 유연축(flexible shaft)

18 다음 동영상에서 보여주는 부품의 명칭은 무엇인가?

788

연결하고자 하는 두 축의 끝에 한 쌍의 외접기어를 각각 키 박음하여 결합하고 외치와 내치 사이의 틈새가 축의 편심을 어느 정도 흡수할 수 있으며, 고속 및 큰 토크에 견딜 수 있다. 원심펌프, 컨베이어, 교반기, 발전기, 송풍기, 믹서, 유압펌프, 압축기, 크레인, 기중기, 쇄석기계 등에 사용한다.

정답 기어형 축이음(gear type shaft coupling)

19 다음 동영상에서 보여주는 부품의 명칭은 무엇인가?

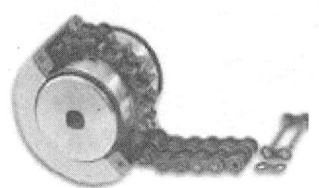  

결합할 두 축의 끝에 스프로킷 휠을 키 박음하여 장착하고, 2중 체인을 사용하여 두 축에 끼워져 있는 스프로킷 휠을 이은 것으로 회전속도가 중간 정도의 일정한 하중이 작용하는 기계에 사용되며, 교반기, 컨베이어, 펌프, 기중기 등에 사용한다.

정답 체인 축이음(chain coupling)

20 다음 동영상에서 보여주는 부품의 명칭은 무엇인가?

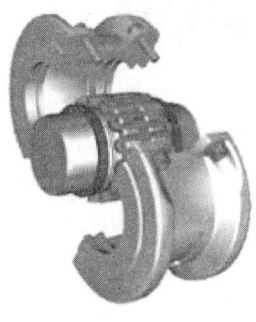 

A   B

그리드형 플렉시블 축 이음(grid flexble shaft coupling) : 결합하고자 하는 두 축의 끝 부분에 축 방향으로 홈(groove)이 파져 있는 한 쌍의 원통(허브)을 키 박음하여 각각 고정하고 양축의 축 방향 홈이 일직선이 되도록 조정한 후 S자 모양의 금속격자(그리드)를 홈 속으로 집어넣어 연결시킨다.

고무 축 이음(rubber shaft coupling)(= 죠 커플링)은 고무 축 이음은 구조가 비교적 간단하고 어느 한도 이내에서 축심의 어긋남을 허용할 수 있으며, 감쇠 작용이 뛰어나 진동 및 충격을 잘 흡수된다.

정답 A → 그리드 커플링, B→ 죠 커플링

21 다음 동영상에서 보여주는 부품의 명칭은 무엇인가?

해설 구조가 간단하고 큰 토크를 전달할 수 있고, 백 래시가 없으며, 비틀림 강성이 크고, 악조건에서도 탁월한 성능을 발휘하며, 장착 및 분해가 용이하다.

정답 디스크 플렉스 커플링

22 다음 동영상에서 보여주는 부품의 명칭은 무엇인가?

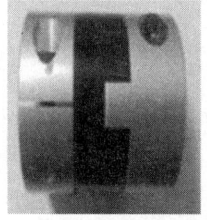

해설 두 축이 평행하고 축의 중심선이 약간 어긋났을 때 거리가 비교적 짧고 교차하지 않는 축에 사용되는 커플링으로, 진동과 마찰이 많아서 고속회전에는 부적합하며 윤활이 필요하다.

정답 올덤 커플링(oldham's coupling)

23 다음 동영상에서 보여주는 부품의 명칭은 무엇인가?

  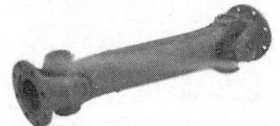

해설
두 축의 중심선이 어느 각도로 교차되고, 그 사이의 각도가 운전 중 다소 변하여도 자유로이 운동을 전달할 수 있는 축 이음으로, 교차 각은 30° 이하로 하며 아주 저속일 때는 45°까지 할 수 있다.

정답 유니버설 조인트(universal coupling)

24 다음 동영상에서 보여주는 부품의 명칭은 무엇인가?

해설
기관과 변속기 사이에 동력을 잇고 끊는 장치로 그 동력의 축을 임의로 이었다가 끊기도 한다. 원동축과 종동축으로 토크를 전달시킬 때 간단히 두 축을 연결시키거나 분리시킬 때 사용되는 축이다.

정답 클러치(clutch)

25 다음 동영상에서 보여주는 부품의 명칭은 무엇인가?

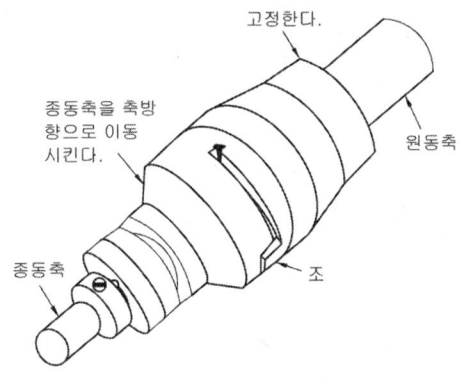

그림 2-101 맞물림 클러치

해설
가장 간단한 구조로 플랜지에 서로 물릴 수 있는 돌기 모양의 턱이 있어 서로 맞물려 동력을 단속한다.

정답 맞물림 클러치(claw clutch)

부록 1. 동영상 실기시험 문제

26 다음 동영상에서 보여주는 부품의 명칭은 무엇인가?

해설
원동축으로부터 한 쪽 방향의 회전 토크만을 종동축에 전달하고, 반대 방향의 회전 토크는 전달하지 못하는 클러치로 일방향 클러치라고도 한다.

정답 비역전 클러치

27 다음 동영상에서 보여주는 부품의 명칭은 무엇인가?

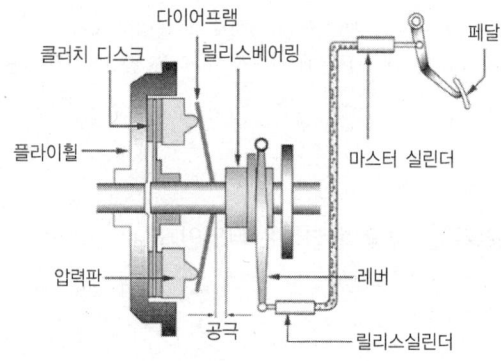

해설
두 개의 마찰면을 밀어 붙여 마찰면에 생기는 마찰력으로 동력을 전달하는 클러치로, 원판 클러치와 원추 마찰 클러치가 있다.

정답 마찰 클러치(friction clutch)

28 다음 동영상에서 보여주는 부품의 명칭은 무엇인가?

5. 전동장치 부품

해설 원심력에 의하여 마찰면이 접촉하도록 한 것으로, 원동축이 시동되어 점차 회전 속도가 상승하면 클러치가 연결된다.

정답 원심 클러치

29 다음 동영상에서 보여주는 부품의 명칭은 무엇인가?

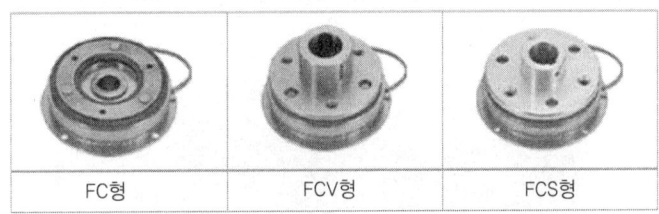

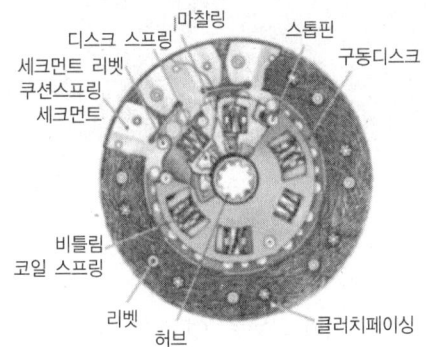

해설 전자력을 이용하여 마찰력을 발생시키는 클러치이다.

정답 전자 클러치

30 다음 동영상에서 보여주는 부품의 명칭은 무엇인가?

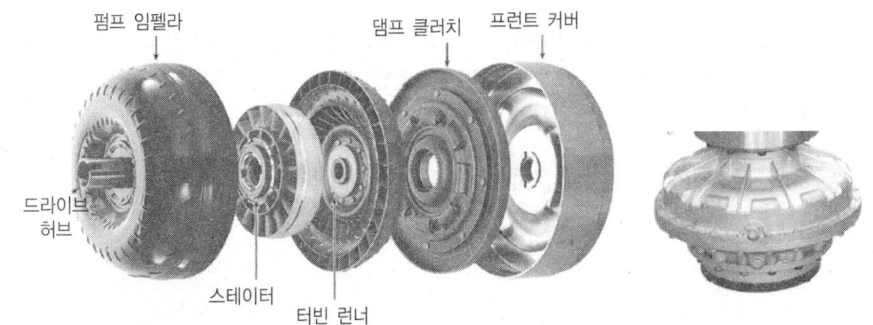

해설 펌프 축을 원동기에 결합하고 터빈 축은 부하를 받는 쪽에 결합하여 동력을 전달하는 클러치

정답 유체 클러치

31 다음 동영상에서 V블록을 양쪽에 고이고, 축을 올려놓고 다이얼 게이지를 맞춥니다. 그리고 축을 돌립니다. 다이얼 게이지 바늘이 움직이다 멈춥니다. 2회 반복합니다. 무엇을 측정하기 위함인가?

정답 축의 휨측정

32 스크류 모양의 축에 의해 기기가 좌우로 왔다 갔다 하는데, 밑에 스크류 모양의 나사를 보여줍니다. 이것의 명칭은 무엇인가?

해설
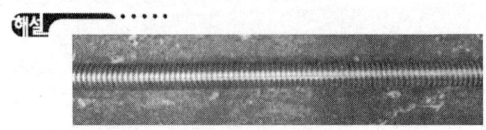

정답 리드스크류

33 동영상에서 감속기 뚜껑을 해체합니다. 그리고 안쪽에 헬리컬 기어가 있습니다. 그리고 거기에 파란색 물감(광명단)을 바르고 돌립니다. 그러면 이빨 사이가 파랗게 묻어 나옵니다. 이 작업은 무엇일까요?

정답 기어의 이닿음 조정

34 | 저널 베어링이 장착된 큰 기계 유니트에서 베어링 내부에 연결된 센서의 명칭은?

저널 베어링

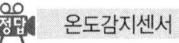
정답 온도감지센서

35 | 동영상에서 체인 조립하는 영상을 보여주며 마지막에 핀을 체결한다. 우측에 보이는 부품은 무엇인가?

 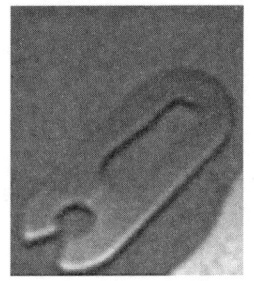

정답 핀 링크 플레이트

36 | 동영상에서 모터와 블로어의 영상을 보여주고, 구동 V벨트의 단면의 종류를 보여준다. V벨트의 부품 규격을 모두 기록하시오.

정답 M, A, B, C, D, E

37 | 스테인리스 컵에 그리스를 채우고 컵을 측정기 위에 올려 놓은 다음 원뿔형 추로 위에서 내려치는 동영상에서 무엇을 위한 시험인가?

해설
그리스의 단단한 정도를 측정하기 위하여 하는 시험을 그리스 주도 시험이라 한다.

정답 그리스 주도 시험

부록 1. 동영상 실기시험 문제

38 베어링 가열 및 삽입 과정에서 주의할 것 3가지를 쓰시오?

 ① 베어링 가열 온도는 120도씨를 초과하지 않는다.
② 가열기 주위에 시계 등 전자 제품을 회피한다.
③ 심장이 약한 사람은 고주파 베어링 가열기에서 멀리 한다.

> **Tip**
> ▶ 참고로 추가 주의점
> 1. 온도를 너무 높게 잡을 경우 베어링 내의 오일이 타고 베어링의 수명이 짧아진다.
> 2. 오일통의 바닥에 직접 닿지 않도록 베어링을 철망 받침대에 올려놓든가 매어달기 등의 방법
> 3. 작업 중에 내륜이 냉각되어 설치가 곤란해지지 않도록 소요 온도보다 20~30도 높게 온도를 가열한다.
> 4. 설치 후 베어링이 냉각되면 축방향으로 수축되므로 내륜과 축의 어깨와의 사이에 클리어런스가 생기지 않도록 축 너트나 그 외의 적당한 방법으로 밀착시켜 놓는다.

39 동영상에서 그리스 시험 방법 중 베어링과 볼트의 무게를 측정하고, 베어링 무게 측정 후에 그리스를 삽입하여 무게를 측정 후 조립하여 회전시킨다. 무슨 작업인가?

 그리스 누설도 시험

40 동영상에서 가열되고 있는 철판 위에 윤활유를 뿌리는 장면을 보여주며, 검사하는 명칭과 목적은?

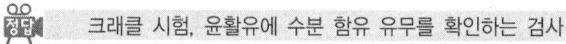 크래클 시험, 윤활유에 수분 함유 유무를 확인하는 검사

41 동영상으로 나사를 조일 때 스프링이 수축하는 모습이 나온다. 무엇을 위한 시험인가?

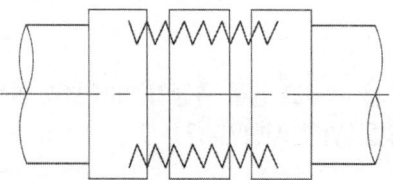

코일스프링, 접시모양스프링 등을 이용하여 적정의 예압을 베어링에 주는 방법으로 베어링의 상대적인 위치가 사용도중에 변하여도, 예압량을 일정하게 유지할 수 있는 예압법이다.

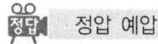 정압 예압

5. 전동장치 부품

42 윤활유 드럼 보관 시 방법은?

> 정답: 마개로 산소가 유입되면 산화되므로 양쪽 마개가 수평이 되도록 뉘어서 보관한다.

43 유욕식 급유법에서 알맞은 유면은?

> 정답: 눈금의 1/2

44 동영상에서 펜 설비의 그리스 니쁠에 그리스 펌프 노즐을 꽂아 그리스를 공급합니다. 무엇을 위한 것인가?

> 정답: 수동 그리스 펌프

45 다음에서 화살표가 지정하는 그림의 정확한 명칭은?

> 해설: 흡입되는 공기 내의 이물질 등을 여과하려 깨끗한 상태로 공기를 공급하는 역할을 한다.
>
> 정답: 에어 브리더

46 다음 동영상에서 표시하는 장치는 무엇인가?

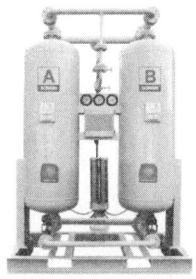 

여과장치에서 압축공기 내의 수분을 걸러주는 역할을 하는 장치이다.

정답 에어 드라이어(air dryer)

47 동영상에서 베어링을 분해하는 화면이 나오면서 유압을 꼽아서 베어링을 해체하고 있다. 무엇을 하는 작업인가?

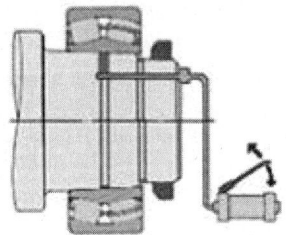

정답 오일 인젝션법

48 V벨트와 타이밍벨트의 특징을 기록하시오.

정답 타이밍 벨트 → ① 회전을 정확하게 전달할 수가 있다.
　　　　　　　② 미끄러지지 않고 소음이 적어 고속회전에 적합하다.
V벨트 → ① 평벨트에 비하여 고속에서도 잘 미끄러지지 않는다.
　　　② 전동(轉動) 능률이 좋고 소음이 적다.
　　　③ 단거리 운전에 아주 적합하다.

49 동영상에서 벨트의 규격에 대해 물어보고 있다. A와 B의 의미를 적어라.

75(A) - 1905(B)

정답 A → 벨트의 유효피치주를 인치 단위로 표시
B → 벨트의 유효피치주를 밀리미터 단위로 표시

5. 전동장치 부품

50 다음 동영상에서 보여주는 장치는 무엇인가?

해설 유체의 관내 흐름에서 상황에 따라 관로를 분기하여 활용하는 경우에 많이 사용한다. 유체의 압력이나 유량, 속도, 방향 등의 변화를 위하여 여러 개의 관로로 분배하는 밸브이다.

정답 분배 밸브

51 플랜지 조립하는 동영상을 보여주며, 문제점 2가지를 지적해라.

정답
① 부적절한 체결도구(몽키스패너)
② 나사 체결 시 대각방향으로 체결해야 함.
③ 볼트가 위쪽으로 보이도록 체결(풀림을 알 수 있도록)

52 동영상에서 마그네틱 센서 보여준다. 특징 3가지를 쓰시오.

정답
① 이동 및 부착이 용이하다.
② 작업자 간의 차이에 의한 영향이 적다.
③ 측정물에 손상을 주지 않는다.

53 동영상에서 베어링 열박음에서 산소불꽃으로 가열하는 장면을 보여주며, 문제점 및 정상 적인 방법은?

정답
문제점 → 과열에 의한 베어링 강도저하, 베어링 내부의 그리스가 녹아 유출될 수 있음, 불균일 가열
정상적인 방법 → 고주파 베어링 가열기를 사용한다.

54 동영상에서 기어 샤프트 양측에 진동 센서를 가져다 대는 동영상을 보여주며, 센서는 축에 닿지 않는다. 무엇을 위한 측정인가?

정답 위상각을 확인하기 위하여

부록 1. 동영상 실기시험 문제

55 장치의 배관 동영상 중 배관 계통을 세정하는 작업 명칭과 목적은 무엇인가?

명칭 → 플러싱 작업
목적 → 시공 초기에는 배관 계통의 가공 중 이물질 제거, 가동 후에는 계통 내 형성된 스케일 제거

동영상 실기시험 — 6. 소음 및 진동측정

01 동영상에서 보여주는 소음기로 측정을 하는데 사람의 배와 소음기와의 이격거리는?

정답: 0.5m

02 동영상에서 보여주는 소음기와 삼각대가 분리되어 마이크로폰을 삼각대 위에 설치 시 이격거리는?

정답: 1.5m 이상

03 동영상에서 보여주는 소음 측정 방법 중 변동이 적은 소음 측정 시 사용하는 방법은?

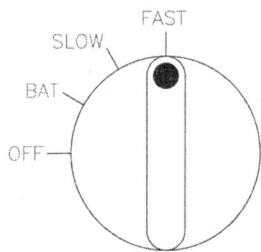

해설
FAST → 빠른 소음 측정 시, 도로, 공장 등 소음이 심할 때 설정한다.
SLOW → 소음이 약할 때, 도서관, 공원, 거실 등의 소음 측정시 설정한다.
BAT → 밧데리의 충전량을 확인할 때 사용

정답:  SLOW Mode

04 다음 그림에서 사람의 청각에 가장 가까운 것을 표시하는 소음 측정은?

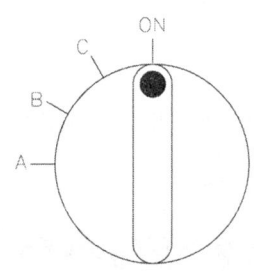

해설
A보정 → 사람의 귀와 가장 유사하게 보정
B보정 → 중간 음압대(거의 사용 안 함)
C보정 → 높은 음압대(음악 연주회 측정에 사용)

정답   A

05 다음 동영상에서 보여주는 정비용 측정기는 무엇인가?

해설
지시 소음계(sound level meter) → 소리의 크기를 측정하는 계기
주택 및 산업체에서 소음을 측정, 〈측정범위〉: 40~140DB(A)

정답   지시 소음계(sound level meter)

06 다음 동영상에서 보여주는 측정기는 무엇인가?

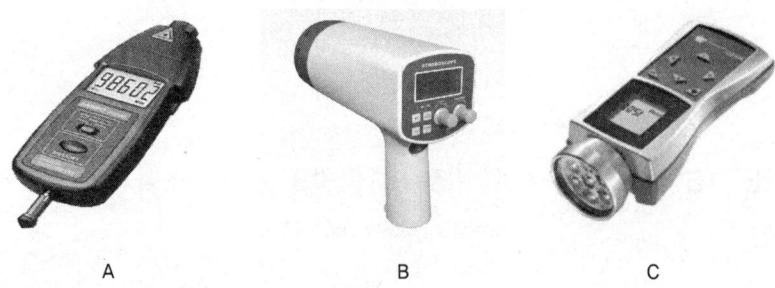

A   B   C

해설
기계의 회전수를 측정하는 계측기는 접촉식과 비접촉식으로 구분한다.
1. 접촉식 : 타코메타
2. 비접촉식 : 스트로보스코프

정답   A → 타코메타, B → 스트로보스코프, C → LED 스트로보스코프

07 다음 동영상에서 보여주는 진동 소음계의 설치 위치의 내용을 설명하시오?

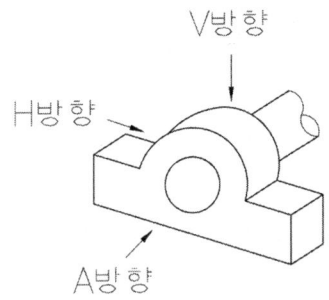

정답
1. 진동센서의 설치
   기계 진동 측정시 진동센서의 부착위치 : 베어링 하우징 부위
2. 진동 센서의 측정방향
   V방향(수직) : 기계적 풀림 측정, 주파수는 1f, 2f, 3f ... 1/2f, 1/3f...
   H방향(수평) : 언밸런스 측정, 진동의 가장 일반적인 원인, 회전체의 회전중심이 맞지 않는 상태, 1f의 탁월 주파수
   A방향(축방향) : 미스 얼라인먼트 측정, 커플링 등에서 서로의 회전 중심선이 서로 어긋난 상태

08 다음 동영상에서 보여주는 합성 소음값은 얼마인가?

A 소음값 : 75.3dB(A)   A 소음값 : 72.7dB(A)

해설
1. 합성 소음값 계산 → ①번 모터의 측정값이 75.3dB(A)
   ②번 모터의 측정값이 72.7dB(A)라면 합성 소음값은 얼마인가?
   $= 10\log(10^{\frac{75.3}{10}} + 10^{\frac{72.7}{10}}) = 77.397 = 77.4\text{dB(A)}$ ✣ 소수점 두 자리에서 반올림한다.

정답 77.4dB(A)

09 암소음이 57, 소음원이 77이다. 소음값은 얼마인가?

해설
77 - 57 = 20, 그러므로 보정 값은 0이다.

소음원과 암소음의 차이	2	3	4, 5	6, 7
보정값	-4	-3	-2	-1

정답 77.0dB(A)

10 암소음이 58, 소음원이 62이다. 소음값은 얼마인가?

해설
62 − 58 = 4 그러므로 보정 값은 −2
62 − 2 = 60

정답 60.0DB(A)

11 다음의 지시하는 부분을 무엇이라 하는가?

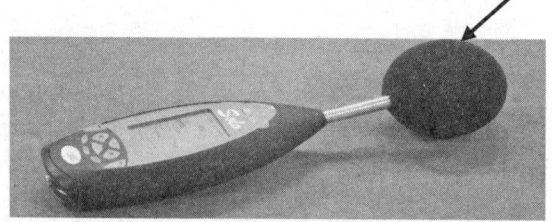

정답 흡음부

12 마그네틱 센서의 특징 3가지를 기록하시오.

해설
1. 나사고정 → 기계의 탭 구명은 그 나사못이 가속도계의 베이스 속으로 힘을 가하지 않도록 충분히 깊어야 한다. 가장 높은 주파수 응답 범위를 얻을 수 있다.
   ① 사용할 수 있는 주파수 영역이 넓고 정확도 및 장기적 안정성이 좋다.
   ② 가속도계 이동 및 고정시간이 길다.
   ③ 먼지, 습기, 온도의 영향이 적다.
   ④ 고정시 구조물에 수정(탭)을 가해야 한다.
2. 에폭시, 시멘트고정 → 영구적으로 가속도계를 기계에 설치하려 하나 드릴이나 탭을 사용할 구멍을 뚫을 수 없을 때 사용한다.
   ① 고정에 빠르다.
   ② 사용할 수 있는 주파수 영역이 넓고 정확도와 정기적 안정성이 좋다.
   ③ 먼지, 습기는 접착에 문제를 발생시킬 수 있다.
   ④ 에폭시를 사용할 경우 고온에서 문제가 발생할 수 있다.
   ⑤ 가속도계를 뗄 때 구조물에 에폭시가 남아있다.
3. 밀랍고정 → 밀랍의 얇은 막을 사용하여 고정면에 가속도계를 고정한다. 온도가 높아지면 밀랍이 부드러워지므로 사용범위를 40° 이하로 제한한다.
   ① 고정 및 이동이 용이하다.
   ② 적당한 사용주파수 영역과 정확성이 좋다.
   ③ 장기적 안정성은 안 좋다.
   ④ 먼지, 습기, 고온은 접착에 문제를 발생시킬 수 있다.
   ⑤ 사용 후 구조물의 접촉면은 깨끗이 할 수 있다.

4. 마그네틱고정 → 측정지침이 평탄한 자성체일 때 쓰이는 간단한 부착방법이다.
    ① 고정 및 이동이 용이하다.
    ② 사용 주파수 영역이 좁고 정확도가 떨어진다.
    ③ 작은 구조물에는 자석의 질량효과가 크다.
    ④ 습기는 문제가 있다.
    ⑤ 먼지와 고온은 접착력을 약화시킨다.
    ⑥ 측정구조물에 손상을 주지 않는다.
5. 절연 고정
    ① 가속계의 몸체가 측정물로부터 전기적으로 절연되어야 하는 곳에 사용
    ② 접지 루프를 방지하는 역할을 하며 주위의 영향을 받는 곳에 필요하다.
    ③ 절연 나사, 운모 등이 사용된다.
6. 손 고정 → 상부에 가속도계가 부착된 막대 탐촉자는 빠른 조사에 편리하나 손의 영향으로 측정 오차가 생길 수 있다. 되풀이 되는 결과는 기대할 수 없다.

 ① 고정 및 이동이 용이하다.
② 사용 주파수 영역이 좁고 정확도가 떨어진다.
③ 작은 구조물에는 자석의 질량효과가 크다.

13 | 다음 동영상에서 보여주는 값은 얼마인가?

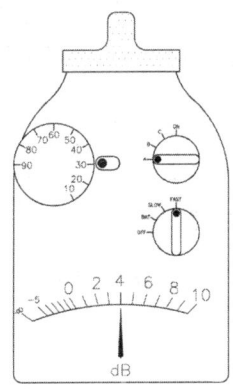

해설
레인지 30, 측정치 4

 34

14 다음 동영상에서 보여주는 값은 얼마인가?

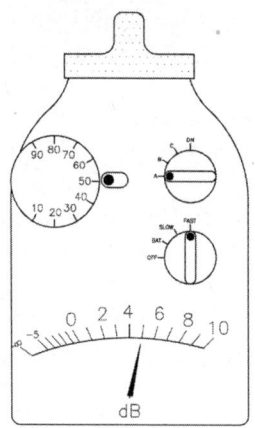

해설
레인지 50, 측정치 5

정답 55

15 다음 동영상에서 보여주는 값은 얼마인가?

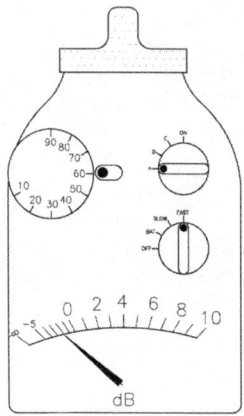

해설
레인지 60, 측정치 -2(0에서 좌측으로 바늘이 가면 레인지에서 -한다.)

정답 58

부록 2

국가기술자격 실기시험 문제

- 공압문제
- 유압문제
- 용접문제

국가기술자격 실기시험문제   NO 1

제1과제(공압회로구성 및 조립작업) : 1시간 30분. 연장시간 : 0분

▶ 요구사항

제1과제 공압회로 구성 및 조립작업(50점)

가. 주어진 공압기기를 올바르게 선정하고 고정판에 배치하시오.
   단, 도면에 있는 서비스 유닛과 차단밸브는 수험자가 구성하지 않는다.
나. 공압 호스를 적절한 길이로 절단, 사용하여 배치된 기기를 연결 완성하시오.
다. 전기 회로도를 보고 전기회로 작업을 완성하시오
   (전기 연결선의 적색은 +, 청색은 -로 연결하시오)
라. 작업압력(서비스 유닛)을 0.5MPa로(오차 ±50kPa) 설정하시오.
마. 실린더 A, 실린더 B의 전진속도를 미터 아웃 방식으로 제어하시오.
바. 타이머를 사용하여 B실린더가 전진 후 5초 뒤에 후진하도록 전기회로를 구성하시오.
사. 주어진 변위단계선도에 제어조건에 따른 변위단계선도를 완성하여 제출하시오.

1. **제어조건** : 공압 실린더를 이용하여 목공선반을 자동으로 운전하고자 한다.
   실린더 A, B는 초기에 모두 후진하여 있고 START 스위치를 ON-OFF하면 실린더 A가 전진하여 공작물을 물리면 실린더 B가 전진 및 후진하여 공작물을 가공한다.

   가. 위치도

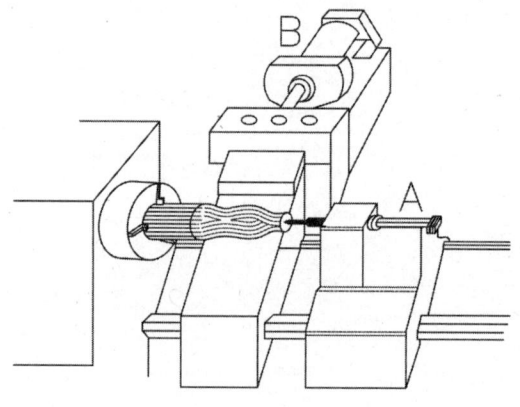

도면(제1과제)

| 자격종목 | 공·유압 기능사 | 과제명 | 공압회로구성 및 조립작업 |

나. 공압회로도

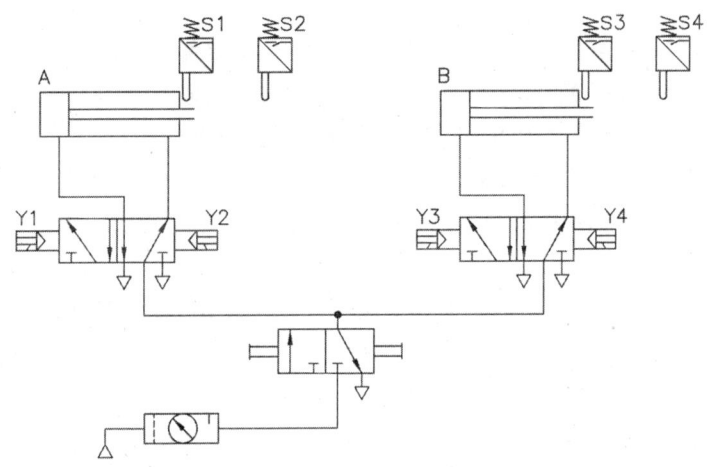

다. 전기회로도

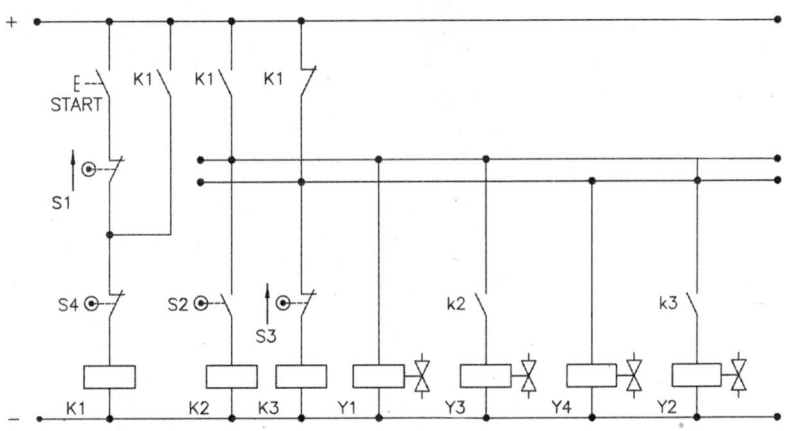

도면(제2과제)

| 자격종목 | 공·유압 기능사 | 과제명 | 유압회로구성 및 조립작업 |

제2과제(유압회로구성 및 조립작업) : 1시간 30분. 연장시간 : 0분

제2과제 : 유압회로 구성 및 조립작업(50점)

가. 주어진 유압기기를 올바르게 선정하고 고정판에 배치하시오.
나. 유압호스를 사용하여 배치된 기기를 연결 완성하시오.
다. 전기 회로도를 보고 전기회로 작업을 완성하시오
　(전기 연결선 적색은 +, 청색은 -로 연결하시오)
라. 유압회로 내의 최고압력을 4MPa로(오차 ±50kPa) 설정하시오.
마. 실린더 전진속도를 미터 인 방식으로 제어하고 카운터 밸런스밸브의 작동압력을 3MPa로 설정하시오.
바. 유압회로도에서 카운터 밸런스 밸브는 릴리프 밸브와 체크밸브를 사용하여 카운터 밸런스 회로를 구성하여도 무방합니다.

1. **제어조건** : 공압 실린더를 이용하여 목공선반을 자동으로 운전하고자 한다.
　실린더, B는 초기에 모두 후진하여 있고 START 스위치를 ON-OFF하면 실린더 A가 전진하여 공작물을 물리면 실린더 B가 전진 및 후진하여 공작물을 가공한다.

가. 위치도

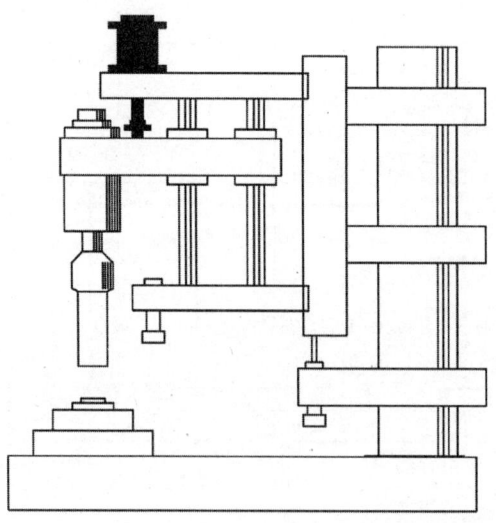

도면(제2과제)

자격종목	공·유압 기능사	과제명	유압회로구성 및 조립작업

나. 유압회로도

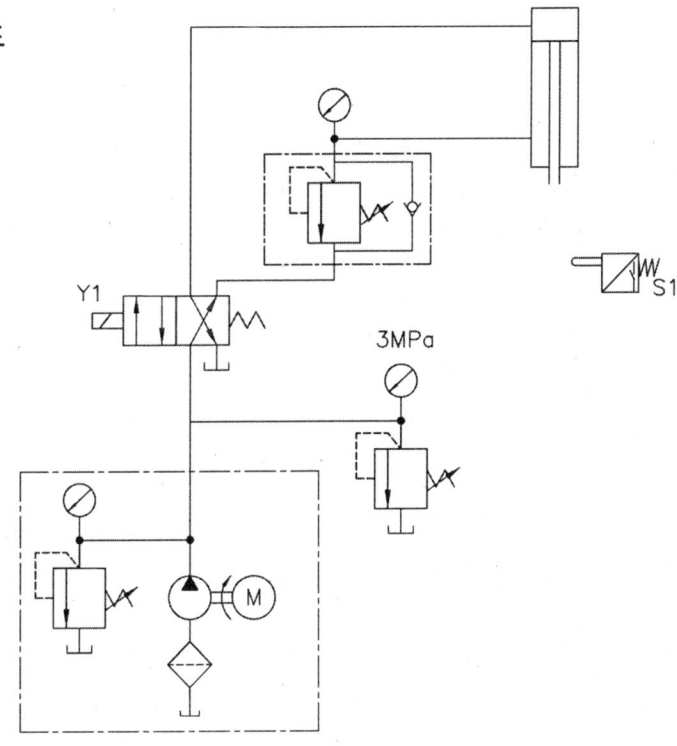

다. 전기회로도

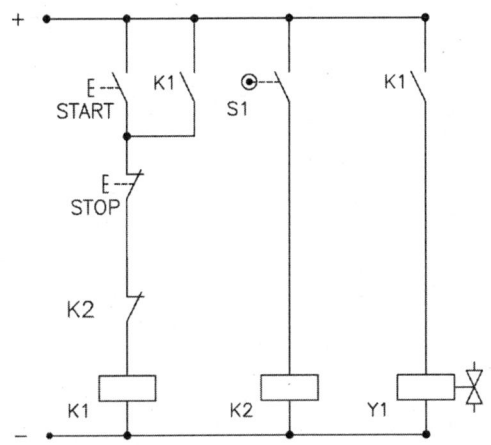

도면(제 3 과제)

자격종목	공·유압 기능사	과제명	용접 및 조립작업

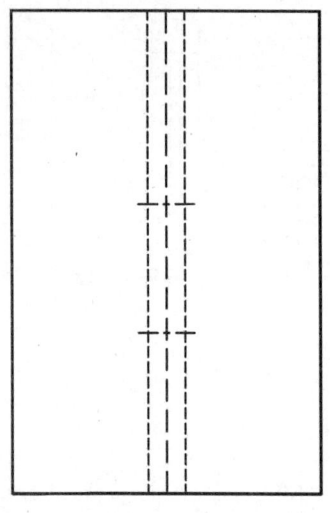

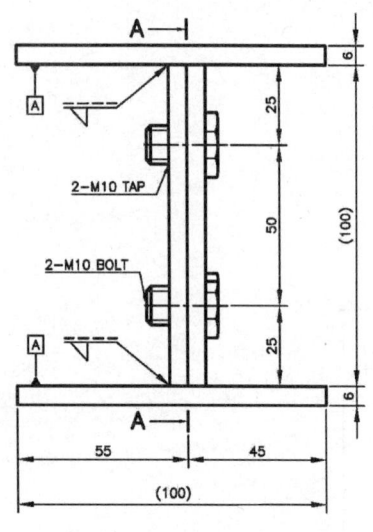

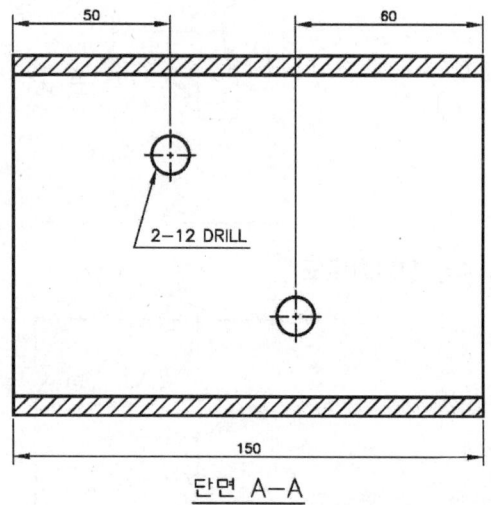

단면 A-A

국가기술자격 실기시험문제 — NO 2

제1과제(공압회로구성 및 조립작업) : 1시간 30분. 연장시간 : 0분

▶ 요구사항

제1과제 : 공압회로 구성 및 조립작업(50점)

가. 주어진 공압기기를 올바르게 선정하고 고정판에 배치하시오.
   단, 도면에 있는 서비스 유닛과 차단밸브는 수험자가 구성하지 않는다.
나. 공압 호스를 적절한 길이로 절단, 사용하여 배치된 기기를 연결 완성하시오.
다. 전기 회로도를 보고 전기회로 작업을 완성하시오.(전기 연결선의 적색은 +, 청색은 -로 연결하시오)
라. 작업압력(서비스 유닛)을 0.5MPa로(오차 ±50kPa) 설정하시오.
마. 실린더B의 전진운동 속도를 미터-아웃 방식으로 조절하여 감속시키시오.
바. 카운터를 사용하여 3회 연속운전하고 정지되도록 전기회로를 추가 구성하시오.
사. 주어진 변위단계선도에 제어조건에 따른 변위단계선도를 완성하여 제출하시오.

1. 제어조건 : 소재는 수동으로 성형 프레스 작업기에 삽입된다. 누름 버튼 PB1 스위치를 1회 ON-OFF하면 실린더 B가 전진 운동하여 작업을 수행한다. 실린더 B가 전진한 상태에서 실린더 A가 전진하여 소재를 제품 상자에 떨어뜨린 후 원래의 위치로 복귀하면 실린더B가 후진 운동하여 초기 위치로 복귀한다.

가. 위치도

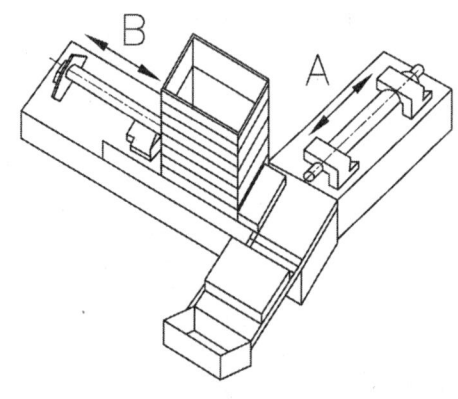

도면(제1과제)

자격종목	공·유압 기능사	과제명	공압회로구성 및 조립작업

나. 공압회로도

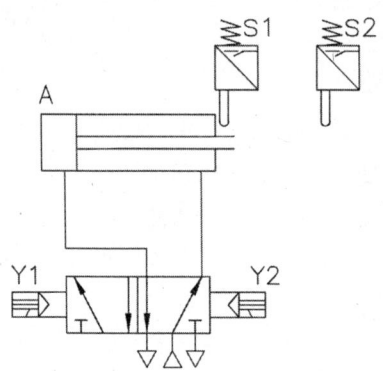
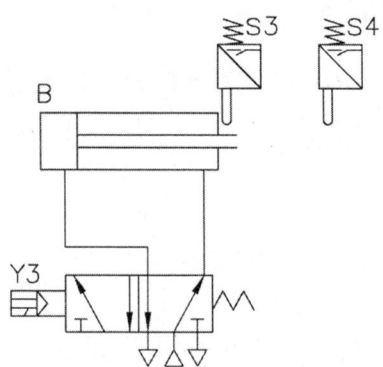

다. 전기회로도

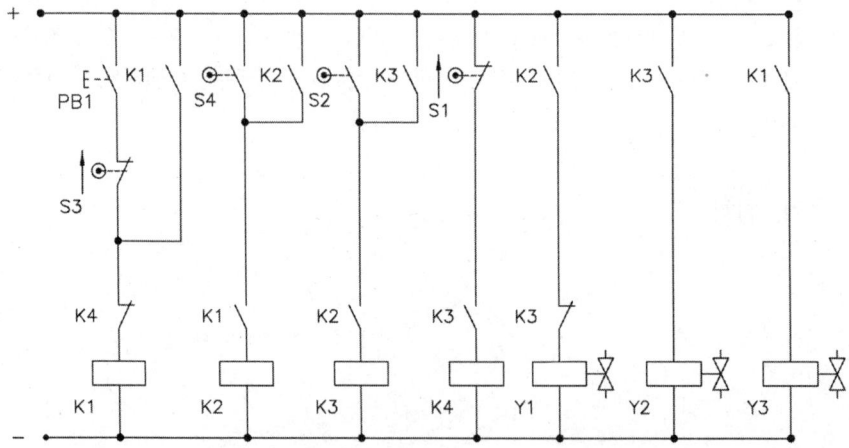

도면(제 2 과제)

| 자격종목 | 공·유압 기능사 | 과제명 | 유압회로구성 및 조립작업 |

제2과제(유압회로구성 및 조립작업) : 1시간 30분. 연장시간 : 0분

제2과제 : 유압회로 구성 및 조립작업(50점)
가. 주어진 유압기기를 올바르게 선정하고 고정판에 배치하시오.
나. 유압호스를 사용하여 배치된 기기를 연결 완성하시오.
다. 전기 회로도를 보고 전기회로 작업을 완성하시오
   (전기 연결선 적색은 +, 청색은 -로 연결하시오)
라. 유압회로 내의 최고압력을 4MPa로(오차 ±50kPa) 설정하시오.
마. 실린더의 후진속도를 미터 아웃 방식으로 조절할 수 있도록 추가 구성하시오.

1. 제어조건 : 탁상 유압 프레스를 제작하려고 한다. 누름 버튼 PB1 스위치와 PB2를 동시에 ON-OFF하면 빠른 속도로 전진운동을 하다가 실린더가 중간 리밋스위치(LS2)가 작동되면 조정된 작업속도로 움직인다. 작업완료 리밋스위치(LS3)가 작동되면 빠르게 복귀하여야 한다.

가. 위치도

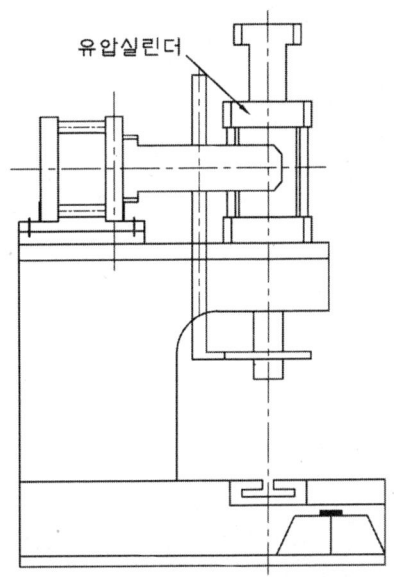

부록 2. 국가기술자격 실기시험 문제

도면(제 2 과제)

| 자격종목 | 공·유압 기능사 | 과제명 | 유압회로구성 및 조립작업 |

나. 유압회로도

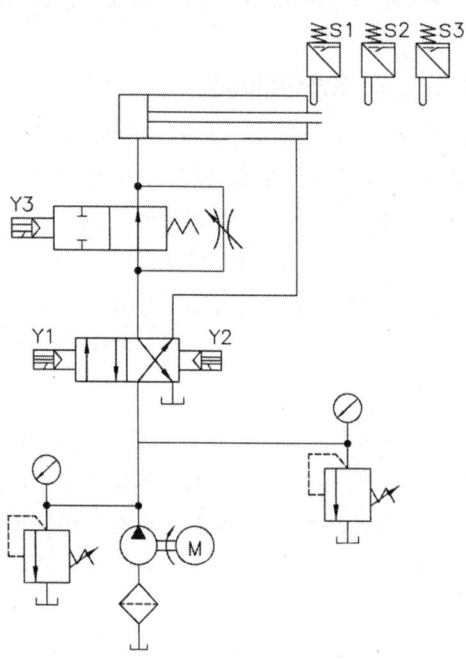

다. 전기회로도

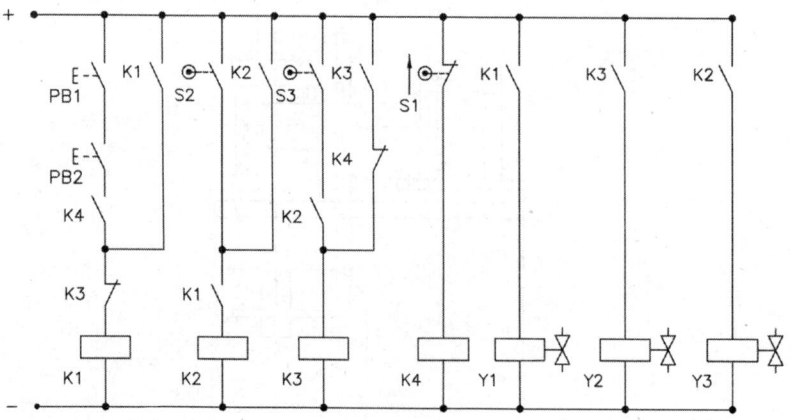

도면(제 3 과제)

자격종목	공·유압 기능사	과제명	용접 및 조립작업

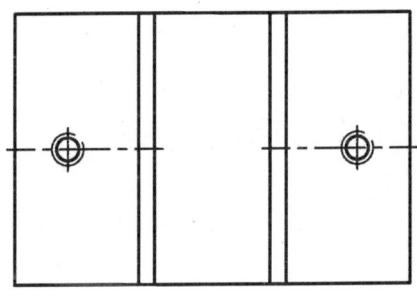

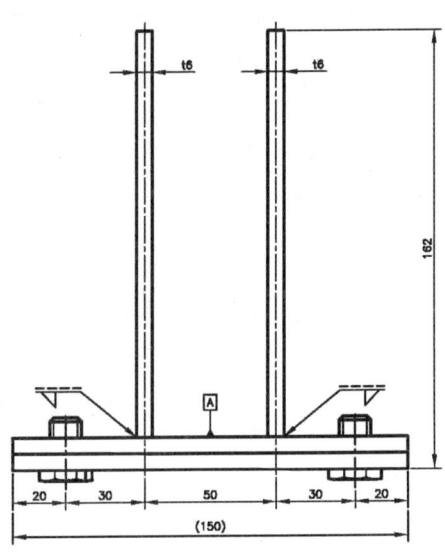
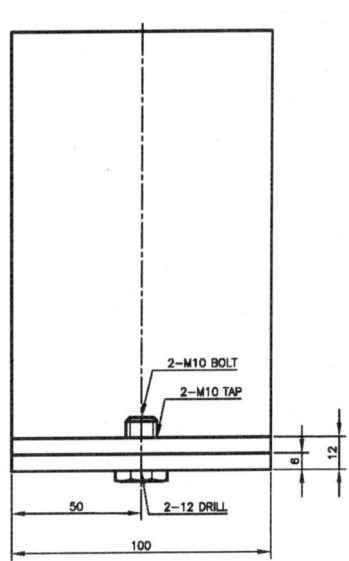

참고문헌 및 인용자료

1. 윤희중, 최부희, 설비관리, 한국산업인력공단, 2013.
2. 최부희, 설비진단. 한국산업인력공단, 2013.
3. 오병덕, 용접일반, 한국산업인력공단, 2006.
4. 김재석, 설비보전기능사 개정판, KSAM 한국표준협회미디어, 2008.
5. 송요풍, 기계요소설계, 한국산업인력공단, 2011.
6. 정명진, 우홍식, 유재환, 이근오, 추병길, 허문회 최신기계안전공학, 도서출판 동화기연, 2006.
7. 임준식, 최태준, 산업안전공학, 일진사, 2010.
8. 정상철, 하동철, 설비보전기능사 필기 실기, 구민사, 2014.
9. 윤양희, 윤기만, 21강으로 풀어보는 설비보전 이미지 동영상 자료, 복두출판사, 2014.
10. 설비보전시험연구회, 설비보전기능사, 일진사, 2015.

설비보전기능사 필기·실기   정가 27,000원

- 저　자　윤　경　욱
　　　　　최　년　배
- 발 행 인　차　승　녀

- 2015년 9월 15일   제1판 제1인쇄발행
- 2016년 12월 15일   제2판 제1인쇄발행
- 2018년 4월 30일   제3판 제1인쇄발행

도서출판 건기원

(등록 : 제11-162호, 1998. 11. 24)

경기도 파주시 산남로 141번길 59 (산남동)
TEL : (02)2662-1874~5   FAX : (02)2665-8281

★ 건기원은 여러분을 책의 주인공으로 만들어 드리며 출판 윤리 강령을 준수합니다.
★ 본서에 게재된 내용일체의 무단복제·복사를 금하며 잘못된 책은 교환해 드립니다.

ISBN 979-11-5767-322-3   13550